Bibliothek des technischen Wissens

Produktionsmanagement

Produktionsplanung und Auftragsabwicklung am Beispiel einer virtuellen Firma

Mit den Übungsversionen der Anwendungsprogramme
- ERP-Software „PMS-ERM“
- Simulationssoftware „DOSIMIS-3“

von Falko Wieneke
und Joachim Schmidt

4. Auflage

VERLAG EUROPA-LEHRMITTEL · Nourney, Vollmer GmbH & Co. KG
Düsselberger Straße 23 · 42781 Haan-Gruiten

Europa-Nr.: 53111

Autor:
Falko Wieneke, Studiendirektor; Dipl.-Ing.; Essen
Joachim Schmidt, Dipl.-Ing.; Dortmund

Lektorat:
Falko Wieneke

Bildbearbeitung:
Grafische Produktion Jürgen Neumann, 97222 Rimpar

Betreuung der Bildbearbeitung:
Zeichenbüro des Verlags Europa-Lehrmittel, Ostfildern

Das vorliegende Buch wurde auf der **Grundlage der neuen amtlichen Rechtschreibregeln** erstellt.

Das Buch beinhaltet eine CD-ROM mit folgendem Inhalt:

- **ERP-Software „PMS-ERM"** (unbefristete Übungsversion von Prof. Dr. A. Frick, Hochschule Reutlingen) zur Bearbeitung der Module „Teile, Stücklisten und Arbeitspläne" (TSA), „Einkauf" (EKA), „Verkauf" (VKA), „Materialwirtschaft" (MAT) und „Kalkulation" (KAL). Die Übungsversion „PMS-ERM" ist nur für den privaten Gebrauch bestimmt und darf für gewerbliche Zwecke nicht eingesetzt werden.
- **Simulation-Software für die Produktion „DOSIMIS-3"** (eingeschränkte Übungsversion des Simulations-Dienstleistungs-Zentrum (SDZ) GmbH, Dortmund)
- Formulare und Bilder zur Durchführung der Arbeitsaufträge

4. Auflage 2012
Druck 5 4 3 2 1

Alle Drucke derselben Auflage sind parallel einsetzbar, da sie bis auf die Korrektur von Druckfehlern untereinander unverändert sind.

ISBN 978-3-8085-5314-5

Diesem Buch wurden die neuesten Ausgaben der DIN-Blätter und der VDE-Bestimmungen zugrunde gelegt. Verbindlich sind jedoch nur die DIN-Blätter und die VDE-Bestimmungen selbst.

Die DIN-Blätter können von der Beuth-Verlag GmbH, Burggrafenstraße 6, 10787 Berlin und Kamekestraße 2 - 8, 50672 Köln, bezogen werden. Die VDE-Bestimmungen sind bei der VDE-Verlag GmbH, Bismarckstraße 33, 10625 Berlin, erhältlich.

Satz: Grafische Produktionen Jürgen Neumann, 97222 Rimpar
Druck: Konrad Triltsch, Print und digitale Medien GmbH, 97199 Ochsenfurt-Hohestadt

Vorwort

Produktionsmanagement – ein Begriff, der im betrieblichen Alltag zunehmend an Bedeutung gewinnt. Betriebliches Management, Produktionsorganisation, Produktionsplanung und -steuerung, Produktionslogistik – alle diese Ausdrücke haben im betrieblichen Sprachgebrauch Einzug gehalten und beschreiben die gleichen Ziele: die Analyse, Projektierung und Optimierung des Informations- und Materialflusses im und zwischen den Betrieben oder Abteilungen von Großbetrieben sowie die optimale Abwicklung von Kundenaufträgen. Der Begriff Produktionsmanagement umfasst am vollständigsten diese Ziele.

Das vorliegende Buch verdeutlicht den Informations- und Materialfluss, der für eine konkrete Auftragsabwicklung analysiert, durchgeführt und optimiert werden muss. Die Handlungsfelder, die sich aus der Auftragsabwicklung ergeben, werden durch die Beschreibung der Tätigkeiten einer virtuellen Firma abgegrenzt. Die durchzuführenden Handlungen werden auf das Wesentliche beschränkt. Hieraus ergeben sich Lernfelder für die Produktionsplanung und Logistik, die durch konkrete Lernsituationen veranschaulicht werden.

Diese Lernsituationen werden im vorliegenden Buch anhand der Auftragsabwicklung von zwei unterschiedlichen Produkten, die in der virtuellen Firma zukünftig produziert werden sollen, dargestellt. Zu dem ersten Produkt, einem **Pneumatikzylinder**, werden zahlreiche Arbeitsaufträge gestellt, die das handlungsorientierte Lernen unterstützen.

Das erforderliche theoretische Wissen und die methodische Herangehensweise an die konkreten Fragestellungen werden vor jedem Arbeitsauftrag systematisch anhand der jeweiligen Lernsituationen verdeutlicht. Zur Kontrolle des Lernfortschritts werden im letzten Kapitel Lösungshinweise zu den Arbeitsaufträgen gegeben. Diese Lösungshinweise führen häufig auf eine mögliche Lösung ohne alternative Lösungswege auszuschließen.

Die Auftragsabwicklung für das zweite Produkt, eine **Spindel-Lagereinheit**, kann zur Vertiefung der in den jeweiligen Lernfeldern erworbenen Fähigkeiten und Kenntnisse selbständig durchgeführt werden. Zur Erfüllung der aufgeführten Arbeitsaufträge werden die bisher beschriebenen Lernsituationen sinnvoll erweitert.

Die praxisorientierte Vermittlung des Wissens fordert den Einsatz eines rechnerunterstützten Programms zur Produktionsplanung und –steuerung (PPS). Um diesem Anspruch gerecht zu werden, wird in diesem Buch ein ERP-Programm (Enterprise Resource Planing) exemplarisch eingesetzt. Die Fähigkeiten und Kenntnisse, die im Zusammenhang mit der Auftragsabwicklung des Pneumatikzylinders erworben wurden, werden bis zur Einkaufsabwicklung auf das ERP-Programm übertragen.

Dieses Buch richtet sich an Lernende der **Berufsfachschule**, der **Technikerschule** und der **Meisterschule**. Studierende an **Fachhochschulen** und **Hochschulen** können mit diesem Buch auch im Selbststudium praxisnah ihre Kenntnisse ergänzen. Darüber hinaus kann es begleitend in **Weiterbildungsmaßnahmen des Handwerks und der Industrie** herangezogen werden.

Die **4. Auflage** wurde umfassend bearbeitet und aktualisiert. Auf der beiliegenden CD befinden sich zwei Anwendungsprogramme als Übungsversion für die Aus- und Weiterbildung. Zur Durchführung der Auftragsabwicklung (Kapitel 7) ist die unbefristete Version der ERP-Software „PMS-ERM" verfügbar. Ergänzend zur vorhergehenden Auflage befindet sich mit dem 2. Anwendungsprogramm eine Simulationssoftware für die Produktion „DOSIMIS-3" als eingeschränkte Übungsversion auf der CD, die in diesem Buch im Kapitel 10 vorgestellt und am Beispiel der virtuellen Firma angewendet wird. Beide Anwendungsprogramme dürfen nur für den privaten Gebrauch eingesetzt werden. Eine gewerbliche Nutzung ist untersagt.

Mit dem Einsatz der Anwendungsprogramme können die im Buch erworbenen Kenntnisse praxisnah umgesetzt werden und ermöglichen dem Anwender einen grundlegenden Einblick in die Struktur von ERP- und Simulationsprogrammen.

Wir bedanken uns bei allen Firmen, Instituten und Schulen, die dieses Buch möglich gemacht haben. Hinweise zur Verbesserung und Weiterentwicklung der 4. Auflage nehmen die Autoren gerne entgegen (Zuschriften bitte an lektorat@europa-lehrmittel.de).

Essen, im Sommer 2012

Falko Wieneke und
Joachim Schmidt

Teil 1: Planung und Durchführung der Auftragsabwicklung

6 Layout-Planung des Produktionsbereiches 99

7 Auftragsabwicklung mit einem ERP-System 121

Teil 2: Logistische Optimierung der Produktionsbereiche

8 Logistik im Unternehmen 185

9 Logistik der Produktion 193

10 Simulation der Produktion 213

11 Logistik der Lagerung 229

12 Logistik des Materialflusses 241

13 Lösungshinweise zu der Komplexaufgabe „Produktion der Pneumatikzylinder" 253

Szenarium der virtuellen Firma Spin-Lag GmbH
Das erste Kapitel stellt die Firma Spin-Lag GmbH vor und enthält zur Bearbeitung von Aufträgen notwendige Angaben, wie z.B. Informationen zu den Erzeugnissen, der Auftragsabwicklung und der Layoutplanung.

Grundlagen zum Produktionsmanagement
In diesem Kapitel werden die Organisation, die Aufgaben und die rechtliche Stellung der Firma Spin-Lag GmbH beschrieben.

Projektplanung
Die Einführung einer Serienproduktion erfordert eine systematische Planung. Die Termin- und Kapazitätsplanung als Methode der Projektplanung wird hier vorbereitend für die Einführung der Serienproduktion eingesetzt.

Produktionsbedarfsplanung
Für die Produktion werden in diesem Kapitel unterschiedliche Methoden zur Bedarfsermittlung analysiert und angewendet. Mit der Bedarfsplanung werden Erzeugnisgliederungen und Stücklisten für die Aufträge erstellt.

Arbeitsplanung
Nachdem ermittelt wurde, welche Teile in welcher Menge in der Firma Spin-Lag GmbH produziert werden, können in diesem Kapitel Unterlagen für die Fertigung und Montage sowie für die Kalkulation erstellt werden.

Layout-Planung des Produktionsbereiches
Die Layout-Planung des Produktionsbereiches führt über die Analyse der Organisationsprinzipien der Fertigung und Montage zur Analyse der Steuerungsmethoden des Material- und Informationsflusses. Vorgestellt werden unterschiedliche Steuerungskonzepte. Das Ergebnis der Analyse stellt die Layoutskizze des Produktionsbereiches dar.

Auftragsabwicklung mit einem ERP-System
In diesem Kapitel wird die Auftragsabwicklung von der Angebotserstellung bis zur Auslieferung der Serienprodukte vorgestellt und die Bearbeitung der Auftragsabwicklung mit einem rechnerunterstützten ERP-System (Schulungsversion) schrittweise aufgezeigt. Die Übungsversion auf der beiliegenden CD ermöglicht das exemplarische Arbeiten mit dem ERP-Programm „PMS-ERM".

Logistik der Produktion
In den vorhergehenden Kapiteln wurden die Planungsvorgänge anhand der Auftragsabwicklung von Serienprodukten verdeutlicht. Nachfolgend wird die Firma Spin-Lag GmbH von der logistischen Seite betrachtet. In diesem Kapitel werden die verschiedenen in der Firma Spin-Lag GmbH angewandten Logistikarten beschrieben.

Logistik des Materialflusses
Mit der Arbeits- und Layout-Planung der Kapitel 5 und 6 werden unterschiedliche Fertigungsmaschinen ausgewählt und miteinander verknüpft. In diesem Kapitel werden mögliche Verkettungen CNC-unterstützter Fertigungsmaschinen zu flexiblen Fertigungsanlagen verdeutlicht. Weiterhin wird die ausgewählte Maschinenreihenfolge der Serienproduktion mit der Aufnahme zusätzlicher Aufträge optimiert und die Durchführung von Sonderaufträgen bei der gegebenen Maschinenbelegung untersucht.

Simulation der Produktion
In diesem Kapitel wird die Verknüpfung von Produktionseinrichtungen betrachtet und simuliert. Mit Hilfe der Simulationssoftware DOSIMIS-3 wird hier die Durchsatzleistung von Pneumatikzylinder auf einer Kontroll- und Nachbearbeitungsstation ermittelt und optimiert.

Logistik der Lagerung
In diesem Kapitel werden verschiedene Lagerprinzipien für das Ein- und Auslagern der Serienprodukte systematisch untersucht. Ein ausgewähltes Lagerprinzip wird detailliert ausgelegt.

Logistik des Materialflusses
Für den Transport der Serienprodukte stehen unterschiedliche Fördermittel zur Verfügung. In diesem Kapitel findet eine systematische Betrachtung der Fördermittel statt. Mit der Auswahl eines Fördermittels erfolgt eine Auslegung der Förderanlage.

Lösungshinweise zu der Komplexaufgabe „Produktion der Pneumatikzylinder"
Die Kapitel dieses Buches enthalten zur Fortsetzung bzw. Vertiefung der Lerninhalte Arbeitsaufträge zum Projekt „Produktion der Pneumatikzylinder". Lösungshinweise zu diesen Arbeitsaufträgen können Sie zur Überprüfung aus diesem Kapitel entnehmen.

Einführung

Produktionsmanagement

Auftragsabwicklung am Beispiel einer virtuellen Firma

Das vorliegende Buch „Produktionsmanagement" verdeutlicht die Abwicklung eines Auftrages von der Kundenanfrage bzw. Marktanalyse bis zur Auslieferung der Erzeugnisse. Dieser Vorgang wird am Beispiel einer virtuellen Firma aus dem Maschinenbau beschrieben. Die Firma Spin-Lag GmbH wurde zu diesem Zweck als virtuelle Firma gegründet.

Zu Beginn des Buches wird für die Firma Spin-Lag GmbH das Firmengelände mit einem Produktionsgebäude zur Verfügung gestellt. Aufgrund von Marktanalysen sollen zwei Produkte in dieser Firma in Serienfertigung produziert werden. Zunächst wird die Produktionsplanung und -logistik für das Erzeugnis „Pneumatikzylinder" in diesem Buch exemplarisch dargestellt. Die Produktionsplanung und -logistik zur Fertigung und Montage des Pneumatikzylinders wird ansatzweise vorgestellt. In der Funktion eines Mitarbeiters der Firma Spin-Lag GmbH erhalten Sie entsprechende Arbeitsaufträge zur Fortsetzung der Lösungsfindung. Lösungshinweise zu den Arbeitsaufträgen des Projekts „Pneumatikzylinder" finden Sie im Kapitel 13 des Buches.

Zur Vertiefung der mit dem Projekt „Pneumatikzylinder" gewonnen Kenntnisse erhalten Sie als Mitarbeiter der Firma Spin-Lag GmbH die Möglichkeit, die Produktionsplanung des Auftrages „Spindel-Lagereinheiten" durchzuführen. Weiterhin sollen Sie logistische Maßnahmen zur Verbesserung des Informations- und Materialflusses der Produktion der Spindel- Lagereinheiten ergreifen.

Begleitet werden die Kapitel des Buches von einer Vielzahl von Fragen und Aufgaben, die Ihnen zur Überprüfung der gewonnenen Kenntnisse dienen.

Infolge der Bearbeitung der Arbeitsaufträge liegt das Hauptgewicht des Buches im ersten Teil auf die Planung und Durchführung der Auftragsabwicklung. Im zweiten Teil des Buches werden die Unternehmensbereiche Produktion, Lagerung und Materialfluss logistisch optimiert.

Die Auftragsabwicklung sollte in der Reihenfolge der vorliegenden Kapitel durchgeführt werden, da teilweise mit der Bearbeitung eines Kapitels Ergebnisse aus den vorhergehenden Kapiteln einzubeziehen sind.

1 Szenarium der virtuellen Firma Spin-Lag GmbH

Das Szenarium der virtuellen Firma Spin-Lag GmbH beschreibt die abzuwickelnden Aufträge zur Produktion der Pneumatikzylinder und der Spindel-Lagereinheiten. Weiterhin werden im Szenarium Informationen zur Abwicklung der entsprechenden Aufträge weitergegeben.

1.1 Vorüberlegungen zur zukünftigen Produktion

Der Vorstand des börsennotierten Unternehmens *„Tüssen AG"* aus dem Bereich des Anlagenbaus betreibt mit Einverständnis des Aufsichtsrates die Neuausrichtung bzw. Neustrukturierung des Unternehmens. Zukünftige Geschäftstätigkeiten sollen sich ausschließlich auf die Bereiche mit den Kernkompetenzen Engineering und Montage (von Fremdbezugsteilen bzw. Fremdbezugsbaugruppen) beschränken. Tätigkeitsbereiche außerhalb des Kerngeschäfts werden ausgegliedert, als Tochterunternehmen weitergeführt und gegebenenfalls veräußert.

Der metallverarbeitende Bereich der *„Tüssen AG"* (vormalige Abteilungsbezeichnung: Spanende Fertigung) soll hierbei ausgegliedert und als Firma *„Spin-Lag GmbH"* in das Handelsregister eingetragen werden.

Die in Bild 1 dargestellte **Spindel-Lagereinheit** mit einem Lagerbock aus Stahlguss und einer **eigengefertigten Antriebsspindel** soll im zweiten Geschäftsjahr in programmorientierter Fertigung an die Muttergesellschaft *Tüssen AG* geliefert werden. Für die Firma *Spin-Lag GmbH* als Tochterunternehmen wird ein jährlicher Soll-Absatz an Spindel-Lagereinheiten mit einem Lagerbock aus Gussstahl von **36.500 Erzeugnissen** festgelegt.

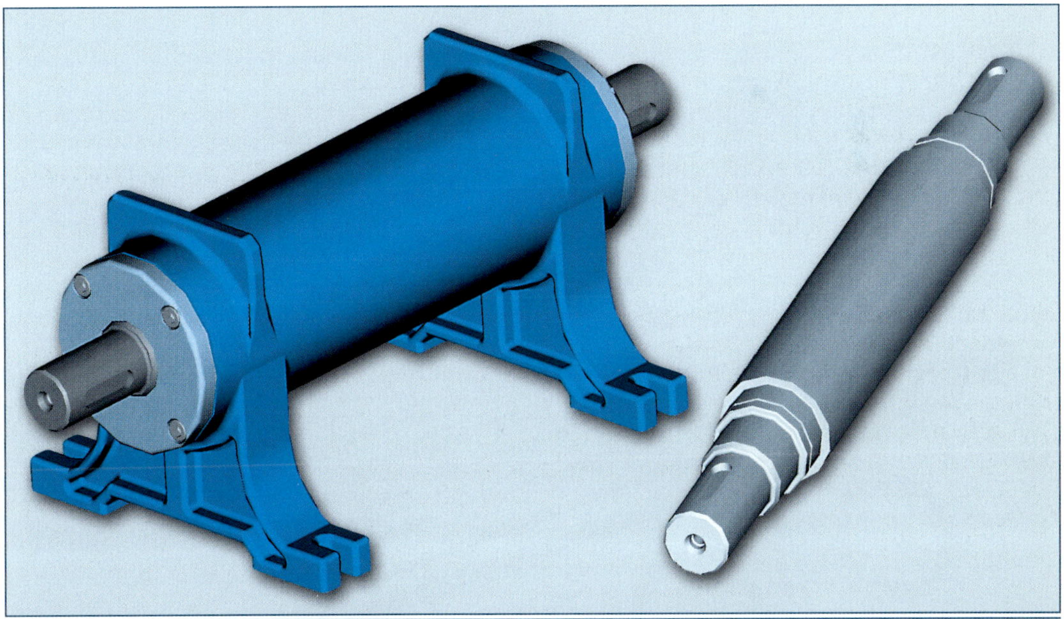

Bild 1: Spindel-Lagereinheit mit der eigenzufertigenden Antriebsspindel

Die noch zu entwickelnden Spindel-Lagereinheiten dienen als Antriebskomponenten für Werkzeugmaschinen, Lüfter, Ventilatoren oder Fördereinrichtungen. Die Preisvorstellung der *Tüssen AG* als Auftraggeber beträgt **750 € pro Erzeugnis**. Die Spindel-Lagereinheiten sollen in der Firma Spin-Lag GmbH komplett gefertigt und montiert werden. Für die Montage der Erzeugnisse und Baugruppen sind Handarbeitsplätze vorgesehen.

Für das erste Geschäftsjahr möchte die *Spin-Lag GmbH* den in Bild 1 abgebildeten **Pneumatikzylinder** in unterschiedlichen Baugrößen in ihr Produktionsprogramm aufnehmen. Nach Verhandlungen mit der *Tüssen AG* sollen jährlich **24.000 doppeltwirkende Pneumatikzylinder** bei einem Preis von **110 € pro Erzeugnis** in der Firma *Spin-Lag GmbH* produziert werden. Der Pneumatikzylinder setzt sich aus fünf Baugruppen zusammen, die in der Firma Spin-Lag GmbH vormontiert werden (→ 1.3). Das Zusammensetzen der Baugruppen erfolgt in der Endmontage.

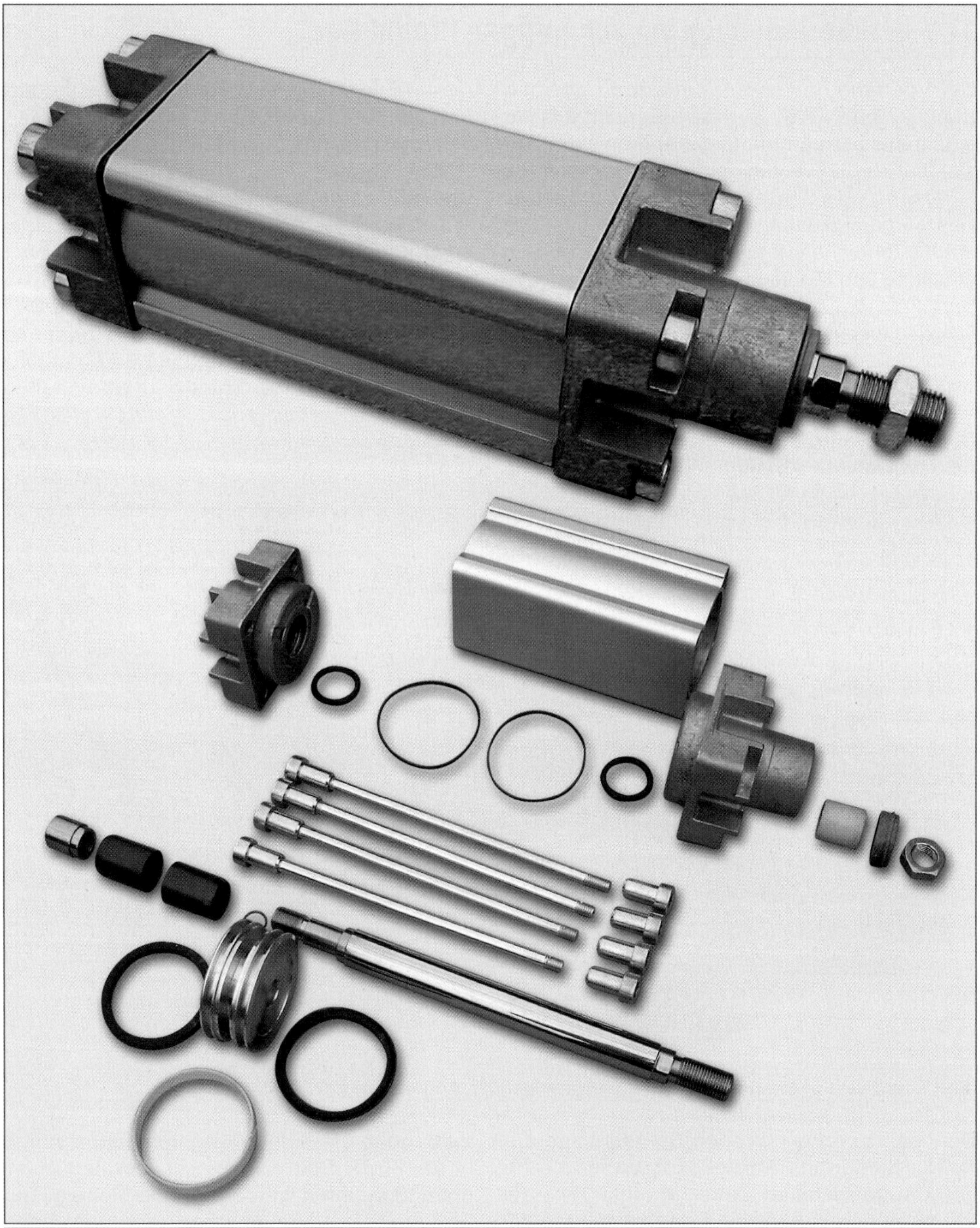

Bild 1: Pneumatikzylinder – zusammengesetzt aus Einzelteilen und Baugruppen

1.2 Überblick über die Produktion der Erzeugnisse

1.2.1 Aufbau der Spindel-Lagereinheit

Die in Bild 1 dargestellte **Spindel-Lagereinheit** besteht aus einer **eigengefertigten Antriebsspindel** (Pos. 2), einem fremdbezogenen gegossenen Lagerbock (Pos. 1) sowie einigen fremdbezogenen Kleinteilen (Pos. 3 bis 10). Die im 2. Geschäftsjahr zu liefernde Spindel-Lagereinheit wird beim Kunden mit weiteren Zukaufteilen und Zukaufbaugruppen zum Enderzeugnis auftragsabhängig montiert.

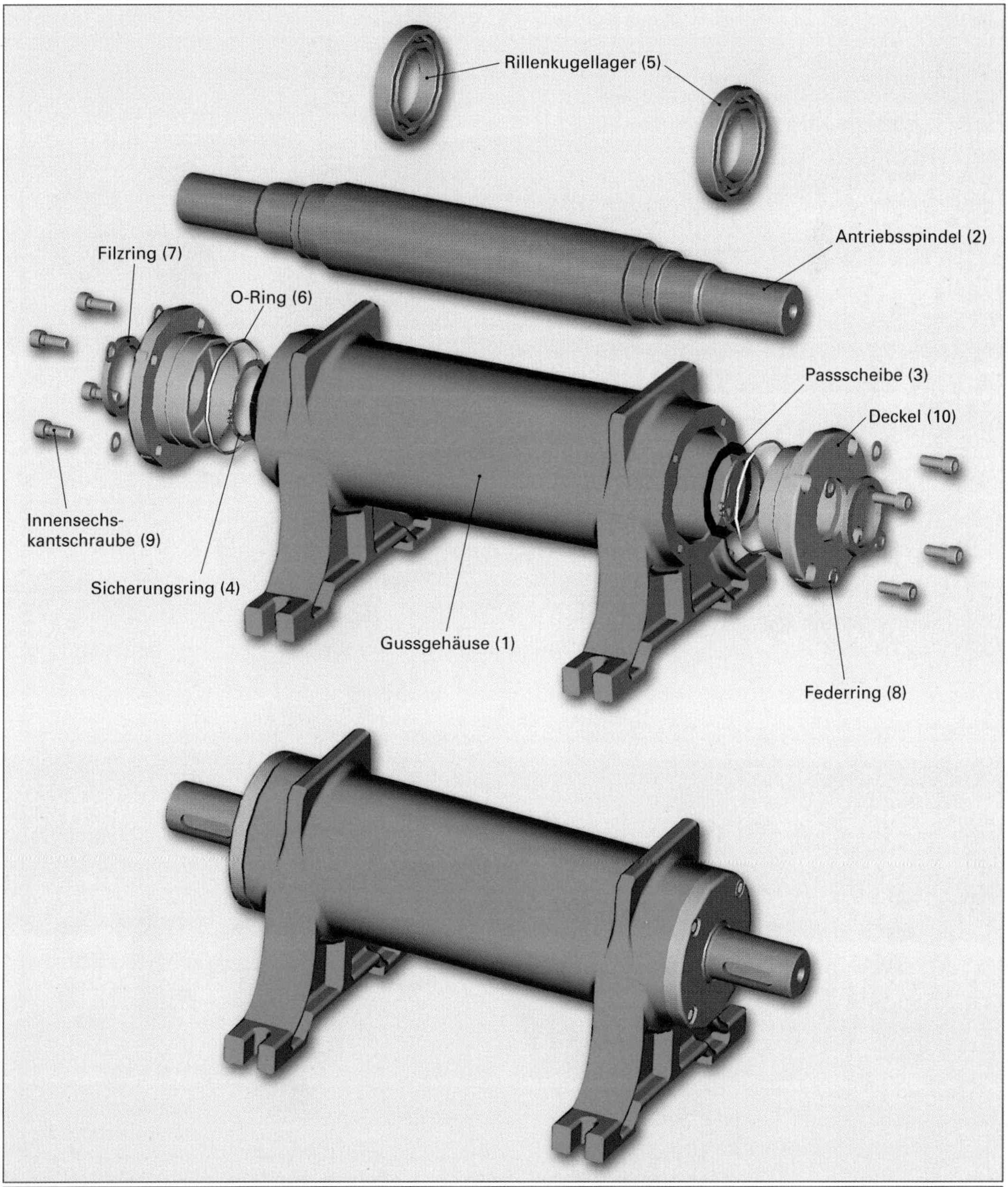

Bild 1: Explosionszeichnung und Gesamtdarstellung der Spindel-Lagereinheit

Im Folgenden wird der in Bild 1 grob dargestellte **Aufbau bei der Montage der Spindel-Lagereinheiten** erläutert. Im ersten Schritt wird auf die eigengefertigte Antriebsspindel (2) ein Rillenkugellager (5) aufgezogen. Das Rillenkugellager wird hierbei mit einem Sicherungsring (4) gegen axiales Verrutschen gesichert. Das Spiel zwischen dem Rillenkugellager und dem Sicherungsring wird mittels einer Passscheibe (3) eingestellt. Anschließend wird die montierte Baugruppe Antriebsspindel (G1) in das Gussgehäuse (1) geschoben. Auf der gegenüberliegenden Seite der Antriebsspindel wird nun das zweite Rillenkugellager (5) mit der Passscheibe (3) und dem Sicherungsring (4) montiert. Im letzten Schritt wird die vormontierte Baugruppe Deckel (G3) mit ihrem O-Ring (6) und Filzring (7) auf die Baugruppe Gussgehäuse (G2) aufgesteckt und mit den Innensechskantschrauben (9) und den entsprechenden Federringen (8) befestigt.

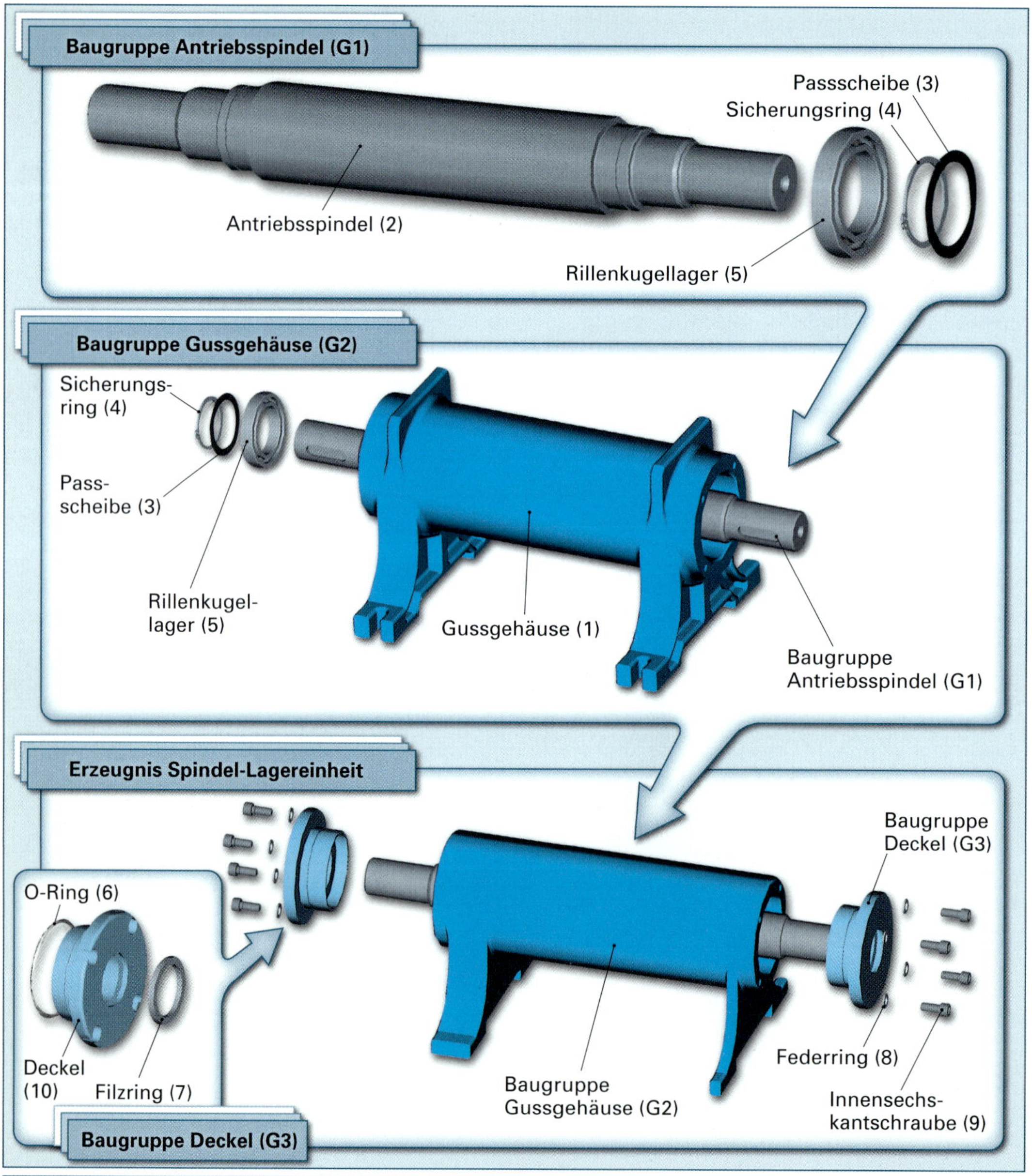

Bild 1: Montage der Baugruppen und des Erzeugnisses

1.2.2 Aufbau und Montage des Pneumatikzylinders

Mit dem Beginn der Produktion in den Gebäuden der Firma Spin-Lag GmbH soll ab 1. Geschäftsjahr zuerst der **doppeltwirkende Pneumatikzylinder** mit seinen in Bild 1 dargestellten Baugruppen an den Mutterkonzern „Tüssen AG" als Kunde geliefert.

Die nachfolgend dargestellten Montageskizzen verdeutlichen den Aufbau des zu produzierenden doppeltwirkenden Pneumatikzylinders aus **fünf vorzumontierenden Baugruppen und dem Gehäuse.** Die Vor- und Endmontage erfolgt im Montagebereich der Firma Spin-Lag GmbH.

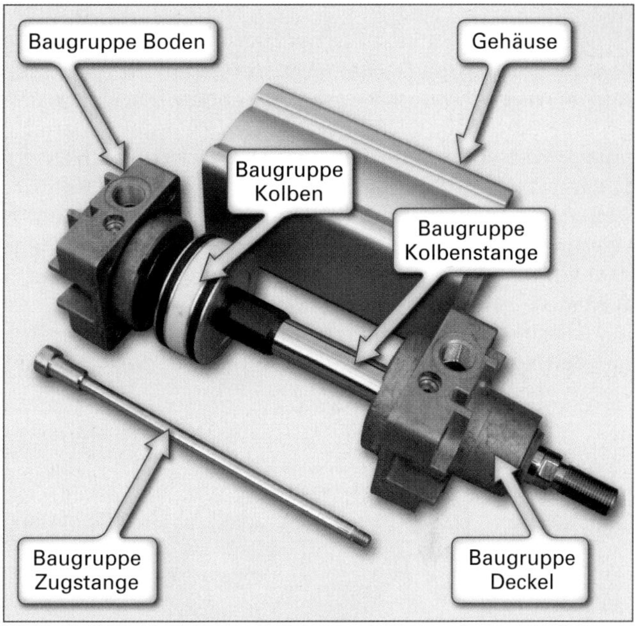

Bild 1: Pneumatikzylinder mit seinen Baugruppen

Baugruppe Boden (G1)

Für die **Baugruppe Boden** (G1) (Bild 2) wird ein fremdbezogener **Gehäusedichtring** (15) auf dem durch Druckgießen hergestellten **Boden** (3) geschoben. Anschließend wird in den Einstich der Bohrung ein **O-Ring** (14) eingelegt.

Als letzter Montagevorgang wird eine fremdbezogene **Dämpfungsschraube** (18) mit **Dichtring** (19) seitlich in den Boden eingedreht. Die Dämpfungsschraube soll ein gedämpftes Einfahren des Kolbens in die Endlage ermöglichen.

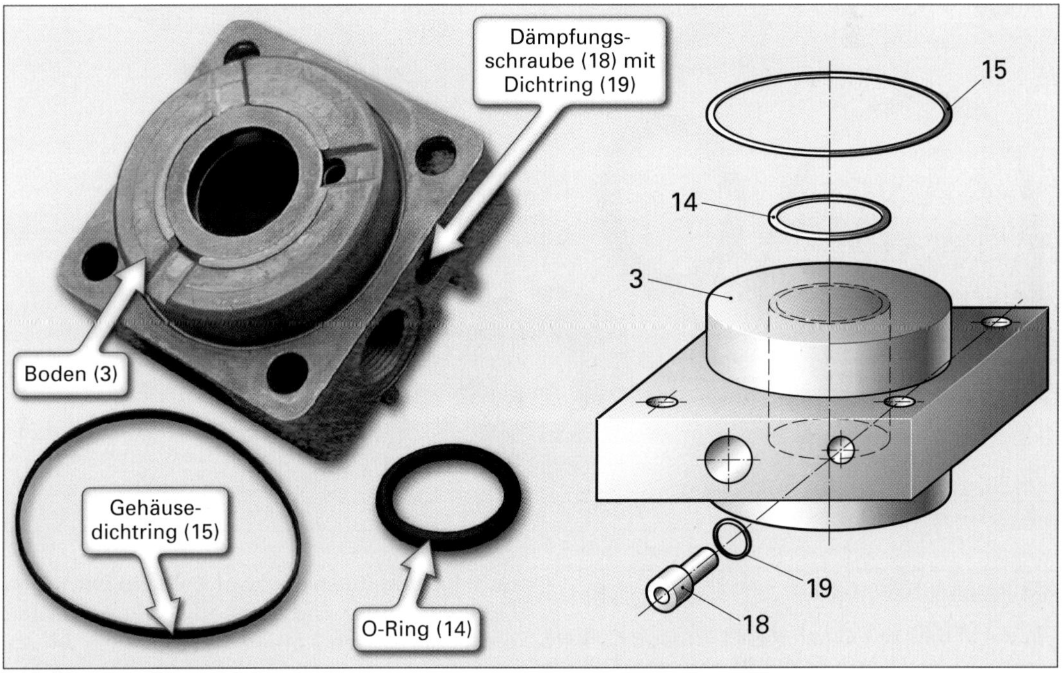

Bild 2: Baugruppe Boden (G1)

Baugruppe Deckel (G2)

Auf die **Baugruppe Deckel** (G2), dargestellt in Bild 1, wird wie bei der vorhergehenden Baugruppe zuerst ein Gehäusedichtring (15) gleicher Größe auf den durch Druckgießen hergestellten Deckel (4) geschoben.

Wie im Boden befindet sich auch in dem Deckel ein Einstich, der für die Aufnahme eines **O-Ringes** (14) vorgesehen ist. Bevor der O-Ring eingesetzt wird, muss zuerst eine fremdbezogene **Gleitlagerbuchse** aus Kunststoff (17) in die Bohrung des Deckels eingeschoben werden. Das Gleitlager dient zur Führung der Kolbenstange.

Danach wird der auf Oberseite des Deckels ein fremdbezogener **Schmutzabweiser** (16) in die Bohrung des Deckels geschoben. Wie beim Boden (→ Bild 13/2) wird auch bei dem Deckel seitlich eine **Dämpfungsschraube** (18) mit **Dichtring** (19) in die Gewindebohrung eingedreht (Bild 14/1).

Der Boden und der Deckel sowie alle Einbauteile sind Fremdbezugsteile.

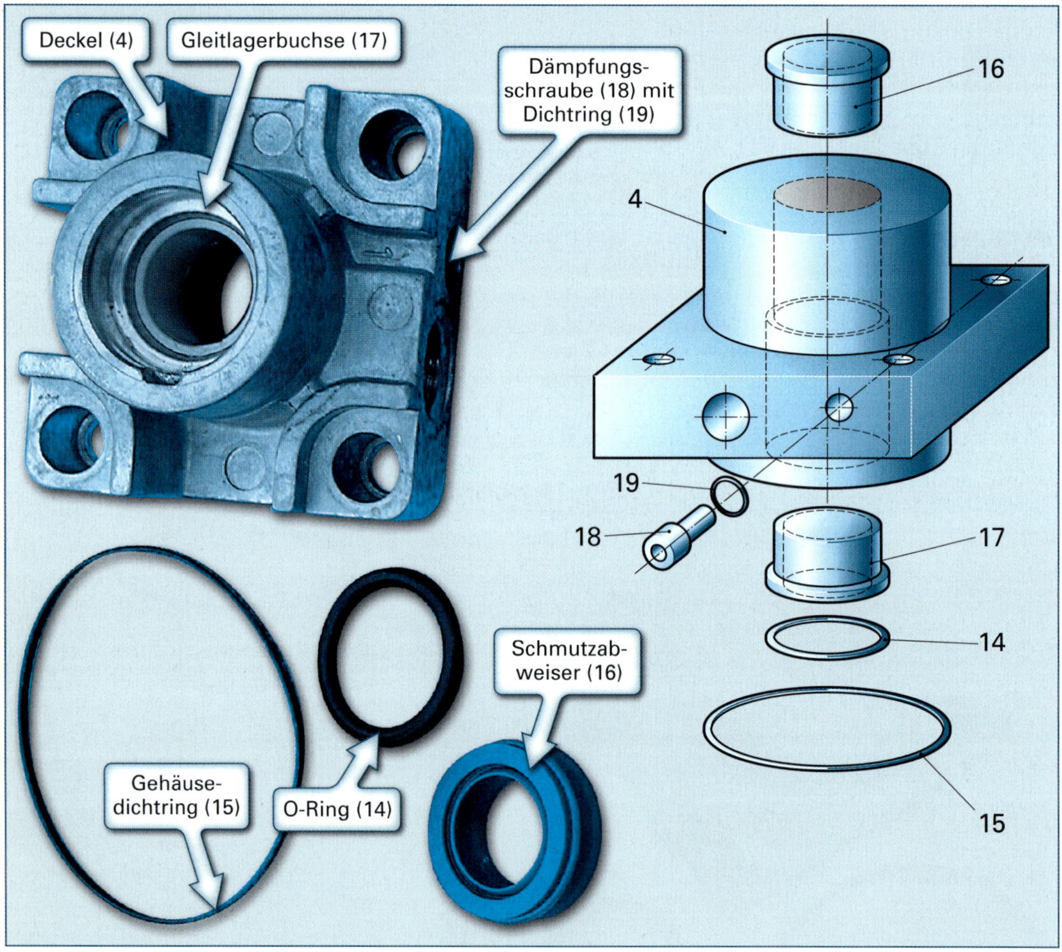

Bild 1: Baugruppe Deckel (G2)

Baugruppe Kolben (G3)

Für die in Bild 15/1 skizzierte Baugruppe Kolbenstange (G4) wird zuvor die **Baugruppe Kolben** (G3) benötigt. Diese Baugruppe setzt sich aus dem **Kolben** (5) sowie zwei **Kolbendichtringen** (13) zusammen. Die Kolbendichtringe werden hierbei über den Kolben, der aus einer Aluminiumlegierung besteht, gezogen.

Baugruppe Kolbenstange (G4)

Auf die **Baugruppe Kolbenstange** (G4) wird die **Baugruppe Kolben** (G3) aufgesetzt (Bild 1). Zuvor müssen einer der beiden **Dämpfungshälse** (8) und ein **O-Ring** (12) zur Abdichtung des Kolbens auf die eigengefertigten **Kolbenstange** (2) gesetzt werden. Anschließend wird der Kolben mit dem zweiten Dämpfungshals (8) sowie einer **Kolbenmutter** (9) auf der Kolbenstange fixiert. Der letzte Montageschritt besteht im Aufziehen eines halboffenen **Kolbenführungsbandes** (10) auf die **Baugruppe Kolben** (G3).

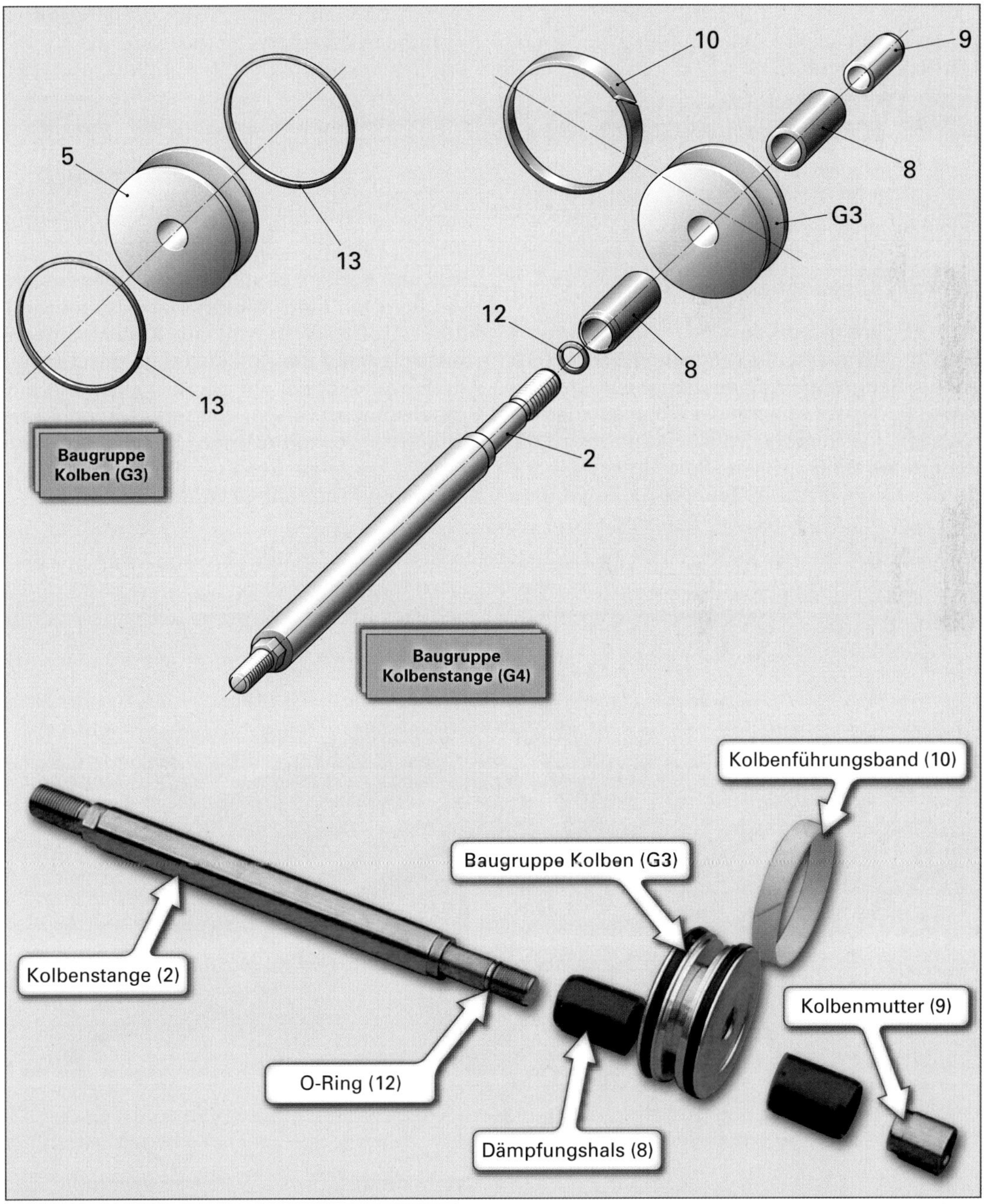

Bild 1: Baugruppe Kolben (G3) und Baugruppe Kolbenstange (G4)

Baugruppe Zugstange (G5)

Zur Vorbereitung der Endmontage des Erzeugnisses „Doppeltwirkender Pneumatikzylinder" wird auf eine Seite der **Zugstange** (6) eine **Mutter** (7) geschraubt (Bild 1). Die somit hergestellte **Baugruppe Zugstange** (G5) dient in der Endmontage zur Verschraubung von Deckel und Boden mit dem **Gehäuse** (1; Bild 2).

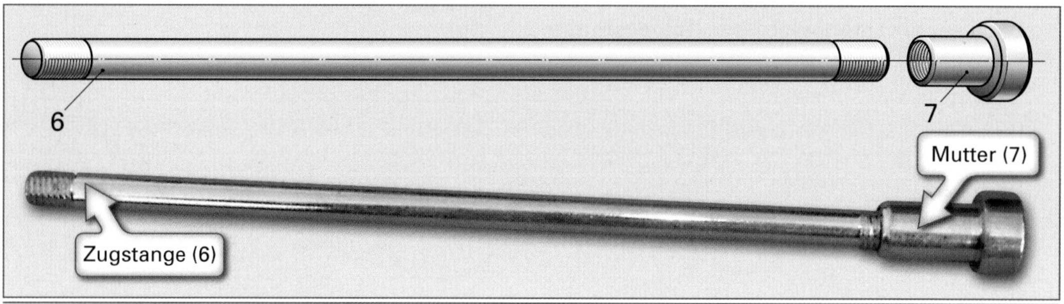

Bild 1: Baugruppe Zugstange (G5)

Erzeugnis Pneumatikzylinder (E1)

In der **Endmontage des Pneumatikzylinders** (Bild 2) wird zuerst die **Baugruppe Deckel** (G2) auf die **Baugruppe Kolbenstange** (G4) geschoben. Beides wird nun mit der Oberseite des **Gehäuses** (1) verbunden. Anschließend wird die **Baugruppe Boden** (G1) auf die Unterseite des Gehäuses gesetzt. Die **Baugruppe Zugstange** (G5) wird in die jeweils vier Bohrungen des Deckels und Bodens eingeschoben. Alles zusammen wird mit einer **Mutter** (7) verspannt. Im letzten Arbeitsschritt wird eine **Kolbenstangenmutter** (11) auf die Kolbenstange geschraubt. Alle Einzelteile, bis auf das Gehäuse und die Kolbenstange, werden von unterschiedlichen Zulieferern fremdbezogen. Das für die Endmontage benötigte Gehäuse (1) wird aus einem Aluminium-Profilrohr gesägt.

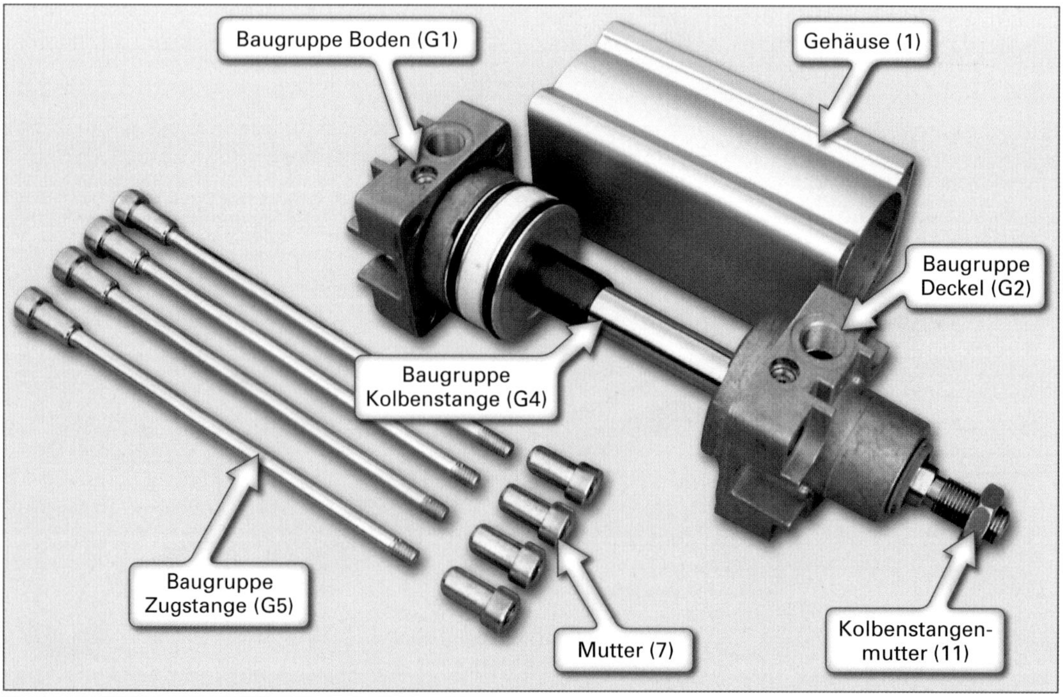

Bild 2: Endmontage des Pneumatikzylinders

Die in Bild 1 dargestellte **Aufzählungsstückliste** (→ 4.1) für den doppeltwirkenden Pneumatikzylinder führt alle Einzelteile des Pneumatikzylinders auf. Die Werkstoffe und Größenangaben beziehen sich auf den **doppeltwirkenden Pneumatikzylinder der Baureihe BP264**. Der Anlauf der Produktion soll mit dieser Baureihe erfolgen.

Die Positionen 1 und 2 werden, wie vorhergehend beschrieben, in eigener Produktion gefertigt. Alle weiteren Einzelteile sind Zukaufteile, die von unterschiedlichen Zulieferern (→ 7.3) bezogen werden.

Pos	Stück	Benennung	Werkstoff Sachnummer/Normkurzbezeichnung
1	1	Gehäuse	ø 63 × 154-EN AW-AlSiMgMn (R1)
2	1	Kolbenstange	ø 20 × 264 - 1.4021 (R2)
3	1	Boden	EN AC-AlSi9
4	1	Deckel	EN AC-AlSi9
5	1	Kolben	ø 63 × 28-EN AW-AlCu4SiMg
6	4	Zugstange	E295
7	8	Mutter	M8 - C45
8	2	Dämpfungshals	ø 20 × 1 - 32 lang
9	1	Kolbenmutter	M14 × 1 - C45
10	1	Kolbenführungsband	PE
11	1	Kolbenstangenmutter	DIN EN ISO 8675 - M16 × 1,5
12	1	O-Ring	DIN 3771 - ø 14 × 1,8
13	2	Kolbendichtring	ø 53 × 3,55
14	2	O-Ring	DIN 3771 - ø 25 × 3,55
15	2	Gehäusedichtring	DIN 3771 - ø 63 × 3,55
16	1	Schmutzabweiser Deckel	ø 32/ ø 20 - 10 lang
17	1	Gleitlager Deckel-Kolbenstange	ø 24 × 2 - 32 lang
18	2	Dämpfungsschraube	ø 6 - 8 lang
19	2	Dichtring für Dämpfungsschraube	DIN 3771 - ø 6 × 1,8

		Datum	Name	Benennung
Spin-Lag GmbH	Bearb.			**Doppelwirkender Pneumatikzylinder Baureihe BP264**
	Gepr.			
	Norm			

Bild 1: Stückliste des doppeltwirkenden Pneumatikzylinders

1.3 Informationen zur Auftragsabwicklung

Strategisches Ziel der Firma Spin-Lag GmbH für das kommende Geschäftsjahr

Zur Erlangung der Wettbewerbsfähigkeit verfolgt die Geschäftsführung in den kommenden Geschäftsjahren folgende Strategie:

- Zunächst werden die Pneumatikzylinder ab dem 1. Geschäftsjahr und die Spindel-Lagereinheiten ab dem 2. Jahr in **programmorientierter Fertigung** für die Muttergesellschaft als Hauptabnehmer produziert. Erzeugnisse aus Überkapazitäten werden auf Vorrat produziert und gegebenenfalls auf dem Markt veräußert. Mit Beginn der Geschäftstätigkeit findet eine Vorratsfertigung statt, für die entsprechende Zukaufteile bezogen werden müssen.

Strategisches Ziel der Firma Spin-Lag GmbH für zukünftige Geschäftsjahre

Die nachfolgenden Planungen werden als Erweiterung der in diesem Buch vorgestellten Produktion verstanden. Sie dienen insbesondere der Vertiefung zur Auftragsabwicklung mit einem PPS-System (→ 7).

- Mit Anlauf der zweiten Phase sollen für Zweitabnehmer Spindel-Lagereinheiten mit einem Lagerbock aus Stahl **auftragsorientiert auf der Basis von Serienteilen** produziert werden.
- Die dritte Phase (3. Geschäftsjahr) sieht **Sonderfertigungen** für die Spindel-Lagereinheitem auf Basis von dafür gefertigten Teilen vor.

Die in der 2. Phase benötigte Spindel-Lagereinheit kann in einem fächerübergreifenden Projekt entwickelt werden. Aus fertigungstechnischer Hinsicht müssen die Aspekte zur Veränderung der Gusskonstruktion in eine Stahlkonstruktion berücksichtigt werden. Zur Konstruktion des Produktes sind folgende Leistungsdaten anzunehmen: Nennleistung: 63 kW; Nenndrehzahl: 1450 min^{-1}; mögliche Radialkräfte: max. 8 kN; Umgebungstemperatur: max. 50 °C; Lebensdauererwartung: 20000 Betriebsstunden.

Angaben zur Beschaffung von Fremdbezugsteilen

Für die **programmorientierte Fertigung** wird in der Firma Spin-Lag GmbH in **Tageslosen** geplant. Damit ergibt sich die Losgrösse aus dem Bedarf an Erzeugnissen pro Betriebskalendertag.

Mit Beginn der Geschäftstätigkeit der Firma Spin-Lag GmbH zum 1. Werktag im Monat Mai des ersten Geschäftsjahrs ist eine **Vorratsbeschaffung für die Pneumatikzylinder** zur Aufnahme des betrieblichen Produktionsablaufs vorzunehmen. Die **Beschaffung** sämtlicher für die Erzeugnisse benötigten Fremdbezugsteile soll spätestens am 1. Werktag im Monat Juni des ersten Geschäftsjahres abgeschlossen sein.

Die **Vorratsbeschaffung für die Produktion der Spindel-Lagereinheiten** soll zu Beginn des zweiten Geschäftsjahres erfolgen.

Angaben zur Ermittlung der Bestellmengen

Zur Vorbereitung der Produktion ist zunächst die **Beschaffung der Fremdbezugsteile** (Sekundärbedarf) zu organisieren. Die zugehörigen **Bestellmengen** werden gemäss den betrieblichen Forderungen nach dem Umfang der zu deklarierenden Sicherheitsbestände und der Höhe der Bevorratungsebene ermittelt. Unter Berücksichtigung der Notwendigkeit eines reibungslosen betrieblichen Leistungsflusses muss ein Sicherheitsbestand an Erzeugnissen und Fremdbezugsteilen angelegt werden.

Daher verpflichtet sich die Spin-Lag GmbH wegen der zu erwartenden Nachfrageschwankungen beim Vertrieb der durch die *Tüssen AG* komplett montierten Erzeugnisse einen **Sicherheitsbestand** an Erzeugnissen und Fremdbezugsteilen von 3 Betriebskalendertagen (BKT) und einen entsprechenden **Vorrat** an Erzeugnissen von 2 BKT anzulegen. Neue **Bestellungen für Fremdbezugsteile** sollen frühestens 2 BKT nach erfolgter Lieferung aufgegeben werden.

Für die zu beschaffende Menge der Halbzeuge wird ein durchschnittlicher **Verschnitt** an Stangenmaterial von 8% angesetzt.

1.4 Anforderungen an die Layoutplanung

Als eigenständiges Unternehmen wird die Firma *Spin-Lag GmbH* auch räumlich aus der Betriebsstätte der Muttergesellschaft ausgegliedert. Dazu werden zwei von einem Bach getrennte Flächen mit einer Größe von 7100 m² und 4500 m² zur Bebauung genutzt. Während die Produktion der Pneumatikzylinder in **Halle 1** durchgeführt wird, sollen die Fertigung und die Montage der Spindel-Lagereinheiten auf der kleineren hinter dem Bach liegenden **Halle 2** erfolgen (Bild 1). Auf der angrenzenden Erweiterungsfläche der Halle 2 ist ein zweites Kommissionierungslager in Planung.

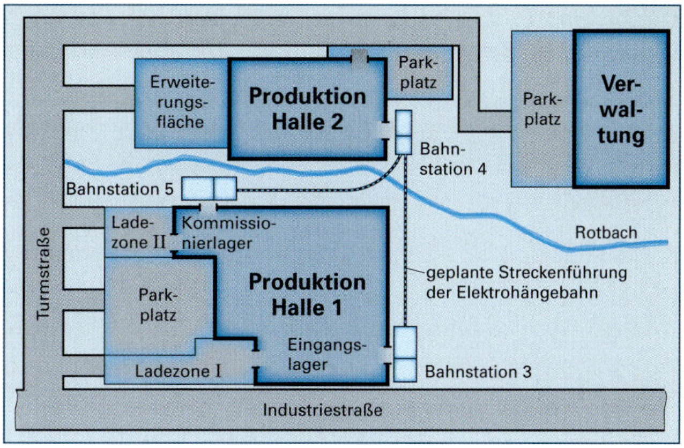

Bild 1: Flurkarte der Fa. Spin-Lag GmbH

Für das in Bild 2 skizzierte Layout der 7100 m² großen Gewerbefläche für die **Produktion in der Halle 1** wurde bisher nur für die Außenfläche sowie einige Betriebsbereiche eine vorläufige Planung durchgeführt. Das Hallenlayout für den Produktionsbereich „Pneumatikzylinder" mit der mechanischen Werkstatt und der Montage ist noch zu gestalten. Auf die in dem Firmenlayout dargestellten *Eingangs-*, *Normteil-* und *Kommissionierlager* greifen sämtliche Produktionsbereiche zu. Zwischen dem Eingangs- und Kommissionierlager befinden sich die Schlosserei, die für die Instandhaltung zuständig ist, sowie die Verwaltung und Sozialräume für das Personal.

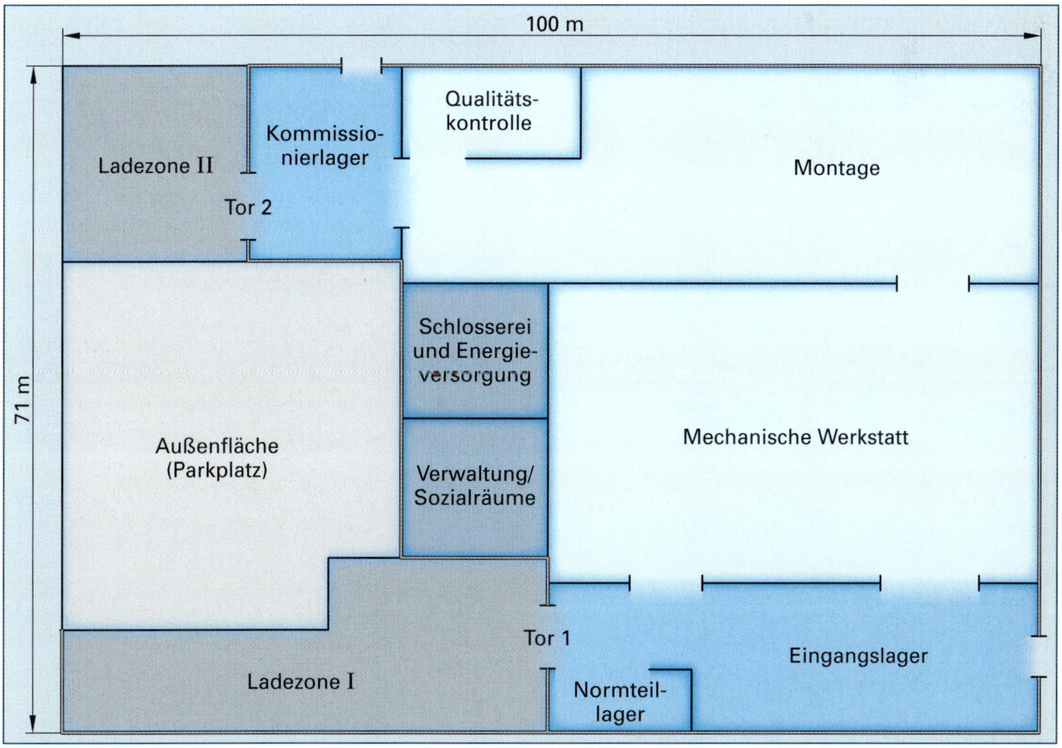

Bild 2: Layoutplanung der Halle 1 zur Produktion der Pneumatikzylinder

Die bislang in der Produktion der Tüssen AG eingesetzten **Betriebsmittel** sind in der Tabelle 1 aufgeführt und stehen der Firma *Spin-Lag GmbH* als Anlagevermögen zur Verfügung.

Arbeitsplatz-Nr.		Arbeitsplatz/Kapazität
Kapazitätsgruppe 100000		**Mechanische Werkstatt**
Bereitstellen	101001	Bereitstelllager mech. Werkstatt
Sandstrahlen	100100	Sandstrahlen
Anreißen	100900	Anreißen
Ausbrennen	100115	Ausbrennen
Programm optimieren	100500	Programm optimieren
Werkzeug einstellen	100510	Werkzeug einstellen
Sägen	100401	Kreissäge klein/D_{max} = 150 mm
	100402	Kreissäge groß/D = 150 - 300 mm
	100403	Bügelsäge
	100404	Hubsäge
Spitzendrehen	100301	Drehmaschine konventionell L_{max} = 1500 mm
	100302	Drehmaschine konventionell L_{max} = 3000 mm
Planen und Zentrieren	100415	Ablängmaschine
CNC-Drehen	100501	CNC-Drehmaschine D 140×400
	100502	CNC-Drehmaschine D 560×1000
	100503	CNC-Drehmaschine D 560×2000
Bohren	100201	Bohrwerk Tisch 2800×4200
	100202	Bohrwerk Tisch 1400×2000
CNC-Bohren	100521	CNC-Bohrwerk Tisch 1400×2000
CNC-Fräsen/ Bohren	100511	Bearbeitungszentrum
Fräsen	100601	Portalfräsmaschine
	100602	Universalfräsmaschine
400×1600	100603	Universalfräsmaschine 250×800
	100604	Nutenfräsmaschine
CNC-Fräsen	100531	CNC-Portalfräsmaschine
	100532	CNC-Universalfräsmaschine
Bürsten	100611	Bürstevorrichtung
Stoßen	100612	Stoßmaschine senkrecht
Räumen	100613	Räumen
Blechschlossern	100701	Feinblechschlosser
Schweißen	100801	Schweißen
Kleben	100810	Kleben
Entgraten	100750	Entgraten

Arbeitsplatz-Nr.		Arbeitsplatz/Kapazität
Richten	100760	Richtpresse
Putzen	100790	Putzen
Malen/ Anstreichen	100780	Malen/Anstreichen
Qualitätskontrolle	100050	Qualitätskontrolle
Kapazitätsgruppe 200000		**Härterei**
Bereitstellen	201001	Bereitstelllager Härterei
Wärmebehandlung innerbetrieblich	200001	WI Einsatzhärten
	200002	WI Induktivhärten
	200003	WI Vergüten
	200004	WI Einsetzen
	200005	WI Glühen spannungsarm
Wärmebehandlung auswärts	200501	WA Aufchromen
	200502	WA Gasnitrieren
	200505	WA Eloxieren
	200506	WA Induktivhärten
	200507	WA Salzbadhärte
	200508	WA Einsetzen
Kapazitätsgruppe 300000		**Schleiferei**
Bereitstellen	301001	Bereitstelllager Schleiferei
Schleifen	300001	Flachschleifen 300×1500
	300002	Flachschleifen 1500×6000
	300003	Innenrundschleifen
	300004	Außenrundschleifen
Honen/Läppen	300101	Honmaschine
Glattwalzen	300102	Glattwalzmaschine
Kapazitätsgruppe 400000		**Montage**
Bereitstellen	401001	Bereitstelllager Montage
Montage	400101	Montageplatz 1
	400102	Montageplatz 2
	400103	Montageplatz 3
	400104	Montageplatz 4
Kapazitätsgruppe 500000		**Lager**
Lagern	501001	Eingangslager
	500001	Kommissionierlager
	502405	Normteillager

Tabelle 1: Verfügbare Maschinen und Kapazitäten der Muttergesellschaft

1.5 Planungen der Firma Tüssen AG

Der in der Tabelle 1 und Tabelle 22/1 dargestellte Betriebskalender der Firma Tüssen AG wird über zwei Jahre vorgegeben und enthält alle Betriebskalendertage (BKT) in fortlaufender Nummerierung, an denen gearbeitet wird.

Betriebskalenderjahr 1 — Tüssen AG — 1. Halbjahr

	Januar			Februar			März			April			Mai			Juni		
	Tag	BKT	Vorgang	Tag	BKT	Vorgang	Tag	BKT	Vorgang	Tag	BKT	Vorgang	Tag	BKT	Vorgang	Tag	BKT	Vorgang
Sa																1		
So																2		
Mo	1	Neujahr								1	6334					3	6374	
Di	2	6270								2	6335					4	6375	
Mi	3	6271								3	6336		1	Maifeier		5	6376	
Do	4	6272		1	6292					4	6337		2	6354		6	Fronlei.	
Fr	5	6273		2	6293		1	6313		5	Karfrei.		3	6355		7	6377	
Sa	6			3			2			6			4			8		
So	7			4			3			7	Ostern		5			9		
Mo	8	6274		5	6294		4	6314		8	Ostern		6	6356		10	6378	
Di	9	6275		6	6295		5	6315		9	6338		7	6357		11	6379	
Mi	10	6276		7	6296		6	6316		10	6339		8	6358		12	6380	
Do	11	6277		8	6297		7	6317		11	6340		9	6359		13	6381	
Fr	12	6278		9	6298		8	6318		12	6341		10	6360		14	6382	
Sa	13			10			9			13			11			15		
So	14			11			10			14			12			16		
Mo	15	6279		12	6299		11	6319		15	6342		13	6361		17	6383	
Di	16	6280		13	6300		12	6320		16	6343		14	6362		18	6384	
Mi	17	6281		14	6301		13	6321		17	6344		15	6363		19	6385	
Do	18	6282		15	6302		14	6322		18	6345		16	Chr. H.		20	6386	
Fr	19	6283		16	6303		15	6323		19	6346		17	6364		21	6387	
Sa	20			17			16			20			18			22		
So	21			18			17			21			19			23		
Mo	22	6284		19	6304		18	6324		22	6347		20	6365		24	6388	
Di	23	6285		20	6305		19	6325		23	6348		21	6366		25	6389	
Mi	24	6286		21	6306		20	6326		24	6349		22	6367		26	6390	
Do	25	6287		22	6307		21	6327		25	6350		23	6368		27	6391	
Fr	26	6288		23	6308		22	6328		26	6351		24	6369		28	6392	
Sa	27			24			23			27			25			29		
So	28			25			24			28			26	Pfingst.		30		
Mo	29	6289		26	6309		25	6329		29	6352		27	Pfingst.				
Di	30	6290		27	6310		26	6330		30	6353		28	6370				
Mi	31	6291		28	6311		27	6331					29	6371				
Do				29	6312		28	6332					30	6372				
Fr							29	6333					31	6373				
Sa							30											
So							31											
		BKT: 22			BKT: 21			BKT: 21			BKT: 20			BKT: 20			BKT: 19	

Betriebskalenderjahr 1 — Tüssen AG — 2. Halbjahr

	Juli			August			September			Oktober			November			Dezember		
	Tag	BKT	Vorgang	Tag	BKT	Vorgang	Tag	BKT	Vorgang	Tag	BKT	Vorgang	Tag	BKT	Vorgang	Tag	BKT	Vorgang
So							1									1		
Mo	1	6393					2	6438								2	6501	
Di	2	6394					3	6439		1	6459					3	6502	
Mi	3	6395					4	6440		2	6460					4	6503	
Do	4	6396		1	6416		5	6441		3	Einheit					5	6504	
Fr	5	6397		2	6417		6	6442		4	6461		1	Allerheil.		6	6505	
Sa	6			3			7			5			2			7		
So	7			4			8			6			3			8		
Mo	8	6398		5	6418		9	6446		7	6462		4	6481		9	6506	
Di	9	6399		6	6419		10	6444		8	6463		5	6482		10	6507	
Mi	10	6400		7	6420		11	6445		9	6464		6	6483		11	6508	
Do	11	6401		8	6421		12	6446		10	6465		7	6484		12	6509	
Fr	12	6402		9	6422		13	6447		11	6466		8	6485		13	6510	
Sa	13			10			14			12			9			14		
So	14			11			15			13			10			15		
Mo	15	6403		12	6423		16	6448		14	6467		11	6486		16	6511	
Di	16	6404		13	6424		17	6449		15	6468		12	6487		17	6512	
Mi	17	6405		14	6425		18	6450		16	6469		13	6488		18	6513	
Do	18	6406		15	6426		19	6451		17	6470		14	6489		19	6514	
Fr	19	6407		16	6427		20	6451		18	6471		15	6490		20	6515	
Sa	20			17			21			19			16			21		
So	21			18			22			20			17			22		
Mo	22	6408		19	6428		23	6453		21	6472		18	6491		23	6516	
Di	23	6409		20	6429		24	6454		22	6473		19	6492		24	6517	
Mi	24	6410		21	6430		25	6455		23	6474		20	6493		25	Weihn.	
Do	25	6411		22	6431		26	6456		24	6475		21	6494		26	Weihn.	
Fr	26	6412		23	6432		27	6457		25	6476		22	6495		27	6518	
Sa	27			24			28			26			23			28		
So	28			25			29			27			24			29		
Mo	29	6413		26	6433		30	6458		28	6477		25	6496		30	6519	
Di	30	6414		27	6434					29	6478		26	6497		31	6520	
Mi	31	6415		28	6435					30	6479		27	6498				
Do				29	6436					31	6480		28	6499				
Fr				30	6437								29	6500				
Sa				31									30					
		BKT: 23			BKT: 22			BKT: 21			BKT: 22			BKT: 20			BKT: 20	

Tabelle 1: Betriebskalenderjahr 1 der Tüssen AG

Betriebskalenderjahr 2									Tüssen AG									1. Halbjahr
	Januar			Februar			März			April			Mai			Juni		
	Tag	BKT	Vorgang	Tag	BKT	Vorgang	Tag	BKT	Vorgang	Tag	BKT	Vorgang	Tag	BKT	Vorgang	Tag	BKT	Vorgang
Sa				1			1											
So				2			2									1		
Mo				3	6543		3	6563								2	6622	
Di				4	6544		4	6564		1	6582					3	6623	
Mi	1	Neujahr		5	6545		5	6565		2	6583					4	6624	
Do	2	6521		6	6546		6	6566		3	6584		1	Maifeier		5	6625	
Fr	3	6522		7	6547		7	6567		4	6585		2	6604		6	6626	
Sa	4			8			8			5			3			7		
So	5			9			9			6			4			8		
Mo	6	6523		10	6548		10	6568		7	6586		5	6605		9	6627	
Di	7	6524		11	6549		11	6569		8	6587		6	6606		10	6628	
Mi	8	6525		12	6550		12	6570		9	6588		7	6607		11	6629	
Do	9	6526		13	6551		13	6571		10	6589		8	Chr. H.		12	6630	
Fr	10	6527		14	6552		14	6572		11	6590		9	6608		13	6631	
Sa	11			15			15			12			10			14		
So	12			16			16			13			11			15		
Mo	13	6528		17	6553		17	6573		14	6591		12	6609		16	6632	
Di	14	6529		18	6554		18	6574		15	6592		13	6610		17	6633	
Mi	15	6530		19	6555		19	6575		16	6593		14	6611		18	6634	
Do	16	6531		20	6556		20	6576		17	6594		15	6612		19	6635	
Fr	17	6532		21	6557		21	6577		18	6595		16	6613		20	6636	
Sa	18			22			22			19			17			21		
So	19			23			23			20			18	Pfingst.		22		
Mo	20	6533		24	6558		24	6578		21	6596		19	Pfingst.		23	6637	
Di	21	6534		25	6559		25	6579		22	6597		20	6614		24	6638	
Mi	22	6535		26	6560		26	6580		23	6598		21	6615		25	6639	
Do	23	6536		27	6561		27	6581		24	6599		22	6616		26	6640	
Fr	24	6537		28	6562		28	Karfrei		25	6660		23	6617		27	6641	
Sa	25						29			26			24			28		
So	26						30	Ostern		27			25			29		
Mo	27	6538					31	Ostern		28	6601		26	6618		30	6642	
Di	28	6539								29	6602		27	6619				
Mi	29	6540								30	6603		28	6620				
Do	30	6541											29	Fronlei.				
Fr	31	6542											30	6621				
Sa													31					
		BKT: 22			BKT: 21			BKT: 21			BKT: 20			BKT: 20			BKT: 19	

Betriebskalenderjahr 2									Tüssen AG									2. Halbjahr
	Juli			August			September			Oktober			November			Dezember		
	Tag	BKT	Vorgang	Tag	BKT	Vorgang	Tag	BKT	Vorgang	Tag	BKT	Vorgang	Tag	BKT	Vorgang	Tag	BKT	Vorgang
Sa													1	Allerheil.				
So													2					
Mo							1	6687					3	6731		1	6751	
Di	1	6643					2	6688					4	6732		2	6752	
Mi	2	6644					3	6689		1	6709		5	6733		3	6753	
Do	3	6645					4	6690		2	6710		6	6734		4	6754	
Fr	4	6646		1	6666		5	6691		3	Einheit		7	6735		5	6755	
Sa	5			2			6			4			8			6		
So	6			3			7			5			9			7		
Mo	7	6647		4	6667		8	6692		6	6711		10	6736		8	6756	
Di	8	6648		5	6668		9	6693		7	6712		11	6737		9	6757	
Mi	9	6649		6	6669		10	6694		8	6713		12	6738		10	6758	
Do	10	6650		7	6670		11	6695		9	6714		13	6739		11	6759	
Fr	11	6651		8	6671		12	6696		10	6715		14	6740		12	6760	
Sa	12			9			13			11			15			13		
So	13			10			14			12			16			14		
Mo	14	6652		11	6672		15	6697		13	6716		17	6741		15	6761	
Di	15	6653		12	6673		16	6698		14	6717		18	6742		16	6762	
Mi	16	6654		13	6674		17	6699		15	6718		19	6743		17	6763	
Do	17	6655		14	6675		18	6700		16	6719		20	6744		18	6764	
Fr	18	6656		15	6676		19	6701		17	6720		21	6745		19	6765	
Sa	19			16			20			18			22			20		
So	20			17			21			19			23			21		
Mo	21	6657		18	6677		22	6702		20	6721		24	6746		22	6766	
Di	22	6658		19	6678		23	6703		21	6722		25	6747		23	6767	
Mi	23	6699		20	6679		24	6704		22	6723		26	6748		24	6768	
Do	24	6660		21	6680		25	6705		23	6724		27	6749		25	Weihn.	
Fr	25	6661		22	6681		26	6706		24	6725		28	6750		26	Weihn.	
Sa	26			23			27			25			29			27		
So	27			24			28			26			30			28		
Mo	28	6662		25	6682		29	6707		27	6726					29	6769	
Di	29	6663		26	6683		30	6708		28	6727					30	6770	
Mi	30	6664		27	6684					29	6728					31	6771	
Do	31	6665		28	6685					30	6729							
Fr				29	6686					31	6730							
Sa				30														
So				31														
		BKT: 23			BKT: 21			BKT: 22			BKT: 22			BKT: 20			BKT: 21	

Tabelle 1: Betriebskalenderjahr 2 der Tüssen AG

Die **Arbeitszeit** beträgt für die Mitarbeiter der Firma Spin-Lag GmbH acht Stunden pro Tag in einer Schicht. Am Sonnabend, Sonntag und an den Feiertagen wird nicht gearbeitet.

1.6 Kalkulation und Zuschlagsermittlung für das 1. Geschäftsjahr

Zur **Auftragsabwicklung** des Pneumatikzylinders werden zur **Kalkulation** unterschiedliche Angaben zu den Lohn- und Materialkosten sowie Angaben zur Ermittlung der Gemeinkostenzuschläge benötigt. Nachfolgend werden die voraussichtlichen **Lohnkosten für das erste Geschäftsjahr** angegeben. Weiterhin werden Informationen zur **Kostenartenrechnung** und **Kostenstellenrechnung des ersten Geschäftsjahres** gegeben. Die Materialkosten der Fremdbezugsteile zur Produktion der Pneumatikzylinder können aus den Unterlagen der Zulieferer bezogen werden (→ 7.3.2.1).

1.6.1 Lohnkostengruppen der Firma Spin-Lag GmbH

Die **Entlohnung der Mitarbeiter** in der Produktion erfolgt im **Zeitlohn**. Die Lohnkosten richten sich nach den in Tabelle 1 aufgeführten Lohngruppen.

Lohngruppe	Qualifikation	Lohnkosten (gesamt)	
		in €/h	in €/min
01	Hilfsarbeiter	18	0,30
04	Angelernter Hilfsarbeiter	24	0,40
05	Facharbeiter	30	0,50
06	Qualifizierter Facharbeiter	33	0,55

Tabelle 1: Lohnkostengruppen der Firma Spin-Lag GmbH

1.6.2 Kostenartenrechnung der Spin-Lag GmbH (1. Geschäftsjahr)

Die Ermittlung der **Zuschlagsätze** für die **Hauptkostenstellen** der Firma Spin-Lag GmbH erfolgt mit der Bearbeitung eines **Betriebsabrechnungsbogens**. Für die mit dem Betriebsabrechnungsbogen durchzuführende **Kostenstellenrechnung** werden die anfallenden Kosten der **Kostenartenrechnung** benötigt. Zur innerbetrieblichen Kostenzuordnung und Leistungsverrechnung werden im Betriebsabrechnungsbogen die im **Kostenartenplan** aufgeführten Kosten auf die entsprechenden Kostenstellen verteilt. Die sich hieraus ergebenden unterschiedlichen Kostenarten des Unternehmens werden in einem Kostenartenplan (Tabelle 2) zusammengefasst. Die Kostenartenrechnung erfasst alle Kosten eines Monats der Firma Spin-Lag, die zur Beschaffung, Lagerung und Produktion von Erzeugnissen angefallen sind.

Mit der durchgeführten **Kostenartenrechnung des ersten Geschäftsjahres** wurden die durchschnittlich anfallenden Kosten für Material und Personal sowie die Kapitalkosten (Abschreibungen, Zinsen, Wagnisse) **für einen Monat (ca. 140 Arbeitsstunden)** bestimmt und in dem nachfolgenden Kostenartenplan aufgeführt.

Nr.	Bezeichnung	Angefallene Kosten in €
403	Fertigungsmaterial (Materialkonto: 1000)	150.000
433	Gehälter	32.000
434	Freiwillige Sozialkosten	4.028
439	Kalkulatorische Abschreibungen	80.000
447	Kalkulatorische Zinsen	13.000
469	Kalkulatorische Wagnisse	15.000

Tabelle 2: Kostenartenplan der Firma Spin-Lag GmbH (1. Geschäftsjahr)

Neben den im Kostenartenplan aufgeführten **allgemeinen Kostengruppen** lassen sich in der Firma Spin-Lag GmbH die **monatlichen Kosten im ersten Geschäftjahr** für Hilfsstoffe, Werkzeuge und Versicherungen den Kostenstellen direkt zuweisen. Die entsprechenden Kosten sowie weitere Angaben zu den einzelnen **Kostenstellen** sind in der Tabelle 1 aufgeführt.

Nr.	Kostenstelle	Anzahl Beschäftigte	Lohn-gruppe	Fläche in m^2	Hilfsstoffe in €	Werkzeuge in €	Versicherungen in €
01	Lager (Halle 1)	3	01	336	120,00	110,00	680,00
05	Energieversorgung (Halle 1)	2	01	52	260,00	320,00	430,00
06	Schlosserei (Halle 1)	2	04	140	800,00	450,00	620,00
10	Mech. Werkstatt (Halle 1)	1 17 1	Gehalt 05 01	3092	2.510,00	3.520,00	3.500,00
11	Härterei (Halle 2)	3	05	230	380,00	1.820,00	1.200,00
12	Schleiferei (Halle 2)	6 1	06 01	350	900,00	870,00	1.320,00
13	Montage (Halle 1)	7 1	05 01	450	300,00	650,00	430,00
18	Verwaltung	5 1	Gehalt 01	120	560,00	–	150,00
19	Vertrieb	2 1	Gehalt 01	90	1.620,00	–	1.320,00

Tabelle 1: Direkt zuweisbare Kostenarten der Firma Spin-Lag GmbH (1. Geschäftsjahr)

Die betriebliche Nutzung der in der Halle 2 befindlichen Härterei und Schleiferei ist im 1. Geschäftsjahr nur durch zusätzliche Fremdaufträge gegeben.

1.6.3 Kostenstellenrechnung der Spin-Lag GmbH

Die **Kostenstellenrechnung** hat die Aufgabe, eine möglichst verursachergerechte Verteilung der Gemeinkosten auf die einzelnen Kostenträger zu gewährleisten. Durch die Kostenstellen (Abrechnungsbereiche) lassen sich die Gemeinkosten bereichsweise erfassen und mit einem Verteilerschlüssel auf die Erzeugnisse verrechnen. In der Firma Spin-Lag GmbH werden alle **anfallenden Gemeinkosten** als **variable Kosten** betrachtet.

Kostenstellen der Firma Spin-Lag GmbH

- Die allgemeine Kostenstelle mit der Energieversorgung;
- Die Fertigungshilfskostenstelle mit der Schlosserei für Instandsetzungsaufgaben;
- Die Fertigungskostenstellen mit der mechanischen Werkstatt, der Härterei, der Schleiferei und der Montage;
- Die Materialkostenstelle mit den Lagern;
- Die Verwaltungskostenstelle mit der allgemeinen Verwaltung, Geschäftsbuchführung sowie der Finanz- und Betriebsbuchhaltung;
- Die Vertriebskostenstelle mit dem Verkauf, der Vertriebsplanung und der Werbung.

Durch die **Bearbeitung des Betriebsabrechnungsbogens (BAB)** (→ Bild 188/1) findet hauptsächlich eine verursachergerechte **Verteilung der Kostenarten auf die Kostenstellen** statt. In dem Betriebsabrechnungsbogen sind die Kostenarten in den Zeilen und die Kostenstellen in den Spalten aufgeführt. Die erfassten Kostenarten werden mit einem Umlageschlüssel auf die Hauptkostenstellen verteilt (→ 7.5.3).

Die Kostenstellenrechnung ermöglicht zur besseren Steuerung des Betriebsgeschehens (Controlling) einen schnellen und wirtschaftlichen Einblick in die Unternehmensbereiche

Verteilungsschlüssel

Bei der Verteilung der Kostenarten auf die Kostenstellen unter Verwendung des **Betriebsabrechnungsbogens** ist zu beachten, dass in der Fa. Spin-Lag folgender **Verteilungsschlüssel** zur Anwendung kommt:

- Die Materialkosten werden nur der Materialstelle (Lager) zugeordnet;
- Der Verteilungsschlüssel für die Gehälter ist die Anzahl der in den jeweiligen Kostenstellen beschäftigten, bezugsberechtigten Personen;
- Die freiwilligen Sozialkosten verteilen sich auf sämtliche Kostenstellen. Der Verteilungsschlüssel ist dabei die Anzahl der in den einzelnen Kostenstellen beschäftigten Personen.
- Die Umlage der kalkulatorischen Kosten erfolgt über folgenden Verteilungsschlüssel:

  Werkstatt: 5/15

  Härterei: 2/15

  Schleiferei: 2/15

  Energieversorgung, Schlosserei, Lager, Verwaltung, Vertrieb, Montage: jeweils 1/15
- Die monatlich anfallenden Aufträge der Schlosserei im ersten Geschäftsjahr werden als direkt zuweisbare Kosten den entsprechenden Kostenstellen in der Tabelle 1 zugeordnet (Umlage I).

Auftrags-Nr.	Kostenstelle	Durchgeführte Arbeit	Kosten in €
1	Werkstatt	Reparaturauftrag	2.500
2	Werkstatt	Instandhaltungsauftrag	1.300
3	Zentrallager	Reparaturauftrag	3.500
4	Schleiferei	Reparaturauftrag	6.700
5	Vertrieb	Reparaturauftrag	1.500

Tabelle 1: Abgerechnete Aufträge der Schlosserei für das 1. Geschäftsjahr

- Die nicht direkt zuweisbaren Kosten der Schlosserei werden als Gemeinkosten anteilig umgelegt. Die Belastung der einzelnen Kostenstellen ergibt sich aus der Anzahl der dort beschäftigten Personen (Umlage II).
- Zur innerbetrieblichen Leistungsverrechnung werden im Betriebsabrechnungsbogen die Kosten der Energieversorgung auf die übrigen Kostenstellen umgelegt. Der Verteilungsschlüssel ergibt sich aus der anteilig genutzten Betriebsfläche der einzelnen Kostenstellen.
- Bezugsgrundlage zur Festsetzung der Gemeinkostenzuschläge für die Kostenstellen der mechanischen Werkstatt, Härterei, Schleiferei und Montage sind die Fertigungslöhne aus dem Kostenartenplan.
- Für das Lager als Materialkostenstelle sind die Kosten für das Fertigungsmaterial aus dem Kostenartenplan eine Bezugsgrundlage.
- Die entstandenen Gemeinkosten durch die Verwaltung und den Vertrieb werden auf die Herstellkosten beaufschlagt. Sie werden somit nicht auf andere Kostenstellen verteilt, sondern auf die ermittelten Material- und Fertigungskosten mit einem Gemeinkostenzuschlag beaufschlagt. Zur Festsetzung des Gemeinkostenzuschlages werden daher die gesamten Herstellkosten als Bezugsgrundlage herangezogen.

1.7 Richtwerte der Firma Spin-Lag GmbH für die spanende Fertigung

Die Ermittlung der **Rüstzeiten** und **Stückzeiten** für Zerspanungsarbeiten erfolgt in der Firma Spin-Lag GmbH mit Hilfe der nachfolgenden **Richtwerttabellen.** Die angegebenen Richtwerte und Richtzeiten sind nur für Überschlagsrechnungen anwendbar. Alle Zeitangaben sind lediglich Grundzeiten und müssen zur Zeitermittlung mit einem **Verteilzeitzuschlag von 10 %** und einem **Erholzeitzuschlag von 5 %** der jeweiligen Grundzeit belegt werden.

Folgende Werte werden benötigt und sind hier zu finden:

Tabelle 1:	**Richtwerte zum Drehen**
Tabelle 27/1:	**Richtwerte zum Fräsen und Sägen**
Tabelle 27/2:	**Richtwerte zum Spannen**
Tabelle 28/1:	**Richtwerte zum Schleifen und Bohren**
Tabelle 28/2:	**Richtwerte zur Montage**
Tabelle 28/3:	**Richtwerte zur Qualitätskontrolle**

zu bearbeitender Werkstoff	Art der Richtwerte und Richtzeiten				Drehen									
					Schruppen				zum Schleifen		Fertigdrehen		Gewindedreh.	
					Außen	Innen	Plan	Stech	Außen	Bohrg.	o. Pass.	m. Pass.	Außen	Innen
zähe Stahlwerkstoffe	Schnitt-Geschwindigkeit	HSS	v_c	m/min	50	50	50	50	60	60	70	70	10	10
		HM	v_c	m/min	240	180	150	120	280	200	300	350	100	90
	Vorschub		f	mm/U	0,5	0,3	0,25	0,15	0,3	0,2	0,1	0,1	Stg.	Stg.
	Spantiefe je Schnitt		a_p	mm	5,0	2,0	1,0	–	0,5	0,5	0,5	0,5	0,14	0,1
	Anzahl der Schnitte		i	–	*	*	*	*	1	1	1	1	*	*
spröde Stahlwerkstoffe	Schnitt-Geschwindigkeit	HSS	v_c	m/min	30	30	30	30	35	35	40	40	7	7
		HM	v_c	m/min	180	180	180	180	200	200	220	220	80	70
	Vorschub		f	mm/U	0,6	0,3	0,3	0,15	0,45	0,3	0,2	0,1	0,14	0,1
	Spantiefe je Schnitt		a_p	mm	5,0	2,0	1,0	–	0,5	0,5	0,5	0,5	Stg.	Stg.
	Anzahl der Schnitte		i	–	*	*	*	*	1	1	1	1	*	*
Nichteisenmetalle	Schnitt-Geschwindigkeit	HSS	v_c	m/min	100	100	100	100	130	130	150	150	18	18
		HM	v_c	m/min	250	250	250	250	400	400	500	500	200	180
	Vorschub		f	mm/U	0,6	0,3	0,3	0,15	0,45	0,3	0,2	0,1	Stg.	Stg.
	Spantiefe je Schnitt		a_p	mm	5,0	3,0	2,0	–	0,5	0,5	0,5	0,5	0,14	0,1
	Anzahl der Schnitte		i	–	*	*	*	*	1	1	1	1	*	*
Anlauf bzw. Überlaufweg $l_a/l_ü$				mm	2	2	2	2	2	2	2	2	2	2
Nebenzeit je Werkzeugwechsel			t_n	min	0,2	0,2	0,2	0,2	0,2	0,2	0,2	0,2	0,2	0,2
Vorschub verändern			t_n	min	0,1	0,1	0,1	0,1	0,1	0,1	0,1	0,1	0,1	0,1
Weg im Eilgang fahren			t_n	min	0,1	0,1	0,1	0,1	0,1	0,1	0,1	0,1	0,1	0,1
Prüfvorgang			t_n	min	0,3	0,3	0,3	0,3	0,5	0,5	0,3	0,5	0,3	0,3
Rüstgrundzeit für kleine Maschine			t_{rg}	min	20									
Rüstgrundzeit für große Maschine			t_{rg}	min	60									
Zwischenzeit je Transportvorgang			t_{rg}	min	15									

* Die Anzahl der Schnitte muss je nach Materialabmessung ermittelt werden

Tabelle 1: Richtwerte zum Drehen

1.7 Richtwerte der Firma Spin-Lag GmbH für die spanende Fertigung

zu bearbeitender Werkstoff	Art der Richtwerte und Richtzeiten				Fräsen								Sägen	
					Messerkopf		Walzenfräser		Schaftfräser		Scheibenfräser		Kreissäge	Bandsäge
					schrupp	schlicht	schrupp	schlicht	schrupp	schlicht	schrupp	schlicht		
zähe Stahlwerkstoffe	Vorschubs-Geschwindigkeit	HSS	v_f	mm/min	–	–	180	200	350	450	130	180	30	30
		HM	v_f	mm/min	500	750	400	600	500	650	350	500	–	–
	Spantiefe je Schnitt		a_p	mm	5,0	1,0	20	1,0	3	0,5	20	1,0	–	–
	Anzahl der Schnitte		i	–	*	1	*	1	*	1	*	1	–	–
spröde Stahlwerkstoffe	Vorschubs-Geschwindigkeit	HSS	v_f	mm/min	–	–	100	150	200	300	80	120	25	25
		HM	v_f	mm/min	350	500	300	450	450	600	300	450	–	–
	Spantiefe je Schnitt		a_p	mm	5,0	1,0	20	1,0	3	0,5	20	1,0	–	–
	Anzahl der Schnitte		i	–	*	1	*	1	*	1	*	1	–	–
Nichteisenmetalle	Vorschubs-Geschwindigkeit	HSS	v_f	mm/min	–	–	250	300	450	600	200	300	30	35
		HM	v_f	mm/min	700	900	600	800	650	850	500	700	–	–
	Spantiefe je Schnitt		a_p	mm	5,0	1,0	20	1,0	3	0,5	20	1,0	–	–
	Anzahl der Schnitte		i	–	*	1	*	1	*	1	*	1	–	–
Anlauf bzw. Überlaufweg $l_a/l_ü$				mm	2	2	20	20	2	2	20	20	5	5
Nebenzeit je Werkzeugwechsel			t_n	min	0,2	0,2	0,2	0,2	0,2	0,2	0,2	0,2	–	–
Weg im Eilgang fahren			t_n	min	0,1	0,1	0,1	0,1	0,1	0,1	0,1	0,1	0,1	0,1
Prüfvorgang			t_n	min	0,8	0,8	0,8	0,8	0,8	0,8	0,8	0,8	0,5	0,5
Rüstgrundzeit für kleine Maschine			t_{rg}	min	30								5	
Rüstgrundzeit für große Maschine			t_{rg}	min	150								20	
Zwischenzeit je Transportvorgang			t_{zg}	min	15								15	

* Die Anzahl der Schnitte muss je nach Materialabmessung ermittelt werden

Tabelle 1: Richtwerte zum Fräsen und Sägen

Werkstücke spannen in:			Dreibackenfutter					Planscheibe				
(bis 25 kg von Hand, darüber mit Kran)		kg	- 25	- 50	- 200	- 500	> 500	- 25	- 50	- 200	- 500	> 500
aufspannen, ausrichten	t_n	min	1,5	6	8,5	20	45	4	9	13	35	60
abspannen	t_n	min	0,5	2	4	6	10	1	3,5	5	7	12
umspannen	t_n	min	1,2	5	7	12	30	3	7	10	25	45
Werkstücke spannen in:			**zwischen Spitzen**					**auf Spanndorn**				
(bis 25 kg von Hand, darüber mit Kran)		kg	- 25	- 50	- 200	- 500	> 500	- 25	- 50	- 200	- 500	> 500
aufspannen, ausrichten	t_n	min	1,5	5,5	8	20	45	3	7	10	35	60
abspannen	t_n	min	0,5	1	2,5	5	8	0,5	1	2	5	8
umspannen	t_n	min	1,2	4,5	6,5	12	30	2,5	5,5	8	25	45
Werkstücke spannen in:			**im Schraubstock/Vorrichtung**					**auf den Maschinenschlitten**				
(bis 25 kg von Hand, darüber mit Kran)		kg	- 25	- 50	- 200	- 500	> 500	- 25	- 50	- 200	- 500	> 500
aufspannen, ausrichten	t_n	min	1,5	6,5	9	15	25	5	10	15	35	60
abspannen	t_n	min	0,4	0,8	2,5	4,5	8	1	2	3	6	10
umspannen	t_n	min	1,2	5	7	10	20	4	8	12	30	50

Tabelle 2: Richtwerte zum Spannen von Werkstücken

zu bearbeitender Werkstoff	Art der Richtwerte und Richtzeiten				Rundschleifen	Zentrieren	Bohren Bis ø15	Bohren Bis ø40	Bohren Größer ø40	Gew. Bohr. Bis ø25	Senken Bis ø25	Reiben Bis ø25
zähe und spröde Stahlwerkstoffe	Schnitt-Geschwindigkeit	HSS	v_c	m/min	b_s = 10 mm	n = 2000 min^{-1}	25	25	25	16	10	10
		HM	v_c	m/min	v_f = 10 m/min	–	85	85	85	–	–	10
	Vorschub		f	mm/U	5	0,3	0,2	0,5	0,7	Stg.	0,25	0,2
	Spantiefe je Schnitt		a_p	mm	0,02	–	–	–	–	–	–	–
	Anzahl der Schnitte		i	–	15	–	–	–	–	–	–	–
Nichteisenmetalle	Schnitt-Geschwindigkeit	HSS	v_c	m/min	b_s = 10 mm	n = 1800 min^{-1}	60	60	60	20	14	16
		HM	v_c	m/min	v_f = 20 m/min	–	200	200	200	–	–	20
	Vorschub		f	mm/U	5	0,25	0,3	0,6	0,8	Stg.	0,36	0,3
	Spantiefe je Schnitt		a_p	mm	0,03	–	–	–	–	–	–	–
	Anzahl der Schnitte		i	–	15	–	–	–	–	–	–	–
Anlauf bzw. Überlaufweg l_a/$l_ü$				mm	–	2	2	2	2	2	2	2
Nebenzeit je Werkzeugwechsel			t_n	min	–	0,2	0,2	0,2	0,2	0,2	0,2	0,2
Drehzahl bzw. Vorschub verändern			t_n	min	0,1	0,1	0,1	0,1	0,1	0,1	0,1	0,1
Weg im Eilgang fahren			t_n	min	0,3	0,1	0,1	0,1	0,1	0,1	0,1	0,1
Prüfvorgang			t_n	min	1,8	–	0,3	0,3	0,3	0,3	–	0,8
Rüstgrundzeit für kleine Maschine			t_{rg}	min	20							
Rüstgrundzeit für große Maschine			t_{rg}	min	60							
Zwischenzeit je Transportvorgang			t_{zg}	min	15							

Tabelle 1: Richtwerte zum Schleifen und Bohren

Vorgangsbeschreibung zur Montage			Grundzeit				
Gewicht der zu montierenden Einheit		kg	- 15	- 25	- 50	- 100	> 100
Lager auf Welle aufziehen	t_g	min	1,1	1,8	3,5	5,8	10
Lager mit Nutmutter fixieren	t_g	min	0,8	1,3	2,8	4,8	8,2
Lager mit Sicherungsring und Passscheibe fixieren	t_g	min	0,5	0,9	1,9	3,2	7,6
Gleitlager/Hülse in Bohrung einsetzen	t_g	min	0,3	0,7	1,4	2,0	5,6
Hülse auf Welle aufziehen	t_g	min	0,2	0,6	0,9	1,7	3,4
Kolbenführungsband aufziehen	t_g	min	0,2	0,6	0,9	1,7	3,4
Baugruppen zusammensetzen	t_g	min	0,3	1,5	3,3	4,0	10
Dichtungen einsetzen	t_g	min	0,3	0,7	1,4	2,0	5,6
Verschraubung durchführen	t_g	min	0,4	0,8	1,7	3,0	6,5
Montageplatz einrichten	t_{rg}	min	5				
Zwischenzeit je Transportvorgang	t_{zg}	min	15				

Tabelle 2: Richtwerte zur Montage

Prüfvorgang			Grundzeit
Qualitätskontrolle eines Bauteils	t_g	min	8
Funktionskontrolle einer Baugruppe oder eines Erzeugnisses	t_g	min	10
Zwischenzeit je Transportvorgang	t_{zg}	min	15

Tabelle 3: Richtwerte zur Qualitätskontrolle

2 Grundlagen zum Produktionsmanagement

Produktionsmanagement stellt einen übergreifenden Bereich im Unternehmen dar. Schwerpunkt des Produktionsmanagements ist die Produktionsplanung und -steuerung. Dem zur Seite stehen aber weitere Bereiche der Verwaltung und des Vertriebs, die zu einer Auftragsabwicklung für den Kunden erforderlich sind.

2.1 Stellung der Produktionsplanung und -steuerung im Unternehmen

Die **Produktionsplanung und -steuerung** erfasst den gesamten Produktionsbereich des Unternehmens. Die Produktionsbereiche Konstruktion, Arbeitsvorbereitung, Fertigung, Montage und Qualitätssicherung stehen im ständigen Wechselspiel zueinander. Die Produktionsplanung und -steuerung dient als Plattform, die eine Koordinierung und Steuerung der Auftragsabwicklung in den genannten Produktionsbereichen ermöglicht.

Die Lösung der komplexen Aufgaben der einzelnen Produktionsbereiche läßt sich heute zum großen Teil nur durch den Einsatz rechnerunterstützter Systeme ermöglichen. Hierbei wird die **rechnerunterstützte Konstruktion** als **CAD** bezeichnet. Die rechnerunterstützte Arbeitsvorbereitung wird mit **computerunterstützten Arbeitsplanprogrammen (CAP)** durchgeführt.

Die **rechnerunterstützte Qualitätssicherung** erfolgt mittels **CAQ**-Programmen.

Die **rechnerunterstützte Produktionsplanung und -steuerung (PPS)** bietet eine Oberfläche zur Verwaltung einer **zentralen Datenbank** (Bild 1). Auf diese Datenbank können alle Produktionsbereiche zugreifen und natürlich auch Veränderungen vornehmen. Jede Veränderung ist somit für jede Abteilung sofort abrufbar.

Die **rechnerunterstützte Produktion (CAM)** erhält über die zentrale Datenbank mit der Auftragsfreigabe den Werkstattauftrag. Fertigmeldungen oder auch Fehlermeldungen werden von der Produktion über die zentrale Datenbank zum PPS-System zurückgemeldet. Jede Meldung hat somit auch Auswirkungen auf weitere Werkstattaufträge.

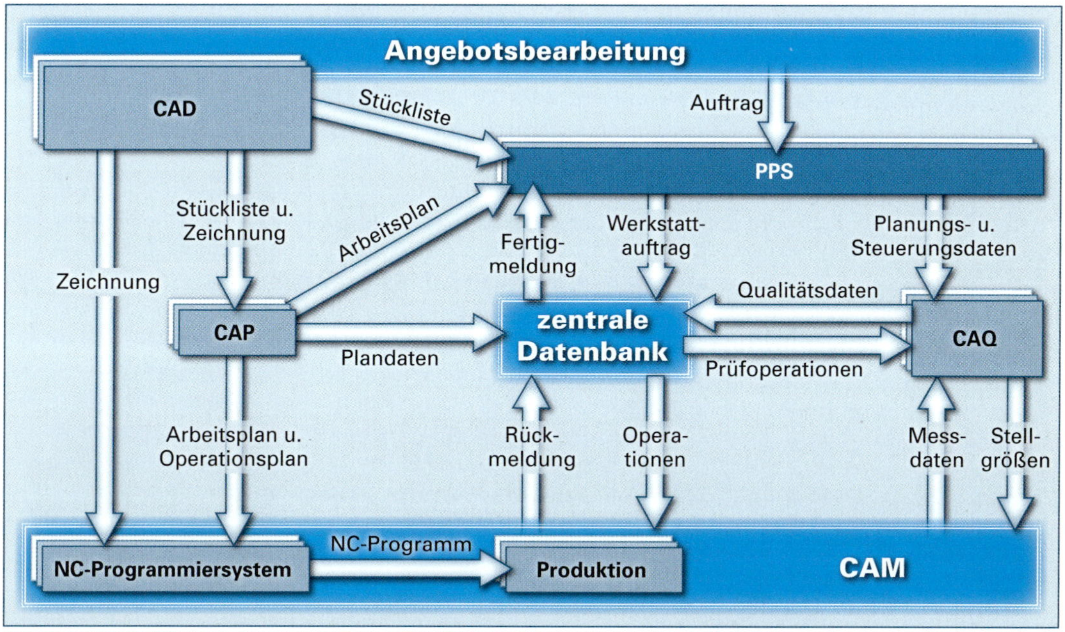

Bild 1: Stellung der Produktionsplanung (PPS) und -steuerung im Unternehmen

2.2 Aufgaben der Produktionsplanung und -steuerung (PPS)

Die **Produktionsplanung und -steuerung (PPS)** stellt den der Produktion vorgelagerten Bereich des Unternehmens dar. Mit der Produktionsplanung und -steuerung wird die gesamte Auftragsabwicklung von der Angebotsbearbeitung bis hin zum Versand unterstützt.

Die Aufgaben der PPS teilen sich auf in die **auftragsneutrale Fertigungsplanung** und die **auftragsabhängige Fertigungssteuerung**. Die sich in Bild 1 ergebenden Aufgaben der PPS werden durch sehr komplexe rechnerunterstützte **PPS-Programme** (→ 7) bewältigt.

Fertigungsplanung

Zu den Aufgaben der **auftragsneutralen Fertigungsplanung** zählen die nachfolgend beschriebenen Aufgaben:

- **Erzeugnisplanung**: Mit ihr wird eine systematische Suche und Auswahl zukunftsträchtiger Produktideen durchgeführt. Mit Hilfe von Marktanalysen oder statistischen Auswertungen bisher bearbeiteter Aufträge wird das Produktspektrum festgelegt.
- **Ablaufplanung**: Mit der Festlegung des zu produzierenden Spektrums an Erzeugnissen aus der Erzeugnisplanung erfolgt die Planung des Fertigungsablaufes. Hierbei wird durch die Festlegung des Material- und Informationsflusses der Arbeitsprozess in der Produktion gestaltet. Mit der Ablaufplanung erfolgt auch eine Bestimmung des Fertigungsprinzips entsprechend der Werkstattfertigung, Gruppenfertigung oder der Fließfertigung (→ 9.1).
- **Arbeitsmittelplanung**: Die Arbeitsmittelplanung ergibt sich aus der Erzeugnis- und Ablaufplanung. Mit dieser Planung werden alle benötigten Maschinen, Vorrichtungen, Werkzeuge u.a. für die entsprechenden Arbeitsplätze bestimmt (→ 7.2).

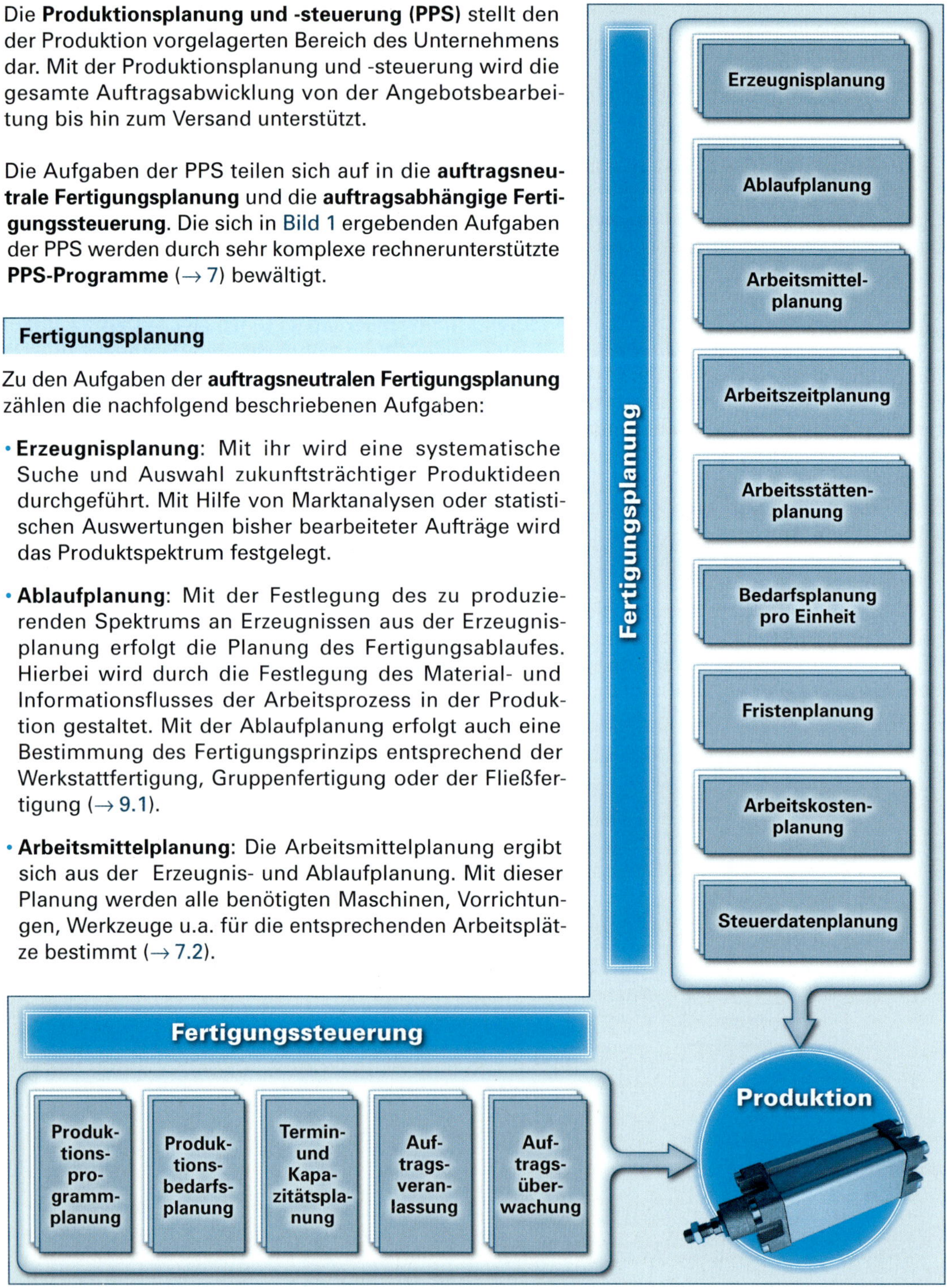

Bild 1: Aufgaben der Produktionsplanung und -steuerung

- **Arbeitszeitplanung**: Die Arbeitszeitplanung in einem Unternehmen erfolgt mit Hilfe des Betriebskalenders. Mit dieser Kalenderform wird festgelegt, an welchen Tagen im Jahr gearbeitet wird bzw. an welchen Tagen der Betrieb geschlossen ist. Die Tage, an denen gearbeitet wird, werden fortlaufend nummeriert (→ 1.5). Durch die Arbeitszeitplanung erfolgt auch eine Festlegung der Arbeitszeit pro Arbeitsplatz (7.2.3). So kann über jeden Arbeitsplatz ausgesagt werden, in wie viel Schichten mit welchen Pausenzeiten am Tag bzw. in der Nacht gearbeitet wird.
- **Arbeitskostenplanung**: Damit werden die grundsätzlichen Arbeitskosten eines Arbeitsplatzes ermittelt. Wesentlicher Bestandteil der auftragsneutralen Arbeitskostenplanung ist die Festlegung der Lohnkosten und Maschinenstundensätze sowie der Gemeinkostenzuschläge pro Arbeitsplatz (→ 7.5).
- **Steuerdatenplanung**: Die Bestimmung des Informationsflusses erfolgt über die Steuerdatenplanung. Hierbei werden alle Kommunikationsformen zwischen Mensch, Maschine, Transportmittel, Handhabungsgeräten u.a. festgelegt und aufeinander abgestimmt (→ 6.2).

Fertigungssteuerung

Die **auftragsabhängige Fertigungssteuerung** spiegelt den Hauptinformationsfluss vom Auftragseingang bis zur Einlagerung des fertigen Produktes wieder. Die Fertigungssteuerung beinhaltet somit die nachfolgend beschriebenen Kernaufgaben der Produktionsplanung und -steuerung (Bild 1).

- **Produktionsprogrammplanung**: Dadurch werden die herzustellenden Erzeugnisse (Primärbedarf) nach Art und Menge bestimmt. Gleichzeitig werden für die Erzeugnisse grobe Planungszeiten definiert. Das Ergebnis der Produktionsprogrammplanung ist der **Produktionsplan**, der verbindlich festlegt, welche Erzeugnisse in welchen Mengen zu welchen Terminen produziert werden sollen (→ 4.2.1).
- **Produktionsprogramm**: Die aus dem Vertrieb geplanten Absatzzahlen können nur dann realisiert werden, wenn die Erzeugnisse sich auch in den jeweils erforderlichen Mengen produzieren lassen. Daher ist eine enge Abstimmung zwischen Vertrieb und Produktion notwendig. Das Ergebnis dieser Abstimmung ist das Produktionsprogramm.
- **Produktionsbedarfsplanung**: Sie umfasst alle Maßnahmen, die zur Ressourcenbereitstellung der Fertigung erforderlich sind (→ 4). Die hierbei betrachteten Ressourcen sind Produktionsmittel, Material (Sekundärbedarf), Personal, Transportmittel u.a. (→ 4.3).

  Die Hauptfunktion der Produktionsbedarfsplanung ist die Mengen- und Terminplanung. Mit der **Mengenplanung** (→ 4.1) wird aus dem Primärbedarf (Erzeugnisbedarf) des Produktionsprogramms der erforderliche Sekundärbedarf (Bedarf an Fremdbezugs- und Eigenfertigungsteilen) bestimmt.

  Die **Terminplanung** stellt die zeitlichen Zusammenhänge zwischen den Fertigungsaufträgen her. Durch das Aneinanderreihen von unterschiedlichen Fertigungsaufträgen wird ein Netzplan erstellt (→ 3.2.1)

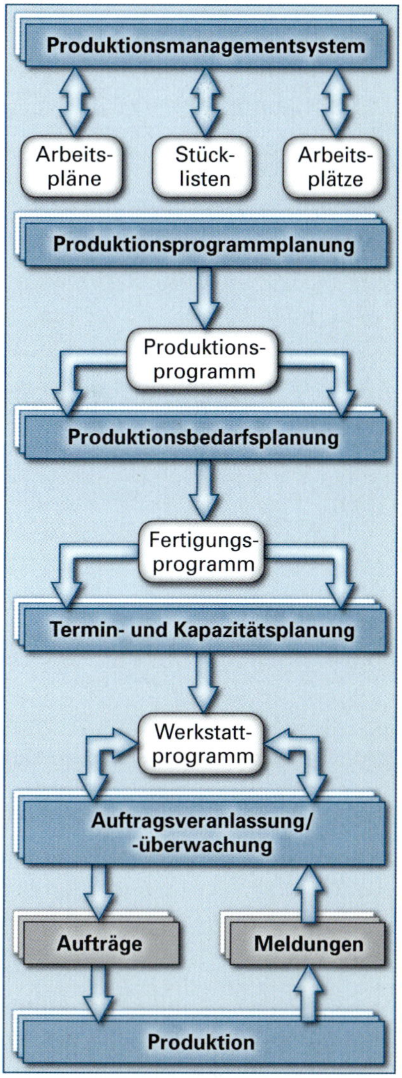

Bild 1: Informationsfluss der Fertigungssteuerung

Mit der Vorwärts- und Rückwärtsterminierung im Netzplan können Anfangs- und Endzeiten sowie mögliche Pufferzeiten für die Aufträge bestimmt werden. Das Ergebnis der Produktionsbedarfsplanung stellt das **Fertigungsprogramm** dar. Mit dem Fertigungsprogramm werden die Fertigungsaufträge für die Arbeitsplanung erstellt.

- **Arbeitsplanung**: Mit dieser Planung (→ 5) wird der Arbeitsprozess eines Auftrages definiert. Bei der **Grobplanung** (Bild 1) werden die Arbeitsplätze in der entsprechenden Fertigungsreihenfolge festgelegt (→ 5.1.4). Die Arbeitsplanung erfolgt ausschließlich für die Eigenfertigungsteile. Hierbei wird für jeden Arbeitsplatz eine Auftrags- und Durchlaufzeitermittlung durchgeführt (→ 5.2.5). Die Zeitermittlung erfolgt über die Durchführung einer **Feinplanung** eines Arbeitsplatzes (→ 5.1.5). Die Grobplanung dient als Grundlage einer Ressourcenfeinplanung und Verfügbarkeitsprüfung der Arbeitsplätze. Aus der Arbeitsplanung wird das **Werkstattprogramm** festgelegt.

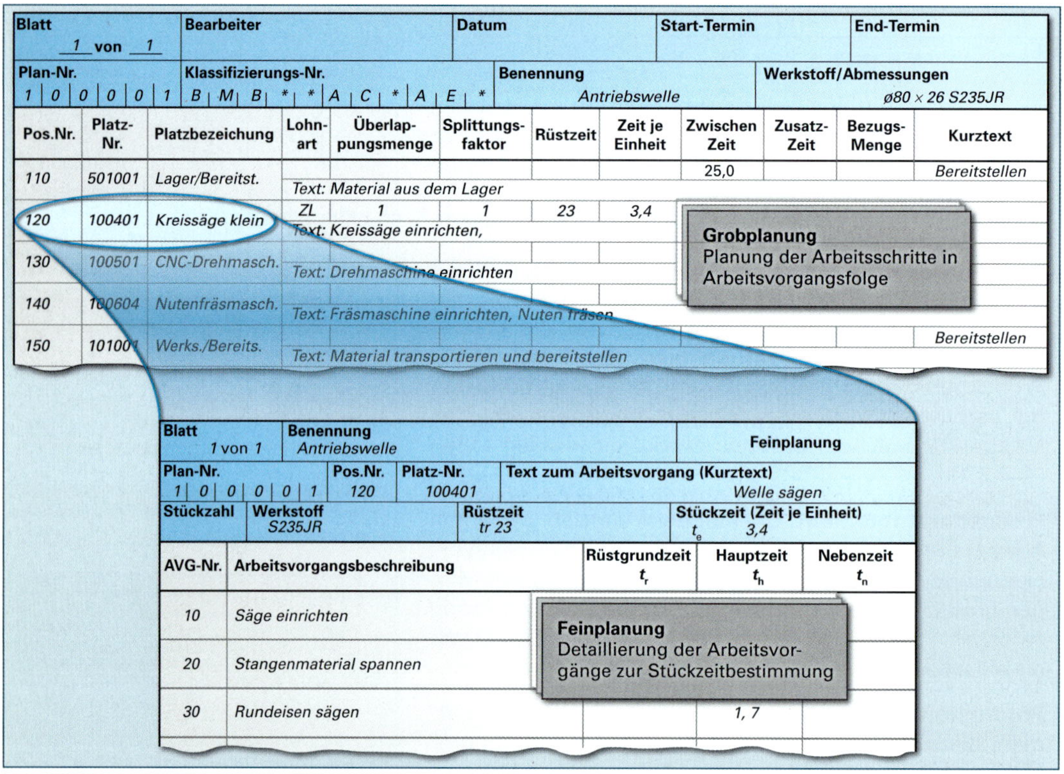

Bild 1: Ausschnitt eines Grob- und Feinplanes

- **Auftragsfreigabe**: Nach der in der Arbeitplanung durchgeführten Feinterminierung und Verfügbarkeitsprüfung werden die Werkstattaufträge zur Bearbeitung in der Produktion frei gegeben. Mit der Auftragsfreigabe erfolgt eine Belegerstellung der Arbeitszuteilung. Die hauptsächliche Aufgabe der Auftragsfreigabe besteht in der Weitergabe der abzuarbeitenden Werkstattaufträge aus dem Werkstattprogramm durch die „Freigabe“. Mit dieser Freigabe wird gleichzeitig sichergestellt, dass die benötigten Arbeitsbelege den entsprechenden Arbeitsplätzen zugeteilt werden.

- **Auftragsüberwachung**: Hier wird eine ständige Überwachung des freigegebenen Auftrages im Hinblick auf die geforderte Menge und den einzuhaltenden Fertigungstermin durchgeführt. Bei festgestellten Soll-Ist-Abweichungen werden von der Auftragsüberwachung entsprechende Gegenmaßnahmen eingeleitet.

2.3 Produktionsmanagement im Unternehmen

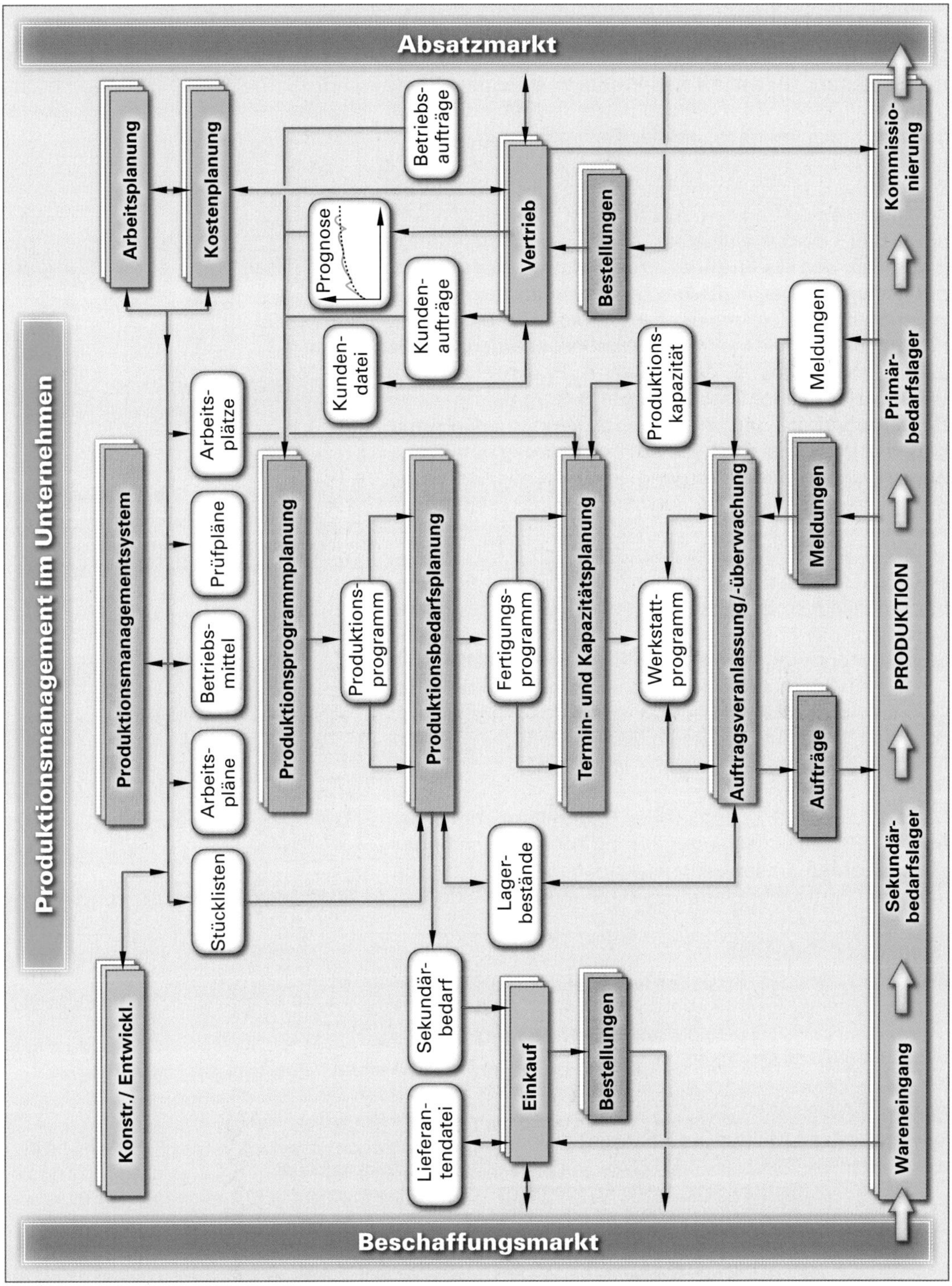

Bild 1: Produktionsmanagement im Unternehmen

Das **Produktionsmanagement im Unternehmen** (Bild 33/1) stellt eine erweiterte Form der Produktionsplanung und -steuerung dar. Während die Produktionsplanung und -steuerung schwerpunktmäßig alle Planungsaufgaben für die Produktion der Aufträge übernimmt und mit den Ergebnissen der Planung die Fertigungs- und Montagebereiche steuert, findet bei den Produktionsmanagementsystemen eine Erweiterung u.a. durch die Einbindung des Einkaufes, des Vertriebs und der Kostenplanung statt.

Das Produktionsmanagement findet zwischen dem **Beschaffungsmarkt** und dem **Absatzmarkt** statt. Hierbei läuft der in Bild 1 dargestellte Materialfluss vom **Beschaffungsmarkt** über den Wareneingang zum **Sekundärbedarfslager** des Unternehmens. In diesem Lager werden alle fremdbezogenen Teile, Baugruppen oder Rohstoffe für die Produktion eingelagert. Die Weitergabe der **Sekundärbedarfsteile an die Produktion** erfolgt nach der **Auftragsfreigabe** der **Werkstattaufträge**. Das gefertigte Erzeugnis stellt den **Primärbedarf** dar und wird entsprechend in das **Primärbedarfslager** eingelagert. Mit der Auslagerung der Erzeugnisse findet als letzter Vorgang eine **Kommissionierung** statt. Hierbei werden die unterschiedlichen Erzeugnisse in verschiedenen Mengen auftragsbezogen bereitgestellt.

Die Grundlage des Informationsflusses für den Ablauf eines Produktionsmanagementsystems bildet die **Stammdatenverwaltung** in einer **zentralen Datenbank** (→ 7.2). Die Stammdaten setzen sich aus den **Baukastenstücklisten** (→ 7.2.4), den **Arbeitsplänen** (→ 7.2.5), den **Produktionsmitteln** und **Arbeitsplätzen** (→ 7.2.3) sowie den **Prüfplänen** zusammen. Diese Stammdaten bilden den Informationspool für alle betrieblichen Bereiche (→ Bild 33/1).

Mit dem im Bild 31/1 dargestellten **Hauptinformationsfluss** über die Produktionsplanung bis hin zur Auftragsüberwachung werden die jeweiligen Aufgaben der auftragsabhängigen Fertigungssteuerung durchlaufen (→ 2.2).

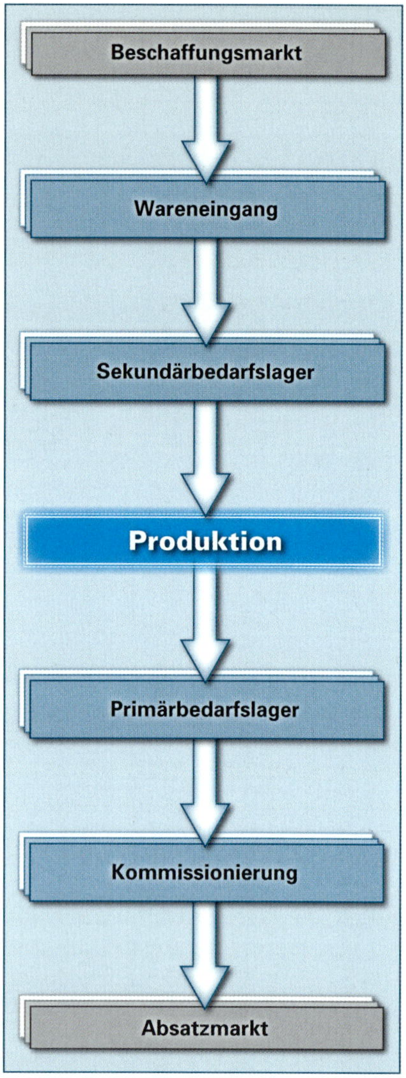

Bild 1: Materialfluss

Fragen und Aufgaben

1 Erläutern Sie den Einsatz von rechnerunterstützten Systemen im Produktionsprozess.

2 Begründen Sie, warum die Aufgaben der Fertigungssteuerung auftragsabhängig sind.

3 Beschreiben Sie die Ablaufplanung als Aufgabe der Fertigungsplanung.

4 Welche Gründe führen zur Einführung eines Betriebskalenders im Unternehmen?

5 Wodurch unterscheidet sich die Erzeugnisplanung von der Produktionsprogrammplanung?

6 Welches Ziel verfolgt die Produktionsprogrammplanung?

7 Welche Aufgabe erfüllt die Produktionsbedarfsplanung in einem Unternehmen?

8 Mit welcher Methode können die Anfangs- und Endzeiten bei der Terminplanung bestimmt werden?

9 Für welche Teile erfolgt die Arbeitsplanung?

10 Wodurch unterscheidet sich der Grobarbeitsplan vom Feinarbeitsplan?

11 Beschreiben Sie die hauptsächliche Aufgabe der Auftragsfreigabe.

12 Erläutern Sie den Materialfluss vom Beschaffungsmarkt bis zum Absatzmarkt.

13 Analysieren Sie den Informationsfluss zwischen Beschaffungs- und Absatzmarkt im Unternehmen mit Hilfe des im Bild 34/1 dargestellten Diagramms.

3 Projektplanung

Der **Aufbau der Firma Spin-Lag GmbH** mit der Ausgliederung der Tochterfirma aus dem Unternehmensverbund der Tüssen AG erfordert zur Einhaltung des Zeitrahmens eine auf die betrieblichen Anforderungen abgestimmte Projektplanung. Der Ablauf der Projektplanung lässt sich in drei zeitliche Abschnitte gliedern.

- **Plandatenermittlung**
- **Planungsdurchführung** (→ 3.2)
- **Projektüberwachung** (→ 3.3)

Der Aufbau der Firma Spin-Lag GmbH für die Produktion der Pneumatikzylinder und Spindellager-Einheiten umfasst die Ausgliederung der Tochterfirma „Spin-Lag GmbH" aus der Muttergesellschaft der „Tüssen AG" (→ 1.1). Sowohl die **Vorplanungen** zum Aufbau der Firma „Spin-Lag GmbH", als auch die **Personalplanungen, Schulungen** und **Produktionsstättenplanungen** erfolgen durch Mitarbeiter der **Muttergesellschaft „Tüssen AG"**.

3.1 Plandatenermittlung

Im Rahmen der Plandatenermittlung sind alle zur Projektabwicklung erforderlichen Tätigkeiten bezüglich der Reihenfolge, des Umfangs und der auszuführenden Kapazitätseinheiten (Personal, Arbeitsplätze, Maschinen) festzulegen. Es ergibt sich eine Aufgabenteilung der Plandatenermittlung, die zur **Strukturplanung** und **Ablaufplanung** des Projekts führt.

3.1.1 Strukturplanung des Projekts

Da ein umfangreiches Projekt oder ein größerer Auftrag in der Regel nicht ohne weiteres überschaubar sind, sollte das Ziel der **Plandatenermittlung** sein ein möglichst **naturgetreues Modell des Projektablaufes** zu erstellen. Hierzu wird im ersten Schritt das Projekt in seiner Struktur analysiert und systematisch in unterschiedliche Teilaufgaben zerlegt.

Das Ergebnis ist der **Strukturplan**. Bild 1 verdeutlicht den Projektstrukturplan für den Ablauf zum Projekt „ Aufbau der Firma Spin-Lag GmbH" mit der Produktion der Pneumatikzylinder. Der dargestellte Strukturplan ist **funktionsorientiert**. Der Projektstrukturplan für Auftragsfertigungen ist dagegen häufig **erzeugnisorientiert**. Werden die Konstruktion und Arbeitsvorbereitung in den Strukturplan einbezogen, so wird häufig eine Mischform aus funktionsorientiertem und erzeugnisorientiertem Strukturplan gebildet.

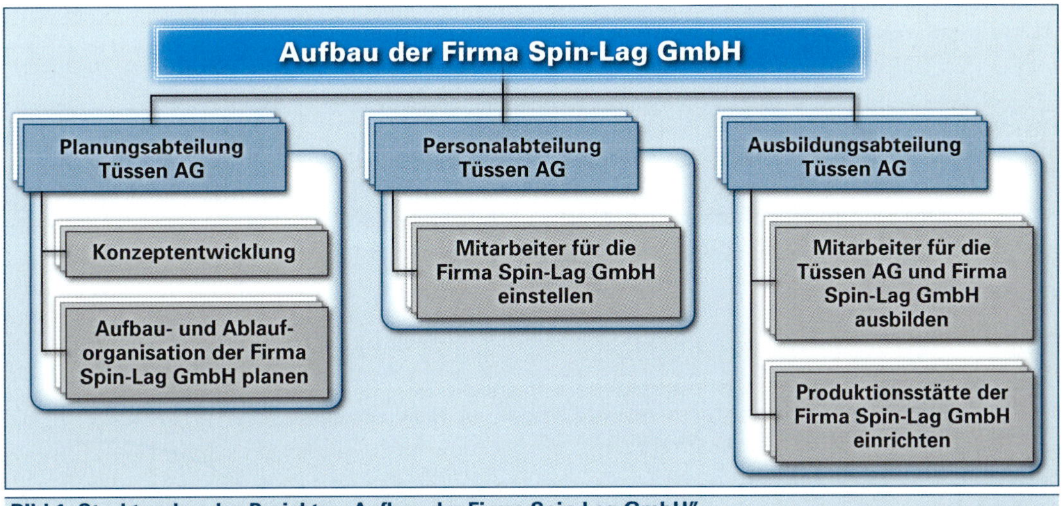

Bild 1: Strukturplan des Projekts „Aufbau der Firma Spin-Lag GmbH"

Ziel des Strukturplanes ist die Ermittlung der durchzuführenden **Arbeitspakete**. Jedes entspricht der Endposition einer Teilaufgabe im **Strukturplan**. Der durch den Strukturplan dargestellte Aufbau der Firma Spin-Lag GmbH erfolgt in der Planungsphase durch drei unterschiedliche Abteilungen der Muttergesellschaft „Tüssen AG". Der Planungs-, Personal- und Ausbildungsabteilung der Tüssen AG werden durch den Strukturplan verschiedene Teilaufgaben für den Aufbau der Spin-Lag GmbH zugewiesen:

- Die **Planungsabteilung der Tüssen AG** ist zuständig für die Konzeptentwicklung und die Planung der Aufbau- sowie Ablauforganisation der Spin-Lag GmbH.
- Die Aufgabe der **Personalabteilung der Tüssen AG** ist die Einstellung von Mitarbeitern für die zukünftige Spin-Lag GmbH im Bereich des Einkaufs, der Arbeitsvorbereitung und des Vertriebs sowie für die Produktion.
- Die **Ausbildungsabteilung der Tüssen AG** ist für die Ausbildung der eigenen Mitarbeiter aus dem Planungsbüro und derjenigen der Tochterfirma sowie die Einrichtung der Firma Spin-Lag GmbH unter Beteiligung der neu eingestellten Mitarbeiter zuständig.

Nachdem der Strukturplan erstellt ist, werden die **Arbeitspakete** in **Vorgänge** aufgelöst. Die in Tabelle 1 aufgeführten Vorgänge stellen die durchzuführenden Tätigkeiten dar und bilden die grundlegenden Bausteine der weiteren Termin- und Kapazitätsplanung.

Arbeitspaket					
Nr.	Bezeichung	Nr.	Bezeichung	Vorgänger	Arbeitszeit in Tage
11	Konzept-entwicklung	111	Konzept entwickeln	–	10
		112	Vorstandsentscheidung bewirken	111	5
12	Mitarbeiter für Spin-Lag einstellen	121	Mitarbeiter für die Verwaltung einstellen	112	60
		122	Mitarbeiter für die Produktion einstellen	112	60
13	Mitarbeiter für Tüssen und Spin-Lag ausbilden	131	Mitarbeiter der Tüssen für die Planung einarbeiten	112	10
		132	Mitarbeiter der Spin-Lag für die Verwaltung einarbeiten	121	40
		133	Mitarbeiter der Spin-Lag für die Produktion einarbeiten	122	10
14	Aufbau- und Ablauforganisation der Spin-Lag planen	141	Aufgabengliederung durchführen	131, 132	5
		142	Funktionsverteilung und Stellenbeschreibung durchführen	141	5
		143	Aufbauorganisation mit Stellenbeschreibung festlegen	142	15
		144	Aufbauorganisation verabschieden	143	5
		145	Ablauforganisation fertig stellen	143	10
		146	Ablauforganisation verabschieden	144, 145	10
		147	Arbeitsanweisungen für alle beteiligten Stellen erstellen	146	5
15	Produktionsstätte der Spin-Lag einrichten	151	Analyse des Produktionsablaufs durchführen	133, 144, 145	5
		152	Arbeitsplätze einrichten	151	30
		153	Lagerstätten, Förder- und Handhabungsanlagen einrichten	152	25
		154	Probelauf und Optimierung durchführen	147, 153	10

Tabelle 1: Vorgangsliste für den Aufbau der Firma Spin-Lag GmbH

3.1.2 Ablaufplanung des Projekts

Mit der Angabe der Vorgänger für die jeweiligen Vorgänge (Tabelle 36/1) kann nun ein Netzplan erstellt werden, aus dem **der logische Ablauf des Projektes** sowie das **Nach- und Nebeneinander der Vorgänge** erkennbar ist.

Die **Netzplantechnik** kann auf drei unterschiedliche Arten durchgeführt werden (Bild 1). Die Entstehung dieser Netzplanarten ist darauf zurückzuführen, dass sie von verschiedenen Unternehmen ungefähr zeitgleich entwickelt wurden. Es wird zwischen folgenden Netzplanarten unterschieden (nach REFA):

- **Vorgangspfeil-Netzplan**
- **Vorgangsknoten-Netzplan**
- **Ereignisknoten-Netzplan**

Alle drei Netzplanarten setzen sich aus zwei formalen Elementen, den **Knoten** und den **Pfeilen** zusammen. Die Knoten stellen die **Verknüpfungspunkte** und die Pfeile die Verbindung zwischen zwei Knoten dar. Durch die Knoten und Pfeile werden die strukturellen Elemente

- Vorgänge,
- Ereignisse und
- Anordnungsbeziehungen

dargestellt. Während der **Vorgang**, wie bereits behandelt, eine Teilaufgabe beschreibt, zeigt das **Ereignis** das Eintreten eines definierten Zustandes, d.h. ein Vorgang wird begonnen oder beendet. Die **Anordnungsbeziehung** beschreibt je nach Netzplanart die Abhängigkeit zwischen zwei Ereignissen oder zwei Vorgängen.

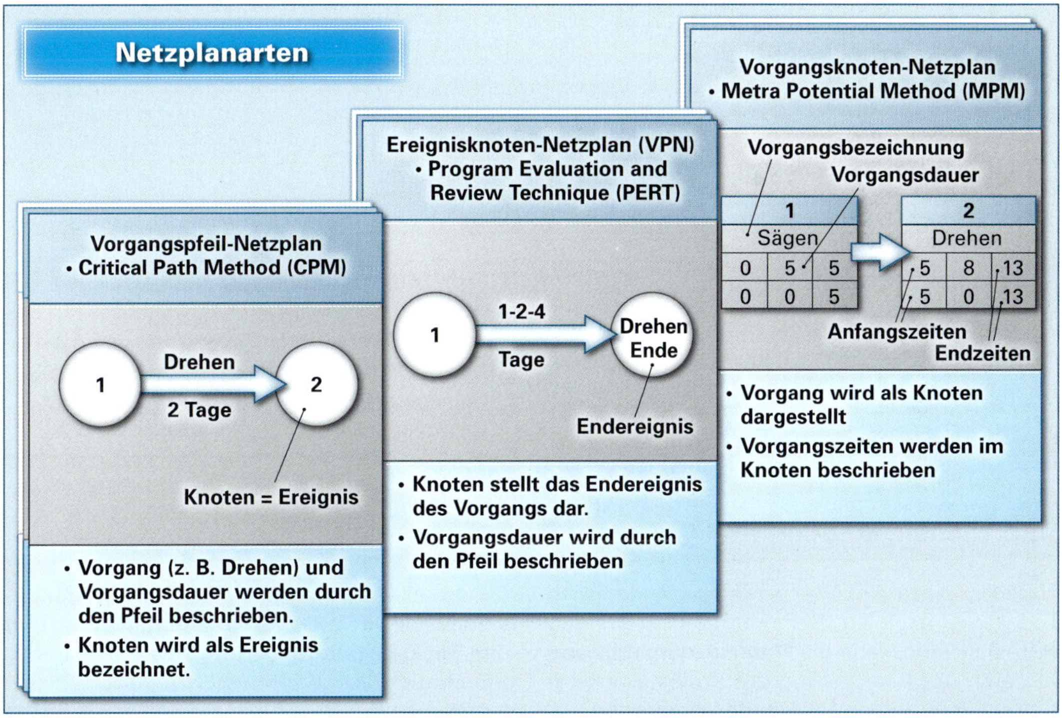

Bild 1: Netzplanarten

Da mit der Anwendung einer bestimmten Netzplanart keine großen Vorteile gegenüber der Anwendung einer anderen verbunden sind, wird nachfolgend die **Terminplanung** für den Aufbau der Firma Spin-Lag GmbH exemplarisch mit dem **Vorgangsknoten-Netzplan** durchgeführt. Bei diesem Netzplan werden die Vorgänge durch Knoten und die Anordnungsbeziehungen durch Pfeile dargestellt. Die Ereignisse werden durch den Vorgang beschrieben.

Nachfolgend werden die Abhängigkeiten der Vorgänge zum Projekt „Aufbau der Firma Spin-Lag GmbH" (Bild 1) nach den Vorgaben der **Vorgangsliste** (→ Tabelle 36/1) für die Arbeitspakete 11, 12 und 13 grafisch dargestellt. Es werden noch keine Terminplanungen vorgenommen.

Zur Einhaltung der Struktur ist es wichtig, dass alle in der Vorgangsliste aufgeführten Vorgängerbeziehungen berücksichtigt werden. Der Buchstabe „A" zeigt eine Weiterführung zu den Vorgängen des Arbeitspakets 14, der Buchstabe „B" leitet zum Arbeitspaket 15 weiter.

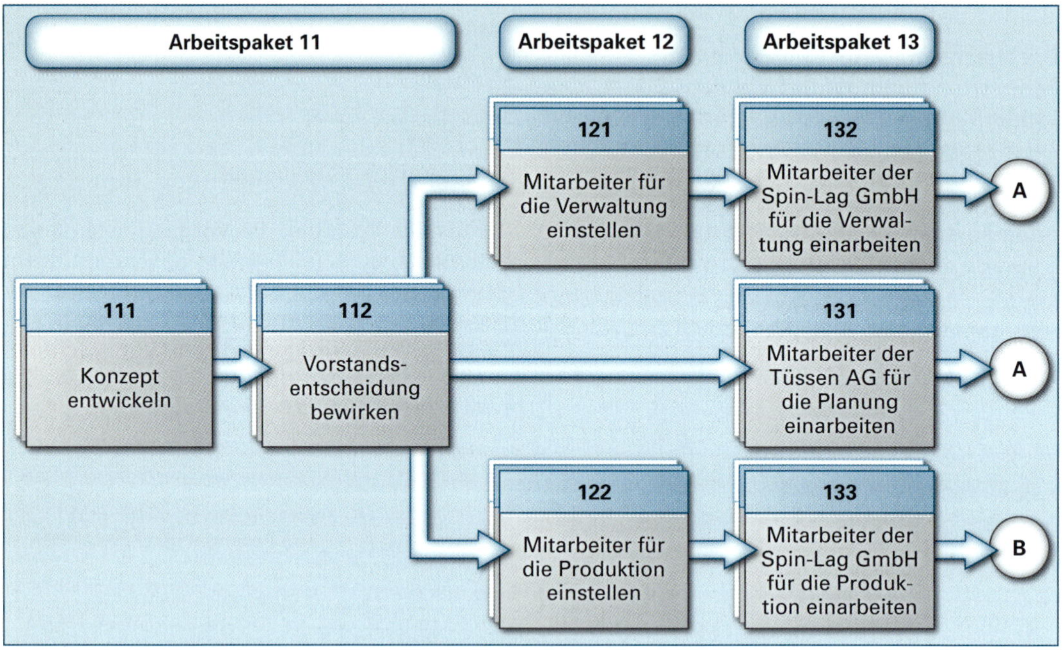

Bild 1: Grafische Darstellung zur Abhängigkeit der Vorgänge

Fragen und Aufgaben

1 Beschreiben Sie das Ziel der Plandatenermittlung.

2 Wodurch unterscheidet sich der erzeugnisorientierte Strukturplan vom funktionsorientierten Strukturplan?

3 Welcher Schritt erfolgt nach der Erstellung des Strukturplanes?

4 Welches Ziel verfolgt die Ablaufplanung eines Projektes?

5 Unterscheiden Sie zwischen dem Vorgangspfeil-Netzplan und dem Vorgangsknoten-Netzplan?

3.2 Planungsdurchführung

Nachdem die zur Projektabwicklung erforderlichen Tätigkeiten nach Art, Reihenfolge und Umfang festgelegt sind, kann die **Planungsdurchführung** erfolgen. Die Realisierung des Projektes erfolgt hierbei unter folgenden **Randbedingungen:**

- Einhaltung eines evtl. vorgegebenen Endtermins
- Berücksichtigung der verfügbaren Kapazitäten sowie der konkurrierenden Projekte

Das Vorgehen der Planungsdurchführung wird in Bild 39/1 verdeutlicht. Hierbei muss zuerst das erstellte **Vorgangsknoten-Netz** terminiert werden. Es wird eine **Vorwärtsterminierung und eine Rückwärtsterminierung** sowie eine **Pufferberechnung** vorgenommen. Im Verlauf dieser Vorgehensweise wird für den jeweiligen Vorgang der früheste und späteste **Anfangs- und Endtermin** sowie der verfügbare **Puffer** bestimmt. Ebenso wird mit dem letzten Vorgang ermittelt, ob ein vorgegebener Endtermin einzuhalten ist. Mit dieser Vorgehensweise werden die Vorgänge des Projektes so eingeplant, als ob unbeschränkt **Kapazitäten** zur Verfügung stehen.

Bei der **Kapazitätsplanung** werden nun für jede **Kapazität** (Personal der Abteilung, Arbeitsplatz, Maschine u.a.) die Anfangs- und Endtermine der jeweiligen Vorgänge eingetragen. Das Ergebnis dieses Planungsschrittes ist die **Belastungsübersicht** der jeweiligen Kapazität. Bei auftretenden **Über- oder Unterbelastungen** kann nun ein **Kapazitätsabgleich** erfolgen, der die entsprechenden **Belastungsschwankungen** abbaut.

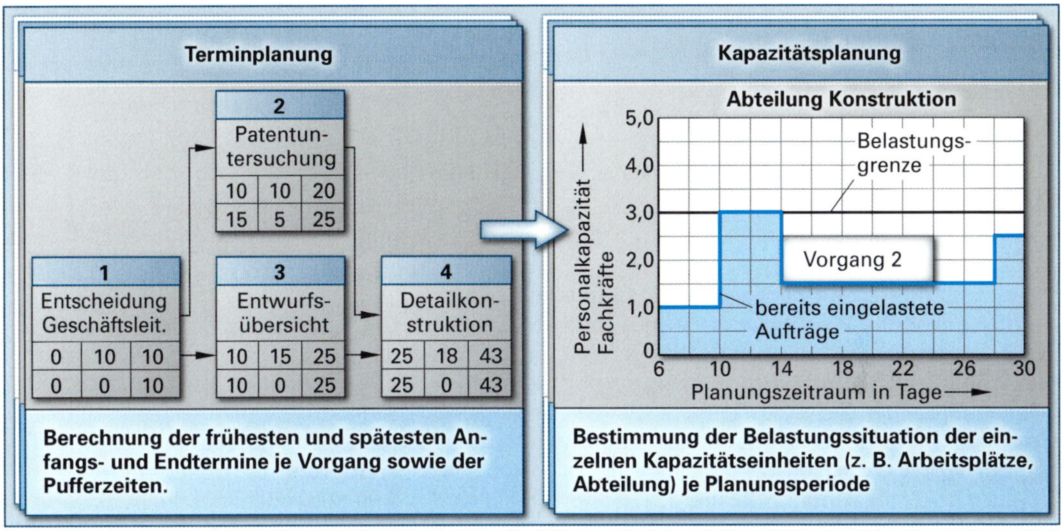

Bild 1: Vorgehensweise zur Planungsdurchführung

3.2.1 Terminplanung

Die **Terminplanung** erfolgt aufgrund einer **Vorwärts- und Rückwärtsterminierung** des Vorgangsknotennetzes. Bild 40/1 zeigt das Ergebnis dieser Vorwärts- und Rückwärtsterminierung zum Projekt „Aufbau der Firma Spin-Lag GmbH" für die Arbeitspakete 11, 12 und 13. Hierbei werden mit dem vorgegebenen Vorgangsknoten-Netz (→ Bild 38/1) zuerst in einer **Vorwärtsrechnung** die frühesten Anfangs- und Endtermine der einzelnen Vorgänge berechnet. In der nachfolgenden **Rückwärtsrechnung** werden die spätesten Anfangs- und Endzeitpunkte bestimmt. Die Differenz der jeweiligen Endzeiten ergibt die Pufferzeit. Vorgänge ohne Pufferzeit sind als kritisch zu betrachten. Mehrere kritische Vorgänge hintereinander bilden einen **kritischen Weg**. (Hinweis: Die spätesten Endzeiten der Vorgänge 131, 132 und 133 im Bild 40/1 wurden den Lösungshinweisen (→ 12.1) entnommen.)

Hinweise zur Vorwärtsterminierung

Die Vorwärtsterminierung beginnt zum Zeitpunkt Null mit der **frühesten Anfangszeit (FAZ)** des ersten Vorgangs. Die Addition der **Vorgangsdauer (D)** mit dem frühesten Anfangszeitpunkt

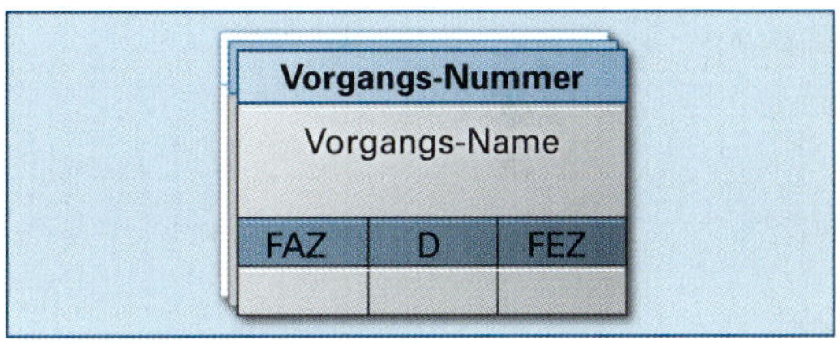

(FAZ) ergibt den **frühesten Endzeitpunkt (FEZ)**. In diesem Projekt entspricht die Vorgangsdauer (D) der Arbeitszeit in Tagen.

FEZ = FAZ + D

Die **Übertragung** des errechneten **frühesten Endzeitpunktes (FEZ)** auf den **nachfolgenden Vorgang** bestimmt die **früheste Anfangszeit (FAZ)** dieses **Vorganges**. Muss die früheste Endzeit auf mehrere Vorgänge übertragen werden, so wird die gleiche Zeit für jeden Vorgang als früheste Anfangszeit eingetragen (Beispiel: Auf Vorgang 112 folgen gleichzeitig die Vorgänge 121, 122 und 131. Hierbei hat jeder der nachfolgenden Vorgänge von 112 die gleiche früheste Anfangszeit). Hat ein Vorgang mehrere Vorgänger, so wird die längste früheste Endzeit auf den Vorgang übertragen.

Hinweise zur Rückwärtsterminierung

Die Rückwärtsterminierung beginnt mit dem letzten Vorgang des Netzplanes. Hierbei wird die ermittelte **früheste Endzeit (FEZ)** mit der **spätesten Endzeit (SEZ)** gleichgestellt. Die Differenz der jeweiligen Endzeiten ergibt die **Pufferzeit (P)**(→ 12.1).

P = SEZ – FEZ

Da die frühesten und spätesten Endzeitpunkte des letzten Vorganges identisch sind, hat der Vorgang am Projektende keinen Puffer. Die **späteste Anfangszeit (SAZ)** wird durch Differenz zwischen der **spätesten Endzeit (SEZ)** und der **Vorgangsdauer (D)** bestimmt.

SAZ = SEZ – D

Die nun stattfindende **Übertragung** der **spätesten Anfangszeit (SAZ)** auf den **Vorgänger** ergibt die **späteste Endzeit (SEZ)** des Vorgängers. Werden durch **Verzweigungen mehrere Vorgangszeiten auf einen Vorgänger** übertragen, so erhält der Vorgänger die jeweils **kleinste späteste Anfangszeit** (Beispiel: Der Vorgang 112 ist der Vorgänger von Vorgang 121, 122 und 131. Vorgang 121 hat eine kleinere späteste Anfangszeit (SAZ) als Vorgang 122 und 131. Entsprechend wird die späteste Anfangszeit von Vorgang 121 mit der spätesten Endzeit von Vorgang 112 gleichgesetzt).

Die Rückwärtsterminierung endet bei dem ersten Vorgang. Das Ergebnis muss für diesen Vorgang eine identische Zeit für den frühesten und spätesten Anfangszeitpunkt sein. Da der erste früheste Anfangszeitpunkt mit Null beginnt, endet die Rückwärtsterminierung entsprechend mit Null für den spätesten Anfangszeitpunkt.

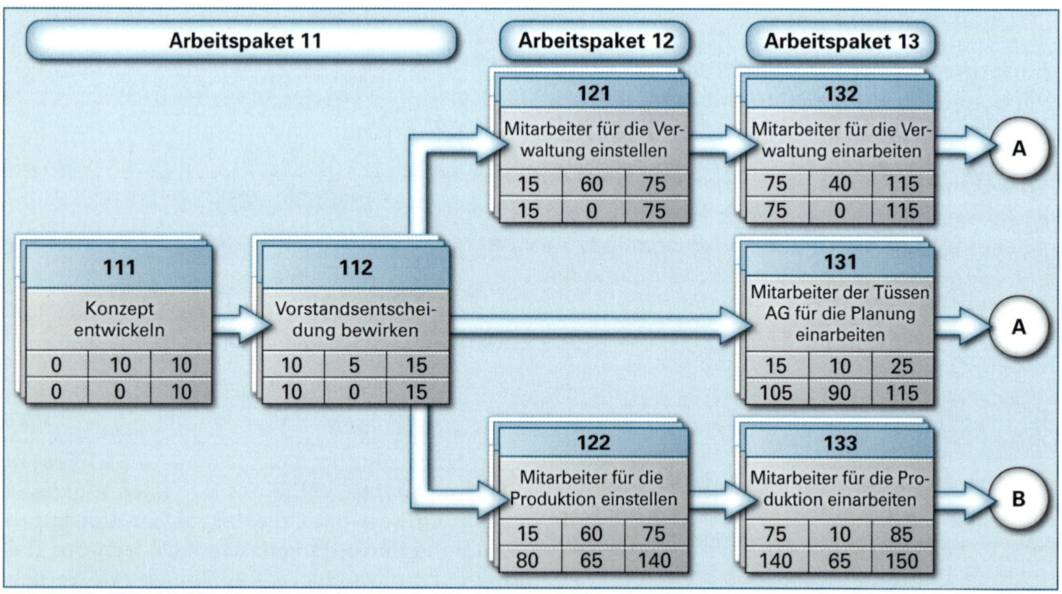

Bild 1: Zeitermittlung zum Projekt „Aufbau der Spin-Lag GmbH"

Arbeitsaufträge zum Projekt „Produktion der Pneumatikzylinder":

3.1 Vervollständigen Sie die Knoten und Anordnungsbeziehungen des in Bild 38/1 dargestellten Netzplanes für das Projekt „Aufbau der Firma Spin-Lag GmbH". Führen Sie ausgehend von den Punkten A und B den Netzplan für die Arbeitspakete 14 und 15 nach der Vorgangsliste (→ Tabelle 36/1) weiter.

3.2 Vervollständigen Sie die Terminplanung für die Arbeitspakete 14 und 15 des in Bild 1 dargestellten Netzplanes. Berücksichtigen Sie die Hinweise zur Vorwärts- und Rückwärtsterminierung.

3.2.2 Kapazitätsplanung

Zur Planung der **Kapazitäten** (Personal der Abteilungen, Arbeitsplätze, Maschinen u.a.) sind zunächst alle Vorgänge für den gegebenen **Planungszeitraum** unabhängig von der **Belastungsgrenze** einzutragen. Es ergibt sich eine **Belastungsübersicht**. Treten Differenzen zwischen einer verfügbaren und einer benötigten Kapazität auf, muss ein **Kapazitätsabgleich** durchgeführt werden. Prinzipiell können dazu zwei Wege beschritten werden:

- **Anpassung der Kapazitätsbedarfs an das Kapazitätsangebot**
- **Anpassung des Kapazitätsangebotes an den Kapazitätsbedarf**

Anpassung des Kapazitätsbedarfs an das Kapazitätsangebot

Zu dem ersten Weg zählt die **Änderung der Projektdaten**, die auf eine **terminliche Verschiebung einzelner Vorgänge** abzielt (Bild 1). Hierbei erstreckt sich die **mögliche Bearbeitungszeit** zwischen der frühesten Anfangszeit (FAZ) und der spätesten Endzeit (SEZ) über einen längeren Zeitraum.

Damit der Termin für das Projektende nicht gefährdet wird, muss die **Verschiebung der Vorgangsdauer** innerhalb eines ermittelten Puffers stattfinden. Der Puffer ergibt sich aus der Vorwärts- und Rückwärtsterminierung (vgl. vorhergehende Seite) und stellt den Zeitraum dar, in dem der Endtermin verschoben werden kann, ohne dass der Anfangstermin des Nachfolgers beeinflusst wird. Eine **Überschreitung der Belastungsgrenze** ist bei diesem Kapazitätsabgleich zu vermeiden.

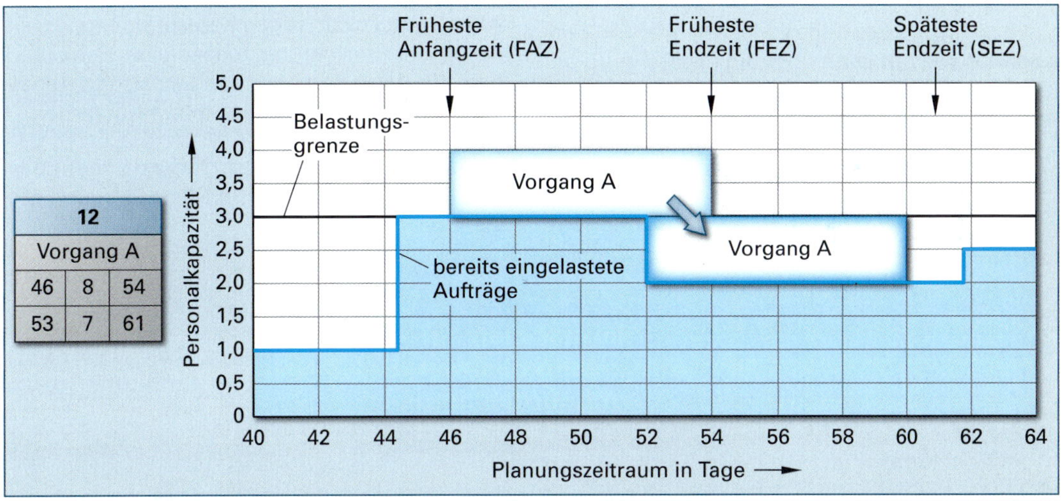

Bild 1: Kapazitätsabgleich durch terminliche Verschiebung des Vorganges

Eine weitere Möglichkeit zur Anpassung des Kapazitätsbedarfs an das Kapazitätsangebot stellt die **terminliche Bündelung oder Streckung des Kapazitätsbedarfs** dar. Bei der **Bündelung** wird die einzulastende Kapazität terminlich verkürzt. Gleichzeitiger muss sich die Kapazitätsmenge erhöhen. Benötigt z.B. eine Person für die Durchführung eines Vorgangs zwei Tage, so kann dieser Vorgang auch von zwei Personen in einem Tag erledigt werden.

Bei der **Streckung des Kapazitätsbedarfs** wird die einzulastende Kapazität auf eine **längere Vorgangsdauer** festgelegt. Bei dieser Maßnahme sind entsprechend weniger Kapazitäten pro Zeiteinheit erforderlich. Bild 42/1 zeigt das Beispiel einer Streckung: Der Vorgang A, für den eine Person 8 Tage (1 Tag = 8 Stunden) benötigt, kann aufgrund des Personalengpasses nur ca. 6 Stunden bearbeitet werden. Dafür benötigt diese Person anstatt 8 Tage nun ca. 11 Tage zur Durchführung des Vorgangs. Gleichzeitig findet eine Verschiebung des Vorgangs statt, da am Anfangszeitpunkt keine Person für die Bearbeitung des Vorgangs zur Verfügung steht

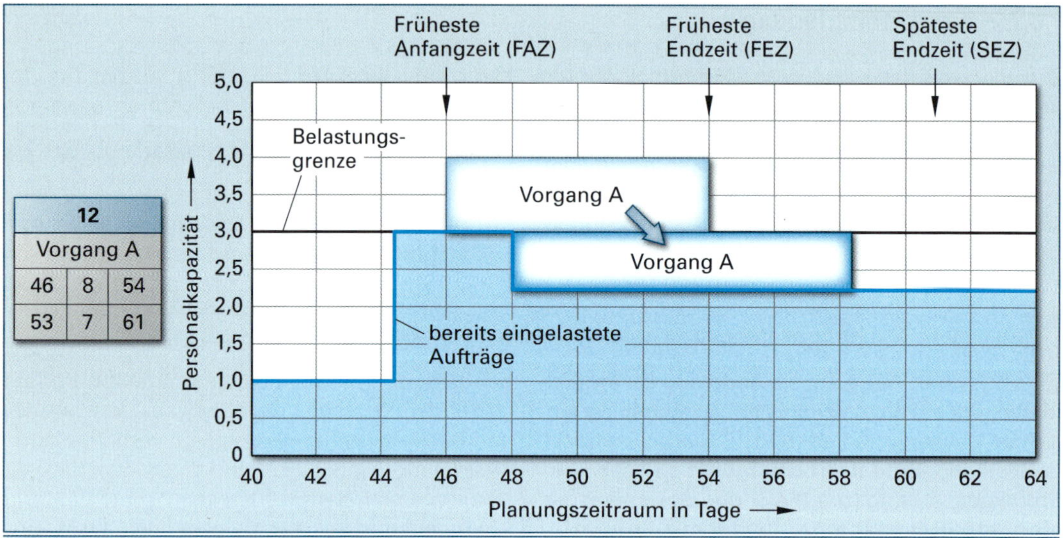

Bild 1: Kapazitätsabgleich durch terminliche Streckung des Vorganges

Anpassung des Kapazitätsangebotes an den Kapazitätsbedarf

Die Anpassung des Kapazitätsangebotes an den Kapazitätsbedarf kann über die nachfolgend genannten Maßnahmen erfolgen (Bild 2):

- **Verlagerung einzelner Vorgänge auf interne oder externe Ausweichkapazitäten**. Unter interner Verlagerung wird die Belastung einer anderen Kapazitätseinheit im Unternehmen verstanden. Eine Fremdvergabe von Vorgängen an andere Unternehmen wird als externe Verlagerung bezeichnet.
- **Abbau von kurzfristigen Kapazitätsengpässen** durch die Einrichtung zusätzlicher Schichten bzw. Überstunden oder der kurzfristige Abbau von Kapazitätsüberschuss durch Kurzarbeit.
- **Abbau von langfristigen Kapazitätsengpässen** durch Investitionen in Menschen und Maschinen.

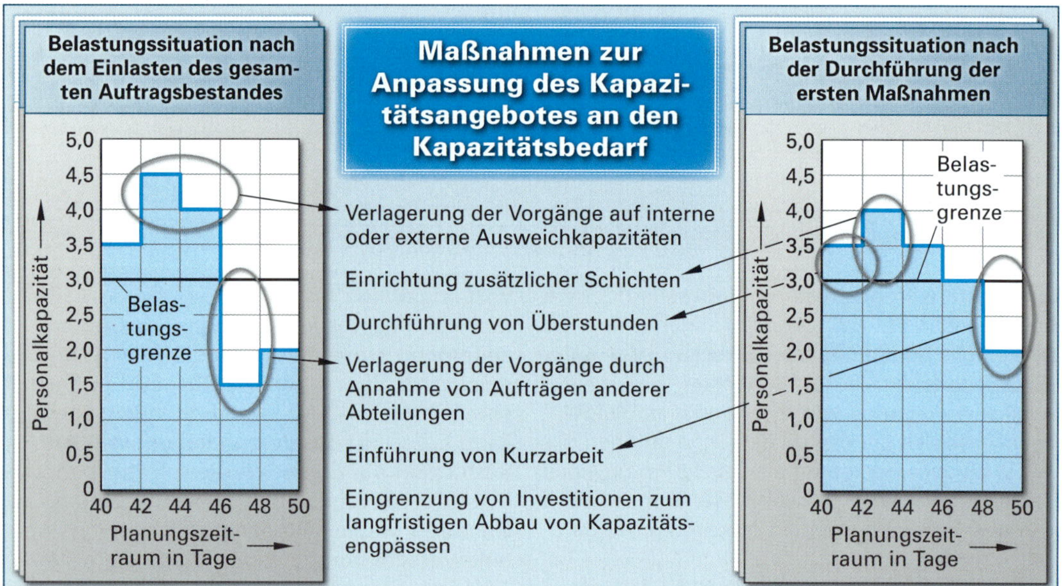

Bild 2: Anpassung des Kapazitätsangebotes an den Kapazitätsbedarf

In der Regel wird versucht, die bisher beschriebe Anpassung des Kapazitätsbedarfs an das Kapazitätsangebot durchzuführen. Welcher Weg jedoch letztendlich gewählt wird, hängt von den spezifischen Vorgaben des jeweiligen Unternehmens ab.

Kapazitätsplanung zum Projekt „Produktion der Pneumatikzylinder"

Die Termin- und Kapazitätsplanung zum Aufbau der Firma Spin-Lag GmbH findet nicht mittels des **normalen Kalenders** statt, sondern erfolgt mit einem auf die Firma Tüssen AG zugeschnittenen **Betriebskalender** (→ 1.5). In diesem Betriebskalender werden nur die Arbeitstage in fortlaufender Nummerierung aufgeführt. Arbeitsfreie Tage im Jahr werden nicht mitgezählt. **Die Planungsarbeiten zum Projekt sollen mit dem 1. Betriebskalendertag (6270. BKT) des Betriebskalenderjahrs 1 beginnen.**

Bild 1 zeigt eine **Belastungsübersicht** der für den Aufbau der Firma Spin-Lag zuständigen Abteilungen im Betriebskalenderjahr 1. Zu erkennen ist hierbei eine Kurve von bereits **eingelasteten** Projekten für die Planungs-, Personal- und Ausbildungsabteilung der Tüssen AG.

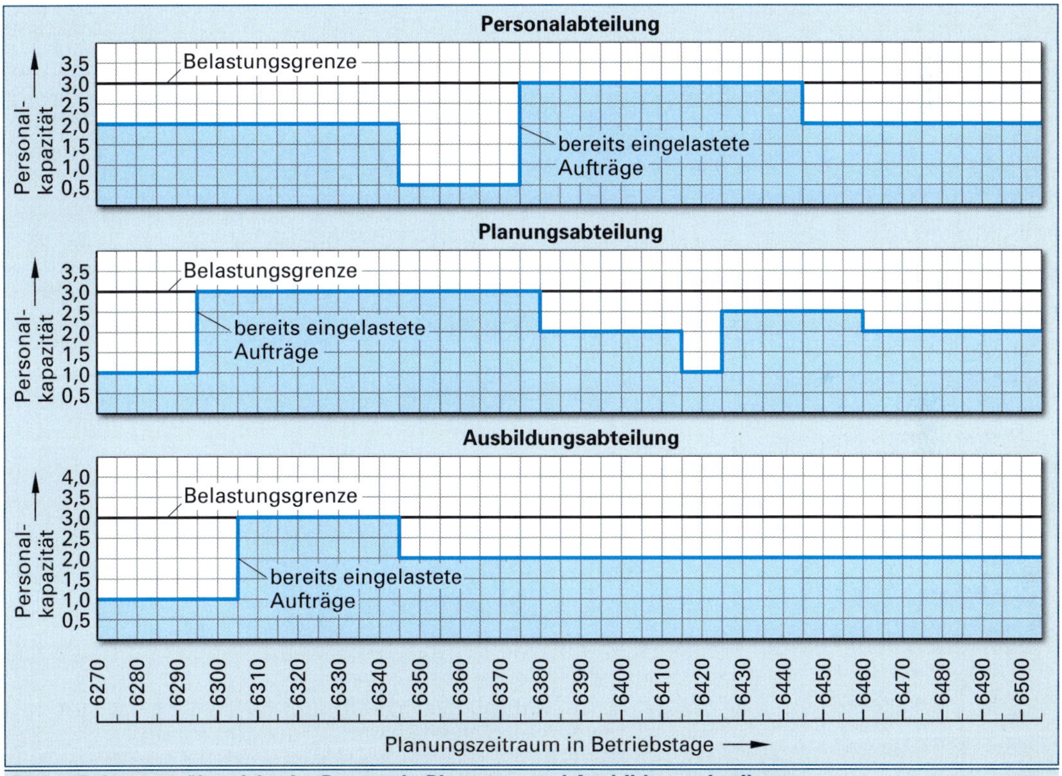

Bild 1: Belastungsübersicht der Personal-, Planungs- und Ausbildungsabteilung

Bild 44/1 beschreibt die **Einlastung der Vorgänge** der Arbeitspakete 11 und 12 zum Aufbau der Firma Spin-Lag GmbH in das bereits vorhandene Belastungsprofil der verschiedenen Abteilungen. Die **Zuordnung der Vorgänge zu den Abteilungen** ist aus dem Strukturplan (→ 3.1.1) zu entnehmen.

Der letzte Schritt der Termin- und Kapazitätsplanung zum Aufbau der Firma Spin-Lag GmbH erfolgt mit der Anfertigung einer Planungsübersicht der durchzuführenden Vorgänge. Aus der im Bild 44/2 vorskizzierten **Planungsübersicht** der Arbeitpakete 11 und 12 ist zu erkennen, zu welchem Zeitpunkt welcher Vorgang ausgeführt werden muss. Hingegen ist bei dieser Übersicht die Anzahl der zu beschäftigenden Personen für den jeweiligen Vorgang nicht erkennbar. Der Übersicht wegen sollten die Vorgänge nach fortschreitendem Anfangstermin angeordnet werden.

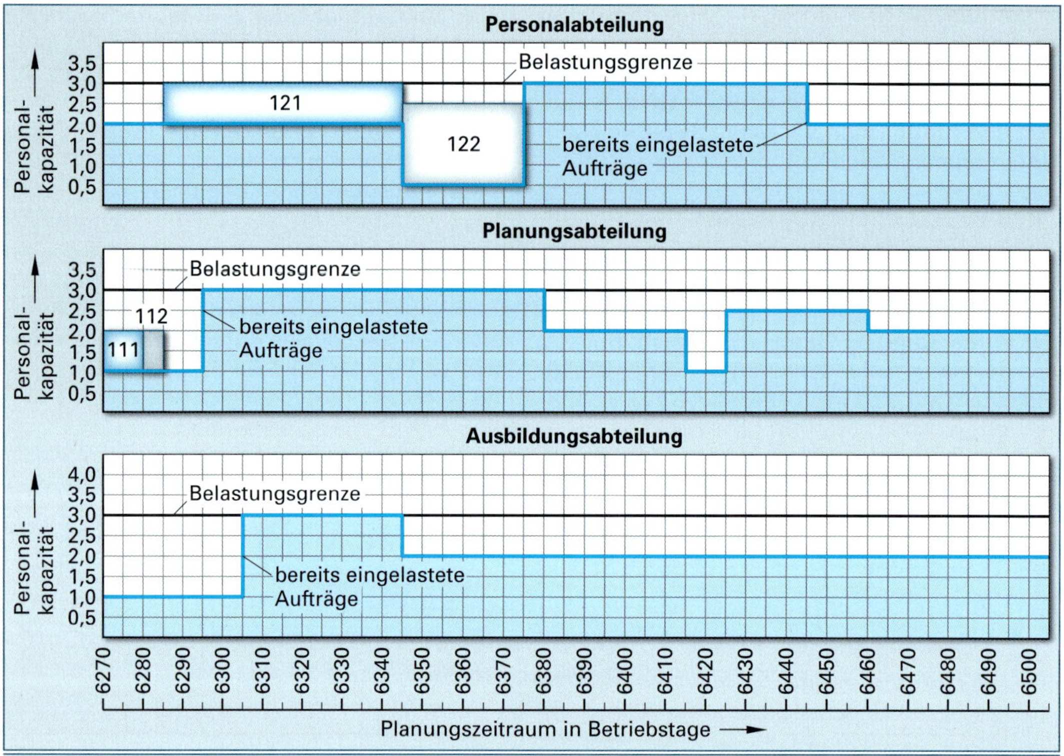

Bild 1: Kapazitätsabgleich zum Aufbau der Firma Spin-Lag GmbH

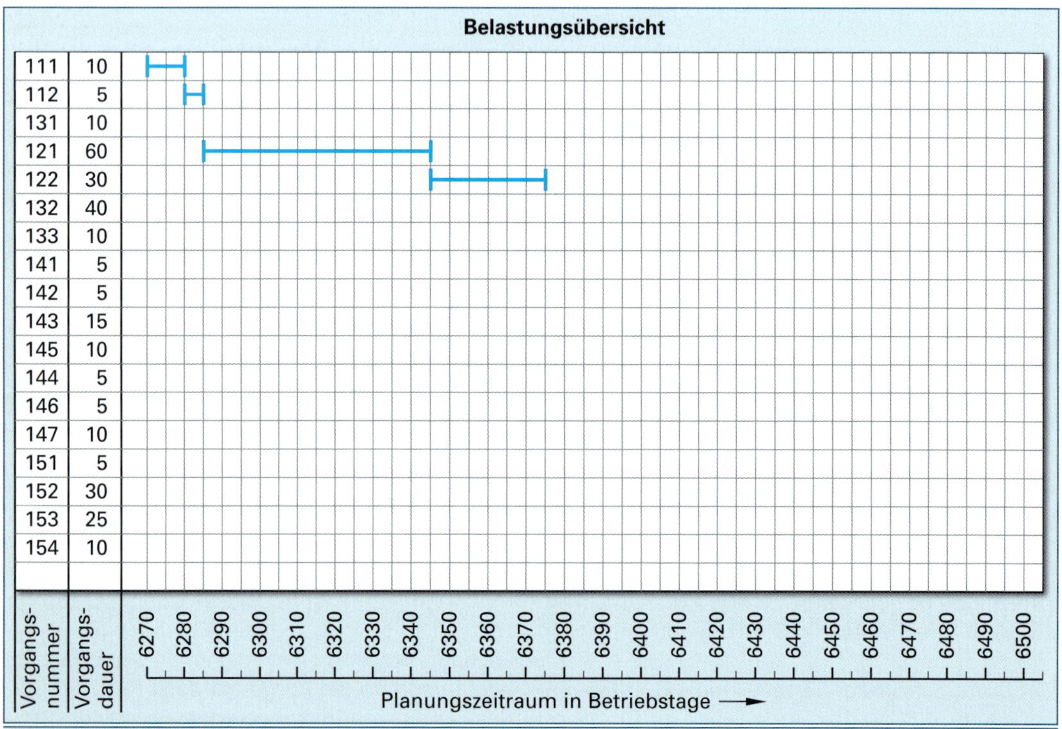

Bild 2: Terminübersicht zum Aufbau der Spin-Lag GmbH

Da in der **Terminübersicht** nur die Durchführung der Vorgänge an den Betriebskalendertagen deutlich wird, kann mit Hilfe des Betriebskalenders (→ 1.5) ein Abgleich des **allgemeingültigen Kalenders** zu den ermittelten **Betriebskalendertagen** erfolgen. **Tabelle 1** enthält eine Terminübersicht der Vorgänge der Arbeitspakete 11 und 12 im ersten Halbjahr des Betriebskalenderjahres 1.

Der Abgleich geschieht durch die Übertragung der in der Terminübersicht festgelegten Anfangs- und Endbetriebskalendertage der jeweiligen Vorgänge. Durch die Übertragung werden die entsprechenden normalen Anfangs- und Endtage der einzelnen Vorgänge ermittelt. Gleichzeitig kann hiermit ein sinnvoller Beginn bzw. Ende der Vorgänge überprüft werden.

Betriebskalenderjahr 1									Tüssen AG									1. Halbjahr
	Januar			Februar			März			April			Mai			Juni		
	Tag	BKT	Vorgang	Tag	BKT	Vorgang	Tag	BKT	Vorgang	Tag	BKT	Vorgang	Tag	BKT	Vorgang	Tag	BKT	Vorgang
Sa																1		
So																2		
Mo	1	Neujahr								1	6334	121				3	6374	122
Di	2	6270	111							2	6335					4	6375	
Mi	3	6271	111							3	6336		1	Maifeier	122	5	6376	
Do	4	6272	111	1	6292	121				4	6337		2	6354		6	Fronlei.	
Fr	5	6273	111	2	6293		1	6313	121	5	Karfrei.		3	6355		7	6377	
Sa	6			3			2			6			4			8		
So	7			4			3			7	Ostern		5			9		
Mo	8	6274	111	5	6294		4	6314		8	Ostern		6	6356		10	6378	
Di	9	6275	111	6	6295		5	6315		9	6338		7	6357		11	6379	
Mi	10	6276	111	7	6296		6	6316		10	6339		8	6358		12	6380	
Do	11	6277	111	8	6297		7	6317		11	6340		9	6359		13	6381	
Fr	12	6278	111	9	6298		8	6318		12	6341		10	6360		14	6382	
Sa	13			10			9			13			11			15		
So	14			11			10			14			12			16		
Mo	15	6279	111	12	6299		11	6319		15	6342		13	6361		17	6383	
Di	16	6280	112	13	6300		12	6320		16	6343		14	6362		18	6384	
Mi	17	6281	112	14	6301		13	6321		17	6344		15	6363		19	6385	
Do	18	6282	112	15	6302		14	6322		18	6345	122	16	Chr. H.		20	6386	
Fr	19	6283	112	16	6303		15	6323		19	6346	122	17	6364		21	6387	
Sa	20			17			16			20			18			22		
So	21			18			17			21			19			23		
Mo	22	6284	112	19	6304		18	6324		22	6347		20	6365		24	6388	
Di	23	6285	121	20	6305		19	6325		23	6348		21	6366		25	6389	
Mi	24	6286		21	6306		20	6326		24	6349		22	6367		26	6390	
Do	25	6287		22	6307		21	6327		25	6350		23	6368		27	6391	
Fr	26	6288		23	6308		22	6328		26	6351		24	6369		28	6392	
Sa	27			24			23			27			25			29		
So	28			25			24			28			26	Pfingst.		30		
Mo	29	6289		26	6309		25	6329		29	6352		27	Pfingst.				
Di	30	6290		27	6310		26	6330		30	6353		28	6370				
Mi	31	6291		28	6311		27	6331					29	6371				
Do				29	6312		28	6332					30	6372				
Fr							29	6333					31	6373				
Sa							30											
So							31											
	BKT: 22			BKT: 21			BKT: 21			BKT: 20			BKT: 20			BKT: 19		

Tabelle 1: Erstes Halbjahr des Betriebskalenderjahres 1 der Tüssen AG

Fragen und Aufgaben

6 Verdeutlichen Sie den Unterschied zwischen dem Kapazitätsbedarf und dem Kapazitätsangebot.

7 Durch welche Maßnahmen kann eine Anpassung des Kapazitätsbedarfs an das Kapazitätsangebot erfolgen? Erläutern Sie die entsprechende Maßnahmen.

8 In der Firma Spin-Lag GmbH erfolgte für einen kurzfristigen Zeitraum in der Planungsabteilung eine zu hohe Auftragseinlastung. Welche Maßnahmen würden Sie als Mitarbeiter der Firma ergreifen?

9 In der Produktionsabteilung ist voraussichtlich über einen längeren Zeitraum eine geringe Auftragseinlastung zu verbuchen. Welche Maßnahme würden Sie als Mitarbeiter Firma in dieser Situation ergreifen?

Arbeitsaufträge zum Projekt „Produktion der Pneumatikzylinder“:

3.3 Vervollständigen Sie für die Vorgänge der Arbeitspakete 13, 14 und 15 (→ Tabelle 36/1) den Kapazitätsabgleich zum Aufbau der Firma Spin-Lag GmbH (→ Bild 44/1) (*Vorlage zum Ausdrucken auf der CD*).

3.4 Ergänzen Sie die Terminübersicht mit den Vorgängen der Arbeitspakete 13, 14 und 15 (→ Tabelle 36/1) zum Aufbau der Firm Spin-Lag GmbH (→ Bild 44/2) (*Vorlage zum Ausdrucken auf der CD*).

3.5 Tragen Sie die ermittelten Vorgangszeiten von allen Vorgängen zum Aufbau der Firma Spin-Lag GmbH (→ Tabelle 36/1) in den dargestellten Betriebskalender des Szenariums (→ Tabelle 21/1, Betriebskalenderjahr 1) ein (*Vorlage zum Ausdrucken auf der CD*).

3.3 Projektüberwachung

Der letzte Block der Projektplanung zum Aufbau der Firma Spin-Lag GmbH bildet die Projektüberwachung. Die Aufgaben in dieser Phase sind gekennzeichnet durch

- die Kontrolle des Projektfortschrittes aufgrund von Anfangsterminen, Bearbeitungszeiten und Endterminen.
- die rechtzeitige Feststellung von auftretenden Abweichungen.
- die Weitergabe der Abweichungen, so dass die veränderten Bedingungen bei der aktuellen Planung mit berücksichtigt werden können.

Festgestellte Abweichungen bei der **Projektabwicklung** von den Sollvorgaben bedeuten in jedem Fall eine Störung der Termin- und Kapazitätsplanung. Dies hat zur Folge, dass die Ergebnisse eines zunächst durchgeführten **Kapazitätsabgleichs** (→ 3.1.2) aufgrund der **Rückmeldungen** ständig überarbeitet werden müssen. Hiermit ergibt sich der in Bild 1 dargestellte Regelkreis zur Projektabwicklung.

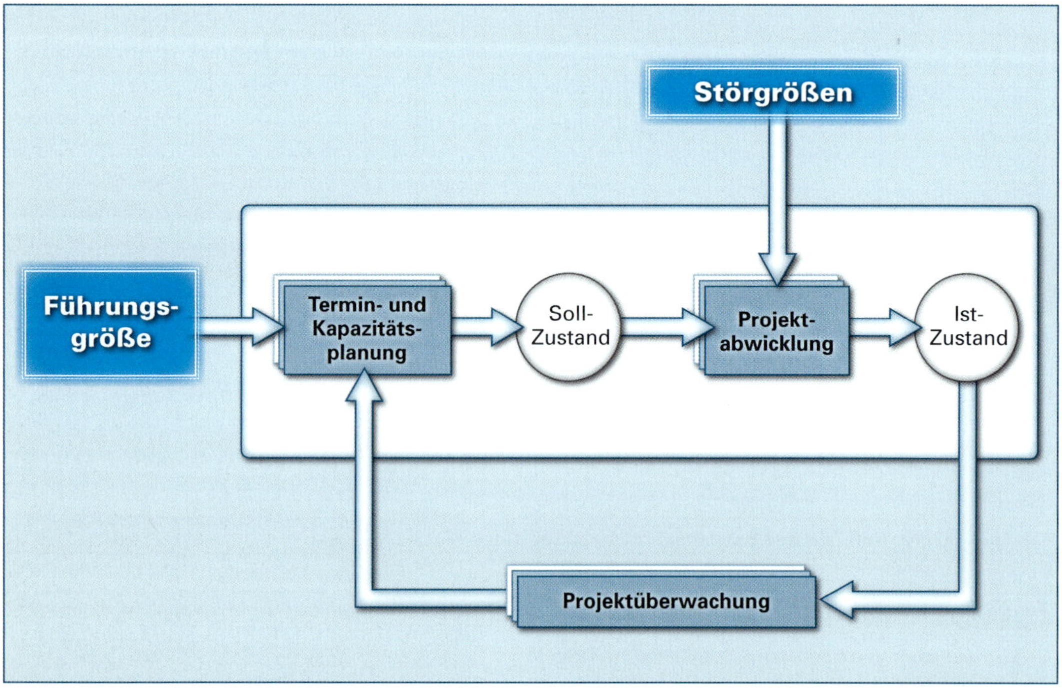

Bild 1: Regelkreis zur Projektabwicklung

Die **Eingangsgrößen** zur Durchführung der Termin- und Kapazitätsplanung werden als **Führungsgrößen** bezeichnet. Sie stellen die zu bearbeitenden Projekte dar. **Abweichungen** von den bei der Planung angenommenen Daten wirken sich direkt als **Störgröße** auf die Termin- und Kapazitätsplanung aus.

Das Ergebnis der Termin- und Kapazitätsplanung ist der **kapazitätsbezogene Terminplan**. Dieser Plan zeigt den **Soll-Zustand**, der als Eingangsgröße für das zweite Element des Systems, die **Projektabwicklung**, notwendig ist. Die Projektabwicklung hat die Aufgabe die Soll-Vorgaben zu realisieren und stellt den ständig zu erfassenden Ist-Zustand dar. Störungen bei der Projektabwicklung (z.B. Ausfall von Kapazitäten) bewirken eine Differenz zwischen dem Soll- und dem Ist-Zustand.

Die Projektüberwachung hat in diesem **Regelkreis** die Aufgabe den **Ist-Zustand** zu erfassen und eine **Abweichung vom Soll-Zustand** an die Termin- und Kapazitätsplanung weiterzugeben.

3.4 Vertiefungsaufgabe: Projektplanung des Projekts „Produktion der Spindel-Lagereinheiten"

Die nachfolgende Vertiefungsaufgabe befasst sich mit der Planung für das Projekt „Produktion der Spindel-Lagereinheiten". Die zur Bearbeitung der Aufgabe notwendigen Informationen können dem Szenarium (→ 1) bzw. der untenstehenden Situationsergänzung entnommen werden.

Situationsergänzung zum Projekt „Produktion der Spindel-Lagereinheiten"

Neben der Produktion von Pneumatikzylindern (→ 1.1) soll in der Firma Spin-Lag GmbH im zweiten Geschäftsjahr mit der Fertigung von Spindel-Lagereinheiten begonnen werden.

Terminplanung

Die **Terminplanung** für das Projekt „Produktion der Spindel-Lagereinheiten" umfasst die Konstruktion, die Arbeitsvorbereitung und Produktion sowie den Vertrieb.

Die Tüssen AG sieht vor, dass das Projekt „Produktion der Spindel-Lagereinheiten" mit dem ersten Betriebskalendertag des Betriebskalenderjahres 2 (6521. BKT) begonnen werden soll. Die bereits ermittelten Plandaten ergeben den in Bild 1 aufgeführten **Strukturplan** zum Projekt „Produktion der Spindel-Lagereinheit". Der Strukturplan verdeutlicht, dass die Planungstätigkeiten zur Produktion der Spindel-Lagereinheiten durch die Muttergesellschaft „Tüssen AG" erfolgen. Die Produktion der Spindel-Lagereinheiten ist auf die Tochterfirma Spin-Lag GmbH beschränkt.

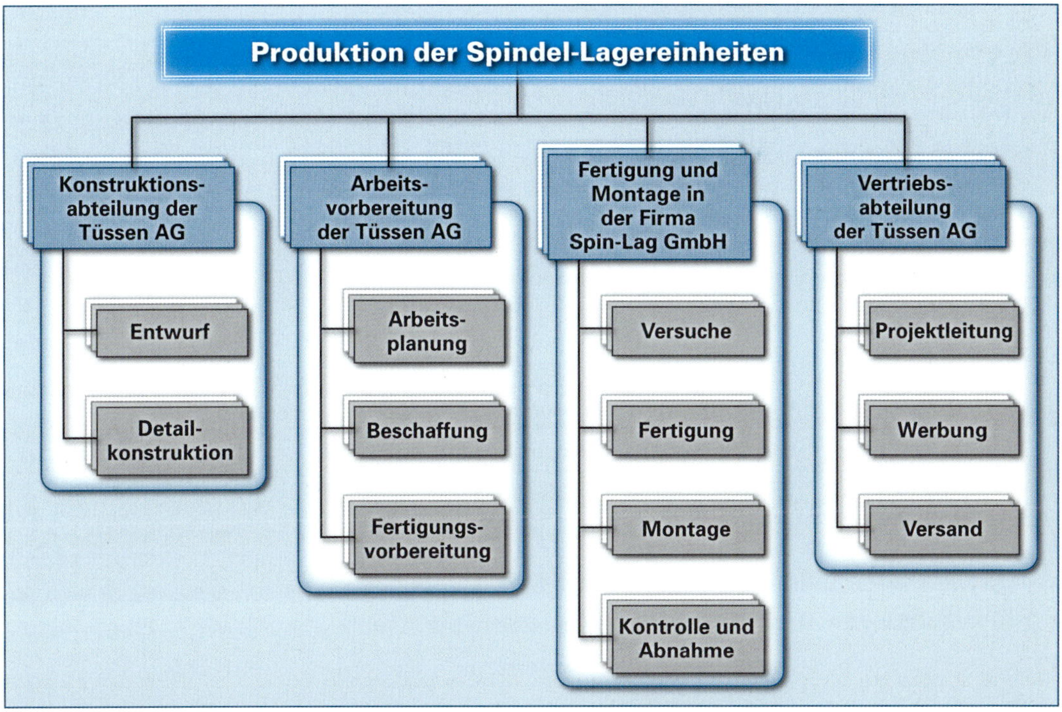

Bild 1: Strukturplan zum Projekt „Produktion der Spindel-Lagereinheit"

Kapazitätsplanung

Die Kapazitätsplanung erfolgt für die Konstruktions- und Vertriebsabteilung sowie bei der Arbeitsvorbereitung der Tüssen AG. Die Kapazitäten für die Produktion der Spindel-Lagereinheiten werden für die Firma Spin-Lag GmbH geplant.

Vorgangsliste

Die Vorgänge zu den jeweiligen Arbeitspaketen des Strukturplanes sind aus der Vorgangsliste Tabelle 1 zu entnehmen. Zu den Vorgängen werden die Vorgänger und die Vorgangsdauer in Tagen angegeben.

Arbeitspaket		Vorgang			
Nr.	Bezeichnung	Nr.	Bezeichnung	Vorgänger	Arbeitszeit in Tage
11	Entwurf	111	Entwurfsübersicht erstellen	211	15
		112	Alternativen auswählen	221, 111, 113	4
		113	Patentuntersuchungen durchführen	211	20
12	Detailkonstruktion	121	Detailkonstruktion durchführen	112	20
		122	Zeichnungssatz serienreif machen	123, 162	15
		123	Stücklisten erstellen	121	8
13	Arbeitsplanung	131	Arbeitspläne erstellen	122	10
		132	Betriebsmittellisten erstellen	122	5
		133	Sonderbetriebsmittel konstruieren, beschaffen und fertigen	132, 151	25
14	Beschaffung	141	Material beschaffen	152	10
15	Fertigungsvorbereitung	151	Termin- und Kapazitätsermittlung	131, 132	5
		152	Materialbedarf ermitteln	151	3
		153	Arbeitsunterlagen erstellen	131, 133, 151	5
		154	Material bereitstellen	141, 133, 153	2
16	Versuche	161	Versuche vorbeiten	121	15
		162	Versuche durchführen	161, 163	25
		163	Muster anfertigen	121	10
17	Fertigung	171	Einzelteile fertigen	154	20
18	Montage	181	Gruppen montieren	154, 191	6
		182	Endmontage durchführen	154, 192	10
19	Kontrolle und Abnahme	191	Einzelteile kontrollieren	171	6
		192	Gruppen kontrollieren	181	2
		193	Enderzeugnis abnehmen	182	5
21	Projektleitung	211	Projektauftrag erteilen	–	2
		212	Erfahrungen auswerten	223, 231	10
22	Werbung	221	Marktstudium durchführen	211	30
		222	Werbung vorbereiten	112, 121, 221	20
		223	Werbung durchführen	162, 222	80
23	Versand	231	Versand durchführen	193	5

Tabelle 1: Vorgangsliste zum Projekt „Produktion der Spindel-Lagereinheit"

Belastungsübersicht

Bild 1 verdeutlicht die **Belastungsübersicht** der Konstruktions- und Vertriebsabteilung sowie der Arbeitsvorbereitung. Jede Abteilung ist mit drei Personen besetzt. Der Starttermin für das Projekt „Produktion der Spindel-Lagereinheiten" ist der 6521. Betriebskalendertag.

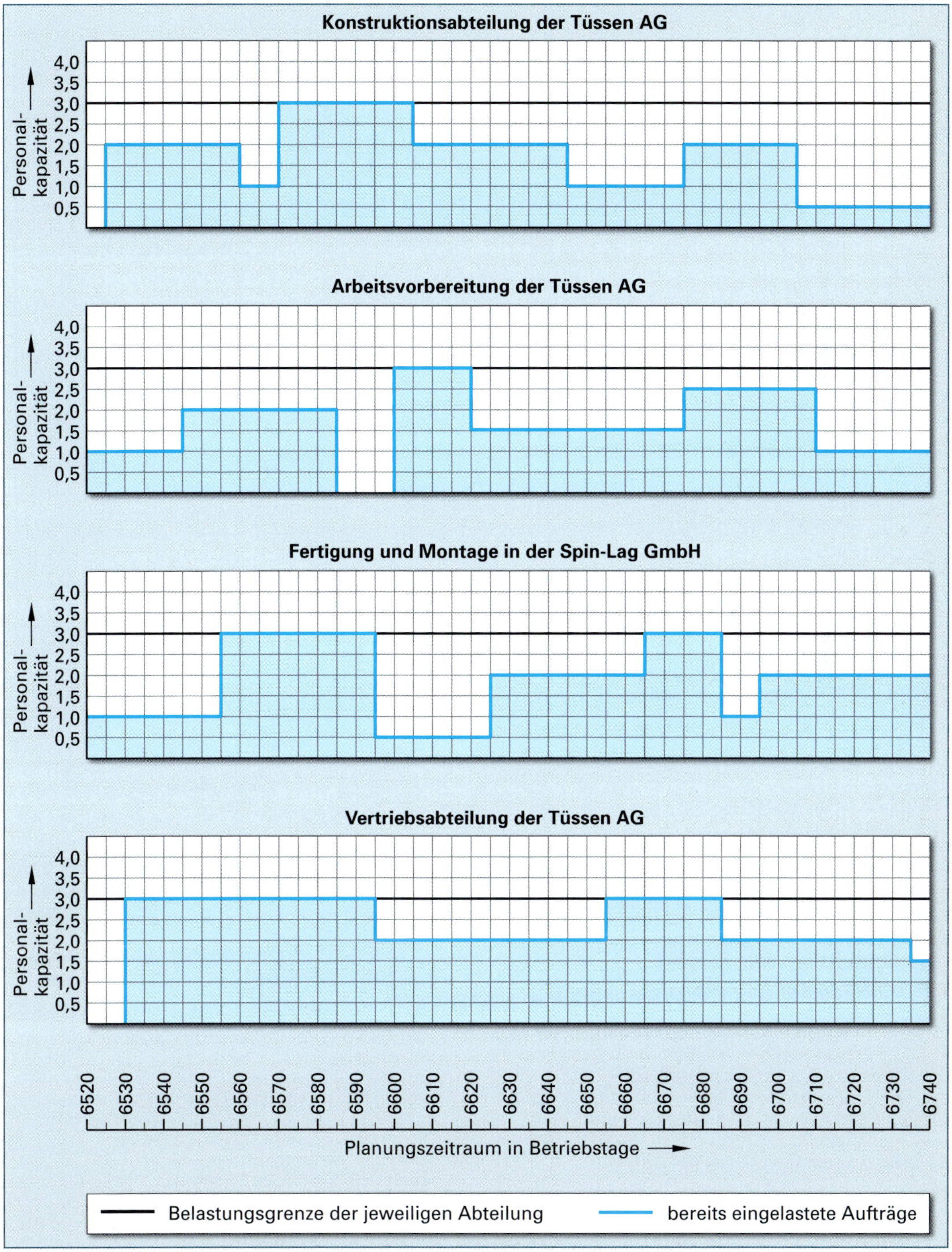

Bild 1: Belastungsübersicht zum Projekt „Produktion der Spindel-Lagereinheit"

Terminübersicht

Die **Terminübersicht** aller Vorgänge des Projekts „Produktion der Spindel-Lagereinheiten" soll in einem Balkendiagramm erfolgen. In Bild 1 ist für das zweite Betriebskalenderjahr das Planungsformular zur Durchführung der Terminübersicht abgebildet.

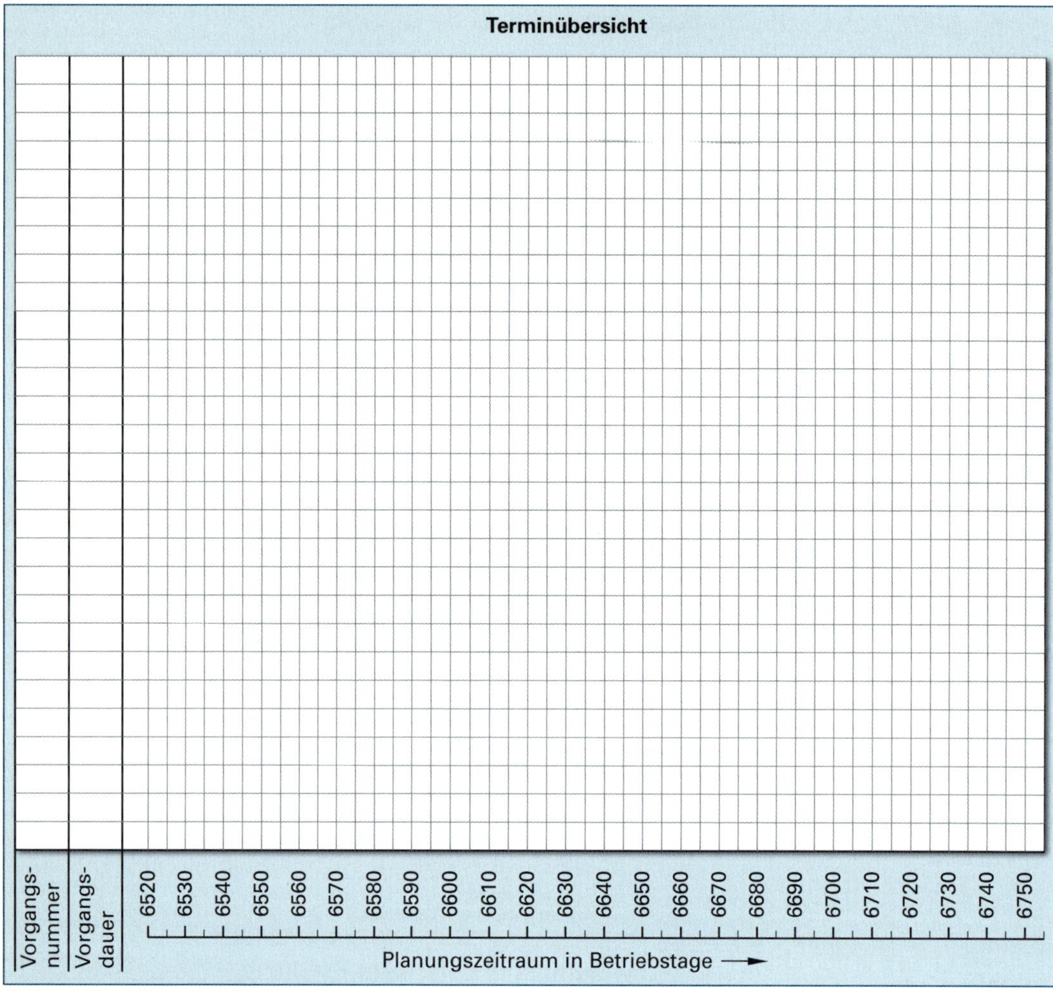

Bild 1: Planungsformular zur Terminübersicht

Arbeitsaufträge zum Projekt „Produktion der Spindel-Lagereinheit":

3.6 Zeichnen Sie mit Hilfe der **Vorgangsliste** zum Projekt „Produktion der Spindel-Lagereinheiten (Tabelle 48/1) ein **Vorgangsknotennetz** (→ Bild 38/1). Übernehmen Sie hierbei lediglich die entsprechende Vorgangsnummer. Optimieren Sie anschließend Ihr Vorgangsknotennetz hinsichtlich der besseren Übersichtlichkeit.

3.7 Zeichnen Sie ein **detailliertes Vorgangsknotennetz** mit Angabe der Vorgangsnummer und Vorgangsbezeichnung. Zeichnen Sie für die **Zeitermittlung** die Kästchen zu den einzelnen Vorgängen (→ Bild 40/1). Führen Sie nachfolgend eine **Vorwärts- und Rückwärtsterminierung durch.**

3.8 Führen Sie mit Hilfe der **Belastungsübersicht** (Bild 49/1) einen **Kapazitätsabgleich** für die Konstruktions- und Vertriebsabteilung sowie für die Arbeitsvorbereitung durch. Verwenden Sie hierfür das in Bild 49/1 abgebildete Planungsformular (*Vorlage zum Ausdrucken auf der CD*)

3.9 Erstellen Sie eine Terminübersicht für alle Vorgänge. Benutzen Sie hierfür das Planungsformular Bild 1 (*Vorlage zum Ausdrucken auf der CD*) und den Betriebskalender im Szenarium (→ 1.5, 2. Betriebskalenderjahr).

4 Produktionsbedarfsplanung

Mit der **Produktionsbedarfsplanung** wird die **mengen- und terminbezogene Erfassung** der für einen Auftrag benötigten Rohteile, Einzelteile und Baugruppen eines Erzeugnisses durchgeführt. Für die Bedarfsplanung werden somit nicht nur die jeweiligen Komponenten des Erzeugnisses in die Planung einbezogen. Eine terminbezogene Bedarfsplanung benötigt als Grundlage darüber hinaus den Ablauf der Fertigung und Montage, damit ein genauer Zeitpunkt für die **Disposition** der Komponenten festgelegt werden kann. Dieser Ablauf wird durch die **Grobarbeitspläne** (→ 5.2) der Einzelteile, Baugruppen und des Erzeugnisses beschrieben. Die **Erzeugnisgliederung** als Grundlage der Produktionsbedarfsplanung verdeutlicht durch die Bildung eines Stammbaumes die einzelnen **Produktionsstufen** bei der Fertigung und Montage eines Erzeugnisses und gibt die benötigten Mengen in jeder Stufe wieder.

4.1 Erzeugnisgliederung und Stücklistenerstellung

Die in Bild 1 dargestellte **Erzeugnisgliederung** verdeutlicht exemplarisch die Struktur des Produktes „Kasten" (E1) durch die Bildung eines Stammbaums. Das Produkt wird in **Baugruppen, Einzelteile** und **Rohteile** gegliedert. Der Aufbau des Stammbaums orientiert sich am Fertigungs- und Montageablauf. Die erste Produktionsstufe stellt mit der Endmontage den zuletzt durchzuführenden Produktionsprozess dar.

Der Beginn der Produktion erfolgt mit der **untersten Stufe.** In dieser Fertigungsstufe wird das fremdbezogene Tiefziehblech (R1) zum Scharnierband (T3) verarbeitet. In der **nachfolgenden Stufe** werden die gefertigten Scharnierbänder (T3) mit den fremdbezogenen Zylinderstiften (T4) zusammengesetzt und als Baugruppe Scharnier (G1) für die Endmontage bereitgestellt. Gleichzeitig wird für diese Produktionsstufe das bereits bezogene Tiefziehblech zum Tiefziehen der Kastenschale benötig. In der **obersten Stufe** werden mithilfe von fremdbezogenen Nieten (T2) die Kastenschalen (T1) mit den Scharnieren (G1) zusammengesetzt.

Die **Mengenangaben** in der Erzeugnisgliederung erfolgen nur für **eine Mengeneinheit** der jeweils übergeordneten Komponente. Betrachtet man die Baugruppe Scharnier, so werden nur zwei Scharnierbänder und ein Zylinderstift für eine Baugruppe angegeben. Die Gesamtzahl der Scharnierbänder und Zylinderstifte erhält man durch eine Mengenmultiplikation der Komponenten.

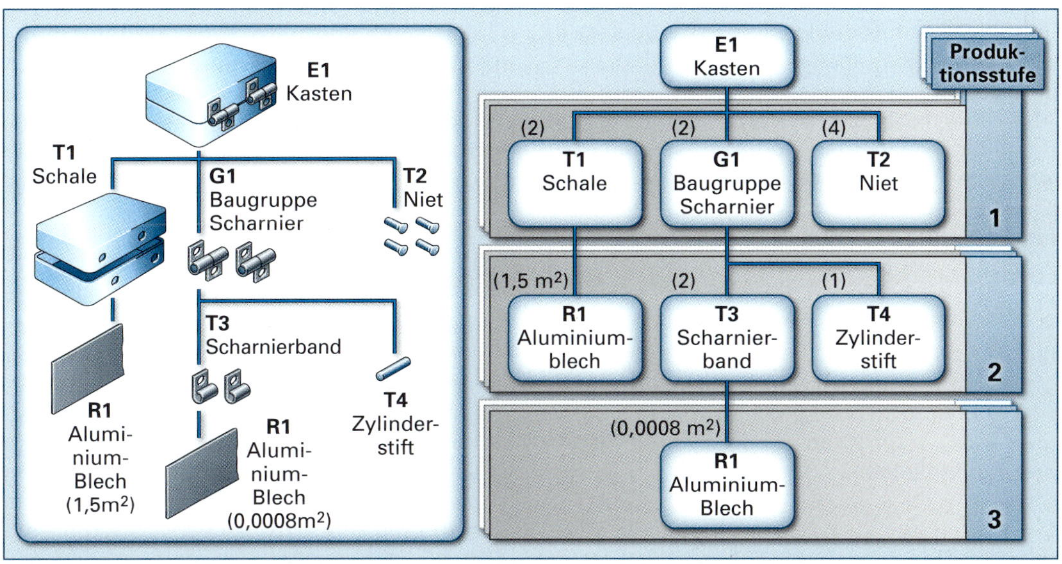

Bild 1: Erzeugnisgliederung des Produktes „Kasten" (E1)

Gegenüber der grafisch angelegten Erzeugnisgliederung gibt die **Stückliste** eine formalisierte Darstellung des Erzeugnisses in Worten und Zahlen wieder. Bild 1 verdeutlicht mögliche Darstellungsformen der Stückliste. Die Stückliste kann sowohl in strukturierter als auch in unstrukturierter Form angelegt werden.

Die **strukturierte Stückliste** beinhaltet eine tabellenförmige Darstellung des Aufbaus eines Erzeugnisses oder einer Baugruppe. Sie stellt neben der Zeichnung den zweiten wichtigen Informationsträger in einem Unternehmen dar. Während die Zeichnung Auskunft über die Gestalt des Erzeugnisses liefert, bildet die strukturierte Stückliste die **Grundlage für die Erstellung der Arbeitspläne** (→ 5.1.2). Die strukturierte Stückliste wird als **Strukturstückliste** oder **Baukastenstückliste** ausgeführt.

Aus der **unstrukturierten Stückliste** ist der Aufbau eines Erzeugnisses oder einer Baugruppe nicht erkennbar. Sie dient als Grundlage für die **Materialplanung** (→ 4.3) und die **Kalkulation** (→ 7.5). Darstellungsformen der unstrukturierten Stückliste sind die **Mengenübersichtsstückliste** und die **Aufzählungsstückliste**.

Bild 1: Darstellungsform für Stücklisten

Pos.	Stufe	Teile-Nr.	Bezeichnung	Menge	ME
1	. 1	T1	Schale	2	St
2	. . 2	R1	Aluminium-Blech	1,5	m^2
3	. 1	G1	Baugruppe Scharnier	2	St
4	. . 2	T3	Scharnierband	2	St
5	. . . 3	R1	Aluminium Blech	0,0008	m^2
6	. . 2	T4	Zylinderstift	1	St
7	. 1	T2	Niet	4	St

Tabelle 1: Strukturstückliste für das Erzeugnis „Kasten"

Strukturstückliste

Die Strukturstückliste ist eine **Darstellung des Erzeugnisses nach Produktionsstufen** und führt wie die Erzeugnisgliederung alle Baugruppen, Einzelteile und Rohteile eines Erzeugnisses in einer Stücklistentabelle auf. Die Strukturstückliste entspricht der Erzeugnisgliederung. Die Abbildung des Erzeugnis-Stammbaums erfolgt durch die Angabe der Produktionsstufen in einem streng formalisierten Aufbau. Aus jeder Strukturstückliste lässt sich somit eine Erzeugnisgliederung erstellen. Die Strukturstückliste ergibt sich, wenn man die Erzeugnisgliederung von oben nach unten durchläuft.

Tabelle 1 zeigt die **Strukturstückliste des Erzeugnisses „Kasten" (E1)**. Die Mengenangabe in der Strukturstückliste erfolgt wie bei der Erzeugnisgliederung bezogen auf die jeweils übergeordnete Komponente.

Der **Vorteil** der Strukturstückliste liegt darin, dass der **Gesamtzusammenhang** des Erzeugnisses erkennbar wird. **Nachteilig** ist, dass durch die Art der **Mengenangabe** die Materialplanung (→ 4.3) **erschwert** wird. Auch wird durch die **mehrfache Aufführung von gleichen Baugruppen** in unterschiedlichen Produktionsstufen die Übersichtlichkeit erschwert. Ebenso erhöht sich die Fehlerrate bei der Eingabe gleicher Baugruppen an unterschiedlichen Stellen der Stückliste.

Baukastenstückliste

Die **Baukastenstückliste** bildet den Aufbau des Erzeugnisses mit **verschiedenen zusammenhängenden Einzelstücklisten** ab. Die Struktur des Erzeugnisses wird somit durch einen **Satz von Baukastenstücklisten** wiedergegeben. Die jeweilige Baukastenstückliste ist grundsätzlich **einstufig** und gibt ausschließlich Baugruppen, Einzelteile oder Rohteile der **nächst tieferen Produktionsstufe** an. Bei mehrstufigen Erzeugnissen entstehen also immer mehrere Baukastenstücklisten.

Der **Zusammenhang der Baukastenstücklisten** stellt sich dar über die **Teile-Nummer** der jeweiligen Stücklistenposition und den Hinweis auf die **Art des Teils**. Handelt es sich um ein Eigenfertigungsteil, so muss eine zugehörige Baukastenstückliste vorhanden sein. Für jede Baugruppe oder jedes eigengefertigte Teil wird immer nur eine Baukastenstückliste erstellt, auch wenn die entsprechende Komponente an mehreren Stellen der Erzeugnisgliederung aufgeführt ist.

Bild 1 zeigt den **Satz von Baukastenstücklisten für das Erzeugnis „Kasten"** (E1). Sowohl das Erzeugnis als auch die Baugruppe Scharnier (G1) enthalten nur die direkt untergeordneten Komponenten. Bei Einzelteilen, die nicht fremd bezogen werden, wird in der Baukastenstückliste das Rohteil mit seinen jeweiligen Maßen angegeben. Die Mengenangabe der Stücklistenpositionen bezieht sich immer auf eine übergeordnete Komponente.

Baukastenstückliste für das Erzeugnis „Kasten" (E1)

Pos.	Teile-Nr.	Benennung	Menge	ME	Hinweis
1	T1	Schale	2	St	E
2	G1	Baugruppe Scharnier	2	St	E
3	T2	Niet	4	St	F

Legende zum Hinweis:
E = Eigenfertigung, F = Fremdbezug

Baukastenstückliste für die Schale (T1)

Pos.	Teile-Nr.	Benennung	Menge	ME	Hinweis
1	R1	Aluminium-Blech	1,5	m^2	F

Baukastenstückliste für die Baugruppe Scharnier (G1)

Pos.	Teile-Nr.	Benennung	Menge	ME	Hinweis
1	T3	Scharnierband	2	St	E
2	T4	Zylinderstift	1	St	F

Baukastenstückliste für das Scharnierband (T3)

Pos.	Teile-Nr.	Benennung	Menge	ME	Hinweis
1	R1	Aluminium-Blech	0,0008	m^2	F

Bild 1: Satz von Baukastenstücklisten für das Erzeugnis „Kasten"

Die Verwendung von Baukastenstücklisten zur strukturierten Darstellung eines Erzeugnisses hat den **Vorteil**, dass mit jeder **Baukastenstückliste** einer eigengefertigten Komponente auch ein zugehöriger **Grobarbeitsplan** (→ 5.2) mit der gleichen Identifizierungs-Nummer aufgeführt wird. Während die Baukastenstückliste Angaben über die Art, Menge und Zusammensetzung der zu produzierenden Einheit enthält, werden mit dem zugehörigen Grobarbeitsplan die benötigten Arbeitsplätze in Arbeitsvorgangsfolge benannt und für den Fertigungsauftrag charakterisiert.

Baukastenstücklisten eigenen sich somit am besten für die **Stücklistenverwaltung in der rechnerunterstützten Produktionsplanung** (→ 7.2.4) sowie als **Informationsmittel für die Arbeitsplätze in der Produktion**. Weiterhin spricht für den Einsatz von Baukastenstücklisten, dass für Einzelteile oder Baugruppen, die sich in einem Erzeugnis wiederholen, nur **eine eindeutige identifizierbare Stückliste** angelegt wird. Aus dem Satz von Baukastenstücklisten, die zu einem Erzeugnis gehören, kann sowohl die Erzeugnisgliederung als auch die Struktur- und Mengenübersichtsstückliste angelegt werden.

Nachteilig bei der Verwendung von Baukastenstücklisten ist die **schwer erkennbare Gesamtstruktur der Fertigung** bei mehrstufigen Erzeugnissen. Ebenso ist wie bei der Strukturstückliste die **Materialplanung** durch die Art der Mengenangabe nur sehr **schwer ausführbar**.

Mengenübersichtsstückliste und Aufzählungsstückliste

Eine Form der unstrukturierten Stückliste stellt die **Mengenübersichtsstückliste** dar. Sie hat einen einfachen Aufbau, bei dem die **Struktur des Erzeugnisses nicht erkennbar** ist. In der Mengenübersichtsstückliste werden alle Baugruppen, Einzelteile und Rohteile eines Erzeugnisses jeweils nur **einmal** aufgeführt, auch wenn sie im Erzeugnis an verschiedenen Stellen wiederholt eingesetzt werden. Die Mengenübersichtsstückliste eignet sich daher für die **Materialplanung** (→ 4.3) und Kalkulation (→ 7.5), da sie einen guten **Überblick der Gesamtmengen** jeder Komponente gibt.

Verbunden mit der Angabe der zu disponierenden Mengen eines Auftrages und der jeweiligen Dispositionstermine stellt die Mengenübersichtsstückliste eine **Zusammenfassung der Bedarfsermittlung nach dem Dispositionsstufenverfahren** (→ 4.3.3) dar. Tabelle 1 zeigt die **Mengenübersichtsstückliste des Erzeugnisses „Kasten"** (E1) für die Losgröße 1.

Pos.	Teile-Nr.	Benennung	Menge	ME
1	G1	Baugruppe Scharnier	2	St
2	T1	Schale	2	St
3	T2	Niet	4	St
4	T3	Scharnierband	4	St
5	T4	Zylinderstift	2	St
6	R1	Aluminium-Blech	3,0032	m^2

Tabelle 1: Mengenübersichtsstückliste für das Erzeugnis „Kasten"

Die **Aufzählungsstückliste** (z.B. die Stückliste der Zusammenbauzeichnung) ist eine reduzierte Form der Mengenübersichtsstückliste. In der Aufzählungsstückliste wird auf die Angabe von Baugruppen verzichtet. Informationen zum Rohteil werden in der Aufzählungsstückliste als zusätzliche Angabe mit der Einzelteilposition aufgeführt (→ Bild 17/1).

Fragen und Aufgaben

1 Wodurch unterscheidet sich die strukturierte Stückliste von der unstrukturierten Stückliste?

2 In einem Erzeugnis werden in drei gleichen Baugruppen mit der Teilenummer G1 fünf gleiche Einzelteile mit der Teilenummer T1 und vier Einzelteile mit der Teilenummer T2 angegeben. Mit welcher Stückzahl werden die Einzelteile jeweils in der Struktur-, Baukasten- und Mengenübersichtsstückliste angegeben?

3 Welchen Vorteil hat der Einsatz der Strukturstückliste gegenüber der Baukastenstückliste?

4 Erstellen Sie aus der in Tabelle 2 aufgeführten Strukturstückliste eine Erzeugnisgliederung und legen Sie einen Satz von Baukastenstücklisten an.

5 Warum werden Baukastenstücklisten bevorzugt in rechnerunterstützten PPS-Systemen eingesetzt?

6 Beschreiben Sie den Einsatzbereich der Mengenübersichtsstückliste.

lfd. Nr.	Struktur	Teile-Nr.	Menge	ME
1	1	G1	1	St
2	2	G2	2	St
3	3	T3	1	St
4	4	R1	250	mm
5	3	T4	2	St
6	4	R2	200	mm
7	2	T2	3	St
8	2	T1	1	St
9	3	R1	300	mm
10	1	T1	1	St
11	2	R1	300	mm
12	1	G2	1	St
13	2	T3	1	St
14	3	R1	250	mm
15	2	T4	2	St
16	3	R2	200	mm

Tabelle 2: Strukturstückliste des Erzeugnisses E2

Arbeitsaufträge zum Projekt „Produktion der Pneumatikzylinder":

4.1 Erstellen Sie eine Erzeugnisgliederung zu dem im Szenarium beschriebenen Pneumatikzylinder (→ 1.2.2).

4.2 Bilden Sie aus der Erzeugnisgliederung des Pneumatikzylinders eine Strukturstückliste und einen Satz von Baukastenstücklisten.

4.3 Listen Sie in einer Mengenübersichtsstückliste die Baugruppen, Einzelteile und Rohteile des Pneumatikzylinders mit den entsprechenden Mengenangaben auf. Berücksichtigen Sie bei der Rohteilmenge einen Verschnitt von 8%.

4.2 Primärbedarfsplanung

Die **Bedarfsermittlung** umfasst die Mengen- und Terminplanung für den **Primärbedarf** und den **Sekundärbedarf**. Unter der **Primärbedarfsplanung** wird die Planung der zu produzierenden Erzeugnisse zusammengefasst. Mit der Durchführung der **Sekundärbedarfsplanung** (→ 4.3) werden die Mengen aller Baugruppen, Einzelteile und Rohteile, die zur Produktion der Erzeugnisse notwendig sind, festgelegt.

In der Materialwirtschaft wird bei der Bedarfsermittlung zwischen zwei Prinzipien unterschieden

- **Deterministische Bedarfsermittlung**
- **Stochastische Bedarfsermittlung**

Bei der **deterministischen Bedarfsermittlung** wird die Losgröße bereits vorliegender Kundenaufträge zugrunde gelegt. Sie wird in der auftragsorientierten Fertigung eingesetzt. Bei der **stochastischen Bedarfsermittlung** wird der Bedarf der Vergangenheit bestimmt und hieraus ein zukünftiger Bedarf vorhergesagt.

4.2.1 Produktionsprogrammplanung

Ausgangspunkt der **Primärbedarfsplanung** ist der **Brutto-Primärbedarf**. Zu dem Brutto-Primärbedarf werden alle **verkaufsfähigen Erzeugnisse** gezählt. Wie groß der Primärbedarf ist, entscheidet die Produktionsprogrammplanung. Bild 1 verdeutlicht die **Aufgaben der Produktionsprogrammplanung**. Mit ihr verbunden sind die **Absatz- und Bestandsplanung** sowie die **Ressourcenplanung**. Ziel dieser Planungstätigkeiten ist die **Brutto- und Nettobedarfsermittlung** der zu produzierenden Erzeugnisse.

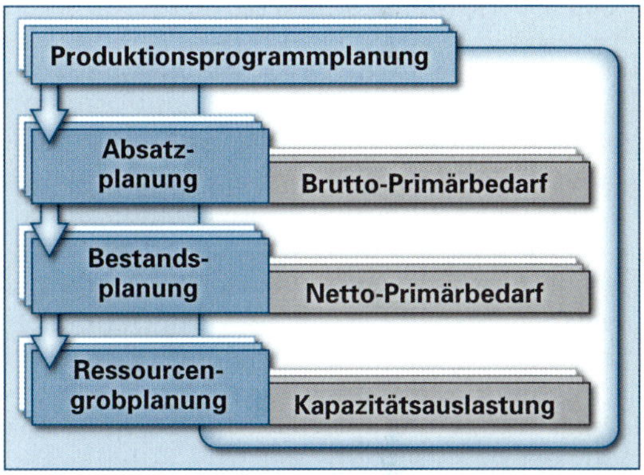

Bild 1: Aufgaben der Produktionsprogrammplanung

Absatzplanung

In der **Absatzplanung** wird bestimmt, welche Mengen der herzustellenden Erzeugnisse in welcher Periode lieferbar sein sollen. Mit der Absatzplanung wird der **Brutto-Primärbedarf** festgelegt. **Grundlage** der Absatzplanung ist entweder die **deterministische Bedarfsplanung** mit den vorliegenden **Kundenaufträgen** oder die **stochastische Bedarfsermittlung**, bei der die Absatzplanung ausschließlich aufgrund einer **prognostizierten Absatzerwartung** erfolgt. Diese setzt sich zusammen aus kundenanonymen Lageraufträgen und den prognostizierten, aber noch nicht vergebenen Kundenaufträgen. Kundenanonyme Lageraufträge werden im Rahmen der **Prognoserechnung** festgelegt. Hierbei wird mit Hilfe von mathematisch-statistischen Methoden auf der Basis von Vergangenheitsdaten ein wahrscheinlicher künftiger Bedarf ermittelt.

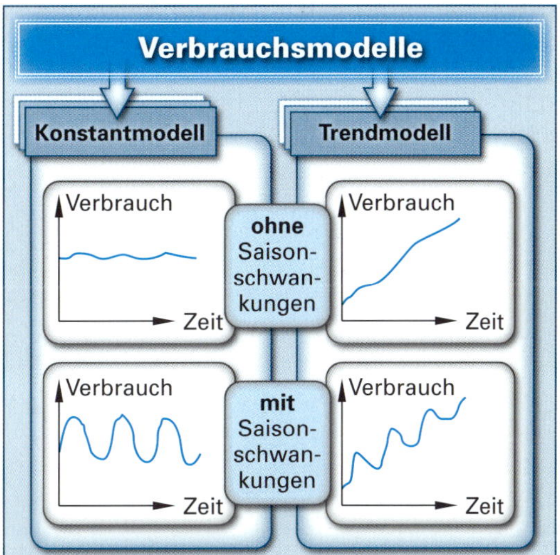

Bild 2: Verbrauchsmodelle im Überblick

In der Auswahl und Anwendung eines geeigneten **Prognoseverfahrens** werden im ersten Schritt alle Verbrauchsmengen über eine festgelegte Periode erfasst. Analysiert man das ermittelte Verbrauchsverhalten, so kann es einem im Bild 2 charakteristischen Verbrauchsmodell zugeordnet werden. Während das **Konstantmodell** von einem relativ konstanten Absatz ausgeht, kann bei dem **Trendmodell** ein steigender oder fallender Absatz verzeichnet werden. Jedes Verbrauchsmodell kann **saisonalen Schwankungen** unterliegen, die zu einem kurzfristigen Ansteigen oder Abfallen des Absatzes führen.

Je nach Verbrauchsmodell eignen sich unterschiedliche **Prognoseverfahren** zur Vorhersage des Absatzes. Zur Erläuterung der Prognoseverfahren bei einen trendförmigen Verlauf der Verbrauchswerte werden die in Tabelle 1 aufgeführten **Verkaufszahlen** der letzten 15 Quartale des in Bild 51/1 beschriebenen **Erzeugnisses „Kasten“** herangezogen.

Lineare Regressionsanalyse

Die **lineare Regressionsanalyse** eignet sich zur Bedarfsermittlung bei einem **trendförmigen Verlauf** des Verbrauchs (→ Bild 55/2). Zugrunde gelegt werden die Absatzwerte der vorhergehenden Perioden. In den trendförmigen Verlauf des Verbrauchsmodells wird eine **Ausgleichsgerade** gelegt, die mithilfe der Methode der kleinsten Quadrate errechnet wird. Der Bedarf der zukünftigen Periode ergibt sich aus der **Extrapolation des zukünftigen Absatzwertes** (durch Verlängerung der Ausgleichsgeraden). Die Ermittlung der Ausgleichsgeraden durch die Methode der kleinsten Fehlerquadrate setzt einen hohen rechentechnischen Aufwand voraus (→ Bild 57/1).

Laufende Nummer der Quartale n	Verbrauchszahlen des Kastens T_n (in Stück)
1	90
2	100
3	96
4	101
5	103
6	105
7	108
8	105
9	107
10	110
11	113
12	116
13	115
14	121
15	125

Tabelle 1: Verkaufszahlen des Kastens über 15 Quartale

Bild 1 verdeutlicht die Regressionsanalyse durch eine **zeichnerische Ermittlung der Ausgleichsgeraden**. Nachdem der Schnittpunkt a mit der vertikalen Achse (Verbrauch) und die Steigung b der Geraden ermittelt wurden, kann unter Verwendung der im Bild 1 aufgeführten **Geradengleichung** die Verbrauchszahl für die zukünftigen Quartale bestimmt werden.

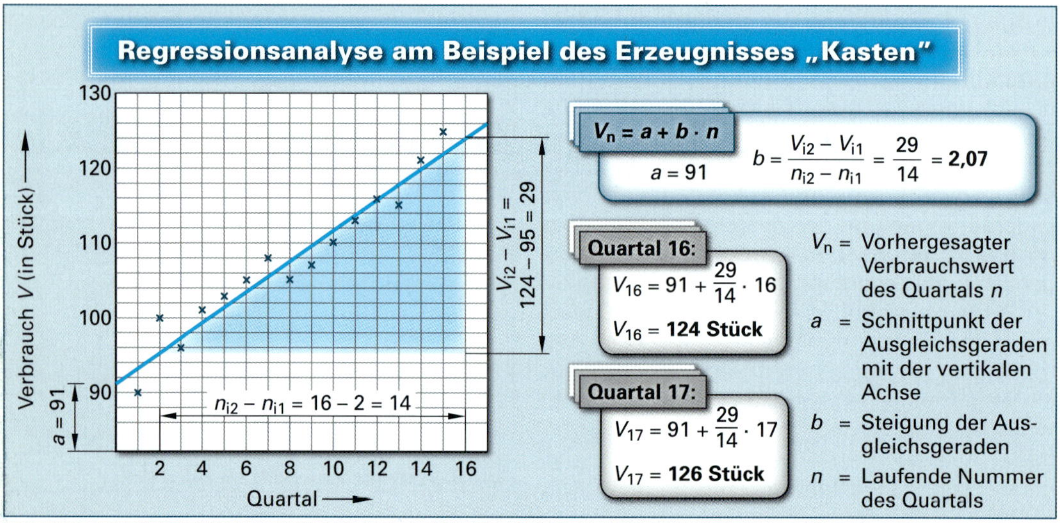

Bild 1: Zeichnerische Ermittlung der Ausgleichsgeraden

Bild 1 beschreibt die rechnerische Ermittlung der Ausgleichsgeraden mit der Anwendung der Methode der kleinsten Fehlerquadrate am Beispiel des Erzeugnisses „Kasten".

Regressionsanalyse am Beispiel des Erzeugnisses „Kasten"

$$V_n = a + b \cdot n$$

$$b = \frac{\Sigma(n \cdot T_n) - \frac{1}{N} \cdot \Sigma n \cdot \Sigma T_n}{\Sigma n^2 - \frac{1}{N} \cdot (\Sigma n)^2}$$

$$a = \frac{1}{N} \cdot (\Sigma T_n - b \cdot \Sigma n)$$

$$b = \frac{13485 - \frac{1}{15} \cdot 120 \cdot 1615}{1239 - \frac{1}{15} \cdot 120^2} = \mathbf{2{,}03}$$

$$a = \frac{1}{15} \cdot (1615 - 2{,}03 \cdot 120) = \mathbf{91{,}3}$$

V_n = Vorhergesagter Verbrauchswert des Quartals n

T_n = Tatsächlicher Verbrauchswert des Quartals n

n = Laufende Nummer des Quartals

N = Anzahl der Quartale

a = Schnittpunkt der Ausgleichsgeraden mit der vertikalen Achse

b = Steigung der Ausgleichsgeraden

n	n^2	T_n	$n \cdot T_n$
1	1	90	90
2	4	100	200
3	9	96	288
4	16	101	404
5	25	103	515
6	36	105	630
7	49	108	756
8	64	105	840
9	81	107	963
10	100	110	1100
11	121	113	1243
12	144	116	1392
13	169	115	1495
14	196	121	1694
N = 15	225	125	1875
Σn	Σn^2	ΣT_n	$\Sigma(n \cdot T_n)$
120	1239	1615	13485

Bild 1: Rechnerische Ermittlung der Ausgleichsgeraden mit der Methode der kleinsten Fehlerquadrate

Gleitender Mittelwert

Liegt ein **Konstantmodell** (→ Bild 55/2) vor, kann durch eine **gleitende Mittelwertbildung** für eine festgelegte Anzahl von Perioden der zukünftige Verbrauchswert durch eine **arithmetische Mittelwertbildung** prognostiziert werden. Bei der Verbrauchsbestimmung wird eine für alle Prognoserechnungen konstant gehaltene Anzahl von Zeitperioden einbezogen. Für die jeweils nachfolgende Prognoserechnung wird der **neue aktuelle Verbrauchswert** berücksichtigt, während der **älteste Wert entfällt**. Bild 2 zeigt die Berechnung des zukünftigen **Verbrauchswerts des Erzeugnisses „Kasten"** (→ Bild 52/2) für das 25. bis 30. Quartal mit der **Methode der gleitenden Mittelwertbildung** unter Berücksichtigung der im Diagramm des Bildes 2 dargestellten Vergangenheitswerte. Die konstant gehaltene Anzahl der Quartale wurde in diesem Beispiel mit $n = 6$ festgelegt.

Gleitende Mittelwertbildung am Beispiel des Erzeugnisses „Kasten"

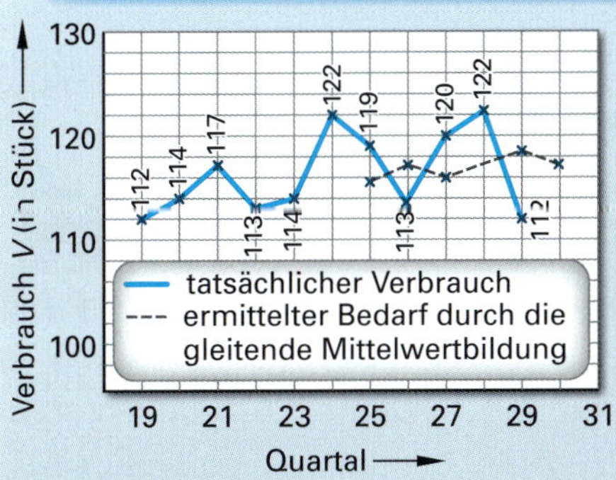

Gleitender Mittelwert über 6 Quartale:

Quartal	Berechnung	V_{n+1}
25	$V_{n+1} = \frac{1}{6} \cdot \sum^{6} (112 + 114 + 117 + 113 + 114 + 122)$	115
26	$V_{n+1} = \frac{1}{6} \cdot \sum^{6} (114 + 117 + 113 + 114 + 122 + 119)$	117
27	$V_{n+1} = \frac{1}{6} \cdot \sum^{6} (117 + 113 + 114 + 122 + 119 + 113)$	116
28	$V_{n+1} = \frac{1}{6} \cdot \sum^{6} (113 + 114 + 122 + 119 + 113 + 120)$	117
29	$V_{n+1} = \frac{1}{6} \cdot \sum^{6} (114 + 122 + 119 + 113 + 120 + 122)$	118
30	$V_{n+1} = \frac{1}{6} \cdot \sum^{6} (122 + 119 + 113 + 120 + 122 + 112)$	117

$$V_{n+1} = \frac{1}{N} \cdot \sum^{n} T_n$$

V_{n+1} = Vorhergesagter Verbrauchswert des Quartals n

T_n = Verbrauchswert des Quartals n

N = Anzahl der Quartale

Bild 2: Bedarfsermittlung durch die gleitende Mittelwertbildung

Exponentielle Glättung 1. Ordnung

Das Verfahren der **exponentiellen Glättung 1. Ordnung** eignet sich zur Vorhersage des zukünftigen Bedarfs bei einem **Konstantmodell,** aber nur bedingt bei einem **Trendmodell** (→ Bild 55/2). Bei der exponentiellen Glättung werden die Verbrauchswerte aus den zurückliegenden Perioden mit abnehmendem Gewicht berücksichtigt. Neuere Aufschreibungen haben also prinzipiell ein höheres Gewicht.

Der vorhergesagte Bedarf der letzten Periode wird bei der exponentiellen Glättung 1. Ordnung mit dem tatsächlichen eingetretenen Verbrauch verglichen. Die Differenz der beiden Werte wird mit einer **Glättungskonstante** α multipliziert und ergibt einen **Korrekturwert**, der zum Vorhersagewert der neuen Periode addiert wird. Hieraus ergibt sich die in Bild 1 dargestellte Gleichung.

Unter Berücksichtigung der **Glättungskonstante** α kann festgelegt werden, mit welchem **Gewicht** die letzten **Verbrauchswerte** in die Bedarfsermittlung eingehen. Der Wert der Glättungskonstante α kann zwischen 0 und 1 festgelegt werden. Wird die Glättungskonstante auf den Wert $\alpha = 0$ gesetzt, so entspricht der Vorhersagewert der aktuellen Periode dem der zuletzt vorhergesagten Periode. Der neue Vorhersagewert wird also trotz einer festgestellten Abweichung der bisher ermittelten Vorhersagewerte zum tatsächlichen Verbrauch nicht korrigiert. Weit zurückliegende Verbrauchswerte haben somit das gleiche Gewicht wie der zuletzt ermittelte Verbrauchswert.

Setzt man die **Glättungskonstante** auf den Extremwert $\alpha = 1$, so entspricht der vorhergesagte Bedarf der neuen Periode dem tatsächlichen Verbrauch der vorhergegangenen Periode. In der **Praxis** übliche Glättungskonstanten liegen zwischen $\alpha = 0{,}1$ **bis** $\alpha = 0{,}8$. Je größer die Glättungskonstante gewählt wird, desto geringer ist der Einfluss der weit zurückliegenden Verbrauchswerte auf das Prognoseergebnis.

Methode der exponentiellen Glättung 1. Ordnung

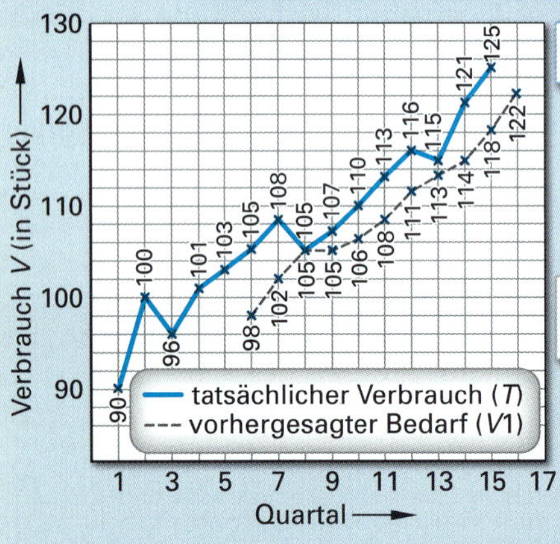

$$V1_{n+1} = \alpha \cdot \Sigma\,(1-\alpha)^{i-1} \cdot T_{n+1-i}$$

$V1_{n+1}$ = Vorhergesagter Verbrauchswert über $n + 1$ Quartale

α = Glättungskonstante

T = tatsächlicher Verbrauch des Quartals

n = laufende Nummer des Quartals

i = laufende Nummer der Summe

Vorhergesagter Verbrauchswert V1 nach den ersten 5 Quartalen ($\alpha = 0{,}5$)

$$V1_6 = \alpha \cdot T_5 + \alpha \cdot (1-\alpha) \cdot T_4 + \alpha \cdot (1-\alpha)^2 \cdot T_3 + \alpha \cdot (1-\alpha)^3 \cdot T_2 + \alpha \cdot (1-\alpha)^4 \cdot T_1$$

$$V1_6 = 0{,}5 \cdot 103 + 0{,}5 \cdot (1-0{,}5) \cdot 101 + 0{,}5 \cdot (1-0{,}5)^2 \cdot 96 + 0{,}5 \cdot (1-0{,}5)^3 \cdot 100 + 0{,}5 \cdot (1-0{,}5)^4 \cdot 90$$

$$V1_6 = \mathbf{98}$$

Vorhergesagter Verbrauchswert V1 anhand des vorausgegangenen Quartals ($\alpha = 0{,}5$)

$$V1_{n+1} = V1_n + \alpha \cdot (T_n - V1_n)$$

Quartal	Berechnung	$V1_{n+1}$
7	$V1_7 = V1_6 + \alpha \cdot (T_6 - V1_6) = 98 + 0{,}5 \cdot (105 - 98)$	102
8	$V1_8 = V1_7 + \alpha \cdot (T_7 - V1_7) = 102 + 0{,}5 \cdot (108 - 102)$	105
9	$V1_9 = V1_8 + \alpha \cdot (T_8 - V1_8) = 105 + 0{,}5 \cdot (105 - 105)$	105
10	$V1_{10} = V1_9 + \alpha \cdot (T_9 - V1_9) = 105 + 0{,}5 \cdot (107 - 105)$	106
11	$V1_{11} = V1_{10} + \alpha \cdot (T_{10} - V1_{10}) = 106 + 0{,}5 \cdot (110 - 106)$	108

Quartal	Berechnung	$V1_{n+1}$
12	$V1_{12} = V1_{11} + \alpha \cdot (T_{11} - V1_{11}) = 108 + 0{,}5 \cdot (113 - 108)$	111
13	$V1_{13} = V1_{12} + \alpha \cdot (T_{12} - V1_{12}) = 111 + 0{,}5 \cdot (116 - 111)$	113
14	$V1_{14} = V1_{13} + \alpha \cdot (T_{13} - V1_{13}) = 113 + 0{,}5 \cdot (115 - 113)$	114
15	$V1_{15} = V1_{14} + \alpha \cdot (T_{14} - V1_{14}) = 114 + 0{,}5 \cdot (121 - 114)$	118
16	$V1_{16} = V1_{15} + \alpha \cdot (T_{15} - V1_{15}) = 118 + 0{,}5 \cdot (125 - 118)$	122

Bild 1: Bedarfsermittlung durch die Methode der exponentiellen Glättung

Nachteilig bei der Anwendung des Verfahrens der exponentiellen Glättung 1. Ordnung ist zum einen die individuelle Festlegung der Glättungskonstante α sowie die Tatsache, dass bei einer Änderung des Verbrauchs die Vorhersage um mindestens eine Periode nachhinkt.

Bild 58/1 beschreibt die **Vorhersage der Verbrauchswerte für das Erzeugnis „Kasten"** (→ Bild 51/1). Die Glättungskonstante für die exponentielle Glättung wird in diesem Beispiel mit dem Wert α **= 0,5** festgelegt. Mit der zuerst aufgeführten Formel wird der Verbrauchswert des 6. Quartals durch Einbeziehung der letzten 5 Quartale bestimmt. Grundlage sind die in der Tabelle 56/1 angegebenen Verbrauchszahlen. Die nachfolgend prognostizierten Verbrauchswerte werden anhand des vorausgegangenen Quartals unter Anwendung der 2. Formel bestimmt. Das im Bild 58/1 dargestellte Diagramm zeigt einen Vergleich zwischen dem tatsächlichen Verbrauch und dem vorhergesagten Bedarf.

Exponentielle Glättung 2. Ordnung

Im Beispiel der in Bild 58/1 betrachteten Verbrauchswerte liegt ein **Trendmodell** (→ Bild 55/2) vor. Die ausschließliche Anwendung der **exponentiellen Glättung 1. Ordnung** ist hierbei **nachteilig**, da der vorhergesagte Bedarf bei einem Anstieg des Verbrauchs zu stark vom tatsächlichen Verbrauch abweicht. Mit der **Methode der exponentiellen Glättung 2. Ordnung** wird der Vorhersagewert 2. Ordnung $V2_n$ anhand der Abweichung gegenüber dem mit dem Verfahren der exponentiellen Glättung 1. Ordnung ermittelten Vorhersagewert $V1_n$ korrigiert.

Multiple Regression

Bei den bisher beschriebenen Prognoseverfahren werden zur Ermittlung der Vorhersagewerte lediglich historische Werte der Zeitreihe selbst verwendet. Mit dem Verfahren der **multiplen Regression** werden **externe Einflüsse auf den Absatz** bestimmt und in die Prognoserechnung einbezogen. Ob die vermuteten Einflussgrößen auf die Absatzentwicklung richtig eingeschätzt wurden, ergibt sich durch die Überprüfung der Absatzzahlen anhand einer statistischen Analyse. Das Ergebnis der statistischen Analyse ist eine Gewichtung der Einflussgrößen, die in der Prognoseberechnung berücksichtigt wird.

Mit dem Verfahren der multiplen Regression lassen sich sehr **genaue Vorhersageergebnisse** erzielen. Nachteilig ist der **hohe Arbeitsaufwand**, der um ein Vielfaches größer ist als der bei den bisher beschriebenen Verfahren.

Bestandsplanung des Primärbedarfs

Die **Bestandsplanung des Primärbedarfs** dient zur Planung der **Lagerbestände**. Ziel der Bestandsplanung ist es, einerseits niedrige Lagerbestände einzuhalten, andererseits dürfen keine Fehlmengen auftreten. Das Ergebnis der Bestandsplanung des Primärbedarfs ist die Ermittlung des **Netto-Primärbedarfs** (→ Bild 55/1).

Mit dem **Netto-Primärbedarf** wird festgelegt, welche Mengen eines zu verkaufenden Erzeugnisses tatsächlich produziert werden müssen. Der aus der Absatzplanung und bereits vorliegenden Kundenaufträgen festgelegte **Brutto-Primärbedarf** wird zur Einhaltung der Lieferbereitschaft mit einem **Sicherheitsbestand** beaufschlagt. Wird der vorhandene Lagerbestand abgezogen, so erhält man den Netto-Primärbedarf.

Ressourcengrobplanung

Aufgabe der **Ressourcengrobplanung** ist die Überprüfung der **Belastung der Kapazitäten** (→ Bild 55/1). Ziel ist eine ausgeglichene Belastung der Kapazitäten. Anhand einer **Deckungsrechnung** wird grob abgestimmt, ob mit den verfügbaren Ressourcen der Bedarf an den zur erwartenden Einzelteilen, Baugruppen und Erzeugnissen produziert werden kann.

Da es sich bei der Ressourcengrobplanung nur um eine **grobe Abstimmung der Ressourcen mit dem Materialbedarf** handelt, wird der Berechnungsaufwand durch unterschiedliche Maßnahmen reduziert.

- Erzeugnisse werden zu Erzeugnisgruppen zusammengefasst.
- Kapazitätseinheiten werden zu Kapazitätsgruppen zusammengefasst (z.B. werden alle Drehmaschinen zu einer Gruppe zusammengefasst).
- Es werden nur repräsentative Erzeugnisse betrachtet.

- Die Planung erfolgt durch eine Verdichtung der Erzeugnisdaten. Ziel der Verdichtung ist die Verringerung der Datenmengen, um die Planung kostengünstig und durchführbar zu gestalten.

Ergebnis der Prodktionsprogrammplanung

Das **Ergebnis einer umfassenden Produktionsprogrammplanung** ist der für den Produktionsplan festgelegte Netto-Primärbedarf anhand der Absatz- und Bestandsplanung. Bild 1 gibt einen Überblick der **Prognoseverfahren** und verdeutlicht die Einsatzeignung des jeweiligen Prognoseverfahrens für die unterschiedlichen Verbrauchsmodelle (→ Bild 55/2).

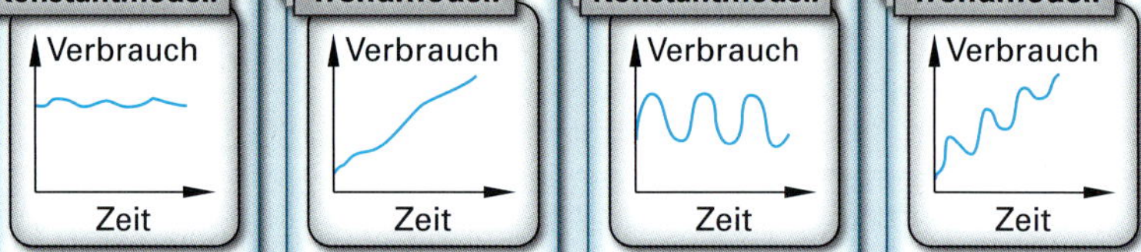

Verbrauchsmodell	ohne Saisonschwankungen		mit Saisonschwankungen	
Prognoseverfahren	Konstantmodell	Trendmodell	Konstantmodell	Trendmodell
Lineare Regressionsanalyse	**nicht sinnvoll**	**geeignet**	**ungeeignet**	**ungeeignet**
Gleitender Mittelwert	**geeignet**	**bedingt geeignet**	**ungeeignet**	**ungeeignet**
Exponentielle Glättung 1. Ordnung	**geeignet**	**bedingt geeignet**	**ungeeignet**	**ungeeigent**
Exponentielle Glättung 2. Ordnung	**nicht sinnvoll**	**geeignet**	**ungeeignet**	**ungeeignet**
Multiple Regression	**nicht sinnvoll**	**nicht sinnvoll**	**geeignet**	**geeignet**

Bild 1: Eignung der Prognoseverfahren für unterschiedliche Verbrauchsmodelle

Mit der anschließenden **Ressourcengrobplanung** werden grobe Terminvorgaben (Ecktermine) unter Berücksichtigung der zur Verfügung stehenden Kapazitäten bestimmt. Die **Deckungsrechnung** führt abschließend zu einem **Rahmenbeschaffungsplan** für ausgewählte Fremdbezugsteile.

Fragen und Aufgaben

7 Was wird unter dem Begriff „ Primärbedarf" verstanden?

8 Unterscheiden Sie zwischen dem Brutto-Primärbedarf und dem Netto-Primärbedarf.

9 Welche Komponenten beinhaltet der Sekundärbedarf?

10 Welche Aufgaben umfasst die Produktionsprogrammplanung?

11 Beschreiben Sie den Aufgabenbereich der Absatzplanung.

12 Unterscheiden Sie zwischen einer deterministischen und stochastischen Bedarfsermittlung.

13 Welche Art von Aufträgen wird bei der stochastischen Bedarfsplanung zugrunde gelegt?

14 Warum werden Verbrauchsmodelle in der Absatzplanung eingesetzt?

15 Beschreiben Sie das Konstantmodell im Unterschied zum Trendmodell.

16 Beschreiben Sie die Regressionsanalyse zur Prognose des Verbrauchs.

17 Welche „gleitende" Maßnahme wird bei dem Verfahren der gleitenden Mittelwertbildung durchgeführt?

18 Beschreiben Sie den Unterschied der exponentiellen Glättung 1. Ordnung zu dem der 2. Ordnung.

19 Welches Ziel verfolgt die exponentielle Glättung 2. Ordnung?

20 Welche Bedeutung hat die Glättungskonstante α bei der exponentiellen Glättung 1. Ordnung?

21 Welche Vorteile bietet die Anwendung des Prognoseverfahrens „Multiple Regression"?

22 Was versteht man unter einer multiplen Regression?

23 Durch welche Maßnahme wird die Ressourcengrobplanung vereinfacht?

24 Wofür wird eine Deckungsrechnung bei der Ressourcengrobplanung durchgeführt?

4.2.2 Produktionsprogrammplanung für das Erzeugnis Pneumatikzylinder

Die Firma Spin-Lag GmbH vertreibt die Pneumatikzylinder der Baureihe BP264 und BP528. Für beide Baureihen soll ein Produktionsprogramm erstellt werden. Zur Ermittlung der zukünftigen Absatzzahlen wurden die Verkaufszahlen der letzten 14 Monate dokumentiert und können der Tabelle 1 entnommen werden.

Pneumatikzylinder Baureihe BP264			
Monat	Absatz (in Stück)	Monat	Absatz (in Stück)
1	2055	8	2118
2	2087	9	2152
3	2098	10	2109
4	2047	11	2042
5	2038	12	2040
6	2110	13	2106
7	2121	14	2122

Pneumatikzylinder Baureihe BP528			
Monat	Absatz (in Stück)	Monat	Absatz (in Stück)
1	649	8	890
2	739	9	882
3	689	10	911
4	756	11	1008
5	803	12	978
6	764	13	1042
7	842	14	1086

Tabelle 1: Verkaufszahlen der Pneumatikzylinder Baureihe BP264 und BP528

Arbeitsaufträge zum Projekt „Produktion der Pneumatikzylinder":

4.4 Erstellen Sie für die in Tabelle 1 angegebenen Baureihen des Pneumatikzylinders ein Diagramm zur Absatzprognose und übertragen Sie die entsprechenden Verkaufszahlen in das Diagramm.

4.5 Analysieren Sie, welche Methode der stochastischen Bedarfsermittlung für eine Absatzprognose der jeweiligen Baureihe geeignet ist.

4.6 Berechnen Sie für eine der Baureihen des Pneumatikzylinders mithilfe der Regressionsanalyse einen absehbaren Bruttobedarf für die folgenden zwei Monate. Führen Sie bei dieser Methode eine zeichnerische und rechnerische Ermittlung der Ausgleichsgeraden durch.

4.7 Setzen Sie das Verfahren der gleitenden Mittelwertbildung über 10 Monate ein und bestimmen Sie mit diesem Verfahren für eine der Baureihen des Pneumatikzylinders den zukünftigen Bruttobedarf der nächsten zwei Monate.

4.8 Überprüfen Sie die Eignung der Methode der exponentiellen Glättung 1. Ordnung an der Verkaufszahlenreihe mit einem trendförmigen Verlauf bei einer festgelegten Glättungskonstante von $\alpha = 0{,}4$. Berechnen Sie für diese Überprüfung zuerst den Vorhersagewert über 5 Monate und bestimmen Sie dann für jeden Monat bis einschließlich 15. Monat den vorhergesagten Primärbedarf. Tragen Sie die ermittelten Werte in das erstellte Diagramm ein.

4.3 Sekundärbedarfsplanung

Die Sekundärbedarfsplanung sieht ausgehend vom Primärbedarf (→ 4.2) den **Netto-Sekundärbedarf** an Materialien voraus. Als Grundlage der Sekundärbedarfsplanung gilt der zu ermittelnde **Brutto-Sekundärbedarf**, der zunächst ohne Berücksichtigung der Lagerbestände ermittelt wird. Die Einteilung der Materialien nach einer **ABC-Analyse** (→ 10.2) führt zu einem wesentlichen Auswahlkriterium für den Einsatz einer geeigneten **Methode zur Bedarfsermittlung** (→ 4.3.3).

Mit der **Netto-Sekundärbedarfsermittlung** wird der zu bestellende Bedarf an **Fremdbezugsteilen** festgelegt. Hierfür wird der Brutto-Sekundärbedarf unter Berücksichtigung der **Lagerbestände** und **Reservierungen** sowie der **Umlauf-, Sicherheits- und Meldebestände** auf den Netto-Sekundärbedarf reduziert. Die **Art der Bestellung** (→ 4.3.1) sowie die Anwendung von Verfahren zur Vermeidung großer Lagerbestände (→ 4.3.2) tragen wesentlich dazu bei die Höhe des Netto-Sekundärbedarfs zu bestimmen.

Der Netto-Sekundärbedarf ist somit ein Bedarf der weder lagerbestandsmäßig verfügbar noch in einem bereits geplanten Auftrag als benötigter Bedarf enthalten ist. Wird der Bedarf auf einen einzelnen Termin hin genau bestimmt, so wird von einem **Terminbedarf** gesprochen. Bei einem **Periodenbedarf** wird der Bedarf innerhalb einer Periode zusammengefasst.

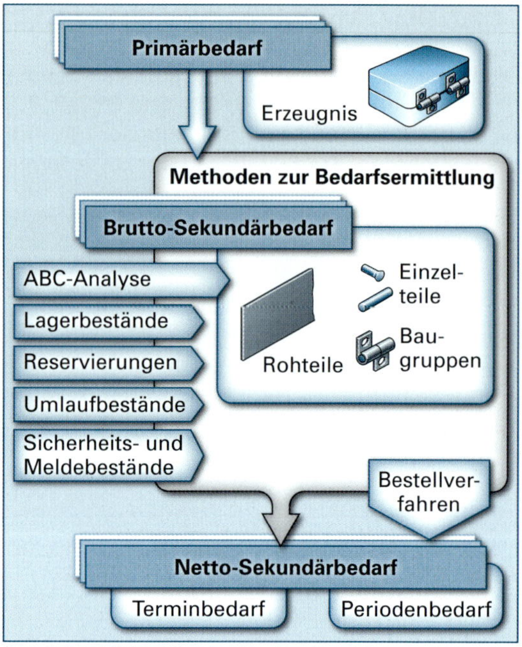

Bild 1: Sekundärbedarfsplanung

4.3.1 Bestellverfahren

Eine Bestellung kann nach unterschiedlichen Verfahren organisiert sein. Die Auslösung der Bestellung wird hierbei nach drei Verfahren durchgeführt:

Bedarfsbezogene Bestellung

Die **bedarfsbezogene Bestellung** (Bild 2) ist die einfachste Art der Beschaffungsauslösung. Material wird erst dann bestellt, wenn ein Bedarf vorliegt, d.h. wenn aufgrund eines **konkreten Auftrages** die benötigten Mengen durch eine Bedarfsermittlung bekannt sind.

Bei diesem Verfahren erfolgt in der Regel **keine Lagerhaltung**. Damit vergeht vom **Zeitpunkt der Bestellung** bis zur **Verfügbarkeit des Materials** die volle **Wiederbeschaffungszeit.**

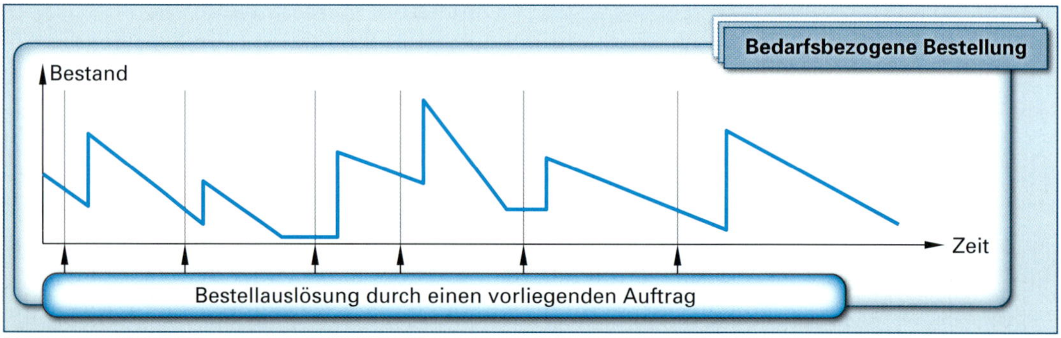

Bild 2: Bedarfsbezogene Bestellung

Die **bedarfsbezogene Bestellung** wird meistens für **teuere Materialien** (A-Teile der ABC-Analyse), die einen stark schwankenden Bedarf aufweisen, angewendet (→ 10.2).

Die Ermittlung des Bedarfs erfolgt aus der **Stücklistenauflösung** (deterministisch). Hierbei werden die Mengen für die jeweiligen Fertigungsstufen mithilfe einer **Erzeugnisgliederung nach dem Dispositionsstufenverfahren** (→ 4.2.3) bestimmt. Der Bedarfsverlauf für jede Materialposition auf der untersten Auflösestufe ergibt sich aus dem geforderten Endtermin des Primärbedarfs und der Vorlaufverschiebung von Primär- und Sekundärbedarf.

Terminbezogene Bestellung

Die **terminbezogene Bestellung** (Bild 63/1) wird mit Hilfe des **Bestellrhythmusverfahrens** durchgeführt. Die benötigte Menge der Teile wird in regelmäßig festgelegten Abständen bestellt. Der aktuelle Lagerbestand hat bei diesem Verfahren keinen direkten Einfluss auf den Zeitpunkt der Bestellauslösung. Bei der terminbezogenen Bestellung findet nur in regelmäßigen Abständen eine Bestandsprüfung statt. Hierbei wird kontrolliert, ob ein festgelegter Auslösebestand noch ausreichend ist. Ist dies der Fall, kann auch ein Bestellzeitpunkt übersprungen werden.

Durch das Bestellrhythmusverfahren wird der Aufwand für den Einkauf und die Disposition erheblich reduziert und es ist in der Anwendung vorteilhaft, wenn keine großen Verbrauchsschwankungen der jeweiligen Teile auftreten.

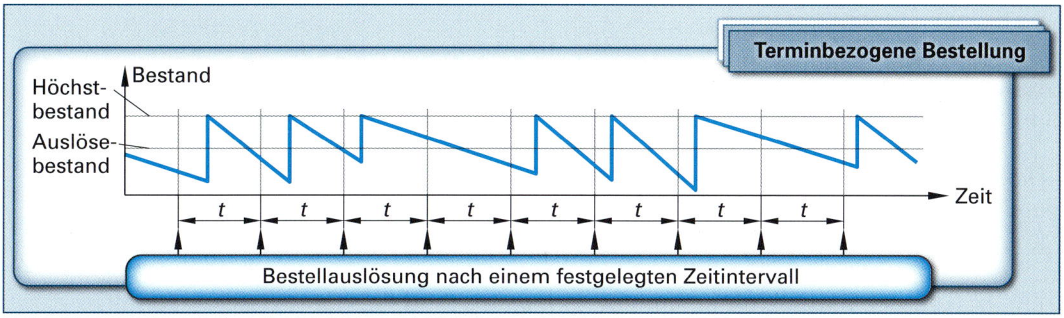

Bild 1: Terminbezogene Bestellung

Bestandsbezogene Bestellung

Die **bestandsbezogene Bestellung** (Bild 2) wird nach dem **Bestellpunktverfahren** ausgeführt. Bei diesem Verfahren wird nach jedem Lagerabgang kontrolliert, ob der Zeitpunkt für eine Nachbestellung erreicht ist. Wird der **Meldebestand** bzw. der **Bestellzeitpunkt** erreicht, löst der Disponent eine neue Bestellung aus. Beim Einsatz eines PPS-Systems erfolgt die Bestellauslösung durch das System und es kann eine automatische Bestellabwicklung erfolgen.

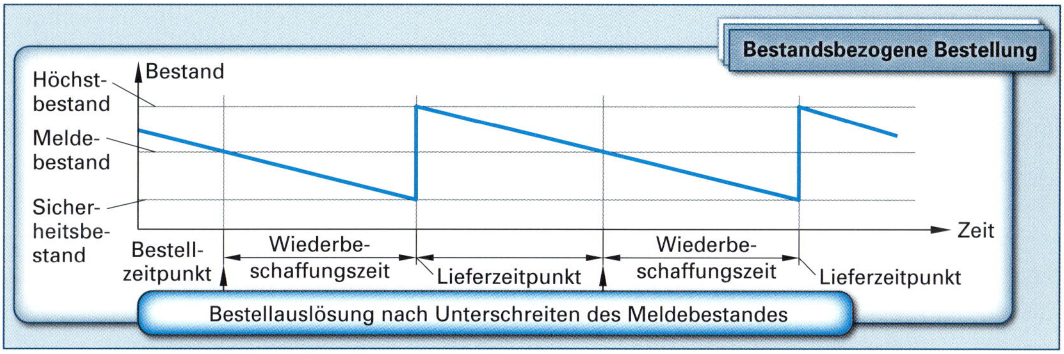

Bild 2: Bestandsbezogene Bestellung

Die **Bestellmenge** sollte bis zum Eintreffen einer neuen Lieferung ausreichen und den **Sicherheitsbestand** nicht angreifen. Da zum **Lieferzeitpunkt** nicht gleichzeitig eine neue Bestellung erfolgt, muss mit der zu benötigenden Menge in der **Wiederbeschaffungszeit** noch ein **Vorrat an Teilen** für den Verbrauch zwischen Lieferung und Bestellung hinzugerechnet werden.

4.3.2 Ermittlung der kostenoptimalen Bestellmenge

Werden die **Kosten für die Lagerung und Beschaffung der Fremdbezugsteile** als Grundlage zur Ermittlung der **Bestellmenge** genommen, so wird unter Anwendung der **Andler-Formel** eine **kostenoptimale Bestellmenge** berechnet. Diese Berechnung wird von fast allen PPS-Systemen unterstützt. Als Berechnungsgrundlage dient das in Bild 64/1 dargestellte **Verhältnis der Lagerungskosten zu den Kosten der Beschaffung von Fremdbezugsteilen.**

Ziel der Andler-Formel ist die Minimierung der **beschaffungsabhängigen Kosten** und der **Lagerungskosten.** Beide Kostenarten zeigen aber mit einer zunehmenden Losgröße bzw. Bestellmenge einen gegensätzlichen Verlauf. Wie Bild 61/1 verdeutlich, sinken die Beschaffungskosten beim Primärbedarf aufgrund des niedrigeren Rüstkostenanteils pro Erzeugnis. Betrachtet man den Sekundärbedarf, so können auch hier niedrigere Beschaffungskosten durch Rabatte bei einer zunehmenden Menge verzeichnet werden.

Gleichzeitig steigen mit zunehmender Losgröße bzw. Bestellmenge die **Lagerungskosten**. Grund hierfür sind die steigenden Lagerhaltungskosten durch die Nutzung einer größeren Fläche bzw. eines Raumes sowie die erhöhten **Kapitalbindungskosten** durch den Kauf des Materials.

Das Andler-Verfahren geht davon aus, dass der **Materialbedarf für eine Periode** (z.B. ein Jahr) bekannt ist. Der Materialbedarf muss weiterhin gleichmäßig **ohne** nennenswerte **Schwankungen** über das Jahr anfallen. Außerdem wird angenommen, dass die **Bestellkosten** für eine Bestellung bekannt sind und auch immer gleich sind. Weiter wird ein so genannter **Lagerzinssatz** benötigt. Dieser fasst alle Kosten zusammen, die man der Lagerung von Material zuschreiben kann.

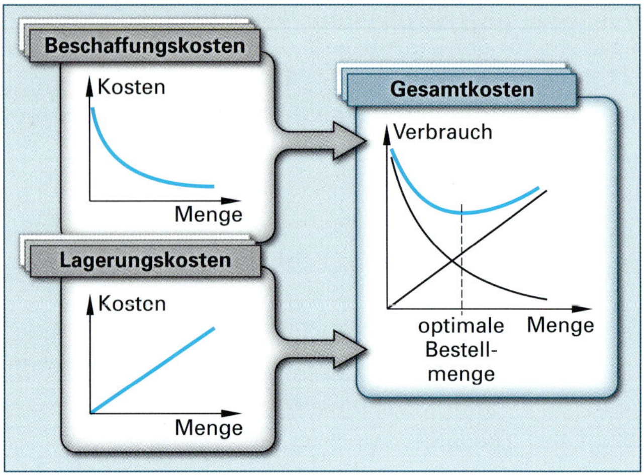

Bild 1: Beschaffungs- und Lagerhaltungskosten

Das eine **Extrem** ist nun, das gesamte Material auf einmal zu bestellen. Das andere Extrem ist, das Material immer dann zu bestellen, wenn man es braucht. Im ersten Fall entstehen **hohe Lagerkosten**, im zweiten Fall entstehen **höhere Bestellkosten**. Dadurch, dass man dazwischen beliebig viele Möglichkeiten hat die Bestellungen vorzunehmen, kann eine **Optimierung** durch die nachfolgend aufgeführte **Andler-Formel** vorgenommen werden.

Optimale Losgröße zur Lagerung von Eigenfertigungsteilen x_{opt}:

$$x_{opt} = \sqrt{\frac{200\,\% \cdot K_R \cdot x_{ges}}{K_H \cdot L}}$$

K_R = Rüstkosten
K_H = Herstellungskosten pro Teil
x_{ges} = Gesamtbedarf pro Lagerung
L = Lagerzinssatz pro Teil

Optimale Losgröße zur Lagerung von Fremdbezugsteilen x_{opt}:

$$x_{opt} = \sqrt{\frac{200\,\% \cdot K_B \cdot x_{ges}}{K_f \cdot L}}$$

K_B = fixe Bestellkosten
K_f = Planverrechnungspreis pro Teil
x_{ges} = Gesamtbedarf pro Lagerung
L = Lagerzinssatz pro Teil

Lagerzinssatz pro Teil L:

Der Lagerzinssatz L pro Teil setzt sich aus dem Zinssatz für die Kapitalbindung L_1 und dem Zinssatz für die Lagerung L_2 zusammen:

$$L = L_1 + L_2$$

L = Lagerzinssatz pro Teil
L_1 = Zinssatz für Kapitalbindung
L_2 = Zinssatz für Lagerung

Optimale Bestellhäufigkeit n_{opt}:

Die optimale Bestellhäufigkeit n_{opt} ergibt sich aus dem Verhältnis des Gesamtbedarfs x_{ges} zur optimalen Bestellmenge x_{opt}:

$$n_{opt} = \frac{x_{ges}}{x_{opt}}$$

n_{opt} = optimale Bestellhäufigkeit
x_{ges} = Gesamtbedarf pro Lagerung
x_{opt} = optimale Bestellmenge

Die **optimale Wiederbeschaffungszeit Δt_p** für eine Periode T_p kann mit der nebenstehenden Formel berechnet werden.

$$\Delta t_p = \frac{x_{opt}}{x_{ges}} \cdot T_p$$

Δt_p = Optimale Wiederbeschaffungszeit
T_p = Zeitdauer einer Periode

Fragen und Aufgaben

25 Welches Ziel verfolgt die Sekundärbedarfsplanung?

26 Was muss zur Ermittlung des Netto-Sekundärbedarfs berücksichtigt werden?

27 Erläutern Sie den Begriff „Bedarfsbezogene Bestellung".

28 Wodurch unterscheidet sich die terminbezogene Bestellung von der bestandsbezogenen Bestellung?

29 Welche Grundlage wird zur Ermittlung der kostenoptimalen Bestellmenge mit der „Andler-Formel" herangezogen?

30 Welches Ziel verfolgt die Verwendung der „Andler-Formel"?

31 Welche Gegensätze werden bei der kostenoptimalen Bestimmung der Bestellmengen betrachtet? Erläutern Sie die Gegensätzlichkeit.

32 Beschreiben Sie die grafische Optimierung der Bestellmengenermittlung.

Kostenoptimale Bestellmenge für den Pneumatikzylinder

Zur Ermittlung der optimalen Losgröße der Fremdbezugsteile des Pneumatikzylinders der Baureihe BP528 sind in der Tabelle 1 Bedarfsmengen und Planverrechnungspreise angegeben (→ 7.3.2.1).

Der Zinssatz für die Kapitalbindung wird mit L_1 = 13% vorgegeben, die Lagerhaltung wurde mit einem Zinssatz von 8% ermittelt. Die Bestellkosten werden mit 45 € pro Bestellung festgesetzt.

Fremdbezugsteil	Bedarf pro Woche	K_f in €	x_{opt} in Stück	n_{opt}	Δt_p in Tage
T3 Boden	480	8,95			
T4 Deckel	480	10,95			
T5 Kolben	480	6,89			
T6 Zugstange	1920	0,55			
T7 Mutter M8 - 27 lang	3930	0,05			
T8 Dämpfungshals	960	0,12			
T9 Kolbenmutter M14 x 1	960	0,45			
T10 Kolbenführungsband	480	0,05			
T11 Kolbenstangenmutter	480	0,19			
T12 O-Ring ø14x1,8	480	0,03			
T13 Kolbendichtring	840	0,07			
T14 O-Ring ø25x3,55	840	0,04			
T15 Gehäusedichtring	480	0,06			
T16 Schmutzabweiser	480	0,08			
T17 Gleitlager	520	0,55			
T18 Dämpfungsschraube	800	0,15			
T19 Dichtring ø6x1,8	800	0,03			
R1 (in m) Aluprofil	1650	4,95			
R2 (in m) Rundstahl	1200	8,65			

(Angaben der Rohstoffe mit Verschnitt)

Tabelle 1: Gesamtbedarf und Preise

Arbeitsaufträge zum Projekt „Produktion der Pneumatikzylinder":

4.9 Berechnen Sie zur Ermittlung der optimalen Bestellmenge den Lagerzinssatz pro Teil.

4.10 Bestimmen Sie die optimale Bestellmenge für jedes Fremdbezugsteil. Verwenden Sie hierzu die Angaben aus der Tabelle 65/1.

4.11 Berechnen Sie die optimale Bestellhäufigkeit für jedes Fremdbezugsteil aufgrund des in Tabelle 65/1 angegebenen Bedarfs für eine Periodendauer von 1 Woche (= 5 Betriebskalendertage).

4.12 Ermitteln Sie die optimale Wiederbeschaffungszeit der Fremdbezugsteile.

4.3.3 Methoden zur Ermittlung des Sekundärbedarfs

Zur Ermittlung des Sekundärbedarfs können unterschiedliche Methoden genutzt werden. Ziel dieser Methoden ist die Berechnung des Bedarfs für eine festgelegte Planungsperiode. Es wird zwischen den nachfolgend aufgeführten **Bedarfsermittlungsmethoden** unterschieden, die zum Teil bereits bei der Primärbedarfsermittlung (→ 4.2) zur Anwendung kamen:

- **stochastische Bedarfsermittlung**
- **subjektive Schätzung des Bedarfs**
- **deterministische Bedarfsermittlung**

Stochastische Bedarfsermittlung

Mit der stochastischen Bedarfsermittlung wird der zukünftige Bedarf aus den Verbrauchsmengen der Vergangenheit ermittelt (→ 4.2.1). Hierbei müssen **Materialveränderungen** und **Materialbestände** für eine ausreichende Anzahl von **Vergangenheitsperioden** lückenlos erfasst worden sein. Mit der Anwendung der bereits im Abschnitt 4.2.1 beschriebenen Prognoseverfahren erfolgt eine Vorhersage des Verbrauchs.

Die **Qualität der Prognoserechnung** ist vorwiegend von der Wahl des **Verbrauchszeitraums** und der Größe des **Prognoseintervalls** abhängig. Wird ein langer Verbrauchszeitraum gewählt, haben unbedeutende kurzfristige Schwankungen nur einen geringen Einfluss auf die Prognose. Werden allerdings zu weit zurückliegende Werte in die Prognose einbezogen, können diese das Ergebnis in einem erheblichen Maße verfälschen. In der Industrie liegt ein vernünftiger Basiswert zwischen ein bis drei Jahren. Die Wahl eines kleinen Prognoseintervalls erhöht die Zuverlässigkeit der Vorhersage, steigert aber auch den Aufwand der Bedarfsermittlung.

Subjektive Schätzung des Bedarfs

Bei der subjektiven Schätzung des Bedarfs wird zwischen der **Analogschätzung** und der **Intuitivschätzung** unterschieden. Bei der Analogschätzung werden Prognoseberechnungen von vergleichbaren Materialien herangezogen und auf die Bedarfsermittlung des aktuellen Materials übertragen. Mit der Intuitivschätzung wird die Ermittlung des zu erwartenden Verbrauchsverlaufs rein gefühlsmäßig durchgeführt. Die subjektive Schätzung ist nur bei Teilen von sehr geringem Wert oder bei Sonderfällen (z.B. Modeartikel oder Liebhaberstücke) sinnvoll anzuwenden.

Deterministische Bedarfsermittlung

Die Methode der deterministischen Bedarfsermittlung wird bei einer **bedarfsbezogenen Bestellung** eingesetzt. Sie basiert in erster Linie auf den vorliegenden Kunden- oder Lageraufträgen. **Ziel** der deterministischen Bedarfsermittlung ist die **exakte Bestimmung des Materialbedarfs in allen Produktionsstufen** (→ 4.1) nach Menge und Termin. Das Ergebnis der Bedarfsermittlung wird in einer **Mengenübersichtsstückliste** (→ 4.1) mit der Angabe der **Dispositionstermine** für die jeweiligen Materialien festgehalten.

Die deterministische Bedarfsermittlung geht von einem bekannten **Primärbedarf** aus, der in der **Produktionsprogrammplanung** bestimmt wurde (→ 4.2.1). Bei einer **analytischen Vorgehensweise** wird die Erzeugnisgliederung bzw. Strukturstückliste (→ 4.1) stufenweise von „oben nach unten" aufgelöst. Zuerst wird das verkaufsfähige Erzeugnis betrachtet, dann werden alle Baugruppen, Einzelteile und Rohteile in den jeweiligen **Produktionsstufen** berücksichtigt.

Bild 67/1 verdeutlicht die **deterministische Bedarfsermittlung** durch eine **Auflösung nach Produktions- und Dispositionsstufen** anhand des Erzeugnisbeispieles „Kasten" (→ Bild 51/1). In jeder Produktionsstufe wird der **Bruttobedarf** der Baugruppen und Teile bestimmt, der sich aus dem **Nettobedarf** der übergeordneten Produktionsstufe ergibt. Der Nettobedarf ist die zu disponierende Teilemenge, die sich aus dem Bruttobedarf abzüglich der verfügbaren **Lagerbestände** berechnet.

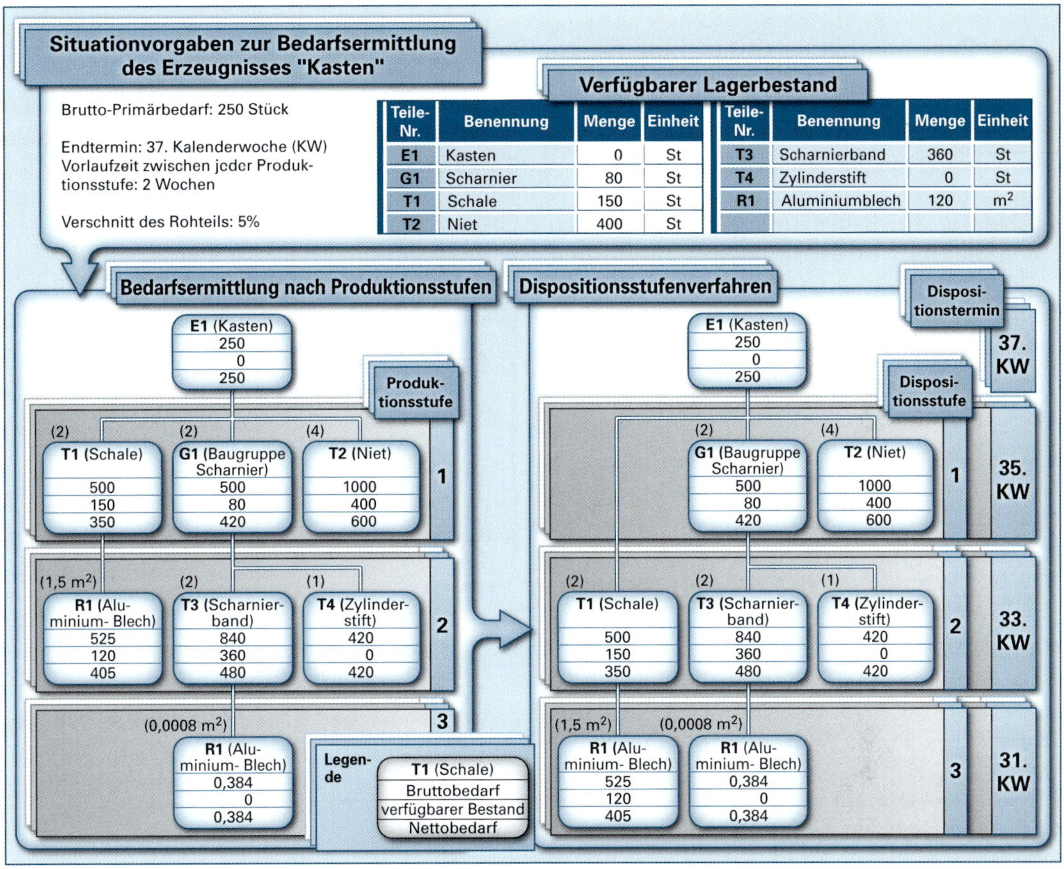

Bild 1: Deterministische Bedarfsplanung

In der Regel wird der Bedarf an **Wiederholteilen** nicht für jede Produktionsstufe berechnet. Die Erzeugnisgliederung bzw. Strukturstückliste wird in diesem Fall nach **Dispositionsstufen** aufgelöst. Beim **Dipositionsstufenverfahren** werden alle Wiederholteile, die in mehreren Produktionsstufen vorkommen, auf die gleiche Stufe der Verwendung heruntergezogen. In jeder Dipositionsstufe wird jedes Teil also nur einmal aufgeführt. Somit lassen sich die ermittelten Nettobestände den richtigen Dispositionsterminen zuordnen. Bild 1 zeigt die Verschiebung des Aluminium-Blechs (R1) auf die 3. Dispositionsstufe. Für die Fertigung der Schale (T1) ergibt sich hierdurch eine Pufferzeit von 2 Wochen.

Erweiterte Mengenübersichtsstückliste für das Erzeugnis „Kasten" (E1)					Losgröße 250	
Pos.	Teile-Nr.	Benennung	Menge/ Erzeugnis	Netto-Bedarf	ME	Dispositionstermin
1	G1	Baugruppe Scharnier	2	420	St	35. KW
2	T1	Schale	2	350	St	33. KW
3	T2	Niet	4	600	St	35. KW
4	T3	Scharnierband	4	480	St	33. KW
5	T4	Zylinderstift	1	420	St	33. KW
6	R1	Aluminium-Blech	3,0032	405,384	m^2	31. KW

Netto-Bedarf des Aluminium-Blechs (R1) mit 5 % Verschnitt

Tabelle 1: Mengenübersichtsstückliste mit Dispositionsangaben

Das Ergebnis des Dispositionsstufenverfahrens wird in der erweiterten **Mengenübersichtsstückliste** aufgeführt, die in Tabelle 67/2 für das Erzeugnis „Kasten" abgebildet ist. Für das Rohteil R1 wird lt. Situationsvorgabe (→ Bild 67/1) ein Verschnitt von 5% berücksichtigt, der bei der Nettobedarfsangabe für den Einkauf mit aufgeführt wird. Das Dispositionsstufenverfahren ist einfach, wenig aufwendig und hat sich in fast allen PPS-Systemen durchgesetzt.

4.3.4 Sekundärbedarfsermittlung für den Pneumatikzylinder

Für die Pneumatikzylinder der Baureihe BP264 und BP 528 wurde bereits im Kapitel 4.2.1 der Primärbedarf mit der Produktionsprogrammplanung bestimmt. Die Bestellung der Fremdbezugsteile erfolgt alle 5 Betriebskalendertage (Für einen Monat sind durchschnittlich 20 BKT anzusetzen). Der Fertigstellungstermin des ersten Loses soll in der 37. KW erfolgen. Die Vorlaufzeit für jede Produktionsstufe beträgt 1 Kalenderwoche. Zur Berechnung des Sekundärbedarfs für das 1. Los ist der nachfolgend aufgeführte Lagerbestand zu berücksichtigen (Verschnitt 8%).

Teile-Nr.	Benennung	Menge	Einheit
G1	Baugruppe Boden	120	St
G4	Baugruppe Kolbenst.	450	St
G5	Baugruppe Zugstange	2978	St
T1	Gehäuse	20	St
T2	Kolbenstange	79	St
T6	Zugstange M8	400	St
T10	Kolbenführungsband	190	St

Teile-Nr.	Benennung	Menge	Einheit
T11	Kolbenstangenmutter	460	St
T12	O-Ring ø14 × 8	800	St
T15	Gehäusedichtung	250	St
T17	Gleitlager Deckel-Kolben	90	St
T19	Dichtring ø6 × 1,8	1200	St
E1	Pneumatikzylinder BP528	200	St
R2	Stangenmaterial ø20	66	m

Tabelle 1: Lagerbestand für den Pneumatikzylinder der Baureihe BP528

Arbeitsaufträge zum Projekt „Produktion der Pneumatikzylinder":

4.13 Bestimmen Sie für den im Arbeitsauftrag 4.6 ermittelten Primärbedarf der Baureihe BP528 des 16. Monats die Dispositionsmengen und Dispositionstermine. Verwenden Sie hierfür die im Arbeitsauftrag 4.1 erstellte Erzeugnisgliederung und berücksichtigen Sie die oben angegeben Situationsvorgaben (→ Tabelle 1).

4.14 Erstellen Sie eine erweiterte Mengenübersichtsstückliste für ihr Dispositionergebnis.

4.4 Vertiefungsaufgabe: Produktionsbedarfsplanung zum Projekt „Produktion der Spindel-Lagereinheiten"

Teile-Nr.	Benennung	Menge	Einheit
T1	Gussgehäuse	120	St
T2	Antriebsspindel	140	St
T3	Passscheibe	20	St
T4	Sicherungsring	79	St

Teile-Nr.	Benennung	Menge	Einheit
T5	Rillenkugellager	460	St
T6	O-Ring	800	St
T7	Filzring	1000	St
T7	Federring	250	St

Tabelle 2: Lagerbstand für die Spindel-Lagereinheit

Arbeitsaufträge zum Projekt „Produktion der Spindel-Lagereinheit":

4.15 Erstellen Sie anhand der im Szenarium gegebenen Informationen zur Spindel-Lagereinheit eine Erzeugnisgliederung

4.16 Stellen Sie anhand der Erzeugnisgliederung die Strukturstückliste und den Satz für die Baukastenstücklisten der Spindel-Lagereinheit auf.

4.17 Die Bestellung der Fremdbezugsteile für die Spindel-Lagereinheit soll an jedem dritten Betriebskalendertag erfolgen. Bestimmen Sie anhand der geplanten Jahresproduktion den Primärbedarf und führen Sie eine Bedarfsermittlung nach dem Dispositionsstufenverfahren für das erste Los durch. Berücksichtigen Sie hierbei die in der Tabelle 2 verfügbaren Lagerbestände.

5 Arbeitsplanung

Die Arbeitsplanung umfasst alle einmalig auftretenden Planungsmaßnahmen, die eine fertigungs- und montagegerechte Produktion der Erzeugnisse sichern. Im Rahmen der Arbeitsplanung wird somit u.a. festgelegt, welches Produkt mit welchen Produktionskapazitäten, auf welcher Art von Maschinen bzw. Anlagen und mit welchen Arbeitsschritten gefertigt oder montiert wird.

5.1 Aufgaben und Ziele der Arbeitsplanung

Die Planung der Produktion erfolgt über die Anfertigung von Arbeitsplänen für die zu belegenden Arbeitsplätze.

Ein wesentliches Ziel der Arbeitsplanung ist die Festlegung der Produktionsschritte und die Ermittlung von Produktionszeiten.

5.5.1 Aufgaben der Arbeitsplanung

Die in Bild 1 beschriebenen **Funktionen der Arbeitsplanung** unterteilen sich in kurz- und langfristige Planungsaufgaben. Die **kurzfristigen Aufgaben der Arbeitsplanung** sollen zu einer wirtschaftlichen Abwicklung des Auftrages führen. Ziel der langfristigen Aufgaben ist die wirtschaftliche Gestaltung der Produktionsbereiche. Während die kurzfristigen Planungsaufgaben auftragsabhängige Tätigkeiten umfassen, kennzeichnen sich die langfristigen Aufgaben durch eine auftragsneutrale Durchführung.

Aufgabe der **Stücklistenverarbeitung** ist es, aus den funktional strukturierten Konstruktionsstücklisten produktionsbezogene Stücklisten herzuleiten. Dazu zählen z.B. Montagestücklisten, Fertigungsstücklisten oder Baukastenstücklisten für Eigenfertigungsteile (→ 4.1). Ein Schwerpunkt der Arbeitsplanung ist die **Arbeitsplanerstellung** für die Produktionsbereiche Fertigung und Montage sowie u.a. für die Kostenermittlung. Die **Programmierung** umfasst z.B. die Erstellung von CNC-Programmen und von Roboterprogrammen. Die **Betriebsmittelplanung** soll u.a. zur Entwicklung von Fertigungsmitteln für spezielle Bearbeitungsaufgaben beitragen.

Während die **Planungsvorbereitung** als **mittelfristige Aufgabe** z.B. Unterlagen für die Arbeitsplanerstellung zusammenstellt, werden mit der **Kostenplanung** z.B. Vorkalkulationen oder Wirtschaftlichkeitsrechnungen durchgeführt. Aufgabe der **Qualitätssicherung** ist u.a. die Erstellung von Prüfplänen, Qualitätsplänen oder die Planung der statistischen Qualitätskontrolle.

Die langfristige **Materialplanung** umfasst z.B. die Überprüfung der lagerhaltigen Materialsorten in bestimmten Zeitabständen, um somit Veränderungen des Produktionsspektrums frühzeitig berücksichtigen zu können.

Die Hauptaufgabe der **Investitionsplanung** ist das Erarbeiten von Konzepten zur Entwicklung, Beschaffung oder Umrüstung neuer Fertigungsmittel, Maschinen bzw. Anlagen für eine geplante Produktion.

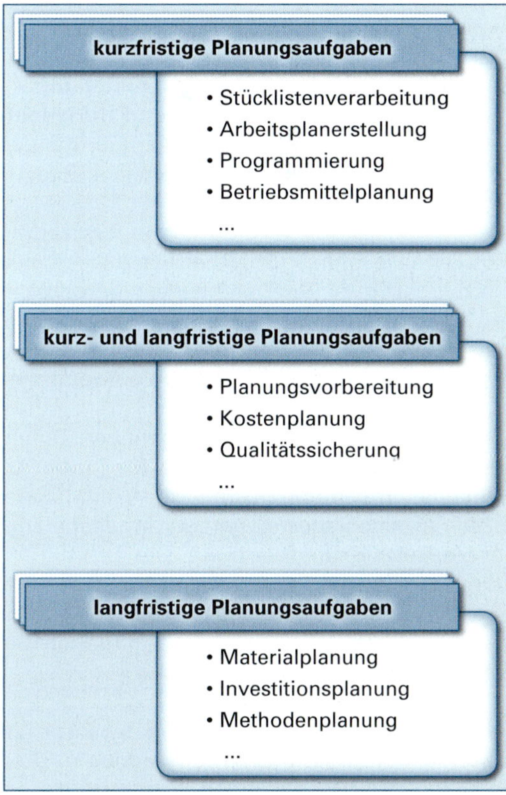

Bild 1: Aufgaben der Arbeitsplanung

Bei der **Methodenplanung** werden u.a. neue Methoden und Verfahren für die Fertigung und Montage entwickelt und getestet.

5.1.2 Arbeitsplanerstellung

Der **Arbeitsplan** ist neben den Gesamt- und Fertigungszeichnungen und der Stückliste das wichtigste Informationsmedium für die Fertigung und Montage von Erzeugnissen, Baugruppen oder Einzelteilen. Der Arbeitsplan beschreibt die **Arbeitsvorgangsfolge** der entsprechenden Komponenten. Die wichtigsten Informationen eines Arbeitsplanes bestehen in der Angabe des zu verwendenden Materials, des Arbeitsplatzes mit den dazugehörenden Arbeitsschritten, der einzusetzenden Betriebsmittel sowie der Vorgabezeiten und ggf. der Lohngruppen.

Bei der **Arbeitsplanerstellung** wird grundsätzlich zwischen einem **auftragsabhängigen** und einem **auftragsneutralen Arbeitsplan** unterschieden. Der zuletzt genannte Arbeitsplan wird auch als Basis-, Stamm- oder Standard-Arbeitsplan bezeichnet. Der auftragsabhängige Arbeitsplan entsteht aus dem Standard-Arbeitsplan durch Hinzufügen der Auftragsdaten.

Ein wichtiges **Ziel der Arbeitsplanerstellung** ist die Bestimmung der **Auftrags- und Durchlaufzeit**. Dieses Ziel wird über die Durchführung der Grobplanung und Feinplanung erreicht (Bild 1).

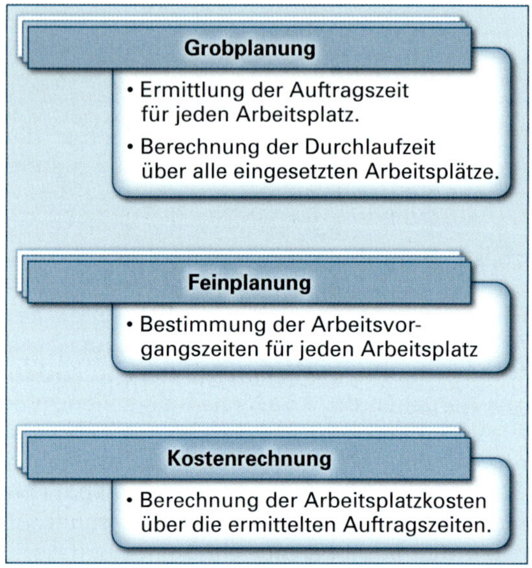

Bild 1: Ziele der Arbeitsplanung

Die Auftragszeitzeit wird durch die **Rüstzeiten** und **Zeiten je Einheit (Stückzeit)** an den Arbeitsplätzen bestimmt. Die Durchlaufzeit berücksichtigt zusätzlich die **Liege- und Transportzeiten** zwischen den Arbeitsplätzen. Die entsprechenden Zeiten werden dem **Grobplan** entnommen.

In der **Feinplanung** werden die genauen Zeiten der jeweiligen Arbeitvorgänge für jeden Arbeitsplatz angegeben. Ganz- oder Teilabzüge dieses Arbeitsplanes dienen als Arbeitsbelege für die Auftragsüberwachung. Die ermittelten Zeiten der jeweiligen Arbeitsplätze sowie die Festlegung der Arbeitsplätze nach Lohngruppen bzw. Maschinenstundensätzen dienen als Grundlage für die **Kostenrechnung**.

Bild 2: Datengruppen des Arbeitsplanes

Bild 2 verdeutlicht die Einteilung der Informationen innerhalb eines Arbeitsplanes in drei verschiedene Datengruppen. Während die **organisatorischen Daten** zur eindeutigen Kennzeichnung eines Arbeitsplanes angegeben werden, beschreiben die **sachabhängigen Daten** den Ausgangs- und Endzustand der zu produzierenden Komponente. Die **arbeitsabhängigen Daten** sind zur detaillierten Kennzeichnung der einzelnen Arbeitsvorgänge notwendig.

Die mit der Arbeitsplanerstellung erzeugten Arbeitspläne enthalten die logische und wirtschaftliche Reihenfolge und Beschreibung der Bearbeitungsschritte zur Produktion eines Erzeugnisses, dessen Baugruppen und der Eigenfertigungsteile.

Entsprechend sind zur Erstellung der Arbeitspläne folgende Schritte zu berücksichtigen (Bild 1):

- Bestimmung der kostenoptimalen Form und Abmessung des Ausgangsteils (Rohteils).
- Festlegung der schrittweisen Arbeitsvorgangsfolge mit der Angabe der Arbeitsplätze bzw. Kapazitäten zur Herstellung des Erzeugnisses bzw. der Erzeugniskomponente in der wirtschaftlichsten Bearbeitungsreihenfolge (Grobplanung).
- Festlegung der wirtschaftlichsten Arbeitsvorgangsfolge für den jeweiligen Arbeitsplatz bzw. der einzusetzenden Kapazität (Feinplanung).
- Bestimmung der Belegungszeit je Arbeitsvorgang und Arbeitsplatz bzw. der Kapazität für die Termin- und Kapazitätsplanung sowie für die Kalkulation.
- Ermittlung der Auftragszeiten und Durchlaufzeiten für das herzustellende Erzeugnis.

Mit der **Festlegung des Ausgangsteils** werden die Rohteile nach Art und Größe definiert. Hierbei werden alle Anforderungen, die an das Werkstück gestellt werden, berücksichtigt. Die Festlegung des Ausgangsteils wird sowohl in der Konstruktionsphase als auch in der Arbeitsplanung durchgeführt. Es werden technologische (z.B. Werkstoff, Gestalt und Oberfläche), wirtschaftliche (z.B. Bearbeitungskosten) und zeitliche Kriterien (z.B. Beschaffungszeit) bei der Bestimmung des Ausgangsteils einbezogen.

Die **grobe Arbeitsvorgangsfolge (Grobplanung)** wird durch die **Reihenfolge einzelner Arbeitsplätze** gekennzeichnet. Hierbei verändert sich die Form oder die Stoffeigenschaft des Körpers bzw. des Stoffs schrittweise vom Rohzustand in einen Fertigzustand. Mit der Angabe der Arbeitsplätze werden entsprechende Tätigkeiten beschrieben. Ziel ist es, jedem Arbeitsplatz (Handarbeitsplatz, Maschine, Vorrichtungen,

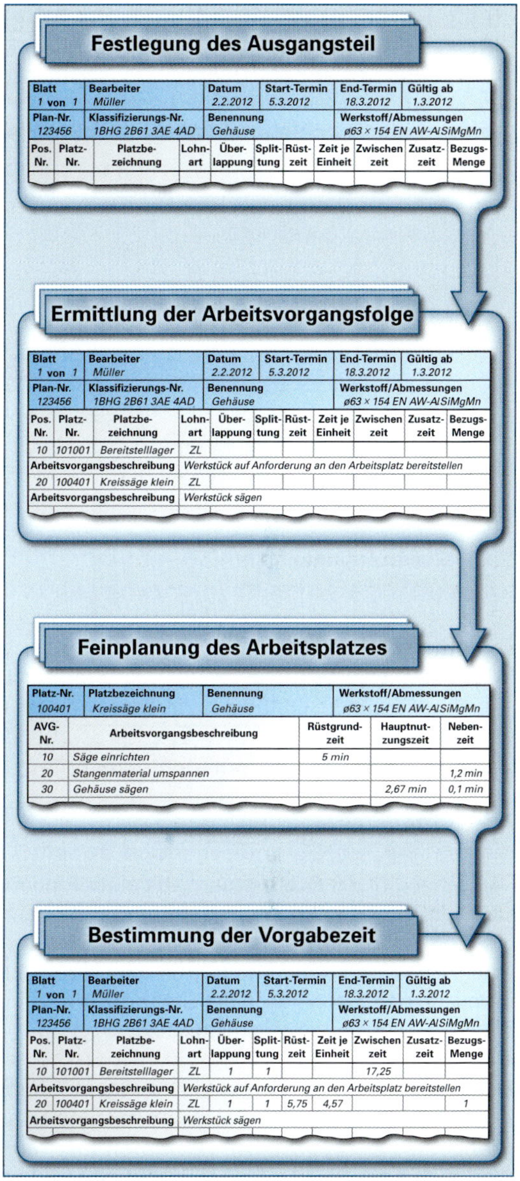

Bild 1: Ablauf der Arbeitsplanerstellung

Werkzeuge) die Produktionszeiten zuzuordnen. Die **genauen Zeiten** für die Bearbeitung des Werkstücks an einem Arbeitsplatz werden in der **Feinplanung** ermittelt. Hierbei wird für jeden Arbeitsplatz eine **detaillierte Arbeitsvorgangsfolge** beschrieben. Für jeden einzusetzenden Arbeitsschritt werden dann die entsprechenden Rüstzeiten und Zeiten je Einheit (Stückzeiten) angegeben. Die Summe der Zeiten stellt die gesamte Belegungszeit an einem Arbeitsplatz dar. Diese Zeit wird nachfolgend in die Grobplanung übernommen.

5.1.3 Berechnungsgrundlagen zur Arbeitsplanung

Ein Arbeitsvorgang setzt sich aus verschiedenen Zeitarten zusammen. Sie bestimmen die Auftrags- und Durchlaufzeit eines Erzeugnisses. Bild 1 gibt einen Überblick zu den Verknüpfungen der Zeitarten.

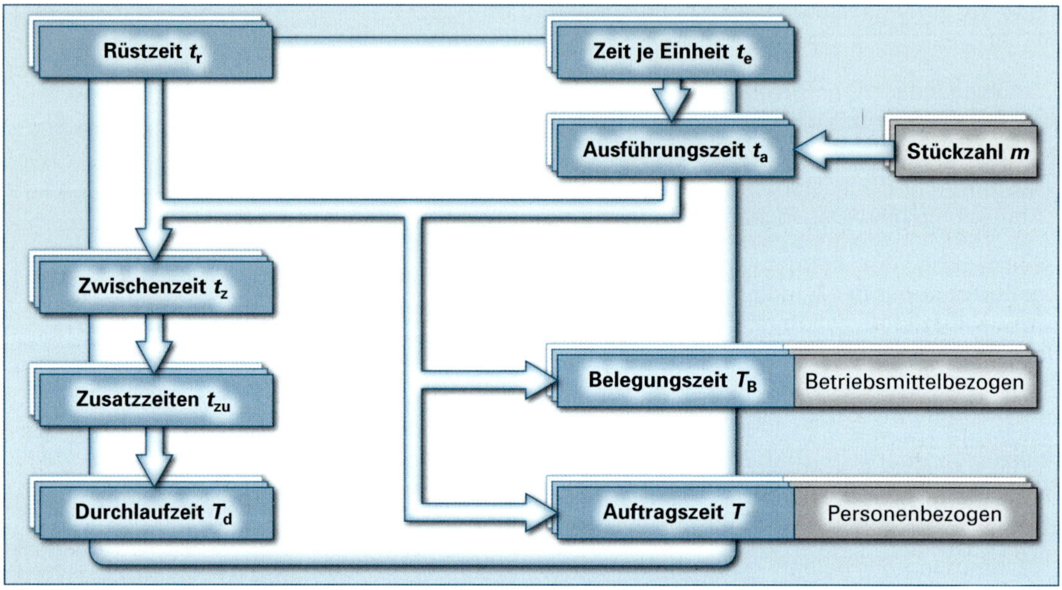

Bild 1: Verknüpfungen der Zeitarten

Zeit je Einheit t_e (Stückzeit)

Diese Zeit gibt die **Bearbeitungszeit einer Einheit an einem Arbeitsplatz** an. In der Regel entspricht diese Einheit einem zu produzierenden Werkstück, einer zu montierenden Baugruppe oder einem zu montierenden Erzeugnis in der Endmontage. Man spricht hier auch von einer **Stückzeit**.

In einer Reihe von Fällen ist die **Mengeneinheit** jedoch größer als ein Werkstück oder eine Baugruppe. So werden z.B. im Härteofen mehrere Werkstücke gleichzeitig für einen mehrstündigen Glühvorgang untergebracht. Die Mengeneinheit bildet sich dann aus der **gesamten Stückzahl des Auftrages** bezogen auf die Anzahl der Werkstücke für einen Härtevorgang. Die Menge im Härteofen wird als **Bezugsmenge (*n*)** bezeichnet. Ein weiteres Beispiel kann mit der Qualitätskontrolle herangezogen werden. Hierbei wird bei einer statistischen Kontrolle z.B. nur jedes 20. Werkstück geprüft. Diese Menge entspricht somit der Bezugmenge. Die zur Zeitberechnung zu berücksichtigende Mengeneinheit (m) eines Auftrages berechnet sich aus der gesamten Anzahl der Werkstücke pro Auftrag geteilt durch die Bezugsmenge (n).

$$\text{Mengeneinheit } m = \frac{\text{Anzahl der Werkstücke pro Auftrag (Losgröße)}}{\text{Bezugsmenge } n}$$

Zur Ermittlung der Ausführungs-, Auftrags- bzw. Belegungszeit oder der Durchlaufzeit wird die Zeit je Einheit t_e mit der Mengeneinheit (m) multipliziert (→ Bild 1).

Rüstzeit t_r

Diese Zeit wird zur **Vorbereitung und Nachbereitung der Bearbeitungsaufgabe** ausgewiesen. Als Beispiele können genannt werden: Zeichnung lesen, NC-Programm einlesen, Werkzeuge einrichten oder Maschine anlaufen lassen. Die Rüstzeit wird nur einmal für einen Auftrag (Los) gezählt, unabhängig davon, wie groß die Stückzahl des Loses (Losgröße) ist. Falls mehrere gleichartige Lose hintereinander gefertigt werden, hängt die Rüstzeit allerdings davon ab, wie der Arbeitsplatz beschaffen ist und welche Veränderungen gegenüber dem vorhergehenden Los durchgeführt werden müssen.

Ausführungszeit t_a

Diese Zeit wird zur **Bearbeitung aller Mengeneinheiten** eines Auftrages an einem Arbeitsplatz vorgegeben. Die Berechnung der Ausführungszeit t_a ergibt sich aus der Stückzeit multipliziert mit der Mengeneinheit eines Auftrages *m*.

$$t_a = m \cdot t_e$$

Belegungszeit T_B (Durchführungszeit)

Die **Belegungszeit T_B** oder auch **Durchführungszeit** genannt, bezieht sich auf die Durchführung des Auftrages an einem Betriebsmittel (Maschine, Vorrichtung, Härteofen u.a.). Sie enthält neben der **Ausführungszeit des Betriebsmittels t_{aB}** die **Zeit zum Rüsten der Maschine t_{rB}**. Da die Belegungszeit betriebsmittelbezogen ist, enthält die Belegungszeit neben der **Grundzeit (t_{rgB} bzw. t_{gB})** ausschließlich die **Verteilzeitzugabe (t_{rvB} bzw. t_{vB})**.

$$\begin{aligned} T_B &= t_{rB} + t_{aB} \\ &= t_{rB} + m \cdot t_{eB} \\ &= (t_{rgB} + t_{rvB}) + m \cdot (t_{gB} + t_{vB}) \end{aligned}$$

Auftragszeit T

Bei vorwiegend manuell betätigten Arbeitsplätzen wird die **Auftragszeit T** angegeben. Sie ist die **personenbezogene Zeit zur Erledigung eines Auftrages** an einem Arbeitsplatz. Bei der Auftragszeit wird neben dem **Verteilzeitzuschlag (t_{rv} bzw. t_v)** ein **Erholzeitzuschlag (t_{rer} bzw. t_{er})** gewährt. Die Auftragszeit enthält keine Liege- und Transportzeiten (Zwischenzeit bzw. Übergangszeit) des Materials.

$$\begin{aligned} T &= t_r + t_a \\ &= t_r + m \cdot t_e \\ &= (t_{rg} + t_{rer} + t_{rv}) + m \cdot (t_g + t_{er} + t_v) \end{aligned}$$

Zwischenzeit (Übergangszeit) t_z

Die **Zwischenzeit t_z** besteht aus der Summe der Sollzeiten, während derer die Durchführung der Bearbeitungsaufgabe planmäßig unterbrochen wird. Die Zwischenzeit setzt sich aus der **Liegezeit** vor und nach der Bearbeitung sowie aus der **Transportzeit** zusammen. Die Zwischenzeit wird wie die Rüstzeit unabhängig von der Losgröße angegeben, da gewöhnlich alle Werkstücke eines Auftrages zusammen von einem zum anderen Arbeitsplatz transportiert und für die Bearbeitung bereitgestellt werden.

Zusatzzeit t_{zu}

Die **Zusatzzeit t_{zu}** enthält die Summe aller Zeiten, die zusätzlich zur Durchführung der Bearbeitungsaufgabe unplanmäßig erforderlich sind. So kann z.B. der Fall eintreten, dass bei der Endmontage auf die Vormontage von Baugruppen gewartet werden muss, da bei der Vormontage Messgeräte beschädigt wurden. Zusatzzeiten sind Zeiten, die in der Terminierung auf ein Minimum reduziert werden können.

Durchlaufzeit T_d

Die **Durchlaufzeit T_d** wird durch die **Addition aller Auftragszeiten sowie aller Zwischenzeiten hintereinanderfolgender Arbeitsplätze** gebildet. Nimmt man die Strukturstückliste zur Hand und ordnet jeder Eigenfertigungseinheit einen Arbeitsplatz zu, so beschreibt die Durchlaufzeit T_d die Auftrags- und Zwischenzeiten des längsten Stücklistenbaumes (→ 5.2.5). Eventuell auftretende Zusatzzeiten t_{zu} werden hierbei hinzugerechnet. Die Durchlaufzeit T_d gibt die Zeit vom Bereitstellen des Rohmaterials und der Fremdbezugsteile bis zur Übergabe des fertigen Erzeugnisses in das Ausgangslager (Kommissionierlager) an.

$$T_d = \Sigma T + \Sigma t_z + \Sigma t_{zu}$$

Einen Überblick zur Berechnung der Zeitarten bezogen auf den Arbeitsplatz und bezogen auf die Gesamtheit der einzusetzenden Arbeitsplätze für den jeweiligen Auftrag wird in Bild 74/1 gegeben.

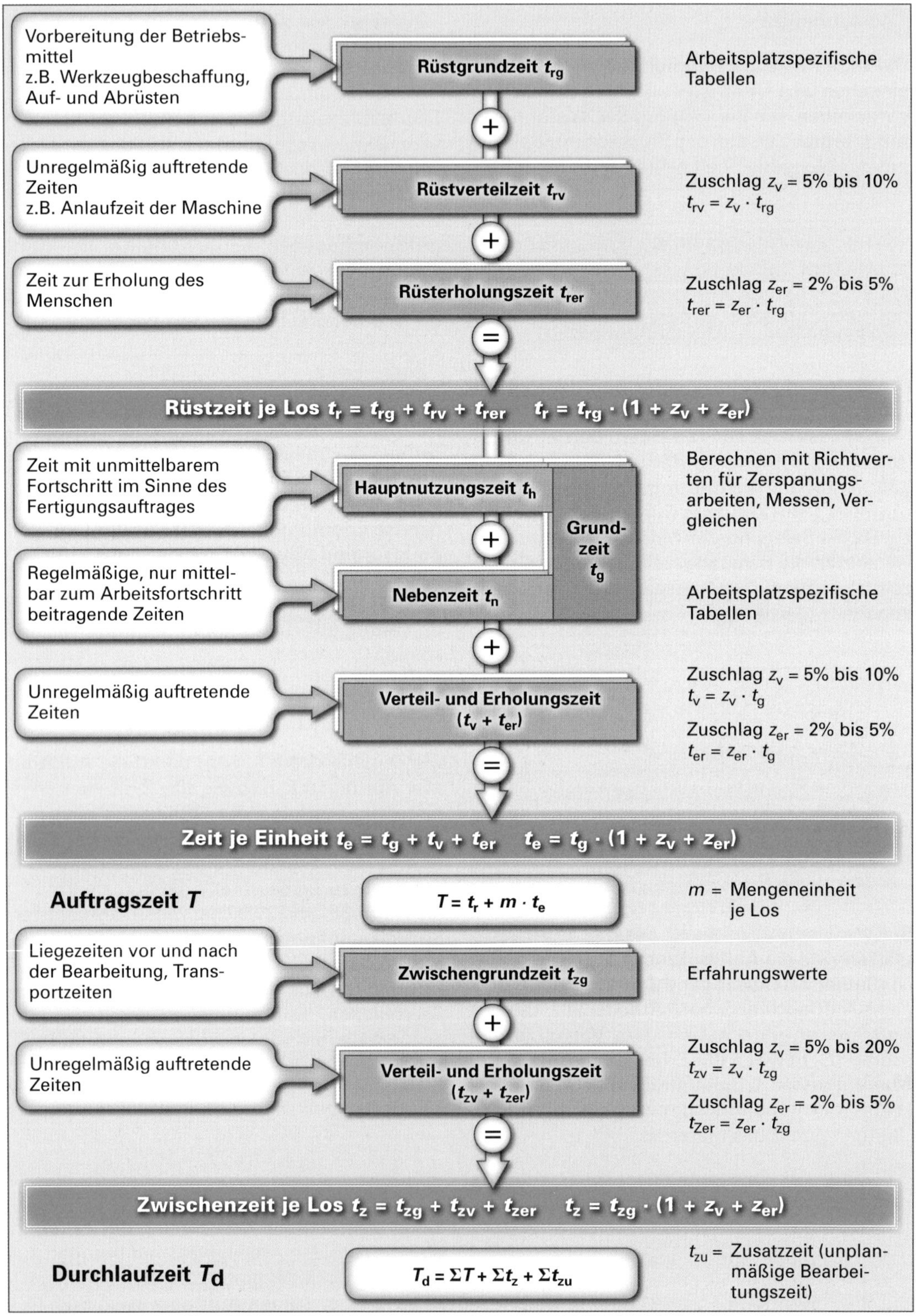

Bild 1: Zeitarten zur Arbeitsplanung

5.1.4 Durchführung der Grobplanung

Die **Arbeitsplanung** wird in eine **Grob- und eine Feinplanung** unterteilt. Während mit Hilfe der Feinplanung die Produktionszeiten an einem Arbeitsplatz bestimmt werden, dient die Grobplanung zur Ermittlung der Auftragszeiten der Arbeitsplätze sowie der gesamten Durchlaufzeit.

Der Grobarbeitsplan beinhaltet die Arbeitsschritte zur Fertigung oder Montage der Eigenfertigungskomponenten (Teile, Baugruppen und Erzeugnisse).

Ziel der Grobplanung ist die Ermittlung der Auftrags- und Belegungszeiten zur Fertigungssteuerung sowie die Bestimmung der Durchlaufzeit des gesamten Auftrages. Somit erfolgt die Angabe der **Arbeitsschritte** grundsätzlich mit einer **Kopplung an die einzusetzenden Arbeitsplätze**.

Da mit dem **Einsatz von rechnergesteuerten PPS-Systemen** die Zeitarten (Bild 74/1) mit dem Arbeitsplatz verknüpft werden, dient die Beschreibung der Tätigkeit am Arbeitsplatz nur noch zu Informationszwecken.

Blatt *1 von 1*	**Bearbeiter** *Müller*				**Datum**	**Start-Termin**		**End-Termin**		**Gültig ab**
Plan-Nr. *T1*	**Klassifizierungs-Nr.**		**Benennung** *Gehäuse*					**Werkstoff/Abmessungen** *ø63 × 154 EN AW-AlSiMgMn*		
AVG-Nr.	**Platz-Nr.**	**Platzbezeichung**	**Lohnart**	**Überlappungsgrad**	**Split.-faktor**	**Rüstzeit**	**Zeit je Einheit**	**Zwischenzeit**	**Zusatzzeit**	**Bez.-Menge**
10			*ZL*	*1*	*1*					
	Arbeitsvorgangsbeschreibung:									
20			*ZL*	*1*	*1*					
	Arbeitsvorgangsbeschreibung:									

Tabelle 1: Kopfdaten des Grobarbeitsplans mit Lohnart, Überlappungsgrad und Splitfaktor

Die Kopfdaten des Grobarbeitsplanes (Tabelle 1) enthalten in der Regel eine **Blattnummerierung, Angaben zum Bearbeiter** und zum **Bearbeitungsdatum** sowie auftragsabhängige **Start- und Endtermine**. Weiterhin erfolgt im Kopf des Arbeitsplanes eine **Bennennung** des zu produzierenden Erzeugnisses (bzw. der Baugruppe oder des Einzelteils). Ebenso worden die **Daten** zum Werkstoff und zu den Abmessungen des Rohteils angegeben. Über die **Klassifizierungs-Nummer** besteht die Möglichkeit, Kurzmerkmale der Komponente verschlüsselt anzugeben.

Da mit jedem **Arbeitsplan** Angaben zur Fertigung oder Montage eines Einzelteiles oder einer Baugruppe bzw. des Erzeugnisses vorgegeben sind, wird mit dem Arbeitplan parallel dazu die entsprechende **Baukastenstückliste** ausgewiesen. Sowohl der Arbeitsplan als auch die Baukastenstückliste enthalten die gleiche Plan-Nummer, damit eine eindeutige Zuordnung erfolgen kann.

Unterhalb der Kopfdaten befinden sich die **arbeitsabhängigen Daten**. Hierbei werden für die in der Bearbeitungsreihenfolge angegebenen Arbeitsplätze die Zeitelemente (Rüstzeit, Zeit je Einheit, Zwischenzeit und Zusatzzeit) und die Bezugsmenge eingetragen. Die Lohnart für alle Arbeitsplätze (→ 1.6.1) ist ein Zeitlohn (ZL).

Zur Berechnung der Auftrags- und Durchlaufzeit müssen der **Überlappungsgrad** und der **Splitfaktor** bekannt sein (Tabelle 1). Mit der Festlegung von Überlappungsgrad und Splitfaktor besteht die Möglichkeit zur Reduzierung der Durchlaufzeit.

Überlappungsgrad

Der Überlappungsgrad gibt an, wie stark der Arbeitsvorgang des jeweiligen Arbeitsplatzes von dem eines anderen überlappt werden kann.

Unter Überlappung versteht man die Weiterreichung von Teil-Fertigungsmengen zum nächsten Arbeitsplatz, auch wenn der aktuelle Auftrag am Arbeitsplatz noch nicht vollständig abgeschlossen ist.

Überlappungsgrad 1 bedeutet, dass erst nach vollständiger Abarbeitung des gesamten Auftrags die Übergabe zum nächsten Arbeitsplatz erfolgt. **Je höher der Überlappungsgrad, umso schneller erfolgt die Übergabe**. Letztlich bedeutet der **maximale Überlappungsgrad** praktisch eine **Fließfertigung**. Wenn z.B. der Arbeitsvorgang 100 Minuten dauert und dabei 1000 Stück pro Auftrag produziert werden, bedeutet der Überlappungsgrad 10, dass bereits nach einem 1/10 der Zeit (also 10 Minuten oder 100 Stück) bereits eine Übergabe zum nächsten Arbeitsvorgang erfolgt.

Der Überlappungsgrad wirkt sich naturgemäß auf die Terminierung aus, indem sich die **Durchlaufzeit** des Auftrags verkürzt. Bei der Vergabe des Überlappungsgrades muss die Auftrags- bzw. Belegungszeit der aufeinander folgenden Arbeitsplätze abgestimmt sein. Sonst kann es dazu kommen, dass trotz Überlappung eine Verkürzung der Durchlaufzeit aufgrund von Wartezeiten nicht erreicht wird.

Splitfaktor

Eine zweite Möglichkeit zur Verkürzung der Durchlaufzeit wird mit dem **Splitfaktor** erreicht.

Mit dem Splitfaktor wird angegeben, wie viel parallele Arbeitsplätze zur Durchführung des Auftrags in der vorgegebenen Zeit benötigt werden.

Bei einem Splitfaktor der größer ist als „1" wird angenommen, dass parallele Arbeitsplätze eingesetzt werden.

Ist die Größe des Splitfaktors z.B. 3, werden drei **gleichartige Arbeitsplätze** parallel eingesetzt. Mit dem Splitfaktor wird die **Ausführungszeit** durch die Größe des Faktors dividiert. Dagegen wird die **Rüstzeit** mit der Größe des Splitfaktors multipliziert, weil hierbei mehrere Plätze parallel gerüstet werden müssen.

Bei der **Kalkulation** kann die **Ausführungszeit ohne Splitfaktor** verwendet werden, da die gesamte Ausführungszeit eines Arbeitsplatzes mit oder ohne Splitfaktor immer gleich groß ist, während die Summe der **Rüstzeiten** sich durch die Splittung der Arbeitsplätze erhöht.

In der nachfolgenden Grobplanung werden der Überlappungsgrad und der Splitfaktor standardmäßig mit dem Wert 1 angesetzt. Nach Überprüfung der Durchlaufzeit für die jeweiligen Arbeitsplätze muss der Splitfaktor angeglichen werden.

5.1.5 Durchführung der Feinplanung

Die Feinplanung wird zur **Bestimmung der Rüstzeit t_r und der Zeit je Einheit t_e sowie der Zwischenzeit t_z** für den jeweils eingesetzten Arbeitsplatz durchgeführt. Hierbei werden die **Grundzeiten der Arbeitsschritte an einem Arbeitsplatz** (Rüstgrundzeit, Hauptnutzungszeit, Nebenzeit) ermittelt.

Zur besseren Übersicht werden in der Regel bei den Feinarbeitsplänen, die mit der Hand erstellt werden, Arbeitsplanformulare eingesetzt. Die Feinplanung wird in der **betrieblichen Praxis** rechnerunterstützt mit Hilfe eines **Arbeitsplanprogrammes (CAP)** abgewickelt.

Die Firma Spin-Lag GmbH setzt für ihre Feinplanung das in der Tabelle 77/1 abgebildete **Arbeitsplanformular für spanende Arbeitsplätze ein.**

Wie bei der Grobplanung (→ 5.1.4) gliedert sich der **Feinarbeitsplan** in ein Kopffeld und die unterhalb liegenden Zeilen mit den arbeitsabhängigen Daten. Im **Kopffeld des Arbeitsplanes** für die Feinplanung wird neben der Benennung des zu produzierenden Werkstücks der einzusetzende Arbeitsplatz mit angegeben. Für den zu planenden Arbeitsplatz werden mit den **arbeitsabhängigen Daten** die durchzuführenden Arbeitsvorgänge zeilenweise in technologisch richtiger Reihenfolge aufgelistet.

Blatt	Bearbeiter	Datum	Start-Termin	End-Termin	Gültig ab
1 von 1	*Müller*				

Platz-Nr.	Platzbezeichung	Benennung	Werkstoff/Abmessungen
100401	*Kreissäge klein*	*Gehäuse*	
Rohgewicht	**Verteil- und Erholzeitzuschlag**	**Rüstzeit t_r**	**Zeit je Einheit (Stückzeit) t_e**

AVG-Nr.	Arbeitsvorgangsbeschreibung:	Rüstgrundzeit t_{rg}	Hauptnutzungszeit t_h	Nebenzeit t_n
10				
20				
30				

Tabelle 1: Arbeitsplanformular zur Feinplanung der Arbeitsplätze

Angaben zum **Rohgewicht** im Kopffeld werden in der Regel zur Ermittlung von Spannzeiten benötigt. Die Ermittlung der Grundzeiten erfolgt mit Hilfe der Richtwerttabellen der Firma Spin-Lag GmbH (→ 1.7). Der Verteil- und Erholzeitzuschlag ist auf die Summe aller Grundzeiten aufzuschlagen. Das Ergebnis aus dieser Vorgehensweise ist die **Bestimmung der Rüstzeit und der Zeit je Einheit** für den zu betrachtenden Arbeitsplatz.

Fragen und Aufgaben

1 Beschreiben Sie die Aufgaben der Arbeitsplanung.

2 Wodurch kennzeichnen sich die Aufgaben der Stücklistenverwaltung?

3 Unterscheiden sie zwischen einem auftragsneutralen und auftragsabhängigen Arbeitsplan.

4 Verdeutlichen Sie das Ziel der Arbeitsplanung.

5 Aus welchen Datengruppen setzt sich ein Arbeitsplan zusammen?

6 Welche Schritte müssen zur Erstellung eines Arbeitsplanes durchgeführt werden?

7 Welches Ziel wird durch die Erstellung von Grobarbeitsplänen verfolgt?

8 Welche Informationen werden in den Kopfdaten des Grobarbeitsplanes angegeben?

9 Wodurch sind die arbeitsabhängigen Daten des Grobarbeitsplanes gekennzeichnet?

10 Beschreiben Sie unterschiedliche Möglichkeiten zur Minimierung der Durchlaufzeit.

11 Welches Ziel verfolgt die Erstellung von Feinarbeitsplänen?

12 Aus welchen Datengruppen setzt sich ein Feinarbeitsplan zusammen?

Angaben zu den Berechnungen der Feinplanung

Mit dem Einsatz der **Richtwerttabellen** können ausschließlich **Rüstgrundzeiten** und **Nebenzeiten** direkt aufgrund vorliegender Parameter abgelesen werden. Die Berechnung der **Hauptnutzungszeit** für die Fertigungsverfahren **Drehen** und **Sägen** (Bild 78/1) sowie **Zentrieren, Senken, Bohren, Längsrundschleifen und Fräsen von Nuten** (Bild 79/1) erfolgt mit Hilfe der nachfolgend abgebildeten **Berechnungsgrundlagen**. Die angegebenen Formeln leiten sich aus den dargestellten drei **Grundformeln** ab:

$$t_h = \frac{L \cdot i}{n \cdot f} \qquad n = \frac{v_c}{\pi \cdot d} \qquad v_f = n \cdot f$$

t_h : Hauptnutzungszeit
n : Drehzahl
v_f : Vorschubgeschwindigkeit
L : Vorschubweg
f : Vorschub
i : Anzahl der Schnitte
v_c : Schnittgeschwindigkeit
d : Durchmesser

Berechnung der Hauptnutzungszeit zum Drehen

Längsrunddrehen schruppen

$$t_h = \frac{\pi \cdot d}{v_c \cdot f} (L_1 \cdot i_1 + L_2 \cdot i_2 + \dots L_n \cdot i_n)$$

Vorschubweg L
ohne Absatz: $L = l + l_a + l_ü$
mit Absatz: $L = l + l_a$

Anzahl der Schnitte $i = \frac{d - d_1}{2 \cdot a_p}$

t_h: Hauptnutzungszeit in min
d: Werkstückdurchmesser in m (größter ø vor der Bearbeitung)
v_c: Schnittgeschwindigkeit in m/min
f: Vorschub in mm
L: Vorschubweg in mm
- l: Vorschubweg am Werkstück in mm
- l_a: Anlaufweg in mm
- $l_ü$: Überlaufweg in mm

i: Anzahl der Schnitte
- d: Werkstückdurchmesser in mm (größter ø vor der Bearbeitung)
- d_1: Werkstückdurchmesser in mm (ø nach der Bearbeitung)
- a_p: Schnitttiefe in mm

Längsrunddrehen schlichten

$$t_h = \frac{\pi \cdot d}{v_c \cdot f} \cdot L_{ges}$$

Konturweg
$L_{ges} = l_a + l_1 + \dots + l_n + l_ü$

t_h: Hauptnutzungszeit in min
d: Werkstückdurchmesser in m (größter ø vor der Bearbeitung)
v_c: Schnittgeschwindigkeit in m/min
f: Vorschub in mm
L: Konturweg in mm
- l: Vorschubweg am Werkstück in mm
- l_a: Anlaufweg in mm
- $l_ü$: Überlaufweg in mm

Planen

$$t_h = \frac{\pi \cdot d_m}{v_c \cdot f} \cdot L \cdot i$$

Vorschubweg $L = \frac{d}{2} + l_a$

mittlerer Werkstückdurchmesser $d_m = \frac{d}{2}$

t_h: Hauptnutzungszeit in min
d_m: mittlerer Werkstückdurchmesser in m
v_c: Schnittgeschwindigkeit in m/min
f: Vorschub in mm
L: Vorschubweg in mm
- d: Werkstückdurchmesser in mm
- l_a: Anlaufweg in mm

i: Anzahl der Schnitte

Berechnung der Hauptnutzungszeit zum Sägen

Planen $t_h = \frac{L}{v_f}$

Vorschubweg $L = l + l_a$

t_h: Hauptnutzungszeit in min
v_f: Vorschubgeschwindigkeit in mm/min
f: Vorschub in mm
L: Vorschubweg in mm
- l: Werkstückhöhe in mm
- l_a: Anlaufweg in mm

Bild 1: Berechnungen der Schnittwerte und Zeiten beim Drehen und Sägen

Berechnung der Hauptnutzungszeit zum Zentrieren

$$t_h = \frac{L \cdot i}{n \cdot f}$$

Werkzeug: NC-Anbohrer (Spitzenwinkel 90°)

Vorschubweg $L = \frac{d}{2} + l_a$

Werkzeug: Zentrierbohrer

Vorschubweg $L = t_{min} + l_a$

t_h: Hauptnutzungszeit in min
n: Drehzahl in min^{-1}
f: Vorschub in mm
i: Anzahl der Zenrierbohrungen
L: Vorschubweg in mm
- d: größter Durchmesser der Zentrierung in mm
- t_{min}: Tiefe der Zentrierung in mm
- l_a: Anlaufweg in mm

Berechnung der Hauptnutzungszeit zum Bohren

$$t_h = \frac{L \cdot i}{n \cdot f}$$

Werkzeug: Spiralbohrer HSS (Spitzenwinkel 118°)

Vorschubweg $L = l + 0{,}3 \cdot d + l_a + l_ü$

t_h: Hauptnutzungszeit in min
n: Drehzahl in min^{-1}
f: Vorschub in mm
i: Anzahl der Bohrungen
L: Vorschubweg in mm
- l: Bohrungslänge in mm
- d: Werkzeugdurchmesser in mm
- l_a: Anlaufweg in mm
- $l_ü$: Überlaufweg in mm

Berechnung der Hauptnutzungszeit zum Längsrundschleifen

$$t_h = \frac{\pi \cdot d \cdot i}{v_f \cdot f} (L_1 + ... + L_n)$$

Werkzeug: Schleifscheibe HSS (Schleifscheibenbreite b_s = 10 mm)

Vorschubweg L
- Ohne Abatz: $L = l - 3$ mm
- mit Absatz: $L = l - 6$ mm

t_h: Hauptnutzungszeit in min
d: Größter Werkstückdurchmesser in m
v_f: Vorschubgeschwindigkeit in m/min
f: Vorschub in mm
i: Anzahl der Schitte
L: Vorschubweg in mm
- l: Schleiflänge am Werkstück in mm

Berechnung der Hauptnutzungszeit zum Nuten fräsen

$$t_h = \frac{L \cdot i}{v_f}$$

Werkzeug: Schaftfräser

Vorschubweg $L = l - d$

Anzahl der Schnitte $i = \frac{t}{a_p}$

t_h: Hauptnutzungszeit in min
v_f: Vorschubgeschwindigkeit in mm/min
i: Anzahl der Schitte
L: Vorschubweg in mm
- l: Nutlänge in mm
- d: Werkzeugdurchmesser in mm

t: Nuttiefe in mm
a_p: Schnitttiefe in mm

Bild 1: Berechnungen der Schnittwerte und Zeiten beim Zentrieren, Senken, Bohren, Längsrundschleifen und Nuten fräsen

5.2 Arbeitsplanung zum Projekt „Produktion der Pneumatikzylinder"

Die Grobplanung des Pneumatikzylinders erfolgt für alle eigengefertigten Teile. Einen **Überblick der anzufertigenden Arbeitspläne** erhält man am besten über die **Erzeugnisgliederung des Pneumatikzylinders** (→ 4.1). Das Erzeugnis, die Baugruppen sowie die zu fertigenden Einzelteile (Gehäuse und Kolbenstange) werden für die **Eigenfertigung** aufgeführt. Für diese Komponenten sind neben den angefertigten Baukastenstücklisten **Grobarbeitspläne** (→ 5.4.1) zu erstellen. Bild 1 gibt einen Überblick der Teile, für die eine Grobplanung durchgeführt werden muss, wieder.

Gehäuse (T1)

Fertigung des Gehäuses (T1) aus dem Rohrprofil (R1)

Kolbenstange (T2)

Fertigung der Kolbenstange (T2) aus dem Stangenmaterial (R2)

Baugruppe Boden (G1)

Vormontage der Dichtungen und der Dämpfungsschraube an den Boden (T3)

Baugruppe Deckel (G2)

Vormontage der Dichtungen und der Dämpfungsschraube am Deckel (T4)

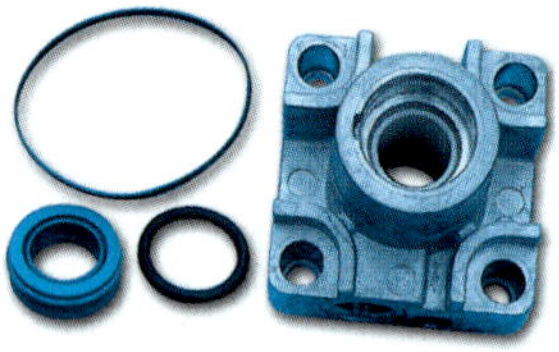

Baugruppe Kolben (G3)

Vormontage der Kolbendichtringe an den Kolben (T5)

Baugruppe Kolbenstange (G4)

Vormontage der Baugruppe Kolben (G3) und diverser Einzelteile an die eigengefertigte Kolbenstange (T2)

Baugruppe Zugstange (G5)

Vormontage der Mutter (T11) einseitig auf die Zugstange (T6)

Erzeugnis Pneumatikzylinder (E1)

Endmontage des Gehäuses mit den diversen Einzelteilen und Baugruppen

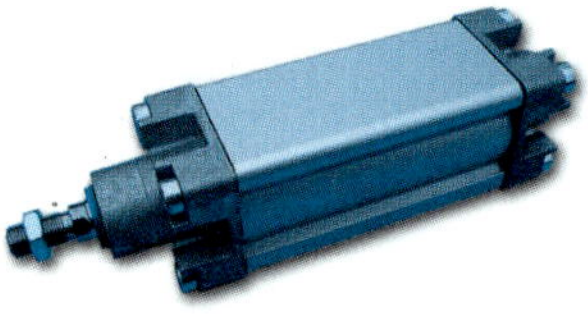

Bild 1: Grobplanung zur Fertigung und Montage des Pneumatikzylinders

5.2.1 Arbeitsplanung des Gehäuses

Den Grobarbeitsplan für das Gehäuse (T1) gibt die Tabelle 1 wieder. Das Gehäuse wird aus dem Aluminium-Profil (R1) gefertigt (Bild 1). Hierbei wird das Aluminiumprofil mit dem Innendurchmesser von 63 mm und einem Außenmaß von 70 mm × 70 mm auf die erforderliche Länge von 154 mm abgesägt. Der erste Arbeitplatz zur Fertigung des Gehäuses ist das Bereitstelllager der mechanischen Werkstatt. Hier wird auf Anforderung des nachfolgenden Arbeitsplatzes „Kreissäge" das für ein Tageslos benötigte Stangenprofil vom Personal des Lagers bereitgestellt. An der Kreissäge wird die Menge des gesamten Tageslose abgearbeitet, bevor der Arbeitsplatz für weitere Aufträge zur Verfügung steht.

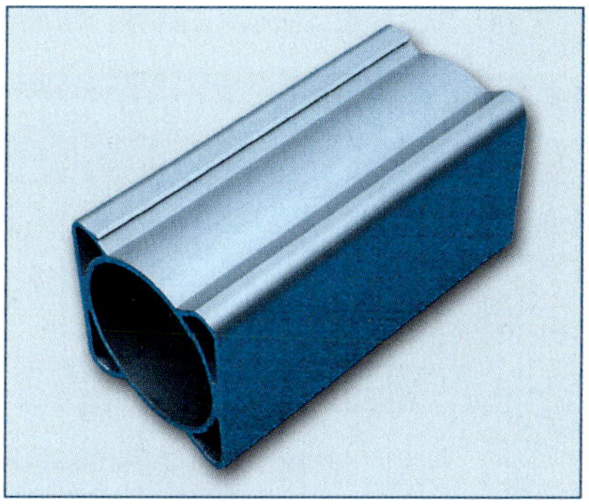

Bild 1: Gehäuse

Blatt-Nr. *1 von 1*		Bearbeiter *Müller*			Datum		Start-Termin		End-Termin	Gültig ab
Plan-Nr. *T1*		Klassifizierungs-Nr.			Benennung *Gehäuse*				Werkstoff/Abmessungen *ø63 × 154 EN AW-AlSiMgMn*	
Pos-Nr.	**Platz-Nr.**	**Platzbezeichnung**	**Lohnart**	**Überlappungsgrad**	**Split.-faktor**	**Rüstzeit**	**Zeit je Einheit**	**Zwischenzeit**	**Zusatzzeit**	**Bez.-menge**
10	*101001*	*Bereitstelllager Werkstatt*	*ZL*	*1*	*1*			*17,25*		*1*
	Arbeitsvorgangsbeschreibung:		*Werkstück auf Anforderung am Arbeitsplatz bereitstellen*							
20	*100401*	*Kreissäge klein*	*ZL*	*1*	*1*	*5,75*	*4,57*			*1*
	Arbeitsvorgangsbeschreibung:		*Werkstück sägen*							

Tabelle 1: Grobplanung zur Fertigung des Gehäuses

Die Ermittlung der angegebenen Zeiten der jeweiligen Arbeitsplätze wird nachfolgend beschrieben:

- **Bereitstelllager Werkstatt (Pos. 10)**
  Die Zwischengrundzeit für jeden Transportvorgang zwischen dem Bereitstelllager und dem Arbeitsplatz wird pauschal mit 15 min angesetzt (→ 1.7). Wird auf den Grundzeitanteil der Verteil- und Erholzeitzuschlag von 15 % aufgeschlagen, so ergibt sich für die Zwischenzeit folgende Berechnung:

$$t_z = t_{zg} \cdot 1{,}15 = 15\text{ min} \cdot 1{,}15 = \mathbf{17{,}25\text{ min}}$$

- **Kreissäge klein (Pos. 20)**
  Die Ermittlung der Rüstzeit und der Zeit je Einheit zur Fertigung des Gehäuses kann dem Feinarbeitsplan und den zugehörigen Berechnungen der nachfolgenden Seiten entnommen werden.

Die Zusatzzeit wird bei der Vorplanung nicht berücksichtigt, da es sich bei diesem Zeitanteil nicht um planmäßige Vorgänge handelt.

Feinarbeitsplan zum Sägen des Gehäuses

Die **spanende Fertigung des Gehäuses** besteht lediglich aus dem Absägen des Aluminiumprofils auf die erforderliche Länge. Es ergibt sich der in Tabelle 82/1 aufgeführte Arbeitsplan. Vorher muss der Arbeitsplatz „Kreissäge klein" eingerichtet werden. Anschließend wird das Stangenmaterial, das sich auf der Zuführeinheit der Kreissäge befindet, für jeden neuen Sägevorgang umgespannt.

Die zu bestimmenden Zeiten für die jeweiligen Arbeitsvorgänge stellen lediglich die Grundzeiten dar. Auf jede dieser Zeiten muss ein Verteil- und Erholzeitzuschlag hinzugerechnet werden. Dieser Zuschlag wird lt. Szenarium (→ 1.7) pauschal mit 15 % vorgegeben.

Blatt-Nr.	Bearbeiter	Datum	Start-Termin	End-Termin	Gültig ab
1 von *1*	*Müller*				
Platz-Nr.	**Platzbezeichnung**	**Benennung**		**Werkstoff/Abmessungen**	
100401	*Kreissäge klein*	*Gehäuse*			
Rohgewicht	**Verteil- und Erholzeitzuschlag**	**Rüstzeit t_r**		**Zeit je Einheit (Stückzeit) t_e**	
	15%				

AVG-Nr.	Arbeitsvorgangsbeschreibung	Rüstgrundzeit t_{rg}	Hauptnutzungszeit t_h	Nebenzeit t_n
10	*Säge einrichten*			
20	*Stangenmaterial umspannen*			
30	*Gehäuse sägen*			

Tabelle 1: Feinarbeitsplanformular des Gehäuses für den Arbeitsplatz „Kreissäge klein"

Arbeitsvorgang 10: Zeitbestimmung zum Einrichten der Säge

Der Arbeitsvorgang 10 zur Fertigung des Gehäuses beinhaltet das **Einrichten der Säge**. Diese Tätigkeit wird für den gesamten Auftrag (hier: Auftrag = Tageslos) nur einmalig durchgeführt und als **Rüsten der Maschine** bezeichnet.

Die **Rüstgrundzeit** kann in den meisten Fällen nur empirisch ermittelt werden. Die Zeit zum Rüsten einer kleinen Säge wird durch die **Richtwerttabelle** (→ 1.7) der Firma Spin-Lag vorgegeben. Tabelle 2 zeigt einen Auszug aus der Richtwerttabelle (→ Tabelle 27.1). Die Rüstgrundzeit zum Sägen wird demnach mit t_{rg} = 5 min angesetzt.

Art der Richtwerte und Richtzeiten			Fräsen								Sägen	
			Messerkopf		Walzenfräser		Schaftfräser		Scheiben-fräser		Kreis-säge	Band-säge
			schrupp	schlicht	schrupp	schlicht	schrupp	schlicht	schrupp	schlicht		
Nebenzeit je Werkzeugwechsel	t_n	min	0,2	0,2	0,2	0,2	0,2	0,2	0,2	0,2	-	-
Weg im Eilgang fahren	t_n	min	0,1	0,1	0,1	0,1	0,1	0,1	0,1	0,1	0,1	0,1
Messvorgang	t_n	min	0,8	0,8	0,8	0,8	0,8	0,8	0,8	0,8	0,5	0,5
Rüstgrundzeit für kleine Maschinen	t_{rg}	min	30								5	
Rüstgrundzeit für große Maschinen	t_{rg}	min	150								20	

Tabelle 2: Auszug aus der Richtwerttabelle zum Fräsen und Sägen

Arbeitsvorgang 20: Zeitbestimmung zum Spannen auf der Säge

Spannzeiten sind Nebenzeiten, die für jedes Werkstück hinzugerechnet werden müssen. Spannvorgänge sind lt. der Richtwerttabelle zum Spannen von Werkstücken (→ Tabelle 27/2) abhängig vom Rohteilgewicht. Das Gewicht des Aluminiumprofils mit dem Innendurchmesser von 63 mm und einem quadratischen Außenmaß von 75 mm × 75 mm wird vom Hersteller mit 3 kg/m angegeben. Das **Rohteilgewicht** des Gehäuses mit der Länge von 154 mm (→ Bild 17/1) berechnet sich wie folgt:

$$m = \frac{3\ \text{kg} \cdot 154\ \text{mm}}{1000\ \text{mm}} = \mathbf{0{,}462\ kg}$$

Das Stangenprofil wird an der Kreissäge auf einen Schraubstocks gespannt. Der Auszug der Richtwerttabelle zum Spannen von Werkstücken (Tabelle 1) ergibt eine Spannzeit von t_{nsp} = 1,2 min (→ Tabelle 27/2).

Werkstücke spannen in:			im Schraubstock/Vorrichtung					auf den Maschinenschlitten				
(bis 25 kg von Hand, darüber mit Kran)		kg	- 25	- 50	- 200	- 500	> 500	- 25	- 50	- 200	- 500	> 500
aufspannen, ausrichten	t_n	min	1,5	6,5	9	15	25	5	10	15	35	60
abspannen	t_n	min	0,4	0,8	2,5	4,5	8	1	2	3	6	10
umspannen	t_n	min	1,2	5	7	10	20	4	8	12	30	50

Tabelle 1: Auszug aus der Richtwerttabelle zum Spannen von Werkstücken

Arbeitsvorgang 30:
Zeitbestimmung zum Sägen des Gehäuses

Die Zeit zum Sägen des Aluminiumprofils stellt die eigentliche Bearbeitungszeit dar und wird entsprechend für jedes Werkstück aufgerechnet. Die Berechnung der **Hauptnutzungszeit t_h** erfolgt mit den Berechnungsgrundlagen zur Feinplanung (→ Bild 78/1). Zum Sägen des Aluminiumprofils gilt entsprechend die Formel:

$$t_h = \frac{L}{v_f} \qquad \text{mit } L = l + l_a$$

Aus dem Auszug der Richtwerttabelle zum Fräsen und Sägen in Tabelle 2 (→ Tabelle 27/1) ermittelt sich die **Vorschubgeschwindigkeit** der Kreissäge mit v_f = 30 mm/min und einem Anlaufweg l_a = 5 mm.

Zu bearbeitender Werkstoff	Art der Richtwerte und Richtzeiten				Fräsen								Sägen	
					Messerkopf		Walzenfräser		Schaftfräser		Scheibenfräser		Kreissäge	Bandsäge
					schrupp	schlicht	schrupp	schlicht	schrupp	schlicht	schrupp	schlicht		
Nichteisenmetalle	Vorschubgeschwindigkeit	HSS	v_f	mm/min	–	–	250	300	450	600	200	300	30	35
		HM	v_f	mm/min	700	900	600	800	650	850	500	700	–	–
	Spantiefe je Schnitt		a_p	mm	5,0	1,0	20	1,0	3	0,5	20	1,0	–	–
	Anzahl der Schnitte		i	–	*	1	*	1	*	1	*	1	–	–
Anlauf- bzw. Überlaufweg l_a / $l_ü$				mm	2	2	20	20	2	2	20	20	5	5

Tabelle 2: Auszug aus der Richtwerttabelle zum Fräsen und Sägen

Mit der Werkstückhöhe von 75 mm (→ Bild 17/1) und dem Anlaufweg von 5 mm ergibt sich somit ein gesamter **Vorschubweg** von L = 80 mm.

$$L = l + l_a = 75 \text{ mm} + 5 \text{ mm} = \mathbf{80 \text{ mm}}$$

Die **Hauptnutzungszeit beim Sägen** beträgt demnach 2,67 min.

$$t_h = \frac{L}{v_f} = \frac{80 \text{ mm}}{30 \text{ mm/min}} = \mathbf{2{,}67 \text{ min}}$$

Die Nebenzeit t_n zum Rückstellen des Werkzeuges wird lt. Richtwerttabelle mit t_n = 0,1min pauschal in Tabelle 84/1 angegeben (→ Tabelle 27/1).

Art der Richtwerte und Richtzeiten			Fräsen								Sägen	
			Messerkopf		Walzenfräser		Schaftfräser		Scheibenfräser		Kreissäge	Bandsäge
			schrupp	schlicht	schrupp	schlicht	schrupp	schlicht	schrupp	schlicht		
Nebenzeit je Werkzeugwechsel	t_n	min	0,2	0,2	0,2	0,2	0,2	0,2	0,2	0,2	-	-
Weg im Eilgang fahren	t_n	min	0,1	0,1	0,1	0,1	0,1	0,1	0,1	0,1	0,1	0,1
Messvorgang	t_n	min	0,8	0,8	0,8	0,8	0,8	0,8	0,8	0,8	0,5	0,5
Rüstgrundzeit für kleine Maschinen	t_{rg}	min	30								5	
Rüstgrundzeit für große Maschinen	t_{rg}	min	150								20	

Tabelle 1: Auszug aus der Richtwerttabelle zum Fräsen und Sägen

Berechnung der Rüstzeit t_r und der Zeit je Einheit t_e

Die Berechnung der Rüstzeit (→ Arbeitsvorgang10) wird mit dem Verteil- und Erholzeitzuschlag von 15 % (→ 1.7) multipliziert:

$$t_r = t_{rg} \cdot 1{,}15 = 5\ \text{min} \cdot 1{,}15 = \mathbf{5{,}75\ min}$$

Die Zeit je Einheit (→ Bild 74/1) ergibt sich aus der Addition von Hauptnutzungszeit und Nebenzeit sowie dem Verteil- und Erholzeitzuschlag von 15 %:

$$t_e = (t_h + t_n) \cdot 1{,}15$$
$$= (2{,}67\ \text{min} + 1{,}2\ \text{min} + 0{,}1\ \text{min}) \cdot 1{,}15$$
$$= \mathbf{4{,}57\ min}$$

Alle Größen, eingetragen in das **Feinarbeitsplanformular des Gehäuses für den Arbeitsplatz „Kreissäge klein"** (→ Tabelle 72/1), führen zu dem in Tabelle 2 aufgezeigtem Ergebnis.

Blatt-Nr.	Bearbeiter	Datum	Start-Termin	End-Termin	Gültig ab
1 von *1*	*Müller*				
Platz-Nr. *100401*	**Platzbezeichnung** *Kreissäge klein*	**Benennung** *Gehäuse*		**Werkstoff/Abmessungen**	
Rohgewicht *0,462 kg*	**Verteil- und Erholzeitzuschlag** *15%*	**Rüstzeit t_r** *5,75 min*		**Zeit je Einheit (Stückzeit) t_e** *4,57 min*	

AVG-Nr.	Arbeitsvorgangsbeschreibung	Rüstgrundzeit t_{rg}	Hauptnutzungszeit t_h	Nebenzeit t_n
10	*Säge einrichten*	*5 min*		
20	*Stangenmaterial umspannen*			*1,2 min*
30	*Gehäuse sägen*		*2,67 min*	*0,1 min*

Tabelle 2: Feinarbeitsplan des Gehäuses für den Arbeitsplatz „Kreissäge klein"

5.2.2 Arbeitsplanung der Kolbenstange

Die **Kolbenstange** (T2) wird aus Werkstoff 1.4021 gefertigt. Bei diesem Werkstoff handelt es sich um einen hochlegierten Stahl mit dem Kurznamen X20Cr13. Dieser hochlegierte Werkstoff gehört zu der Gruppe der härtbaren Stähle, die zudem auch gut zerspanbar sind. Bild 85/1 gibt die **Fertigungszeichnung** der Kolbenstange wieder.

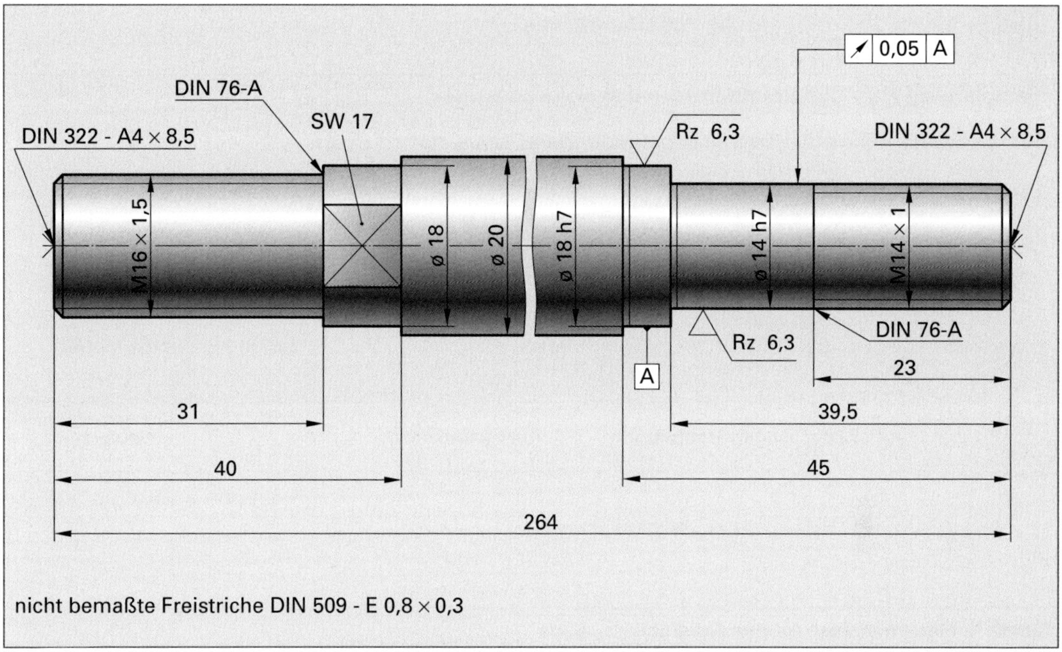

Bild 1: Fertigungszeichnung der Kolbenstange

Der erste Arbeitsplatz bei der **Fertigung der Kolbenstange** ist wie beim Gehäuse das **Bereitstelllager.** Hier wird das Stangenmaterial Ø20 für ein gesamtes Tageslos auf Anforderung durch das Personal des Lagers an der **Kreissäge** bereitgestellt.

Nach dem Sägen der Stangen auf eine Länge von 268 mm (gegebene Länge = 264 mm zuzüglich eines Bearbeitungsaufmaßes zum Planen von 2 mm je Stirnseite) wird das gesamte Tageslos nach Anforderung am nächsten Arbeitsplatz, der **CNC-Drehmaschine**, bereitgestellt.

Nachdem das Werkstück auf der CNC-Drehmaschine gedreht wurde, erfolgt das Bereitstellen der gedrehten Wellen an die **Universalfräsmaschine**. Hier werden die Schlüsselflächen bearbeitet.

Anschließend erfolgt auf dem letzten Arbeitsplatz eine statistische **Qualitätskontrolle** der Kolbenstange. Hierbei wird jede 30. Kolbenstange dem Bereitstelllager Montage entnommen und auf Maßhaltigkeit sowie auf die Einhaltung von Form- und Lagetoleranzen überprüft. Die Bezugsmenge für diesen Arbeitplatz hat daher den Wert 30. Die Bezugsmenge für die übrigen Arbeitsplätze beträgt 1. Die im Arbeitsplan angegebenen Arbeitsplätze werden dem Szenarium (→ Tabelle 20/1) entnommen.

Arbeitsaufträge zum Projekt „Produktion der Pneumatikzylinder"

5.1 Geben Sie die Arbeitsschritte zur Fertigung der Kolbenstange in einem Grobarbeitsplan mit der Angabe der oben beschriebenen Arbeitsplätze an. Verwenden Sie hierfür den in Tabelle 89/1 dargestellten Arbeitsplanformular *(Vorlage zum Ausdrucken auf der CD)*.

5.2 Ermitteln Sie die Zwischenzeit (Liege- und Transportzeit) zum jeweiligen Bereitstellen des Materials.

5.3 Führen Sie eine Feinarbeitsplanung der Kolbenstange für den Arbeitsplatz Kreissäge (Tabelle 86/1) durch *(Vorlage zum Ausdrucken auf der CD)*.

5.4 Berechnen Sie das Rohteilgewicht der Kolbenstange. Bestimmen Sie für den in Tabelle 88/1 aufgestellten Feinarbeitsplan zum CNC-Drehen der Kolbenstange die entsprechenden Fertigungszeiten *(Vorlage zum Ausdrucken auf der CD)*.

5.5 Ermitteln Sie die Zeiten zur Bearbeitung der Kolbenstange auf der Universalfräsmaschine (Tabelle 86/2).

5.6 Bestimmen Sie die Zeit je Einheit für die statistische Qualitätskontrolle der Kolbenstangen. Tragen Sie alle ermittelten Größen in das Grobarbeitsplanformular (Tabelle 89/1) für die Kolbenstange ein.

Anlage für die Bearbeitung der Arbeitsaufträge

Feinplanung zum Sägen und Fräsen der Kolbenstange

(Feinarbeitsplan-Formular kann der beiliegenden CD als „Word-Dokument" entnommen werden.)

Blatt-Nr.	Bearbeiter	Datum	Start-Termin	End-Termin	Gültig ab
1 von *1*	*Müller*				
Platz-Nr.	Platzbezeichnung	Benennung *Kolbenstange*		Werkstoff/Abmessungen *⌀20 × 264 X20Cr13*	
Rohgewicht	Verteil- und Erholzeitzuschlag	Rüstzeit t_r		Zeit je Einheit (Stückzeit) t_e	

AVG-Nr.	Arbeitsvorgangsbeschreibung	Rüstgrundzeit t_{rg}	Hauptnutzungszeit t_h	Nebenzeit t_n

Tabelle 1: Feinarbeitsplan für den Arbeitsplatz „Säge"

Blatt-Nr.	Bearbeiter	Datum	Start-Termin	End-Termin	Gültig ab
1 von *1*	*Müller*				
Platz-Nr.	Platzbezeichnung	Benennung *Kolbenstange*		Werkstoff/Abmessungen *⌀20 × 264 X20Cr13*	
Rohgewicht	Verteil- und Erholzeitzuschlag	Rüstzeit t_r		Zeit je Einheit (Stückzeit) t_e	

AVG-Nr.	Arbeitsvorgangsbeschreibung	Rüstgrundzeit t_{rg}	Hauptnutzungszeit t_h	Nebenzeit t_n

Tabelle 2: Feinarbeitsplan für den Arbeitsplatz „Fräsmaschine"

Feinarbeitsplanung des Arbeitsplatzes CNC-Drehmaschine

Der **Feinarbeitsplan** zum CNC-Drehen der Kolbenstange (Tabelle 88/1) beinhaltet eine umfangreiche Zahl von **Bearbeitungsschritten**. Daher ist es sinnvoll, einen Arbeitsplan aufzubauen, der für möglichst viele Drehteile Gültigkeit besitzt bzw. für ähnliche Teile nur geringfügig geändert werden muss.

Die Firma Spin-Lag GmbH standardisiert ihre Arbeitspläne durch einen **modularen Aufbau** jedes Arbeitsplans. Bild 87/1 verdeutlicht diesen Aufbau mit der Darstellung von Verfahrensskizzen.

Das **erste Modul** wird durch eine **Planbearbeitung des Drehteils** an beiden Stirnflächen gekennzeichnet. Gleichzeitig erfolgt in diesem Modul das Zentrieren des Werkstücks für spätere Spann- bzw. Bearbeitungsaufgaben. Das Modul Planen auf der CNC-Drehmaschine ist verbunden mit einer **Einspannung des Werkstücks in einem Dreibackenfutter.** Alternativ zum Planen auf einer Drehmaschine kann eine Plan- und Zentrierbearbeitung auf einer **Ablängmaschine** erfolgen. Hierbei werden die beiden Stirnseiten des Drehteils gleichzeitig mit zwei parallel gegenüberliegenden Fräsköpfen geplant und mit jeweils zwei nachfolgenden Zentrierbohrern zentriert. Die Einspannung des Werkstücks auf der Ablängmaschine erfolgt in einer prismatischen Aufnahme.

Das **zweite Modul** beinhaltet die **Schruppbearbeitung des Werkstücks.** Hierbei werden je nach Bearbeitungsaufgabe eine oder beide Seiten des Drehteils vorbearbeitet. In diesem Modul wird das geplante und zentrierte Werkstück ebenfalls im **Dreibackenfutter** eingespannt. Je nach herausstehender Länge des Werkstücks erfolgt eine Abstützung des Drehteils mit Hilfe einer **mitlaufenden Zentrierspitze.**

Das **dritte Modul** enthält die gesamte **Feinbearbeitung** des Werkstücks (Schlichtbearbeitung). Zuerst werden die vorgedrehten Flächen mit einer geringen Spantiefe von 0,5 mm bis 1 mm geschlichtet. Mit der **Konturbewegung** des Werkzeugs an der zu schlichtenden Fläche werden gleichzeitig Freistiche und Fasen eingearbeitet. Anschließend werden mit gesonderten Werkzeugen je nach Bearbeitungsaufgabe Einstiche und Gewinde gefertigt. Das Werkstück wird in diesem Modul in der Regel **zwischen Spitzen** mit einem **Stirnseitenmitnehmer** eingespannt. Der Stirnseitenmitnehmer dient zur Übertragung des Drehmomentes von der Antriebsspindel der Drehmaschine auf das Werkstück.

Die **Kopfdaten des Feinarbeitsplanes** zum Drehen der Kolbenstange enthalten wie im bisher beschriebenen Feinarbeitsplan zum Sägen des Gehäuses (→ Tabelle 84/2) die Arbeitsplatzbezeichnung mit der zugehörigen Arbeitsplatz-Nummer.

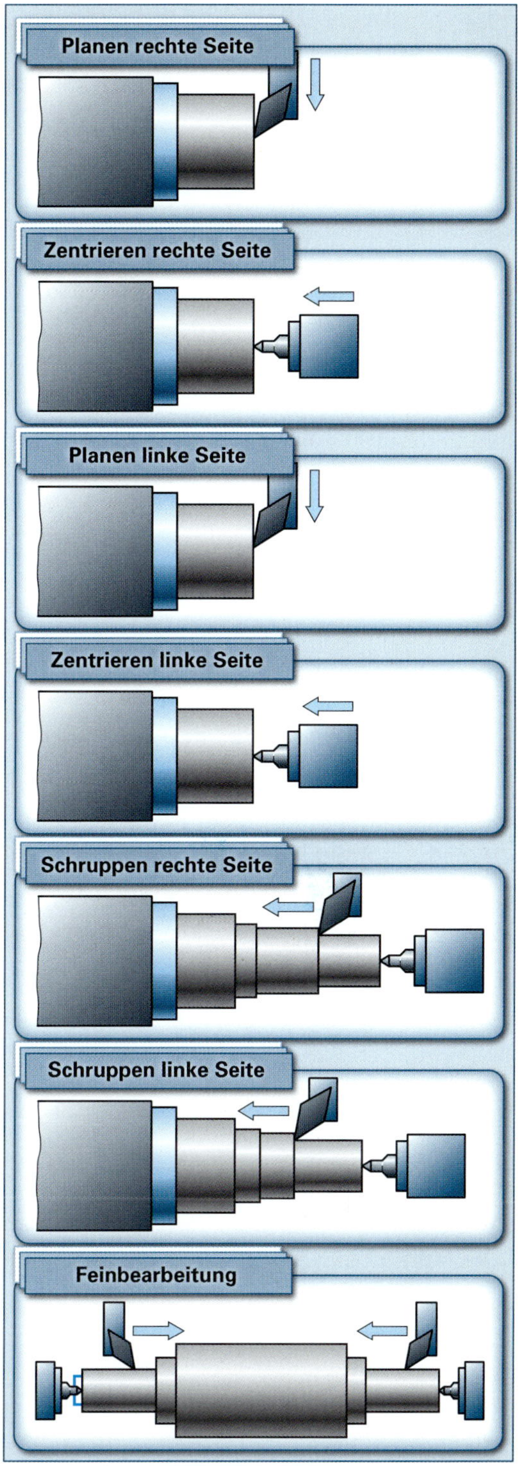

Bild 1: Verfahrensskizzen

Freistiche nach DIN 509 und Gewindefreistiche nach DIN 76 werden im Schlichtzyklus gefertigt. Bei der Zeitbestimmung werden diese Freistiche aufgrund ihres kleinen Zeitanteils vernachlässigt.

Blatt-Nr.	Bearbeiter	Datum	Start-Termin	End-Termin	Gültig ab
1 von *1*	*Müller*				
Platz-Nr.	**Platzbezeichnung**	**Benennung**		**Werkstoff/Abmessungen**	
100501	*CNC-Drehmaschine*	*Kolbenstange*		*ø20 × 264 X20Cr13*	
Rohgewicht	**Verteil- und Erholzeitzuschlag**	**Rüstzeit t_r**		**Zeit je Einheit (Stückzeit) t_e**	
0,67 kg	*15 %*				

AVG-Nr.	Arbeitsvorgangsbeschreibung	Rüstgrundzeit t_{rg}	Hauptnutzungszeit t_h	Nebenzeit t_n
10	*CNC-Drehmaschine einrichten*			
20	*Werkstück auf Länge prüfen*			
30	*Werkstück zum Planen und Zentrieren der rechten Seite in das Dreibackenfutter aufspannen*			
40	*Plandrehmeißel einsetzen und die rechte Seite planen*			
50	*Mit dem Zentrierbohrer A4 × 8,5 die rechte Seite zentrieren*	Modul 1		
60	*Werkstück zum Planen und Zentrieren der linken Seite in dem Dreibackenfutter umspannen*			
70	*Mit dem Plandrehmeißel die linke Seite planen*			
80	*Mit dem Zentrierbohrer A4 × 8,5 die linke Seite zentrieren*			
90	*Werkstück aus dem Dreibackenfutter abspannen*			
100	*Werkstück zum Schruppen der linken Seite in das Dreibackenfutter und auf einer mitlaufenden Zentrierspitze spannen*			
110	*Schruppdrehmeißel einwechseln und linke Seite schruppen*	Modul 2		
120	*Werkstück zum Schruppen der rechten Seite in das Dreibackenfutter und auf einer mitlaufenden Zentrierspitze spannen*			
130	*Rechte Seite schruppen*			
140	*Werkstück aus dem Dreibackenfutter abspannen*			
150	*Werkstück zum Schlichten zwischen Spitzen mit einem Stirnseitenmitnehmer aufspannen*			
160	*Mit dem linken Schlichtdrehmeißel die rechte Seite schlichten*			
170	*Mit dem rechten Schlichtdrehmeißel die linke Seite schlichten*	Modul 3		
180	*Feingewinde M16 × 1,5 mit Gewindedrehmeißel fertigen*			
190	*Feingewinde M14 × 1 fertigen*			
200	*Werkstück abspannen und prüfen*			

Tabelle 1: Feinarbeitsplan für den Arbeitsplatz „CNC-Drehmaschine"

Grobplanung zur Fertigung der Kolbenstange

(Grobarbeitsplan-Formular kann der beiliegenden CD als „Word-Dokument" entnommen werden.)

Blatt-Nr.	Bearbeiter	Datum	Start-Termin	End-Termin	Gültig ab
1 von *1*	*Müller*				
Plan-Nr.	**Platzbezeichnung**	**Benennung**		**Werkstoff/Abmessungen**	
T2		*Kolbenstange*		*ø20 × 264 X20Cr13*	

Pos-Nr.	Platz-Nr.	Platzbezeichnung	Lohnart	Überlappungsgrad	Split.-faktor	Rüstzeit	Zeit je Einheit	Zwischenzeit	Zusatzzeit	Bez. menge
10			*ZL*	*1*						
	Arbeitsvorgangsbeschreibung:									
20			*ZL*	*1*						
	Arbeitsvorgangsbeschreibung:									
30			*ZL*	*1*						
	Arbeitsvorgangsbeschreibung:									
40			*ZL*	*1*						
	Arbeitsvorgangsbeschreibung:									
50			*ZL*	*1*						
	Arbeitsvorgangsbeschreibung:									
60			*ZL*	*1*						
	Arbeitsvorgangsbeschreibung:									
70			*ZL*	*1*						
	Arbeitsvorgangsbeschreibung:									
80			*ZL*	*1*						
	Arbeitsvorgangsbeschreibung:									

Tabelle 1: Grobarbeitsplan-Formular zur Kolbenstangen-Fertigung

5.2.3 Montageplanung der Baugruppen und des Erzeugnisses

Montage der Baugruppen Boden und Deckel

Blatt-Nr.	Bearbeiter	Datum	Start-Termin	End-Termin	Gültig ab
1 von *1*	*Müller*				
Plan-Nr.	**Platzbezeichnung**	**Benennung**		**Werkstoff/Abmessungen**	
G1		*Baugruppe Boden*			

Pos-Nr.	Platz-Nr.	Platzbezeichnung	Lohnart	Überlappungsgrad	Split.-faktor	Rüstzeit	Zeit je Einheit	Zwischenzeit	Zusatzzeit	Bez. menge
10	*401001*	*Bereitstelllager Montage*	*ZL*	*1*	*1*			*17,25*		*1*
	Arbeitsvorgangsbeschreibung:		*Werkstück auf Anforderung am Arbeitsplatz bereitstellen*							
20	*400101*	*Montageplatz 1*	*ZL*	*1*	*1*	*5,75*	*1,15*			*1*
	Arbeitsvorgangsbeschreibung:		*Bauteile der Baugruppe fügen*							

Tabelle 2: Grobarbeitsplan zur Montage der Baugruppe Boden

Blatt-Nr.	Bearbeiter		Datum		Start-Termin		End-Termin		Gültig ab	
1 von *1*	*Müller*									
Plan-Nr.	**Klassifizierungs-Nr.**		**Benennung**				**Werkstoff/Abmessungen**			
G1			*Baugruppe Deckel*							
Pos-Nr.	**Platz-Nr.**	**Platzbezeichnung**	**Lohnart**	**Überlappungsgrad**	**Split.-faktor**	**Rüstzeit**	**Zeit je Einheit**	**Zwischenzeit**	**Zusatzzeit**	**Bez.-menge**
10	*401001*	*Bereitstelllager Montage*	*ZL*	*1*	*1*			*17,25*		*1*
	Arbeitsvorgangsbeschreibung:		*Werkstück auf Anforderung am Arbeitsplatz bereitstellen*							
20	*400101*	*Montageplatz 1*	*ZL*	*1*	*1*		*1,84*			*1*
	Arbeitsvorgangsbeschreibung:		*Bauteile der Baugruppe fügen*							

Tabelle 1: Grobarbeitsplan zur Montage der Baugruppe Deckel

Die **Baugruppen Boden** (Tabelle 89/2) und **Deckel** (Tabelle 1) werden nach dem Bereitstellen auf Anforderung im Bereitstelllager der Montage zusammengesetzt. Beide Baugruppen werden auf dem **Montageplatz 1** mit den erforderlichen fremdbezogenen Einzelteilen zusammengesetzt. Die eingesetzten Arbeitsplätze können aus den Grobarbeitsplänen der entsprechenden Tabellen entnommen werden.

Zeitermittlung zu den Arbeitsplätzen

Pos.-Nr. 10: Bereitstelllager Montage

Die Zwischenzeit für jeden Transportvorgang zwischen zwei Arbeitsplätzen wurde bereits für den Grobarbeitsplan des Gehäuses bestimmt und wird pauschal mit 17,25 min angesetzt.

Pos.-Nr. 20: Montageplatz 1

Die **Vormontage des Bodens und des Deckels** erfolgt am **Montageplatz 1** mit dem Einlegen bzw. Überziehen von Dichtringen sowie dem Einschrauben einer Dämpfungsschraube. Beim Deckel werden noch zusätzlich der Schmutzabweiser und eine Gleitlagerbuchse eingesetzt. Tabelle 2 zeigt den **Montage-Feinarbeitsplan vom Boden**, Tabelle 91/1 **den vom Deckel**. Die Kopfdaten enthalten die Daten des Bearbeiters, den Arbeitsplatz sowie zu der zu montierenden Baugruppe. Die Massen der Baugruppen sind hierbei unter 15 kg. Der Verteil- und Erholzeitzuschlag wird, wie auch bei den vorhergehenden Arbeitsplänen, mit 15% der Grundzeit angesetzt.

Blatt-Nr.	Bearbeiter	Datum	Start-Termin	End-Termin	Gültig ab
1 von *1*	*Müller*				
Platz-Nr.	**Platzbezeichnung**	**Benennung**		**Werkstoff/Abmessungen**	
400101	*Montageplatz 1*	*Baugruppe Boden*			
Rohgewicht	**Verteil- und Erholzeitzuschlag**	**Rüstzeit t_r**		**Zeit je Einheit (Stückzeit) t_e**	
0,355 kg	*15%*	*5,75 min*		*1,15 min*	

AVG-Nr.	Arbeitsvorgangsbeschreibung	Rüstgrundzeit t_{rg}	Grundzeit t_g
10	*Montageplatz einrichten*	*5 min*	
20	*Gehäusedichtring auf den Boden schieben*		*0,3 min*
30	*Einlegen des O-Ringes in die Bohrung des Bodens*		*0,3 min*
40	*Dämpfungsschraube mit Dichtring in den Boden eindrehen*		*0,4 min*

Tabelle 2: Montage-Feinarbeitsplan für die Baugruppe Boden

Blatt-Nr.	Bearbeiter	Datum	Start-Termin	End-Termin	Gültig ab
1 von *1*	*Müller*				
Platz-Nr.	**Platzbezeichnung**	**Benennung**		**Werkstoff/Abmessungen**	
400101	*Montageplatz 1*	*Baugruppe Deckel*			
Rohgewicht	**Verteil- und Erholzeitzuschlag**	**Rüstzeit t_r**		**Zeit je Einheit (Stückzeit) t_e**	
0,425 kg	*15%*			*1,84 min*	

AVG-Nr.	Arbeitsvorgangsbeschreibung	Rüstgrundzeit t_{rg}	Grundzeit t_g
10	*Gehäusedichtring auf den Deckel schieben*		*0,3 min*
20	*Einlegen des O-Ringes in die Bohrung des Deckels*		*0,3 min*
30	*Dämpfungsschraube mit Dichtring in den Deckel eindrehen*		*0,4 min*
40	*Schmutzabweiser in die Bohrung des Deckels schieben*		*0,3 min*
50	*Gleitlagerbuchse in die Bohrung des Deckels einsetzen*		*0,3 min*

Tabelle 1: Montage-Feinarbeitsplan für die Baugruppe Deckel

Ziel der **Feinplanung für die Montage** ist die Ermittlung der Rüstzeit zum Einrichten des entsprechenden Montageplatzes sowie die Bestimmung der Zeit je Einheit für die Montage einer Baugruppe und des Erzeugnisses. Tabelle 2 gibt die Richtwerttabelle der Firma Spin-Lag GmbH zur Montage wieder, die eine Festlegung der Montagezeiten ermöglicht (→ Tabelle 28/2). Die Zeitermittlung der Feinarbeitspläne stützt sich auf diese Richtwerttabelle. Es wird pauschal eine Rüstgrundzeit von t_{rg} = 5 min für alle Montageplätze angesetzt. Die Grundzeit t_g wird gewichtsabhängig bestimmt.

Montagevorgang		Grundzeit
Gewicht der zu montierenden Einheit	**kg**	**- 15**
Lager auf Welle aufziehen	min	1,1
Lager mit Nutmutter fixieren	min	0,8
Lager mit Sicherungsring und Passscheibe fixieren	min	0,5
Gleitlager/Hülse in Bohrung einsetzen	min	0,3
Hülse auf Welle aufziehen	min	0,2
Kolbenführungsband aufziehen	min	0,2
Baugruppen zusammensetzen	min	0,3
Dichtungen einsetzen	min	0,3
Verschraubung durchführen	min	0,4
Montageplatz einrichten	min	5

Tabelle 2: Richtwerttabelle zur Montage

Berechnung der Rüstzeit t_r und der Zeit je Einheit t_e für den Montageplatz 1

Zur Berechnung der **Rüstzeit t_r** (→ Tabelle 90/2) wird auf die Rüstgrundzeit t_{rg} der Verteil- und Erholzeitzuschlag von 15 % aufgeschlagen.

$$t_r = t_{rg} \cdot 1{,}15 = 5\ \text{min} \cdot 1{,}15 = \mathbf{5{,}75\ min}$$

Die **Zeit je Einheit t_e** ergibt sich aus der Summierung der einzelnen Hauptnutzungszeiten und Nebenzeiten sowie aus der Beaufschlagung des Verteil- und Erholzeitzuschlags von 15 %:

Baugruppe Boden (Tabelle 89/2)

$$\begin{aligned} t_e &= [\Sigma t_g] \cdot 1{,}15 \\ &= [(0{,}3 + 0{,}3 + 0{,}4)\ \text{min}] \cdot 1{,}15 \\ &= [1{,}0\ \text{min}] \cdot 1{,}15 = \mathbf{1{,}15\ min} \end{aligned}$$

Baugruppe Deckel (Tabelle 90/1)

$$\begin{aligned} t_e &= [\Sigma t_g] \cdot 1{,}15 \\ &= [(0{,}3 + 0{,}3 + 0{,}4 + 0{,}3 + 0{,}3)\ \text{min}] \cdot 1{,}15 \\ &= [1{,}6\ \text{min}] \cdot 1{,}15 = \mathbf{1{,}84\ min} \end{aligned}$$

Montage der Baugruppen Kolben, Kolbenstange und Zugstange

Die jeweiligen fremdbezogenen und eigengefertigten Einzelteile der **Baugruppe Kolben (G3)**, **Kolbenstange (G4) und Zugstange (G5)** werden auf Anforderung aus dem Bereitstelllager der Montage entnommen und am Montageplatz 2 gefügt. In Tabelle 1 und 2 sind die **Grobarbeitsplan- Formulare** für die jeweiligen Baugruppen abgebildet.

Blatt-Nr.	Bearbeiter	Datum	Start-Termin	End-Termin	Gültig ab
1 von *1*					
Plan-Nr. *G4*	**Klassifizierungs-Nr.**	**Benennung** *Baugruppe Kolbenstange*		**Werkstoff/Abmessungen**	

Pos-Nr.	Platz-Nr.	Platzbezeichnung	Lohnart	Überlappungsgrad	Split.-faktor	Rüstzeit	Zeit je Einheit	Zwischenzeit	Zusatzzeit	Bez. menge
10			*ZL*	*1*						
	Arbeitsvorgangsbeschreibung:		*Werkstück auf Anforderung an den Arbeitsplatz bereitstellen*							
20			*ZL*	*1*						
	Arbeitsvorgangsbeschreibung:									

Blatt-Nr.	Bearbeiter	Datum	Start-Termin	End-Termin	Gültig ab
1 von *1*					
Plan-Nr. *G5*	**Klassifizierungs-Nr.**	**Benennung** *Baugruppe Zugstange*		**Werkstoff/Abmessungen**	

Pos-Nr.	Platz-Nr.	Platzbezeichnung	Lohnart	Überlappungsgrad	Split.-faktor	Rüstzeit	Zeit je Einheit	Zwischenzeit	Zusatzzeit	Bez. menge
10			*ZL*	*1*						
	Arbeitsvorgangsbeschreibung:		*Werkstück auf Anforderung an den Arbeitsplatz bereitstellen*							
20			*ZL*	*1*						
	Arbeitsvorgangsbeschreibung:									

Tabelle 1: Grobarbeitsplan-Formulare für die Baugruppen Kolbenstange und Zugstange

Blatt-Nr.	Bearbeiter	Datum	Start-Termin	End-Termin	Gültig ab
1 von *1*					
Plan-Nr. *G3*	**Klassifizierungs-Nr.**	**Benennung** *Baugruppe Kolben*		**Werkstoff/Abmessungen**	

Pos-Nr.	Platz-Nr.	Platzbezeichnung	Lohnart	Überlappungsgrad	Split.-faktor	Rüstzeit	Zeit je Einheit	Zwischenzeit	Zusatzzeit	Bez. menge
10			*ZL*	*1*						
	Arbeitsvorgangsbeschreibung:									
20			*ZL*	*1*						
	Arbeitsvorgangsbeschreibung:									

Tabelle 2: Grobarbeitsplan-Formular für die Baugruppe Kolben

Endmontage des Pneumatikzylinders

Zur **Endmontage des Erzeugnisses Pneumatikzylinder** werden die Einzelteile und die bereits vormontierten Baugruppen auf Anforderung aus dem Bereitstelllager Montage zusammengesetzt. Dieser Arbeitsvorgang wird auf dem Montageplatz 3 durchgeführt. Im letzten Arbeitsschritt erfolgt eine Funktionskontrolle des Pneumatikzylinders. Der Arbeitsplatz Qualitätskontrolle soll jedes 30. Erzeugnis überprüfen. Entsprechend ist die Bezugsmenge 30 einzusetzen. Tabelle 1 bildet das Grobarbeitsplanformular ab.

Blatt-Nr. *1* von *1*	Bearbeiter				Datum		Start-Termin		End-Termin	Gültig ab
Plan-Nr. *E1*	Klassifizierungs-Nr.				Benennung *Doppeltwirkender Pneumatikzylinder*				Werkstoff/Abmessungen	
Pos-Nr.	**Platz-Nr.**	**Platzbezeichnung**	**Lohnart**	**Überlappungsgrad**	**Split.-faktor**	**Rüstzeit**	**Zeit je Einheit**	**Zwischenzeit**	**Zusatzzeit**	**Bez. menge**
10			*ZL*	*1*						
	Arbeitsvorgangsbeschreibung:									
20			*ZL*	*1*						
	Arbeitsvorgangsbeschreibung:									
30			*ZL*	*1*						
	Arbeitsvorgangsbeschreibung:									
40			*ZL*	*1*						
	Arbeitsvorgangsbeschreibung:									

Tabelle 1: Grobarbeitsplan zur Endmontage des Pneumatikzylinders

Arbeitsaufträge zum Projekt „Produktion der Pneumatikzylinder"

5.7 Führen Sie eine Montage-Arbeitsplanung zu den Baugruppen Kolben, Kolbenstange und Zugstange durch. Verwenden Sie für die Grobplanung die auf der vorhergehenden Seite aufgeführten Grobarbeitsplanformulare (Tabelle 92/1 und 92/2). Tragen Sie zuerst die zu benötigenden Arbeitsplätze zur Montage der Baugruppen ein. Bestimmen Sie anschließend mit Hilfe einer Feinplanung die Fertigungszeiten für die Montageplätze und übernehmen Sie die Zeiten in die Grobpläne *(Vorlage zum Ausdrucken auf der CD).*

5.8 Stellen Sie einen Grobarbeitsplan (Tabelle 1) zur Endmontage des Pneumatikzylinders auf und bestimmen Sie mit Hilfe der Feinplanung für die einzelnen Arbeitsplätze die Fertigungszeiten *(Vorlage zum Ausdrucken auf der CD).*

5.2.4 Berechnung der Auftragszeit zum Projekt „Produktion der Pneumatikzylinder"

An jedem Arbeitsplatz der Firma Spin-Lag GmbH wird grundsätzlich eine Fachkraft eingesetzt. Die Zeitermittlung erfolgt daher personenbezogen durch die Bestimmung der Auftragszeit für jeden Arbeitsplatz. Die Berechnung einer betriebsmittelbezogenen Belegungszeit entfällt, da bei jedem Arbeitsplatz ein Erhol- und Verteilzeitzuschlag gewährleistet wird (→ 1.7).

Zur Auftrags- und Durchlaufzeitermittlung ist die Angabe der Losgröße (Stückzahl an Erzeugnissen je Auftrag) erforderlich. Da es sich bei der Produktion der doppeltwirkenden Pneumatikzylinder um eine programmorientierte Fertigung handelt, wird in Tageslosen geplant (→ 1.3). Die Losgröße ergibt sich somit aus dem Bedarf an Erzeugnissen pro Betriebskalendertag.

Die jährliche Produktion der Pneumatikzylinder beläuft sich auf 24000 Stück (→ 1.1). Ein Betriebskalenderjahr umfasst durchschnittlich 250 Betriebskalendertage (→ 1.5). Somit ergibt sich für die Tageslosgröße m folgende Berechnung:

Arbeitsaufträge zum Projekt „Produktion der Pneumatikzylinder"

5.9 Berechnen Sie die Auftragszeit für ein Tageslos an jedem Arbeitsplatz.

$$m = \frac{24000 \text{ Erzeugnisse}}{250 \text{ Betriebskalendertage}}$$

$$= \mathbf{96\ Erzeugnisse/BKT}$$

5.2.5 Berechnung der Durchlaufzeit

Die **Durchlaufzeit T_d (oder auch Produktionszeit, Wiederbeschaffungszeit)** wird aus der Summe der Auftragszeiten (ΣT) für diejenigen Arbeitsplätze ermittelt, die voneinander abhängig sind, sowie aus der Summe der entsprechenden Zwischenzeiten (Σt_z; Liege- und Transportzeiten). Zur Zeitermittlung wird die **Strukturstückliste** des Erzeugnisses herangezogen. Geht man davon aus, dass alle Zweige des Stücklistenbaums parallel gefertigt werden, dann entsteht für den **längsten Zweig** ein Zeitbedarf, der als Durchlaufzeit bezeichnet wird.

$$T_d = \Sigma T + \Sigma t_z$$

Die **Zwischenzeit des Transports** vom Bereitstelllager zum jeweiligen Arbeitsplatz wurde in den Grobarbeitsplänen mit 17,25 min festgelegt (→ 5.2.1). Dies entspricht einer Zeit für einen Liege- und Transportvorgang von 0,29 h.

$$t_z = \frac{17{,}25 \text{ min}}{60 \text{ min/h}} = \mathbf{0{,}29\ h}$$

Baugruppe/Teil	Arbeitsplatz	Auftragszeit [h]	Zwischenzeit [h]
Pneumatikzylinder	Montageplatz 3		0,29
	Qualitätskontrolle		0,29
Baugruppe Boden	Montageplatz 1		0,29
Baugruppe Deckel	Montageplatz 1		0,29
Baugruppe Kolbenstange	Montageplatz 2		0,29
Baugruppe Kolben	Montageplatz 2		0,29
Kolbenstange	Kreissäge klein		0,29
	CNC-Drehmaschine		0,29
	Universalfräsmaschine		0,29
	Qualitätskontrolle		0,29
Baugruppe Zugstange	Montageplatz 2		0,29
Gehäuse	Kreissäge klein		0,29
Summe der Auftrags- und Zwischenzeiten:			
Durchlaufzeit des längsten Stücklistenbaums:			

Tabelle 1: Ermittlung der Durchlaufzeit mit dem längsten Stücklistenbaum

Tabelle 94/1 zeigt den **Stücklistenbaum der Eigenfertigungsteile** des Pneumatikzylinders. Für die jeweiligen Teile wurden die Arbeitsplätze mit ihren Auftrags- und Zwischenzeiten aufgeführt. Deutlich zu erkennen ist der zeitlich am längsten vorhandene Zweig des Stücklistenbaums mit der Fertigung der Kolbenstange, der Montage der Baugruppe Kolbenstange sowie der Montage und Kontrolle des Erzeugnisses. Werden die eingesetzten Zwischenzeiten und die noch fehlenden Auftragszeiten der Arbeitsplätze des längsten Stücklistenbaumes addiert, so erhält man die Durchlaufzeit zur Produktion der Pneumatikzylinder mit der Tageslosgröße von 96 Erzeugnissen.

Arbeitsaufträge zum Projekt „Produktion der Pneumatikzylinder"

5.10 Bestimmen Sie die Durchlaufzeit der Tageslosgröße der Pneumatikzylinder mit Hilfe der Tabelle 94/1 *(Vorlage zum Ausdrucken auf der CD).*

5.4 Vertiefungsaufgabe: Arbeitsplanung zum Projekt „Produktion der Spindel-Lagereinheiten"

Mit der nachfolgenden Vertiefungsaufgabe soll eine Grob- und Feinplanung zum Projekt „Produktion der Spindel-Lagereinheiten" durchgeführt werden. Informationen zur Bearbeitung der Arbeitsaufträge können dem Szenarium (→ 1.2.1, 1.5 und 1.7) bzw. der untenstehenden Situationsergänzung entnommen werden. Fehlende Angaben hinsichtlich der Arbeitsplätze und der Zeitermittlung sind praxisgerecht zu ergänzen.

Situationsergänzung zum Projekt „Produktion der Spindel-Lagereinheiten"

Nachdem die Planung zur Produktion der doppeltwirkenden Pneumatikzylinder abgeschlossen ist (→ 5.2), können für die zeitgleiche Produktion der Spindel-Lagereinheiten die Planungstätigkeiten in der Firma Spin-Lag GmbH beginnen.

Die herzustellende Spindel-Lagereinheit soll mit einer jährlichen Stückzahl von 36500 Erzeugnissen gefertigt werden. Bis auf die Antriebsspindel (Bild 96/1) werden alle Bauteile für das Erzeugnis fremdbezogen (→ 1.1).

Arbeitsaufträge zum Projekt „Produktion der Spindel-Lagereinheiten"

5.11 Als Mitarbeiter der Firma Spin-Lag GmbH werden Sie beauftragt, die Arbeitsplanung zur Produktion der Spindel-Lagereinheiten durchzuführen. Führen Sie eine Grobplanung zur Ermittlung der Reihenfolge der Arbeitsplätze und der Durchlaufzeiten durch. Erstellen Sie hierbei für die Fertigung der Antriebsspindel und der Montage der Baugruppen sowie des Erzeugnisses jeweils einen Grobplan mit vollständiger Aufzählung der Arbeitsplätze vom Wareneingang bis zur Zwischen- bzw. Auslagerung der Komponenten. Verwenden Sie für die Grobplanung die Kopiervorlage des nachfolgend abgebildeten Arbeitsplan-Formulars *(Vorlage zum Ausdrucken auf der CD).*

5.12 Führen Sie die Zeitermittlung der Rüstzeit sowie der Zeit je Einheit mit Hilfe der Feinplanung durch. Fertigen Sie für diesen Arbeitsauftrag Feinpläne für die spanenden Arbeitsplätze zur Fertigung der Antriebswelle sowie für alle in der Grobplanung aufgeführten Montageplätze an. Entnehmen Sie die Richtwerte für die Feinplanung den Richtwerttabellen (→ 1.7). Nicht aufgeführte Richtwerte sind praxisgerecht abzuschätzen. Verwenden sie für die Feinplanung die Kopiervorlage der nachfolgend abgebildeten Fein-Arbeitspläne *(Vorlage zum Ausdrucken auf der CD)*

5.13 Bestimmen Sie für alle in der Grobplanung bisher nicht betrachteten Arbeitsplätze die entsprechenden Zeiten mit Hilfe der Richtwerttabellen (→ 1.7) bzw. durch praxisgerechte Abschätzung der Zeiten.

5.14 Tragen Sie alle ermittelten Zeiten der jeweiligen Arbeitsplätze in die Grobplanung ein.

5.15 Berechnen Sie die Auftragszeiten der Arbeitsplätze. Führen Sie bei Überschreitung der vorgegebenen Zeit eines Arbeitstages eine Splittung der entsprechenden Arbeitsplätze durch und berechnen Sie die Auftragszeit nach Splittung der Arbeitsplätze.

5.16 Bestimmen Sie die Durchlaufzeit zur Produktion der Spindel-Lagereinheiten für ein Tageslos. Berücksichtigen Sie hierbei die bereits gesplitteten Arbeitsplätze.

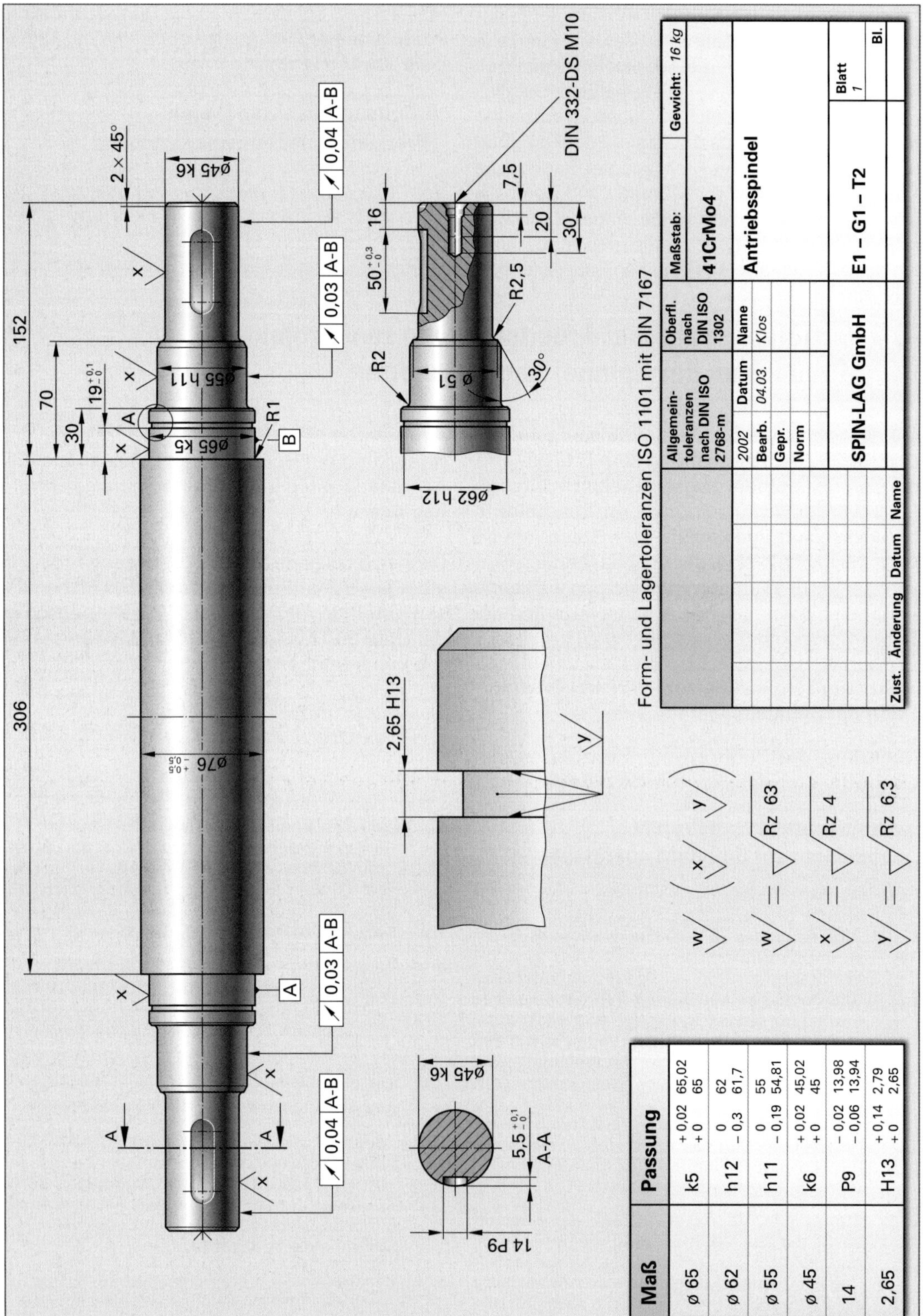

Bild 1: Fertigungszeichnung der Antriebsspindel

Kopiervorlagen

(Arbeitsplan-Formulare können der beiliegenden CD als „Word-Dokument" entnommen werden.)

Blatt-Nr. von	Bearbeiter	Datum	Start-Termin	End-Termin	Gültig ab
Plan-Nr.	Klassifizierungs-Nr.	Benennung		Werkstoff/Abmessungen	

Pos-Nr.	Platz-Nr.	Platzbezeichnung	Lohnart	Überlappungsgrad	Split.-faktor	Rüstzeit	Zeit je Einheit	Zwischenzeit	Zusatzzeit	Bez. menge
			ZL							
	Arbeitsvorgangsbeschreibung:									
			ZL							
	Arbeitsvorgangsbeschreibung:									
			ZL							
	Arbeitsvorgangsbeschreibung:									
			ZL							
	Arbeitsvorgangsbeschreibung:									
			ZL							
	Arbeitsvorgangsbeschreibung:									
			ZL							
	Arbeitsvorgangsbeschreibung:									
			ZL							
	Arbeitsvorgangsbeschreibung:									

Bild 1: Arbeitsplanformular für die Grobplanung

Blatt-Nr.	Bearbeiter	Datum	Start-Termin	End-Termin	Gültig ab
Platz-Nr.	Platzbezeichnung *Montageplatz......*	Benennung		Werkstoff/Abmessungen	
Rohgewicht	Verteil- und Erholzeitzuschlag	Rüstzeit t_r		Zeit je Einheit (Stückzeit) t_e	

AVG-Nr.	Arbeitsvorgangsbeschreibung	Rüstgrundzeit t_{rg}	Grundzeit t_g

Bild 2: Arbeitsplanformular für die Feinplanung der Montage

Blatt-Nr.	**Bearbeiter**	**Datum**	**Start-Termin**	**End-Termin**	**Gültig ab**
Platz-Nr.	**Platzbezeichnung**	**Benennung**		**Werkstoff/Abmessungen**	
Rohgewicht	**Verteil- und Erholzeitzuschlag**	**Rüstzeit t_r**		**Zeit je Einheit (Stückzeit) t_e**	

AVG-Nr.	**Arbeitsvorgangsbeschreibung**	**Rüstgrundzeit t_{rg}**	**Hauptnutzungszeit t_h**	**Nebenzeit t_n**

Bild 1: Arbeitsplanformular für die Feinplanung der Fertigung

6 Layout-Planung des Produktionsbereichs

Die Layout-Planung umfasst die räumliche Anordnung von Werkstätten, Abteilungen oder einzelnen Produktionsanlagen. In diese Planung sind die jeweiligen gebäudetechnischen Kriterien einzubeziehen. Die Layout-Planung erfolgt nach folgenden Gesichtspunkten.

- **Berücksichtigung des Kapitalbedarfs**

  Produktionsausrüstungen und erhöhter Flächenbedarf bei der Layout-Planung erfordern einen hohen Kapitaleinsatz. Die Veränderung von existierenden Layouts kann zu hohen Kosten führen.

- **Optimierung des Materialflusses**

  Zur Festlegung der Lage der Arbeitsplätze, Maschinen oder Produktionsanlagen muss bei der Layout-Planung vorrangig der Materialfluss berücksichtigt werden. Der Transportaufwand sollte durch kurze Wege möglichst klein gehalten werden. Damit werden kurze Durchlaufzeiten und niedrige Transportkosten erreicht.

- **Erhöhung der Flexibilität**

  Der Produktionsbereich sollte so beschaffen sein, dass möglichst unterschiedliche Aufträge eingelastet werden können. Falls erforderlich, sollten nur wenige Änderungen im Layout bei einer Umstellung der Produktion durchgeführt werden müssen.

- **Steigerung der Arbeitsproduktivität**

  Die Produktivität kann durch eine Verringerung des Personaleinsatzes gesteigert werden. Dieses Ziel kann z.B. durch eine Besetzung von benachbarten Maschinen mit einer Arbeitskraft erfolgen.

- **Durchführung von Instandhaltungsarbeiten**

  Bei der Layoutplanung der Arbeitsplätze muss berücksichtigt werden, dass ein Zugang zu den Maschinen freigehalten wird. Somit kann im Wartungsfall schnell eingegriffen werden.

- **Verringerung der schädlichen Umgebungseinflüsse**

  Die vorgeschriebene Obergrenze des Lärmpegels und der Abgaskonzentration darf nicht überschritten werden.

- **Isolation von Gefahrenquellen**

  Gefährliche Stoffe und nicht kalkulierbare Prozesse sind von den übrigen Vorgängen zu trennen und die entsprechenden Anlagen sind abzuschirmen.

- **Berücksichtigung des Platzangebotes**

  Bei der **Durchführung der Layout-Planung** ist der zur **Verfügung stehende Platz** zu berücksichtigen. Es muss entschieden werden, wie groß der **Platzbedarf für eine Produktionseinheit** sein sollte. Wird das Platzangebot für die Produktionseinheit zu knapp gehalten, ist die **Bewegungsfreiheit** für die Arbeitskräfte zu stark eingeschränkt. Eine weitere Auswirkung des zu knappen Platzangebots ist, dass der benachbarte Arbeitsplatz eine **Behinderung** oder **Beeinträchtigung** erfährt. So kann z.B. der **offene Zugang** für Personen und der Transport des Materials zum Arbeitsplatz erschwert werden. Ebenso kann die Möglichkeit zur **Bereitstellung von Material** durch die Einrichtung eines Zwischenlagers am Arbeitsplatz eingeschränkt sein.

Die getroffenen Entscheidungen bei der Durchführung einer Layout-Planung beeinflussen sowohl die **Effizienz von Materialflüssen** als auch die **Kommunikationsstrategien** für die Lenkung der **Informationsflüsse**.

Layout-Planungen können aber auch einer Vielzahl von **Restriktionen** unterliegen. So werden sie von **Anordnungsbedingungen bestehender Gebäude** beeinflusst, wie z.B. von der Anzahl der vorhandenen Geschosse oder die Belastbarkeit der Decken, Wände und Pfeiler der Stockwerke. Es müssen **Restriktionen rechtlicher Art** beachtetet werden. Auflagen zum Unfallschutz, zur Bearbeitung gefährlicher Stoffe oder zum Umweltschutz sind zu berücksichtigen.

6.1 Organisationsprinzipien der Produktion

Die Layout-Planung des Produktionsbereiches erfolgt nach unterschiedlichen **Organisationsprinzipien**. Damit wird die **räumliche Anordnung von Maschinen und Arbeitsplätzen** festgelegt. Entsprechend wird bestimmt, wie und in welcher Reihenfolge Rohmaterialien, Einzelteile oder Baugruppen die Produktion durchlaufen sollen. In dieser **Reihenfolge** verläuft dann der **Material- und Informationsfluss der Fertigungsaufträge** durch die Produktion. Hieraus ergibt sich die zu erwartende **Kapazitätsauslastung** der Maschinen und Arbeitsplätze. Im Hinblick auf den betrieblichen Ablauf ist die Analyse und Auswahl des Organisationsprinzips von entscheidender Bedeutung.

Bei der Analyse der möglichen Organisationsprinzipien wird zwischen der **Ablaufart im Fertigungsbereich** und dem **Ablaufprinzip in der Montage** unterschieden.

6.1.1 Organisationsprinzipien der Fertigung

Die **Anordnung der Maschinen in der Fertigung** orientiert sich an der jeweiligen Fertigungstechnologie und an dem Durchlauf der Fertigungsaufträge.
Handelt es sich bei der Ablaufart um ein **technologieorientiertes Prinzip**, so wird von einem **Verrichtungsprinzip** gesprochen.

Die **durchlauforientierten Fertigungsstrukturen** sind nach dem **Fließprinzip** angeordnet.

Beide **Fertigungsprinzipien** können mittels der Werkstättenfertigung, der Gruppenfertigung oder der Fließfertigung realisiert werden.

Werkstättenprinzip

Das **charakteristische Merkmal** des Werkstättenprinzips (Bild 1) ist die **Zusammenfassung von Maschinen mit gleichen Bearbeitungsverfahren** zu einer fertigungstechnischen Einheit in der Werkstatt. Bei dieser Organisationsform bilden z.B. alle Drehmaschinen eine räumliche Nachbarschaft in der Werkstatt. Ein zu fertigendes Teil muss dementsprechend alle notwendigen Werkstattbereiche nach und nach durchlaufen. Demzufolge ergeben sich bei diesem Organisationsprinzip große Transportwege zwischen den jeweiligen Arbeitsplätzen.

Zur **Anwendung** kommt die Werkstättenfertigung bei einer kleinen herzustellenden Stückzahl (Losgröße) eines Auftrages und bei einem häufigen Wechsel von Aufträgen mit unterschiedlichen Arbeitsgangfolgen. Dies ist hauptsächlich in der **auftragsorientierten Einzelfertigung** und der gemischten **Kleinserienfertigung** der Fall.

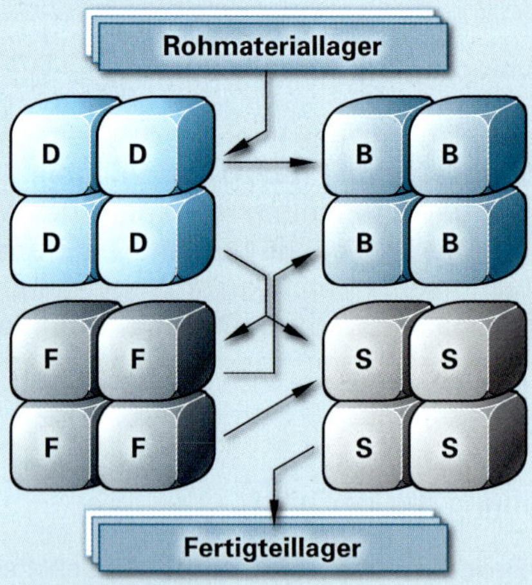

D: Drehen; F: Fräsen; B: Bohren; S: Schleifen

Anordnungsstruktur	Maschinengruppe
Gliederungskriterium	Zusammenfassung gleicher Bearbeitungsverfahren

Bild 1: Werkstättenfertigung

Der **Vorteil** des Werkstättenprinzips liegt in seiner besonderen **Flexibilität**. Da die einzelnen Werkstattbereiche unabhängig voneinander arbeiten, sind unvorhergesehene Probleme oder plötzliche Änderungen im Produktionsprogramm besser auszugleichen.

Als ein wesentlicher **Nachteil** des Werkstättenprinzips ist die **lange Durchlaufzeit** zu nennen, die sich, verglichen mit den nachfolgend beschriebenen Organisationsprinzipien, aufgrund der hohen Liege- und Transportzeitanteile (Zwischenzeit) ergibt.

Gruppenprinzip

Einen Kompromiss zwischen Werkstatt- und Fließprinzip stellt das **Gruppenprinzip** (Bild 1) dar. Bei dieser Organisationsform orientiert sich die Gliederung nicht mehr am einzelnen Bearbeitungsverfahren, sondern an **auftretenden Verfahrenskombinationen bei bestimmten Werkstückgruppen**. Dabei können in Abhängigkeit vom Automatisierungsgrad unterschiedliche Fertigungskonzepte (z.B. Fertigungsinseln) zum Einsatz kommen. Bei diesem Fertigungskonzept werden die Maschinen unterschiedlicher Bearbeitungsverfahren zusammengefasst, die zur vollständigen Herstellung einer definierten Werkstückgruppe notwendig sind.

Der **Materialfluss** ist innerhalb der Maschinengruppen variabel. Im übergeordneten Zusammenhang des gesamten Fertigungsbereiches wird die Maschinengruppe als Einheit nur einmal angesteuert. Da in dieser Einheit meist eine Fertigbearbeitung der Werkstücke möglich ist, wird die Anzahl der **Transportvorgänge** erheblich gesenkt und die **Durchlaufzeit** verkürzt. Die Abgrenzung der Maschinen untereinander ist produktbezogen, wobei innerhalb jeder Gruppe eine hohe Variantenvielfalt möglich ist, solange die Verfahrenskombination gleich bleibt.

Fließprinzip

Bei dem dritten wichtigen Fertigungsprinzip, dem **Fließprinzip** (Bild 2), bestimmt die **Arbeitsvorgangsfolge** einer jeden Teilegruppe die Maschinenanordnung. Der Vorteil einer Fließfertigung kommt dann zum Tragen, wenn die gesamten oder einzelne Abschnitte der Arbeitsvorgangsfolge immer wieder gleich oder zumindest ähnlich sind. Mit der räumlichen Anordnung der Maschinen ergibt sich eine produktbezogene Gliederung.

Voraussetzung für den Einsatz der Fließfertigung sind allerdings Stückzahlen, die eine befriedigende **Auslastung der Maschinen** in einer solchen Anordnung zulassen. Während bei der Fließfertigung bei kleinen und mittleren Serien Ablaufvarianten durch Überspringen einzelner Maschinen oder durch Rückspringen in der Maschinenreihe möglich sind (→ 9.3), werden bei Großserien die einzelnen Maschinen immer häufiger zu starren Transferanlagen verkettet. Typisches Beispiel für die Fließfertigung ist die Automobilherstellung, bei der die organisatorische Strukturierung sogar soweit geht, das nicht nur innerhalb eines Fertigungsbereichs eine produktbezogene Gliederung vorgenommen wird, sondern ganze Betriebseinheiten für einzelne Baugruppen eingerichtet werden.

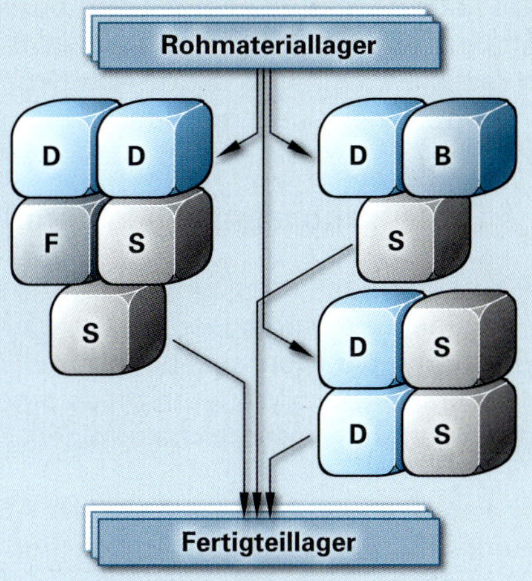

D: Drehen; F: Fräsen; B: Bohren; S: Schleifen

Anordnungs-struktur	Fertigungsinsel
Gliederungs-kriterium	Verfahrenskombination der jeweiligen Werkstückgruppen

Bild 1: Gruppenfertigung

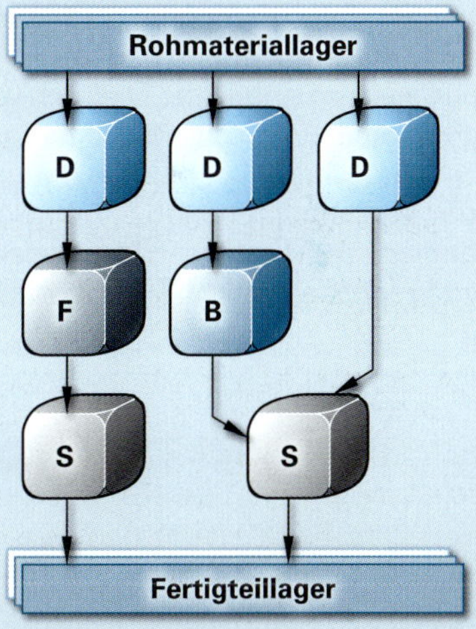

D: Drehen; F: Fräsen; B: Bohren; S: Schleifen

Anordnungs-struktur	Maschinenreihe
Gliederungs-kriterium	Arbeitsvorgangsfolge bestimmt die Maschinenanordnung

Bild 2: Fließfertigung

In der Praxis werden die vorstehend beschriebenen Fertigungsprinzipien selten in reiner Form realisiert. Oft ist es schon aus Gründen einer verursachergerechten Kostenrechnung notwendig, Kompromisse zwischen einer klaren Kostenstellengliederung und einer technisch optimalen Aufbauorganisation zu finden.

6.1.2 Organisationsprinzipien der Montage

Die Planung eines Organisationsprinzips für eine oder mehrere Montageaufgaben erfordert die **Ermittlung der Montageebenen** sowie der Montagephasen. Des Weiteren muss eine **Abgrenzung der Montagebereiche** erfolgen.

Bevor diese Planung beginnt, muss der Ablauf der durchzuführenden Montagetätigkeiten festgelegt werden. Hierbei werden einerseits die erforderlichen Montagestationen und Arbeitsplätze bestimmt, andererseits gehen aus diesen Planungsschritten die arbeitsplatzspezifischen Montagevorgänge hervor.

Ermittlung der Montageebenen und Montagephasen

Sehr selten wird das Erzeugnis als **Montageobjekt** in einer durchgehenden Montage nur aus Einzelteilen zusammengesetzt. Vielmehr gliedert sich ein Produkt in unterschiedliche Baugruppen und Einzelteile. Hierbei können die Baugruppen ineinander verschachtelt sein (→ 4). Somit ist es erforderlich, die Montage in **Montageebenen und Montagephasen** (Bild 1) zu gliedern.

Die Unterteilung eines Montagebereiches in **Montageebenen** orientiert sich hierbei an den unterschiedlichen Baugruppen des Erzeugnisses. Je nach Tiefe der Verschachtelung von Baugruppen wird zwischen der **Endmontage** der Baugruppen sowie der **Montage der Hauptbaugruppen, Baugruppen und Unterbaugruppen** unterschieden. Die Aufteilung der Montage in Montageebenen ermöglicht eine Spezialisierung auf die einzelnen Montage-Teilaufgaben. Darüber hinaus ist eine parallele Durchführung von Montagetätigkeiten möglich.

Innerhalb einer Montageebene durchläuft das Montageobjekt verschiedene **Montagephasen**. Hierbei sollen mit der **Vormontage** vorbereitende Tätigkeiten, durchgeführt werden, damit ein reibungsloser Ablauf der **Hauptmontage** erfolgen kann. Zweck der Hauptmontage ist der eigentliche Zusammenbau des Montageobjektes. Die **Nachmontage** umfasst alle nachbereitenden Tätigkeiten wie z.B. Reparatur- oder Justierarbeiten oder das Anbringen von Typenschildern.

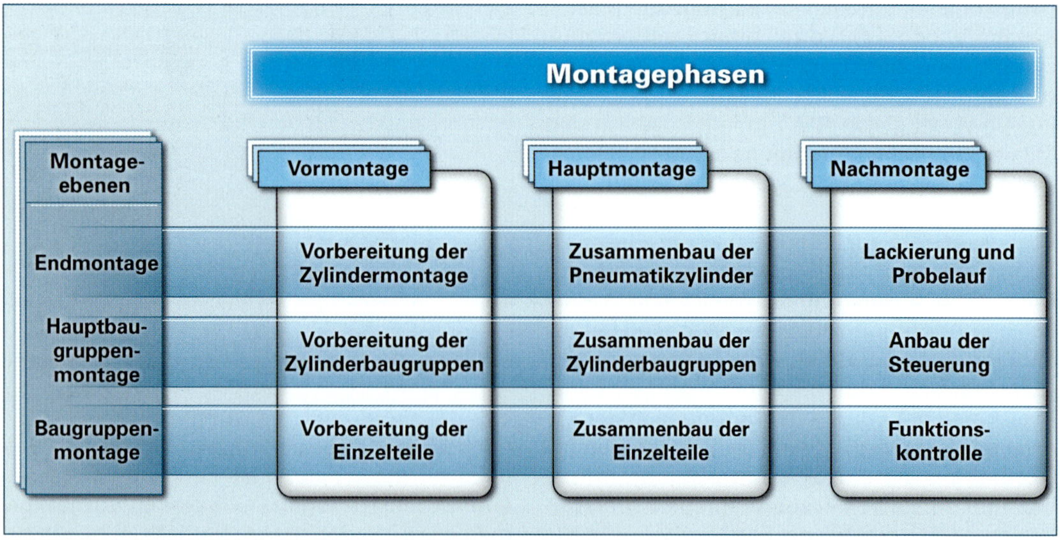

Bild 1: Montageebenen und Montagephasen eines Montageprozesses (Beispiel: Pneumatikzylinder)

Abgrenzung der Montagebereiche

Die Abgrenzung der Montagebereiche für die durchzuführende Layoutplanung kann nach unterschiedlichen Kriterien erfolgen (Bild 1).

- In Abhängigkeit von der **Ähnlichkeit der Produkte** kann eine **produktbezogene Gliederung** erfolgen. Die Montagebereiche arbeiten in diesem Fall völlig unabhängig voneinander.
- Eine weitere Abgrenzung der Montagebereiche kann nach **technologiebezogenen Gesichtspunkten** erfolgen. Dies ist z.B. der Fall, wenn das Fügen durch ein Schweißverfahren erfolgt und es hierbei zur Rauchentwicklung oder zum Lärm kommt. Die Montage hochgenauer Geräte sowie bestimmte Prüf- und Einstellvorgänge müssen oft wegen möglicher Störungen in getrennten, teilweise sogar klimatisierten Räumen vorgenommen werden.
- Bei der strukturbezogenen Abgrenzung nach den entsprechenden **Montageebenen** erfolgt die Montage der Produkte in einer **Baugruppenmontage** und der abschließenden **Endmontage** des Erzeugnisses. Die Montagebereiche sind hierbei aufgrund der funktionsbedingten Verknüpfungen terminlich und mengenmäßig voneinander abhängig.
- Eine **qualifikationsbezogene Abgrenzung** der Montagebereiche erfolgt häufig entsprechend dem eingesetzten **Personal**. So werden z.B. gewöhnlich die Montageaufgaben für einen Elektriker von denen eines Mechanikers getrennt.

Durch die Montagebereichsgliederung besteht die Möglichkeit Baugruppen **auftragsunabhängig** zu montieren. Daneben kann durch eine frühzeitige Bereitstellung der Gleichteile sowie der Variantenteile die **Durchlaufzeit des Auftrages** verkürzt werden. Zusätzlich können häufig wegen der gleich bleibenden Montageaufgaben eines Bereichs speziell angepasste Werkzeuge, Vorrichtungen und Fördermittel genutzt werden.

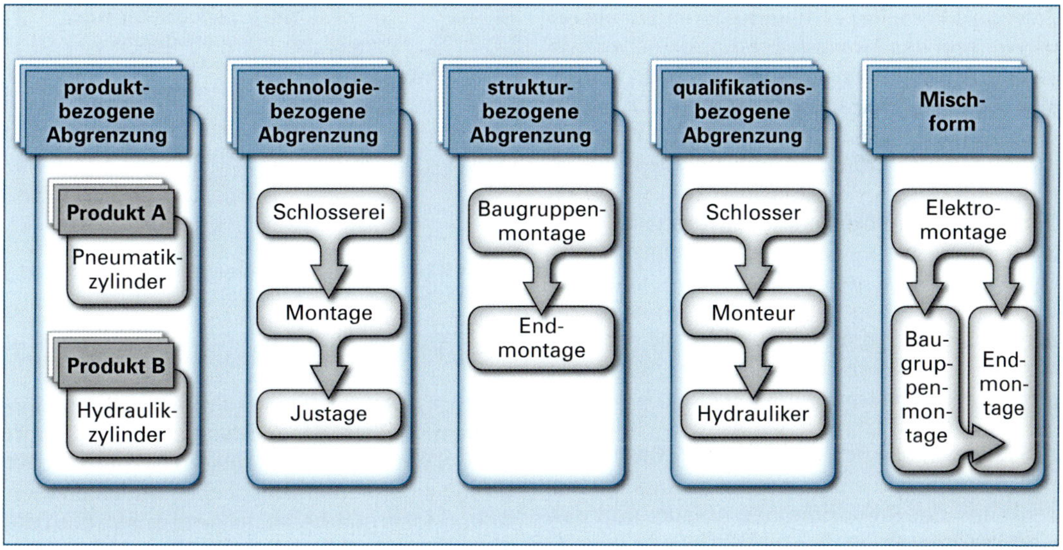

Bild 1: Abgrenzungsmöglichkeiten von Montagebereichen

Bestimmung der Organisationsprinzipien der Montage

Analysiert man die Montage, muss grundsätzlich zwischen einer Einzelplatzmontage und einer Montage an mehreren Plätzen unterschieden werden. Die **Organisationsprinzipien der Montage** mit mehreren Montageplätzen unterscheiden sich aufgrund der Bewegungscharakteristik der Arbeitsplätze und der Montageobjekte. Hieraus ergeben sich zwei verschiedene Ablaufarten, das Verrichtungsprinzip und das Fließprinzip. Während beim **Verrichtungsprinzip** (Bild 104/1) die Montageobjekte stationär aufgestellt werden, sind beim **Fließprinzip** die Montageobjekte grundsätzlich in Bewegung.

Einzelplatzmontage

Bei einer **Einzelplatzmontage** werden alle Vorgänge, die für die Montage eines Werkstückes notwendig sind, an einem Platz von einer Fachkraft ausgeführt. In der Regel befinden sich die **Montageobjekte** auf **Werkbänken** oder **Tischen**. Die notwendigen Bauteile werden, abhängig von ihrer Größe, lose in Behältern oder auf Paletten bereitgestellt. Die Einzelplatzmontage ist für Montageobjekte kleiner bis mittlerer Komplexität geeignet.

Der **Vorteil** der Einzelplatzmontage liegt in ihrer großen **Flexibilität** in Bezug auf Stückzahlenveränderung und Typenvielfalt. Ein weiterer Vorteil liegt darin, dass Störungen an einer Stelle keine unmittelbaren Auswirkungen auf andere Montageplätze haben.

Baustellenmontage

Bei der **Baustellenmontage** (Bild 1) sind sowohl die **Montageobjekte** als auch die **Arbeitsplätze ortsfest**. Damit wird eine Baugruppe oder das Erzeugnis komplett an einem Montageplatz ohne Wechsel des Montagepersonals zusammengebaut. An einem Montageobjekt können hierbei eine oder mehrere Fachkräfte arbeiten. Es erfolgt zwischen den Fachkräften in der Regel keine bis ins Detail abgestimmte Aufgabenverteilung.

Der **Vorteil** der Baustellenmontage liegt in der guten Durchführbarkeit von **Sonderaufträgen**, da der Planungs- und Steuerungsaufwand verhältnismäßig gering ist. Ebenso eignet sich dieses Prinzip zur Montage von **großen Bauteilen**, die nach der Montage nicht mehr oder nur noch mit einem großen Aufwand transportiert werden können.

Der **Nachteil** dieser Organisationsform liegt in der Ineffektivität aufgrund der geringen Möglichkeiten der Steuerung des Ablaufs und des großen Flächenbedarfs.

Gruppenmontage

Im Gegensatz zur Baustellenmontage bewegen sich bei der **Gruppenmontage** (Bild 1) die Fachkräfte von einem ortsfesten Montageplatz zum nächsten ortsfesten Objekt nach zwei möglichen Alternativen. Zum einen kann eine grob festgelegte Taktzeit vorgegeben sein. Bei dieser Alternative wird der Montageplatz **periodisch** gewechselt.

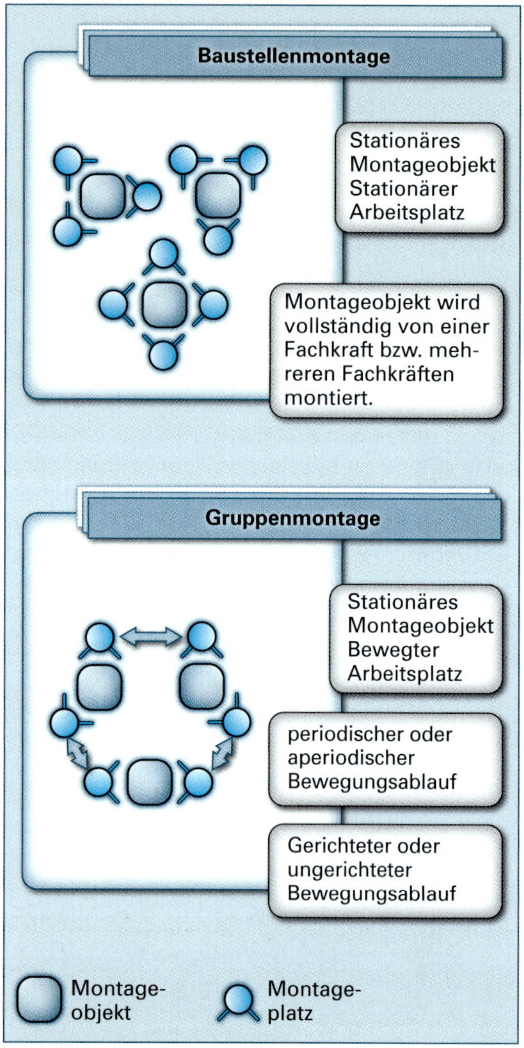

Bild 1: Verrichtungsprinzip

Die zweite Alternative wird durch einen **aperiodischen** Wechsel des Arbeitsplatzes ausgeführt. Hierbei wird an den jeweiligen Montageobjekten mit einem unterschiedlichen zeitlichen Montageumfang gearbeitet. In diesem Fall läuft die Bewegung der Fachkräfte nicht mehr nur in **einer Richtung** ab, wie bei der ersten Alternative, sondern die Fachkräfte bewegen sich in unterschiedlichen Richtungen. Es wird von einem **ungerichteten Bewegungsablauf** gesprochen.

Der **Vorteil** der Gruppenmontage liegt in dem effektiveren Arbeiten und dem geringeren Flächenbedarf als bei der Baustellenmontage. Allerdings ist bei dieser Organisationsform ein erhöhter Steuerungsaufwand einzusetzen.

Reihenmontage

Die **Reihenmontage** (Bild 1) hat hinsichtlich des Bewegungsablaufes eine gewisse Ähnlichkeit mit der Gruppenmontage. Es bewegen sich aber nicht mehr die Fachkräfte von einem stationären Montageobjekt zum anderen, sondern das Montageobjekt wird weiterbewegt. Wie bei der Gruppenmontage besteht bei dieser Organisationsform **kein Taktzwang**. Es findet ein aperiodischer Bewegungsablauf des Montageobjektes allerdings nur in einer Richtung statt. Der gesamte Arbeitsumfang wird auf die einzelnen Arbeitsplätze aufgeteilt, wobei der den Arbeitsplätzen zugeteilte Arbeitsumfang in gewissen Grenzen variabel ist.

Bei der **Montage von Varianten** besteht in der Reihenmontage die Möglichkeit, dass einzelne Stationen im Montageablauf übersprungen werden, wenn z.B. die an den betreffenden Montageplätzen vorliegenden Bauteile nicht eingesetzt werden sollen. Somit ist die Reihenmontage gegenüber Änderungen im Montageablauf flexibel einsetzbar.

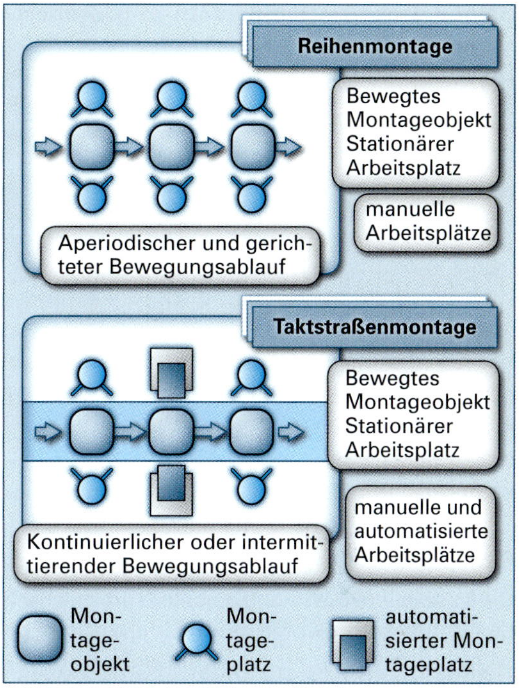

Bild 1: Fließprinzip der Montage

Taktstraßenmontage (Fließmontage)

Die Struktur der **Taktstraßenmontage** ähnelt der Struktur der Reihenmontage. Der gesamte Arbeitsumfang wird bei diesem Organisationsprinzip jedoch wesentlich stärker aufgeteilt und zeitlich eng abgestimmt. Der Bewegungsablauf des Montageobjektes zur ortsfesten Fachkraft kann kontinuierlich oder auch intermittierend erfolgen (Bild 1).

Bei der **kontinuierlichen Fließmontage** wird das Montageobjekt während des Zusammenbaus ununterbrochen bewegt. Da sich die Fachkraft bzw. das Handhabungsgerät nicht bewegt, können am Montageobjekt nur wenige und kurze Montagetätigkeiten ausgeführt werden.

Bei der **intermittierenden Fließmontage** verharrt das Montageobjekt für die Zeit der Montagevorgänge stationär. Hierbei wird zwischen dem manuellen oder mechanisierten Fördern der Montageobjekte in ungeordneter Form und dem mechanisierten Fördern der Montageobjekte in geordneter Form unterschieden.

Bei der **Förderung der Montageobjekte in ungeordneter Form** (Bild 2) werden keine Werkstückträger eingesetzt. Das Montageobjekt wird von der Hand bzw. der mechanischen Einrichtung zum nächsten Platz befördert. Diese Form ist zwar sehr flexibel, kann aber aufgrund der unkontrollierbaren Puffergrößen unwirtschaftlich sein.

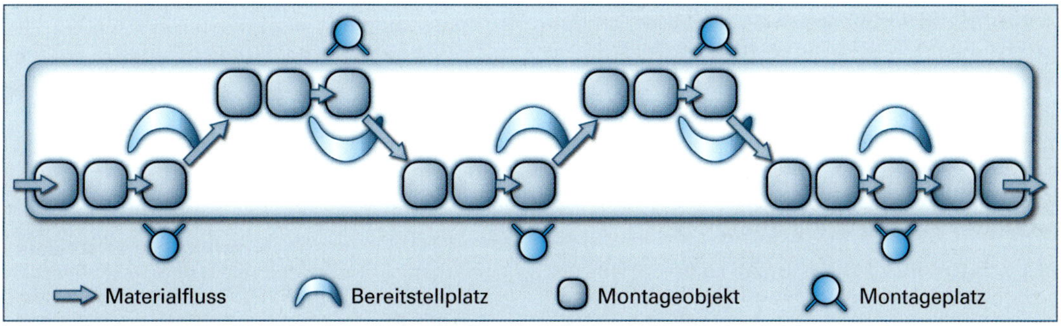

Bild 2: Fließmontage mit manueller Förderung in ungeordneter Form

Beim mechanisierten **Fördern in geordneter Form** (Bild 1) sind Werkstückträger notwendig. Durch die begrenzte Anzahl der Werkstückträger können sich keine unkontrollierten Bestände zwischen den Montageplätzen bilden.

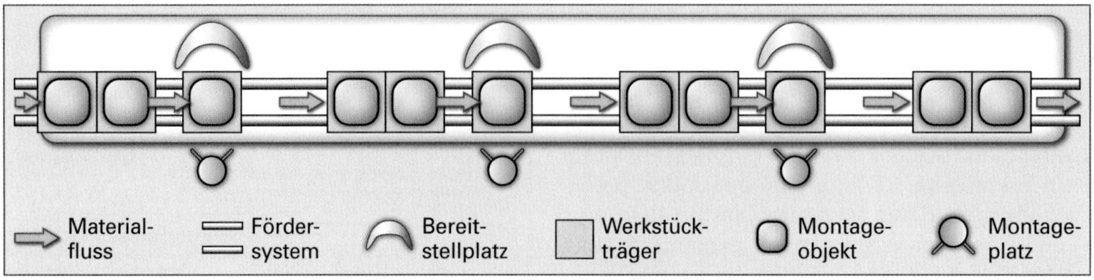

Bild 1: Fließmontage mit mechanisierter Förderung in geordneter Form

Die Taktstraßenmontage wird häufig in Verbindung mit mechanisierten Montageeinrichtungen eingesetzt. Der **Takt wird durch die Montageeinrichtungen vorgegeben**. Ein Auffangen von Störungen oder Schwankungen bei den Handarbeitsplätzen erfolgt über den Einsatz von Puffern.

Kombinierte Fließmontage

Die **kombinierte Fließmontage** (Bild 2) arbeitet nach dem **kontinuierlichen Fließprinzip** mit **synchron bewegten Arbeitsplätzen und Montageobjekten.** Das Montagepersonal läuft oder fährt mit. Diese Montageform wird in der Industrie bei großen Montageobjekten der Massenproduktion, z.B. beim Automobilbau, eingesetzt. Aufgrund der aufwändigen Transportvorgänge und der damit verbundenen hohen Investitionen wird diese Organisationsform der Montage in anderen Bereichen sehr selten verwendet. Der Vorteil der kombinierten Fließmontage liegt vor allem in der Bereicherung des Arbeitsumfanges für den einzelnen Mitarbeiter.

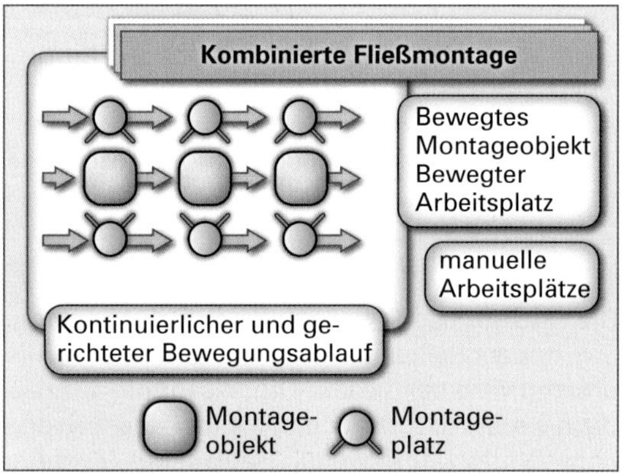

Bild 2: Kombinierte Fließmontage

Fragen und Aufgaben

1 Erläutern Sie die Kriterien zur Durchführung der Layout-Planung des Produktionsbereiches.

2 Beschreiben Sie das Organisationsprinzip der Fertigung nach dem Werkstättenprinzip.

3. Geben Sie die Vor- und Nachteile des in Aufgabe 2 beschriebenen Organisationsprinzips an.

4. Verdeutlichen Sie, nach welchem Gliederungskriterium die Arbeitsplätze in der Gruppenfertigung zusammengefasst wurden.

5. Nennen Sie die Vorraussetzung für den Einsatz des Fließprinzips.

6. Beschreiben Sie den Unterschied zwischen Montageebenen und Montagephasen.

7. Nach welchen Kriterien werden die Montagebereiche zur Durchführung einer Layoutplanung abgegrenzt?

8. Beschreiben Sie die Organisationsprinzipien der Montage nach dem Verrichtungsprinzip.

9. Erläutern Sie das Organisationsprinzip „Reihenmontage". Verdeutlichen Sie hierbei die Gemeinsamkeiten der Reihenmontage mit der Gruppenmontage.

10. Welche Formen der Fließmontage werden in der Produktion angewandt?

Arbeitsaufträge zum Projekt „Produktion der Pneumatikzylinder"

6.1 Analysieren Sie die Organisationsformen zur Fertigung des Gehäuses und der Kolbenstange. Entscheiden Sie sich für eine geeignete Organisationsform und erläutern Sie den Materialfluss der gewählten Form.

6.2 Zur Montage der Baugruppen und des Erzeugnisses „Pneumatikzylinder" stehen verschieden Organisationsformen nach dem Verrichtungsprinzip und dem Fließprinzip zur Verfügung. Wählen Sie eine geeignete Organisationsform aus. Erläutern Sie Ihre Wahl.

6.2 Steuerungsmethoden des Material- und Informationsflusses in der Produktion

Die Steuerung des Informations- und Materialflusses in der Produktion kann durch unterschiedliche Konzepte realisiert werden. Zur Anwendung kommen hierbei zwei Prinzipien, das Bring-Prinzip und das Hol-Prinzip.

Bring-Prinzip

Das in Bild 1 dargestellte **Bring-Prinzip** (auch: Schiebeprinzip oder Drucksteuerung) ist eine Steuerungsmethode, bei der die gefertigten oder montierten Teile nach einer **zentralen Vorgabe** von einem Arbeitsplatz zum nächsten Arbeitsplatz gebracht werden. Nachdem der Arbeitsplatz seinen Auftrag mit der Teilefertigung abgeschlossen hat, informiert sich die Fachkraft bei einer zentralen Planungsstelle, zu welchem Arbeitsplatz das gefertigte Material gebracht werden muss. Dieses Prinzip wird vorwiegend in Produktionsstätten mit einer **komplizierten Teilefertigung** und einer **geringen Losgröße** angewandt.

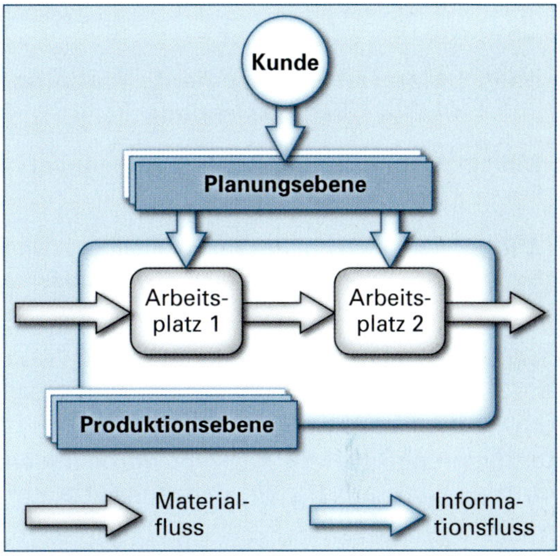

Bild 1: Bring-Prinzip

Das Bring-Prinzip läuft nur solange reibungslos, wie das Material innerhalb der Produktion problemlos fließt. Kommt es aber zu **Störungen**, kann es schnell zu einer Ansammlung von Materialien vor einem Arbeitsplatz oder zu einer unvollständigen Bereitstellung des Materials woanders kommen. Hierbei werden die Bestände des Eingangslagers immer kleiner und die Bestände der Bereitstelllager immer größer. Dadurch wird der Überblick erschwert.

Hol-Prinzip

Das in Bild 2 verdeutlichte **Hol-Prinzip** (auch: Ziehprinzip oder Zugsteuerung) ist eine Steuerungsmethode, bei der die gefertigten oder montierten Teile **auf Anforderung eines nachfolgenden Arbeitsplatzes** geholt werden. Der **Informationsfluss** läuft somit **rückwärtsgerichtet**, also entgegengesetzt zum Materialfluss, ab.

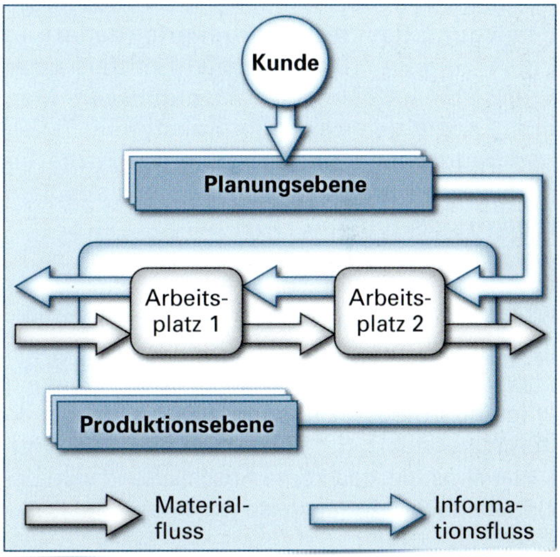

Bild 2: Hol-Prinzip

Nachdem der Arbeitsplatz seinen Auftrag mit der Teilefertigung abgeschlossen hat, wird der Werkstattauftrag nicht wie beim Bring-Prinzip von einer zentralen Stelle weitergegeben. Vielmehr wird der Auftrag durch die Anforderung des Materials an den vorhergehenden Arbeitsplatz weitergeleitet. Das Hol-Prinzip zeichnet sich somit durch einen selbstgesteuerten Regelkreis aus. Dieses Prinzip wird vorwiegend in Produktionsstätten mit einem klar strukturierten Materialfluss und einer höheren Losgröße angewandt.

Das Hol-Prinzip hat den Vorteil, dass die Materialbereitstellung durch denjenigen Arbeitsplatz veranlasst wird, der auch für den rechtzeitigen Beginn des Arbeitsganges verantwortlich ist.

6.2.1 MRP-Konzept

Das MRP-Konzept lässt sich hinsichtlich seiner geschichtlichen Entwicklung nach drei verschiedenen Konzepten unterscheiden:

- **MRP**: Material Requirements Planning (Bedarfsplanung)
- **MRP I**: Manufacturing Resources Planning (Netzplansteuerung)
- **MRP II**: Management Resources Planning (Unternehmensübergreifende Planung)

Informationen zum MRP-Konzept

MRP
Das ursprüngliche MRP-Konzept wurde in den fünfziger Jahren des 20. Jahrhunderts entwickelt und beinhaltete den Wandel von der verbrauchs- zur bedarfsorientierten Materialdisposition. Bei diesem Konzept erfolgt eine Produktionsbedarfsplanung (→ 4) durch die Festlegung des Sekundärbedarfs (Bedarf an Eigen- und Fremdbezugsteilen) mittels einer Stücklistenauflösung von Erzeugnissen. Man erhält somit den Bedarf an Rohstoffen, Teilen und Baugruppen zur Fertigung des Primärbedarfs. Der Primärbedarf wird hierbei aus dem Produktionsprogramm bestimmt.

In der ersten Bedarfsrechnung wird der Bruttobedarf für eine bestimmte Zeitspanne ermittelt. In dieser Rechnung bleiben die Lagerbestände unberücksichtigt. In der zweiten Bedarfsrechnung wird unter Berücksichtigung der Lagerbestände der Nettobedarf, d.h. die tatsächlich benötigte Materialmenge, bestimmt. Abschließend wird der Nettobedarf periodenweise zusammengefasst.

MRP I
Mitte der sechziger Jahre entstand das MRP I-Konzept. Zusätzlich zur Bedarfsermittlung werden nun die Produktionskapazitäten mit in die Planung einbezogen. Die Festlegung der Bedarfstermine erfolgt anhand der Netzplansteuerung (→ 3). Hierbei werden zuvor mit Hilfe unterschiedlicher Verfahren Losgrößen für die Fertigungs- und Montageaufträge berechnet. Anschließend wird mit der Netzplantechnik eine Termin- und Kapazitätsplanung durchgeführt. Die ermittelten Zeiten sind in der Regel sehr großzügig gewählt, um auch ungünstige Kapazitätssituationen überbrücken zu können. Die Fertigungs- und Montageaufträge können nun terminlich und mengenmäßig an die Arbeitsplätze eingelastet werden.

Nachdem die Fertigungs- -und Montageaufträge eingelastet werden, erfolgen der weitere Informationsfluss und der beginnende Materialfluss nach dem Hol-Prinzip. Benötigt ein Facharbeiter für seinen Auftrag Material an seinem Arbeitsplatz, so wird es vom vorhergehenden Arbeitsplatz angefordert.

MRP II
Das in den achtziger Jahren entwickelte MRP II-Konzept bildet die Grundlage für die Gestaltung von rechnerunterstützten Produktionsplanungs- und Produktionsmanagement-Systemen (PPS-, ERP-Programme). Das Konzept bettet die Planungs- und Steuerungsproblematik in den Gesamtzusammenhang der Logistikkette ein. Hierbei werden z. B. der Produktionsprogrammplanung die Aufgabenbereiche Vertriebsplanung und Entwicklungsplanung vorangestellt. Die Termin- und Bedarfsplanung wird durch eine kurzfristige Kapazitätsplanung sowie durch eine Werkstattsteuerung ergänzt. Ein zufrieden stellendes MRP II-Konzept erfordert allerdings einige Vorraussetzungen:

- Die geplante Einlastung des Auftrages auf die jeweilige Kapazität (Arbeitsplatz, Maschine) darf nur selten durch Produktionsausfälle gestört werden.
- Die berechnete Soll-Durchlaufzeit sollte auch tatsächlich nur geringfügig von der Ist-Zeit abweichen.
- Es dürfen keine Engpässe in der Fertigung auftreten.
- Das Produktionsprogramm muss mit einer gewissen Vorlaufzeit bekannt sein.

MRP-Konzept am Beispiel des Projekts „Produktion der Pneumatikzylinder"

Die Firma Spin-Lag GmbH möchte den Einsatz des **MRP-Konzeptes** überprüfen. Analysiert werden soll die Steuerung des Informations- und Materialflusses zur Fertigung der Kolbenstange. Der Grobarbeitsplan zur Bearbeitung der Kolbenstange (→ Lösungshinweise zum Arbeitsauftrag 5.1) ergab den Einsatz von drei spanenden Arbeitsplätzen zuzüglich der Bereitstellplätze und der Qualitätskontrolle. Tabelle 1 gibt eine Liste der Arbeitsplätze zur Fertigung der Kolbenstange wieder.

Kommt das MRP-Konzept zur Anwendung, muss **im ersten Schritt** die **Bedarfsplanung** von der Arbeitsvorbereitung der Fa. Spin-Lag GmbH durchgeführt werden. Nachdem die Tages-Losgröße zur Fertigung der Pneumatikzylinder bestimmt wurde, können nun über die Stücklistenauflösung des Erzeugnisses (→ 4.1) die Losgröße der zur fertigenden Kolbenstangen sowie das benötigte Stangenmaterial ermittelt werden. Der festgelegte Bedarf an Einzelteilen und Rohstoffen entspricht dem **Bruttobedarf**.

Unter Berücksichtigung der Lieferzeit und des benötigten Vorrats an Stangenmaterial sowie des vorhandenen Lagerbestandes wird nun der **Nettobedarf** für eine Lieferperiode ermittelt (→ 4.3.3).

Der **zweite Schritt** erfolgt durch die **Anwendung der Netzplantechnik**. Hierbei werden mit einer Vorwärts- und Rückwärtsterminierung die Anfangs- und Endzeiten der jeweiligen Arbeitsplätze zur Produktion der Pneumatikzylinder bestimmt.

Benennung *Kolbenstange*		
Pos-Nr.	**Platz-Nr.**	**Platzbezeichnung**
10	*101001*	*Bereitstelllager Werkstatt*
20	*100401*	*Kreissäge klein*
30	*101001*	*Bereitstelllager Werkstatt*
40	*100501*	*CNC-Drehmaschine*
50	*100401*	*Bereitstelllager Werkstatt*
60	*100603*	*Universalfräsmaschine*
70	*100401*	*Bereitstelllager Werkstatt*
80	*100050*	*Qualitätskontrolle*

Tabelle 1: Arbeitsplätze für die Kolbenstange

Im **dritten Schritt** wird der **Informations- und Materialfluss in der Werkstattabteilung** zur Fertigung der Kolbenstange betrachtet (Bild 1). Zunächst erhalten die Arbeitsplätze den Werkstattauftrag mit der zu fertigenden Mengenangabe sowie den entsprechenden Anfangs- und Endzeiten. Von nun an beginnt ein rückwärtsgerichteter Informationsfluss.

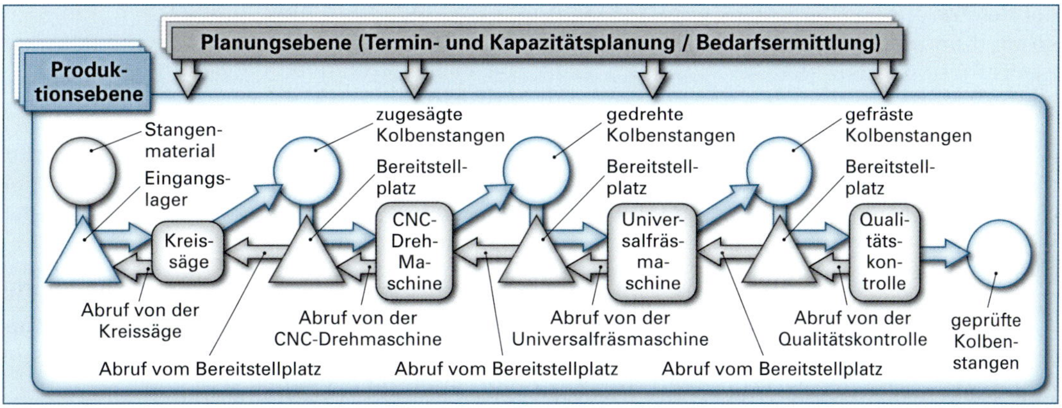

Bild 1: MRP-Konzept zur Fertigung der Kolbenstange

Die Fachkraft an der **Kreissäge** fordert nach Erhalt des Werkstattauftrages das Stangenmaterial im Eingangslager an. Nachdem die Kolbenstangen gesägt wurden, verbleibt das Material an der Kreissäge.

Zu diesem Zeitpunkt möchte die Fachkraft an der **CNC-Drehmaschine** aufgrund des Werkstattauftrages mit der Drehbearbeitung der Kolbenstangen beginnen. Zuerst informiert sich die Fachkraft vor dem Bereitstellplatz ihrer Maschine, ob noch ein Restbestand an Halbzeugen vorhanden ist. Da bisher noch keine gesägten Kolbenstangen weitergereicht wurden, fordert die Fachkraft der Drehmaschine die benötigte Menge am Arbeitsplatz „Kreissäge" an. Da aufgrund der Termin- und Kapazitätsplanung die Kolbenstangen bereits gesägt wurden, kann nun das geforderte Material an die Drehmaschine bereitgestellt werden.

Die gedrehten Stangen verbleiben nun wiederum solange an der Drehmaschine, bis sie vom Arbeitsplatz **„Universalfräsmaschine"** angefordert werden. Nach der Fräsbearbeitung können die gefertigten Kolbenstangen auf Anforderung zum Arbeitsplatz **„Qualitätskontrolle"** weitergeleitet werden.

Sowohl die Termin- und Kapazitätsplanung als auch die Fertigungssteuerung und Auftragsüberwachung werden mit einem **rechnerunterstützten PPS-System** (→ 7) durchgeführt. Somit ist es möglich, relativ enge Fertigungstermine für die jeweiligen Arbeitsplätze zu setzten.

Arbeitsaufträge zum Projekt „Produktion der Pneumatikzylinder"

Die Montage des Pneumatikzylinders (Baugruppen und Erzeugnis) wird an 3 Montageplätzen durchgeführt. Anschließend wird die Funktion des Pneumatikzylinders auf dem Arbeitsplatz Qualitätskontrolle geprüft.

6.3 Verdeutlichen Sie das MRP-Konzept mit den Arbeitsplätzen zur Montage der Baugruppen und des Erzeugnisses „Pneumatikzylinder". Beschreiben Sie den Material- und Informationsfluss anhand einer Ablaufskizze (→ Bild 109/1).

6.2.2 KANBAN-Konzept

KANBAN ist ein **dezentrales Steuerungskonzept**, das Mitte der siebziger Jahre in Japan entwickelt wurde und erstmals bei Toyota zum Einsatz kam. KANBAN wird vorwiegend für die Serienfertigung eingesetzt und hat die Reduzierung der Umlaufbestände bei einer gleichzeitigen Vereinfachung der Produktionssteuerung zum Ziel. Die Informationsträger sind die sogenannten KANBANS (jap.: Schild, Karte, Zettel). Das KANBAN-Konzept ist ein typischer Vertreter der **Hol-Prinzips** und besitzt eine enge Verwandtschaft zum Just-in-Time(JIT)-Prinzip (→ 6.2.5).

Informationen zum KANBAN-Konzept

Bei der Anwendung des KANBAN-Konzepts wird die Werkstatt in selbstgesteuerte Regelkreise gegliedert. Die Regelkreise ersetzen eine zentrale Werkstattsteuerung (→ 6.2.1) durch eine dezentrale Steuerung der Bearbeitungsstationen. Diese Regelkreise entstehen zwischen den Senken, die das Material verbrauchen, und den Quellen, die das Material liefern. Das Material wird in einem Behälter als ein Los zusammengefasst. Wenn eine Bearbeitungsstation als Senke soviel Material aus dem Bereitstelllager am Arbeitsplatz verbraucht hat, dass ein festgelegter Mindestbestand unterschritten ist, wird an die vorhergehende Station eine KANBAN-Karte geschickt. Diese **KANBAN-Karte** entspricht einem innerbetrieblichen Fertigungsauftrag und enthält folgende **Informationen** über:

- die Teilenummer und den Namen des Teils,
- den Behälter,
- die Füllmenge pro Behälter,
- die Bezeichnung des Bereitstelllagers,
- die Adresse der Teile der verbrauchenden Stelle (Senke),
- Arbeitsplatznummer der liefernden Stelle (Quelle)

Jede **KANBAN-Karte** wird dem **Transportbehälter** zugewiesen und kreist zwischen der Bearbeitungsstation und dem Bereitstelllager hin und her.

Zum erfolgreichen **Einsatz des KANBAN-Konzeptes** sollten die nachfolgend aufgeführten Vorraussetzungen erfüllt sein:

- Es sollte ein möglichst regelmäßiger oder gleichbleibender Teilebedarf, wie es bei der Serienproduktion der Fall ist, vorhanden sein.
- Die Betriebsmittel müssen aufeinander abgestimmt und flexibel sein, d.h. es sollte mit einer flexiblen Fließfertigung produziert werden.

- Die Mitarbeiter benötigen eine hohe Qualifikation und Flexibilität für den Produktionsprozess.
- Es kann nur mit relativ geringen Losgrößen, die dem Volumen von Behältern entsprechen, gefertigt und montiert werden.
- Die Auffüllzeiten der Behälter dürfen nur eine geringe Zeitdauer in Anspruch nehmen.

KANBAN-Konzept am Beispiel des Projekts „Produktion der Pneumatikzylinder"

Nachdem die Überprüfung des MRP-Konzeptes (→ 6.2.1) erfolgte, soll anhand der **Fertigung der Kolbenstange** der Einsatz des KANBAN-Prinzips bewertet werden. Hierzu werden die in Tabelle 1 aufgeführten Arbeitsplätze berücksichtigt.

Benennung *Kolbenstange*		
Pos-Nr.	**Platz-Nr.**	**Platzbezeichnung**
10	*101001*	*Bereitstelllager Werkstatt*
20	*100401*	*Kreissäge klein*
30	*101001*	*Bereitstelllager Werkstatt*
40	*100501*	*CNC-Drehmaschine*
50	*101001*	*Bereitstelllager Werkstatt*
60	*100603*	*Universalfräsmaschine*
70	*101001*	*Bereitstelllager Werkstatt*
80	*100050*	*Qualitätskontrolle*

Tabelle 1: Arbeitsplätze für die Kolbenstange

Der **Ablauf der Werkstattsteuerung für die Fertigung der Kolbenstangen mit dem KANBAN-Konzept** ist in Bild 1 verdeutlicht. Der Ausgangspunkt ist der letzte spanende Arbeitsplatz, die **Universalfräsmaschine**. Dieser Bearbeitungsstation wird die zu fertigende Menge an Kolbenstangen für ein Tageslos vorgegeben. Gleichzeitig wird dem letzten Arbeitsplatz mit dem Zeitpunkt der Fertigstellung eine Terminvorgabe mitgegeben.

Die Fachkraft an der Universalfräsmaschine entnimmt nun aus dem Bereitstelllager, das sich zwischen ihr und der vorgelagerten Bearbeitungsstation befindet, einen Behälter mit bereits gedrehten Kolbenstangen.

Nachdem der Behälter entleert wurde, wird er mit einem angehängten KANBAN als Werkstattauftrag zu der vorgelagerten Stufe, der **CNC-Drehmaschine**, geschickt. Die Fachkraft der CNC-Drehmaschine verfährt nun ihrerseits genauso, wie der Arbeitsplatz „Universalfräsmaschine". Sie entnimmt einen mit dem notwendigen Material gefüllten Behälter und schickt den leeren Behälter zur **Kreissäge**. Die Fachkraft an der Kreissäge wiederum fordert das Material am Eingangslager an (Bild 1).

Nachdem die Fertigung an der jeweiligen Bearbeitungsstation erfolgte, wird das Material in dem KANBAN-Behälter ohne eine besondere Aufforderung zum nachfolgenden Arbeitsplatz weiter geleitet.

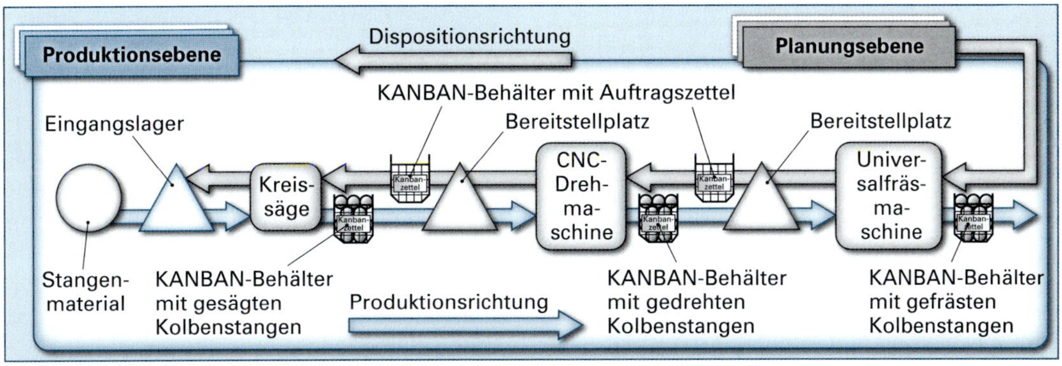

Bild 1: KANBAN-Konzept zur Fertigung der Kolbenstange

Bei dem Ablaufprinzip des KANBAN-Konzepts ist es wichtig, dass z.B. die CNC-Drehmaschine als vorgelagerte Fertigungsstation grundsätzlich erst dann mit der Fertigung beginnt, wenn die Universalfräsmaschine als nachgelagerte Stelle ihren **Mindestbestand** unterschritten hat und infolgedessen den Materialbedarf mit dem KANBAN-Zettel angefordert hat. Somit wird gewährleistet, dass zwischen diesen beiden Bearbeitungsstationen immer nur soviel Materialbestand existiert, wie gerade nötig ist, damit der Materialfluss nicht unterbrochen wird.

Ein **gesicherter Produktionsablauf** besteht nur dann, wenn für die Senke (z.B. die Fräsmaschine) und die Quelle (z.B. die CNC-Drehmaschine) folgende **Anforderungen** erfüllt sind:

- **Senke:** Das Material muss von der Fachkraft der Fräsmaschine immer vorzeitig angefordert werden. Es darf niemals mehr Material angefordert werden, als unbedingt nötig ist.
- **Quelle:** Der Arbeitsplatz „CNC-Drehmaschine“ darf nie mehr Teile herstellen als notwendig sind. Es dürfen niemals Teile vor dem Eingang des Werkstattauftrages der Universalfräsmaschine gefertigt werden. Damit im Materialfluss keine fehlerhaften Teile zur nächsten Station gebracht werden, sollte durch eine Qualitätskontrolle der Ausschuss an jedem Platz aussortiert werden.

Arbeitsaufträge zum Projekt „Produktion der Pneumatikzylinder“

6.4 Verdeutlichen Sie das KANBAN-Konzept mit den Arbeitsplätzen zur Montage der Baugruppen und des Erzeugnisses „Pneumatikzylinder“. Beschreiben Sie den Material- und Informationsfluss anhand einer Ablaufskizze (→ Bild 111/1).

6.2.3 OPT-Konzept

Das **OPT-Konzept** (Optimized Production Technology; Engpass-Steuerung) wurde erstmals 1982 in den USA von größeren Firmen eingesetzt. Es ist ein **engpassorientiertes Steuerungsverfahren**. Das OPT-Konzept zielt auf eine optimale Belegung der Fertigungsanlagen hin. Hierbei geht es von der Überlegung aus, dass nicht die Belastung der einzelnen Arbeitsplätze abgeglichen wird (→ 3.2.2), sondern bei diesem Konzept wird der Fertigungsfluss vielmehr durch die Betrachtung der Engpässe ausgeglichen. Wesentliches Ziel dieses Verfahrens ist infolgedessen die Sicherung des weitgehend ungestörten Materialflusses durch eine möglichst genaue Vorherbestimmung des Fertigungsgeschehens.

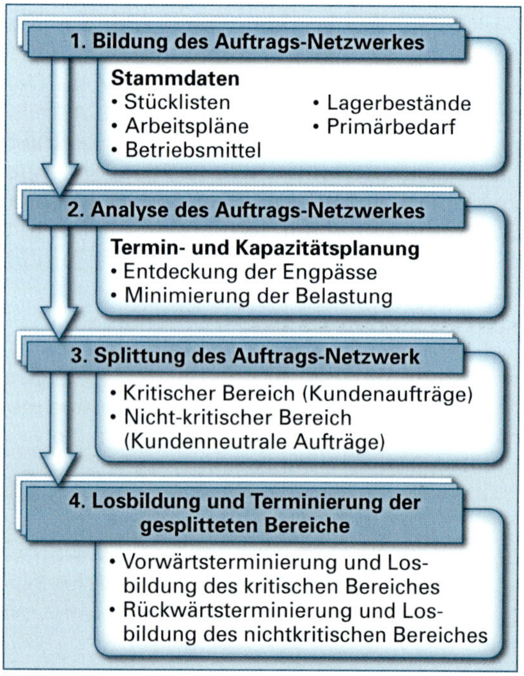

Bild 1: Schrittfolge des OPT-Konzeptes

Informationen zum OPT-Konzept

Beim **OPT-Konzept** wird der gesamte Fertigungsablauf vom Eingangs- bis zum Ausgangslager in einem Netzwerk abgebildet. In diesem Netzwerk sind alle eingegangenen Aufträge einbezogen. Für die Bildung des **Auftrags-Netzwerkes** werden die in Bild 1 aufgeführten Stammdaten benötigt.

Das aufgebaute Auftrags-Netzwerk wird nun mit dem Ziel analysiert, diejenigen Arbeitsplätze herauszufinden, die durch **Engpässe** belastet sind. Der erste Schritt ist hierbei die Durchführung einer **Terminplanung** (→ 3.2.1) ohne Rücksichtnahme auf die jeweiligen Kapazitätsgrenzen der Arbeitsplätze. Anschließend erfolgt eine **Einlastung der Aufträge** mit Berücksichtigung der Kapazitätsauslastung. Diejenigen Arbeitsplätze, bei denen einen Überbelastung entdeckt wird, werden als Engpässe bezeichnet.

Die Kapazitätsbelastung der Engpässe wird nun durch einen Abgleich oder die Splittung der Arbeitsplätze (Verteilung des Auftrags auf mehrere parallele Arbeitsplätze) minimiert.

Nachdem alle Engpässe entdeckt und die Kapazitätsbelastung der entsprechenden Arbeitsplätze minimiert wurde, findet eine **Splittung der Werkstatt** in den **auftragsabhängigen** und den **auftragsunabhängigen** Bereich statt. Das in Bild 1 exemplarisch skizzierte Auftragsnetzwerk besitzt mit der auftragsunabhängigen Fertigung und Vormontage einen unkritischen Bereich. Die kritischen Arbeitsplätze sind die dem Engpass nachgelagerten Bearbeitungsstationen. Dieser Bereich kann den Kundenaufträgen zugeordnet werden. Der unkritische Bereich fasst die Gruppe der Arbeitsplätze zusammen, die dem Engpass vorgelagert werden.

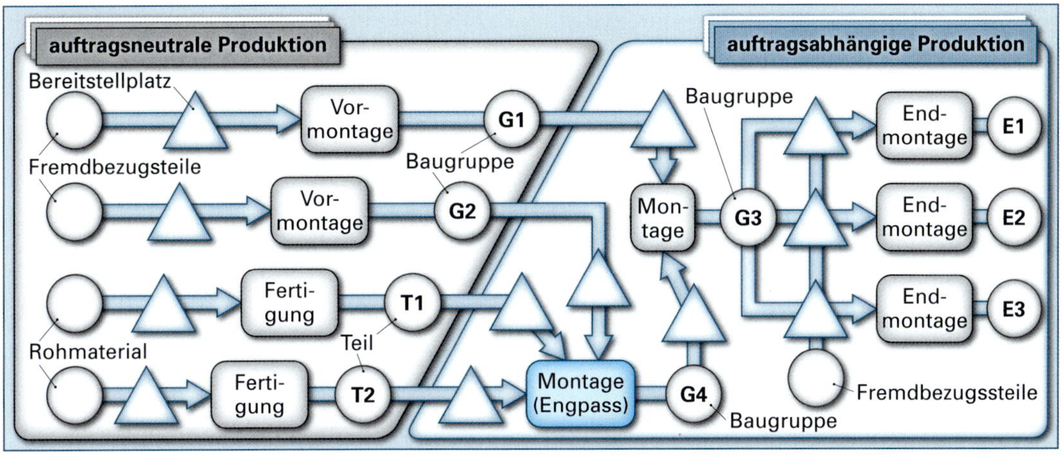

Bild 1: Beispiel eines Auftrags-Netzwerkes

Für die kritischen Arbeitsplätze findet nun eine Losbildung für die Fertigungs- und Transportaufträge statt. Hierbei wird rechnerunterstützt mit einem „OPT-Brain-Modul" die Losgröße festgelegt. Gleichzeitig werden mit diesem Programm-Modul die Fertigungstermine durch eine Vorwärtsterminierung bestimmt.

Für die unkritischen Arbeitsplätze werden mit Hilfe der Rechnerunterstützung und dem Einsatz eines „OPT-Serve-Moduls" die Rückwärtsterminierung und die Losbildung für die Fertigungs- und Transportaufträge durchgeführt.

Ausgangspunkt für die Zeitbestimmung der Fertigungsaufträge sind sowohl bei der Vorwärtsterminierung als auch bei der Rückwärtsterminierung die entsprechenden Zeiten der Engpässe.

Vorraussetzungen des OPT-Konzepts:

- Es sollten möglichst wenige Sonderaufträge in die Produktion eingelastet werden, da sich sonst eine Änderung der Lage der Engpässe wegen des veränderten Fertigungsablaufs ergeben könnte. Bei neuen Aufträgen muss das Auftrags-Netzwerk entsprechend neu berechnet werden.
- Es muss für die Bestimmung der Engpässe ein enger Fertigungszeitraum vorgegeben sein. Eine eindeutige Festlegung der Engpässe bei schwankender Belastung ist sonst nicht durchführbar.
- Die für das OPT-Konzept benötigten Stammdaten dürfen nicht fehlerhaft sein, da sonst die Engpässe nicht eindeutig erkannt werden. Die Fehler würden somit zu einer Kettenreaktion im weiteren Vorgehen führen.

OPT-Konzept am Beispiel des Projekts „Produktion der Pneumatikzylinder"

Das OPT-Konzept soll für die Montage von vier unterschiedlichen Pneumatikzylindern überprüft werden. Die vier Baureihen des Pneumatikzylinders (BP264, BP528, BP129 und BP768) unterscheiden sich durch ihre verschiedenen Größen. Einen Überblick der Montagestufen wird durch die Erzeugnisgliederung des Pneumatikzylinders veranschaulicht (Bild 114/1).

1. Schritt:

Zur Bildung des Auftrags-Netzwerkes werden die aus der Erzeugnisgliederung erstellten Stücklisten (→ 4) sowie die Arbeitspläne und Betriebsmittel (→ 5) benötigt. Weiterhin wird von der Arbeitsvorbereitung der Firma Spin-Lag GmbH die Ermittlung des Primärbedarfs und des Lagerbestandes durchgeführt. Alle

Angaben werden zusammengetragen und in einem rechnerunterstützten Programm zur OPT-Steuerung eingegeben. Das Ergebnis ist eine Verknüpfung der Arbeitsplätze in einem Auftrags-Netzwerk.

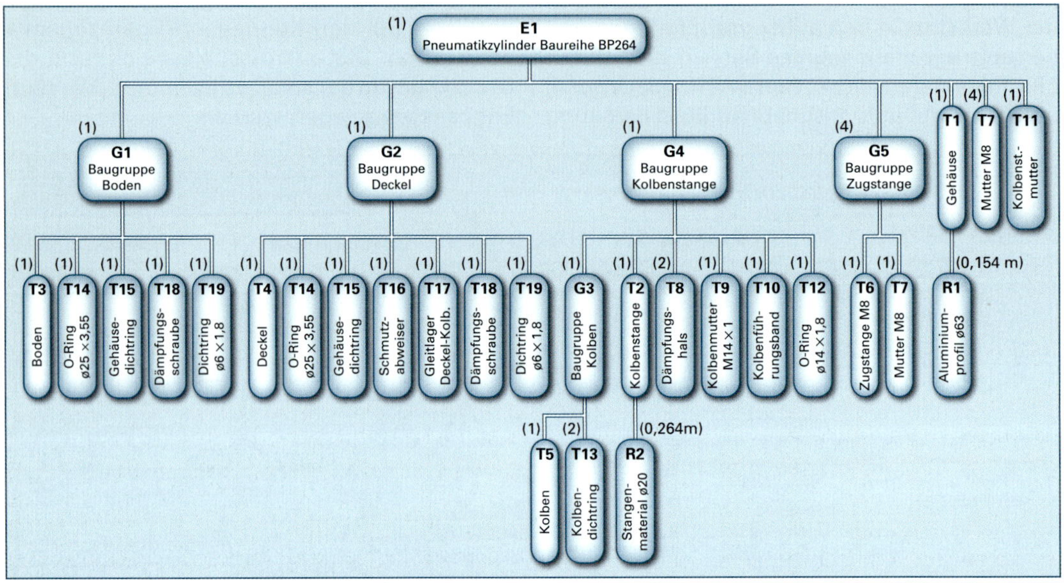

Bild 1: Erzeugnisgliederung des Pneumatikzylinders

2. Schritt

Zur Ermittlung der Engpässe wird eine Terminplanung ohne die Berücksichtigung der Arbeitsplätze durchgeführt (→ 3.2.1). Die anschließende Einlastung der Auftragsvorgänge auf die Arbeitsplätze führt zur Feststellung, welche Arbeitsplätze überbelastet sind. Diese Arbeitsplätze werden gesplittet und so die Belastung der Arbeitsplätze minimiert.

3. Schritt:

Das Auftrags-Netzwerk zur Montage der vier Baureihen des Pneumatikzylinders wird in zwei Produktionsbereiche aufgeteilt. Die auftragsunabhängige Vormontage der Baugruppen erfolgt im nicht-kritischen Bereich. Die Endmontage, Qualitätskontrolle und Nachmontage der unterschiedlichen Baureihen erfolgen auftragsabhängig im kritischen Bereich. Die Endmontage wurde als Engpass lokalisiert.

4. Schritt:

Die Arbeitsvorgänge des kritischen Bereichs werden vorwärtsterminiert. Der Ausgangszeitpunkt für diese Terminierung ist der Endzeitpunkt des Engpasses. Mit der Terminierung werden die Losgrößen für die Transport- und Montageaufträge festgelegt.

Auf die Arbeitsvorgänge des nicht-kritischen Bereiches wird eine Rückwärtsterminierung angewendet. Ebenso findet hier eine Losbildung der Montage und des Transports statt. Ausgangszeitpunkt für die Rückwärtsterminierung ist die Anfangszeit des Engpasses.

Arbeitsaufträge zum Projekt „Produktion der Pneumatikzylinder"

6.5 Erstellen Sie zur Montage des Pneumatikzylinders ein Auftrags-Netzwerk (→ Bild 113/1). Beachten Sie bei der Skizze des Netzwerkes den oben angegebenen Schritt 3. Verdeutlichen Sie im zu erstellenden Auftragsnetzwerk die montierten Baugruppen und das Erzeugnis mit den entsprechenden Teilebezeichnungen (→ Bild 1).

6.2.4 Fortschrittzahlenkonzept

Das Fortschrittzahlenkonzept entwickelte sich in der Automobilindustrie und ist eine Steuerungsmethode für die montageorientierte Serien- und Massenfertigung. Als Produktionsprinzip wird hierbei die Fließfertigung vorausgesetzt. Das Ziel des Fortschrittzahlenkonzepts ist das Erreichen eines niedrigen Lagerbestandes bei einer stets ausreichenden Materialverfügbarkeit.

Informationen zum Fortschrittzahlenkonzept

Das Informationsmittel des Fortschrittzahlenkonzepts ist die sogenannte **Fortschrittzahl**. Die Zahl stellt die Menge eines Teils bezogen auf einen bestimmten Termin dar. Mit einem nachfolgenden Termin wird die neu benötigte bzw. die verbrauchte Menge eines Teils auf die alte Teilemenge addiert.

Durch die Bildung von Fortschrittzahlen findet eine Anhäufung von Mengen (kumulierte Menge) statt. Die Fortschrittzahl des nachfolgenden Termins ist somit stets wachsend zur Fortschrittzahl des vorhergehenden Termins.

Beim Fortschrittzahlenkonzept wird der Beschaffungs- und Produktionsbereich eines Unternehmens in sogenannte **Kontrollblöcke** unterteilt. Hierbei kann je nach Einteilung eine gesamte Montagestufe wie z.B. die Endmontage zusammengefasst werden, es können aber auch einzelne Maschinengruppen oder Einzelmaschinen als Kontrollblock bestimmt werden.

- Jeder Kontrollblock stellt eine geschlossene, unabhängige Organisationseinheit dar und kann selbstständig Fertigungsaufträge festlegen.
- Jeder Kontrollblock hat eine Eingangs- und eine Ausgangsgröße, die Fortschrittzahl.

Beim Fortschrittzahlenkonzept werden zwei Möglichkeiten der Erfassung der Teilemengen genutzt:

1. Bei dem ersten Konzept werden die Fortschrittzahlen durch die **Erfassung der Eingangsmengen und Ausgangsmengen** gebildet. Wenn stets ein Bestand verfügbar ist, verläuft die Ausgangs-Fortschrittzahl unterhalb der Eingangs-Fortschrittzahl. Der zur Verfügung stehende Bestand für einen bestimmten Termin ergibt sich aus der Differenz der beiden Fortschrittzahlen.

   Im Bild 1 wird der Bestand für den Zeitpunkt t_2 mit der Differenz der Mengen $m_1 - m_2$ gekennzeichnet. Die Reichweite des Bestandes vom Zeitpunkt t_1 erstreckt sich bis zum Zeitpunkt t_4, da erst zu diesem Zeitpunkt die Ausgangsmenge den Wert m_1 der Eingangsmenge erreicht hat.

2. Bei dem zweiten Konzept werden die **tatsächlich erreichten Bestandsmengen (Ist-Fortschrittzahl)** erfasst und mit den geplanten Teilemengen (Soll-Fortschrittzahl) verglichen. Wertet man die Fortschrittzahlen im Bild 2 aus, so kann der Rückstand der Teilemenge zu einem bestimmten Zeitpunkt ermittelt werden. In diesem Beispiel ergibt sich der Rückstand bis zum Zeitpunkt t_2 durch die Mengendifferenz von $m_1 - m_2$. Andererseits kann die Zeitdauer bestimmt werden, in der ein Rückstand aufgetreten ist. Im Bild 2 ergibt sich diese Zeitdauer des Rückstandes aus der Differenz von $t_2 - t_1$.

Fortschrittzahlen werden nicht nur im Produktionsbereich sondern auch als Lagereingangs- und Lagerausgangsfortschrittzahl, Versandfortschrittzahl oder Kundenfortschrittzahl verwendet.

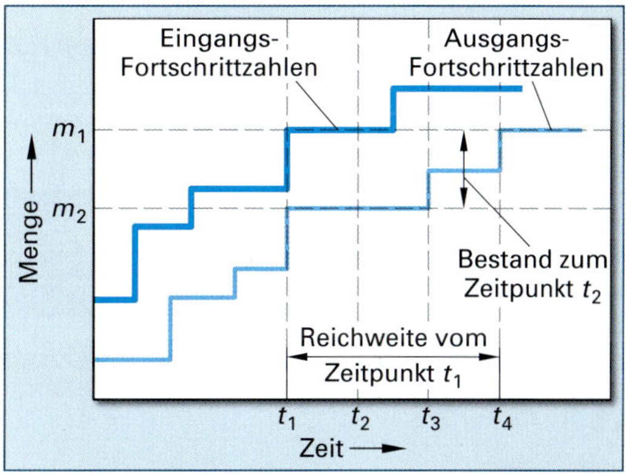

Bild 1: Erfassung der Teilmengen durch die Anhäufung der Eingangs- und Ausgangsmengen

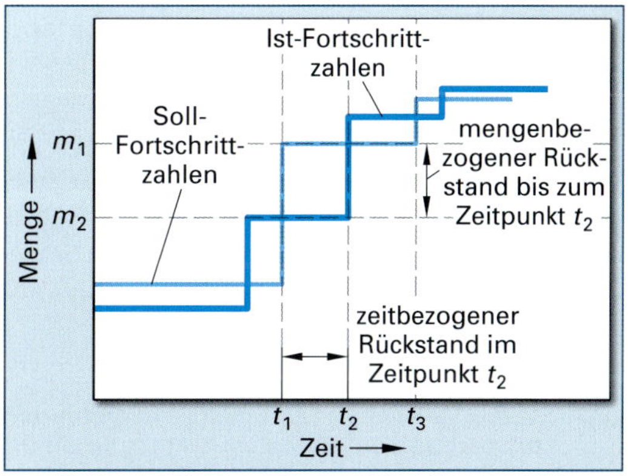

Bild 2: Erfassung der Teilmengen durch die Anhäufung der Ist- und der Sollmenge

Fortschrittzahlenkonzept am Beispiel des Projekts „Produktion der Pneumatikzylinder"

Die Firma Spin-Lag GmbH überprüft für den Montagebereich den Einsatz des Fortschrittzahlenkonzepts. Es soll die Montage der Baugruppe Kolben am Montageplatz 2 genauer betrachtet werden. Bei der Baugruppe Kolben wird jeweils ein Dichtringpaar auf den Kolben gezogen. Angegeben sind die in Tabelle 1 aufgeführten Eingangsfortschrittzahlen für die Dichtringpaare und den Kolben. Für die Baugruppe Kolben werden die Ausgangsfortschrittszahlen aufgeführt. Welcher Bestand für die Eingangsgrößen erwartet wird, kann der rechten Seite der Tabelle 1 entnommen werden.

Für die Angabe der Eingangsfortschrittzahlen wurde der zu analysierende Kontrollblock mit dem Montageplatz 2 festgelegt.

Die Angabe der Eingangs-Fortschrittzahlen für die Dichtringpaarung und den Kolben sowie die Ausgangs-Fortschrittzahl für die Baugruppe Kolben wird im Tabelle 1 wiedergegeben.

Die Berechnung der Eingangs-Fortschrittzahlen gibt die Kumulation (Anhäufung der Bestände) der erwarteten Eingangsbestände zuzüglich des Materials im Bereitstelllager wieder. Die Fortschrittzahl der Baugruppe Kolben wurde durch die Kumulation der angegebenen Bestandsmengen ermittelt.

Im letzten Schritt werden die Fortschrittzahlen im Diagramm dargestellt und ausgewertet.

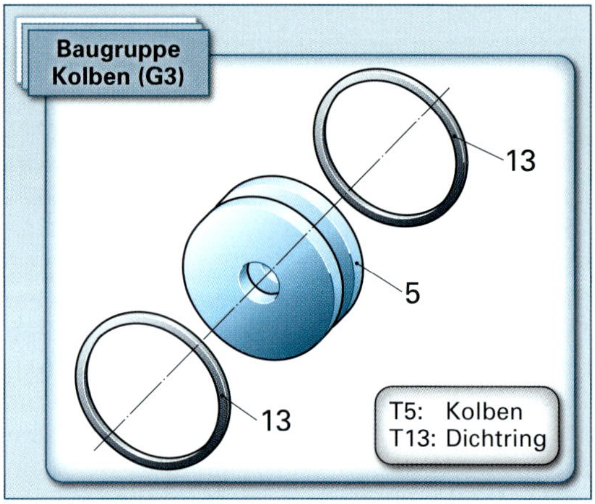

Bild 1: Baugruppe Kolben

Eingangs- und Ausgangsfortschrittzahlen				Erwarteter Bestand	
BKT	**Dichtring-paare**	**Kolben**	**Baugruppe Kolben**	**Dichtringpaare**	**Kolben**
6660	450	450	190	700	500
6665		570	360		
6668	950				1000
6670		700	500	1300	
6675		920			
6680	1550	1120	800		
6682					1500
6685		1310	900		

Tabelle 1: Eingangs- und Ausgangs-Fortschrittzahlen sowie der erwartete Bestand zur Montage der Baugruppe Kolben

Arbeitsaufträge zum Projekt „Produktion der Pneumatikzylinder"

6.6 Stellen Sie nach den in Tabelle 1 aufgeführten Fortschrittzahlen jeweils ein Diagramm zur Erfassung der Eingangs- und Ausgangsmengen auf (→ Bild 115/1). Bezeichnen Sie die Reichweite und den Bestand in den Diagrammen.

6.7 Vergleichen Sie in zwei Diagrammen die in Tabelle 1 angegebenen tatsächlich erreichten Bestandsmengen mit den geplanten Teilemengen (→ Bild 115/2). Tragen Sie den zeit- und mengenbezogenen Rückstand in die jeweiligen Diagramme ein.

6.2.5 Just-In-Time (JIT)-Konzept

Just-In-Time (JIT) ist ein umfassendes Logistikkonzept zur Reduzierung der Materialbestände sowie der Halbfertig- und Fertigwarenbestände. Mit diesem Verfahren kann die Beschaffung und Fertigung von Rohstoffen, Teilen, Baugruppen und Erzeugnissen in einer exakt benötigten Menge und Reihenfolge zu einem exakt gesteuerten Termin erfolgen. Damit kann auf das Eingangslager zugunsten kleiner Bereitstelllager verzichtet werden.

Das Ziel des JIT-Konzeptes ist nicht nur die Verringerung der Materialbestände, sondern auch die Verkürzung der Durchlaufzeiten. Weiterhin wird mit diesem Konzept die Arbeitsproduktivität und Flexibilität in Bezug auf eine kurze Lieferbereitschaft erhöht. Das JIT-Konzept arbeitet mit der Forderung, den Materialbedarf zum richtigen Zeitpunkt, in der geforderten Qualität und Menge und am richtigen Ort zu erfüllen.

Die Zielgrößen werden erreicht, indem man entlang der gesamten logistischen Kette, vom Zulieferer über den Hersteller bis hin zum Kunden, Erzeugnisse zum spätest möglichen Zeitpunkt produziert. Für die Fertigung und Montage wird das Material genau dann bereitgestellt, wenn es gerade eben benötigt wird, eben „Just-in-Time" (Genau zum richtigen Zeitpunkt).

Beim JIT-Konzept wird zwischen der JIT-Beschaffung, der JIT-Produktion und der JIT-Distribution unterschieden.

JIT-Beschaffung

Bei der JIT-Beschaffung werden die Fremdbezugsteile erst dann geliefert, wenn sie gerade benötigt werden. Die Bestellmengen entsprechen also genau den Bedarfsmengen. Hierzu muss der produzierende Abnehmer den Zulieferer frühzeitig Informationen über Zeiten, Mengen und Qualitäten zukommen lassen. Empfehlenswert ist eine elektronische Datenfernübertragung, d.h. der Zulieferer ist direkt mit dem Produktionsmanagement-System des Abnehmers verbunden.

Da die Zeitspanne zwischen der Bestellung und dem Teilebedarf in der Produktion sehr kurz ist, kann der Abnehmer ausreichende Qualitätskontrollen nur unzureichend durchführen. Entsprechend wird die Qualitätssicherung auf den Zulieferer verlagert.

Gleichzeitig sollte gewährleistet sein, dass die Standorte von Zulieferer und Abnehmer möglichst verkehrsgünstig zueinander liegen, damit der Transport jederzeit gesichert ist.

JIT-Produktion

Bei der JIT-Produktion werden die benötigten Erzeugnisse erst auf die Anforderung der nachfolgenden Arbeitsplätze produziert. Hierbei wird der interne Produktionsprozess so optimiert, dass ausgehend von der Übernahme des Materials über die verschiedenen Stufen der Teilefertigung sowie der Montage eine Produktion mit minimalen Beständen realisiert wird. Die Optimierung zielt ebenso auf eine Minimierung des Handlings- und Steuerungsaufwandes wie auch der Kontrollfunktionen ab.

Die JIT-Produktion folgt dem Holprinzip (→ 6.2) und hat eine große Verwandtschaft zum KANBAN-Konzept (→ 6.2.2). Durch die Forderungen, die mit der JIT-Produktion verbunden sind, müssen oftmals mit der Einführung des Steuerungskonzeptes erhebliche organisatorische Veränderungen, die den Material- und Informationsfluss betreffen, durchgeführt werden.

Bei der JIT-Produktion muss ein störungsfreier Produktionsablauf gewährleistet sein. Damit flexibel auf Kundenwünsche reagiert werden kann, müssen die Werkstatt-Losgrößen klein gehalten werden. Ein Werkstattauftrag sollte nur dann freigegeben werden, wenn der Produktionsablauf ohne längere Wartezeiten erfolgen kann.

JIT-Distribution

Bei der JIT-Distribution werden die Verbraucher mit dem Vertrieb des Unternehmens online verbunden. Die Verbraucher haben somit die Möglichkeit, ihren Bedarf jederzeit bekannt zu geben. Die Versorgung der Verbraucher erfolgt bei diesem Konzept in einer möglichst kurzen Zeitspanne.

Fragen und Aufgaben

11. Wodurch unterscheidet sich das Bring-Prinzip vom Hol-Prinzip?
12. Verdeutlichen Sie die historische Entwicklung des MRP-Konzepts.
13. Welche Vorraussetzungen muss das MRP II-Konzept erfüllen?
14. Beschreiben Sie das Zusammenspiel des Informationsflusses und des Materialflusses beim KANBAN-Konzept.
15. Welche Arbeitsplätze werden beim OPT-Konzept zu einem kritischen Bereich zusammengefasst?
16. Welche Schritte führen beim OPT-Konzept zur Bildung des Auftrags-Netzwerkes?
17. Welche Möglichkeiten werden beim Fortschrittzahlenkonzept zur Erfassung der Teilemengen eingesetzt?
18. Unterscheiden Sie zwischen der JIT-Beschaffung und der JIT-Produktion.

6.3 Layout-Skizze

Zur Anfertigung einer Layout-Skizze muss vorab eine geeignete Organisationsform für die Fertigung und Montage ausgewählt werden. Des Weiteren muss das für die Produktion zweckdienliche Steuerungskonzept ausgesucht werden. In der in Bild 1 dargestellten Layoutskizze wird exemplarisch für die Gruppenfertigung und die Gruppenmontage eine Planung durchgeführt. Zusätzlich zu den Arbeits- und Bereitstellplätzen wird der Materialfluss der Fertigungs- und Montagekomponenten vom Wareneingang bis zum Versand verdeutlicht.

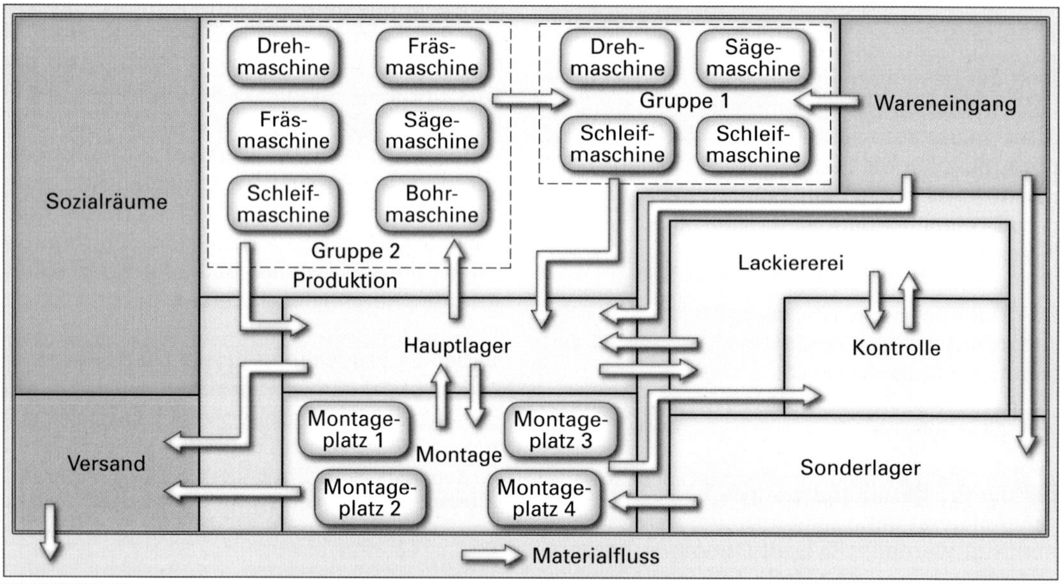

Bild 1: Exemplarische Layout-Skizze eines Produktionsbereichs

Arbeitsauftrag zum Projekt „Produktion der Pneumatikzylinder"

6.8 Wählen Sie eine geeignete Steuerungsmethode für den Informations- und Materialfluss aus. Begründen Sie Ihre Wahl.

6.9 Zeichnen Sie eine Layout-Skizze für die Fertigung und Montage des Pneumatikzylinders. Verwenden Sie als Planungsgrundlage das Layout der Halle 1 der Firma Spin-Lag GmbH (→ 1.4, Bild 19/2) *(Vorlage zum Ausdrucken auf der CD)*. Berücksichtigen Sie bei Ihrer Skizze die Auswahl der Organisationsform für die Fertigung (→ Arbeitsauftrag 6.1) sowie die Entscheidung für ein geeignetes Montageprinzip (→ Arbeitsauftrag 6.2). Beziehen Sie ebenso die Auswahl der Steuerungsmethode (→ Arbeitsauftrag 6.8) in Ihr zu erstellendes Layout-Konzept. Verdeutlichen Sie die Arbeits- und Bereitstellplätze sowie den Materialfluss im Layout (→ Bild 1).

6.4 Vertiefungsaufgabe: Layoutplanung zum Projekt „Produktion der Spindel-Lagereinheiten

Die Vertiefungsaufgabe zur Layoutplanung sieht die Analyse der Organisationsprinzipien und Steuerungsmethoden zur Produktion der Spindel-Lagereinheiten vor. Die Fertigung und Montage der Einzelteile, Baugruppen und Erzeugnisse soll in der zur Zylinderproduktion nebenstehenden Halle 2 durchgeführt werden. Angaben zum Layout der Halle 2 können der nachfolgenden Situationsergänzung entnommen werden.

Situationsergänzung zum Projekt „Produktion der Spindel-Lagereinheiten"

Die Halle 2 der Firma Spin-Lag GmbH grenzt direkt hinter einem Bach an die Halle 1, die Produktionsstätte für die Pneumatikzylinder an. Da sich die Eingangs- und Ausgangslager für die gesamte Produktion neben Halle 1 befinden, findet ein Transport der Rohstoffe und Fremdbezugsteile sowie der produzierten Erzeugnisse mit entsprechenden Fördermitteln zwischen den Hallen statt. Bild 1 zeigt einen Ausschnitt der Flurkarte der Firma Spin-Lag GmbH. Die Ladezonen für die Materialaufnahmen bzw. -abgaben befinden sich vor den Lagerstätten und neben der Halle 2. Die Entfernung zwischen den Ladezonen beträgt ca. 300 m Luftlinie.

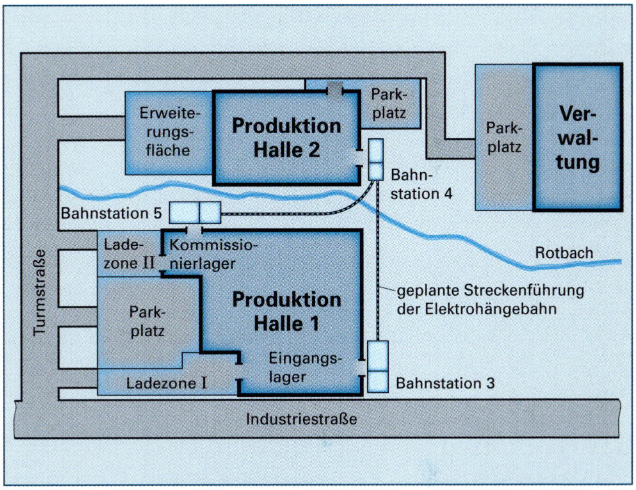

Bild 1: Flurkarte zu der Gewerbefläche der Firma Spin-Lag

Arbeitsaufträge zum Projekt „Produktion der Spindel-Lagereinheiten"

6.10 Als Mitarbeiter der Firma Spin-Lag GmbH werden Sie beauftragt, eine Layoutplanung für das Projekt „Produktion der Spindel-Lagereinheiten" durchzuführen. Vergleichen Sie für die Produktion der Spindel-Lagereinheiten die unterschiedlichen Organisationsprinzipien der Fertigung. Wählen Sie ein geeignetes Organisationsprinzip aus und begründen Sie Ihre Auswahl.

6.11 Ermitteln Sie mögliche Montageebenen und Montagephasen für die Produktion der Spindel-Lagereinheiten.

6.12 Analysieren Sie die Organisationsprinzipien der Montage. Verdeutlichen Sie hierbei das Verrichtungsprinzip und das Fließprinzip für die Montage der Spindel-Lagereinheiten. Wählen Sie ein mögliches Montageprinzip für die Produktion der Spindel-Lagereinheiten aus.

6.13 Verdeutlichen Sie den Unterschied zwischen einem Hol-Prinzip und einem Bring-Prinzip anhand des Informations- und Materialflusses zur Produktion der Spindel-Lagereinheiten.

6.14 Analysieren Sie die unterschiedlichen Steuerungskonzepte für die Produktion der Spindel-Lagereinheiten. Greifen Sie hierfür unterschiedliche Fertigungsstufen heraus und erläutern Sie exemplarisch das entsprechende Steuerungskonzept. Wählen Sie ein geeignetes Konzept aus.

6.15 Bild 120/1 gibt die Umrisse der Halle 2 zur Produktion der Spindel-Lagereinheiten wieder. Angrenzend an die mechanische Werkstatt sind die Sozial- und Verwaltungsräume vorgesehen. Zeichnen Sie für Ihre im Arbeitsauftrag 6.10 ausgewählte Organisationsform der Fertigung und Montage sowie für das im Auftrag 6.14 vorbestimmte Steuerungskonzept eine Layout-Skizze der Halle 2 zur Produktion der Spindel-Lagereinheiten. Verdeutlichen Sie in Ihrer Skizze den Materialfluss (→ Bild 118/1). Erläutern Sie Ihre Vorgehensweise.

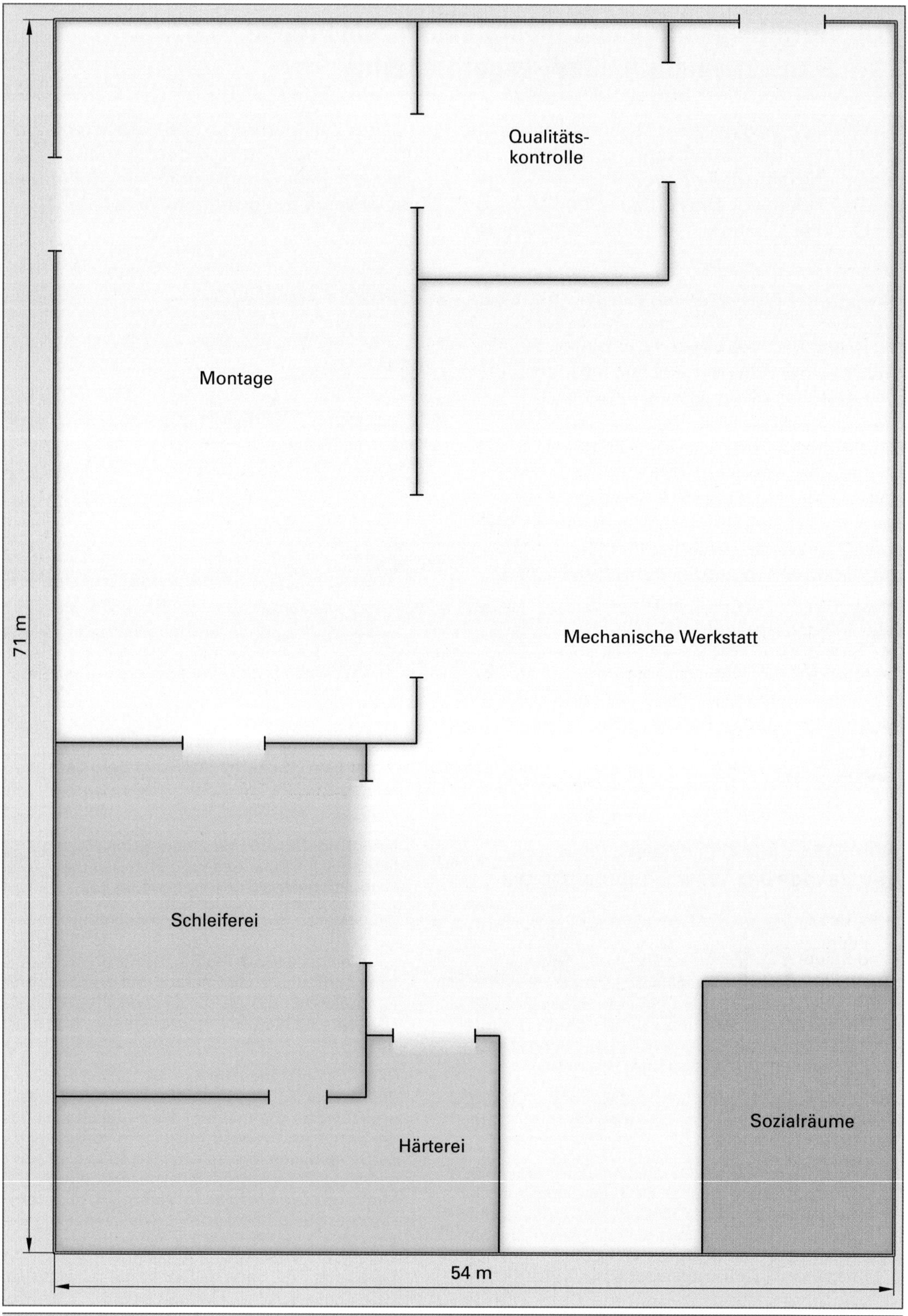

Bild 1: Planungsunterlagen für die Layout-Skizze zur Produktion der Spindel-Lagereinheiten

7 Auftragsabwicklung mit einem ERP-System

In diesem Kapitel wird die **Auftragsabwicklung** von der Kundenanfrage bis zur Auslieferung des fertigen Produktes anhand eines rechnerunterstützten ERP-Systems (Enterprise Resource Planing = Unternehmensübergreifende Ressourcenplanung) vorgestellt. Die meisten heute im Einsatz befindlichen ERP-Systeme beinhalten nahezu dieselben Funktionen. Die **ERP-Systeme** unterscheiden sich jedoch in der Bedienerführung, der Übersichtlichkeit und dem sinnvollen Zusammenwirken der einzelnen Funktionen. ERP-Systeme, die ihre Funktionen auf alle Unternehmensbereiche erweitern, werden auch als **ERM-Systeme** (Enterprise Resource Management) bezeichnet.

Betrachtet man die Hauptfunktion eines ERP-Systems, so zeigt sich, dass ein ERP-System in erster Linie eine **Programmoberfläche zur Ein- und Ausgabe von Daten** sowie die strukturierte Verknüpfung der entsprechenden Daten anbietet. Hinter dieser Programmoberfläche steht eine Datenbank, mit der die Verwaltung der eingegebenen Daten erfolgt. Das in diesem Kapitel vorgestellte ERP-System mit der Bezeichnung „PMS-ERM (Produktions-Management-System für die Ausbildung)" ermöglicht die Anwendung von unterschiedlichen **Datenbanken** (z.B. Access, Paradox oder Orakel). Welche Datenbank zur Verwaltung der eingegebenen Daten verwendet wird, hat keine Auswirkung auf die Funktionen des ERP-Systems. Die hierzu notwendige Verwaltung der Datenbanken übernimmt der Datenbankmanager mit dem Namen „DB-Mandanten" (BDE-Verwaltung).

Bild 1 zeigt das **Eröffnungsmenü für das ERP-Programm „PMS-ERM"**. Deutlich wird in diesem Menü, dass die Anwendung des Systems über unterschiedliche Module erfolgt. Jedes dieser Module deckt einen Funktionsbereich ab. Die einzelnen Funktionen der Module werden mit Hilfe der unter Windows üblichen Menüstruktur abgerufen.

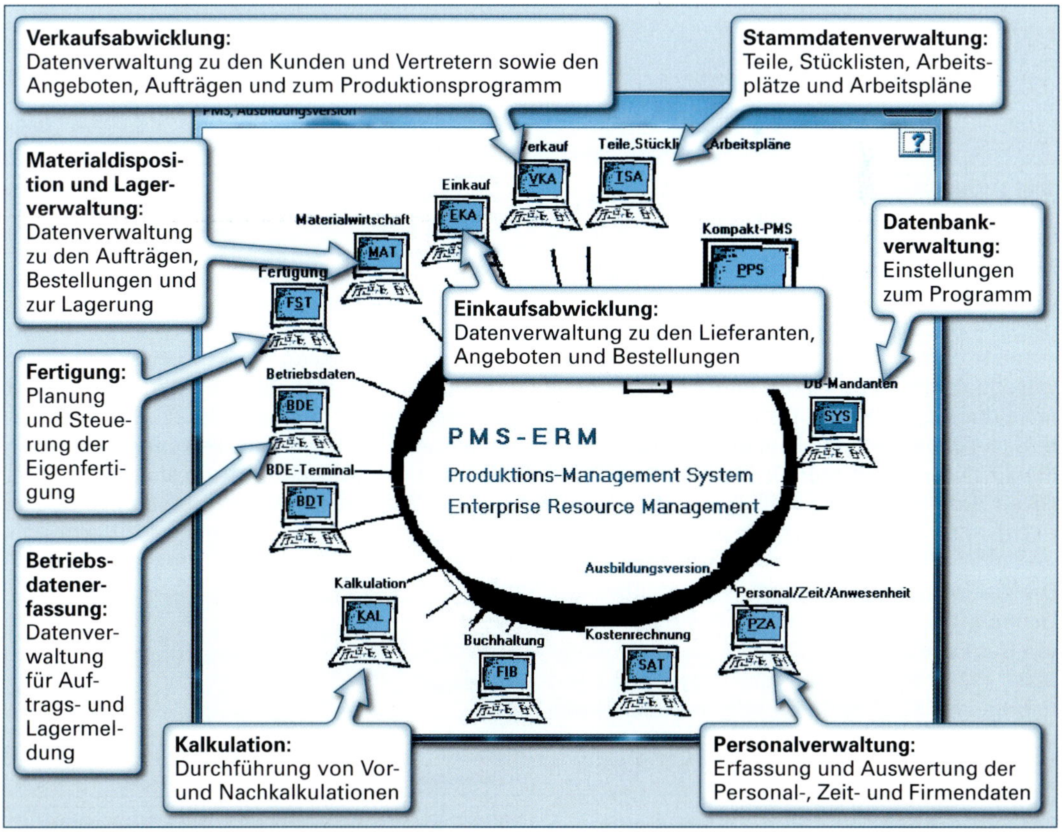

Bild 1: Eröffnungsmenü mit den Modulen des ERP-Systems „PMS-ERM"

7.1 Grundsätzlicher Aufbau des ERP-Systems (PMS-ERM)

Relationale Datenbank

Das Programm „PMS-ERM" arbeitet mit einer **relationalen Datenbank**. Die Dateien in einer solchen Datenbank sind vergleichbar mit **Karteikästen**. In jedem Karteikasten befinden Blattsammlungen mit **gleichartigen Objekten**. In jeder Blattsammlung eines Objektes befindet sich eine Reihe von **Registrierblättern**. Alle Registrierblätter eines Objektes besitzen die gleichen **Kopfdaten**.

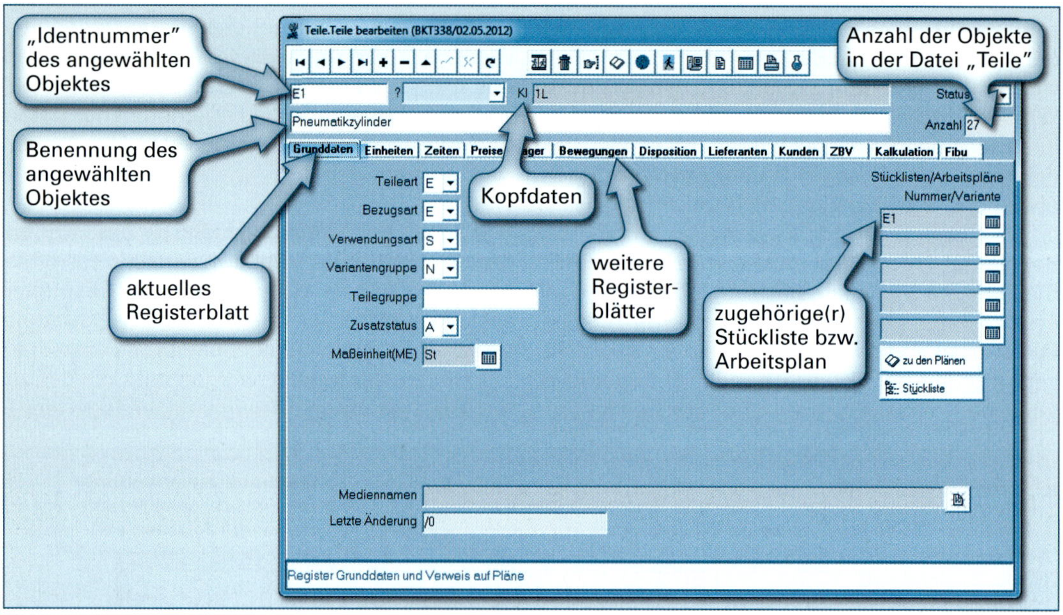

Bild 1: Kopfdaten und Registrierblätter einer Datei

Wie in Bild 1 zu ersehen ist, werden für die **Kopfdaten eines Objektes** unterschiedliche **Felder** bereitgestellt. Jedes Objekt kennzeichnet sich durch die Felder „Identnummer" und „Benennung". Die Datenfelder der Kopfdaten werden durch einen **Feldnamen**, eine **maximale Feldlänge** und einen **Felddatentyp** definiert. In Bild 1 heißt z.B. das Feld zur Aufnahme der Identifizierungsnummer für die jeweiligen Teile „IdTeil" und kann Daten vom Typ „Alpha-Numerisch" mit maximal 12 Stellen aufnehmen.

Die **Definition der Objekte** erfolgt über die **Grunddaten**. Diese Daten werden in dem ersten Registrierblatt des Objektes zusammengefasst. Weitere Registrierblätter dienen zur Aufnahme von **Strukturdaten** oder besitzen einen informativen Charakter. So wird z.B. in dem Feld „Stücklisten/Arbeitspläne" die mit diesem Objekt verbundene Plannummer für den zugehörigen Arbeitsplan und der entsprechenden Stückliste angegeben.

Mandanten

Das ERP-Programm „PMS-ERM" ist für die Ausbildung konzipiert. Es bietet die Möglichkeit, mit unterschiedlichen Datenbanken gleichzeitig in einem Computer-Netzwerk zu arbeiten. Jeder **Datenbank** wird ein **Mandant** zugeordnet. Der Mandant kann der einzelne Lernende sein. Es können aber auch gleichzeitig mehrere Lernende als ein Mandant mit einer Datenbank arbeiten und somit die realen Bedingungen einer Firma simulieren (Bild 2).

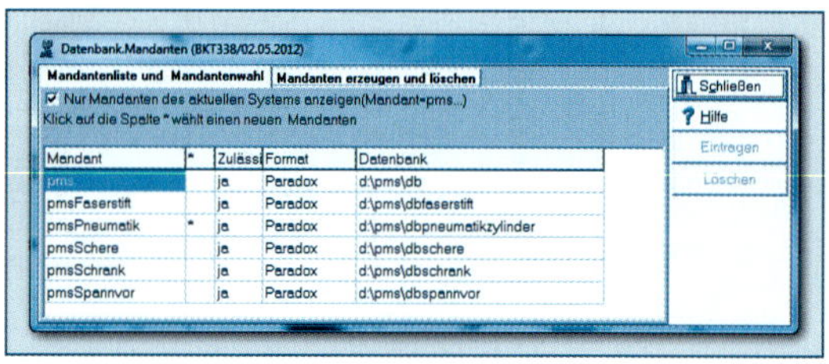

Bild 2: Mandantenverwaltung des ERP-Systems „ERP-PMS"

Für die Auftragsabwicklung des Projekts „Produktion der Pneumatikzylinder" wird der Mandant „pms Pneumatik" benannt (Bild 122/2). Für diesen Mandanten wurde im Vorfeld durch das Modul „DB-Mandanten" (→ Bild 121/1) der Pfad zu dem Datenbankverzeichnis „dbpneumatikzylinder" zugewiesen.

Projektverzeichnis

Bevor eine neue leere Datenbank erzeugt werden kann, muss im ERP-System „PMS-ERM" jeder Mandant mit einem **Projektverzeichnis** verknüpft sein. Dieses Projektverzeichnis bietet die Möglichkeit, Daten für ein bestimmtes Projekt in einem Verzeichnis abzulegen. Hierzu zählen in erster Linie die zur Erstellung von z.B. Bestellschreiben benötigten **Serienbrief-Formulare** (→ Bild 158/2). Es können aber auch die **aktuellen Daten der Datenbank** in das Verzeichnis exportiert bzw. aus dem Verzeichnis in eine bestehende Datenbank importiert werden.

Für die Auftragsabwicklung des Projekts „Pneumatikzylinder" wird das Projektverzeichnis „prjpneumatikzylinder" dem Mandanten „pms Pneumatik" zugewiesen (Bild 1). Anschließend können die Tabellen für eine leere Datenbank im Datenbankverzeichnis „dbpneumatikzylinder" erzeugt werden.

Zeitsystem des ERP-Programms

Bevor mit der leeren Datenbank gearbeitet werden kann, muss ein Zeitsystem definiert werden. Diese Definition erfolgt mit der Berechnung eines **Betriebskalenders** (→ 1.5) über einen definierten Zeitraum (Bild 2). Zur Berechnung des Betriebskalenders müssen die **arbeitsfreien Tage** angegeben werden. Einerseits kann pauschal festgelegt werden, ob am Wochenende und an Feiertagen gearbeitet wird, andererseits kann jeder Feiertag gesondert angegeben werden. Die Ermittlung der bekannten Feiertage für den angegebenen Zeitraum wird vom ERP-Programm vollzogen.

Modelldatum

Damit die umzusetzenden Vorgänge zur Auftragsabwicklung in dem **definierten Zeitsystem** simuliert werden können, wird in dem ERP-System „PMS-ERM" mit einem **Modelldatum** gearbeitet. Die Datumseingabe wird unter der Parametereinstellung (Sonst/Parameter, → Bild 124/2) durchgeführt. Der Beginn des Projekts „Produktion der Pneumatikzylinder" wird mit dem Modelldatum 02.05.2012 festgelegt (Bild 3).

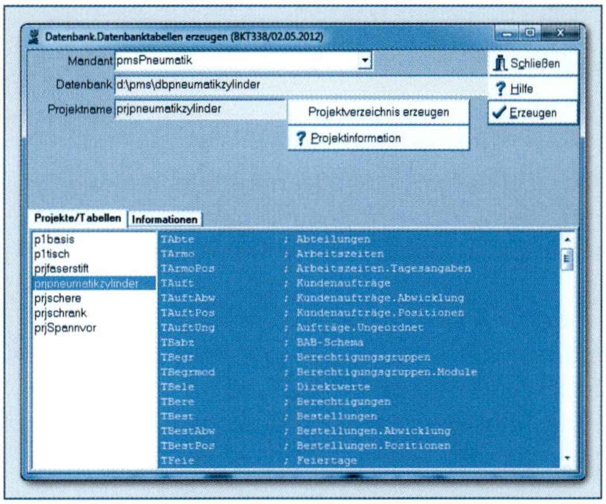

Bild 1: Zuweisung eines Projektverzeichnisses

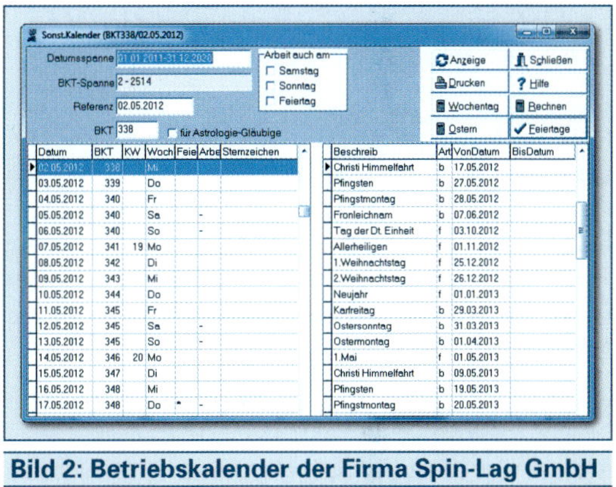

Bild 2: Betriebskalender der Firma Spin-Lag GmbH

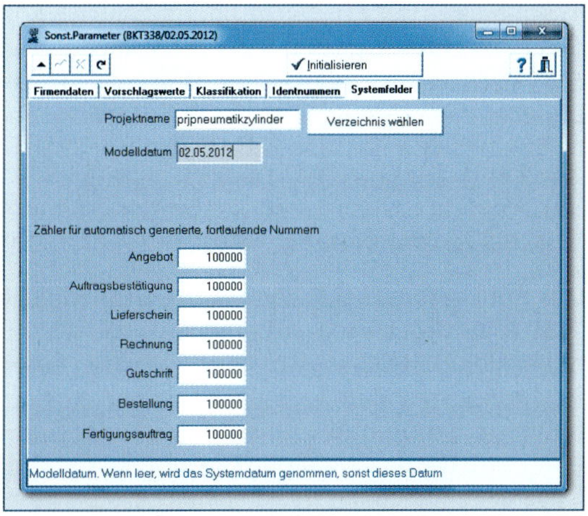

Bild 3: Modelldatum des ersten Geschäftsprozesses

7.2 Stammdaten für die Produktion des Pneumatikzylinders

Bei der Durchführung geschäftlicher Aktivitäten der Firma „Spin-Lag GmbH" (→ 7.3) werden die in der Tabelle 1 aufgeführten **Stammdaten** benötigt. Mit den Stammdaten können Informationen darüber abgerufen werden, *„was, wo, mit welchen Mitteln, in welcher Zeitspanne und zu welchem Zeitpunkt produziert und gelagert werden kann"*. Mit der Eingabe der Stammdaten im Modul „TSA" (Teile, Stücklisten, Arbeitspläne) und im Modul „MAT" (Materialwirtschaft) werden die nachfolgend aufgeführten Verwaltungsaufgaben durchgeführt:

Lagerverwaltung (Bild 1)

Die Lagerverwaltung geschieht über die Angabe der Eingangs- und Ausgangslager im Modul „MAT" (Materialwirtschaft).

Teileverwaltung (Bild 2)

Die Teile werden mit der Eingabe der zu produzierenden bzw. benötigten Erzeugnisse, Baugruppen, Teile, Rohmaterialien oder Handelswaren im Modul „TSA" (Teile, Stücklisten, Arbeitspläne) verwaltet. Für jedes Teil werden im Registerblatt „Grunddaten" die entsprechenden Merkmale festgelegt.

Produktionsmittelverwaltung (Bild 2)

Mit der Produktionsmittelverwaltung erfolgt die Eingabe der Arbeitsplätze und der zugehörigen Arbeitszeiten. Die Arbeitsplätze ergeben sich aufgrund der Layoutgestaltung der Produktionsbereiche „Mechanische Werkstatt und Montage" (→ 6.3). Sie werden im Modul „TSA" (Teile, Stücklisten, Arbeitspläne) verwaltet. Die Arbeitzeiten der Arbeitsplätze sind im Szenarium (→ 1.5) festgelegt.

Stücklistenverwaltung (Bild 2)

Die Baukastenstücklisten werden im Modul TSA (Teile, Stücklisten, Arbeitspläne) verwaltet. Sie stellen den Zusammenhang zwischen einer Baugruppe bzw. dem Erzeugnis und den zu ihrer Montage gehörenden Teilen dar. Bei der Fertigung wird der dazugehörige Rohstoff aufgeführt. Nach der Eingabe der Baukastenstücklisten kann eine Erzeugnisgliederung erstellt werden (→ 4.1).

Arbeitsplanverwaltung (Bild 2)

Die Grobarbeitspläne werden im Modul TSA (Teile, Stücklisten Arbeitspläne) erstellt. Die Eingabe der Arbeitspläne dient zur Festlegung der Arbeitszeiten an einem entsprechenden Arbeitsplatz für die Produktion der Eigenfertigungsteile (→ 5). Mit den Daten der Grobarbeitspläne können die Fertigungs- und Montagezeiten der jeweiligen Arbeitsplätze sowie die Durchlaufzeit berechnet werden. Ebenso dienen die Arbeitsplandaten zur Durchführung der Fertigungssteuerung für ein bestimmtes Projekt.

Teiledaten
- Grunddaten

Produktionsmittel
- Arbeitsplätze
- Platzbezogene Arbeitszeiten

Stücklisten und Arbeitspläne
- Baukastenstückliste
- Grobarbeitsplan

Lager
- Eingangslager
- Ausgangslager

Tabelle 1: Stammdaten

Bild 1: Lagerverwaltung im Modul „MAT"

Bild 2: Verwaltung der Teile, Produktionsmittel, Stücklisten und Arbeitspläne

7.2.1 Lagerverwaltung

Die **Lagerverwaltung** wird im Modul „MAT" (Materialwirtschaft) durchgeführt. In diesem Modul können die Lager unter dem Menü „Lager" und der Anwahl des Menüpunktes „Bearbeiten" erfasst werden.

Im **Kopffeld der Lagerverwaltung** wird die „Identnummer" und Bezeichnung des Lagers eingegeben. Einzugebene Lager sind neben dem Eingangs-, Normteil- und Kommissionierlager auch die Bereitstelllager im Produktionsbereich. Informationen zu den Lagern können dem Szenarium (→ 1.4) und dem Kapitel „Logistik der Lagerung" (→ 10) entnommen werden.

Wie Bild 1 zeigt, muss im Registerblatt „Zusatzdaten zum Lagerort" mit der Eingabe des Lagers auch der **Lagertyp** festgelegt werden. Mögliche Lagertypen sind **Eingangs- und Ausgangslager** oder eine **Kombination aus beidem**. Lager für **Beistellteile** oder **Werkzeuglager** können ebenfalls als möglicher Lagertyp definiert werden. Im Registerblatt „Teile auf dem Lagerort" werden nach der Durchführung von Lagerzubuchungen oder Abbuchungen die vorhandenen Teile im jeweiligen Lager durch das ERP-Programm eingetragen.

Eine Übersicht der **vorhanden Lager** kann im Menü „Lager" unter der Anwahl des Menüpunktes „Lager Übersichten Orte" erstellt werden (Bild 2).

Möchte man eine Übersicht haben, welche Teile mit welchem Arbeitsplatz verknüpft sind (→ Bild 127/2), kann unter dem Registerblatt „Format" die Zeile „Lagerplätze mit gelagerten Teilen" angewählt werden. Wird dann auf „OK" gedrückt, wird eine Übersicht der Teile zu den Lagerplätzen und der entsprechende Status der Teile angegeben.

Unter dem Registerblatt „Auswahl Teile" kann eine Einschränkung der Teile, die angezeigt werden sollen, erfolgen.

7.2.2 Teileverwaltung

Die Bezeichnung „Teil" stellt den Oberbegriff für die verschiedenen **Teilearten** dar (Bild 3). Mit der Eingabe der Grunddaten wird bei dem ERP-System „PMS-ERM" zwischen den Teilearten, **Erzeugnis (E), Baugruppe (G), Einzelteil (T)** sowie **Rohmaterial (R)** unterschieden. Eine Teileart, die eingekauft und ohne eine Lagerung weiter verkauft wird, bekommt die Bezeichnung **Handelsware (H).**

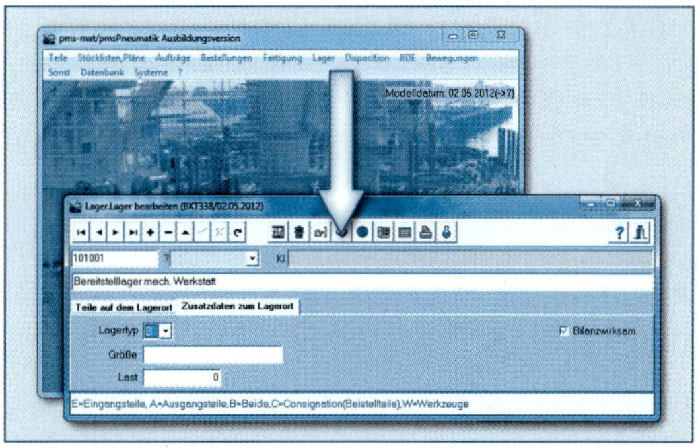

Bild 1: Erfassung der Lager

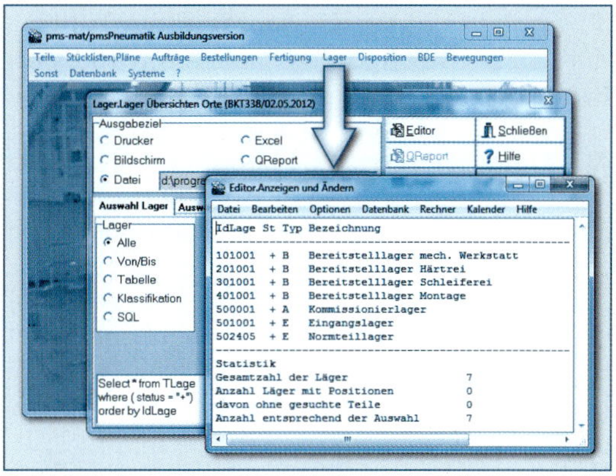

Bild 2: Übersichten der Lager

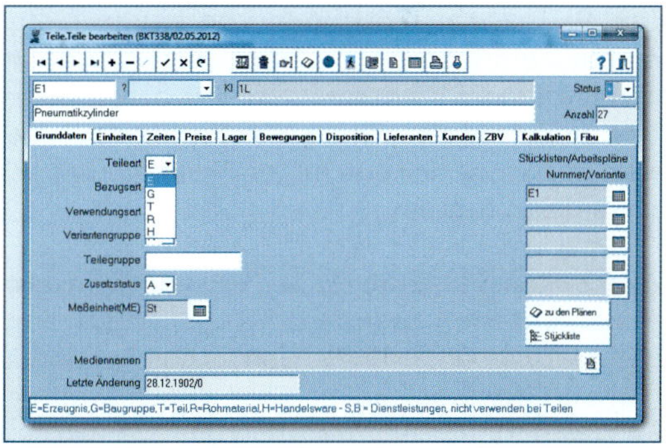

Bild 3: Zuweisung der Teilearten

Alle **Teile** eines Erzeugnisses, einschließlich des Erzeugnisses selbst, werden mit der Teilenummer als „Identnummer" und der Teilebezeichnung im **Kopffeld** aufgenommen. Zusätzlich kann eine Klassifizierung des entsprechenden Teils erfolgen (→ 7.2.2.3).

7.2.2.1 Erfassung der Teile

Bild 1 zeigt die Möglichkeit zur Erfassung der jeweiligen Teile im Menü „**Teile**" und der Anwahl des Menüpunktes „**Teile bearbeiten**". Mit dem **Schalter „+"** wird ein neuer Datensatz für ein Teil angelegt. Der **Status** zeigt, dass das Teil zurzeit zur Verfügung steht. Das **Kontrollfeld „Anzahl"** verdeutlicht die Anzahl der bisher erfassten Teile.

Im **Registerblatt „Grunddaten"** wird für jedes Teil neben der Teileart angegeben, wie die „**Bezugsart**" zu erfolgen hat. Hierbei wird zwischen der **Eigenfertigung (E)** und der **Fremdfertigung (F)** von Teilen unterschieden. Wird ein Teil vom Kunden zur Verfügung gestellt, so wird es als **Beistellteil (B)** bezeichnet.

Alle **Eigenfertigungsteile** benötigen grundsätzlich eine Stückliste und einen Arbeitsplan. Mit der Wahl der Bezugsart „Eigenfertigung" wird unter „**Nummer/Variante**" automatisch eine „Stücklisten- und Arbeitsplan-Identnummer" vergeben, die der „Teile-Identnummer" entspricht. Hierdurch erfolgt eine Verknüpfung zwischen Eigenfertigungsteile, Stücklisten und Arbeitspläne.

Da Erzeugnisse und Baugruppen ausschließlich aus mehreren Teilen zusammengesetzt werden, sind diese Teile immer Eigenfertigungsteile. Das Bauteil kann dagegen von einem Lieferanten fremdbezogen werden oder es wird in Eigenfertigung hergestellt. Wird es selbst gefertigt, so muss in der Stückliste des Bauteils die Mengeneinheit des benötigten Rohmaterials (R) angegeben werden.

Alle Teile erhalten je nach „**Verwendungsart**" die Eigenschaft Standard-Teil (S), Werkzeug (W) oder Betriebsstoff (B). Gehört das Teil keiner „**Variantengruppe**" an, so wird die Eintragung im zugehörigen Feld mit „nein (N)" bestätigt.

Mit dem „**Zusatzstatus**" kann für ein Teil entschieden werden, in welcher Stufe es sich befindet. Hierbei wird zwischen „aktiv (A)", Entwicklung (E) und Versuch (V) unterschieden.

Mit der Angabe der „**Maßeinheit**" eines Teils wird festgelegt, mit welcher Mengeneinheit die Erfassung des Teils in Stücklisten zu erfolgen hat. Während die Teile in der Einheit „Stück" gezählt werden, sind die Rohmaterialien zweckmäßig in der Maßeinheit „Meter" anzugeben.

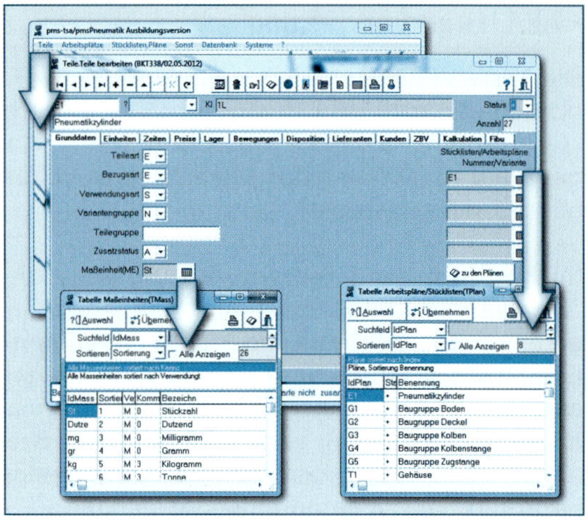

Bild 1: Erfassung des Erzeugnisses

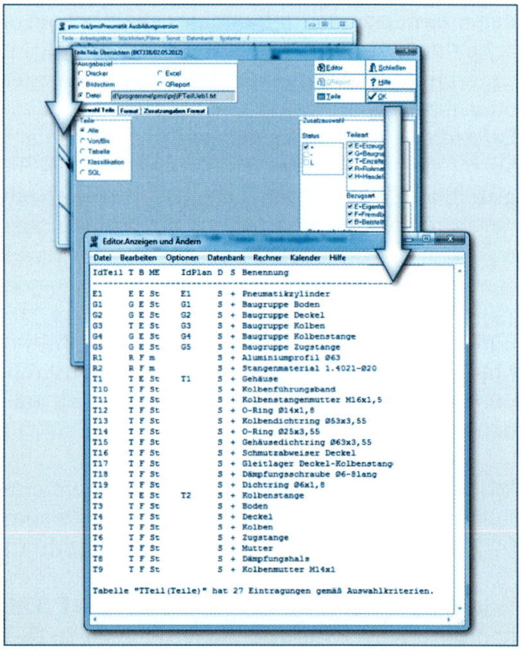

Bild 2: Übersicht zu den Teilen

Beim Stangenmaterial ist die Maßeinheit „Millimeter" unvorteilhaft, da bei Bestellungen das Rohmaterial auch in „Meter" geführt wird (→ 7.3). Sollen alternativ in Stücklisten die Rohteile in „Millimeter" angegeben werden, so besteht die Möglichkeit, eine Umrechnungstabelle für das jeweilige Rohmaterial anzulegen.

Im Menü „**Teile**" (Bild 2) kann unter dem Punkt „**Übersichten**" eine Zusammenfassung der bisher eingegebenen Teile erstellt werden. Die Darstellungsform kann der Benutzer auswählen.

7.2.2.2 Zuordnungen der Lager zu den Teilen

Nachdem alle Teile für das Projekt „Produktion der Pneumatikzylinder" erfasst sind, müssen die **Zuordnungen der Lager** (→ 7.2.1) zu den Teilen erfolgen. Mit dieser Zuordnungen wird festgelegt, in welchem Lager die **Zubuchungen** der jeweiligen Teile durchzuführen sind.

Die Zuordnung der Lager zu den Teilen geschieht unter dem Menü „**Teile**" und dem Menüpunkt „**Teile bearbeiten**". Hierbei ist das Registerblatt „**Lager**" auszuwählen (Bild 1).

Zur Festlegung der Lagerstandorte für die jeweiligen Teile hat man die Möglichkeit, sich eine Liste aller im ERP-System eingegebenen Lager anzuzeigen zu lassen. Hierzu wird der Tabellenschalter des Feldes „**Standard-Lagerplatz**" betätigt. Es erfolgt eine gezielte **Suche nach bestimmten Daten**, in diesem Fall einer Auswahl von Lagern über die Datenbanksprache SQL (Structured Query Language).

Aus den nun angebotenen Lagerplätzen kann durch einen „Doppelklick" das jeweilige Lager für das Teil übernommen werden.

Eine Übersicht der Teile mit ihren jeweiligen Lagerstandorten kann nach Beendigung der Zuordnungen im Registerblatt „Lager" mit der Betätigung des Schalters „**Alle Bestände**" gezeigt werden (Bild 2). Neben den Lagerstandorten werden in dieser Darstellung die vorgegebenen sinnvollen Losgrößen für die Eigenfertigungsteile angezeigt (→ Bild 138/1).

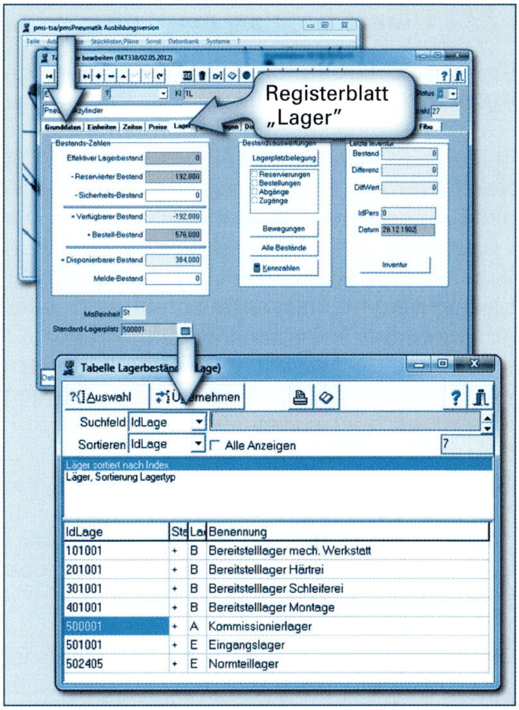

Bild 1: Zuweisung der Lager zu den Teilen

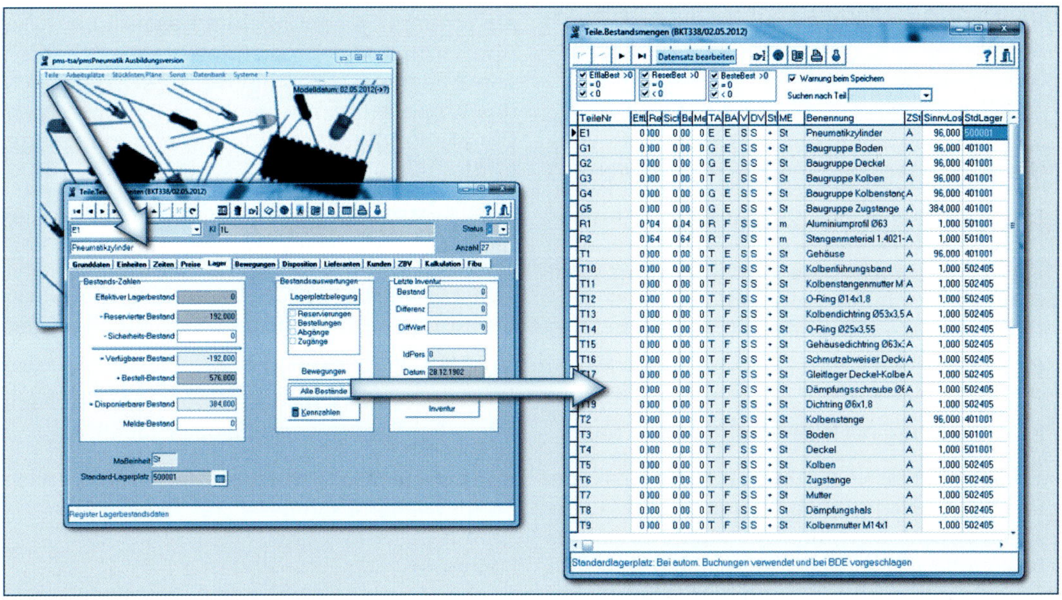

Bild 2: Übersicht zu den Lagerstandorten der Teile

7.2.2.3 Klassifizierung der Teile

Die **Klassifizierung der Teile** erfolgt über ein **Klassifizierungssystem**. Dieses System ist ein Nummernsystem, das Nummernobjekte in Gruppen einordnet. Hierbei wird durch die Nummerierung eine eindeutige Zuordnung zu der Gruppe gewährleistet. Entsprechend der verschiedenen Datenobjekte wird zwischen **Sachnummern** (hier: Teileklassifizierung), **Personennummern** und **Auftragsnummern** unterschieden. Das Nummernsystem kann mit numerischen Zeichen (Zahlen), Alphanummern (Buchstaben) oder alphanumerischen Zeichen (Buchstaben und Zahlen) aufgebaut werden.

Ein Klassifizierungssystem dient lediglich der Klassifizierung, es kann nicht für die Identifizierung eines Teils herangezogen werden. Diese Aufgabe übernimmt die **„Identnummer"** (→ Bild 122/1).

Die **Aufgabe eines Klassifizierungssystems** ist es, Objekte nach bestimmten Gesichtspunkten zu ordnen. Damit können gleiche oder ähnliche Objekte zu einer Gruppe (Klasse) zusammengeführt werden. Die Objekte werden hierbei mit einer Klassifizierungsnummer versehen. Durch diese Nummerierung soll der Rückgriff auf vorhandene Teile ermöglicht bzw. erleichtert werden. Gleichzeitig kann die Ermittlung der Herstellkosten für die Angebotserstellung durch das Zurückgreifen auf ähnliche Teile vereinfacht und somit auch beschleunigt werden.

Eine Klassifizierung der Teile kann nach vier verschiedenen Gesichtspunkten erfolgen:

- **Produktabhängige Klassifizierung**

  Die produktabhängige Klassifizierung folgt den Stufen der Erzeugnisgliederung. Hierdurch wird die Identifizierung mit der Klassifizierung verbunden.

- **Klassifizierung nach der Funktion des Teils**

  Erfolgt die Klassifizierung nach der Funktion, wird die Teilefunktion benannt und durch einen Nummernschlüssel wiedergegeben. Nachteilig ist hierbei, dass ein Teil mehrere Funktionen ausüben kann und somit eine Eindeutigkeit nicht mehr gewährleistet ist.

- **Klassifizierung nach der Form des Teils**

  Bei diesem Klassifizierungssystem wird die Endform oder eine Zwischenform des Teils nach einem festgelegten Ordnungskriterium eingeteilt. Mit der Beschreibung der Form findet eine Unterteilung des Teils in eine Hauptform und in verschiedene Formdetails statt.

- **Klassifizierung nach Fertigungsanforderungen**

  Die Fertigungsanforderungen bezüglich eines Werkstücks ergeben sich aus der gewünschten geometrischen Endform, der geforderten Genauigkeit der Abmessungen sowie der Oberflächenbeschaffenheit. Dieses Klassifizierungssystem beschreibt mehr oder weniger genau den Arbeitsplan des zu produzierenden Teils. Damit lassen sich fertigungstechnisch ähnliche Gruppen bilden.

Basierend auf den vier verschiedenen Klassifizierungssystemen sind über 40 unterschiedliche Systeme entwickelt worden. Die meisten Systeme nutzen den Zusammenhang zwischen der geometrischen Form des Werkstücks und dem Fertigungsprozess bzw. der Produktbeschreibung.

Die Firma Spin-Lag GmbH verwendet ein Klassifikationsschema mit vier verschiedenen Merkmalen. Jedes Merkmal wird mit einer Folge von alphanumerischen Zeichen beschrieben. Zur Abgrenzung können die Merkmale mit Zahlen von 1 beginnend durchnummeriert oder durch das Abgrenzungszeichen „|" getrennt werden. Die Merkmale werden hintereinander aufgeführt.

- Mit dem **ersten Merkmal** findet eine produktabhängige Klassifizierung statt (Tabelle 129/1).
- Beim **zweiten Merkmal** wird eine Klassifizierung nach der Form des Teils durchgeführt (Tabelle 130/1).
- Das **dritte Merkmal** klassifiziert das Teil nach dem Größenschlüssel (Tabelle 130/2).
- Das **vierte Merkmal** klassifiziert das Teil nach dem Werkstoffschlüssel (Tabelle 130/3).

1. Merkmal: Produktabhängige Klassifizierung					
1. Stelle		**2. Stelle von A**		**2. Stelle von B**	
A	Rohstoffe, Halbzeuge	AA	Stahl und Eisen	BA	Verbindungselemente, Befestigungselemente
B	Mechanische Bauteile	AB	Nichteisen-Metalle	BB	Achsen, Naben, Stangen, Wellen, Rollen, Walzen
C	Elektrische Bauteile	AC	Kunststoffe	BC	Räder, Wellen, Drehkolben, Trommeln, Rohre, Aufnahmen
D	Optische Bauteile	AD	Gummi	BD	Lager
E		AE	Chemikalien	BE	Übertragungselemente, Antriebe, Getriebe
F		AF	Schläuche	BF	Isolierungen
L	Verkaufsfähige Artikel	AG	Glas	BG	Bedienelemente, Stellteile
N	Hilfsmaterialien	AH	Filz	BH	Gehäuse, Gestelle, Rahmen, Blenden
S	Sonstige	AI	Papier, Pappe	BI	Träger, Bügel, Führungen, Mitnehmer, Schienen, Fassungen
U	Unklassifizierte Sachnummern	AK	Plexiglas	BK	Halter, Platten, Winkel, Leisten, Bleche, Profile, Plättchen
		AL	Holz und Holzverbundstoffe	BL	Blöcke, Schalen, Nutensteine, Gabeln, Gewindestücke
		AS	Sonstige Rohstoffe, Halbzeuge	BM	Spezielle Wellen, Stößel, Bolzen und Zapfen
				BN	Zylinder, Kolben, Pleuel, Kurbelwellen
				BO	Mechanische Bauelemente für optische Geräte
				BP	Zugelemente, Schutzelemente
				BQ	Anzeigeelemente
				BT	Schilder, Schilderleisten
				BS	Sonstige mechanische Bauteile

3. Stelle von AA (Bauteil aus Stahl und Gusseisen)			
AAA	Einsatzstahl nach DIN EN 10084 (C15...16MnCr5)	AAK	Stahl für Flamm- und Induktionshärtung nach DIN 17212
AAB	Vergütungsstahl nach DIN EN 10083 (C22...C60)	AAL	Gusseisen
AAC	Werkzeugstahl DIN 17350 (C75, X-Cr W Cr Mn., X-Cr Ni Mo)	AAM	Stahlguss
AAD	Baustahl nach DIN EN 10025 (S235JR...S355JR, E295...E360)	AAN	Temperguss
AAE	Hochlegierter Stahl nach DIN EN 10088 (X...)	AAS	Sonstiger Stahl
AAF	Automatenstahl nach DIN EN 10087 (...S...)		
3. Stelle von AB (Bauteil aus Nichteisen-Metall)			
ABA	Aluminium	ABH	Titan
ABB	Kupfer	ABS	Sonstige Nichteisen-Metalle
3. Stelle von BA (Verbindungselement, Befestigungselement)			
BAA	Schrauben, Gewindestifte	BAF	Dämpfungs-/Schwingungselemente
BAB	Muttern	BAG	Teilweise bewegliche Befestigungselemente
BAC	Bolzen, Stifte, Splinte, Niete, Keile, Nägel, Krampen	BAH	Befestigungsteile: Hacken, Laschen, Ösen, Klammern u.ä.
BAD	Scheiben, Ringe, Buchsen, Hülsen, Flansche	BAI	Zylinderrollen DIN 5402
BAE	Federn	BAS	Sonstige Verbindungs- und Befestigungsteile nach Zeichnung
3. Stelle von BB (Achsen, Naben, Stangen, Spindeln, Rollen, Walzen)			
BBA	Achsen	BBD	Spindeln (siehe auch BMA)
BBB	Naben	BBE	Rollen, Walzen
BBC	Stangen		
3. Stelle von BC (Räder, Wellen, Drehkolben, Trommeln, Rohre, Aufnahmen)			
BCA	Räder	BCD	Rohre
BCB	Wellen (siehe auch BMA)	BCE	Distanzrollen, Distanzbolzen, Distanzhülsen, Distanzringe
BCC	Drehkolben, Trommeln	BCF	Aufnahmen
3. Stelle von BD (Lager)			
BDA	Wälzlager	BDE	Rollen- und Kugelführungen
BDB	Gleitlager	BDF	Stützrollen
BDC	Bundlager	BDG	Teile von Lagern: Kugeln (Klasse I bis V) und sonstige
BDD	Gleitbahnführungen	BDS	Sonstige Lager
3. Stelle von BE (Übertragungselemente, Antriebe, Getriebe)			
BEA	Keilriemen	BEH	Wellengelenke
BEB	Keilriemenscheiben	BEI	Leerscheiben, Losscheiben (Freiläufe)
BEC	Zahnriemen	BEK	Kabel, Seile, Seilzüge
BED	Zahnräder	BEL	Nocken
BEE	Ketten	BEM	Kegelräder
BEF	Kettenräder	BEN	Zahnkränze
BEG	Kupplungen	BES	Sonstige Übertragungselemente
3. Stelle von BF (Isolierungen)			
BFA	Dichtungen	BFD	Wellendichtringe
BFB	Kappen	BFE	Faltenbälge
BFC	O-Ringe	BFS	Sonstige Isolierungen
3. Stelle von BG (Bedienelemente, Stellteile)			
BHA	Gehäuse kpl., Chassis	BHF	Gestelle, Gestellgruppen
BHB	Seitenplatten, -teile	BHG	Rahmen bzw. Rahmenteile
BHC	Gehäuseunterteil, -boden, Grundplatten	BHH	Frontplatten
BHD	Gehäuseoberteil, Deckplatten, Hauben, Deckel	BHK	Säulen, Ständer, Streben, Stützen, Brücken
BHE	Wannen, Töpfe, Schalen, Körbe u.ä.	BHS	Sonstige Gehäuseteile
3. Stelle von BL (Blöcke, Schalen, Nutensteine, Gabeln, Gewindestücke)			
BLA	Lagerblöcke	BLB	Lagerschalen, Lagerdeckel
3. Stelle von BM (Spezielle Wellen, Spindeln, Stößel, Bolzen und Zapfen)			
BMA	Wellen, Spindeln mit Innengewinde	BMB	Wellen, Spindeln m/o Flächenbearbeitung, Passbohrung
3. Stelle von BN (Zylinder, Kolben, Pleuel, Kurbelwellen)			
BNA	Zylinder	BNC	Pleuelstangen
BNB	Kolben, Kolbenstangen	BND	Kurbelwellen, Kurbelzapfen

Tabelle 1: Produktabhängige Klassifizierungsmerkmale

2. Merkmal: Formenschlüssel			
1. Stelle (Art des Formenschlüssels)			
A	Formenschlüssel Rohmaterialien	B	Formenschlüssel mechanische Bauteile
2. Stelle von A (Formenschlüssel Rohmaterial)			
AA	Flachmaterial, Tafeln, Platten, Bleche	AF	Winkelmaterial
AB	Stangen, Stäbe, Drähte	AG	Profile
AC	Rundmaterial	AH	Rohre
AD	Vierkantmaterial	AI	Folien
AE	Sechskantmaterial	AS	Sonstige Form
2. Stelle von B (Formschlüssel mechanische Bauteile)			
B10	Rotationskörper voll/hohl/gerade Achse glatt	B55	Nichtrot. Körper tafelförmig, Durchbruch innen, Kombination 0
B11	Rotationskörper voll/hohl/gerade Achse einseitig steigend	B56	Nichtrot. Körper tafelförmig, Durchbruch innen, Kombination 1
B12	Rotationskörper voll/hohl/gerade Achse mehrfach steigend	B57	Nichtrot. Körper tafelförmig, Durchbruch innen, Kombination 2
B13	Rotationskörper voll/hohl/gerade Achse Funktionseinstich	B58	Nichtrot. Körper tafelförmig, Durchbruch innen, Kombination 3
B14	Rotationskörper voll/hohl/gerade Achse Bewegungsgewinde	B59	Nichtrot. Körper tafelförmig, Durchbruch innen, Kombination 4
B15	Rotationskörper voll/hohl/gerade Achse Innengewinde		
		B60	Nichtrot. Körper voll/hohl/gerade Achse kantig glatt
B20	Rotationskörper voll/hohl/gekrümmte Achse glatt	B61	Nichtrot. Körper voll/hohl/gerade Achse kubisch und rund
B21	Rotationskörper voll/hohl/gekrümmte Achse einseitig steigend	B62	Nichtrot. Körper voll/hohl/gerade Achse gewinkelt
B22	Rotationsk. voll/hohl/gekrümmte Achse mehrfach steigend	B63	Nichtrot. K. voll/hohl/gerade Achse gewinkelt mit Erweiterungen
B24	Rotationsk. voll/hohl/gekrümmte Achse Bewegungsgewinde	B64	Nichtrot. Körper voll/hohl/gerade Achse mit Kurven
B29	Rotationskörper voll/hohl/gekrümmte Achse Innengewinde		
		B70	Nichtrot. Körper voll/hohl/gekrümmte Achse kantig glatt
B30	Rotationskörper durchgehend hohl/gerade Achse glatt	B71	Nichtrot. Körper voll/hohl/gekrümmte Achse kubisch und rund
B31	Rotationsk. durchgehend hohl/gerade Achse einseitig steigend	B72	Nichtrot. Körper voll/hohl/gekrümmte Achse gewinkelt
B32	Rotationsk. durchgehend hohl/gerade Achse mehrfach steigend	B73	Nichtrot. K. voll/hohl/gekr. Achse gewinkelt mit Erweiterungen
B34	Rotationsk. durchgehend hohl/gerade Achse Bew. Gewinde	B74	Nichtrot. Körper voll/hohl/gekrümmte Achse mit Kurven
B39	Rotationsk. durchgehend hohl/gerade Achse Innengewinde		
		B80	Nichtrotierende Körper durchgehend hohl/gerade Achse
B40	Rotationskörper durchgehend hohl/gekrümmte Achse glatt		
B41	Rotationskörper durchgehend hohl/gekrümmte Achse	B90	Nichtrot. K. durchg. hohl/gekr. Achse kantig glatt, Innenform glatt
B49	Rotationsk. durchgehend hohl/gekr. Achse Innengewinde	B91	Nichtrot. K. durchg. hohl/gekr. Achse kubisch, rund, Innenf. glatt
		B92	Nichtrot. K. durchg. hohl/gekr. Achse gewinkelt, Innenform glatt
B50	Nichtrotierende Körper tafelförmig, glatt	B94	Nichtrot. K. durchg. hohl/gekr. Achse m. Kurven, Innenform glatt
B51	Nichtrotierende Körper tafelförmig, abgesetzt		

Tabelle 1: Formenabhängige Klassifizierungsmerkmale

3. Merkmal: Größenschlüssel			
1. Stelle (Art des Größenschlüssels)			
A	Längenschlüssel	C	Längen-/Durchmesserschlüssel
B	Durchmesserschlüssel		
2. Stelle von A (Längenschlüssel)			
AA	Länge bis 5 mm	AF	Länge bis 1000 mm
AB	Länge bis 10 mm	AG	Länge bis 2000 mm
AC	Länge bis 50 mm	AH	Länge bis 3000 mm
AD	Länge bis 100 mm	AI	Länge bis 4000 mm
AE	Länge bis 500 mm	AK	Länge bis 5000 mm
2. Stelle von B (Durchmesserschlüssel)			
BA	Durchmesser bis 5 mm	BH	Durchmesser bis 250 mm
BB	Durchmesser bis 10 mm	BA	Durchmesser bis 500 mm
BC	Durchmesser bis 20 mm	BB	Durchmesser bis 1000 mm
BD	Durchmesser bis 30 mm	BC	Durchmesser bis 1500 mm
BE	Durchmesser bis 40 mm	BD	Durchmesser bis 2000 mm
BF	Durchmesser bis 50 mm	BE	Durchmesser bis 3000 mm
BG	Durchmesser bis 100 mm		
2. Stelle von C (Längen-/Durchmesserschlüssel)			
CA	Längen-/Durchmesserverhältnis bis 0,5	CE	Längen-/Durchmesserverhältnis bis 2,5
CB	Längen-/Durchmesserverhältnis bis 1,0	CF	Längen-/Durchmesserverhältnis bis 3,0
CC	Längen-/Durchmesserverhältnis bis 1,5	CG	Längen-/Durchmesserverhältnis über 3,0
CD	Längen-/Durchmesserverhältnis bis 2,0		

Tabelle 2: Größenabhängige Klassifizierungsmerkmale

4. Merkmal: Werkstoffschlüssel			
1. und 2. Stelle			
AA	Gusseisen	AK	Kunststoffe
AB	Bau-, Vergütungs-, Einsatz-, Werkzeugstahl	AL	Gummi
AC	Edelstahl	AM	Glas
AD	Aluminium	AN	Filz
AE	Kupfer	AO	Papier, Pappe
AF	Messing	AP	Plexiglas
AG	Bronze (Al Cu Mg Pb)	AQ	Holz und Holzverbundstoffe
AH	Rotguss	AS	Sonstige Werkstoffe
AI	Nichteisen-Metalle		

Tabelle 3: Werkstoffabhängige Klassifizierungsmerkmale

Wird das Klassifizierungssystem der Firma SpinLag GmbH für das Projekt „Produktion der Pneumatikzylinder“ übertragen, so ergibt sich z.B. für das Aluminiumprofil folgende Eintragung (Bild 1):

1ABA 2AG 3BG 4AD

Die Entschlüsselung wird folgendermaßen durchgeführt:

1. Merkmal: **ABA** - Rohstoff, Bauteil aus Aluminium
2. Merkmal: **AG** - Formenschlüssel Rundmaterial
3. Merkmal: **BG** - Größenschlüssel Ø bis 100 mm
4. Merkmal: **AD** - Werkstoffschlüssel Aluminium

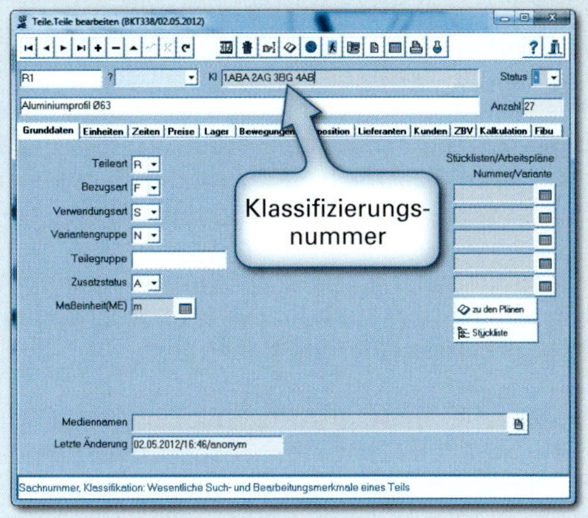

Bild 1: Eintrag der Klassifizierungs-Nummer

Eine Gesamtübersicht der Teile für das Erzeugnis „Pneumatikzylinder“ mit den Eigenschaften und der Klassifizierung der Teile kann aus dem Bild 2 entnommen werden.

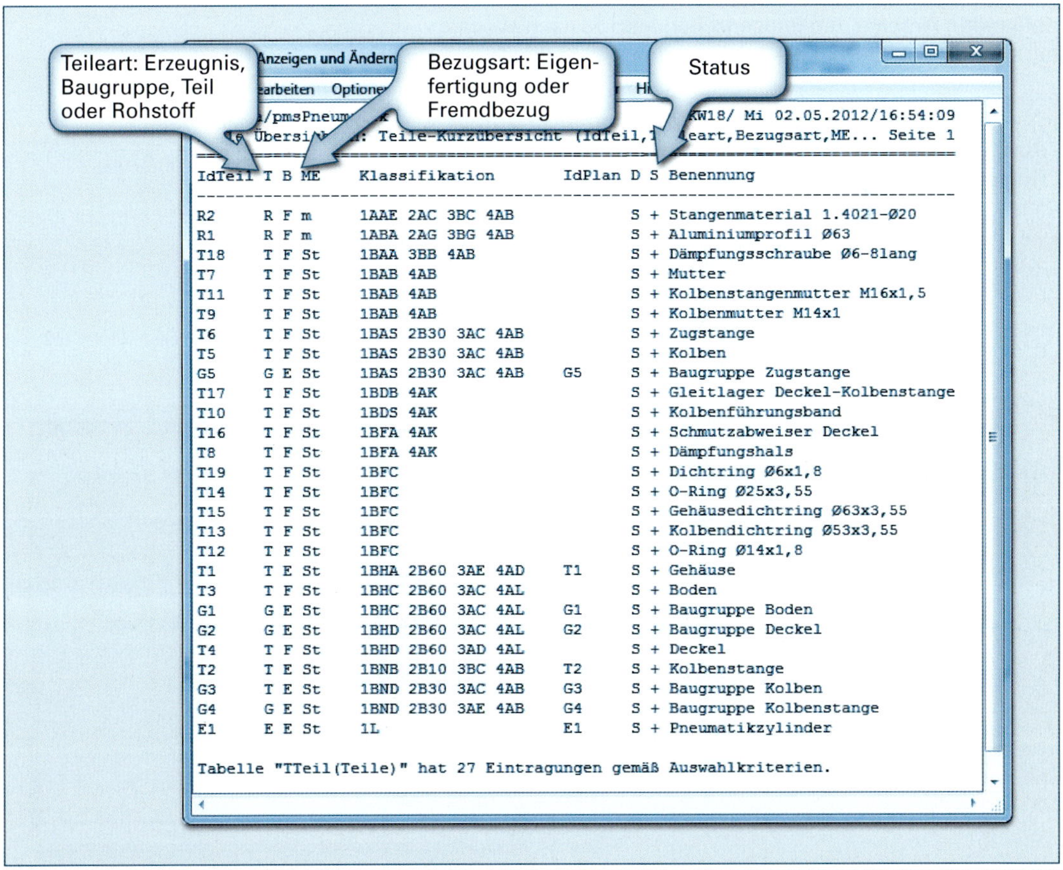

IdTeil	T	B	ME	Klassifikation	IdPlan	D	S	Benennung
R2	R	F	m	1AAE 2AC 3BC 4AB		S	+	Stangenmaterial 1.4021-Ø20
R1	R	F	m	1ABA 2AG 3BG 4AB		S	+	Aluminiumprofil Ø63
T18	T	F	St	1BAA 3BB 4AB		S	+	Dämpfungsschraube Ø6-8lang
T7	T	F	St	1BAB 4AB		S	+	Mutter
T11	T	F	St	1BAB 4AB		S	+	Kolbenstangenmutter M16x1,5
T9	T	F	St	1BAB 4AB		S	+	Kolbenmutter M14x1
T6	T	F	St	1BAS 2B30 3AC 4AB		S	+	Zugstange
T5	T	F	St	1BAS 2B30 3AC 4AB		S	+	Kolben
G5	G	E	St	1BAS 2B30 3AC 4AB	G5	S	+	Baugruppe Zugstange
T17	T	F	St	1BDB 4AK		S	+	Gleitlager Deckel-Kolbenstange
T10	T	F	St	1BDS 4AK		S	+	Kolbenführungsband
T16	T	F	St	1BFA 4AK		S	+	Schmutzabweiser Deckel
T8	T	F	St	1BFA 4AK		S	+	Dämpfungshals
T19	T	F	St	1BFC		S	+	Dichtring Ø6x1,8
T14	T	F	St	1BFC		S	+	O-Ring Ø25x3,55
T15	T	F	St	1BFC		S	+	Gehäusedichtring Ø63x3,55
T13	T	F	St	1BFC		S	+	Kolbendichtring Ø53x3,55
T12	T	F	St	1BFC		S	+	O-Ring Ø14x1,8
T1	T	E	St	1BHA 2B60 3AE 4AD	T1	S	+	Gehäuse
T3	T	F	St	1BHC 2B60 3AC 4AL		S	+	Boden
G1	G	E	St	1BHC 2B60 3AC 4AL	G1	S	+	Baugruppe Boden
G2	G	E	St	1BHD 2B60 3AC 4AL	G2	S	+	Baugruppe Deckel
T4	T	F	St	1BHD 2B60 3AD 4AL		S	+	Deckel
T2	T	E	St	1BNB 2B10 3BC 4AB	T2	S	+	Kolbenstange
G3	T	E	St	1BND 2B30 3AC 4AB	G3	S	+	Baugruppe Kolben
G4	G	E	St	1BND 2B30 3AE 4AB	G4	S	+	Baugruppe Kolbenstange
E1	E	E	St	1L	E1	S	+	Pneumatikzylinder

Tabelle "TTeil(Teile)" hat 27 Eintragungen gemäß Auswahlkriterien.

Bild 2: Übersicht der Teile für den Pneumatikzylinder

7.2.3 Produktionsmittelverwaltung

Zur Abbildung eines Produktionsbereichs in einem ERP-System müssen alle eingesetzten **Produktionsmittel** und **Lagerplätze** angegeben werden. Zu den Produktionsmitteln zählen die Arbeitsplätze mit den Personen und Maschinen sowie die flexiblen Fertigungsanlagen (→ 9.1). Hinzugerechnet werden ebenso die benötigten Werkzeuge und Vorrichtungen. Die Daten der Produktionsmittelverwaltung werden in erster Linie für die Grobarbeitsplanung und die **Kapazitätsterminierung** benötigt.

Eine Festlegung der Arbeitsplätze erfolgt in der Arbeitsplanung (→ 5.2). Aus den Grobarbeitsplänen für die Eigenfertigungsteile des Pneumatikzylinders können die in Tabelle 1 aufgeführten Arbeitsplätze entnommen werden.

Für jeden Arbeitsplatz müssen, bevor die Eingabe in das ERP-System erfolgt, die Arbeitszeiten festgelegt werden. Die Bestimmung der **Arbeitszeiten für den jeweiligen Arbeitsplatz** wird mit **Arbeitszeitmodellen** durchgeführt. Das in Bild 1 dargestellte Arbeitszeitmodell 1 soll für alle Arbeitsplätze angewendet werden. Dieses Arbeitszeitmodell legt die im Bild 1 definierten Arbeits- und Pausenzeiten fest. Je nach Wochentag können sich hierbei die Arbeitszeiten unterscheiden.

Die Eingabe der Arbeitsplätze erfolgt immer in Verbindung mit der Zuweisung eines Arbeitszeitmodells im Registerblatt „Kapazitätsdaten"

Benennung *Gehäuse/Kolbenstange*	
Platz-Nr.	**Platzbezeichnung**
101001	*Bereitstelllager Werkstatt*
100401	*Kreissäge klein*
100502	*CNC-Drehmaschine*
100603	*Universalfräsmaschine*
100050	*Qualitätskontrolle*
Benennung *Baugruppen und Erzeugnis*	
Platz-Nr.	**Platzbezeichnung**
401001	*Bereitstelllager Montage*
400101	*Montageplatz 1*
400102	*Montageplatz 2*
400103	*Montageplatz 3*
100050	*Qualitätskontrolle*

Tabelle 1: Arbeitsplätze für die Produktion

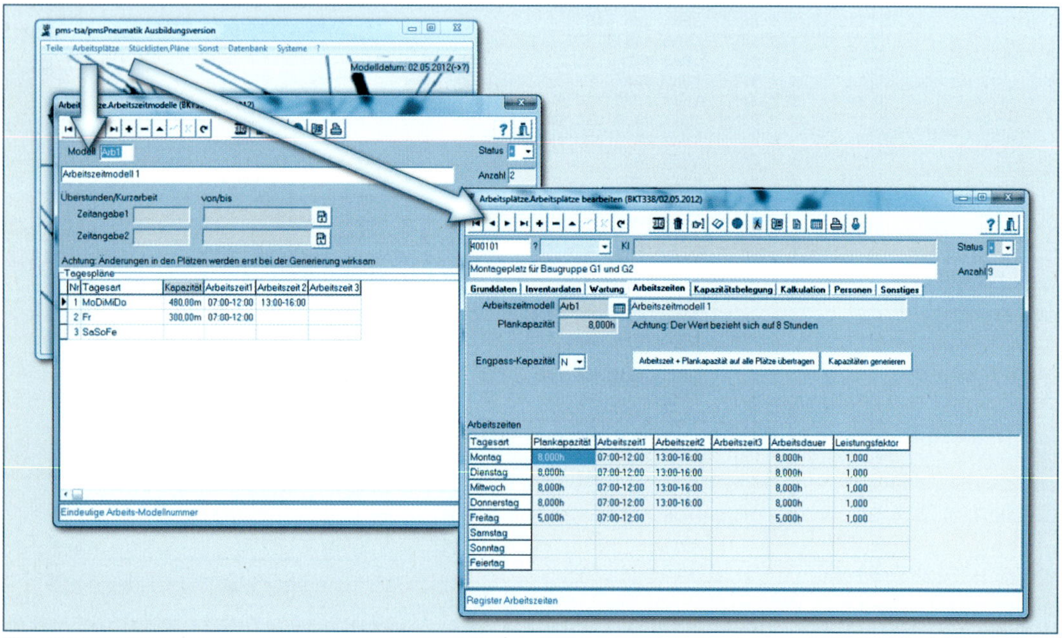

Bild 1: Arbeitsplatz mit Arbeitszeitmodul

Wechselt man vom Registerblatt „**Arbeitszeiten**" zum Registerblatt „**Grunddaten**", so können die **Eigenschaften des Arbeitsplatzes** definiert werden (Bild 1). Angaben können z.B. zu der Anzahl der Personen pro Arbeitsplatz und der Platzgruppe als Sammelkriterium für bestimmte Arbeitsplätze gemacht werden.

Weitere Angaben mit einem informativen Charakter können im Registerblatt „Sonstiges" erfolgen. Angaben zum **Splitfaktor** (→ 5.1.4) oder zur **Lohnart** (→ 1.6.1) werden vom ERP-Programm bei der Angabe der Arbeitsplätze in den Grobarbeitsplänen als Vorschlagswerte übernommen (→ 7.2.5). Vorgeschlagen werden ein Splitfaktor von „1" und die Lohnart „ZL".

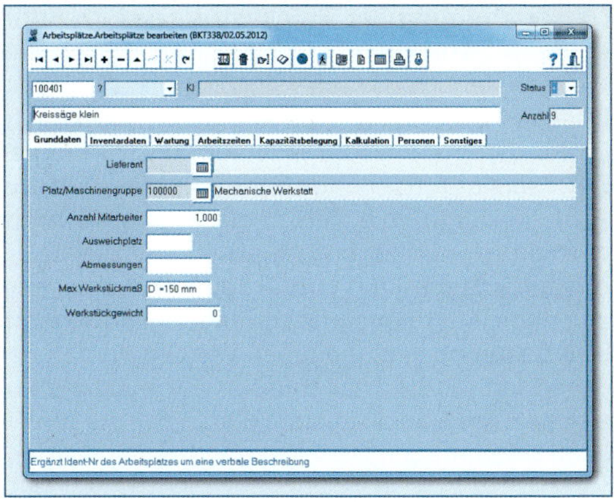

Bild 1: Eigenschaften des Arbeitsplatzes

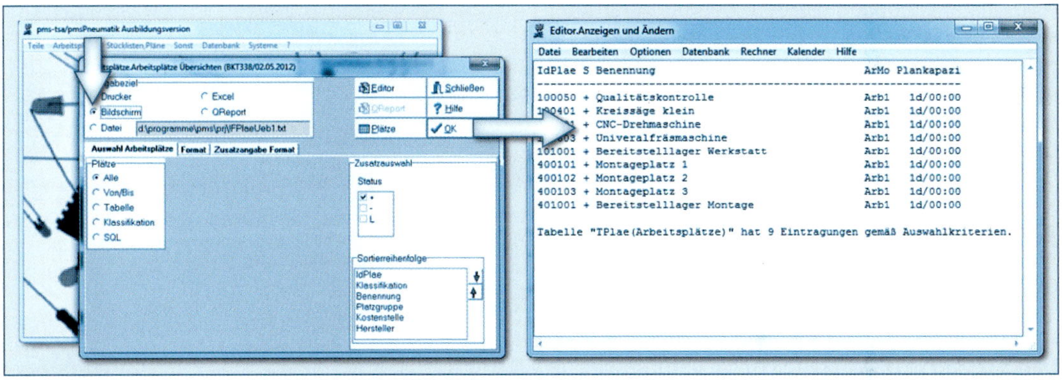

Bild 2: Übersicht der eingegebenen Arbeitsplätze

Eine **Übersicht** zu den aufgenommenen Arbeitsplätzen wird im Menü „**Arbeitsplätze**" und dem Punkt „**Übersichten**" vom ERP-System „PMS-ERM" angeboten (Bild 2). Da zu den Arbeitsplätzen bisher nur die notwendigsten Informationen angegeben wurden, erfolgt eine Auswahl der Übersichtsdarstellung im Registerblatt „Format" und der Anwahl der Zeile 1 „Kurzdarstellung" mit Status Benennung und Arbeitszeitmodell.

7.2.4 Stücklistenverwaltung

Nachdem im PPS-Programm die Teile und Arbeitsplätze für das Projekt „Produktion der Pneumatikzylinder" eingegeben wurden, kann nun mit der Erstellung der **Baukastenstücklisten** ein funktionaler Zusammenhang zwischen den Teilen hergestellt werden.

Bei der Eingabe der **Eigenfertigungsteile** (→ 7.2.2.1) hat das ERP-Programm bereits „**Nummern**" für die Stücklisten und Arbeitspläne vergeben (Bild 3), die identisch mit den Teilenummern sind. Der Eintrag dieser „Nummer" wird automatisch im Registerblatt „Grunddaten" der Stücklisten- und Arbeitsplanverwaltung ausgeführt.

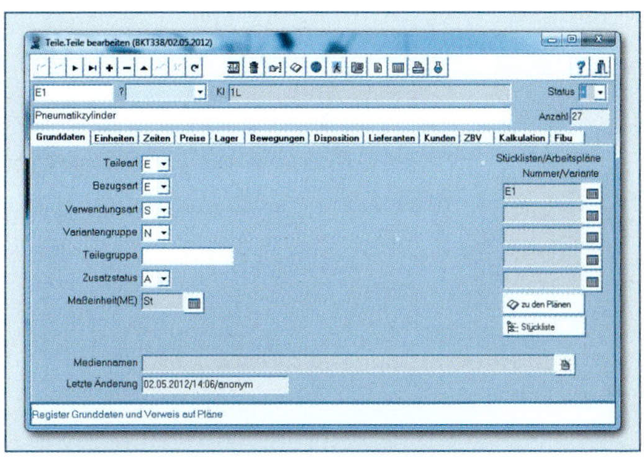

Bild 3: „Stücklisten- und Arbeitsplannummer" für das Erzeugnis E1

Die **Bearbeitung der Stücklisten** wird im Registerblatt **„Stückliste“** durchgeführt. Durch die Vergabe der „Nummern“ sind bereits alle Stücklisten mit den zugehörigen Kopfdaten vorhanden. Da für die Produktion des Pneumatikzylinders 8 Eigenfertigungsteile vorhanden sind, wird im Feld „Anzeige“ die Zahl 8 angegeben. Somit wurden für alle Eigenfertigungsteile die Kopfdaten für Stücklisten und Arbeitsplänen bereits angelegt. Allerdings müssen die Positionen der Stücklisten noch eingegeben werden. In das Registerblatt „Stückliste“ müssen nur noch die Positionen der Baukastenstücklisten für die jeweiligen Eigenfertigungsteile aufgenommen werden.

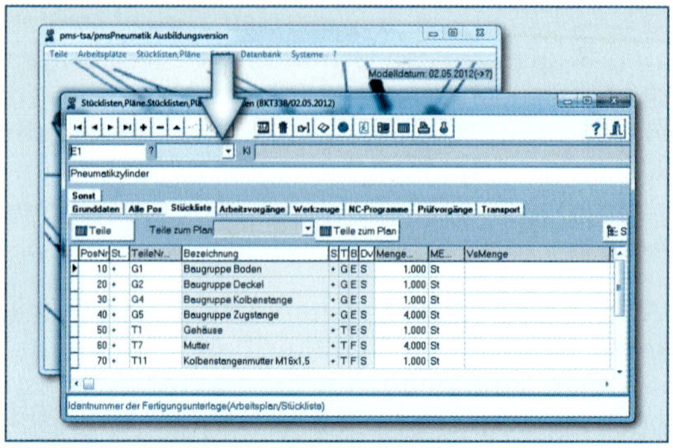

Bild 1: Baukastenstückliste von E1

Aus der Vielzahl der einfach aufgebauten Stücklisten kann nun eine **Erzeugnisgliederung** als Strukturgrafik ausgegeben werden. Bei der Parametereinstellung ist zu beachteten, dass keine **„Mengenmultiplikation über alle Stufen“** durchgeführt wird. Würde die Mengenmultiplikation aktiviert sein, werden vom ERP-Programm die Gesamtmengen für jedes Teil in der Grafik angegeben (→ 4.1).

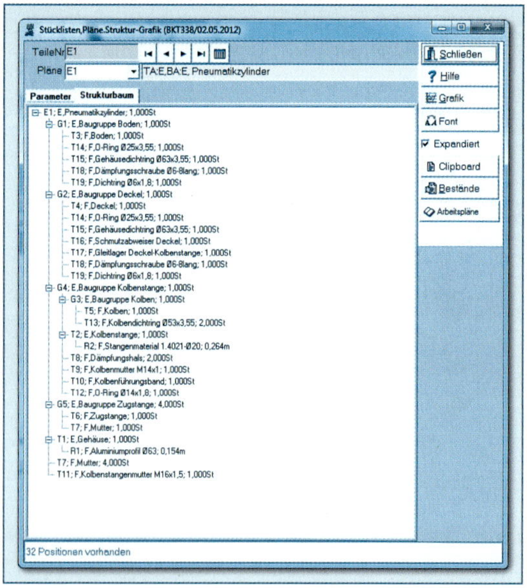

Bild 2: Erzeugnisgliederung von E1

Weiterhin können die unterschiedlichsten Stücklisten generiert werden. Bild 2 zeigt für das Erzeugnis „Pneumatikzylinder“ den grafisch erstellten Stammbaum durch die Bedienung des Schalters **„Stückliste“** im Kopffeld der Stücklistenverwaltung.

Bild 3 gibt eine Darstellung der **Strukturstückliste** wieder. Im Menü **„Stücklisten, Pläne“** kann unter dem Menüpunkt **„Strukturstückliste“** ein Ausdruck der Stückliste erfolgen. Hierbei sollte unter dem Registerblatt „Format“ festgelegt werden, ob eine „Mengenmultiplikation“ über die Produktionsstufen erfolgen soll. In der Regel werden die Mengen der untergeordneten Teile nur für eine Komponente angegeben, d.h. es wird keine Mengenmultiplikation durchgeführt.

Im Feld „Zusatzangaben in Positionen“ wird der Punkt „Nichts“ aktiviert, da bisher noch keine zusätzlichen Angaben vorgegeben wurden.

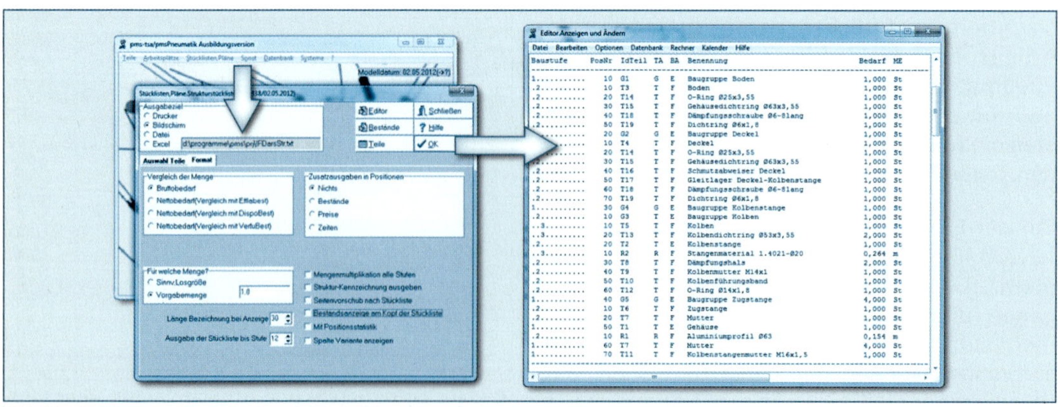

Bild 3: Struktur des Erzeugnisses E1

Bild 1 zeigt die **Mengenübersichtsstückliste** des Erzeugnisses E1. Bei dieser Stücklistenform wird jedes Teil nur einmal angegeben. Die Mengenangabe bezieht sich auf ein Erzeugnis. Es besteht die Möglichkeit, die Mengenangabe für mehrere Erzeugnisse, z.B. für die Losgröße, durch das ERP-System auszugeben. Standardmäßig wird hierbei eine Mengenmultiplikation über alle Stufen durchgeführt.

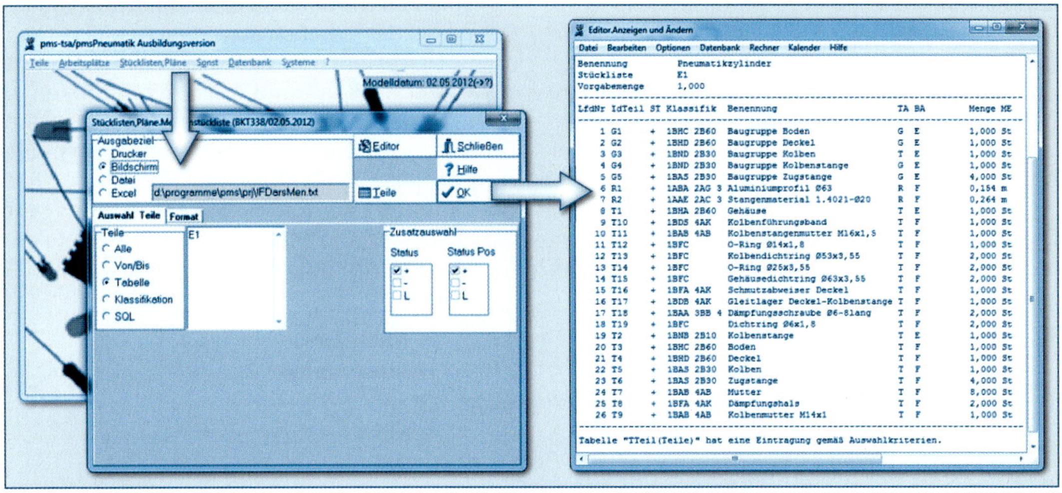

Bild 1: Mengenübersichtstückliste des Erzeugnisses E1

Bild 2 veranschaulicht das Ergebnis eines Teileverwendungsnachweises für den Rohstoff R2 (Stangenmaterial ø20). Dies erfolgt durch die Anwahl des Menüpunktes „**Stücklisten, Pläne**“ mit dem Unterpunkt „**Teile-Verwendung-Struktur**“. In dem anschließend dargestellten Auswahlmenü (Bild 2) kann das Teil, für das ein Verwendungsnachweis durchgeführt werden soll (hier: R2), im Registerblatt „**Auswahl, Teile**“ angegeben werden. Durch Aktivieren des Auswahlpunkts „Tabelle“ kann auch hier der Rohstoff direkt durch ein Doppelklick im leeren Feld ausgewählt werden.

Bei einem **Verwendungsnachweis** wird die Verwendung von Teilen (Baugruppe, Bauteile und Rohstoffe sowie Handelswaren) in übergeordnete Baugruppen oder Teilen ermittelt. Hierbei durchläuft das ERP-System „PMS-ERM“ die Baukastenstücklisten von den unteren zu den oberen Fertigungsstufen und zeigt somit alle Teile auf, die in irgendeiner Stufe das Rohmaterial R2 verwenden.

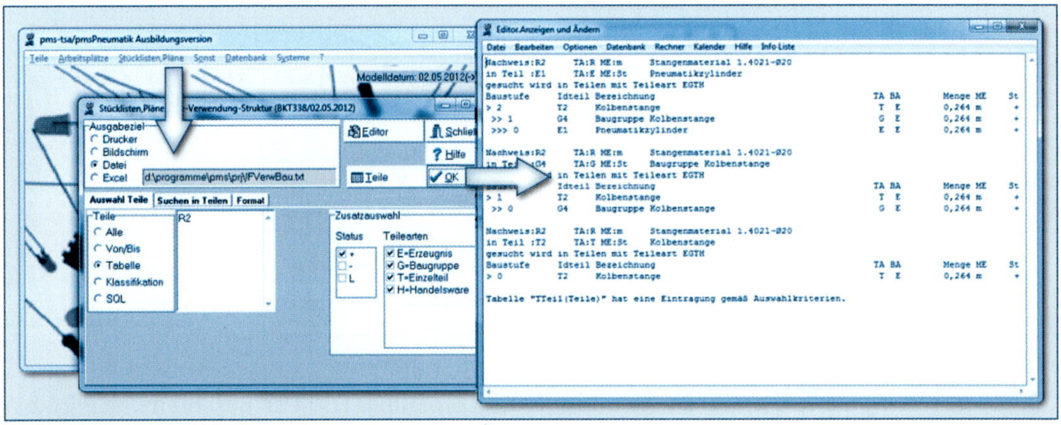

Bild 2: Teileverwendungsnachweis für das Rohmaterial R2

Bild 2 verdeutlicht, dass das Stangenmaterial ø20 (R2) in drei Teilen, dem Erzeugnis (E1), der Baugruppe Kolbenstange (G4) und der Kolbenstange (T4) verwendet wird. In jeder Fertigungsstufe der Teile wird die dafür benötigte Länge des Stangenmaterials ø20 angegeben.

7.2.5 Arbeitsplanverwaltung

Die **Arbeitsplanverwaltung** erfolgt zusammen mit der **Stücklistenverwaltung** unter dem Menüpunkt „Stücklisten, Pläne" (Bild 1). Für die Erstellung der **Grobarbeitspläne** wird lediglich ein anderes Registerblatt verwendet. Somit sind zur Eingabe der Arbeitspläne (wie auch bei den Stücklisten) bereits alle Kopfdaten vorhanden. Es müssen auch hier nur noch die Positionsdaten eingegeben werden.

Die Arbeitsplätze, an denen das jeweilige Teil gefertigt wird, werden mit den Positionsdaten in das **Registerblatt „Arbeitsvorgänge"** eingetragen. Mit dem Eintrag der **„PlatzNr." eines Arbeitsplatzes** werden alle arbeitsplatzrelevanten Daten aus der Arbeitsplatzverwaltung übernommen. Zu vervollständigen sind noch die entsprechenden Rüst- und Stückzeiten (Zeiten je Einheit), sowie die Zwischenzeit als Liege- und Transportzeit. Die Daten der Grobarbeitspläne zum Projekt „Produktion der Pneumatikzylinder" können dem Kapitel 5.2 entnommen werden. Bild 1 zeigt exemplarisch die Eingabefelder für den Grobarbeitsplan der Kolbenstange (T2).

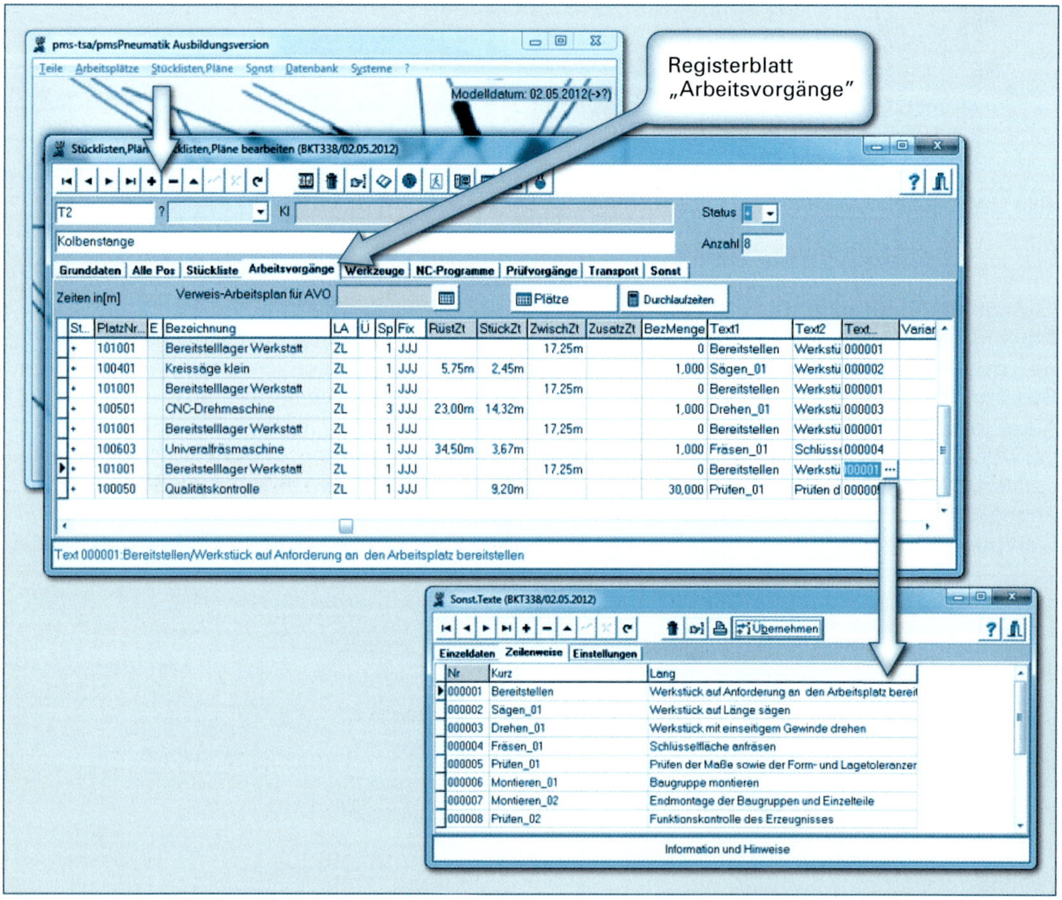

Bild 1: Grobarbeitsplan der Kolbenstange (T2)

Die **Beschreibung der Arbeitsvorgänge** erfolgt in einer **Textdatei.** Hier werden alle Texte unter ihren jeweiligen Nummern abgelegt und können bei Bedarf durch Eingabe der **Textnummer** mit dem Arbeitsplatz verknüpft werden. Bild 1 zeigt die **Erfassungsmaske für die Arbeitsplatzbeschreibung.** Für jede Beschreibung wird ein Kurztext hinterlegt, der im Arbeitsplan mit aufgeführt wird. Werden die Texte nicht auf einen Auftrag bezogen, sondern allgemein gehalten, verringert sich der Erfassungsaufwand bei sich wiederholenden Arbeitsvorgängen.

Ein **Ausdruck zu den eingegebenen Grobarbeitspläne** wird im Bild 1 aufgeführt. Die Ausgabe der Arbeitsplätze erfolgt über das Menü „Stücklisten, Pläne" (Bild 138/1).

```
E1        +          Pneumatikzylinder
        ----------------------------------------------------------------------------------------------
        PosNr AVO  S IdPlae          LA   Ü Sp   RüstZt   StückZt   ZwischZt  ZusatzZt  BezMenge   Text
           10 AVO  + 401001          ZL      1                      00:17:15                   0   000001
              Werkstück auf Anforderung an  den Arbeitsplatz bereitstellen
           20 AVO  + 400103          ZL      1 00:05:45  00:03:41                          1,000   000007
              Endmontage der Baugruppen und Einzelteile
           30 AVO  + 401001          ZL      1                      00:17:15                   0   000001
              Werkstück auf Anforderung an  den Arbeitsplatz bereitstellen
           40 AVO  + 100050          ZL      1           00:11:30                         30,000   000008
              Funktionskontrolle des Erzeugnisses
==============================================================================================================
G1        +          Baugruppe Boden
        ----------------------------------------------------------------------------------------------
        PosNr AVO  S IdPlae          LA   Ü Sp   RüstZt   StückZt   ZwischZt  ZusatzZt  BezMenge   Text
           10 AVO  + 401001          ZL      1                      00:17:15                   0   000001
              Werkstück auf Anforderung an  den Arbeitsplatz bereitstellen
           20 AVO  + 400101          ZL      1 00:05:45  00:01:09                          1,000   000006
              Baugruppe montieren
==============================================================================================================
G2        +          Baugruppe Deckel
        ----------------------------------------------------------------------------------------------
        PosNr AVO  S IdPlae          LA   Ü Sp   RüstZt   StückZt   ZwischZt  ZusatzZt  BezMenge   Text
           10 AVO  + 401001          ZL      1                      00:17:15                   0   000001
              Werkstück auf Anforderung an  den Arbeitsplatz bereitstellen
           20 AVO  + 400101          ZL      1           00:01:50                          1,000   000006
              Baugruppe montieren
==============================================================================================================
G3        +          Baugruppe Kolben
        ----------------------------------------------------------------------------------------------
        PosNr AVO  S IdPlae          LA   Ü Sp   RüstZt   StückZt   ZwischZt  ZusatzZt  BezMenge   Text
           10 AVO  + 401001          ZL      1                      00:17:15                   0   000001
              Werkstück auf Anforderung an  den Arbeitsplatz bereitstellen
           20 AVO  + 400102          ZL      1 00:05:45  00:00:35                          1,000   000006
              Baugruppe montieren
==============================================================================================================
G4        +          Baugruppe Kolbenstange
        ----------------------------------------------------------------------------------------------
        PosNr AVO  S IdPlae          LA   Ü Sp   RüstZt   StückZt   ZwischZt  ZusatzZt  BezMenge   Text
           10 AVO  + 401001          ZL      1                      00:17:15                   0   000001
              Werkstück auf Anforderung an  den Arbeitsplatz bereitstellen
           20 AVO  + 400102          ZL      1           00:01:50                          1,000   000006
              Baugruppe montieren
==============================================================================================================
G5        +          Baugruppe Zugstange
        ----------------------------------------------------------------------------------------------
        PosNr AVO  S IdPlae          LA   Ü Sp   RüstZt   StückZt   ZwischZt  ZusatzZt  BezMenge   Text
           10 AVO  + 401001          ZL      1                      00:17:15                   0   000001
              Werkstück auf Anforderung an  den Arbeitsplatz bereitstellen
           20 AVO  + 400102          ZL      1           00:00:28                          1,000   000006
              Baugruppe montieren
==============================================================================================================
T1        +          Gehäuse
        ----------------------------------------------------------------------------------------------
        PosNr AVO  S IdPlae          LA   Ü Sp   RüstZt   StückZt   ZwischZt  ZusatzZt  BezMenge   Text
           10 AVO  + 101001          ZL      1                      00:17:15                   0   000001
              Werkstück auf Anforderung an  den Arbeitsplatz bereitstellen
           20 AVO  + 100401          ZL      1 00:05:45  00:04:34                          1,000   000002
              Werkstück auf Länge sägen
==============================================================================================================
T2        +          Kolbenstange
        ----------------------------------------------------------------------------------------------
        PosNr AVO  S IdPlae          LA   Ü Sp   RüstZt   StückZt   ZwischZt  ZusatzZt  BezMenge   Text
           10 AVO  + 101001          ZL      1                      00:17:15                   0   000001
              Werkstück auf Anforderung an  den Arbeitsplatz bereitstellen
           20 AVO  + 100401          ZL      1 00:05:45  00:02:27                          1,000   000002
              Werkstück auf Länge sägen
           30 AVO  + 101001          ZL      1                      00:17:15                   0   000001
              Werkstück auf Anforderung an  den Arbeitsplatz bereitstellen
           40 AVO  + 100501          ZL      3 00:23:00  00:14:19                          1,000   000003
              Werkstück mit einseitigem Gewinde drehen
           50 AVO  + 101001          ZL      1                      00:17:15                   0   000001
              Werkstück auf Anforderung an  den Arbeitsplatz bereitstellen
           60 AVO  + 100603          ZL      1 00:34:30  00:03:40                          1,000   000004
              Schlüsselfläche anfräsen
           70 AVO  + 101001          ZL      1                      00:17:15                   0   000001
              Werkstück auf Anforderung an  den Arbeitsplatz bereitstellen
           80 AVO  + 100050          ZL      1           00:09:12                         30,000   000005
              Prüfen der Maße sowie der Form- und Lagetoleranzen
==============================================================================================================
```

Bild 1: Ausdruck der Grobarbeitspläne

Durch die Anwahl des Menüpunktes „**Stücklisten, Pläne Übersichten**" wird ein Auswahlmenü geöffnet. Im Registerblatt „**Zusatzangaben Format**" müssen die Punkte „**Arbeitsvorgänge**" und „Mit Textausgabe" markiert werden (Bild 1).

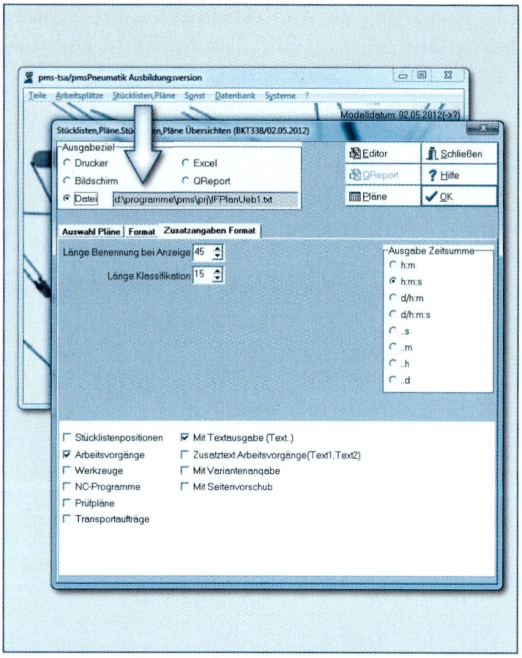

Bild 1: Menü zum Ausdruck der Grobarbeitspläne

Berechnung der Fertigungs- und Montagezeiten durch das ERP-System „PMS-ERM"

Bevor die Berechnung der Fertigungs- und Montagezeiten durch das ERP-System erfolgen kann, muss in dem ERP-Programm die **Losgröße für alle Eigenfertigungsteile** angegeben werden. Diese Eintragungen werden in dem Menü „**Teile**" unter dem Menüpunkt „**Teile Bearbeiten**" durchgeführt. Bild 2 zeigt das Registerblatt „**Zeiten**" mit der Angabe der **sinnvollen Losgröße** von 96 Erzeugnissen. Die Tageslosgröße als sinnvolle Losgröße wird im Kapitel 5.2.4 festgelegt. Eine Kontrolle der Eingaben kann mit dem Menüpunkt „**Teile Übersichten**" durchgeführt werden. Hierbei muss im Registrierblatt „**Format**" der Unterpunkt „**Losgrößen**" aktiviert werden (Bild 2).

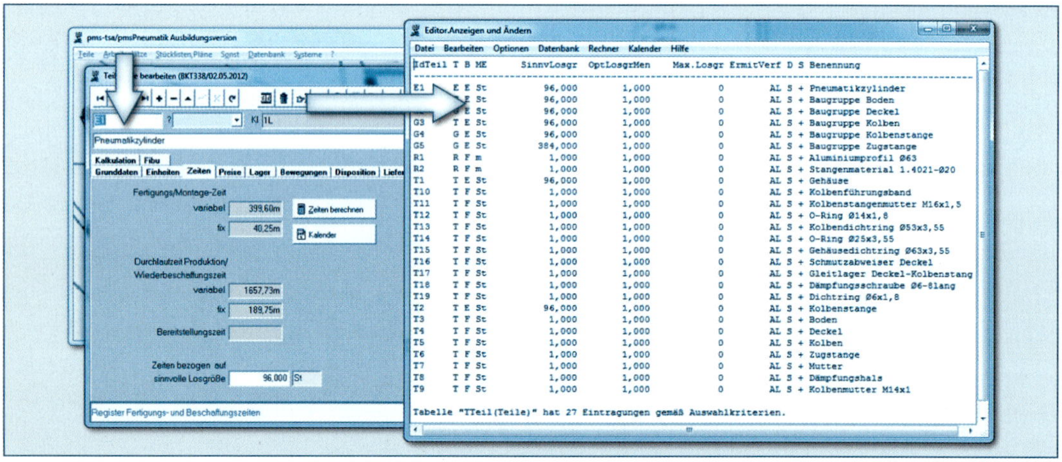

Bild 2: Angaben zur sinnvollen Losgröße der Eigenfertigungsteile

Die Berechnung der Fertigungs- und Montagezeiten kann danach mit Hilfe des Menüpunktes „**Berechnung Losgröße**" durchgeführt werden. Hierzu können alle Teile ausgewählt werden. Eine Übernahme der berechneten Zeiten in das Registerblatt „**Zeiten**" wird für die jeweiligen Teile durch das ERP-Programm durchgeführt (Bild 3).

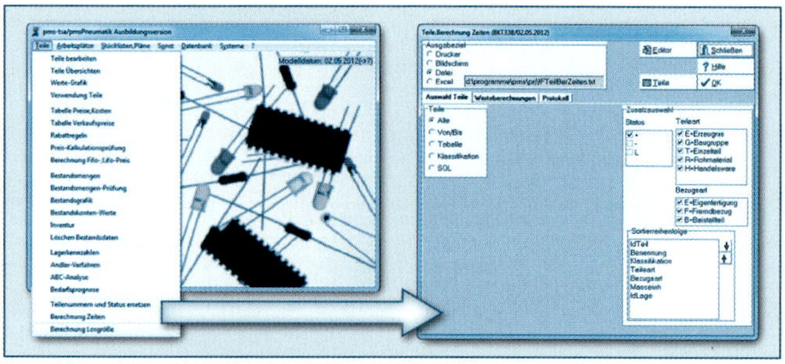

Bild 3: Berechnung der Fertigungszeiten

Als Ergebnis erscheinen alle **Fertigungs- und Montagezeiten** der einzelnen Arbeitsplätze. Der im Bild 1 aufgeführte Ausdruck der Fertigungs- und Montagezeiten verdeutlicht, dass bei der **Kolbenstange** (T2) auf dem Arbeitsplatz 100501 (CNC-Drehmaschine) **länger als ein Tag für ein Tageslos benötigt wird**. Um das gesamte Tageslos an einem Tag zu fertigen, werden 3 CNC-Drehmaschinen benötigt. Entsprechend wird die Fertigung der Kolbenstange an drei parallelen Arbeitsplätzen ausgeführt (→ Lösungshinweis zum Arbeitsauftrag 5.9). Der Splitfaktor **„Sp"** wird für die CNC-Drehmaschine in dem Grobarbeitsplan auf den Wert „3" gesetzt (→ Bild 136/1).

```
****Berechnung Fertigungs-Montagezeiten aus Arbeitsplänen****
--------------------------------------------------------------------------------------------------------------
IdTeil:E1 TA:E BA:E ME:St Pneumatikzylinder IdPlan:E1 IdPlanAVO: Sinnv.Losgröße:     96,000
          PosNr IdPlae Fix Sp   RüstZeit  StückZeit   ZwischZt   ZusatzZt     BezMenge   FMZeit Var   FMZeit Fix
             10 401001 JJJ  1      00:00      00:00      00:17      00:00        1,000        00:00        00:17
             20 400103 JJJ  1      00:05      05:53      00:00      00:00        1,000        05:53        00:05
             30 401001 JJJ  1      00:00      00:00      00:17      00:00        1,000        00:00        00:17
             40 100050 JJJ  1      00:00      00:46      00:00      00:00       30,000        00:46        00:00
                              berechnet Aktueller Wert     Differenz
Fertigungs-/Montagezeit Var         06:39          06:39          00:00
        "               Fix         00:40          00:40          00:00
--------------------------------------------------------------------------------------------------------------
IdTeil:G1 TA:G BA:E ME:St Baugruppe Boden IdPlan:G1 IdPlanAVO: Sinnv.Losgröße:     96,000
          PosNr IdPlae Fix Sp   RüstZeit  StückZeit   ZwischZt   ZusatzZt     BezMenge   FMZeit Var   FMZeit Fix
             10 401001 JJJ  1      00:00      00:00      00:17      00:00        1,000        00:00        00:17
             20 400101 JJJ  1      00:05      01:50      00:00      00:00        1,000        01:50        00:05
                              berechnet Aktueller Wert     Differenz
Fertigungs-/Montagezeit Var         01:50          01:50          00:00
        "               Fix         00:23          00:23          00:00
--------------------------------------------------------------------------------------------------------------
IdTeil:G2 TA:G BA:E ME:St Baugruppe Deckel IdPlan:G2 IdPlanAVO: Sinnv.Losgröße:     96,000
          PosNr IdPlae Fix Sp   RüstZeit  StückZeit   ZwischZt   ZusatzZt     BezMenge   FMZeit Var   FMZeit Fix
             10 401001 JJJ  1      00:00      00:00      00:17      00:00        1,000        00:00        00:17
             20 400101 JJJ  1      00:00      02:56      00:00      00:00        1,000        02:56        00:00
                              berechnet Aktueller Wert     Differenz
Fertigungs-/Montagezeit Var         02:56          02:56          00:00
        "               Fix         00:17          00:17          00:00
--------------------------------------------------------------------------------------------------------------
IdTeil:G3 TA:T BA:E ME:St Baugruppe Kolben IdPlan:G3 IdPlanAVO: Sinnv.Losgröße:     96,000
          PosNr IdPlae Fix Sp   RüstZeit  StückZeit   ZwischZt   ZusatzZt     BezMenge   FMZeit Var   FMZeit Fix
             10 401001 JJJ  1      00:00      00:00      00:17      00:00        1,000        00:00        00:17
             20 400102 JJJ  1      00:05      00:56      00:00      00:00        1,000        00:56        00:05
                              berechnet Aktueller Wert     Differenz
Fertigungs-/Montagezeit Var         00:56          00:56          00:00
        "               Fix         00:23          00:23          00:00
--------------------------------------------------------------------------------------------------------------
IdTeil:G4 TA:G BA:E ME:St Baugruppe Kolbenstan IdPlan:G4 IdPlanAVO: Sinnv.Losgröße:     96,000
          PosNr IdPlae Fix Sp   RüstZeit  StückZeit   ZwischZt   ZusatzZt     BezMenge   FMZeit Var   FMZeit Fix
             10 401001 JJJ  1      00:00      00:00      00:17      00:00        1,000        00:00        00:17
             20 400102 JJJ  1      00:00      02:56      00:00      00:00        1,000        02:56        00:00
                              berechnet Aktueller Wert     Differenz
Fertigungs-/Montagezeit Var         02:56          02:56          00:00
        "               Fix         00:17          00:17          00:00
--------------------------------------------------------------------------------------------------------------
IdTeil:G5 TA:G BA:E ME:St Baugruppe Zugstange IdPlan:G5 IdPlanAVO: Sinnv.Losgröße:    384,000
          PosNr IdPlae Fix Sp   RüstZeit  StückZeit   ZwischZt   ZusatzZt     BezMenge   FMZeit Var   FMZeit Fix
             10 401001 JJJ  1      00:00      00:00      00:17      00:00        1,000        00:00        00:17
             20 400102 JJJ  1      00:00      02:59      00:00      00:00        1,000        02:59        00:00
                              berechnet Aktueller Wert     Differenz
Fertigungs-/Montagezeit Var         02:59          02:59          00:00
        "               Fix         00:17          00:17          00:00
--------------------------------------------------------------------------------------------------------------
IdTeil:T1 TA:T BA:E ME:St Gehäuse IdPlan:T1 IdPlanAVO: Sinnv.Losgröße:     96,000
          PosNr IdPlae Fix Sp   RüstZeit  StückZeit   ZwischZt   ZusatzZt     BezMenge   FMZeit Var   FMZeit Fix
             10 101001 JJJ  1      00:00      00:00      00:17      00:00        1,000        00:00        00:17
             20 100401 JJJ  1      00:05      07:18      00:00      00:00        1,000        07:18        00:05
                              berechnet Aktueller Wert     Differenz
Fertigungs-/Montagezeit Var         07:18          07:18          00:00
        "               Fix         00:23          00:23          00:00
--------------------------------------------------------------------------------------------------------------
IdTeil:T2 TA:T BA:E ME:St Kolbenstange IdPlan:T2 IdPlanAVO: Sinnv.Losgröße:     96,000
          PosNr IdPlae Fix Sp   RüstZeit  StückZeit   ZwischZt   ZusatzZt     BezMenge   FMZeit Var   FMZeit Fix
             10 101001 JJJ  1      00:00      00:00      00:17      00:00        1,000        00:00        00:17
             20 100401 JJJ  1      00:05      03:55      00:00      00:00        1,000        03:55        00:05
             30 101001 JJJ  1      00:00      00:00      00:17      00:00        1,000        00:00        00:17
             40 100501 JJJ  1      00:23   2d/06:54      00:00      00:00        1,000     2d/06:54        00:23
             50 101001 JJJ  1      00:00      00:00      00:17      00:00        1,000        00:00        00:17
             60 100603 JJJ  1      00:34      05:52      00:00      00:00        1,000        05:52        00:34
             70 101001 JJJ  1      00:00      00:00      00:17      00:00        1,000        00:00        00:17
             80 100050 JJJ  1      00:00      00:36      00:00      00:00       30,000        00:36        00:00
                              berechnet Aktueller Wert     Differenz
Fertigungs-/Montagezeit Var      4d/01:18       4d/01:18          00:00
        "               Fix         02:12          02:12          00:00
--------------------------------------------------------------------------------------------------------------
```

Bild 1: Ausdruck der Fertigungs- und Montagezeiten zum Projekt „Produktion der Pneumatikzylinder"

Nachdem der Splitfaktor beim Arbeitsplan der Kolbenstange (T2) für die CNC-Drehmaschine auf den höheren Wert gesetzt wurde, führen neue **Berechnungen** der Fertigungs- und Montagezeiten zu dem nachfolgenden Ergebnis für das Drehteil T2 (Bild 1).

```
****Berechnung Fertigungs-Montagezeiten aus Arbeitsplänen****
------------------------------------------------------------------------------------------------------------
IdTeil:T2 TA:T BA:E ME:St Kolbenstange IdPlan:T2 IdPlanAVO: Sinnv.Losgröße:    96,000
          PosNr IdPlae Fix Sp    RüstZeit  StückZeit    ZwischZt    ZusatzZt      BezMenge   FMZeit Var   FMZeit Fix
             10 101001 JJJ  1       00:00      00:00       00:17       00:00         1,000        00:00        00:17
             20 100401 JJJ  1       00:05      03:55       00:00       00:00         1,000        03:55        00:05
             30 101001 JJJ  1       00:00      00:00       00:17       00:00         1,000        00:00        00:17
             40 100501 JJJ  3       00:23      07:38       00:00       00:00         1,000        07:38        00:23
             50 101001 JJJ  1       00:00      00:00       00:17       00:00         1,000        00:00        00:17
             60 100603 JJJ  1       00:34      05:52       00:00       00:00         1,000        05:52        00:34
             70 101001 JJJ  1       00:00      00:00       00:17       00:00         1,000        00:00        00:17
             80 100050 JJJ  1       00:00      00:36       00:00       00:00        30,000        00:36        00:00
                                 berechnet Aktueller Wert      Differenz
Fertigungs-/Montagezeit Var       2d/02:02       4d/01:18     -1d/07:16
           "            Fix          02:12          02:12         00:00
------------------------------------------------------------------------------------------------------------
Zahl der Teile mit Differenzen:1.
```

Bild 1: Ausdruck der Fertigungzeiten für das Teil T2 nach Splittung des Arbeitsplatzes 100501

Berechnung der Durchlaufzeit für das Erzeugnis E1

Die Berechnung der Durchlaufzeit des Erzeugnisses erfolgt anhand der Strukturstückliste. Danach wird für jedes Eigenfertigungsteil die im Bild 139/1 berechnete Fertigungs- und Montagezeit zugrunde gelegt. Die entsprechenden Zeiten werden, je nach Pfad der Strukturstückliste, aufsummiert. Unter Berücksichtigung der Zwischenzeit wird dann die Durchlaufzeit für das Erzeugnis bestimmt (Bild 2).

```
pms-tsa/pmsPneumatik Ausbildungsversion                                                       KW18/ Mi
02.05.2012/17:02:01
Teile.Berechnung Zeiten
==============================================================================================================
****Berechnung Durchlaufzeit Produktion aus Stücklistenpositionen****
--------------------------------------------------------------------------------------------------------------
------------
IdTeil TA BA ME    Benennung              IdPlan     SinnvLosgr   FMZeit Var   FMZeit Fix WiederZt Var WiederZt Fix
E1      E  E St    Pneumatikzylinder      E1            96,000         06:39        00:40    3d/03:37        03:09
Baustufe     IdTeil TA BA ME    Benennung                      Menge   FMZeit Var    FMZeit Fix     BereitZt Wiederbe Var
Wiederbe Fix
1........... G1       G  E St    Baugruppe Boden               96,000        01:50         00:23        00:00        01:50
00:23
.2.......... T3       T  F St    Boden                         96,000        00:00         00:00        00:00        00:00
5d/00:00
             Wiederbeschaffungszeit Var/Fix:1d/00:30/01:03 (Pfad:E1->G1->T3)
.2.......... T14      T  F St    O-Ring Ø25x3,55               96,000        00:00         00:00        00:00        00:00
5d/00:00
             Wiederbeschaffungszeit Var/Fix:1d/00:30/01:03 (Pfad:E1->G1->T14)

1........... G5       G  E St    Baugruppe Zugstange          384,000        02:59         00:17        00:00        02:59
00:17
.2.......... T6       T  F St    Zugstange                    384,000        00:00         00:00        00:00        00:00
5d/00:00
             Wiederbeschaffungszeit Var/Fix:1d/01:38/00:57 (Pfad:E1->G5->T6)
.2.......... T7       T  F St    Mutter                       384,000        00:00         00:00        00:00        00:00
5d/00:00
             Wiederbeschaffungszeit Var/Fix:1d/01:38/00:57 (Pfad:E1->G5->T7)
1........... T1       T  E St    Gehäuse                       96,000        07:18         00:23        00:00        07:18
00:23
.2.......... R1       R  F m     Aluminiumprofil Ø63           14,784        00:00         00:00        00:00        00:00
10d/00:00
             Wiederbeschaffungszeit Var/Fix:1d/05:58/01:03 (Pfad:E1->T1->R1)
1........... T7       T  F St    Mutter                       384,000        00:00         00:00        00:00        00:00
5d/00:00
             Wiederbeschaffungszeit Var/Fix:06:39/00:40 (Pfad:E1->T7)
1........... T11      T  F St    Kolbenstangenmutter           96,000        00:00         00:00        00:00        00:00
5d/00:00
             Wiederbeschaffungszeit Var/Fix:06:39/00:40 (Pfad:E1->T11)

                                 parallel    sequentiell Aktueller Wert      Differenz
Wiederbeschaffungszeit Var       3d/03:37       5d/03:37       3d/03:37          00:00
           "          Fix           03:09          04:53          03:09          00:00
Stücklistenzweig, bei dem der berechnete Wiederbeschaffungswert auftritt:E1->G4->T2->R2
```

Bild 2: Ausdruck zur Berechnung der Durchlaufzeit des Pneumatikzylinders

Einen **terminlichen Überblick zur Durchlaufzeit** der Teile und des gesamten Erzeugnisses erhält man mit dem ERP-Programm durch eine grafische Darstellung. Wählt man unter dem Menü „**Stücklisten, Pläne**" den Menüpunkt „**Termin-Grafik**", so wird ein Auswahlmenü zur terminlichen Darstellung angeboten. Hierbei werden unterschiedliche Terminierungsarten vorgeschlagen, nach denen die Terminierung durchgeführt werden soll. Da die Geschäftstätigkeit zum 02.05.2012 erfolgt, wird zur Bestimmung eines späteren Zeitpunktes die **Terminierungsart „Stücklisten-Vorwärts 2"** gewählt. Bei dieser Methode wird, ausgehend vom berechneten Endtermin, eine Rückwärts-Terminierung durchgeführt. Bei der Terminierungsart „**Stücklisten-Vorwärts 1**" werden die berechneten Zeitpunkte der Vorwärts-Terminierung grafisch dargestellt. Bild 1 zeigt die Termin-Grafik des Produktionsablaufs beim Pneumatikzylinder (E1).

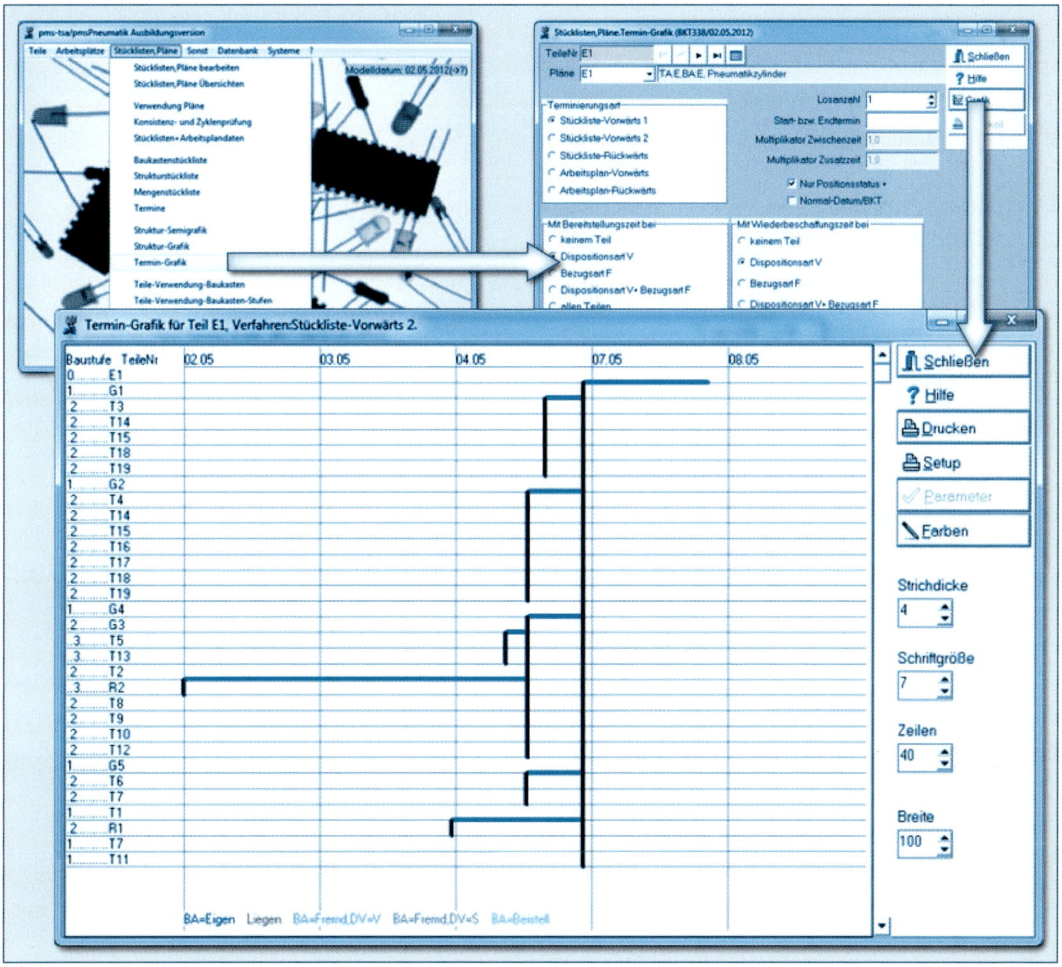

Bild 1: Termin-Grafik zur Produktion der Pneumatikzylinder

Deutlich zu erkennen ist der **längste Zweig des Stücklistenbaums** in der Termingrafik entsprechend der Fertigung der Kolbenstange (T2), der Montage der Baugruppe Kolbenstange (G4) und der Endmontage des Pneumatikzylinders (E1). Dieser Zweig des Stücklistenbaums wird auch in der Strukturstückliste zur **Durchlaufzeitermittlung** herangezogen. Wie man in der letzten Zeile des Bildes 140/2 erkennen kann, wird hier der Stücklistenzweig E1-G4-T2-R2 angegeben. Die Addition der variablen und fixen Wiederbeschaffungszeiten dieses Zweiges ergibt einen Wert von 3 Tagen, 6 Stunden und 46 Minuten. Zugrunde liegt eine Arbeitszeit von 8 Stunden pro Tag. Somit wird eine Durchlaufzeit von knapp 4 Arbeitstagen benötigt.

Fragen und Aufgaben

1. Beschreiben Sie die Module des ERP-Systems „PMS-ERM".
2. Verdeutlichen Sie den Aufbau einer relationalen Datenbank.
3. Wodurch unterscheiden sich die Kopfdaten von den Daten der Registerblätter des ERP-Programms „PMS-ERM"?
4. Welche Tage müssen zur Berechnung des Betriebskalenders dem ERP-System bekannt sein?
5. Welche Verwaltungsaufgaben werden mit den Stammdaten verknüpft?
6. Durch welche Stücklisten wird der funktionale Zusammenhang eines Erzeugnisses abgebildet?
7. Welches Ziel verfolgt die Eingabe der Arbeitspläne in einem ERP-Programm?
8. Welche Art von Arbeitsplänen werden in einem ERP-System verwaltet?
9. Welche Lagertypen können in der Lagerverwaltung des ERP-Programms „PMS-ERM" definiert werden?
10. Zwischen welchen Teilearten wird in einem ERP-Programm unterschieden?
11. Wodurch unterscheiden sich die Eigenfertigungsteile von den Fremdbezugsteilen hinsichtlich des Einsatzes von Stücklisten und Arbeitsplänen?
12. Nach welchen Gesichtpunkten erfolgt eine Klassifizierung der Teile?
13. Erläutern Sie den Begriff Klassifikationsschema hinsichtlich des Einsatzes von Merkmalen.
14. Durch welche Daten erfolgt die Abbildung eines Produktionsbereiches in einem ERP-System?
15. Welche Daten werden mit der Eingabe eines Arbeitsplatzes in einem ERP-Programm verknüpft?
16. Welche Auswirkung hat die Mengenmultiplikation über alle Stufen bei der Ausgabe einer Strukturstückliste?
17. Beschreiben Sie das Ziel eines Teileverwendungsnachweises.
18. Wodurch unterscheidet sich die Berechnung der Auftragszeit von der Berechnung der Durchlaufzeit?
19. Wie wird die Durchlaufzeit eines Erzeugnisses ermittelt?

Arbeitsaufträge zum Projekt „Produktion der Pneumatikzylinder"

(Lösungen zu den Arbeitsaufträgen können den Kapiteln 7.2.1 bis 7.2.5 aus den jeweiligen Bildern entnommen werden.)

Beachten Sie vor der Bearbeitung der Arbeitsaufträge die Hinweise zur Installation des ERP-Programms „PMS-ERM" (→ 7.2.6)! Das Programm befindet sich auf der beiliegenden CD.

7.1 Erfassen Sie die Lager zur Produktion der Pneumatikzylinder mit dem ERP-Programm „PMS-ERM" (→ 7.2.1).

7.2 Geben Sie alle Teile des Pneumatikzylinders mit ihren entsprechenden Eigenschaften in die Teileverwaltung des ERP-Programms „PMS-ERM" ein (→ 7.2.1).

7.3 Ordnen Sie die Lager den Teilen des Pneumatikzylinders durch das ERP-Programm „PMS-ERM" zu (→ 7.2.2.2).

7.4 Klassifizieren Sie die Teile des Pneumatikzylinders nach dem Klassifikationsschema der Spin-Lag GmbH (→ 7.2.2.3) und tragen Sie die Klassifikationsnummern ein.

7.5 Tragen Sie alle für die Produktion des Pneumatikzylinders benötigten Arbeitsplätze in das ERP-Programm „PMS-ERM" ein und weisen Sie den Arbeitsplätzen das Arbeitszeitmodell zu (→ 7.2.3).

7.6 Geben Sie die Stücklisten der Eigenfertigungsteile in das ERP-Programm „PMS-ERM" ein (→ 7.2.4).

7.7 Stellen Sie die Arbeitspläne für die Fertigung und Montage der Eigenfertigungsteile mit dem ERP-Programm „PMS-ERM" auf (→ 7.2.5).

7.8 Drucken Sie bei allen bearbeiteten Arbeitsaufträgen einen Überblick zu den eingegebenen Daten mit dem ERP-Programm „PMS-ERM" aus (→ 7.2.1 bis 7.2.5).

7.9 Führen Sie eine Berechnung der Auftragszeiten der Arbeitsplätze mit dem ERP-Programm „PMS-ERM" durch und drucken Sie das Ergebnis der Berechnung aus (→ 7.2.5).

7.10 Lassen Sie durch das ERP-Programm „PMS-ERM" die Durchlaufzeit des Pneumatikzylinders ermitteln. Erstellen Sie eine Termingrafik zur Produktion der Pneumatikzylinder (→ 7.2.5).

7.3 Beschaffung und Disposition der Fremdbezugsteile für die Produktion der Pneumatikzylinder

Nachdem die Stammdaten für das Projekt „Produktion der Pneumatikzylinder" dem ERP-Programm zur Verfügung stehen (→ 7.2), kann die **Geschäftstätigkeit** beginnen. Da bisher noch keine Teile zur Produktion der Pneumatikzylinder im Lager vorhanden sind, muss als erster Geschäftsvorgang die **Beschaffung der Fremdbezugsteile** durchgeführt werden. Für diesen ersten Geschäftsvorgang sollte beachtet werden, dass bisher noch kein **Sicherheitsbestand** vorhanden ist.

Die Beschaffung und Disposition der Fremdbezugsteile wird mit Hilfe des ERP-Programms „PMS-ERM" schrittweise durchgeführt.

- Bevor der Bedarf an Fremdbezugsteilen festgelegt wird, muss entschieden werden, nach welchem Bestellverfahren das Material beschafft wird (→ 7.3.1).
- Anschließend werden die Sicherheitsbestände festgelegt und die sinnvollen Bestellmengen unter Berücksichtigung der Konditionen aus den Geschäftsbriefen der Zulieferer ermittelt (→ 7.3.2).
- Danach werden aus den Angeboten der Zulieferer deren Preise unter Berücksichtigung der angegebenen Rabatte und die Wiederbeschaffungszeiten für die Fremdbezugsteile entnommen. Alle bisher bekannten Daten (Sicherheitsbestand, Einkaufspreis, Wiederbeschaffungszeit und Angaben zu den Lieferanten) werden in das ERP-Programm eingegeben
- Erst jetzt können die Bestellungen durch das ERP-Programm bearbeitet werden, Bestellschreiben ausgegeben und durch das Programm disponiert werden.
- Zum Schluss erfolgen Lagerzubuchungen der erstmaligen Bestellung mit dem ERP-System fünf bzw. zehn Tage nach der Durchführung der Bestellung.

7.3.1 Auswahl des Bestellverfahrens

Die Bestellung der Fremdbezugsteile für die Produktion der Pneumatikzylinder erfolgt nach der **bestandsbezogenen Bestellauslösung**. Die Entscheidung für dieses Verfahren hat folgende Gründe:

- Das Bestellpunktverfahren ermöglicht eine automatisierte Bestellung mit dem ERP-System. Der Vorrat an Fremdbezugsteilen für den Verbrauch zwischen der Lieferung und der nächsten Bestellung kann je nach Teilewert (ABC-Teil) klein gehalten werden (→ 10.2.1).
- Eine kostenoptimale Bestellmenge kann durch die Andler-Formel zumindest annähernd ermittelt werden (→ 4.3.2).

7.3.2 Festlegung des Primär- und Sekundärbedarfs

Die Festlegung des **Primärbedarfs** (Bedarf an Erzeugnissen) und des **Sekundärbedarfs** (Bedarf an Fremdbezugs- und Eigenfertigungsteilen) kann mit Hilfe von fünf unterschiedlichen Methoden durchgeführt werden (→ 4).

1 Bei der einfachsten Methode werden als **Bezugsgrößen für die Bedarfsermittlung** die **Lieferzeit** und die **Zeit zwischen Lieferung und nächster Bestellung** genommen. Für diese Zeitabschnitte muss der Bedarf an Fremdbezugsteilen für die Produktion gedeckt sein. Bei dieser Methode bleiben die Bestell- und Lagerungskosten unberücksichtigt (→ 4.3.1).

2 Eine weit verbreitete Methode stellt das **Andler-Verfahren** mit seiner einfachen Handhabung dar. Bei diesem Verfahren werden für die Ermittlung der Bestellmenge die Kosten für die Lagerung und Beschaffung der Fremdbezugsteile bzw. der Produktion und Lagerung der Erzeugnisse herangezogen. Der Bedarf an Fremdbezugsteilen bzw. Erzeugnissen muss beim Andler-Verfahren weitgehend konstant und bekannt sein (→ 4.3.2).

3 Eine aufwändige Methode stellt das **Verfahren der gleitenden wirtschaftlichen Losgröße** dar. Bei dieser dynamischen Methode wird ein bekannter Bedarf nach einer zeitlichen Folge schrittweise zusammengefasst. Die Zusammenfassung aller Bedarfsteile ist dann beendet, wenn die entsprechend gebildete Auftragsmenge mit ihren Beschaffungs- und Lagerungskosten ein Minimum erreicht hat (→ 4.2.1).

4 Das **Kostenausgleichsverfahren** besitzt eine starke Ähnlichkeit mit dem Verfahren der gleitenden wirtschaftlichen Losgröße. Nur wird bei diesem Verfahren die Auftragsmenge solange zusammengefasst, bis die fixen Beschaffungskosten den Lagerungskosten entsprechen. Stückkosten werden bei dem Kostenausgleichsverfahren nicht berücksichtigt.

5 Als ein weiteres, aber sehr aufwändiges Verfahren ist z.B. das **Wagner-Whithin-Verfahren** als dynamische Methode zur tatsächlichen Kostenoptimierung zu nennen. Die Auftragsbildung ist bei diesem Verfahren aufgrund von unterschiedlichen Kombinationsmöglichkeiten sehr aufwändig.

7.3.2.1 Geschäftsbriefe der Zulieferer

Die Firma Spin-Lag GmbH hat bereits über Anfragen Kontakte mit bestimmten Zulieferern aufgenommen. Die Informationen aus deren Angeboten dienen zur Ermittlung der Bestellmengen für Fremdbezugsteile sowie zur Kalkulation des Pneumatikzylinders (Bild 145/1, Bild 146/1 und Bild 147/1).

Westfälische Werke AG

Borsigstraße 11-15 **44144 Dortmund** **Telefon: 0231/ 811205-0** **Telefax: 0231/ 811205-90**

Firma Spin-Lag GmbH
Turmstr. 3
45257 Essen

Ihre Zeichen, Ihre Nachricht vom	Unsere Zeichen, unsere Nachricht vom	Telefon	Datum
	te/ mü	-23	2012-03-20

Angebot

Sehr geehrte Damen und Herren,

bezüglich Ihrer Anfrage vom 20.03.2012 nach den von Ihnen gewünschten Produkten möchten wir Ihnen folgendes Angebot unterbreiten:

•	Zugstange	ø8x128-M8	Listenpreis/Stück Rabatt Mindestabnahme:	0,55 15% 1000	€ bei Stück
•	Mutter	M8 – 27 lang SW18	Listenpreis/Stück Rabatt Mindestabnahme:	0,19 20% 10000	€ bei Stück
•	Mutter	DIN EN 28675 M16x1,5	Listenpreis/Stück Rabatt Mindestabnahme:	0,05 20% 10000	€ bei Stück

• Mutter	M14x1 mit Innen-Sechskant SW14	Listenpreis/Stück Rabatt Mindestabnahme:	0,45 17% 5000	€ bei Stück
• O-Ring	DIN 3771 ø14x1,8	Listenpreis/Stück Rabatt Mindestabnahme:	0,03 20% 10000	€ bei Stück
• O-Ring	DIN 3771 ø53x3,55	Listenpreis/Stück Rabatt Mindestabnahme:	0,05 20% 10000	€ bei Stück
• O-Ring	DIN 3771 ø25x3,55	Listenpreis/Stück Rabatt Mindestabnahme:	0,04 20% 10000	€ bei Stück
• O-Ring	DIN 3771 ø63x3,55	Listenpreis/Stück Rabatt Mindestabnahme:	0,05 20% 10000	€ bei Stück
• O-Ring	DIN 3771 ø6x1,8	Listenpreis/Stück Rabatt Mindestabnahme:	0,03 20% 10000	€ bei Stück
• Dämpfungsschraube ø6 – 8 lang		Listenpreis/Stück Rabatt Mindestabnahme:	0,15 15% 1000	€ bei Stück
• Kolbenführungsband PE		Listenpreis/Stück Rabatt Mindestabnahme:	0,05 15% 1000	€ bei Stück
• Dämpfungshals	ø20x1 – 32lang	Listenpreis/Stück Rabatt Mindestabnahme:	0,12 15% 1000	€ bei Stück
• Schmutzabweiser ø32/ø20 – 10 lang		Listenpreis/Stück Rabatt Mindestabnahme:	0,08 15% 1000	€ bei Stück
• Gleitlager	DIN ISO 4379 F20x24x30	Listenpreis/Stück Rabatt Mindestabnahme:	0,55 15% 1000	€ bei Stück

Lieferzeit: 5 Tage nach Auftragseingang.

Die Preise verstehen sich zuzüglich der gesetzlichen Mehrwertsteuer. Die Lieferung erfolgt ab einem Bestellwert von 500 € ohne zusätzliche Kosten frei Haus.
2 % Skonto bei Zahlung innerhalb von 10 Tagen, ansonsten 30 Tage netto.

Wir hoffen, dass Ihnen unser Angebot zusagt.

Mit freundlichem Gruß

A. Tebrökel

Bankverbindung: Postbank Dortmund
Konto-Nr. 132567-466
BLZ: 440 100 46

Bild 1: Angebot des Zulieferers für Norm- und Kleinteile

Tüssen AG

Tüssen AG *Stahlstr. 4-6* D-45001 Essen
Telefon: 0201 12323-1
Telex: 4643678 tüs d
Telefax: 0201/ 12323-90
Banken:
Postbank Essen
BLZ. 360 000 112
Konto- Nr.:123 432 000
Deutsche Bank AG
BLZ. 360 100 132
Konto- Nr.: 324 432 000
Dresdner Bank
BLZ. 360 200 154

Spin-Lag GmbH
Abt. Einkauf
Herrn Dr. König
Turmstr. 3
D 45257 Essen

Ihre Zeichen, Ihre Nachricht vom	Unsere Zeichen, unsere Nachricht vom	Telefon	Datum
	be/ me	0201/ 12323-242	2012-02-21

Gesprächsnotiz vom 16.03.2012/ Angebot

Sehr geehrter Herr König,

bezugnehmend auf unsere Unterredung vom 16.03.2012 in unserem Hause möchte ich Ihnen mit diesem Schreiben den bis zum Jahresende 2012 verbindlichen Netto-Verechnungspreis für die Einzelteile des doppelwirkenden Pneumatikzylinders bestätigen:

• Boden	AC-AlSi9	Listenpreis/Stück	8,95	€
• Deckel	AC-AlSi9	Listenpreis/Stück	10,95	€
• Kolben	AC-AlCu4SiMg	Listenpreis/Stück	6,89	€

Lieferzeit: 5 Tage nach Auftragseingang frei Haus.
Sie erhalten 13% Rabatt bei einer Mindestabnahme von 1000 Stück je Teil.
3% Skonto bei Zahlung innerhalb von 8 Tagen nach Eingang der Lieferung, ansonsten 30 Tage netto.

Mit freundlichem Gruß

A. Bernhardt

Vorsitzender des Aufsichtsrates: Bertram Beitze * Vorstand: Dr. Peter Müller, Vorsitzender, Hans Schmit, Franz Schneider, Ute Becker, Dr. Wilhelm Schneider, Wolfgang Meier * Sitz der Gesellschaft: Essen* Handelsregister Essen Abt. B Nr. 12345

Bild 1: Angebot der Muttergesellschaft „Tüssen AG"

Deutsche Ruhr AG

Hanielstr. 222-228
42345 Essen
Telefon: 0201/ 200312-0
Fax: 0201/ 200312-10

Spin-Lag GmbH
Turmstr. 3
45257 Essen

Ihre Zeichen, Ihre Nachricht vom	Unsere Zeichen, unsere Nachricht vom	Telefon	Datum
	he/be	0201/ 200312-15	2012-03-05

Ihre Anfrage vom 15. März 2012

Sehr geehrte Damen und Herren,

vielen Dank für Ihre Anfrage vom 15.03.2012

Wir bieten Ihnen:

Rundstahl 1.4021 – ø20 in der Industrielänge 6 m zu 4,95 € / m
Aluminiumprofil EN AW-AlSiMgMn – ø63 in der Industrielänge 6 m zu 8,65 € / m
(Preisgarantie bis 01.01.2013) bei einer Mindestabnahmen von 10 ME).

Bei der Abnahme von 20 ME gewähren wir Ihnen einen **Rabatt von 8%**, bei 40 ME gewähren wir Ihnen **12% Rabatt** und bei 60 ME gewähren wir Ihnen **15% Rabatt** auf den Listenpreis.

Die **Lieferzeit** beträgt 10 Tage nach Auftragseingang.
Die Preise verstehen sich zuzüglich der gesetzlichen Mehrwertsteuer frei Haus.
Zahlungsbedingungen: **2% Skonto** innerhalb von 10 Tagen netto.
Lieferung frei Haus.

Für weitere Informationen stehen wir Ihnen gerne zur Verfügung. Wir hoffen, dass Ihnen unser Angebot zusagt.

Mit freundlichem Gruß

H. Hemmerle

Bankverbindung:	Postbank Essen	BLZ: 420 200 110	Konto-Nr. 123457-466 und 132246-478
	Stadtsparkasse Essen	BLZ: 420 100 110	Konto-Nr. 345727-123

Bild 1: Angebot des Zulieferers für Stangenmaterial

7.3.2.2 Festlegung der Bestellmenge

Zur **Festlegung der Bestellmenge** für eine **bestandsbezogene Bestellauslösung** ist zunächst der **Primärbedarf** (Tabelle 1) zu ermitteln (→ 4.2.1). Da bisher noch keine Erzeugnisse im Kommissionierlager vorhanden sind, muss für eine erstmalige Lagerung zu dem geforderten **Vorrat** ein **Sicherheitsbestand** an Erzeugnissen produziert werden. Entnimmt man die Informationen zur Auftragsabwicklung dem Szenarium (→ 1.3), so wird ein Sicherheitsbestand an Erzeugnissen für eine Dauer von drei Betriebkalendertagen gefordert. Zusätzlich soll ein Vorrat an Erzeugnissen von zwei Betriebskalendertagen angelegt werden. Die Bestellmenge setzt sich also folgendermaßen zusammen:

- Die **Tageslosgröße für einen Betriebskalendertag** bestimmt sich aus dem Verhältnis der 24.000 jährlich zu produzierenden Pneumatikzylinder (→ 1.1) und den durchschnittlich 250 Betriebskalendertagen pro Jahr (→ 1.5). Hieraus folgt eine zu produzierende Tageslosgröße von 96 Pneumatikzylindern (→ 5.2.4).
- Der **Sicherheitsbestand an Erzeugnissen** für 3 Betriebskalendertage kann entsprechend mit 288 Erzeugnissen festgelegt werden.
- Der **Vorrat an Erzeugnissen** für 2 Betriebskalendertage entspricht der Menge von 192 Pneumatikzylindern.
- Der **Bedarf für eine erstmalige Lagerung** ergibt sich aus der Addition des Sicherheitsbestandes und des Vorrates an Erzeugnissen. Es müssen somit 480 Pneumatikzylinder produziert werden, bevor die Produktion mit dem normalen Rhythmus von 96 zu produzierenden Pneumatikzylindern pro Tag weiterlaufen kann.

Eine Zusammenfassung der Ergebnisse zur Bedarfsermittlung der Erzeugnisse ist im Tabelle 1 wiedergegeben.

Erzeugnis	Soll-Absatz pro Jahr	Soll-Absatz pro BKT	Sicherheitsbestand für 3 BKT	Vorrat für 2 BKT	Bedarf für erstmalige Lagerung
Pneumatikzylinder Baureihe BP264	24000	96	288	192	480

Tabelle 1: Festlegung des Primärbedarfs für die erstmalige Lagerung

Nachdem der Bedarf für eine erstmalige Lagerung an Erzeugnissen bekannt ist, kann die Bestellmenge für eine erstmalige Bestellung an Fremdbezugsteilen ermittelt werden. Tabelle 152/1 gibt für alle **Fremdbezugsteile**, die zur Produktion des Pneumatikzylinders notwendig sind, die aufgeführten Größen wieder:

- Der **Bedarf an Fremdbezugsteilen pro Betriebskalendertag** ist abhängig von der einzusetzenden Menge pro Erzeugnis und der Tageslosgröße von 96 Pneumatikzylindern (→ Tabelle 1).
- Ein **Sicherheitsbestand für Fremdbezugsteile** wird im Szenarium mit 3 Betriebskalendertagen (→ 1.3) gefordert.
- Die **Lieferzeit für Fremdbezugsteile** kann aus den Geschäftsbriefen (→ 7.3.2.1) entnommen werden.
- Der **Verbrauch in der Lieferzeit** berechnet sich aus dem Bedarf und der Lieferzeit der Fremdbezugsteile.
- Der **Vorrat ab Lieferung** gibt den Verbrauch der Fremdbezugsteile zwischen der Lieferung und der nachfolgenden Bestellung an. Laut Szenarium sollen neue Bestellungen frühestens 2 BKT nach erfolgter Lieferung ausgegeben werden (→ 1.3).
- Der **gesamte Bedarf für die erstmalige Lagerung** der Fremdbezugsteile ergibt sich aus dem Sicherheitsbestand, dem Verbrauch in der Lieferzeit sowie dem Vorrat der Teile bis zur nächsten Lieferung.
- Die **tatsächliche Bestellmenge** ist auch abhängig von dem Wert der Teile (→ 10.2.1) und den entsprechenden Rabatten der Zulieferer (→ 7.3.2.1).
- Der **Meldebestand** berechnet sich aus dem Sicherheitsbestand und dem Verbrauch in der Lieferzeit.

Fremdbezugsteil Mengenangabe der Teile in Stück	Bedarf pro BKT	Sicherheitsbestand für 3 BKT	Lieferzeit in BKT	Verbrauch in der Lieferzeit	Vorrat ab Lieferung mind. 2 BKT	Gesamtbedarf mit 8% Verschnitt	Bestellmenge	Meldebestand
T3 Boden	96	288	5	480	129	**960**	1000	768
T4 Deckel	96	288	5	480	129	**960**	1000	768
T5 Kolben	96	288	5	480	129	**960**	1000	768
T6 Zugstange	384	1152	5	1920	768	**3840**	4000	3072
T7 Mutter M8 – 27 lang	768	2304	5	3840	1536	**7680**	10000	6144
T8 Dämpfungshals	192	576	5	960	384	**192**	2000	1536
T9 Kolbenmutter M14x1	192	576	5	960	384	**1920**	5000	1536
T10 Kolbenführungsband	96	288	5	480	129	**960**	1000	768
T11 Kolbenstangenmutter M16x1,5	96	288	5	480	129	**960**	10000	768
T12 O-Ring ø14x1,8	96	288	5	480	129	**960**	10000	768
T13 Kolbendichtring ø53x3,55	192	576	5	960	384	**1920**	10000	1536
T14 O-Ring ø25x3,55	192	576	5	960	384	**1920**	10000	1536
T15 Gehäusedichtring ø63x3,55	192	576	5	960	384	**1920**	10000	1536
T16 Schmutzabweiser Deckel	96	288	5	480	192	**960**	1000	768
T17 Gleitlager	96	288	5	480	192	**960**	1000	768
T18 Dämpfungsschraube	192	576	5	960	384	**1920**	2000	1536
T19 Dichtring ø6x1,8	192	576	5	960	384	**1920**	10000	1536
R1 (in m) Aluprofil	25,344	76,032	10	126,72	50,688	**410,573**	414,00	202,752
R2 (in m) Rundstahl	14,784	44,352	10	73,92	29,568	**239,501**	240,00	118,272

Tabelle 1: Ermittlung des Gesamtbedarfs und der Bestellmengen für die Fremdbezugsteile

Die Bestellmenge des Rohmaterials richtet sich nach der zu liefernden Stangenlänge von 6 m. Somit werden für die erstmalige Bestellung des Rohmaterials R1 (Aluminiumprofil) 69 Profilstangen (= 414 m) angefordert. Das Rohmaterial R2 (Rundstahl ø20) wird mit 40 Stangen (= 240 m) bestellt.

7.3.2.3 Berechnung der Reichweite der Fremdbezugsteile

Durch die Wahrnehmung von **Rabatten** infolge der Bestellung von **Mindestbestellmengen** sind die tatsächlichen Bestellmengen in der Regel größer als der ermittelte Bedarf. Die Reichweite umfasst den Zeitraum von der aktuell ausgeführten Lieferung bis zur nächsten anstehenden Lieferung der Fremdbezugsteile (Bild 1). Die **Reichweite** kann bei einer **erstmaligen Bestellung** folgendermaßen hergeleitet werden:

$$\text{Reichweite} = \frac{\text{Bestellmenge} - \text{Sicherheitsbestand}}{\text{Bedarf pro BKT}}$$

Wird der Sicherheitsbestand nicht angetastet, so bestimmt sich die **Reichweite** bei der **Folgebestellung** mit der folgenden Formel:

$$\text{Reichweite} = \frac{\text{Bestellmenge}}{\text{Bedarf pro BKT}}$$

Tabelle 1 gibt die Ermittlung der Reichweite für die Fremdbezugsteile nach der Erstbestellung wieder:

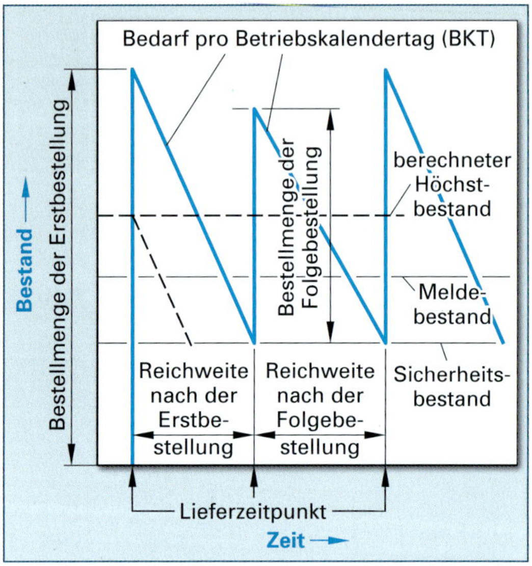

Bild 1: Reichweite der Bestellung

Zur Ermittlung der Reichweite wurde für das Rohmaterial beim Sicherheits- und Meldebestand ein Verschnitt von 8% beaufschlagt. In der Bestellmenge ist der Verschnitt bereits enthalten.

Fremdbezugsteil	Bedarf pro BKT	Sicherheitsbestand für 3 BKT	Bestellmenge	Neue Reichweite BKT
T3 Boden	96	288	1000	7
T4 Deckel	96	288	1000	7
T5 Kolben	96	288	1000	7
T6 Zugstange	384	1152	4000	7
T7 Mutter M8 – 27 lang	768	2304	10000	10
T8 Dämpfungshals	192	576	2000	7
T9 Kolbenmutter M14x1	192	576	5000	23
T10 Kolbenführungsband	96	288	1000	7
T11 Kolbenstangenmutter	96	288	10000	101
T12 O-Ring ø14x1,8	96	288	10000	101

Fremdbezugsteil	Bedarf pro BKT	Sicherheitsbestand für 3 BKT	Bestellmenge	Neue Reichweite
T13 Kolbendichtring ø53x3,55	192	576	10000	49
T14 O-Ring ø25x3,55	192	576	10000	49
T15 Gehäusedichtring ø63x3,55	192	576	10000	49
T16 Schmutzabweiser Deckel	96	288	1000	7
T17 Gleitlager	96	288	1000	7
T18 Dämpfungsschraube	192	576	2000	7
T19 Dichtring ø6x1,8	192	576	10000	49
R1 (in m) Aluprofil	27,372	82,115	414,00	12
R2 (in m) Rundstahl	15,967	47,900	240,00	12
(Angaben der Rohstoffe mit 8% Verschnitt)				

Tabelle 1: Ermittlung der Reichweite

7.3.3 Erfassung der Lieferanten

Bevor die Beschaffung und Disposition der Fremdbezugsteile durch das ERP-System „PMS-ERM" durchgeführt werden kann, müssen alle **Lieferanten** erfasst werden. Die Lieferanten werden im Modul **„EKA"** (Einkauf) eingegeben. Hierbei werden unter Anwahl des Menüs **„Lieferanten"** und des Menüpunktes **„Lieferanten bearbeiten"** die **Kopfdaten, Konditionen** und **Adressdaten** des Lieferanten erfasst. Die notwendigen Daten hierzu können aus den Geschäftsbriefen (→ 7.3.2.1) entnommen werden. Die schrittweise die Dateneingabe zur Erfassung der Lieferanten wird in Bild 1 verdeutlicht.

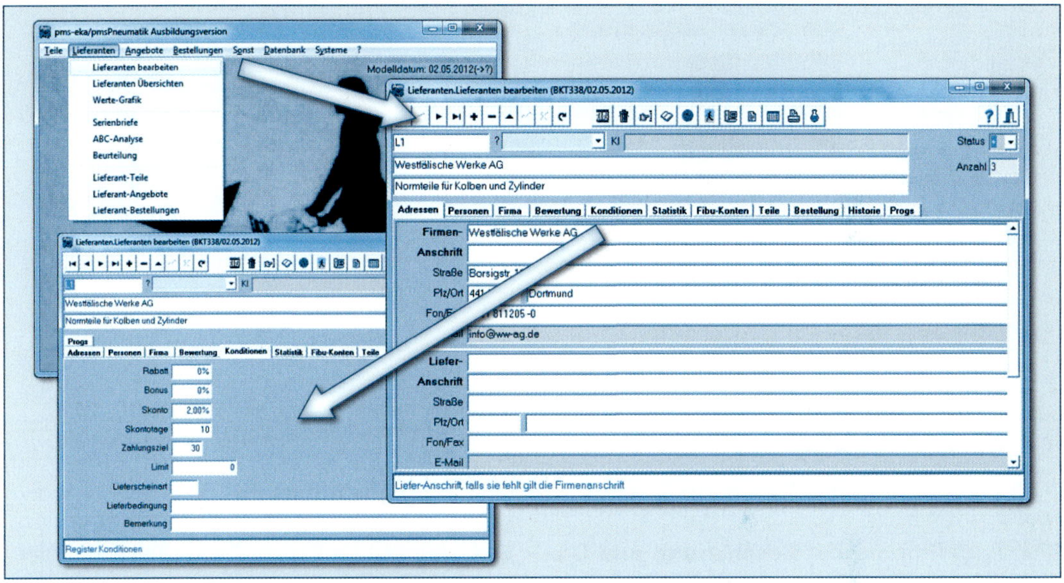

Bild 1: Eingabe der Lieferanten in das ERP-System

Mit dem **Schalter „+"** kann ein neuer Lieferant angelegt. Unterhalb der Nummer „L1" für den ersten Lieferanten wird der Lieferantenname und seine Geschäftszweig angegeben. Die Adressdaten aus den Geschäftsbriefen werden im **Registerblatt „Adressen"**, Rabatte, Skonto u.a. werden im Registerblatt **„Konditionen"** aufgeführt.

Sind **Rabattregeln** vereinbart worden, d.h. Rabatte in Abhängigkeit von der zu liefernden Menge, so werden diese im Menü „Teile" und der Anwahl des Menüpunktes „Rabattregeln" gesondert aufgeführt. Eine Übersicht der eingegebenen Rabattregeln kann Bild 2 entnommen werden.

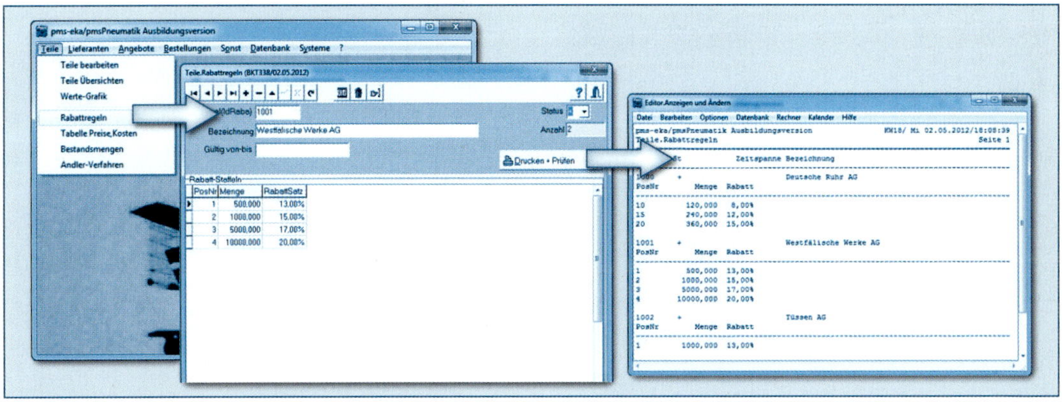

Bild 2: Eingabe und Übersicht der Rabattregeln

Im **Registerblatt „Adressen"** wird die Adresse des Zulieferers aufgenommen. Es wird zwischen der Firmen- (F), Liefer- (L) und Rechnungsanschrift (R) unterschieden. Fehlen die Einträge für die Liefer- und Rechnungsanschrift, so gilt die Firmenanschrift für alle Anschriften.

Eine **Übersicht der eingegebenen Lieferanten** erhält man im Menü **„Lieferanten"** und der Anwahl des Menüpunktes **„Lieferanten Übersichten"**. Im anschließenden Auswahlmenü können unter dem Registerblatt **„Format"** unterschiedliche Ausgabearten festgelegt werden. Durch den Doppelklick auf die erste Zeile **„Kurzformat"** erhält man das in Bild 1 dargestellte Ergebnis.

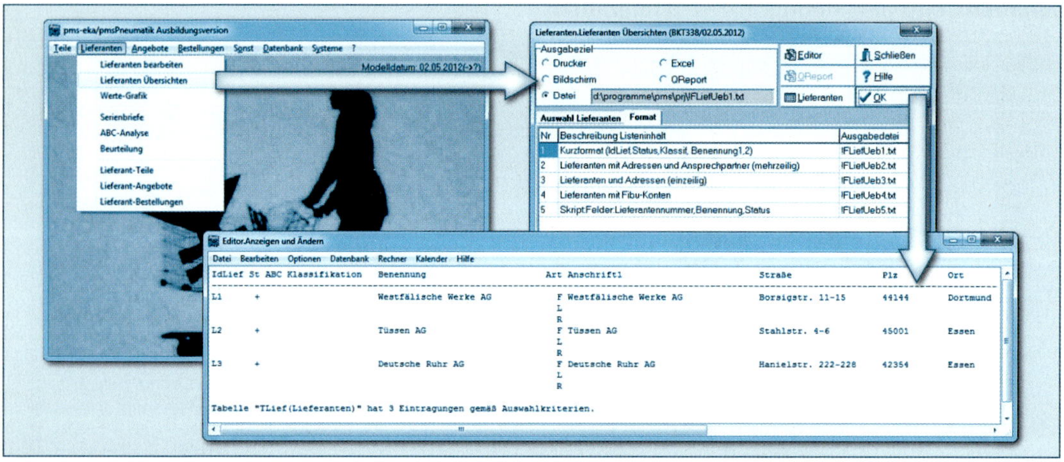

Bild 1: Übersicht der Lieferanten

7.3.4 Erfassung der Daten zur Beschaffung der Fremdbezugsteile

Zur Durchführung der **Beschaffung und Disposition der Fremdbezugsteile** müssen die notwendigen Daten mit dem ERP-Programm erfasst werden. Zu diesen Daten gehören die **Sicherheits- und Meldebestände** (→ 7.3.2.2) sowie die **Wiederbeschaffungszeit** (Lieferzeit) und die **Einkaufspreise** (→ 7.3.2.1) der Fremdbezugsteile. Die Eingabe der Daten erfolgt im Modul „EKA" (Einkauf) mit dem Menü **„Teile"** und dem Menüpunkt **„Teile bearbeiten"**.

Im ersten Schritt werden die aus der Tabelle 149/1 festgelegten Lieferzeiten (Wiederbeschaffungszeit fix) sowie die Sicherheits- und Meldebestände in das ERP-System übertragen. Diese Eingabe erfolgt in den Registerblättern **„Zeiten"** und **„Lager"** (Bild 2).

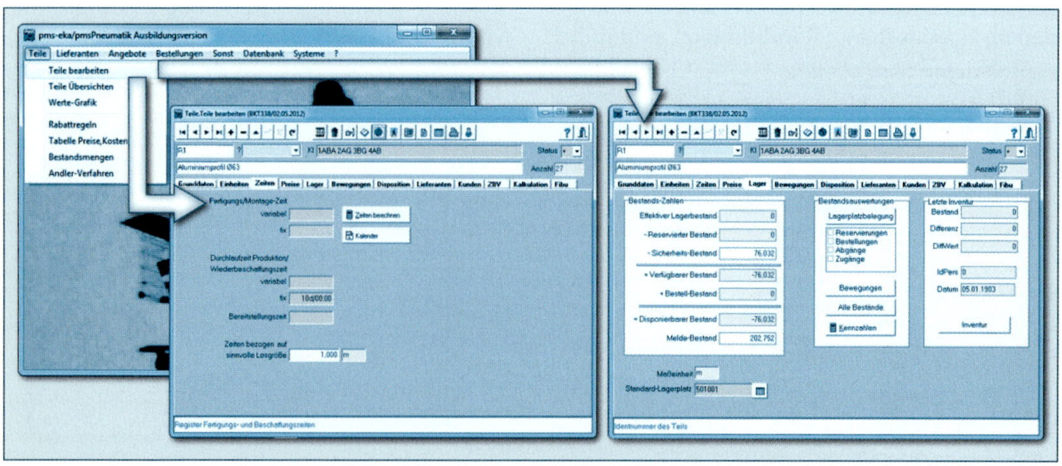

Bild 2: Erfassung der Lieferzeiten (Wiederbeschaffungszeiten) und Bestände

Die einzutragenden **Lieferzeiten (Wiederbeschaffungszeiten)** im Registerblatt **„Zeiten"** (Bild 152/2) können nicht errechnet werden, sondern sind aus den Geschäftsbriefen der Zulieferer vorgegeben (→ 7.3.2.1). In der Regel ist diese Zeit unabhängig von der Losgröße. In diesem Fall ist also das Feld **„Wiederbeschaffungszeit fix"** anzugeben, das Feld **„Wiederbeschaffungszeit variabel"** bleibt leer. Je nach Lieferant ist es durchaus möglich, dass die Wiederbeschaffungszeit in Abhängigkeit zur Losgröße steht, da z.B. der Lieferant eine größere Menge nur in einem längeren Zeitraum beschaffen kann. In diesem Fall wird die Lieferzeit in dem Feld **„Wiederbeschaffungszeit variabel"** eingetragen.

Die im Registerblatt **„Lager"** ausgewiesenen **verfügbaren und disponierbaren Bestände** berechnen sich aus unterschiedlichen **Bestandsarten**. Zieht man von dem **effektiven Lagerbestand** den **reservierten Bestand** und den **Sicherheitsbestand** ab, so ergibt sich der **verfügbare Bestand**. Rechnet man zu diesem Bestand den **Bestellbestand** hinzu, so hat man eine Größe für den **disponierbaren Bestand**. Da bisher noch kein Lagerbestand vorhanden ist und durch eine Bestellung auch noch kein Bestand reserviert wurde, kann nur ein negativer verfügbarer und negativer disponierbarer Bestand vom ERP-System verzeichnet werden.

Der **Eintrag der Einkaufspreise** für die Fremdbezugsteile erfolgt durch das ERP-System im Registerblatt **„Preise"** mit der Auswahl des entsprechenden Lieferanten (Bild 1). Die Einkaufspreise werden später beim Anlegen der Bestellungen übernommen (→ 7.3.5). Welche **Lieferanten** für das entsprechende Teil zur Verfügung stehen, wird im Registerblatt **„Lieferanten"** vermerkt. Hierbei wird durch die Eingabe der Lieferanten-Nummer der bereits im ERP-System vorhandene Lieferant (→ 7.3.3) im Registerblatt übernommen.

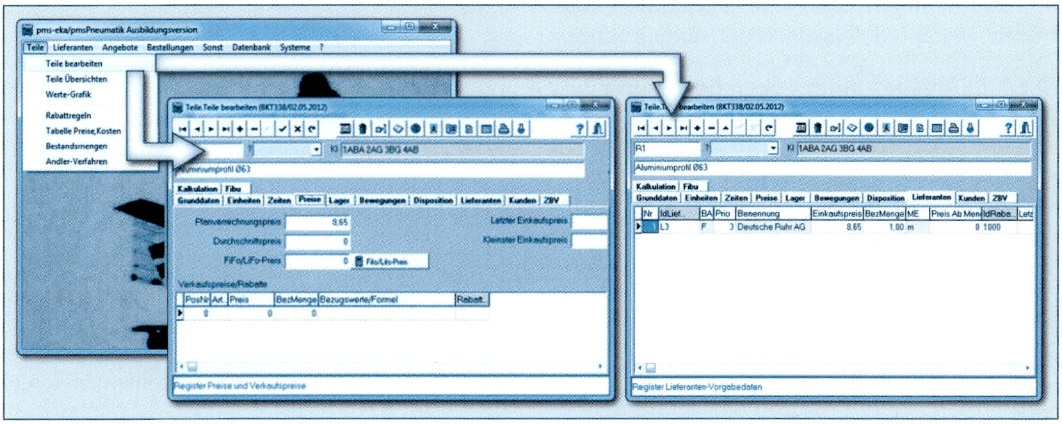

Bild 1: Eingabe der Preise sowie der Lieferanten mit ihren Rabatten für die jeweiligen Teile

Die einzugebenden Einkaufspreise sind den Geschäftsbriefen der Zulieferer (→ 7.3.2.1) zu entnehmen. Die Bezugsmenge entspricht der in Tabelle 149/1 aufgeführten Bestellmenge. Im Feld **„Rabatt"** wird die „Identnummer" der entsprechenden Rabattregel des Zulieferers (→ 7.3.3) aufgeführt.

Zusätzlich zum **Einkaufspreis** ist die Eingabe des **Planverrechnungspreises** erforderlich. Dieser Preis wird zur Kalkulation der Materialien herangezogen (→ 7.5.4) und wird in der Regel mit dem Einkaufspreis ohne Abzug der Rabatte gleich gesetzt.

Bild 2 gibt mit der Preistabelle einen **Überblick der eingetragenen Verrechnungspreise** durch die Anwahl des Menüpunkts **„Tabelle Preise, Kosten"** wieder.

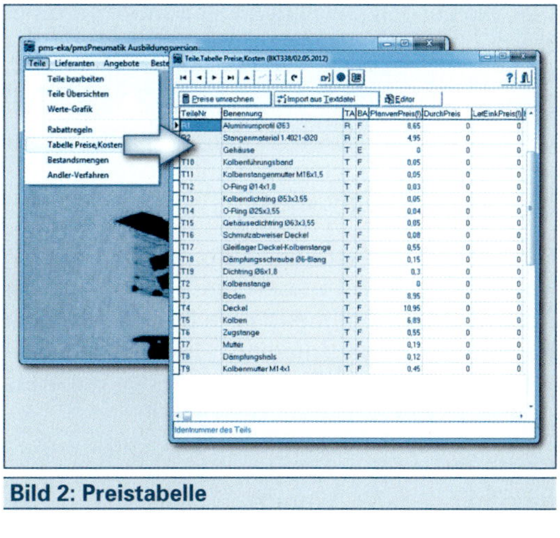

Bild 2: Preistabelle

7.3.5 Durchführung der Bestellungen

Zur **Simulation des Bestellvorganges** wird das **Modelldatum** auf den 7. Mai 2012 verändert. Die Eingabe des neuen Modelldatums kann im Modul „**Einkauf**" durch die Anwahl des Menüs „**Sonst**" und des Menüpunkts „**Parameter**" durchgeführt werden. Im Registerblatt „**Systemfelder**" wird das Modelldatum neu eingestellt (Bild 1).

Nach der Veränderung des Modelldatums werden nun zu diesem festgelegtem Zeitpunkt die Bestellungen für die Lieferanten vorbereitet. Hierzu werden die für die Produktion des Pneumatikzylinders notwendigen Fremdbezugsteile erfasst und entsprechenden Lieferanten zugeordnet. Nach der Eingabe der Daten können die Bestellungen mit vorgegebenen Serienbriefformularen ausgedruckt werden. Bild 2 zeigt die Bearbeitung der Bestellungen mit dem ERP-Programm im Modul „EKA" (Einkauf). Über das Menü „**Bestellungen**" und den Menüpunkt „**Bearbeiten**" werden die Bestellungen aufgenommen.

Mit dem **Anlegen einer neuen Bestellung** wird im **Kopffeld** eine „Identnummer" vergeben sowie eine Beschreibung der Bestellung durchgeführt. Der Lieferant kann direkt eingegeben oder über dem Schalter „Tabelle" durch einen „Doppelklick" ausgewählt werden. Mit der Auswahl des Lieferanten werden auch die festgelegten Konditionen des Lieferanten übernommen. Unter dem Registerblatt „Termine/Ablauf" trägt das ERP-Programm das aktuelle Modelldatum als Bestelldatum ein.

Unter dem Kopffeld werden im **Positionsfeld** die zu bestellenden **Fremdbezugsteile** angegeben, die bei den jeweiligen Lieferanten bezogen werden können. Standardmäßig wird mit der Eingabe der Bestellpositionen das Lieferdatum durch das ERP-Programm vierzehn Tage nach dem Bestelldatum vorgeschlagen. Dieses Datum ist mit dem Lieferdatum des jeweiligen Lieferanten zu korrigieren.

Da alle Konditionen des Lieferanten vom ERP-Programm übernommen werden ist mit der Angabe der Bestellmenge die Bearbeitung der Bestellung abgeschlossen. Der Wert der Bestellung wird unter Einbeziehung des Rabattes durch das ERP-Programm ermittelt.

Die Bestellungen können nach ihrer Bearbeitung mit dem Menüpunkten „**Abwicklung Bestellpositionen**" oder „**Papier Bestellungen**" ausgedruckt werden. In der Auswahlanzeige im Bild 3 kann eine **Auswahl der auszudruckenden Bestellungen** durchgeführt werden. Die eingegebenen Parameter (z.B. die Kontaktperson) im Registerblatt „**Zusatzparameter**" werden in die ausgedruckten Bestellungen übernommen.

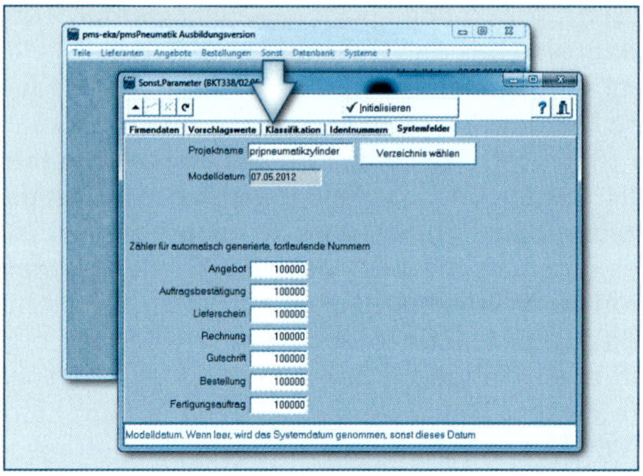

Bild 1: Veränderung des Modelldatums

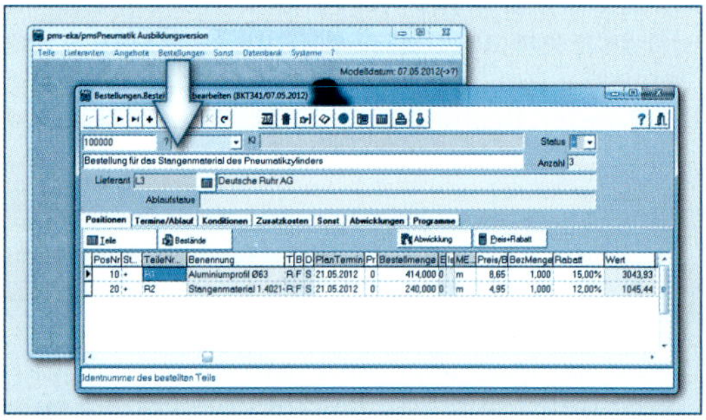

Bild 2: Erfassung der Bestellung

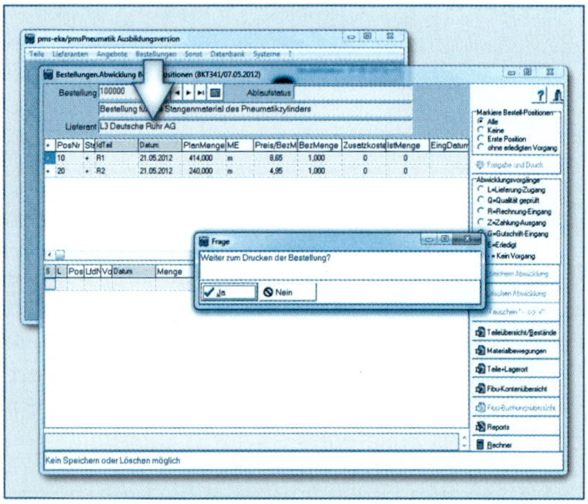

Bild 3: Ausdruck der Bestellung

Der Ausdruck erfolgt mit der **Serienbrieffunktion** des Textverarbeitungsprogramms „Microsoft Word“. Alle ausgedruckten Bestellungen erhalten das Kennzeichen „d“ und werden bei der nächsten Auswahlanzeige nicht mehr aufgeführt. Hierdurch lassen sich doppelte Bestellungen vermeiden.

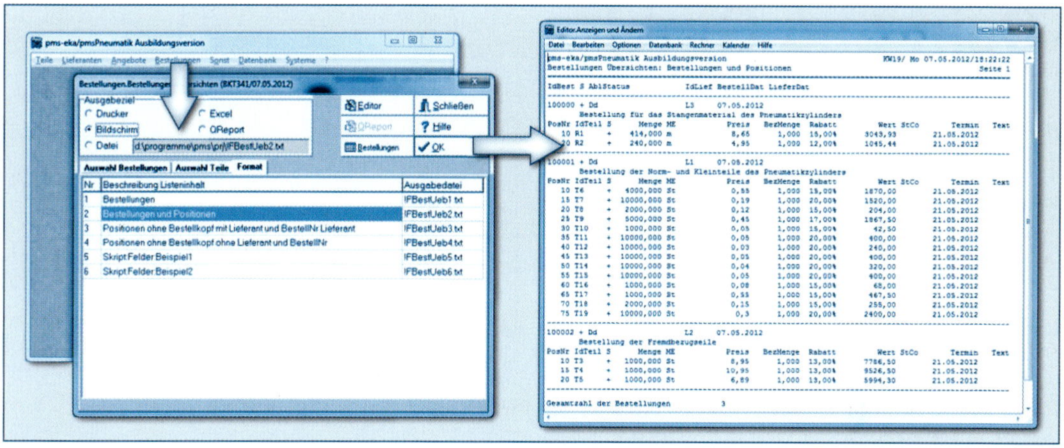

Bild 1: Überblick zu den bearbeiteten Bestellungen

Bild 2 verdeutlicht den Ausschnitt des **Seriendruckformulars** für den Ausdruck der Bestellungen. Die in doppelspitzen Anführungszeichen angegebenen Bezeichnungen werden als Seriendruckfelder bezeichnet. Diese vordefinierten Felder dienen zur Übernahme der in Bild 1 gezeigten Daten der jeweiligen Bestellungen.

Bild 2: Serienbriefformular zum Ausdruck der Bestellungen

Nachfolgend wird exemplarisch der Ausdruck der Bestellung für die Zuliefererfirma „Deutsche Ruhr AG“ wiedergegeben (Bild 1).

Spin-Lag GmbH

Turmstrasse 3
45257 Essen
Telefon: 0201 488698-0 Fax: 0201 4886981

BESTELLUNG

2012-05-07

An
Deutsche Ruhr AG
Hanielst. 222-228
42345 Essen

Lieferadresse:
Fa. Spin-Lag GmbH
Turmstr. 3
45257 Essen

Ihr Angebot — Bestellung für das Stangenmaterial (Pneumatikzylinder)
Unser Zeichen — Nr. **100004**

Menge	Beschreibung	Termin	Preis/Einheit	Betrag
414,00 m.	Aluminiumprofil ø63	2009-05-21	8,65 €	3043,94 €
240,00 m.	Stangenmaterial-1.4021 ø20	2009-05-21	4,95 €	1045,44 €

Summe	4089,38 €
Sonstiges	
Gesamt	4089,38 €

Für eine exakte Termin-Abwicklung wären wir Ihnen sehr verbunden!

Bei Fragen bezüglich dieser Bestellung wenden Sie sich bitte an Herrn Dr. König,
Telefonnummer 0201 123789-230, Fax 0201 123789-760

Zahlungsziel innerhalb 30 Tagen rein netto, 2,00 % Skonto bei Zahlung innerhalb 10 Tagen.
Bankverbindung: Postbank Essen 420 200 110 Konto-Nr. 308 917 051

Bild 1: Ausdruck des Bestellschreibens für die Zulieferfirma

7.3.6 Disposition und Lagerzubuchung der Fremdbezugsteile

Bevor die **Disposition der Fremdbezugsteile** abgewickelt wird, findet eine **Kontrolle** der bisher erfassten Teilebestände durch die Anwahl des Menüs „**Teile**“ statt. Mit der Wahl des Menüpunktes „**Teile Übersichten**“ wird im Registerblatt „**Format**“ die Zeile 8 „**Bestände (IdTeil, EffLa-, Siche-, Reser-, Beste-, DispoBest, SinnvLosGr)**“ angewählt und eine Bestandsüberprüfung durchgeführt. Es zeigt sich, dass alle Fremdbezugsteile einen negativen disponierbaren Bestand (DispoBest) ausweisen (Bild 1).

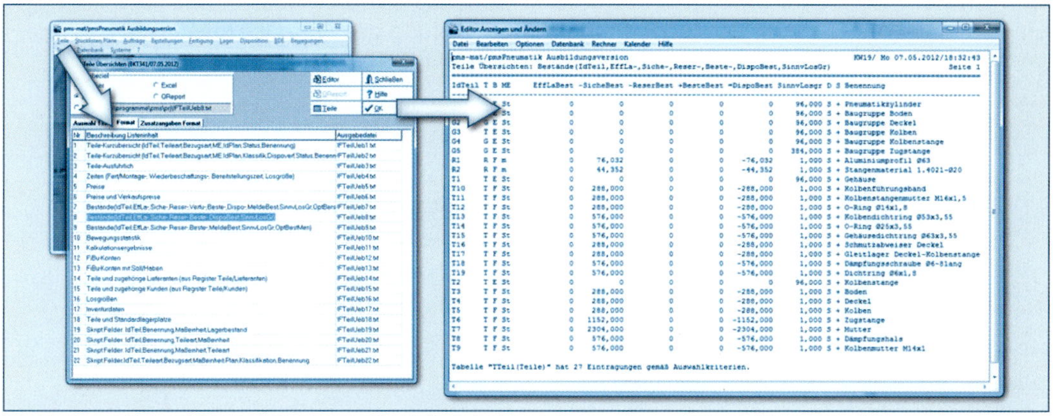

Bild 1: Übersicht der Teilebestände vor der Disposition

Die **Fremdbezugsteile** werden anschließend im Modul „**MAT**“ (Materialwirtschaft) disponiert. Dieser Vorgang erfolgt mit der Anwahl des Menüs „**Disposition**“ und des Menüpunktes „**Lieferplanung**“. Das Auswahlmenü zur Lieferplanung unterscheidet zwischen der Disposition der Fertigungsaufträge und der Bestellungen. Für die Disposition der Fremdbezugsteile sind nur die Bestellungen auszuwählen. Mit dem Schalter „Disposition“ werden alle offenen Bestellungen disponiert und erhalten den Status „M“ (Material disponiert). Die Bestandsprüfung nach der Disposition durch die Betätigung des Schalters „**Teilebestände**“ weist nun einen Bestellbestand und einen disponierbaren Bestand aus (Bild 2).

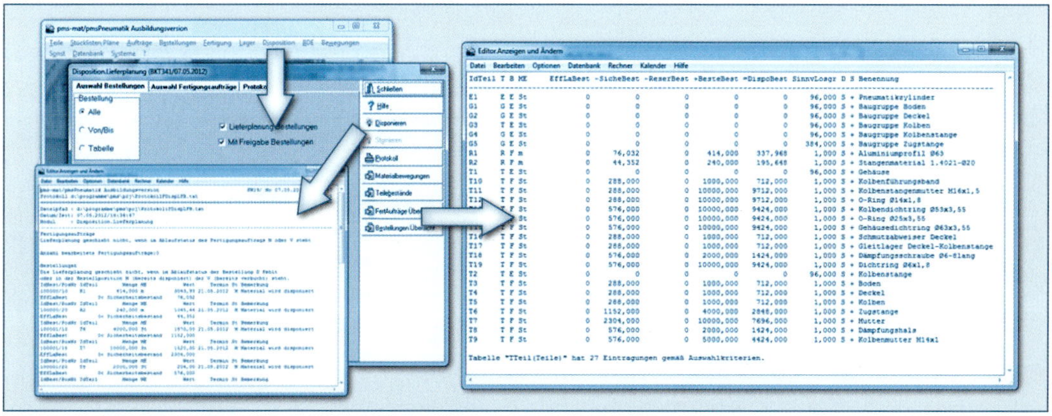

Bild 2: Disposition der Fremdbezugsteile

Mit der Disposition der Fremdbezugsteile wird vom ERP-Programm eine **Materialbestandsführung** durchgeführt. Diese Bestandsführung ist mit der Auftragsabwicklung eng verbunden. Bei jedem Dispositionsvorgang einer Bestellung oder eines Auftrags wird ein **Dispositionsstatus** vergeben. Der Dispositionsstatus der Bestellung wird nach der Abwicklung des vorhergehenden Dispositionsvorgangs mit „**LBE**“ **(Lieferanten-Bestellung)** gekennzeichnet (Bild 158/1).

Der letzte Vorgang zur Beschaffung der Fremdbezugsteile wird durch die **Lagerzubuchung** ausgeführt. Zur Simulation eines entsprechenden Lagereinganges wird hierfür das Modelldatum 5 bzw. 10 Tage nach dem Versand der Bestellungen verändert (→ 7.3.5). Die Lagerzubuchung kann **„off line"** mit einem **Rückmeldeschein** und einer anschließenden **automatischen Zubuchung** durch das ERP-Programm durchgeführt werden. Eine **„on line"** Verbuchung der Lagereingänge geschieht über das **„BDE-Terminal"**. Dieses Terminal zur Betriebs-Daten-Erfassung gibt dem Lagerpersonal die Möglichkeit, den Eingang der Teile direkt in das ERP-Programm einzutragen.

Das **BDE-Terminal** wird mit dem ERP-Programm im Modul **„MAT"** (Materialwirtschaft) unter dem Menü **„BDE"** und dem Menüpunkt **„BDE-Terminal Material-Zu-/Abgang"** aufgerufen. Bild 1 zeigt das BDE-Terminal vor und nach der Lagerzubuchung des Fremdbezugsteils R1 (Aluminiumprofil Ø63).

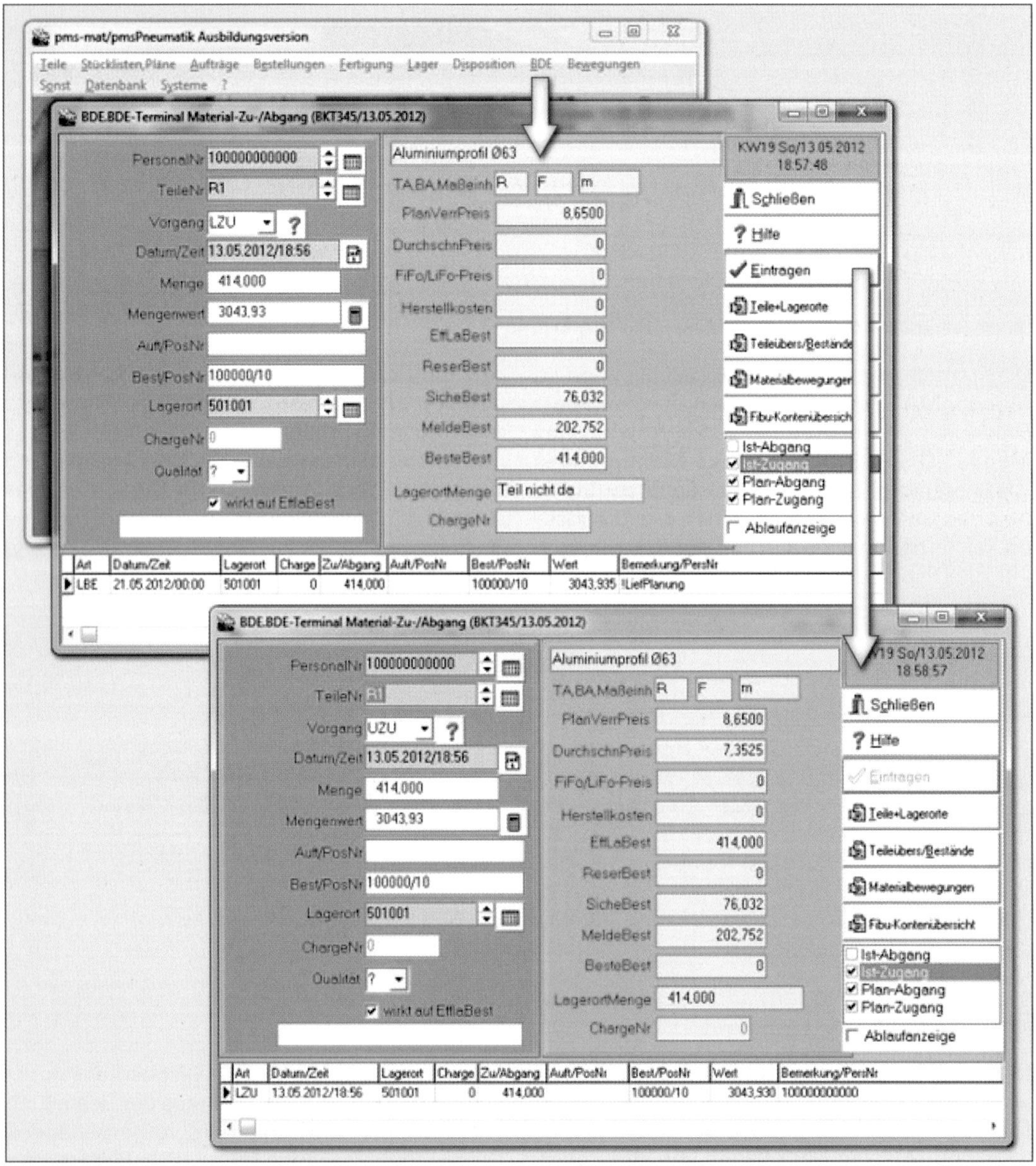

Bild 1: BDE-Terminal zur Lagerbuchung

Bild 1 zeigt eine **Übersicht der Materialbewegungen nach der Lagerzubuchung**. Erzeugt wurde die Übersicht durch die Betätigung des Schalters „Eintragen“ im BDE-Terminal (Bild 158/1). Zu erkennen ist die Veränderung des **Dispositionsstatus** von „**LBE**“ (Lieferanten-Bestellung) zum Status „**LZU**“ (Lieferanten-Bestellungs-Zugang).

Editor.Anzeigen und Ändern

Datei Bearbeiten Optionen Datenbank Rechner Kalender Hilfe Info Liste

Gesamtzahl der Eintragungen in der Tabelle TLagedza:19

Bedarfs-Datum/Zeit	IdTeil	BA	Vorlauf-Zeit	Art	Zugang/Abgang	Netto Bedarf	Wert
13.05/18:56/0	R1	F		LZU	414,000	-	3043,93
13.05/19:04/0	R2	F		LZU	240,000	-	1045,44
13.05/19:07/0	T14	F		LZU	10000,000	-	320,00
13.05/19:07/0	T16	F		LZU	1000,000	-	68,00
13.05/19:07/0	T15	F		LZU	10000,000	-	400,00
13.05/19:07/0	T17	F		LZU	1000,000	-	467,50
13.05/19:07/0	T13	F		LZU	10000,000	-	400,00
13.05/19:07/0	T12	F		LZU	10000,000	-	240,00
13.05/19:07/0	T11	F		LZU	10000,000	-	400,00
13.05/19:07/0	T10	F		LZU	1000,000	-	42,50
13.05/19:08/0	T18	F		LZU	2000,000	-	255,00
13.05/19:08/0	T19	F		LZU	10000,000	-	2400,00
13.05/19:08/0	T3	F		LZU	1000,000	-	7786,50
13.05/19:08/0	T4	F		LZU	1000,000	-	9526,50
13.05/19:08/0	T5	F		LZU	1000,000	-	5994,30
13.05/19:08/0	T6	F		LZU	4000,000	-	1870,00
13.05/19:08/0	T7	F		LZU	10000,000	-	1520,00
13.05/19:08/0	T8	F		LZU	2000,000	-	204,00
13.05/19:08/0	T9	F		LZU	5000,000	-	1867,50

Bild 1: Materialbewegungen nach dem Lagerzugang

Die Beschaffung und Disposition der Fremdbezugsteile schließt mit einer **Bestandsüberprüfung** ab. Bild 2 lässt erkennen, dass die entsprechenden Mengen aller Fremdbezugsteile, wie geplant, als effektiver Lagerbestand im ERP-Programm geführt werden. Der verfügbare Bestand hat sich von einer negativen Bestandsgröße in eine positive Größe verändert.

Editor.Anzeigen und Ändern

Datei Bearbeiten Optionen Datenbank Rechner Kalender Hilfe

IdTeil	T	B	ME	EffLaBest	-SicheBest	-ReserBest	+BesteBest	=DispoBest	SinnvLosgr	D	S	Benennung
E1	E	E	St	0	0	0	0	0	96,000	S	+	Pneumatikzylinder
G1	G	E	St	0	0	0	0	0	96,000	S	+	Baugruppe Boden
G2	G	E	St	0	0	0	0	0	96,000	S	+	Baugruppe Deckel
G3	T	E	St	0	0	0	0	0	96,000	S	+	Baugruppe Kolben
G4	G	E	St	0	0	0	0	0	96,000	S	+	Baugruppe Kolbenstange
G5	G	E	St	0	0	0	0	0	384,000	S	+	Baugruppe Zugstange
R1	R	F	m	414,000	76,032	0	0	337,968	1,000	S	+	Aluminiumprofil Ø63
R2	R	F	m	240,000	44,352	0	0	195,648	1,000	S	+	Stangenmaterial 1.4021-Ø20
T1	T	E	St	0	0	0	0	0	96,000	S	+	Gehäuse
T10	T	F	St	1000,000	288,000	0	0	712,000	1,000	S	+	Kolbenführungsband
T11	T	F	St	10000,000	288,000	0	0	9712,000	1,000	S	+	Kolbenstangenmutter M16x1,5
T12	T	F	St	10000,000	288,000	0	0	9712,000	1,000	S	+	O-Ring Ø14x1,8
T13	T	F	St	10000,000	576,000	0	0	9424,000	1,000	S	+	Kolbendichtring Ø53x3,55
T14	T	F	St	10000,000	576,000	0	0	9424,000	1,000	S	+	O-Ring Ø25x3,55
T15	T	F	St	10000,000	576,000	0	0	9424,000	1,000	S	+	Gehäusedichtring Ø63x3,55
T16	T	F	St	1000,000	288,000	0	0	712,000	1,000	S	+	Schmutzabweiser Deckel
T17	T	F	St	1000,000	288,000	0	0	712,000	1,000	S	+	Gleitlager Deckel-Kolbenstange
T18	T	F	St	2000,000	576,000	0	0	1424,000	1,000	S	+	Dämpfungsschraube Ø6-8lang
T19	T	F	St	10000,000	576,000	0	0	9424,000	1,000	S	+	Dichtring Ø6x1,8
T2	T	E	St	0	0	0	0	0	96,000	S	+	Kolbenstange
T3	T	F	St	1000,000	288,000	0	0	712,000	1,000	S	+	Boden
T4	T	F	St	1000,000	288,000	0	0	712,000	1,000	S	+	Deckel
T5	T	F	St	1000,000	288,000	0	0	712,000	1,000	S	+	Kolben
T6	T	F	St	4000,000	1152,000	0	0	2848,000	1,000	S	+	Zugstange
T7	T	F	St	10000,000	2304,000	0	0	7696,000	1,000	S	+	Mutter
T8	T	F	St	2000,000	576,000	0	0	1424,000	1,000	S	+	Dämpfungshals
T9	T	F	St	5000,000	576,000	0	0	4424,000	1,000	S	+	Kolbenmutter M14x1

Tabelle "TTeil(Teile)" hat 27 Eintragungen gemäß Auswahlkriterien.

Bild 2: Bestandsüberprüfung der Fremdbezugsteile nach dem Lagerzugang

Fragen und Aufgaben

1. Was wird unter einer bedarfsbezogenen Bestellung verstanden?
2. Beschreiben Sie den Unterschied zwischen einer terminbezogenen und einer bestandsbezogenen Bestellung.
3. Erläutern Sie verschiedene Methoden zur Festlegung des Primärbedarfs und des Sekundärbedarfs eines Auftrages.
4. Wie wird die Bestellmenge nach der Andler-Formel ermittelt?
5. Warum muss bei verschiedenen Teilen eine neue Reichweite nach der Festlegung der Bestellmenge bestimmt werden?
6. Welche Daten werden von den Lieferanten erfasst?
7. Zwischen welchen Teilearten wird in einem ERP-Programm unterschieden?
8. Wie wird die Größe des Meldebestandes ermittelt?
9. Erläutern Sie die Berechnung zur Ermittlung des disponierbaren Bestandes.
10. Durch welche Funktion werden die Papiere der Bestellungen im ERP-Programm „PMS-ERM“ erstellt und ausgedruckt?
11. Warum erhalten ausgedruckte Bestellungen ein gesondertes Kennzeichen?
12. Was wird mit dem Vorgang „Disposition der Fremdbezugsteile“ durch das ERP-Programm erreicht?
13. Welchen Dispositionsstatus erhalten die Fremdbezugsteile nach dem Vorgang „Disposition“ und wie verändert sich der Status nach der Lagerzubuchung?

Arbeitsaufträge zum Projekt „Produktion der Pneumatikzylinder“

(Lösungen zu den Arbeitsaufträgen können den Kapiteln 7.3.3 bis 7.3.6 aus den jeweiligen Bildern entnommen werden. Das Programm zur Bearbeitung der Arbeitsaufträge befindet sich auf der beiliegenden CD. Mit einem Export der Datensätze zu den Stammdaten des Pneumatikzylinders aus dem Unterverzeichnis „01-Stammdaten“ des Projektordners „Pneumatikzylinder“ auf der beiliegenden CD kann die Lösung der vorhergehenden Arbeitsaufträge in die Datenbank kopiert werden.)

7.11 Erfassen Sie die Lieferanten zur Beschaffung der Fremdbezugsteile des Pneumatikzylinders mit dem ERP-Programm „PMS-ERM“ (→ 7.3.3).

7.12 Geben Sie die Lieferzeiten und Bestände der Fremdbezugsteile in die Teileverwaltung des ERP-Programms „PMS-ERM“ ein (→ 7.3.4).

7.13 Tragen Sie die Einkaufspreise in die Teileverwaltung der Fremdbezugsteile eine und weisen Sie die Lieferanten durch das ERP-Programm „PMS-ERM“ zu (→ 7.3.4).

7.14 Erfassen Sie die Bestellungen und drucken Sie über die Bestellungen für die Fremdbezugsteile aus (→ 7.3.5).

7.15 Führen Sie eine Disposition für die Fremdbezugsteile durch (→ 7.3.6).

7.16 Simulieren Sie eine Lagerzubuchung der Fremdbezugsteile mit dem „BDE-Terminal“ des ERP-Programms „PMS-ERM“ (→ 7.3.6).

7.17 Drucken Sie bei allen bearbeiteten Arbeitsaufträgen einen Überblick zu den eingegebenen Daten mit dem ERP-Programm „PMS-ERM“ aus (→ 7.3.3 bis 7.3.6).

7.3.7 Vertiefungsaufgabe zum Projekt „Produktion der Spindel-Lagereinheiten“

Mit der nachfolgenden Aufgabe erhalten Sie die Möglichkeit, die Stammdatenverwaltung und Einkaufsabwicklung für das Projekt „Produktion der Spindel-Lagereinheiten“ durchzuführen. Die Daten für die Stammdatenverwaltung der Spindel-Lagereinheit entnehmen Sie bitte der Lösung aus den vorher bearbeiteten Vertiefungsaufgaben 4.4 und 6.4. Die Angaben für die Arbeitsplanung zur Fertigung und Montage der Spindel-Lageeinheit können aus der zuvor bearbeiteten Vertiefungsaufgabe 5.4 entnommen werden. Die Arbeitsaufträge zur Durchführung der **Stammdatenverwaltung** sind unter den Aufgabennummern 7.18 bis 7.23 angegeben.

Alle Fremdbezugsteile für die Spindel-Lagereinheit werden für die Produktion vom nachfolgend angegebenen Lieferanten bezogen. Die notwendigen Angaben für die Einkaufsabwicklung können Sie dem Geschäftsbrief Bild 161/1 entnehmen. Das Stangenmaterial für die Antriebsspindel erhalten Sie von der Deutschen Ruhr AG zu den im Geschäftsbrief (→ 7.3.2.1) angegebenen Konditionen zum folgenden Nettopreis: **Rundstahl 1.7225 – ø50 in der Industrielänge 6 m zu 7,89 €/m.**

Die Arbeitsaufträge zur Durchführung der **Einkaufsabwicklung** finden sie unter den Aufgabennummern 7.24 bis 2.28.

• Passscheibe	DIN 988	Listenpreis/Stück	0,40	€
		Rabatt	20%	bei
		Mindestabnahme:	10000	Stück
• Sicherungsring	DIN 471	Listenpreis/Stück	0,21	€
		Rabatt	20%	bei
		Mindestabnahme:	10000	Stück
• Sicherungsblech	DIN 5406	Listenpreis/Stück	0,31	€
		Rabatt	20%	bei
		Mindestabnahme:	10000	Stück
• Nutmutter	DIN 981	Listenpreis/Stück	7,56	€
		Rabatt	17%	bei
		Mindestabnahme:	5000	Stück
• O-Ring	DIN 3771	Listenpreis/Stück	0,23	€
		Rabatt	20%	bei
		Mindestabnahme:	10000	Stück
• Radial-Wellen-dichtring	DIN 3760	Listenpreis/Stück	2,81	€
		Rabatt	17%	bei
		Mindestabnahme:	5000	Stück
• Filzring	DIN 5419	Listenpreis/Stück	0,03	€
		Rabatt	20%	bei
		Mindestabnahme:	10000	Stück
• Federring	DIN 128	Listenpreis/Stück	0,03	€
		Rabatt	20%	bei
		Mindestabnahme:	10000	Stück
• Sechskant-schraube	DIN EN 24017	Listenpreis/Stück	0,04	€
		Rabatt	20%	bei
		Mindestabnahme:	10000	Stück
• Lagerbock Stahl	lt. Zeichnung	Listenpreis/Stück	65,00	€
		Rabatt	5%	bei
		Mindestabnahme:	500	Stück
• Deckel	lt. Zeichnung	Listenpreis/Stück	12,43	€
		Rabatt	10%	bei
		Mindestabnahme:	800	Stück
• Wälzlager	lt. Zeichnung	Listenpreis/Stück	8,75	€
		Rabatt	15%	bei
		Mindestabnahme:	1000	Stück

Lieferzeit: 5 Tage nach Auftragseingang.

Die Preise verstehen sich zuzüglich der gesetzlichen Mehrwertsteuer. Die Lieferung erfolgt ab einem Bestellwert von 500 € ohne zusätzliche Kosten frei Haus.
2 % Skonto bei Zahlung innerhalb von 10 Tagen, ansonsten 30 Tage netto.

Bild 1: Auszug aus dem Geschäftsbrief der Firma „Westfälische Werke AG"

Arbeitsaufträge zur Stammdatenverwaltung für das Projekt „Produktion der Spindel-Lagereinheiten"

Arbeitsaufträge zur Lagerverwaltung

7.18 Für das zu bearbeitende Projekt werden Sie als Mitarbeiter der Spin-Lag GmbH beauftragt, die Stammdatenverwaltung durchzuführen. Als erstes sind die Lager mit dem Modul „MAT" (Materialwirtschaft) des ERP-Programms „ERP-PMS" zu erfassen (→ 7.2.1). Die einzutragenden Lager sollen aus den Angaben zur Layoutplanung (→ 1.4) übernommen werden.

7.19 Nach Eingabe der Lager ist eine Übersicht der vorhandenen Lager auszudrucken. Aufgrund der Ergebnisse der Vertiefungsaufgabe zur Produktionsbedarfsplanung (→ 4.4) sind alle Teilearten der Spindel-Lagereinheit im Modul „TSA" (Teile Stucklisten Arbeitspläne zu erfassen (→ 7.2.2).

7.20 Nach der Aufnahme der Teile soll eine Zuordnung der eingegebenen Lager zu den Teilen durchgeführt und eine Übersicht der Teile zu den Lagerstandorten ausgedruckt werden (→ 7.2.2.2)

Arbeitsaufträge zur Produktionsmittelverwaltung

7.21 Mit der Produktionsmittelverwaltung sind alle verwendeten Arbeitsplätze für die Produktion der Spindel Lagereinheiten in das ERP-Programm „ERP-PMS" einzutragen (→ 6.4). Anschließend ist ein Ausdruck der Übersicht zu den Arbeitsplätzen anzufertigen (→ 7.2.3).

Arbeitsauftrag zur Stücklistenverwaltung

7.22 Die in der Vertiefungsaufgabe zur Produktionsbedarfsplanung (→ 4.4) erstellten Baukastenstücklisten der Spindel-Lagereinheit sind nachfolgend in das ERP-Programm „ERP-PMS" einzugeben. Die Stücklisten sind nach der Eingabe in der Darstellungsform Strukturstückliste und Mengenübersichtsstückliste für ein Erzeugnis auszudrucken (→ 7.2.4).

Arbeitsauftrag zur Arbeitsplanverwaltung

7.23 Die in der Vertiefungsaufgabe zur Arbeitsplanung (→ 5.5) angefertigten Grobarbeitspläne sind in das Modul TSA (Teile Stücklisten Arbeitspläne) einzutragen. Als Ergebnis soll ein Ausdruck aller Grobarbeitspläne durchgeführt werden. Weiterhin soll die Auftrags- und Durchlaufzeit für die sinnvolle Losgröße durch das ERP-Programm „ERP-PMS" berechnet und ausgedruckt werden. Abschließend soll ein Ausdruck der Termin-Grafik zur Produktion der Spindel-Lagereinheiten angefertigt und die Berechnung der Durchlaufzeit anhand der Termin-Grafik verdeutlicht werden (→ 7.2.5).

Arbeitsaufträge zur Einkaufsabwicklung für das Projekt „Produktion der Spindel-Lagereinheiten"

7.24 Analysieren Sie als Mitarbeiter der Spin-Lag GmbH den Einsatz unterschiedlicher Bestellverfahren. Vergleichen Sie hierbei die Vor- und Nachteile der jeweiligen Bestellverfahren und wählen Sie ein geeignetes Bestellverfahren zur Beschaffung der Fremdbezugsteile aus (→ 7.3.1).

7.25 Beschreiben Sie verschiedene Möglichkeiten zur Festlegung des Primär- und Sekundärbedarfs (→ 7.3.2).

7.26 Legen Sie die Bestellmenge bei einer bestandsbezogenen Bestellauslösung für den Primärbedarf an Spindel-Lagereinheiten fest (→ 7.3.2.3). Verwenden Sie hierzu die Informationen aus dem Szenarium zur Situation der Produktion der Spindel-Lagereinheiten (→ 1.1) sowie zur Auftragsabwicklung (vgl. 1.4).

7.27 Ermitteln Sie die Bestellmenge an Fremdbezugsteilen für die Spindel-Lagereinheiten pro Beschaffungsvorgang (→ 7.3.2.3). Bestimmen Sie die neuen Reichweiten für die Beschaffung der Fremdbezugsteile anhand der festgelegten Bestellmengen (→ 7.3.2.4).

7.28 Führen Sie die Einkaufsabwicklung mithilfe des ERP-Programms „PMS-ERM" durch. Bearbeiten Sie hierbei folgende Punkte:

- Erfassen Sie die Lieferanten zur Produktion der Spindel-Lagereinheiten (→ 7.3.3).
- Erfassen Sie die Lieferzeiten, Bestände, Preise und Bestellmengen sowie die Rabatte der jeweiligen Lieferanten zur Beschaffung der Fremdbezugsteile (→ 7.3.4). Verwenden Sie hierzu die Auszüge aus den Geschäftsbriefen der Zulieferer (→ 7.7.2.1).
- Erstellen Sie Bestellungen für die Lieferanten. Drucken Sie die Papiere für die Zulieferer aus (→ 7.3.5).
- Führen Sie eine Disposition der Fremdbezugsteile durch. Drucken Sie hierfür eine Übersicht der Teilebestände vor und nach der Disposition aus (→ 7.3.6).
- Führen Sie eine automatische Zubuchung der Fremdbezugsteile durch. Drucken Sie hierbei die Bestandüberprüfung der Fremdbezugsteile nach dem Lagerzugang aus (→ 7.3.6).

7.4 Vorratsfertigung der Pneumatikzylinder

Der Primärbedarf der Fa. Spin-Lag an doppeltwirkenden Pneumatikzylindern der Baureihe BP264 ist mit 480 Erzeugnissen für eine erstmalige Lagerung ermittelt worden (→ 7.3.2.2). Die Produktion wird hierbei in 5 Tageslose zu je 96 Erzeugnissen aufgeteilt. Der Vorgang der Beschaffung von Fremdbezugsteilen zur Produktionsaufnahme am 1. Juni 2012 (→ 1.3) ist abgeschlossen. Halbzeuge, Stangenmaterial und Normteile sind als Lagerzugang verbucht worden.

Nachfolgend soll die **Materialdisposition für einen Vorratsauftrag** über alle Fertigungsstufen durchgeführt werden. Zur Simulation des Vorgangs wird eine Umstellung des Modelldatums auf den 1. Juni 2012 durchgeführt (→ Bild 154/1). Ausgangspunkt dieser Simulation ist die bereits durchgeführte Ermittlung des Bedarfs an Erzeugnissen für die erstmalige **Lagerauffüllung des Vorratslagers**. Damit die Materialzubuchungen und Materialabbuchungen im Zeitsystem erfolgen können, sind die Zeitpunkte der Durchlaufterminierung für die Fertigung zu übernehmen (→ 7.2.5). Diese Terminierung erfolgt allerdings ohne Berücksichtigung etwaiger Kapazitätsrestriktionen. Der **Endtermin für den Produktionsbeginn** des ersten Tagesloses wird somit auf den 11. Juni 2012 festgelegt.

7.4.1 Erfassung des Betriebsauftrages

Der Fertigungsvorgang kann nur auf der Grundlage eines Auftrages erfolgen. Bei der Vorratsfertigung handelt es sich um einen **Eigenauftrag des Betriebes.** Für diesen Betriebsauftrag muss der eigene **Betrieb als Kunde** (Auftraggeber) angelegt werden. Der Betriebsauftrag wird zum 1. Juni 2012 erfasst. Eingegeben wird der Kunde im Modul „**VKA**" (Verkauf) des ERP-Programms unter dem Menü „Kunden" und der Anwahl des Menüpunktes „**Kunden bearbeiten**". Mit dem Schalter „**+**" wird ein neuer Kunde angelegt. Im Registerblatt „**Adressen**" wird die Anschrift des Kunden vermerkt (Bild 1).

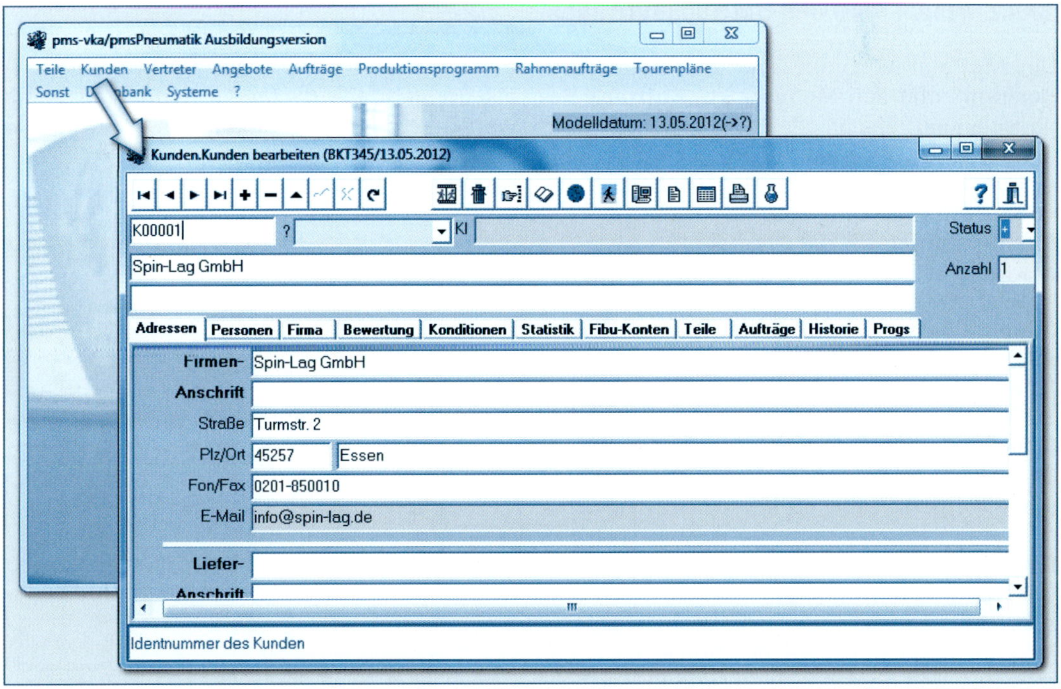

Bild 1: Eingabe des eigenen Betriebes als Kunde

Die **Bearbeitung des Betriebsauftrages** für das erste Tageslos wird im Modul „**MAT**“ (Materialwirtschaft) im Menü „**Aufträge**“ und dem Menüpunkt „**Aufträge**“ durchgeführt (Bild 1). Beim vorliegenden Auftrag handelt es sich um einen **Lagerauftrag (L)**. Weiterhin muss im Kopffeld der zum Auftrag **zugehörige Kunde** vermerkt werden. Im Registerblatt „**Positionen**“ werden das zu produzierende Erzeugnis sowie der **Liefertermin** und die **Auftragsgröße** eingegeben. Zusätzlich ist der **Preis pro Erzeugnis** anzugeben. Der eingetragene Auftrag erhält vom ERP-System „PMS-ERM“ je nach durchgeführtem Vorgang einen neuen Ablaufstatus. Nach der Fertigungsstellung und Lagerzubuchung der Pneumatikzylinder wird der Ablaufstatus „E“ (Erledigt) eingetragen.

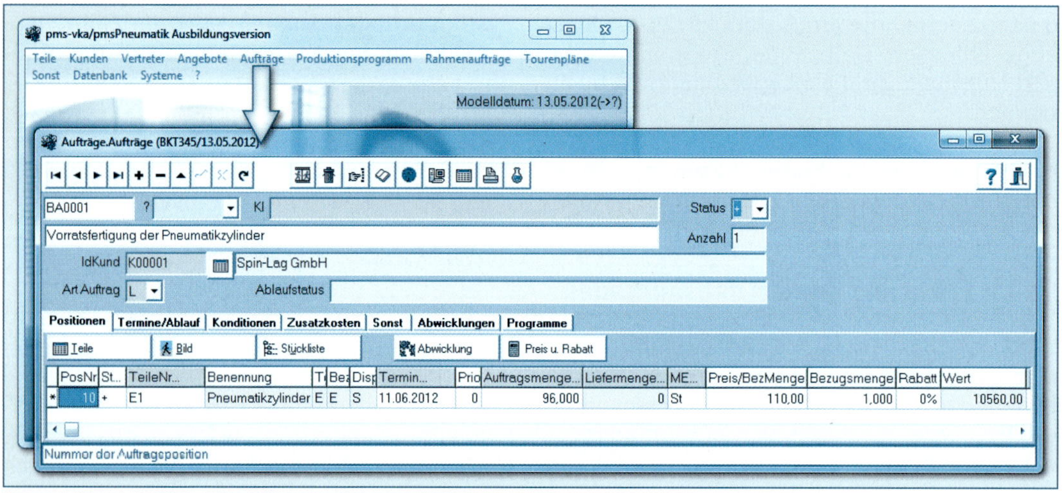

Bild 1: Eingabe des Betriebsauftrages für das erste Tageslos

7.4.2 Disposition des Betriebsauftrages

Das Material wird nun über das Menü „**Disposition**“ und den Menüpunkt „**Auftrags-Bedarfsplanung**“ disponiert. Nach Bestätigung der Schaltfläche „**Disponieren**“ im nachfolgenden Auswahlmenü werden mit der Disposition die **Vorlaufzeiten der Fertigungs- und Montagestufen** für die Produktion des Pneumatikzylinders berechnet.

Gleichzeitig werden durch die Disposition des Fertigungsauftrages die Teilebestände geändert. Während für das Erzeugnis das ERP-System den **Bestellbestand** einträgt, wird für den Sekundärbedarf ein **reservierter Bestand** vermerkt (Bild 165/1)

Betrachtet man nach der **Disposition** die „**Materialbewegungen**“ des Erzeugnisses und der Teile, so können Informationen zu den Dispositionsterminen und dem -status entnommen werden. Das Erzeugnis E1 erhält den Status „**APL**“ (**Auftrags-Primärbedarf**), alle übrigen Teile, die für die Fertigung benötigt werden, erhalten den Statuts **ASB** (**Auftrags-Sekundärbedarf**) und werden für die Produktion reserviert (Bild 2).

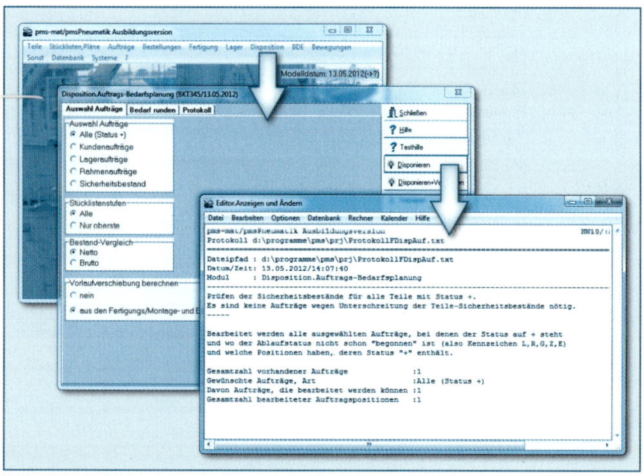

Bild 2: Disposition des Fertigungsauftrages

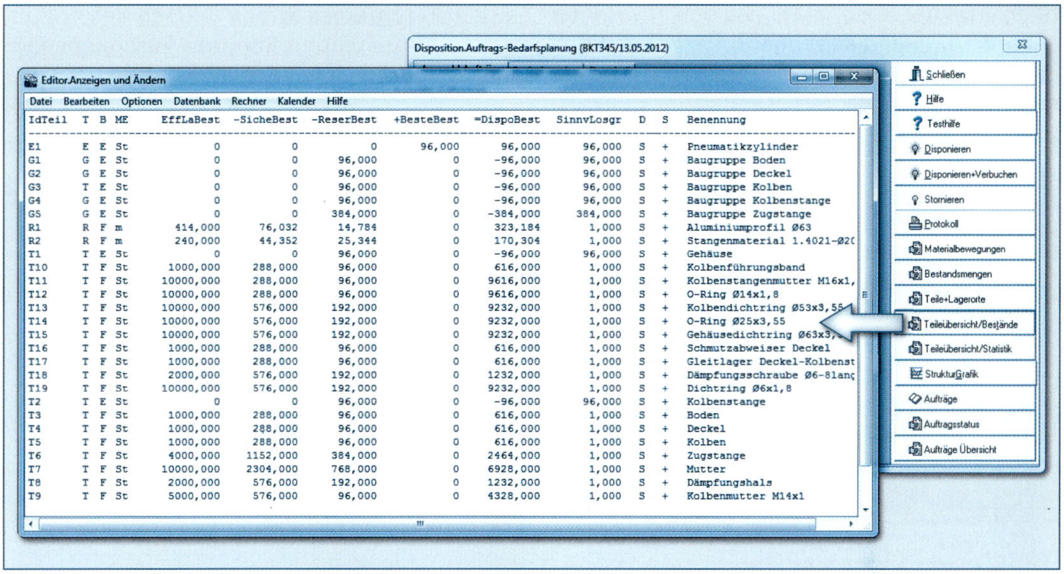

IdTeil	T	B	ME	EffLaBest	-SicheBest	-ReserBest	+BesteBest	=DispoBest	SinnvLosgr	D	S	Benennung
E1	E	E	St	0	0	0	96,000	96,000	96,000	S	+	Pneumatikzylinder
G1	G	E	St	0	0	96,000	0	-96,000	96,000	S	+	Baugruppe Boden
G2	G	E	St	0	0	96,000	0	-96,000	96,000	S	+	Baugruppe Deckel
G3	T	E	St	0	0	96,000	0	-96,000	96,000	S	+	Baugruppe Kolben
G4	G	E	St	0	0	96,000	0	-96,000	96,000	S	+	Baugruppe Kolbenstange
G5	G	E	St	0	0	384,000	0	-384,000	384,000	S	+	Baugruppe Zugstange
R1	R	F	m	414,000	76,032	14,784	0	323,184	1,000	S	+	Aluminiumprofil Ø63
R2	R	F	m	240,000	44,352	25,344	0	170,304	1,000	S	+	Stangenmaterial 1.4021-Ø2(
T1	T	E	St	0	0	96,000	0	-96,000	96,000	S	+	Gehäuse
T10	T	F	St	1000,000	288,000	96,000	0	616,000	1,000	S	+	Kolbenführungsband
T11	T	F	St	10000,000	288,000	96,000	0	9616,000	1,000	S	+	Kolbenstangenmutter M16x1,
T12	T	F	St	10000,000	288,000	96,000	0	9616,000	1,000	S	+	O-Ring Ø14x1,8
T13	T	F	St	10000,000	576,000	192,000	0	9232,000	1,000	S	+	Kolbendichtring Ø53x3,55
T14	T	F	St	10000,000	576,000	192,000	0	9232,000	1,000	S	+	O-Ring Ø25x3,55
T15	T	F	St	10000,000	576,000	192,000	0	9232,000	1,000	S	+	Gehäusedichtring Ø63x3,[illegible]
T16	T	F	St	1000,000	288,000	96,000	0	616,000	1,000	S	+	Schmutzabweiser Deckel
T17	T	F	St	1000,000	288,000	96,000	0	616,000	1,000	S	+	Gleitlager Deckel-Kolbenst
T18	T	F	St	2000,000	576,000	192,000	0	1232,000	1,000	S	+	Dämpfungsschraube Ø6-8lanç
T19	T	F	St	10000,000	576,000	192,000	0	9232,000	1,000	S	+	Dichtring Ø6x1,8
T2	T	E	St	0	0	96,000	0	-96,000	96,000	S	+	Kolbenstange
T3	T	F	St	1000,000	288,000	96,000	0	616,000	1,000	S	+	Boden
T4	T	F	St	1000,000	288,000	96,000	0	616,000	1,000	S	+	Deckel
T5	T	F	St	1000,000	288,000	96,000	0	616,000	1,000	S	+	Kolben
T6	T	F	St	4000,000	1152,000	384,000	0	2464,000	1,000	S	+	Zugstange
T7	T	F	St	10000,000	2304,000	768,000	0	6928,000	1,000	S	+	Mutter
T8	T	F	St	2000,000	576,000	192,000	0	1232,000	1,000	S	+	Dämpfungshals
T9	T	F	St	5000,000	576,000	96,000	0	4328,000	1,000	S	+	Kolbenmutter M14x1

Bild 1: Teilebestände nach der Disposition

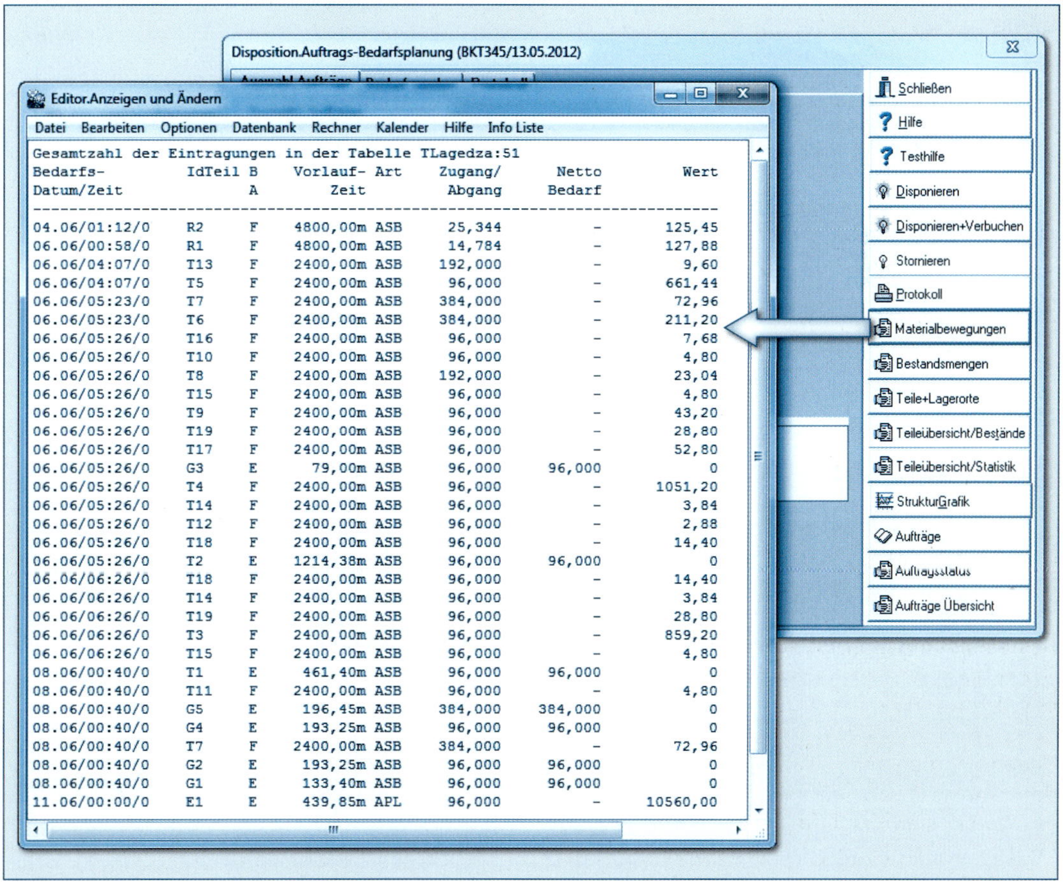

Gesamtzahl der Eintragungen in der Tabelle TLagedza:51

Bedarfs- Datum/Zeit	IdTeil	B A	Vorlauf- Zeit	Art	Zugang/ Abgang	Netto Bedarf	Wert
04.06/01:12/0	R2	F	4800,00m	ASB	25,344	-	125,45
06.06/00:58/0	R1	F	4800,00m	ASB	14,784	-	127,88
06.06/04:07/0	T13	F	2400,00m	ASB	192,000	-	9,60
06.06/04:07/0	T5	F	2400,00m	ASB	96,000	-	661,44
06.06/05:23/0	T7	F	2400,00m	ASB	384,000	-	72,96
06.06/05:23/0	T6	F	2400,00m	ASB	384,000	-	211,20
06.06/05:26/0	T16	F	2400,00m	ASB	96,000	-	7,68
06.06/05:26/0	T10	F	2400,00m	ASB	96,000	-	4,80
06.06/05:26/0	T8	F	2400,00m	ASB	192,000	-	23,04
06.06/05:26/0	T15	F	2400,00m	ASB	96,000	-	4,80
06.06/05:26/0	T9	F	2400,00m	ASB	96,000	-	43,20
06.06/05:26/0	T19	F	2400,00m	ASB	96,000	-	28,80
06.06/05:26/0	T17	F	2400,00m	ASB	96,000	-	52,80
06.06/05:26/0	G3	E	79,00m	ASB	96,000	96,000	0
06.06/05:26/0	T4	F	2400,00m	ASB	96,000	-	1051,20
06.06/05:26/0	T14	F	2400,00m	ASB	96,000	-	3,84
06.06/05:26/0	T12	F	2400,00m	ASB	96,000	-	2,88
06.06/05:26/0	T18	F	2400,00m	ASB	96,000	-	14,40
06.06/05:26/0	T2	E	1214,38m	ASB	96,000	96,000	0
06.06/06:26/0	T18	F	2400,00m	ASB	96,000	-	14,40
06.06/06:26/0	T14	F	2400,00m	ASB	96,000	-	3,84
06.06/06:26/0	T19	F	2400,00m	ASB	96,000	-	28,80
06.06/06:26/0	T3	F	2400,00m	ASB	96,000	-	859,20
06.06/06:26/0	T15	F	2400,00m	ASB	96,000	-	4,80
08.06/00:40/0	T1	E	461,40m	ASB	96,000	96,000	0
08.06/00:40/0	T11	F	2400,00m	ASB	96,000	-	4,80
08.06/00:40/0	G5	E	196,45m	ASB	384,000	384,000	0
08.06/00:40/0	G4	E	193,25m	ASB	96,000	96,000	0
08.06/00:40/0	T7	F	2400,00m	ASB	384,000	-	72,96
08.06/00:40/0	G2	E	193,25m	ASB	96,000	96,000	0
08.06/00:40/0	G1	E	133,40m	ASB	96,000	96,000	0
11.06/00:00/0	E1	E	439,85m	APL	96,000	-	10560,00

Bild 2: Disposition des Materials für den angelegten Betriebsauftraga

Nach erfolgter Material-Disposition des Primärbedarfs (APL) und des zugehörige Sekundärbedarfs (ASB) können nun die **Fertigungsaufträge** erstellt werden. Als Vorbereitung zur Disposition der **Fertigungsaufträge** müssen den vorhandenen Auftragsnummern **freie Fertigungsnummern** zugeordnet werden.

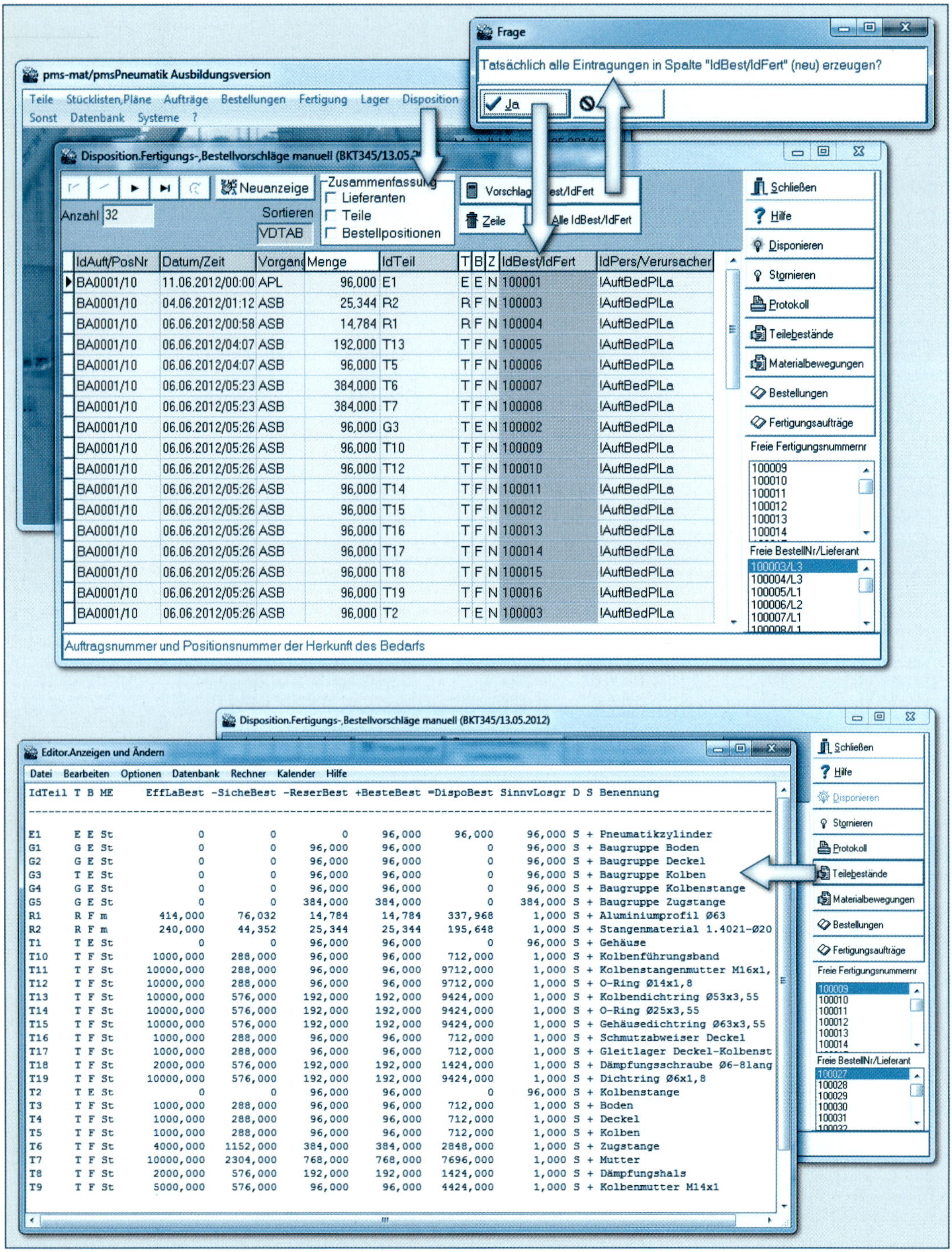

Bild 1: Disposition der Fertigungsaufträge mit Übersicht der Teilbestände

Wie in der Übersicht der **Teilebestände** in Bild 166/1 zu erkennen ist, wurden für den Sekundärbedarf ein Bestellbestand eingetragen, der von der Größe mit dem reservierten Bestand identisch ist. Sowohl für den Primär- als auch für den Sekundärbedarf des Fertigungsauftrages ist nun der notwendige Bestellbestand für ein Tageslos vorhanden.

Mit der durchgeführten Disposition werden aus dem Primärbedarf (APL) und dem Sekundärbedarf (ASB) Fertigungsaufträge erzeugt. Wie man im Bild 1 aus der Anzeige der Materialbewegungen erkennen kann, erhalten die **geplanten Fertigungsaufträge** den **Dispositionsstatus „FBE“ (geplanter Fertigungsauftrag)**. Der Sekundärbedarf (ASB) für den Fertigungsauftrag erhält mit diesem Vorgang den **Dispositionsstatus „FSB“ (Fertigungs-Sekundärbedarf)**.

Für die Fremdbezugsteile wird der jeweilige Wert in Euro angegeben. Aus der berechneten Vorlaufzeit ergibt sich der Zeitpunkt, wann die Fremdbezugsteile benötigt bzw. die Eigenfertigungsteile für den Pneumatikzylinder fertig gestellt werden.

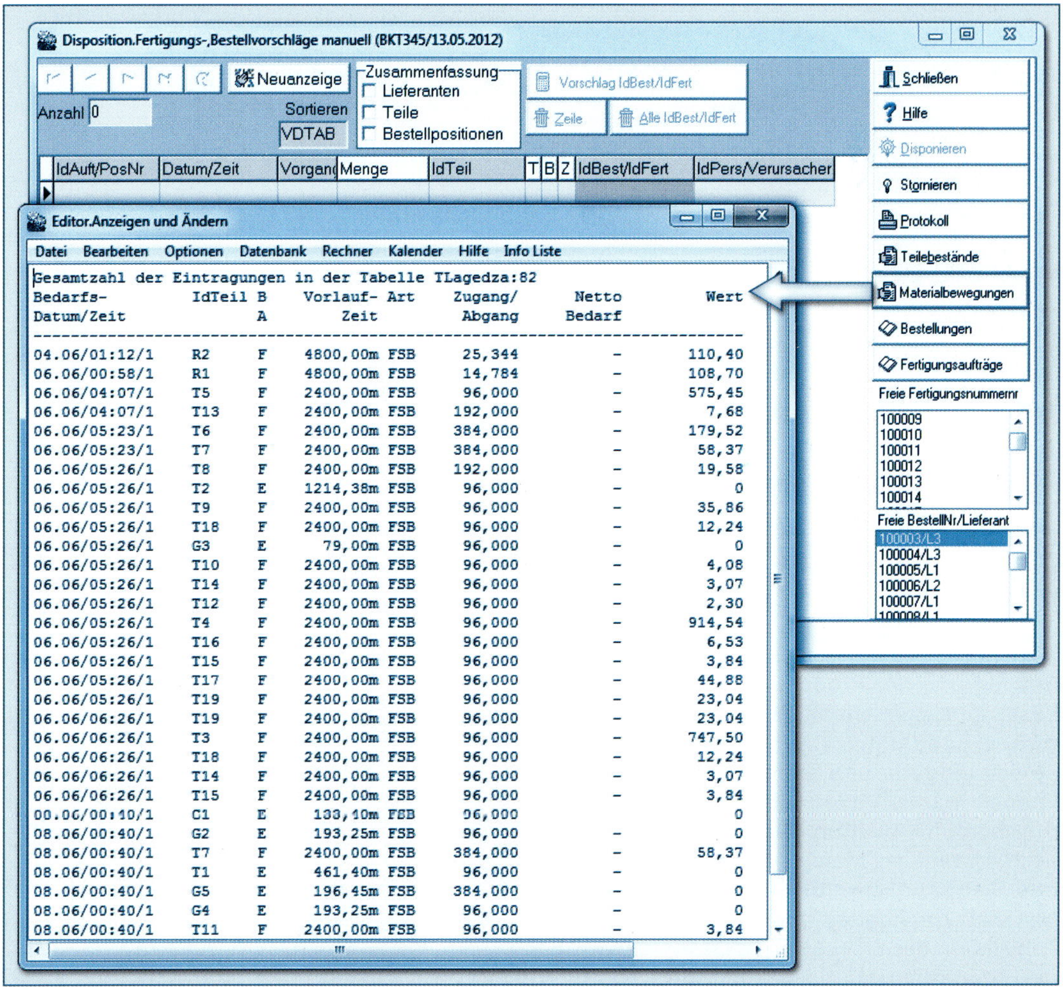

Bild 1: Zu- und Abbuchung der Eigenfertigungsteile sowie des Erzeugnisses

Für die Produktion der Eigenfertigungsteile muss noch eine **Freigabe** erfolgen. Im Menü „**Fertigung**“ erscheint durch die Anwahl des Menüpunkts „**Fertigungsaufträge**“ ein Bearbeitungsfenster. Hier können alle Fertigungsaufträge, die durch die Disposition erzeugt wurden, bearbeitet werden.

Mit der Wahl des Registerblatts „**Ablauf**“ kann der Status der Fertigungsaufträge verändert werden. Wird wie in Bild 1 gezeigt, das Statuskennzeichen „**F = Auftrag freigeben**“ markiert, so wird nach dem Anklicken des Schalters „**Ablaufstatus setzen**“ der entsprechende Fertigungsauftrag freigegeben. Dieser Vorgang muss für alle vorhandenen Fertigungsaufträge wiederholt werden.

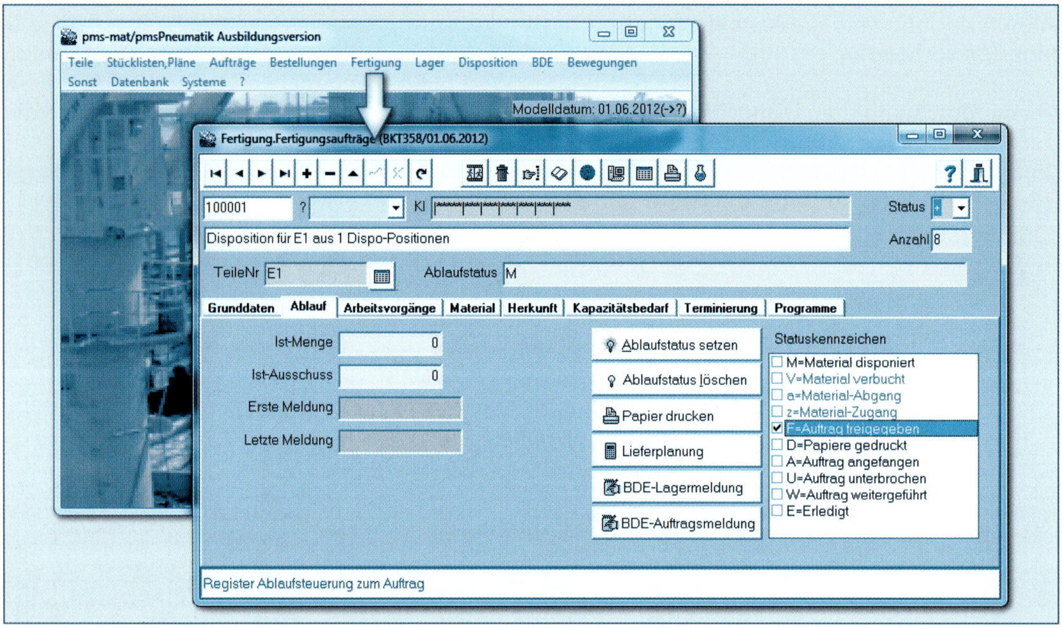

Bild 1: Freigabe der Fertigungsaufträge

7.4.3 Lagerbuchungsvorgänge zum Betriebsauftrag

Die Fertigung und Montage der Eigenfertigungsteile führt zu einer **Abbuchung** des reservierten Bestandes und dementsprechend des Bestellbestandes. Gleichzeitig wird mit der Beendigung der Produktion des 1. Loses eine **Zubuchung des Erzeugnisses** Pneumatikzylinder durchgeführt. Die Ab- und Zubuchungen können manuell oder automatisch durchgeführt werden. Bild 2 zeigt nach Anwahl des Menüs „BDE“ und des Menüpunktes „**BDE-Terminal Material- Zu-/Abgang**“ die manuelle Zubuchung des Erzeugnisses. Da für die Lagerbuchungen ein Mengenwert vorhanden sein muss, wurde unter dem Menüpunkt „**Teile**“ und dem Unterpunkt „**Teile bearbeiten**“ im Registerblatt „**Preise**“ der Planverrechnungspreis von 110 € eingetragen.

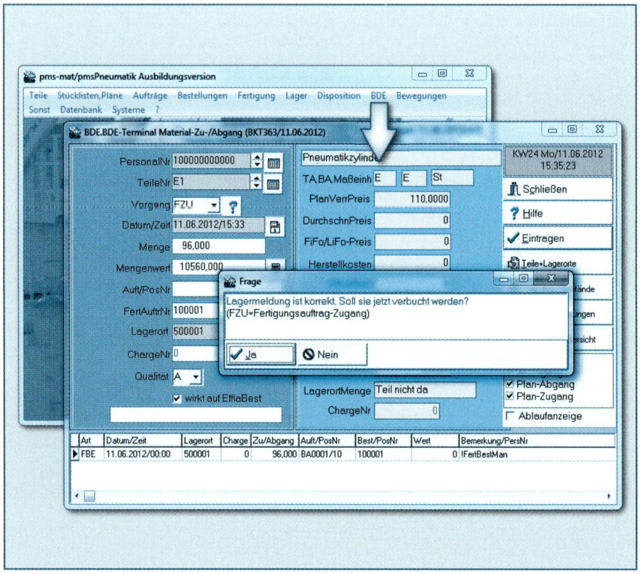

Bild 2: Zubuchung des Erzeugnisses

Ein automatisches Zu- und Abbuchen kann mit der Anwahl des Menüpunktes **„Stapel Material-Meldungen"** erfolgen. Bild 1 zeigt das Fenster zur Durchführung der Buchungsvorgänge. In der Spalte „+" der Tabelle können alle Vorgänge, die automatisch zu-/abgebucht werden sollen, aktviert werden.

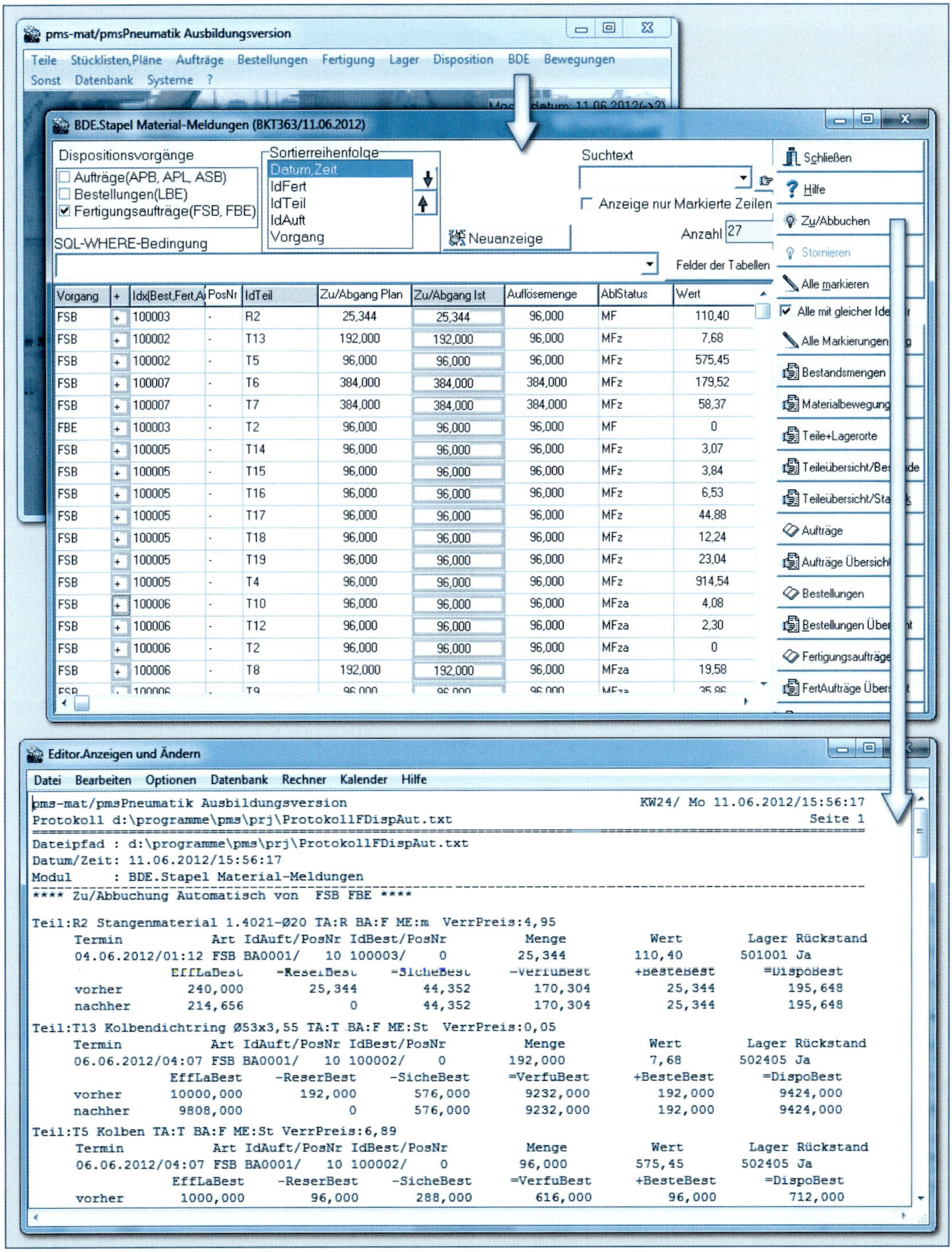

Bild 1: Automatisches Zu- und Abbuchen der Sekundärbedarfsteile

Die anschließende Bestandsüberprüfung (Bild 1) verdeutlicht eine Reduzierung der effektiven Lagerbestände für die Fremdbezugsteile sowie einen Lagerzugang der Erzeugnisse von 96 Pneumatikzylindern.

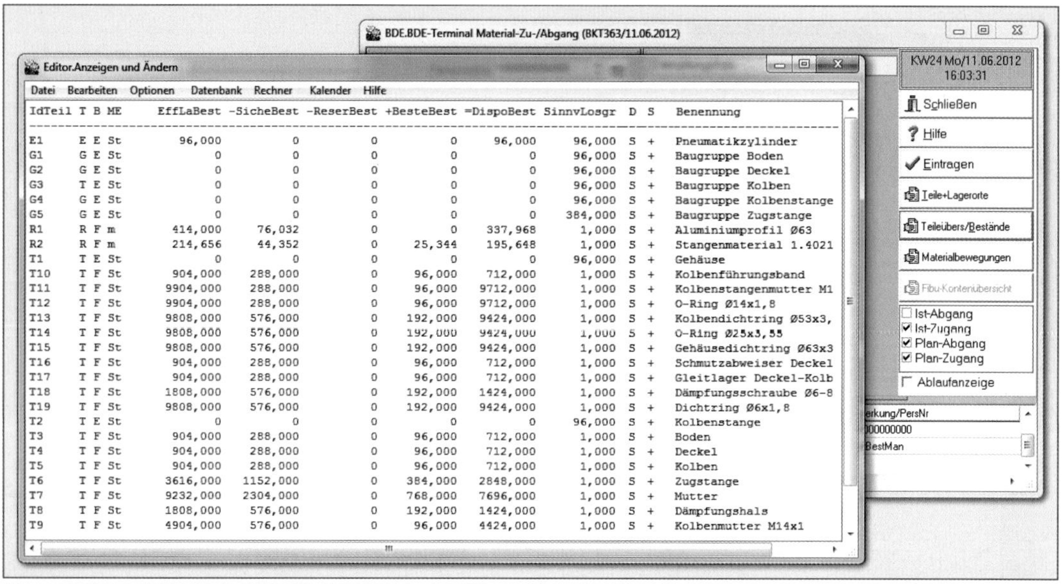

IdTeil	T	B	ME	EffLaBest	-SicheBest	-ReserBest	+BesteBest	=DispoBest	SinnvLosgr	D	S	Benennung
E1	E	E	St	96,000	0	0	0	96,000	96,000	S	+	Pneumatikzylinder
G1	G	E	St	0	0	0	0	0	96,000	S	+	Baugruppe Boden
G2	G	E	St	0	0	0	0	0	96,000	S	+	Baugruppe Deckel
G3	T	E	St	0	0	0	0	0	96,000	S	+	Baugruppe Kolben
G4	G	E	St	0	0	0	0	0	96,000	S	+	Baugruppe Kolbenstange
G5	G	E	St	0	0	0	0	0	384,000	S	+	Baugruppe Zugstange
R1	R	F	m	414,000	76,032	0	0	337,968	1,000	S	+	Aluminiumprofil Ø63
R2	R	F	m	214,656	44,352	0	25,344	195,648	1,000	S	+	Stangenmaterial 1.4021
T1	T	E	St	0	0	0	0	0	96,000	S	+	Gehäuse
T10	T	F	St	904,000	288,000	0	96,000	712,000	1,000	S	+	Kolbenführungsband
T11	T	F	St	9904,000	288,000	0	96,000	9712,000	1,000	S	+	Kolbenstangenmutter M1
T12	T	F	St	9904,000	288,000	0	96,000	9712,000	1,000	S	+	O-Ring Ø14x1,8
T13	T	F	St	9808,000	576,000	0	192,000	9424,000	1,000	S	+	Kolbendichtring Ø53x3,
T14	T	F	St	9808,000	576,000	0	192,000	9424,000	1,000	S	+	O-Ring Ø25x3,55
T15	T	F	St	9808,000	576,000	0	192,000	9424,000	1,000	S	+	Gehäusedichtring Ø63x3
T16	T	F	St	904,000	288,000	0	96,000	712,000	1,000	S	+	Schmutzabweiser Deckel
T17	T	F	St	904,000	288,000	0	96,000	712,000	1,000	S	+	Gleitlager Deckel-Kolb
T18	T	F	St	1808,000	576,000	0	192,000	1424,000	1,000	S	+	Dämpfungsschraube Ø6-8
T19	T	F	St	9808,000	576,000	0	192,000	9424,000	1,000	S	+	Dichtring Ø6x1,8
T2	T	E	St	0	0	0	0	0	96,000	S	+	Kolbenstange
T3	T	F	St	904,000	288,000	0	96,000	712,000	1,000	S	+	Boden
T4	T	F	St	904,000	288,000	0	96,000	712,000	1,000	S	+	Deckel
T5	T	F	St	904,000	288,000	0	96,000	712,000	1,000	S	+	Kolben
T6	T	F	St	3616,000	1152,000	0	384,000	2848,000	1,000	S	+	Zugstange
T7	T	F	St	9232,000	2304,000	0	768,000	7696,000	1,000	S	+	Mutter
T8	T	F	St	1808,000	576,000	0	192,000	1424,000	1,000	S	+	Dämpfungshals
T9	T	F	St	4904,000	576,000	0	96,000	4424,000	1,000	S	+	Kolbenmutter M14x1

Bild 1: Freigabe der Fertigungsaufträge

Fragen und Aufgaben

33. Verdeutlichen Sie die Schrittfolge zur Vorratsfertigung von Erzeugnissen mit dem ERP-Programm „PMS-ERM"?
34. Warum muss bei der Vorratsfertigung der eigene Betrieb als Kunde in einem ERP-Programm geführt werden?
35. Welche Arten von Fertigungsaufträgen können mithilfe des ERP-Programms „PMS-ERM" durchgeführt werden?
36. Welchen Dispositionsstatus erhalten jeweils die Erzeugnisse und die Teile nach der Durchführung der Materialdisposition?
37. Welchen Dispositionsstatus erhalten jeweils die Eigenfertigungs- und Fremdbezugsteile nach der Durchführung der Auftrags-Disposition?
38. Wie verändern sich die Bestandsarten mit
    a) der Disposition des Materials?
    b) der Disposition der Fertigungsaufträge?
    c) der Durchführung Lagerbuchungsvorgänge.

Arbeitsaufträge zum Projekt „Produktion der Pneumatikzylinder"

(Lösungen zu den Arbeitsaufträgen können den Kapiteln 7.4.1 bis 7.4.3 aus den jeweiligen Bildern entnommen werden. Das Programm zur Bearbeitung der Arbeitsaufträge befindet sich auf der beiliegenden CD. Mit einem Export der Datensätze zur Beschaffung der Fremdbezugsteile des Pneumatikzylinders aus dem Unterverzeichnis „02-Beschaffung" des Projektordners „Pneumatikzylinder" auf der beiliegenden CD kann die Lösung der vorhergehenden Arbeitsaufträge in die Datenbank exportiert werden.)

7.29 Geben Sie den eigenen Betrieb als Kunden ein und erfassen Sie den Betriebsauftrag für das erste Tageslos (→ 7.4.1).

7.30 Disponieren Sie das Material für den angelegten Betriebsauftrag (→ 7.4.2).

7.31 Disponieren Sie die Fertigungsaufträge (→ 7.4.2)

7.32 Führen Sie die Buchungsvorgänge für den angelegten Betriebsauftrag durch (→ 7.4.3).

7.33 Wiederholen Sie die Schritte der Arbeitsaufträge 7.30 bis 7.34 für die nächsten vier Tageslose.

7.34 Drucken Sie bei allen bearbeiteten Arbeitsaufträgen eine Übersicht zu den eingegebenen Daten mit dem ERP-Programm „PMS-ERM" aus (→ 7.4.1 bis 7.4.3)

7.5 Kalkulation der Pneumatikzylinder

Der Primärbedarf an Pneumatikzylindern ist nach der Abwicklung der Lageraufträge vorhanden. Die Firma Spin-Lag GmbH tritt nun als Verkäufer in Erscheinung. Vereinbarungsgemäß erfolgt die Belieferung des Kunden aus dem Bestand des Vorratslagers.

Bevor die Abwicklung des Kundenauftrages erfolgt, ist eine Bewertung der zu produzierenden Erzeugnisse unter Kostengesichtspunkten durchzuführen. Als Bewertungsgrundlage wird das Standardschema nach REFA zur Vollkostenrechnung herangezogen. Durch den Werteansatz werden sowohl **Herstellkosten** als auch **Selbstkosten** der Erzeugnisse ermittelt.

Grundlage der durchzuführenden Kostenstellenrechnung ist die in der Ausgangssituation beschriebene Kostenartenrechnung für den Unternehmensbereich der Fa. Spin-Lag (→ 1.6). Mit der Durchführung der Kostenstellenrechnung anhand des Betriebsabrechnungsbogens werden die proportionalen Gemeinkostenzuschläge (in %) für die verschiedenen Kostenstellen des Unternehmens erfasst.

Abschließend werden in der Kostenträgerrechnung die Herstell- und Selbstkosten der Erzeugnisse bestimmt. Sie ergeben sich aus den Lohn- und Materialeinzelkosten, die den jeweiligen Hauptkostenstellen zugeordnet sind und den in der Kostenstellenrechnung ermittelten Gemeinkostenzuschlägen.

7.5.1 Aufgaben des betrieblichen Rechnungswesens

Das **betriebliche Rechnungswesen** fasst alle Verfahren zusammen, die das gesamte betriebliche Geschehen zahlenmäßig erfassen und dokumentieren. Hierbei wird jeder Geschäftsvorgang, der eine **Mengen- oder Wertbewegung** zum Inhalt hat, erfasst, verrechnet und ausgewertet. Die **Aufgaben des betrieblichen Rechnungswesens** werden in **externe** (nach außen gerichtete) und **interne** (nach innen gerichtete) Funktionen untergliedert. Die externen Funktionen werden durch die **Finanzbuchhaltung** wahrgenommen. Die **Kostenrechnung** ist den internen Aufgaben zuzuordnen. Bild 1 zeigt exemplarisch die Aufgabenbereiche der Finanzbuchhaltung und der Kostenrechnung auf. Die Kostenrechnung beschränkt sich auf die richtige Erfassung und Verrechnung aller im Unternehmen anfallenden Kosten.

Die **Kostenrechnung wird in drei Teilgebiete** eingeteilt (Bild 1). Die **Kostenartenrechnung** ist der erste Schritt im Kostenrechnungssystem. Mit ihr werden alle im Verlauf einer Abrechnungsperiode angefallenen Kosten erfasst und getrennt nach Arten, wie z.B. Personalkosten, Materialkosten oder Vertriebskosten, gegliedert.

Beim zweiten Schritt werden die Kosten auf die erzeugten Produkte und erbrachten Dienstleistungen aufgeteilt. Eine direkte Zuordnung der Kosten ist jedoch nur für Material- und Lohnkosten möglich. Diese Kosten werden als **Einzelkosten** bezeichnet.

Bild 1: Aufgabenbereiche des betrieblichen Rechnungswesen

Sie können direkt von der Kostenartenrechnung in die nachfolgende **Kostenstellenrechnung** übernommen werden. Alle übrigen Kosten werden zunächst den Betriebsbereichen, in denen sie angefallen sind, anteilig zugeordnet. Diese Kosten werden als **Gemeinkosten** bezeichnet. Die Kostenstellenrechnung beantwortet somit die Frage, wo diejenigen Gemeinkosten, die nicht direkt zugeordnet werden können, angefallen sind (Bild 1).

Gemeinkosten

- Die Gehälter für die Angestellten, Meister, Lagerverwalter, ...;
- Die Hilfslöhne für den Transport, die Lagerung, die Instandhaltung, ...;
- Die gesetzlichen sozialen Kosten (Arbeitgeberanteil an Sozial-, Renten-, Kranken-, und Arbeitslosenversicherung);
- Die freiwilligen sozialen Kosten (Weihnachtsgeld, Urlaubsgeld, Spenden, Zuschüsse, z.B. für die Kantine, ...);
- Beiträge zur Unfallversicherung und Berufsgenossenschaft;
- Ablösebeiträge im Zusammenhang mit der Nichtbesetzung von Arbeitsplätzen durch Behinderte;
- Die betrieblichen Steuern und Abgaben;
- Die Verwaltungs- und Vertriebskosten;
- Die Raum- und Energiekosten;
- Die kalkulatorischen Kosten (Abschreibungen, Zinsen, Wagnisse, Unternehmerlohn).

Sowohl die Lohnkosten als auch die Maschinenkosten können zeitabhängig oder mengenabhängig sein. Die **zeitabhängigen Kosten** werden hierbei als **fixe Kosten** geführt. Sie sind über einen definierten Zeitraum unabhängig von der produzierten Stückzahl. Die **mengenabhängigen Kosten** steigen als **variable Kosten** mit zunehmender Stückzahl.

Mit der **Kostenträgerrechnung** werden im dritten Schritt zwei Zielsetzungen verfolgt. Zum einen werden in der **Kalkulation** die Kosten für die hergestellten Produkte ermittelt (Bild 171/1). Diese Kosten stellen die Grundlage für die Angebotsbearbeitung mit der **Vorkalkulation** der Produkte dar. Gleichzeitig erfolgt über die **Nachkalkulation** ein Vergleich mit den tatsächlich angefallenen Kosten. Zum anderen können über eine bestimmte Periode die Kosten und Leistungen gegenübergestellt werden. Sie dienen somit der Kontrolle der Wirtschaftlichkeit und Produktivität des Unternehmens.

7.5.2 Kalkulationsverfahren für die Kostenträgerrechnung

Die Aufgabe der verschiedenen **Kalkulationsverfahren** für die Kostenträgerrechnung besteht darin, diejenigen Kosten zu ermitteln, die auf die einzelnen Produkte entfallen. Je nachdem, ob eine Trennung der Gesamtkosten in Einzel- und Gemeinkostenanteil vorgenommen wird oder nicht, unterscheidet man die Divisionskalkulationen und die Zuschlagskalkulationen. Während die Divisionskalkulation für die Massenfertigung bei einheitlichen oder artähnlichen Produkten angewandt wird, kommt die Zuschlagskalkulation in der Einzel- und Serienfertigung verschiedenartiger Produkte zum Einsatz.

Die **Divisionskalkulation** ist prinzipiell dadurch gekennzeichnet, dass die Gesamtkosten einer Abrechnungsperiode durch die produzierte Stückzahl dividiert werden. Hinreichend genaue Kalkulationsergebnisse lassen sich bei diesem Verfahren praktisch nur bei einer Einproduktfertigung erzielen.

Die **Zuschlagskalkulationen** zeichnen sich durch die Aufteilung der Gesamtkosten einer Abrechnungsperiode in Einzel- und Gemeinkosten aus. Die Einzelkosten werden dem Produkt direkt zugerechnet, während die Gemeinkosten über Zuschlagssätze auf die einzelnen Produkte umgelegt werden (Bild 1).

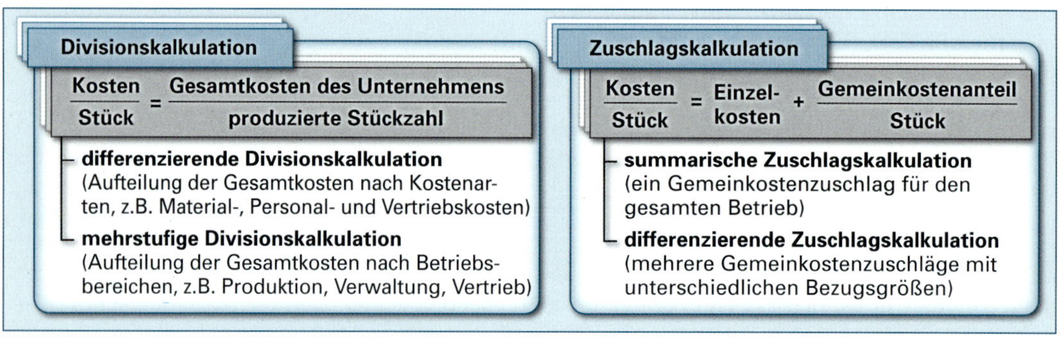

Bild 1: Divisions- und Zuschlagskalkulation

Für die **summarische Zuschlagskalkulation** wird nur ein Gemeinkostenzuschlag für den gesamten Betrieb bzw. für einen größeren Unternehmensbereich ermittelt.

Im Unterschied dazu benötigt die **differenzierende Zuschlagskalkulation** einen Zuschlagssatz pro Hauptkostenstelle. Auch die zur Errechnung der einzelnen Zuschläge benötigten Zuschlagsgrundlagen können unterschiedlich sein (Bild 1).

Materialeinzelkosten (MEK)
+ proportionale Materialgemeinkosten (MGP)
+ fixe Materialgemeinkosten (MGF)
= **Materialkosten (MK)**
+ Lohneinzelkosten (LK)
+ proportionale lohnabhängige Fertigungsgemeinkosten (LGP)
+ fixe lohnabhängige Fertigungsgemeinkosten (LGF)
+ proportionale maschinenabhängige Fertigungsgemeinkosten (MFP)
+ fixe maschinenabhängige Fertigungsgemeinkosten (MFF)
= **Fertigungskosten (FK)**
+ Sondereinzelkosten der Fertigung (SEF)
= **Herstellkosten (HK)**
+ Entwicklungs- und Konstruktionseinzelkosten (KON)
+ Verwaltungs- und Vertriebsgemeinkosten (ZVV)
+ Sondereinzelkosten des Vertriebs (SEF)
= **Selbstkosten (FK)**

Bild 1: Kalkulationsschema der differenzierenden Zuschlagskalkulation

7.5.2.1 Lohn- und Zeitzuschlagskalkulation

Für die **Zuschlagskalkulation** kann der **Fertigungslohn** oder die **Produktionszeit** als Basis zur Kostenermittlung genutzt werden.

Die **Lohnzuschlagskalkulation**, mit den Fertigungslöhnen als Basis, findet bei lohnintensiven Produktionsprozessen Anwendung. Die Zuschlagssätze werden durch die enthaltenen Maschinenkosten bei einer automatisierten Produktion jedoch sehr hoch.

Die **Zeitzuschlagskalkulation** setzt dagegen die effektive Produktionszeit als Zuschlagszeit für die Maschinenkosten ein. Die Vorgabezeit dient hierbei als Basis für die Lohnkosten. Für die Zeitzuschlagskalkulation ist die Ermittlung der **Maschinenstundensätze** notwendig (Bild 2).

7.5.2.2 Kostenrechnungssysteme

Kostenrechnungssysteme erfüllen die Aufgaben der Kostenrechnung. Sie dienen somit zu Kontrolle der Wirtschaftlichkeit und zur Kalkulation der betrieblichen Leistung. Betrachtet man den Zeitbezug der verrechneten Kosten, so wird zwischen den **Istkosten-, Normalkosten- und Plankostensystemen** unterschieden.

Während beim **Istkostensystem** die tatsächlichen Kosten einer Periode verrechnet werden, setzt man beim **Normalkostensystem** die Durchschnittskosten einer Periode zur Kalkulation ein. Beim **Plankostensystem** werden die vorausgeplanten erwarteten Kosten mit den wirklich anfallenden Istkosten verglichen.

Werden die zu verrechnenden Kosten nach dem Sachumfang unterschieden, kann das **Vollkosten-** oder **Teilkostenrechnungssystem** zum Einsatz kommen.

Kostenart	Kosten in €/h
Kalkulatorische Abschreibungskosten $\frac{\text{Beschaffungspreis}}{\text{Nutzungsdauer} \cdot \text{Einsatzzeit}}$	
Kalkulatorische Zinskosten $\frac{\text{Beschaffungspreis}}{2 \cdot \text{Einsatzzeit}} \cdot \frac{\text{Zinssatz}}{100\,\%}$	
Raumkosten $\frac{\text{Flächenbedarf} \cdot \text{kalkulatorischer Mietpreis}}{\text{Einsatzzeit}}$	
Energiekosten $\text{Leistung} \cdot \text{Strompreis}$	
Instandhaltungskosten $\frac{\text{Beschaffungspreis}}{\text{Einsatzzeit}} \cdot \frac{\text{Kostensatz für die Instandhaltung}}{100\,\%}$	
Maschinenstundensatz Summe der Kosten	

Beschaffungspreis in €, kalkul. Mietpreis in €/($m^2 \cdot a$), Strompreis in €/kWh	Einsatzzeit in h/Jahr Nutzungsdauer in Jahren
Zinssatz in %/Jahr, Kostensatz für die Instandhaltung in %/Jahr	Flächenbedarf in m^2 Leistung in kW

Bild 1: Berechnungsbogen zur Ermittlung des Maschinenstundensatzes

Eine Kostenrechnung, bei der alle angefallenen Kosten auf die Kostenträger verrechnet werden, bezeichnet man als **Vollkostenrechnung**. Mit dieser Kostenrechnung werden sowohl die fixen als auch die variablen Kosten herangezogen. Somit können für den Verursacher keine genauen Kosten ermittelt werden.

Von der **Teilkostenrechnung** spricht man, wenn nur die **variablen Kosten (Grenzkosten)** auf die Kostenträger verrechnet werden. Die fixen Kosten werden hierbei getrennt in die Betriebsrechnung übernommen. Da die variablen Kosten dem **Verursacher** zugeordnet werden können, reduzieren sich bei dieser Kostenrechnung die Mängel der Vollkostenrechnung. **Die Teilkostenrechnung ist aber ungeeignet zur Ermittlung der Herstellkosten.**

Neben dem eigentlichen Ziel, eine verursachergerechte Ermittlung der variablen Kosten (Grenzkosten) für die Produktion des Erzeugnisses durchzuführen, dient die **erweiterte Teilkostenrechnung** zur **Erfolgsrechnung des Unternehmens**. Bei dieser Kostenrechnung wird von einer **Deckungsbeitragsrechnung** gesprochen. Hierbei wird die Differenz zwischen Erlös und variablen Kosten als Deckungsbeitrag bezeichnet.

Mit einem **positiven Deckungsbeitrag** werden die anfallenden Fixkosten vollständig gedeckt. Der Erlös ist somit größer als die Summe von fixen und variablen Kosten. Das Unternehmen arbeitet in der Gewinnzone.

7.5.3 Kostenstellenrechnung des 1. Geschäftsjahres

Zur Ermittlung der **Gemeinkosten** bzw. **Gemeinkostenzuschläge** für die verschiedenen Kostenstellen ist die Bearbeitung eines Betriebsabrechnungsbogens (BAB) erforderlich. Hiermit kann die Berechnung der Gemeinkosten für die Hauptkostenstellen (Werkstatt, Härterei, Schleiferei und Montage) durchge-führt werden. Ein weiteres Ziel ist die Ermittlung der Gemeinkostenzuschläge für das Material sowie für die Verwaltung und den Vertrieb. **Grundlagen der Bearbeitung des Betriebsabrechnungsbogens** sind die Angaben zur Kalkulation und Zuschlagsermittlung im Szenarium der Firma Spin-Lag GmbH (→ 1.6).

Im **oberen Teil des Betriebsabrechnungsbogens** (Tabelle 178/1) werden alle Daten zur Ermittlung der Gemeinkostenzuschläge zur Verfügung gestellt. Flächenbedarf, Lohngruppe, Anzahl der Beschäftigten und die Kostenstelle werden aus dem im Tabelle 24/1 des Szenariums entnommen (→ 1.6.2).

Die **Lohnkosten** für die jeweiligen Lohngruppen werden in der aufgeführten Tabelle 23/1 des Szenariums zur Verfügung gestellt. (→ 1.6.1).

Für die **Berechnung der Fertigungslöhne** der Werkstatt, Härterei, Schleiferei und Montage werden die aus dem Szenarium vorgegebenen durchschnittlichen Arbeitsstunden in einem Monat (ca. 140 h), die Lohnkosten sowie die Anzahl der Lohnempfänger der jeweiligen Kostenstellen zugrunde gelegt (→ 1.6.2). Die Berechnung ist in Tabelle 1 zusammengefasst

Kostenstelle	Lohnkosten	Anzahl der Beschäftigten	Arbeitsstunden pro Monat	Fertigungslöhne
Werkstatt	30 €	17	140 h	71.400 €
Härterei	30 €	3	140 h	12.600 €
Schleiferei	33 €	6	140 h	27.720 €
Montage	30 €	7	140 h	29.400 €
Fertigungslöhne = Lohnkosten · Anzahl der Beschäftigten · Arbeitsstunden pro Monat				

Tabelle 1: Berechnung der Fertigungslöhne

Die **Materialkosten** mit einer Größe von 150 000 € aus dem Kostenartenplan (Tabelle 1) werden gemäß dem Verteilungsschlüssel aus dem Szenarium für die Kostenstellenrechnung nur der Materialstelle zugeordnet. Die direkt zuweisbaren Kostenarten (Gehälter, Sozialkosten und kalkulatorische Kosten) werden im mittleren Teil des Betriebsabrechnungsbogens eingetragen.

Nr.	Bezeichnung	Angefallene Kosten in €
403	Fertigungsmaterial	150.000
433	Gehälter	32.000
434	Freiwillige Sozialkosten	4.028
439	Kalkulatorische Abschreibungen	80.000
447	Kalkulatorische Zinsen	13.000
469	Kalkulatorische Wagnisse	15.000

Tabelle 1: Kostenartenplan der Fa. Spin-Lag GmbH aus dem Szenarium

Der Verteilungsschlüssel für die Gesamtkosten der Gehälter (Tabelle 1) ist gemäß dem Szenarium die Anzahl der in den jeweiligen Kostenstellen beschäftigten bezugsberechtigten Personen. Tabelle 2 gibt eine Zusammenfassung der Berechnungen zu den Gehältern wieder.

	Werkstatt	Verwaltung	Vertrieb
Anzahl der bezugsberechtigten Personen	1	5	2
Verteilungsschlüssel	1/8	5/8	2/8
Gehälter 32.000 €	4.000	20.000	8.000
Gehälter pro Kostenstelle = Gesamtkosten · Verteilungsschlüssel			

Tabelle 2: Ermittlung der Gehälter für die entsprechenden Kostenstellen

Der Verteilungsschlüssel für die gesamten Sozialkosten (Tabelle 190/1) ist die Anzahl der in den einzelnen Kostenstellen beschäftigten Personen. Tabelle 3 gibt eine Zusammenfassung der Berechnung der Sozialkosten für die jeweiligen Kostenstellen wieder.

	Energieversorg.	Schlosserei	Werkstatt	Härterei	Schleiferei	Montage	Materialstelle	Verwaltung	Vertrieb
Beschäftigte Personen	2	2	19	3	7	8	3	6	3
Verteilungsschlüssel	2/53	2/53	19/53	3/53	7/53	8/53	3/53	6/53	3/53
Sozialkosten 4.028 €	152	152	1.444	228	532	608	228	456	228
Sozialkosten pro Kostenstelle = Gesamtkosten · Verteilungsschlüssel									

Tabelle 3: Berechnung der Sozialkosten für die jeweiligen Kostenstellen

Die Umlage der kalkulatorischen Kosten erfolgt lt. Szenarium über folgenden Verteilungsschlüssel: Werkstatt: 5/15, Härterei: 2/15, Schleiferei: 2/15, Energieversorgung, Schlosserei, Lager, Verwaltung, Vertrieb, Montage: jeweils 1/15. Tabelle 4 gibt einen Überblick zur Berechnung der kalkulatorischen Kosten wieder.

	Energieversorg.	Schlosserei	Werkstatt	Härterei	Schleiferei	Montage	Materialstelle	Verwaltung	Vertrieb
Verteilungsschlüssel	1/15	1/15	5/15	2/15	2/15	1/15	1/15	1/15	1/15
Abschreibungen 80.000 €	5.334	5.333	26.667	10.667	10.667	5.333	5.333	5.333	5.333
Zinsen 13.000 €	866	867	4.333	1.733	1.733	867	867	867	867
Wagnisse 15.000 €	1.000	1.000	5.000	2.000	2.000	1.000	1.000	1.000	1.000
Kalkulatorische Kosten pro Kostenstelle = Gesamtkosten · Verteilungsschlüssel									

Tabelle 4: Berechnung der kalkulatorischen Kosten pro Kostenstelle

Die **direkt zuweisbaren Kostenarten** sind in dem Auszug der Vorgabetabelle aus dem Szenarium in Tabelle 1 angegeben. Diese Kostenarten können direkt in den Betriebsabrechnungsbogen eingetragen werden.

Nr.	Kostenstelle	Anzahl der Hilfsarbeiter	Lohngruppe der Hilfslöhne	Hilfsstoffe in €	Werkzeuge in €	Versicherungen in €
01	Lager (Halle 1)	3	01	120,00	110,00	680,00
05	Energieversorgung (Halle 1)	2	01	260,00	320,00	430,00
06	Schlosserei (Halle 1)	2	04	800,00	450,00	620,00
10	Mech. Werkstatt (Halle 1)	1	01	2.510,00	3.520,00	3.500,00
11	Härterei (Halle 2)	–	–	380,00	1.820,00	1.200,00
12	Schleiferei (Halle 2)	1	01	900,00	870,00	1.320,00
13	Montage (Halle1)	1	01	300,00	650,00	430,00
18	Verwaltung	1	01	560,00	–	150,00
19	Vertrieb	1	01	1.620,00	–	1.320,00

Tabelle 1: Auszug aus der Vorgabetabelle des Szenariums zu den direkt zuweisbaren Kostenarten

Die **Hilfslöhne** berechnen sich aus den Lohnkosten der Lohngruppen 01 und 04 sowie der beschäftigten Hilfsarbeiter für die jeweiligen Kostenstellen. Tabelle 2 gibt die Berechnung der Hilfslöhne wieder.

	Energieversorg.	Schlosserei	Werkstatt	Härterei	Schleiferei	Montage	Materialstelle	Verwaltung	Vertrieb
Anzahl Hilfsarbeiter	2	2	1	–	1	1	3	1	1
Lohngruppe	01	04	01	–	01	01	01	01	01
Lohnkosten in €/h	18	24	18	–	18	18	18	18	18
Arbeitsstunden pro Monat	140	140	140		140	140	140	140	140
Hilfslöhne in €	5.040	6.720	2.520	–	2.520	2.520	7.560	2.520	2.520
Hilfslöhne = Anzahl der Hilfsarbeiter · Arbeitsstunden pro Monat · Lohnkosten									

Tabelle 2: Berechnung der Hilfslöhne für die jeweiligen Kostenstellen

Tabelle 3 zeigt die ermittelten Gemeinkostenarten mit der Berechnung der Summe der Gemeinkosten für die entsprechende Kostenstelle.

Gemeinkostenarten in €	Zahlen der Buchhaltung	Energieversorg.	Schlosserei	Werkstatt	Härterei	Schleiferei	Montage	Materialstelle	Verwaltung	Vertrieb
1. Hilfsstoffe	7.450	260	800	2.510	380	900	300	120	560	1.620
2. Werkzeuge	7.740	320	450	3.520	1.820	870	650	110	–	–
3. Hilfslöhne	31.920	5.040	6.720	2.520	–	2.520	2.520	7.560	2.520	2.520
4. Gehälter	32.000	–	–	4.000	–	–	–	–	20.000	8.000
5. Freiwillige Sozialkosten	4.028	152	152	1.444	228	532	608	228	456	228
6. Versicherungen	9.650	430	620	3.500	1.200	1.320	430	680	150	1.320
7. Kalkulat. Abschreibungen	80.000	5.334	5.333	26.667	10.667	10.667	5.333	5.333	5.333	5.333
8. Kalkulat. Zinsen	13.000	866	867	4.333	1.733	1.733	867	867	867	867
9. Kalkulat. Wagnisse	15.000	1.000	1.000	5.000	2.000	2.000	1000	1.000	1.000	1.000
10. Summe der Gemeinkosten	200.788	13.402	15.942	53.494	18.028	20.542	11.708	15.898	30.886	20.888

Tabelle 3: Übersicht zu den Gemeinkosten der Kostenstellen

Die **Gemeinkosten** der Energieversorgung und der Schlosserei werden nachfolgend schrittweise auf die übrigen Kostenstellen umgelegt. Verteilungsschlüssel für die Umlage der Kosten für die Energieversorgung ist die Betriebsfläche der jeweiligen Kostenstellen. Tabelle 1 zeigt die Berechnung zur **Umlage der Gemeinkosten für die Energieversorgung.**

	Energie-versorg.	Schlos-serei	Werk-statt	Här-terei	Schlei-ferei	Mon-tage	Material-stelle	Ver-waltung	Ver-trieb
Summe der Gemeinkosten in €	13.402	15.942	53.494	18.028	20.542	11.708	15.898	30.886	23.439
Flächenbedarf in m^2		140	3092	230	350	450	336	120	90
Gesamtfläche in m^2		4808							
Umlage Energieversorg. in €		390	8.619	641	976	1.254	937	334	251
Umlage Energieversorgung = Summe der Gemeinkosten · Flächenbedarf/Gesamtfläche									

Tabelle 1: Umlage der Kosten der Energieversorgung auf die übrigen Kostenstellen

Die **Kosten der Schlosserei** werden als direkt zuweisbare und nicht direkt zuweisbare Kosten auf die übrigen Kostenstellen umgelegt. Die **direkt zuweisbaren Kosten der Schlosserei** werden aus der Angabe im Szenarium (→ 1.6.3) entnommen (Tabelle 2) und können mit der **ersten Umlage** in den Betriebsabrechnungsbogen eingetragen werden.

Auftr.-Nr.	Kostenstelle	Durchgeführte Arbeit	Kosten in €
1	Werkstatt	Reparaturauftrag	2.500
2	Werkstatt	Instandhaltungsauftrag	1.300
3	Zentrallager	Reparaturauftrag	3.500
4	Schleiferei	Reparaturauftrag	6.700
5	Vertrieb	Reparaturauftrag	1.500

Tabelle 2: Abgerechnete Aufträge der Schlosserei für das Jahr 2001

Die Summe der Gemeinkosten der Schlosserei zuzüglich der Umlage der Energieversorgung werden in der **zweiten Umlage** auf die übrigen Kostenstellen verteilt. Der Verteilungsschlüssel ist laut Szenarium die Anzahl der in den Kostenstellen beschäftigten Personen. Eine Zusammenfassung der Berechnung zur Umlage II der Schlosserei und die **Gesamtsumme der entstandenen Gemeinkosten pro Kostenstelle** wird in Tabelle 3 wiedergegeben.

	Schlos-serei	Werk-statt	Här-terei	Schlei-ferei	Mon-tage	Material-stelle	Ver-waltung	Ver-trieb
Summe Gemeinkosten in €	16.332	53.494	18.028	20.542	11.708	15.898	30.886	23.439
Umlage Energieversorgung in €		8.619	641	976	1.254	937	334	251
Umlage Schlosserei I in €		3.800	–	6.700	–	3.500	–	1.500
Anzahl der beschäftigten Personen		19	3	7	8	3	6	3
Verteilungsschlüssel		19/49	3/49	7/49	8/49	3/49	6/49	3/49
Umlage Schlosserei II in €		6.333	1.000	2.333	2.666	1.000	2.000	1.000
Gesamtsumme der entstandenen Gemeinkosten in €		72.246	19.669	30.551	15.628	21.335	33.220	23.639
Umlage Schlosserei II = Summe der Gemeinkosten der Schlosserei · Verteilungsschlüssel **Gesamtsumme der entstandenen Gemeinkosten = Summe der Gemeinkosten + Summe der Umlagen**								

Tabelle 3: Entstandene Gemeinkosten mit der Berechnung zur Umlage II der Schlosserei

Die **Bezugsgrundlagen** für die Bestimmung der **Gemeinkostenzuschläge** sind im Szenarium festgelegt.

- Für die **Kostenstellen Werkstatt, Härterei und Schleiferei sowie der Montage** werden die berechneten Fertigungslöhne aus der Tabelle 174/3 entnommen.
- Zur Berechnung des **Gemeinkostenzuschlags der Materialstelle** werden die Materialkosten aus dem Kostenartenplan als **Bezugsgrundlage** herangezogen.
- Die **Bezugsgrundlage** für die zu berechnenden **Gemeinkostenzuschläge der Verwaltung und des Vertriebs** sind die gesamten Herstellkosten. Diese ergeben sich aus der Summierung der Fertigungs- und Materialkosten sowie aus der Addition der Fertigungsgemeinkosten und Materialgemeinkosten.

Die aufgeführten **Gemeinkostenzuschläge** des Betriebsabrechnungsbogens berechnen sich aus dem Verhältnis der entstandenen Gemeinkosten zur Bezugsgrundlage der jeweiligen Zuschläge.

Durch die Multiplikation der Lohnkosten mit den Gemeinkostenzuschlägen der **Kostenstellen Werkstatt, Härterei, Schleiferei und Montage** können die zeitbezogenen Gemeinkosten bestimmt werden. Für die Materialstelle sowie die Verwaltung und den Vertrieb werden nur die Gemeinkostenzuschläge zur Kalkulation benötigt.

Tabelle 1 zeigt das Ergebnis der Bearbeitung des Betriebsabrechnungsbogens mit seinen Gemeinkostenzuschlägen und den zeitbezogenen Gemeinkosten.

Flächenbedarf der Kostenstelle in m²		52	140	3092	230	350	450	336	120	90
Lohngruppe		01	04	G/05/01	05	06/01	05/01	01	G/01	G/01
Lohnkosten in €/h		18	24	G/30/18	30	33/18	30/18	18	G/18	G/18
Anzahl der Beschäftigten		2	2	1/17/1	3	6/1	7/1	3	5/1	2/1
Kostenstellen		05	06	10	11	12	13	01	18	19
Fertigungslöhne in €	141.120	–	–	71.400	12.600	27.720	29.400	–	–	–
Materialkosten in €	150.000	–	–	–	–	–	–	150.000	–	–
Gemeinkostenarten in €	**Zahlen der Buchhaltung**	**Energieversorg.**	**Schlosserei**	**Werkstatt**	**Härterei**	**Schleiferei**	**Montage**	**Materialstelle**	**Verwaltung**	**Vertrieb**
1. Hilfsstoffe	7.450	260	800	2.510	380	900	300	120	560	1.620
2. Werkzeuge	7.740	320	450	3.520	1.820	870	650	110	–	–
3. Hilfslöhne	31.920	5.040	6.720	2.520	–	2.520	2.520	7.560	2.520	2.520
4. Gehälter	32.000	–	–	4.000	–	–	–	–	20.000	8.000
5. Freiwillige Sozialkosten	4.028	152	152	1.444	228	532	608	228	456	228
6. Versicherungen	9.650	430	620	3.500	1.200	1.320	430	680	150	1.320
7. Kalkulat. Abschreibungen	80.000	5.334	5.333	26.667	10.667	10.667	5.333	5.333	5.333	5.333
8. Kalkulat. Zinsen	13.000	866	867	4.333	1.733	1.733	867	867	867	867
9. Kalkulat. Wagnisse	15.000	1.000	1000	5.000	2.000	2.000	1.000	1.000	1.000	1.000
10. Summe der Gemeinkosten	200.788	13.402	15.942	53.494	18.028	20.542	11.708	15.898	30.886	20.888
11. Umlage Energieversorgung in €			390	8.619	641	976	1.254	937	334	251
12. Umlage Schlosserei I in €				3.800	–	6.700	–	3.500	–	1.500
13. Umlage Schlosserei II in €				6.333	1.000	2.333	2.666	1.000	2.000	1.000
14. Entstandene Gemeinkosten in €				72.246	19.669	30.551	15.628	21.335	33.220	23.439
15. Bezugsgrundlage für die Zuschläge in €				71.400	12.600	27.720	29.400	150.000	450.549	450.549
16. Entstandene Gemeinkostenzuschläge in %				101	156	110	53	14	7	5
17. Entstandene zeitbezogene Gemeinkosten in €/h				30,30	46,80	36,30	15,90			

Tabelle 1: Betriebsabrechnungsbogen mit den berechneten Gemeinkostenzuschlägen und den zeitbezogenen Gemeinkosten der Fertigungskostenstellen

7.5.4 Kalkulation des Pneumatikzylinders

In der Firma Spin-Lag GmbH kommt das **Kalkulationsverfahren** der differenzierenden Zuschlagskalkulation zur Anwendung. Bild 1 verdeutlicht den Weg zur Ermittlung der **Herstellkosten** und **Selbstkosten** eines Produktes über die Berechnung der entsprechenden Materialkosten und Fertigungskosten (→ Bild 174/1).

Während die **Materialeinzelkosten** mit dem **Planverrechnungspreis** der Fremdbezugsteile (→ 7.3.4) bestimmt werden, sind alle übrigen Kosten den zur Kalkulation zugehörigen **Verrechnungssätzen** zu entnehmen.

In den Verrechnungssätzen des ERP-Systems „EPR-PMS" zur Kalkulation eines Produktes können folgende **Kostentypen** aufgeführt werden:

- **Lohneinzelkosten** (**LEP, LEF Proportional** und **Fix**) der Arbeitsplätze in €/h:
  Dieser Wert beschreibt den Verrechnungssatz pro Stunde für die Arbeit an dem zugeordneten Arbeitsplatz. Für die Erarbeitungszeiten werden die proportionalen Kosten (LEP) zugrunde gelegt. Fixe Kosten (LEF) beinhalten die Zeiten, die auf das Werkstück nicht direkt bezogen werden können, aber trotzdem bei der Produktion anfallen (z. B. Pflege der Maschine).

- **Lohngemeinkosten** (**LGP, LGF Proportional** und **Fix**) der Fertigungskostenstellen in €/h:
  Dieser Wert gibt im Verrechnungssatz die Gemeinkosten pro Stunde an. Die proportionalen Kosten sind die mit der Fertigung verknüpften Kosten, die fixen Gemeinkosten sind unabhängig von der Produktion.

- **Maschinen-Fertigungskosten** (**MGP, MFF Proportional** und **Fix**) der Fertigungskostenstellen in €/h: Dieser Wert beschreibt den Wert für die maschinenabhängigen Kosten und wird durch den Maschinenstundensatz (Bild XX) ermittelt.

- **Materialgemeinkosten** (**MGP, MGF Proportional** und **Fix**) der Materialkonten in %:
  Die prozentual angegebenen Materialgemeinkosten ergeben sich aus dem Gemeinkostenzuschlag des Betriebsabrechnungsbogens (Tabelle XX).

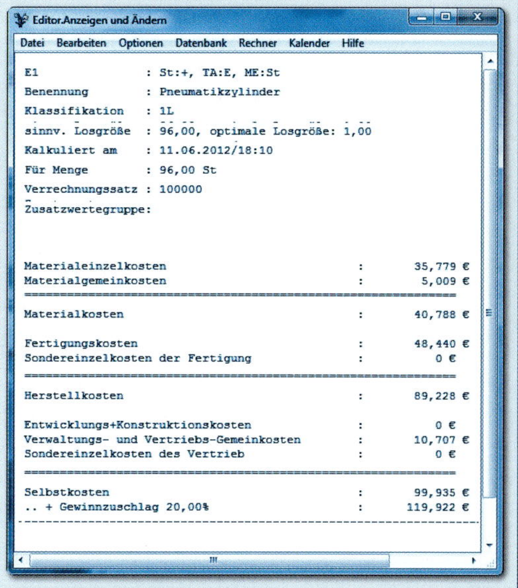

Bild 1: Kalkulationsschema der differenzierenden Zuschlagskalkulation

- **Gemeinkostenzuschlag für die Kostenstellen Verwaltung und Vertrieb** in % (ZVV):
  Dieser prozentual angegebene Wert wird durch die Summierung der Gemeinkostenzuschläge Verwaltung und Vertrieb ermittelt.

- **Gemeinkostenzuschlag die Kosten der Entwicklung und der Konstruktion** in % (KON):
  Mit diesem Wert werden über einen prozentualen Zuschlag die angefallenen Kosten für die Entwicklung und der Konstruktion berücksichtigt.

Die Verrechnungssätze enthalten neben den Kostentypen die jeweiligen **Planwerte** für die Vorkalkulation und die **Istwerte** für die Durchführung einer Nachkalkulation.

Mit **Kriterium** eines Verrechnungssatzes wird angegeben, worauf sich der Plan- oder Istwert bezieht. Sowohl bei den **Lohneinzelkosten** als auch bei den **Fertigungsgemeinkosten** bezieht sich das **Kriterium** auf den entsprechenden **Arbeitsplatz**. Mit der Durchführung einer Kalkulation werden bei diesen Verrechnungssätzen die Fertigungs- und Montagezeiten der jeweiligen Arbeitsplätze herangezogen.

Die **Materialgemeinkosten** erhalten als **Kriterium** das **Materialkonto 1000** (→ 1.6.2). Das Materialkonto wird den Fremdbezugsteilen zugeordnet. Wird der Kalkulationsvorgang ausgelöst, so wird auf den Planverrechnungspreisen des jeweiligen Teiles der Materialgemeinkostenzuschlag aufgeschlagen.

Die **Gemeinkostenzuschläge** der **Verwaltung und des Vertriebes** werden prozentual auf die Herstellkosten aufgeschlagen und bedürfen daher keiner Bezugsgröße bzw. der Angabe eines Kriteriums.

Die **Sondereinzelkosten der Fertigung** (SEF) **und des Vertriebes** (SEV) können durch Zusatzwerte für ausgewählte Teile zu dem Kalkulationsergebnis hinzugefügt werden. Die Angabe der Sondereinzelkosten im Menüpunkt „Zusatzwerte" erfolgt hierbei in Euro bezogen auf das ausgewählte Teil.

Bild 1 zeigt einen Ausschnitt des Eingabefensters zur Bearbeitung der **Verrechnungssätze**. Die Anwahl dieser Bearbeitung erfolgt über das Menü „**Kalkulieren**" und den Menüpunkt „Verrechnungssätze" im Modul „KAL" (Kalkulation).

Mit der **Eingabe der Verrechnungssätze** im ERP-Programm sind für die Arbeitsplätze die Kostentypen „Lohneinzelkosten – proportional" (LEP) und -fix (LEF)" aufzuführen. Die fixen Lohneinzelkosten (LEF) werden auf den Wert „0" gesetzt. Bei den Lohngemeinkosten werden nur die proportionalen Kosten (LGP) angegeben.

Für die Materialkonten sind die Kostentypen „Materialgemeinkosten – fix (MGF) und -proportional" (MGF)" einzutragen. Auch hier werden die fixe Kostenanteil mit 0 % vorgegeben Der letzte Verrechnungssatz „ZVV" gibt den Zuschlag für die Verwaltung und den Vertrieb an.

Das in den Verrechnungssätzen angegebene „**1000**" entspricht dem **Materialkonto** und muss noch im Menü „**Teile**" und dem Menüpunkt „**Bearbeiten**" im Registerblatt „**Kalkulation**" nachgetragen werden. Das Materialkonto muss für jedes Teil angegeben werden.

Anschließend kann die **Kalkulation des Pneumatikzylinders** erfolgen. Im Auswahlmenü „Kalkulieren" wird der Unterpunkt „Kalkulation Teile" angewählt. Durch die Betätigung der Schaltfläche „Einzelnes Teile" wird aus nachfolgenden Tabelle durch Doppelklick das Erzeugnis „Pneumatikzylinder" ausgewählt. Danach muss noch im Registerblatt „Preise/Verrechnungssätze/Zuschläge" der Verrechnungssatz „100 000" eingetragen werden. Durch Drücken des Schalters „OK", kann die Kalkulation durchgeführt werden (Bild 181/1). Die **Auswertung der Kalkulation** für den Pneumatikzylinder erfolgt über die Schaltfläche „**Kalkulations-Reports**" (Bild 179/1)

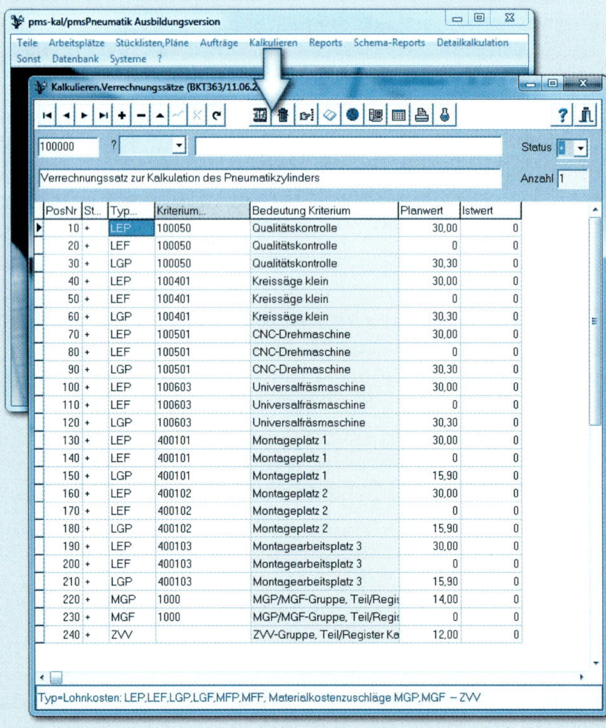

PosNr	St...	Typ...	Kriterium...	Bedeutung Kriterium	Planwert	Istwert
10	+	LEP	100050	Qualitätskontrolle	30,00	0
20	+	LEF	100050	Qualitätskontrolle	0	0
30	+	LGP	100050	Qualitätskontrolle	30,30	0
40	+	LEP	100401	Kreissäge klein	30,00	0
50	+	LEF	100401	Kreissäge klein	0	0
60	+	LGP	100401	Kreissäge klein	30,30	0
70	+	LEP	100501	CNC-Drehmaschine	30,00	0
80	+	LEF	100501	CNC-Drehmaschine	0	0
90	+	LGP	100501	CNC-Drehmaschine	30,30	0
100	+	LEP	100603	Universalfräsmaschine	30,00	0
110	+	LEF	100603	Universalfräsmaschine	0	0
120	+	LGP	100603	Universalfräsmaschine	30,30	0
130	+	LEP	400101	Montageplatz 1	30,00	0
140	+	LEF	400101	Montageplatz 1	0	0
150	+	LGP	400101	Montageplatz 1	15,90	0
160	+	LEP	400102	Montageplatz 2	30,00	0
170	+	LEF	400102	Montageplatz 2	0	0
180	+	LGP	400102	Montageplatz 2	15,90	0
190	+	LEP	400103	Montagearbeitsplatz 3	30,00	0
200	+	LEF	400103	Montagearbeitsplatz 3	0	0
210	+	LGP	400103	Montagearbeitsplatz 3	15,90	0
220	+	MGP	1000	MGP/MGF-Gruppe, Teil/Regis	14,00	0
230	+	MGF	1000	MGP/MGF-Gruppe, Teil/Regis	0	0
240	+	ZVV		ZVV-Gruppe, Teil/Register Ka	12,00	0

Bild 1: Verrechnungssätze für die Kalkulation

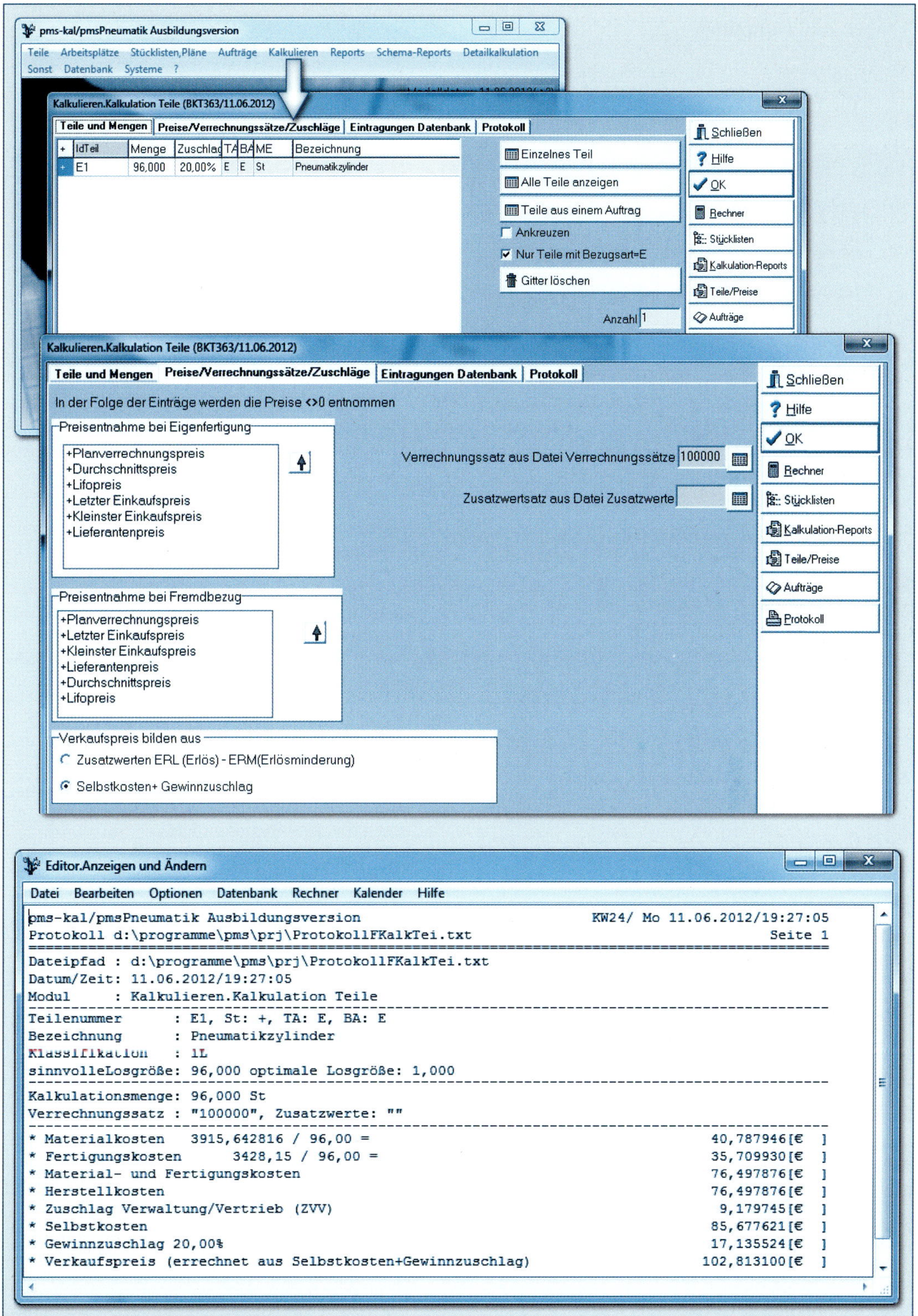

Bild 1: Kalkulation der Einzelteile

Fragen und Aufgaben

39. Unterscheiden Sie zwischen den Herstellkosten und den Selbstkosten eines Erzeugnisses.

40. Nach welchen Aufgaben wird das betriebliche Rechnungswesen untergliedert?

41. Beschreiben Sie Aufgaben der Finanzbuchhaltung.

42. Erläutern Sie die Teilgebiete der Kostenrechnung.

43. Welches Ziel verfolgt die Kostenrechnung?

44. Welche Funktion erfüllt die Kostenartenrechnung?

45. Nennen Sie unterschiedliche Arten von Kosten, die im Verlauf einer Abrechnungsperiode anfallen können.

46. Welche Kosten können zur Abrechnung direkt einem Auftrag zugeordnet werden?

47. Nennen Sie Beispiele, bei denen Gemeinkosten zu verzeichnen sind.

48. Beschreiben Sie den Unterschied zwischen zeitabhängigen und mengenabhängigen Kosten.

49. Wann wird von einer Deckungsbeitragsrechnung gesprochen?

50. Welches Ziel verfolgt die Kostenträgerrechnung?

51. Erläutern Sie den Unterschied zwischen der Divisionskalkulation und der Zuschlagskalkulation.

52. Wodurch zeichnet sich die summarische Zuschlagskalkulation aus?

53. Beschreiben Sie das Kalkulationsschema einer Zuschlagskalkulation.

54. Wodurch unterscheidet sich die Lohnzuschlagskalkulation von der Zeitzuschlagskalkulation?

55. Welche Kosten werden durch Kostenrechnungssysteme erfasst?

56. Erläutern Sie die Durchführung einer Vollkostenrechnung.

57. Wozu dient die Teilkostenrechnung?

58. Welches Ziel verfolgt die Bearbeitung eines Betriebsabrechnungsbogens (BAB)?

59. Welche Arten von Gemeinkosten werden durch den Betriebsabrechnungsbogen erfasst?

60. Warum werden in einem Betriebsabrechnungsbogen Umlagen durchgeführt?

61. Warum werden Verrechnungssätze in einem ERP-Programm aufgestellt?

62. Warum wird bei Verrechnungssätzen zwischen Planwerten und Istwerten unterschieden?

63. Wozu dient die Angabe eines Kriteriums im Verrechnungssatz?

64. Welches Kriterium erhalten die Lohnkosten bei der Aufstellung der Verrechnungssätze?

65. Welches Kriterium erhalten die Gemeinkosten in den Verrechnungssätzen?

66. Beschreiben Sie schrittweise, welcher Weg bei der Auswertung einer Vollkostenkalkulation durch das ERP-System durchschritten wird.

Arbeitsaufträge zum Projekt „Produktion der Pneumatikzylinder"

(Lösungen zu den Arbeitsaufträgen können dem Kapitel 7.5.4 aus den jeweiligen Bildern entnommen werden. Das Programm zur Bearbeitung der Arbeitsaufträge befindet sich auf der beiliegenden CD. Mit einem Export der Datensätze zur Kalkulation des Pneumatikzylinders aus dem Unterverzeichnis „03-Vorratsfertigung" des Projektordners „Pneumatikzylinder" auf der beiliegenden CD kann die Lösung der vorhergehenden Arbeitsaufträge in die Datenbank kopiert werden.)

7.30 Geben Sie die Verrechnungssätze zur Kalkulation des Pneumatikzylinders in das ERP-Programm „PMS-ERM" ein (→ 7.5.4). Entnehmen Sie hierfür die Lohnkosten für die Arbeitsplätze dem Szenarium (→ 1.6.1). Tragen Sie für die fixen lohnabhängigen Fertigungsgemeinkosten (LGF) die Gemeinkostenzuschläge aus dem Betriebsabrechnungsbogen ein (Tabelle 178/1). Proportionale Kosten und maschinenabhängige Kosten sind nicht zu berücksichtigen.

7.31 Führen Sie eine Auswertung der Kalkulation für den Pneumatikzylinder über eine Vollkostenkalkulation durch (→ 7.5.4).

7.32 Drucken Sie bei allen bearbeiteten Arbeitsaufträgen eine Übersicht zu den eingegebenen Daten bzw. Ergebnissen mit dem ERP-Programm „PMS-ERM" aus (→ 7.5.4)

7.5.5 Vertiefungsaufgabe zur Kalkulation des Projekts „Produktion der Spindel-Lagereinheiten"

Bevor die Verkaufsabwicklung durch das ERP-System „PMS-ERM" erfolgt (→ 7.6) wird eine Kalkulation der Spindel-Lagereinheiten durchgeführt.

Situationsergänzung zur Kalkulation

Im **2. Geschäftjahr** erhöhen sich die **Lohnkosten** der Produktion. Tabelle 1 führt die Lohnkosten nach den entsprechenden Lohngruppen auf.

Die **Kostenartenrechnung für das 2. Geschäftsjahr** weist den in Tabelle 2 dargestellten Kostenartenplan bezogen auf **einen Monat (ca. 140 Arbeitsstunden)** auf.

Die im Durchschnitt eines Monats anfallenden Kosten der Schlosserei im **2. Geschäftsjahr** werden als direkt zuweisbare Kosten in der Tabelle 3 aufgeführt.

Neben den im Kostenartenplan aufgeführten allgemeinen Kostengruppen lassen sich in der Firma Spin-Lag GmbH die **monatlichen Kosten im 2. Geschäftjahr** für Hilfsstoffe, Werkzeuge und Versicherungen den Kostenstellen direkt zuweisen. Die entsprechenden Kosten sowie weitere Angaben zu den einzelnen **Kostenstellen** sind in der Tabelle 4 aufgeführt.

Lohngruppe	Qualifikation	Lohnkosten in €/h
01	Hilfsarbeiter	18,60
04	Angelernter Hilfsarbeiter	25,20
05	Facharbeiter	31,80
06	Qualifizierter Facharbeiter	34,80

Tabelle 1: Lohngruppen der Spin-Lag (2. Geschäftsjahr)

Nr.	Bezeichnung	Angefallene Kosten in €
403	Fertigungsmaterial	260.000
433	Gehälter	38.400
434	Freiwillige Sozialkosten	6.356
439	Kalkulatorische Abschreibungen	112.000
447	Kalkulatorische Zinsen	19.400
469	Kalkulatorische Wagnisse	20.230

Tabelle 2: Kostenartenplan der Spin-Lag (2. Geschäftsjahr)

Auftr.-Nr.	Kostenstelle	Durchgeführte Arbeit	Kosten in €
1	Werkstatt	Reparaturauftrag	3.350
2	Werkstatt	Instandhaltungsauftrag	1.780
3	Zentrallager	Reparaturauftrag	4.200
4	Schleiferei	Reparaturauftrag	6.800
5	Vertrieb	Reparaturauftrag	1.620

Tabelle 3: Kosten der Schlosserei (2. Geschäftsjahr)

Nr.	Kostenstelle	Anzahl Beschäftigte	Lohngruppe	Fläche in m^2	Hilfsstoffe in €	Werkzeuge in €	Versicherungen in €
01	Lager (Halle 1)	3	01	336	240,00	230,00	690,00
05	Energieversorg. (Halle 1)	2	01	52	290,00	380,00	440,00
06	Schlosserei (Halle 1)	2	04	140	1.080,00	590,00	630,00
10	Mechanische Werkstatt (Halle 2)	2 25 2	Gehalt 05 01	2466	1.230,00	2.920,00	2.830,00
11	Härterei (Halle 2)	3	05	230	390,00	1.950,00	1.250,00
12	Schleiferei (Halle 2)	6 1	06 01	350	900,00	870,00	1.380,00
13	Montage (Halle 2)	9 1	05 01	788	480,00	740,00	580,00
18	Verwaltung	5 1	Gehalt 01	120	590,00	–	170,00
19	Vertrieb	2 1	Gehalt 01	90	1.760,00	–	1.440,00

Tabelle 4 Angaben zu den Kostenstellen

Arbeitsaufträge zum Projekt „Produktion der Spindel-Lagereinheiten“:

7.33 Unterscheiden Sie zwischen den Herstell- und den Selbstkosten der Spindel-Lagereinheiten (→ 7.5). Beschreiben Sie die Aufgaben des betrieblichen Rechnungswesens. Erläutern Sie die Teilgebiete der Kostenrechnung. Geben Sie hierbei insbesondere die Bedeutung der Gemeinkosten an (→ 7.5.1).

7.34 Zeigen Sie den Unterschied zwischen einer Divisions- und Zuschlagskalkulation auf. Erläutern Sie die Kostenrechnungssysteme der Vollkosten- und der Teilkostenrechnung (→ 7.5.2).

7.35 Führen Sie eine Kostenstellenrechung für das 2. Geschäftsjahr mithilfe des im Bild 1 dargestellten Betriebsabrechnungsbogens durch. Entnehmen Sie aus den Tabellen 185/1 bis 185/4 sowie aus dem Szenarium (→ 1.6) die Daten zur Berechnung der Gemeinkostenzuschläge für die Kalkulation der Spindel-Lagereinheiten (→ 7.5.3).

7.36 Erstellen Sie die Verrechnungssätze zur Kalkulation der Spindel-Lagereinheiten und geben Sie die Verrechnungssätze in das ERP-Programm „PMS-ERM“ ein. Tragen Sie hierfür das Materialkonto 1000 bei den Fremdbezugteilen ein (→ 7.5.4).

7.37 Kalkulieren Sie die Einzelteile mit dem ERP-Programm „PMS-ERM“ und führen Sie eine Vollkostenkalkulation durch. Fertigen Sie einen Ausdruck Ihres Kalkulationsergebnisses an (→ 7.5.4).

Flächenbedarf der Kostenstelle in m²										
Lohngruppe										
Lohnkosten in €/h										
Anzahl der Beschäftigten										
Kostenstellen										
Fertigungslöhne in €										
Materialkosten in €										
Gemeinkostenarten in €	**Zahlen der Buchhaltung**	**Energieversorg.**	**Schlosserei**	**Werkstatt**	**Härterei**	**Schleiferei**	**Montage**	**Materialstelle**	**Verwaltung**	**Vertrieb**
1. Hilfsstoffe										
2. Werkzeuge										
3. Hilfslöhne										
4. Gehälter										
5. Freiwillige Sozialkosten										
6. Versicherungen										
7. Kalkulat. Abschreibungen										
8. Kalkulat. Zinsen										
9. Kalkulat. Wagnisse										
10. Summe der Gemeinkosten										
11. Umlage Energieversorgung in €										
12. Umlage Schlosserei I in €										
13. Umlage Schlosserei II in €										
14. Entstandene Gemeinkosten in €										
15. Bezugsgrundlage für die Zuschläge in €										
16. Entstandene Gemeinkostenzuschläge in %										
17. Entstandene zeitbezogene Gemeinkosten in €/h										

Bild 1: Betriebsabrechnungsbogen zur Ermittlung der Gemeinkostenzuschläge

8 Logistik im Unternehmen

Die **geschichtliche Entwicklung der Logistik** reicht bis in die Antike zurück. Sie entstand historisch aus den **Bedürfnissen des Militärwesens** und war mit ihnen gekoppelt. Auch bei der technischen Entwicklung des Verkehrwesens durch die Entwicklung der Eisenbahntechnik spielte der Begriff „Logistik" nur für militärische Zwecke eine Rolle.

Das Wort „Logistik" hat etymologisch zunächst einen griechischen Wortstamm. Logistik galt jahrhundertlang als mathematische Wissenschaft. Im Mittelalter wurde der Begriff „Logistik" in die Kriegswissenschaften eingeführt und wurde gleichwertig neben Strategie und Taktik gestellt.

In der deutschen Literatur wird erst 1970 die Logistik in einem **betriebswirtschaftlichen Zusammenhang** gebraucht. Das Arbeiten mit rechnerunterstützten Systemen erforderte ein Systemdenken, das nicht nur die Materialflussvorgänge einbezog, sondern auch den Fluss der Informationen und Daten zwischen Mensch und Maschinen und den Maschinen untereinander betrachtet.

Der Begriff „Logistik" wird heute folgendermaßen definiert:

„Logistik ist die Lehre von der Planung, Steuerung und Überwachung der Material-, Personen-, Energie- und Informationsflüsse in Systemen."

Systeme können Unternehmen der Industrie oder des Handwerks sein. Es können aber auch Handels- oder Dienstleistungsunternehmen, Behörden oder Volkswirtschaften sowie ihre Beziehungen untereinander bis hin zur gesamten Weltwirtschaft logistisch betrachtet werden.

8.1 Ziele und Aufgaben der Unternehmenslogistik

Der **logistische Auftrag** definiert die Aufgaben und Ziele der Unternehmenslogistik (Bild 1).

Der logistische Auftrag besteht darin, das logistisch richtige Objekt, zur richtigen Zeit, am richtigen Ort, in der richtigen Menge und in der richtigen Qualität zu den richtigen Kosten zur Verfügung zu stellen (Bild 1).

Bei den **logistischen Objekten** wird zwischen Gütern, Informationen, Personen, Energie sowie den Mitteln für den Materialfluss, Produktions- und Informationsfluss und für den Transport unterschieden. Dies zusammen wird mit der notwendigen Infrastruktur (Gebäude, Flächen und Wege) betrachtet.

Bild 1: Auftrag der Logistik

Die **Unternehmenslogistik** umfasst zur Erfüllung ihrer Aufgaben sowohl den **Materialfluss** als auch den begleitenden oder sogar vorauseilenden **Informationsfluss**. Hierbei werden die **Informationen** in Form von Daten durch Sensoren oder Betriebserfassungssysteme erfasst, auf stationären oder mobilen Datenträgern transportiert, in Rechnern verarbeitet, an Geräte oder Maschinen weitergeleitet und über Ausgabeeinrichtungen wie den Bildschirm oder den Drucker ausgegeben.

Die **Unternehmenslogistik** ist eingebettet in dem auf dieser Seite vereinfacht dargestellten **Kreislauf der Wirtschaftsgüter**, der den Materialfluss zwischen dem Käufermarkt und dem Lieferantenmarkt verdeutlicht.

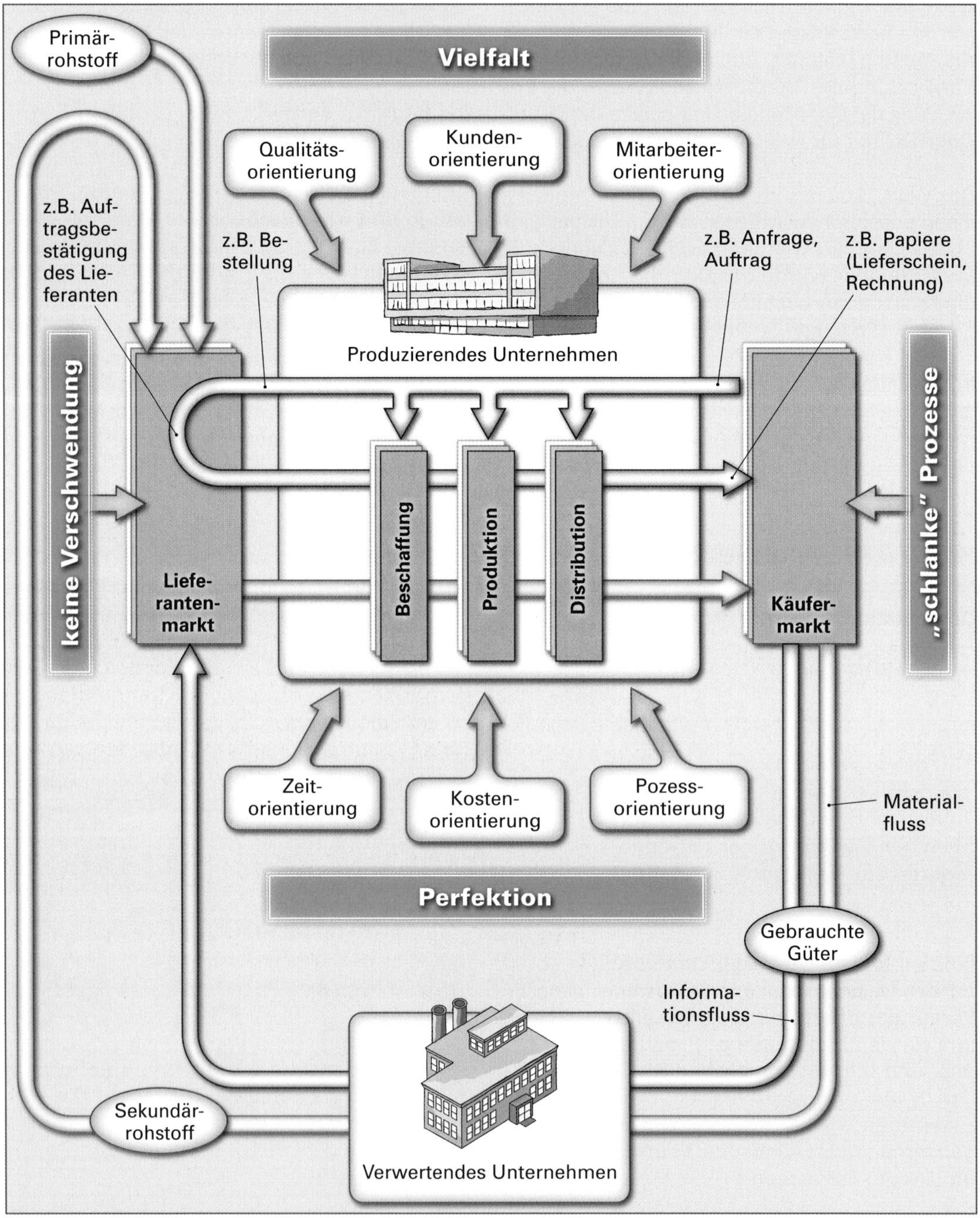

Bild 1: Unternehmenslogistik im Kreislauf der Wirtschaftsgüter

Bild 1 verdeutlicht den **Material- und Informationsfluss** im und außerhalb des Unternehmens. Präzisiert werden soll dieses Schaubild auf der folgenden Seite am Beispiel des Projekts „Produktion der Pneumatikzylinder".

Ausgangspunkt ist der **Kunde auf dem Käufermarkt**, in unserem Beispiel die Tüssen AG (→ 1.1). Der Kunde benötigt für ein Geschäftsjahr 24000 doppeltwirkende Pneumatikzylinder. Hierzu stellt er eine **Anfrage** an das produzierende Unternehmen, die Spin-Lag GmbH. Das Unternehmen hat seine **interne Logistik** aufgeteilt in die Distributions-, Produktions- und Beschaffungslogistik (→ 8.2). Die Anfrage des Kunden erhält der Vertrieb der Spin-Lag GmbH.

Distributionslogistik

Sie obliegt dem Vertrieb. Der **Vertrieb** leitet nun an weitere Abteilungen der Spin-Lag GmbH die Anfrage weiter, damit der Informationsbedarf für den Kunden (z.B. Preis, Liefertermin) gedeckt werden kann. Der Liefertermin wird z.B. mit der **Produktion** abgesprochen, der **Einkauf** holt Rohstoff- und Zuliefererpreise für die Beschaffung ein. Der Kunde erhält die benötigte Information und gibt einen Auftrag an die Spin-Lag GmbH zur Lieferung der Pneumatikzylinder.

Beschaffungslogistik

Mit ihr kann nun die **Einkaufsabteilung** der Spin-Lag GmbH aktiv werden. Sie richtet sich an den **Lieferantenmarkt** und vergibt für die Beschaffung die **Bestellungen** an die entsprechenden Lieferanten. Diese wiederum bestätigen die Bestellung.

Erst jetzt erfolgt der **Materialfluss für den Kundenauftrag**. Der Lieferant bezieht für die Produktion seiner zu liefernden Teile den **Primärrohstoff** oder bei Verwendung von recyceltem Material den **Sekundärrohstoff** vom verwertenden Unternehmen.

Die **Lieferung** erfolgt an die Spin-Lag GmbH. Begleitend zur Lieferung wird der **Informationsfluss,** z.B. mit den Lieferpapieren und der Wareneingangsbestätigung, durchgeführt. Die Teile befinden sich nun im **Sekundärbedarfslager** der Spin-Lag GmbH.

Produktionslogistik

Sie beginnt mit einer Anforderung der benötigten Teile aus dem Lager. Auch hier begleitet der Informationsfluss den **Materialfluss**, z. B. durch eine Lagerabbuchung und danach über die verschiedenen Fertigungsstationen. Nach der **Fertigstellung des Erzeugnisses** werden die Pneumatikzylinder in das **Primärbedarfslager** der Firma Spin-Lag GmbH zur Kommissionierung eingelagert. Der Informationsfluss erfolgt z.B. begleitend durch eine Lagerzubuchung.

Kommissionierung der Erzeugnisse

Sie wird durch den **Vertrieb** ausgeführt. Die Erzeugnisse werden kundenspezifisch zusammengestellt und ausgeliefert. Der Materialfluss wird in diesem Schritt z.B. durch eine Lagerabbuchung, Rechung und Lieferbestätigung begleitet.

Recycling der Erzeugnisse

Das Recycling der Pneumatikzylinder übernimmt das **verwertenden Unternehmen**. Die **verbrauchten Pneumatikzylinder** werden vom Käufermarkt dem Recyclingunternehmen zugeführt. Auch hierbei ist ein vorauseilender und begleitender Informationsfluss zum Materialfluss zu beobachten. Das verwertende Unternehmen führt seinen recycelten Rohstoff wiederum dem Lieferantenmarkt zu.

Forderungen an das Unternehmen

Sie kommen während des gesamten Prozesses auf das Unternehmen zu und müssen miteinander vereinbart werden. So wird einerseits eine Vielfalt an Erzeugnissen vom Kunden gefordert. Demgegenüber erwartet der Kunde niedrige Kosten, eine schnelle Lieferung und einen stabilen Produktionsprozess. Die Forderung nach der Perfektion des Unternehmens wird nicht nur durch eine angemessene Qualität des Produktes erfüllt. Der Kunde stellt sich unter einem perfekten Unternehmen eines mit einem hohen Servicestandard vor. Gleichzeitig fordern die Mitarbeiter vom perfekten Unternehmen eine gute Bezahlung und eine hohe soziale Absicherung.

Lean Production

Langfristig kann das Unternehmen nur dann am wirtschaftlichsten arbeiten, wenn alle **Prozesse „schlank“** sind **(„Lean Production“)** , d.h. das Unternehmen wird als Einheit betrachtet, in der alle Prozesse vom Kunden über die Verwaltung und den Zulieferer bis hin zur Produktion und Auslieferung des Produktes ohne überflüssige Stufen oder Puffer reibungslos ablaufen. Ziel ist es, mit **geringen Kapazitäten** sowohl auf der Personal- als auch auf der Betriebsmittelseite bei einer möglichst hohen Rendite zu produzieren. Die Betrachtung des Unternehmens als ganzheitliches System führt zu einer Vermeidung von überflüssigen Prozessen. Die Folge ist eine **Minimierung der Verschwendung** in allen Unternehmensprozessen.

Fragen und Aufgaben

1. Definieren Sie den betrieblichen Auftrag der Unternehmenslogistik.
2. Beschreiben Sie den Begriff „logistische Güter"?
3. Erläutern Sie den Informations- und Materialfluss im Kreislauf der Wirtschaftsgüter am Beispiel der Produktion der Spindel-Lagereinheiten.
4. Verdeutlichen Sie, welche Forderungen auf den Produktionsprozess eines Unternehmens einwirken.

8.2 Interne Unternehmenslogistik

Die **Unternehmenslogistik** muss je nach Art des Betriebes vielfältige Aufgaben wahrnehmen. Es ist daher zweckmäßig, die Unternehmenslogistik in verschiedene Bereiche zu untergliedern, wobei nicht in jedem Unternehmen jeder Bereich zu finden ist. Es wird zwischen **internen** und **externen Aufgabenbereichen** unterschieden, die in den nachfolgenden Kapiteln näher erläutert werden:

- **Interne Logistik**
  Beschaffungslogistik, Produktionslogistik, Distributionslogistik und Entsorgungslogistik.
- **Externe Logistik** (→ 8.3)
  Verkehrslogistik.

8.2.1 Beschaffungslogistik

Die **Beschaffungslogistik** umfasst den ersten Aufgabenbereich der internen Unternehmenslogistik.

Die Beschaffungslogistik plant, steuert und überwacht den Material- und Informationsfluss zwischen den Zulieferern und dem Unternehmen.

Sie hat die Aufgabe, eine optimale Versorgung des Unternehmens mit betriebsfremden Bedarfsgütern wirtschaftlich sicherzustellen. Verantwortlich hierfür ist die Einkaufsabteilung des Unternehmens. Die **Funktion der Beschaffungslogistik** bildet auf der **Strategieebene** zwei Schwerpunkte (Bild 1).

Zunächst muss das Unternehmen geeignete **Zulieferer** für den Produktionsprozess auf dem **Beschaffungsmarkt** finden und sichern. Es müssen die Lieferanten einbezogen werden, die zu einem akzeptablen Preis und in der richtigen Qualität die Güter mit ihren benötigten Funktions- und Gebrauchseigenschaften liefern können.

Im zweiten Schritt muss der **richtige Zeitpunkt** und der **richtige Ort der Lieferung** an das Unternehmen mit dem Zulieferer geklärt werden. Es reicht nicht aus, die für die Produktion benötigten Güter nur zu erwerben. Vielmehr müssen die zu liefernden Güter nach ihrer zweckbestimmten Verwendung bedarfsgerecht am richtigen Ort verfügbar sein.

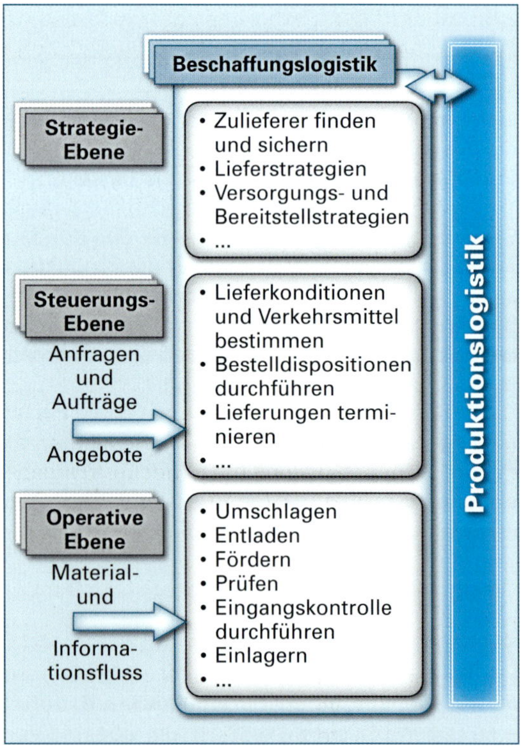

Bild 1: Aufgaben der Beschaffungslogistik

Damit ist die Gestaltung des Material- und Informationsflusses zum richtigen Ort im Unternehmen angesprochen.

Zur strategischen Entscheidungskompetenz der Beschaffungslogistik gehören weiterhin die Entwicklung und Festlegung von **Versorgungs- und Bereitstellstrategien**. So muss z.B. eine Entscheidung über den Aufbau einer eigenen Lager- und Transportkapazität oder die Inanspruchnahme von Logistik-Dienstleistern getroffen werden.

Ebenso muss eine Festlegung getroffen werden, ob eine **fertigungssynchrone Just-in-Time-Anlieferung** oder eine **Versorgung über Lagerbestände** erfolgen soll. In diesem Zusammenhang ist eine Entscheidung zum **Sicherheitsbestand** (→ 7.3.2.2) zu treffen.

Auf der **Steuerungsebene** hat die Beschaffungslogistik die Aufgabe der **Bestimmung von Lieferkonditionen und Verkehrsmitteln** (Bild 196/1). So muss z.B. mit dem Lieferanten geklärt werden, ob die Lieferung frei Werk erfolgt oder der Transport durch das Unternehmen selbst durchgeführt wird. Ein Bezug ab Werk bedeutet häufig einen niedrigeren Anschaffungspreis, führt aber zur Beaufschlagung von Transportkosten. Es muss somit abgewägt werden, in welchem Fall die niedrigsten Beschaffungskosten vorliegen. Weitere Aufgaben der Beschaffungslogistik sind z.B. die **Durchführung von Bestelldispositionen** oder die **Terminierung der Lieferungen**.

Betrachtet man die in Bild 196/1 dargestellte **operative Ebene** des Unternehmens, so umfasst das **Tätigkeitsfeld der Beschaffungslogistik** Aufgaben wie z.B. Umschlagen, Entladen, Fördern und Eingangskontrollen durchführen sowie die Einlagerung der Rohmaterialien und Zukaufteile.

8.2.2 Produktionslogistik

Den zweiten Aufgabenbereich der internen Unternehmenslogistik stellt die **Produktionslogistik** dar.

Die Produktionslogistik plant, steuert und überwacht den Material- und Informationsfluss vom Eingangslager der Beschaffung über die unterschiedlichen Stufen des Produktionsprozesses bis hin zum Ausgangslager.

Die Produktionslogistik verfolgt hierbei zwei Ziele. Die **Erhöhung der Produktivität** erfolgt in erster Linie durch das Anstreben niedriger Durchlaufzeiten und kleiner Bestände. Die **Steigerung der Flexibilität** wird durch ein variables Produktionsprogramm mit einer auftragsorientierten Produktion und flexiblen Losgrößen erreicht.

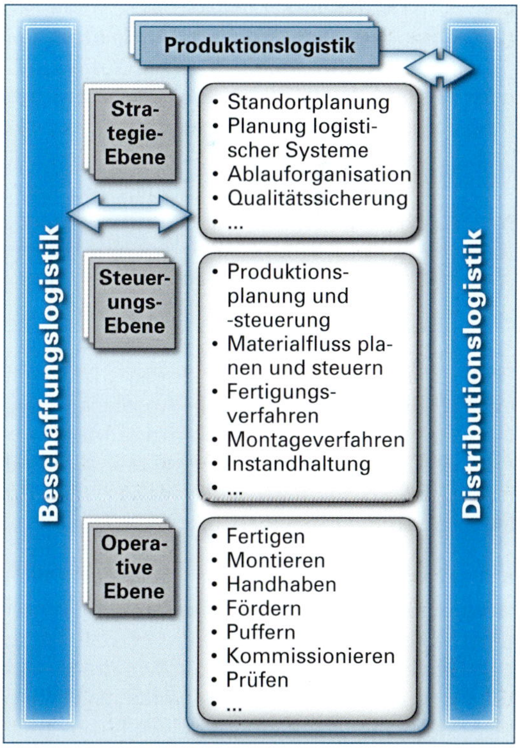

Bild 1: Aufgaben der Produktionslogistik

Die im Bild 1 aufgeführten **strategischen Funktionen der Produktionslogistik** werden durch die Standortplanung und die Planung logistischer Systeme bestimmt. Die Standortplanung wird hierbei mit der Entscheidung über einen zentralen oder mehrere dezentrale Standorte verbunden.

Die Standortplanung bezieht eine **permanente Strukturplanung** des Werks mit ein. Ziel ist es, dass die Struktur des Werkes optimal auf das zu fertigende und zu verteilende Teilespektrum sowie auf die anfallenden Materialflüsse zugeschnitten ist.

Die **Planung logistischer Systeme** erfolgt zusammen mit der Planung von Arbeitsabläufen, Arbeitsmitteln, Produktionsanlagen und Gebäuden. Hierbei geht die **Entwicklung eines Layouts** (→ 6) einher mit der Planung der Produktions-, Materialfluss- und Informationsflussmittel. Die **Planung des Informationsflusses** beinhaltet die Festlegung eines rechnerunterstützten Konzeptes zur Abbildung des gesamten betrieblichen Ablaufes (→ 7). Weitere strategische Aufgaben der Produktionslogistik beinhalten **Planungen zur Ablauforganisation** sowie **Maßnahmen zur Qualitätssicherung**.

Auf der **Steuerungsebene** schließt die Produktionslogistik die **Aufgaben der Produktionsplanung und -steuerung (PPS)** ein (→ 2.2). Durch eine logistikgerechte Planung und Steuerung des Materialflusses lassen sich die **Teilebestände** senken und der **Teileumlauf** während der Produktion reduzieren. Durch die Planung und Steuerung effektiverer **Fertigungs-** und **Montageabläufe** lassen sich störanfällige Prozesse sowie hohe Rüst-, Neben- und Transportzeiten vermeiden (→ 9).

Die in Bild 197/1 dargestellte **operative Ebene der Produktionslogistik** beinhaltet materialflussbegleitende Aufgaben. So werden neben den **Hauptfunktionen** der Fertigung und Montage von Teilen, Baugruppen und Erzeugnissen **Nebenfunktionen**, wie z.B. Fördern, Handhaben, Puffern oder Kommissionieren, ausgeführt.

8.2.3 Distributionslogistik

Die **Distributionslogistik** bildet als dritter Aufgabenbereich der Unternehmenslogistik zusammen mit der Beschaffungslogistik die **Marketing-Logistik**. Im Gegensatz zur Produktionslogistik enthält die Marketing-Logistik eine Schnittstelle zu den Beschaffungs- bzw. Käufermärkten. Der Begriff Distributionslogistik wird häufig synonym mit den Ausdrücken **Absatzlogistik, Vertriebslogistik** oder **Warenverteilung** verwendet.

Die Distributionslogistik plant, steuert und überwacht den Warenfluss sowie den damit verbundenen Informationsfluss zwischen dem produzierenden Unternehmen und dem Handelsunternehmen bzw. den jeweiligen Abnehmern.

Die **Aufgabe** der Distributionslogistik ist somit eine Verbindung zwischen der Absatzseite des Unternehmens und dem nachfragenden Kunden herzustellen. Zur Erfüllung dieser Aufgabe ist als **Ziel** ein optimaler Lieferservice bei möglichst niedrigen Kosten anzustreben.

Auf der **Strategieebene** erfüllt die Distributionslogistik übergeordnete Funktionen des Marketings (Bild 1). Hierzu zählen die Erschließung und Sicherung des Absatzes sowie die Einhaltung juristischer Aspekte beim Verkaufsvorgang und beim Eigentumsübergang. Weiterhin stellt die Distributionslogistik Rahmenbedingungen zur Durchführung des Waren- und Informationsflusses zwischen Unternehmen und Kunden auf.

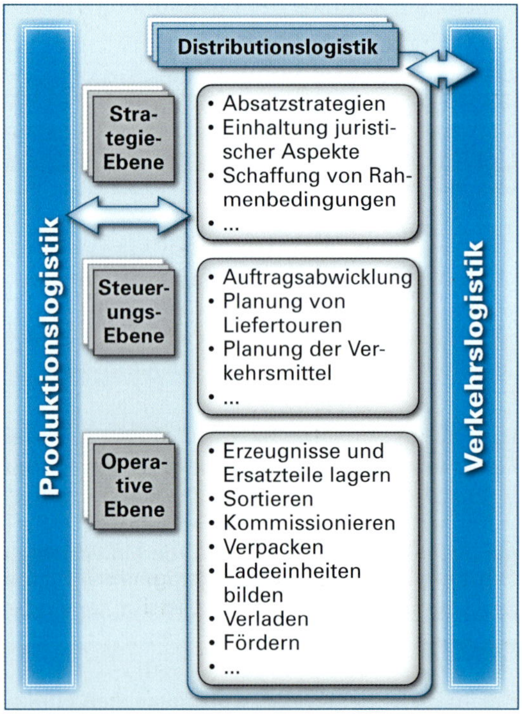

Bild 1: Aufgaben der Distributionslogistik

Die **Schnittstelle zur Produktionslogistik** wird bei der **Beschaffungslogistik** durch das Eingangslager und bei der **Distributionslogistik** durch das Ausgangslager bestimmt. Die **gemeinsame Aufgabe** aller drei Logistikbereiche der Unternehmenslogistik ist die **Lagerplanung** (→ 10). Im Rahmen dieser Funktion muss festgelegt werden, welches Lager (z.B. zentrales oder dezentrales Lager) mit welchen Beständen an welchem Standort betrieben wird.

Die Aufgaben der Distributionslogistik auf der **Steuerungsebene** (Bild 198/1) unterscheiden sich je nach Art der Fertigung. So ist die **Abwicklung von Aufträgen** bei der **Auftragsfertigung** anders zu gestalten als bei der **Serienfertigung** oder **Vorratsfertigung** (→ 7.4). Die **Planung von Liefertouren** und die **Bestimmung der einzusetzenden Verkehrsmittel** gehört zum weiteren Aufgabenbereich der Distributionslogistik.

Zu den im Bild 198/1 aufgeführten **Aufgaben der Distributionslogistik** auf der **operativen Ebene** zählen z.B. die Lagerung der Erzeugnisse und Ersatzteile (→ 10), die Sortierung und Kommissionierung der Erzeugnisse mit der Bildung von Ladeeinheiten sowie die Verpackung und Verladung der Erzeugnisse.

8.2.4 Entsorgungslogistik

Der vierte Aufgabenbereich der internen Unternehmenslogistik stellt mit der **Entsorgungslogistik** ein besonderes Gebiet dar. Wegen der knapper werdenden Ressourcen und des erforderlichen Umweltschutzes ragt dieser Aufgabenbereich immer stärker mit in das Handlungsfeld eines Unternehmens ein.

Die Entsorgungslogistik plant, steuert und überwacht den Materialfluss der Produktionsabfälle sowie den zugehörigen Informationsfluss innerhalb des produzierenden Unternehmens sowie zwischen dem produzierenden und den verwertenden Unternehmen (→ Bild 194/1).

Die **strategische Aufgabe** der Entsorgungslogistik besteht in der Ausweisung von inner- und außerbetrieblichen Entsorgungskreisläufen. Ebenso wie bei der Distributionslogistik ist die Einhaltung juristischer Aspekte bei der Entsorgung als strategische Funktion einzubeziehen (Bild 1).

Auf der **Steuerungsebene** und der **operativen Ebene** weist die Entsorgungslogistik ähnliche Aufgabeninhalte auf wie die Distributionslogistik. Sowohl bei der Entsorgung als auch bei der Distribution müssen Aufträge abgewickelt und Verkehrsmittel bestimmt werden. Ebenso muss in beiden Logistikbereichen das Material gelagert, versorgt, verpackt und verladen werden. Lediglich durch das Recycling ist bei der Entsorgungslogistik der wesentliche Unterschied gegeben (Bild 1).

Die **Hauptfunktion der Entsorgungslogistik** besteht somit darin, das abfallende Material aus der Produktion am besten sofort zu recyceln und dem Produktionsprozess direkt wieder zuzuführen. Alternativ ist der Abfallstoff extern wieder aufzubereiten und im Bedarfsfall dem produzierenden Unternehmen zum Verbrauch anzubieten. Abfallstoffe, die nicht recycelt werden können, müssen gesondert entsorgt werden.

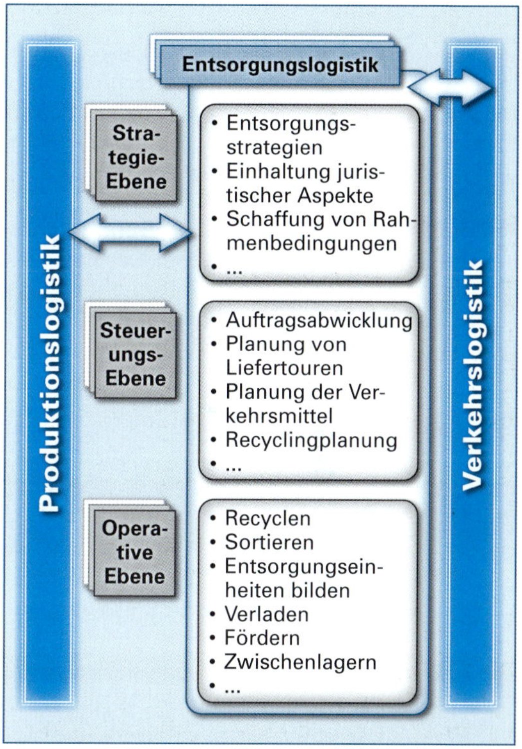

Bild 1: Aufgaben der Entsorgungslogistik

8.3 Externe Unternehmenslogistik

Zum **externen Bereich** der Unternehmenslogistik wird die **Verkehrslogistik** gerechnet. Die meisten produzierenden Unternehmen vergeben den **Transport der Waren zum Kunden** an eine **Spedition**. Die Verkehrslogistik wird daher als externe Unternehmenslogistik betrachtet.

Die Verkehrslogistik plant, steuert und überwacht den Materialfluss und den damit verbundenen Informationsfluss außerhalb des Unternehmens zum Kunden.

Die **strategische Aufgabe** der Verkehrslogistik ist es, technische und organisatorische Konzepte zu erarbeiten, die zu einer wirtschaftlichen Transportkette führen. Hierbei sind ganzheitliche und rationelle Lösungsansätze anzustreben.

Auf der **Steuerungsebene** ist die Trennung des Informationsflusses vom Materialfluss maßgeblich, damit ein vorauseilender Informationsfluss in der Transportkette einen besseren Materialfluss durch den Einsatz rechnerunterstützter Datenverarbeitungssysteme ermöglicht.

Neben der Verkehrslogistik werden von den Spediteuren in zunehmendem Umfang logistische Leistungen verlangt, die an der **Schnittstelle zum produzierenden Unternehmen** angesiedelt sind. So übernehmen die Speditionen immer häufiger Tätigkeiten wie z.B. Lagern, Kommissionieren, Vormontage oder die Direktanlieferung an den Bedarfsort des Kunden.

Die Forderung nach **Just-in-Time-Konzepten** zur Senkung des Lagerbestandes im produzierenden Unternehmen (→ 6.2) wird durch den **Zusammenschluss zwischen dem Unternehmen und dem Spediteur** häufig befolgt. Der Spediteur erhält hierbei durch die Anbindung an das rechnerunterstützte Produktionsmanagement-System des Unternehmens (→ 7) interne Informationen zum Produktionsablauf. Er ist somit in der Lage auf jede Veränderung sofort zu reagieren und den Transport der Waren zum richtigen Zeitpunkt durchzuführen.

Fragen und Aufgaben

5. Beschreiben Sie die Aufgaben der Beschaffungslogistik auf der Strategieebene.
6. Welche Funktionen werden von der Beschaffungslogistik auf der Steuerungsebene erfüllt?
7. Geben Sie Tätigkeiten der Beschaffungslogistik auf der operativen Ebene an.
8. Definieren Sie den Begriff „Produktionslogistik".
9. Welche Ziele verfolgt die Produktionslogistik als interner Aufgabenbereich der Unternehmenslogistik?
10. Erläutern Sie die strategischen Funktionen der Produktionslogistik.
11. Auf der Steuerungsebene werden die Funktionen der Produktionsplanung und -steuerung dem Aufgabenfeld der Produktionslogistik zugeordnet. Ermitteln Sie, welche Aufgaben hierbei erfüllt werden müssen.
12. Beschreiben Sie weitere Aufgaben der Produktionslogistik auf der Steuerungsebene.
13. Definieren Sie den Begriff „Marketing-Logistik" als Aufgabenbereich der Unternehmenslogistik.
14. Verdeutlichen Sie das Aufgabenfeld der Distributionslogistik auf der Steuerungsebene.
15. Welche Schnittstellen ergeben sich durch die Beschaffungs- und Distributionslogistik mit der Produktionslogistik?
16. Wodurch unterscheiden sich die einzelnen Aufgaben der Distributionslogistik auf der Steuerungsebene?
17. Welche Aufgaben zählen zu der Distributionslogistik auf der operativen Ebene?
18. Warum wird der Entsorgungslogistik eine immer stärkere Bedeutung beigemessen?
19. Was sind die strategischen Funktionen der Entsorgungslogistik?
20. Welche Hauptfunktion hat die Entsorgungslogistik?
21. Welcher Logistikbereich umfasst die externe Unternehmenslogistik?
22. Beschreiben Sie die Aufgaben der externen Unternehmenslogistik.
23. Verdeutlichen Sie in einem Schaubild den vertikalen und horizontalen Aufbau der Unternehmenslogistik mit den entsprechenden Aufgabenbereichen.

9 Logistik der Produktion

Die Produktion eines Erzeugnisses erfolgt in der Regel mittels der Anwendung mehrerer Fertigungsverfahren. Die Fertigung von Werkstücken wird auf Werkzeugmaschinen und innerhalb von Fertigungsanlagen durchgeführt. Bei hohen Stückzahlen ist zudem der gleichzeitige Einsatz mehrerer gleicher Werkzeugmaschinen bzw. Anlagen erforderlich, damit ein reibungsloser Fertigungsablauf gewährleistet wird. Die Montage der gefertigten Werkstücke zu Baugruppen und Erzeugnissen wird oftmals auf unterschiedlichen Plätzen durchgeführt, die sich durch einen parallelen oder sequentiellen Montageablauf kennzeichnen.

Damit ein Erzeugnis rationell und somit auch kostengünstig gefertigt werden kann, ist eine sinnvolle Anordnung der einzelnen Werkzeugmaschinen und Montagestationen erforderlich. Je größer die zu produzierende Stückzahl eines Werkstückes ist, desto mehr ist ein automatisierter Werkstück- und Werkzeugtransport zu und zwischen den Arbeitsplätzen sinnvoll. Ziel einer modernen Produktion ist die weitgehend automatisierte Herstellung von Erzeugnissen. Hierbei wird angestrebt, möglichst unterschiedliche Produkte, Baugruppen oder zu produzierende Teile in einer nicht festgelegten Reihenfolge auf einer automatisierten Anlage zu bearbeiten. Man spricht von einer flexiblen Fertigung.

9.1 Auswahl flexibler Fertigungsanlagen

Durch eine Verkettung der räumlich angeordneten Maschinen können unterschiedliche **flexible Fertigungsanlagen** gestaltet werden. Bild 1 zeigt exemplarisch die Verkettung der Werkzeugmaschinen durch einen Portalroboter. Die Grundbausteine dieser flexiblen Fertigungsanlage sind die CNC-Maschine und das Bearbeitungszentrum (BAZ). Mit der CNC-Maschine kann hauptsächlich ein Fertigungsverfahren ausgeführt werden. Das Bearbeitungszentrum (BAZ) ermöglicht den Einsatz unterschiedlicher Fertigungsverfahren (z.B. Fräsen, Bohren und Ausspindeln) in einer Aufspannung.

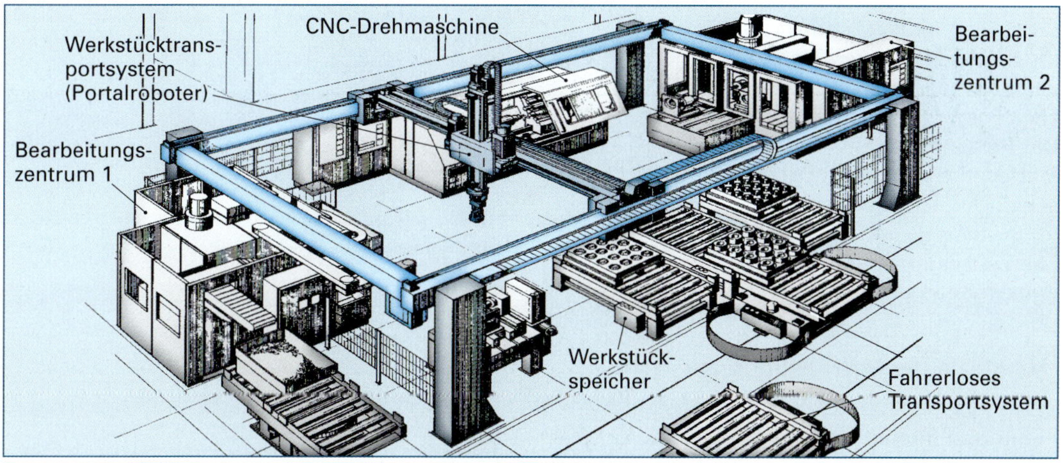

Bild 1: Verkettung räumlich angeordneter Werkzeugmaschinen

Die kleinste Stufe einer flexiblen Fertigungsanlage stellt die **flexible Fertigungszelle** dar. Hierbei wird das Werkstück automatisch von einem Werkstückspeicher zur CNC-Maschine bzw. zum Bearbeitungszentrum transportiert. Nach der Bearbeitung wird das gefertigte Werkstück automatisch der Maschine entnommen. Das **flexible Fertigungssystem** ist gekennzeichnet durch eine höhere Stufe des Automatisierungsgrades. Durch einen automatisierten Werkstücktransport zwischen den CNC-Maschinen, Bearbeitungszentren oder flexiblen Fertigungszellen werden beim flexiblen Fertigungssystem die einzelnen Einheiten miteinander verkettet. Die **flexible Fertigungsstraße** stellt einen Sonderfall dar, bei dem die Fertigungseinheiten in einer Reihe miteinander verkettet sind. Auf den nachfolgenden Seiten werden die flexiblen Fertigungsanlagen näher erläutert.

9.1.1 Grundbausteine der flexiblen Fertigungsanlage

Die **CNC-Maschine** (Bild 1) hat als Grundbaustein einer flexiblen Fertigungsanlage den geringsten Automatisierungsgrad. Der Steuerungsrechner der Maschine übernimmt die Aufgabe, die Schnitt- und Vorschubbewegung sowie den Werkzeugwechsel automatisch zu regeln. Im Unterschied zum Bearbeitungszentrum kann mit der CNC-Werkzeugmaschine hauptsächlich nur ein Fertigungsverfahren (z.B. Drehen) ausgeführt werden.

Merkmale der CNC-Werkzeugmaschine (Bild 1 und Bild 3):

- Einmaschinenkonzept;
- Bearbeitung eines Werkstücks hauptsächlich durch ein Fertigungsverfahren;
- automatische Werkzeugmagazinierung;
- automatische Steuerung der Vorschub- und Schnittbewegung;
- automatischer Werkzeugwechsel.

Beim **Bearbeitungszentrum** (Bild 2) ist die Bearbeitung eines Werkstückes in einer Aufspannung mit unterschiedlichen Fertigungsoperationen möglich. Die Rundumbearbeitung des Werkstücks wird mit einem Drehtisch realisiert. Durch einen zusätzlichen Palettenwechseltisch kann während der Bearbeitung gleichzeitig ein anderes Werkstück aufgespannt werden.

Merkmale des Bearbeitungszentrums (Bild 2 und Bild 3):

- Einmaschinenkonzept;
- Bearbeitung eines Werkstücks durch mehrere Fertigungsverfahren in einer Aufspannung;
- automatische Steuerung eines Drehtisches zur Rundumbearbeitung des Werkstücks;
- automatische Steuerung der Vorschub- und Schnittbewegung;
- automatische Werkzeugmagazinierung und automatischer Werkzeugwechsel.

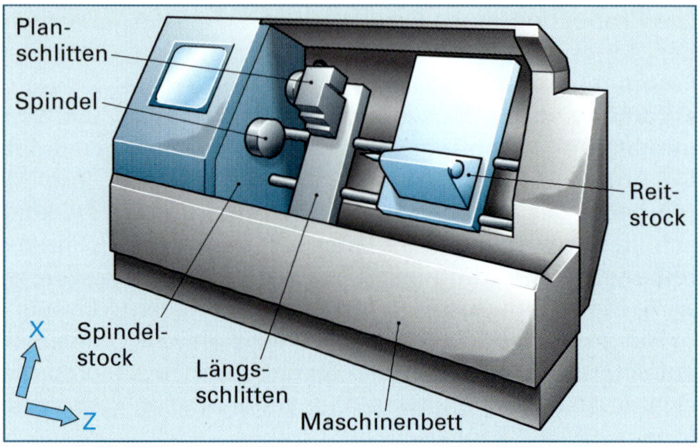

Bild 1: CNC-Drehmaschine

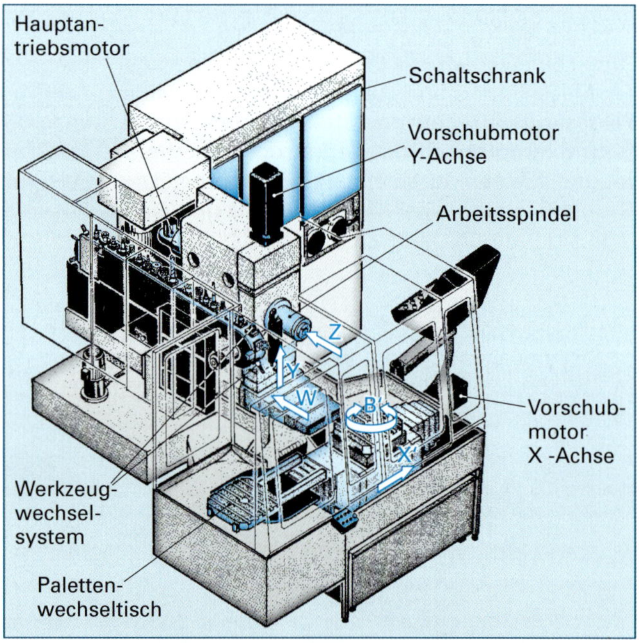

Bild 2: Bearbeitungszentrum mit Palettenwechseltisch

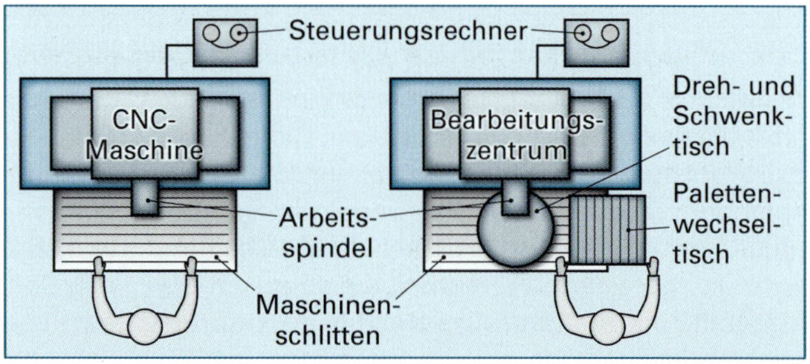

Bild 3: CNC-Maschine und Bearbeitungszentrum im Vergleich

9.1.2 Flexible Fertigungszelle

Die **flexible Fertigungszelle** (Bild 1) stellt die niedrigste Stufe einer flexiblen Fertigungsanlage dar. Durch die Erweiterung der CNC-Maschine oder des Bearbeitungszentrums mit einem Werkstückspeicher, einem Transportsystem und einer Werkstückwechselstation wird eine flexible Fertigungszelle gebildet. Mit der nachfolgend gezeigten flexiblen Fertigungszelle können mehrere Fertigungsverfahren zur Herstellung eines Werkstücks in einer Aufspannung genutzt werden. Neben einem großen Werkzeugmagazin und einer Werkzeugspannstation versorgen zwei Werkstückspeicher die Maschine über einen Linienportalroboter mit Werkzeugen und Werkstücken.

Flexible Fertigungszellen werden hauptsächlich in der Klein- und Mittelserienfertigung bei verschiedenartigen Einzelteilen eingesetzt. Mit Hilfe von flexiblen Fertigungszellen kann eine Komplettbearbeitung von Baugruppen mit sehr unterschiedlichen Fertigungsverfahren durchgeführt werden.

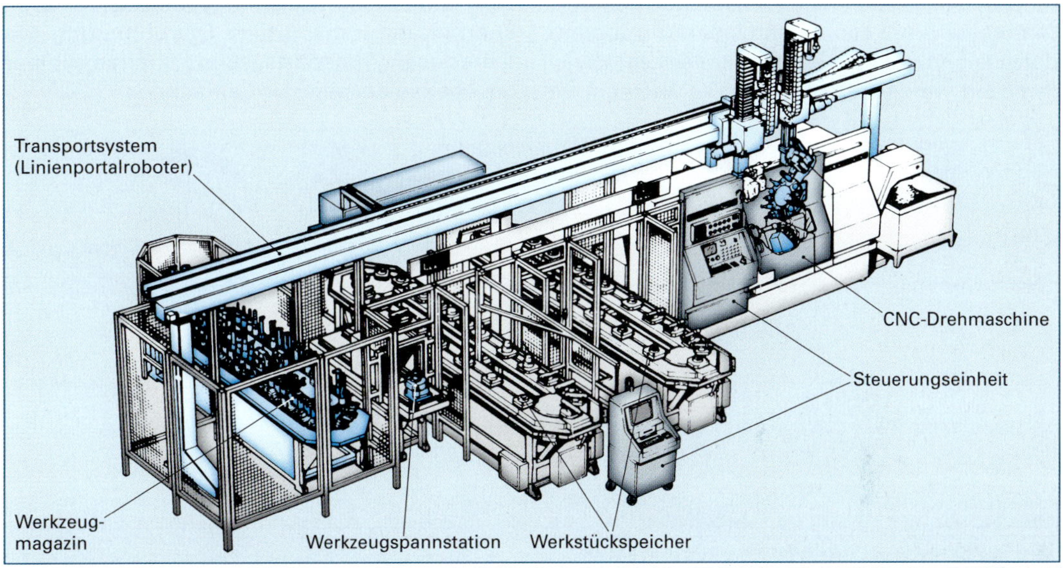

Bild 1: Gliederung einer flexiblen Fertigungszelle

Merkmale der flexiblen Fertigungszelle (Bild 2):

- Einmaschinenkonzept;
- automatische Steuerung der Vorschub- und Schnittbewegung;
- automatische Werkzeugmagazinierung und automatischer Werkzeugwechsel mit einem maschineninternen Steuerungsrechner;
- automatische Speicherung der Werkstücke;
- das Werkzeugmagazin und der Werkstückspeicher sind mit einem gemeinsamen Werkstücktransportsystem verbunden;
- die benötigten Werkzeuge werden der Maschine automatisiert bereitgestellt, gespannt und gewechselt;
- Vorgänge, wie z.B. Prüfen oder Entgraten, können zusätzlich durch entsprechende Einrichtungen automatisiert durchgeführt werden;
- Die Steuerung der flexiblen Fertigungszelle übernimmt ein zentraler Steuerungsrechner.

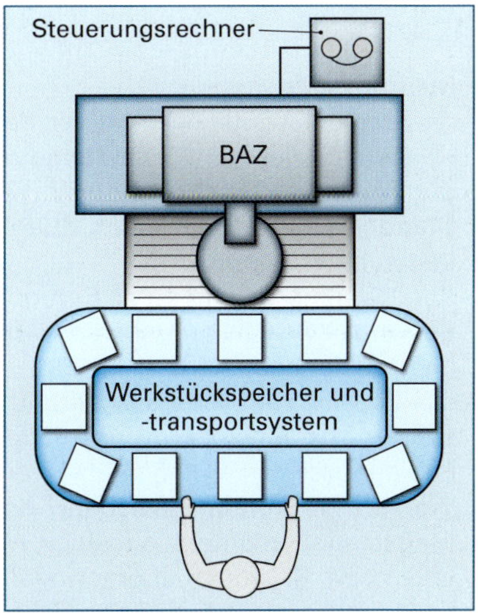

Bild 2: Flexible Fertigungszelle

9.1.3 Flexibles Fertigungssystem

Flexible Fertigungssysteme (Bild 1) umfassen mehrere CNC-Maschinen, Bearbeitungszentren oder flexible Fertigungszellen. Hierbei erfolgt der Werkstücktransport zwischen den Bearbeitungsstationen gesteuert durch einen übergreifenden Leitrechner. Das im Folgenden beschriebene flexible Fertigungssystem umfasst vier Bearbeitungszentren.

Für die Fertigung der Werkstücke können alle vier Bearbeitungszentren beliebig eingesetzt werden. Die Werkstückhandhabung an den Bearbeitungszentren wird mit separaten Lineararmrobotern durchgeführt, die über einen zentralen Leitrechner gesteuert werden. Je nachdem, an welchem Bearbeitungszentrum sich das Werkstück befindet, erhalten die Bearbeitungsstationen über den zentralen Leitrechner Informationen, wann die Bearbeitung des Werkstückes stattfinden soll. Die Bearbeitung innerhalb der Bearbeitungszentren wird von ihren Maschinenrechnern gesteuert.

Mittels eines fahrerlosen Transportsystems werden die Halbzeuge zu und zwischen den Bearbeitungszentren transportiert. Im Anschluss an die Bearbeitung werden die Werkstücke mit dem fahrerlosen Transportsystem zur weiteren Bearbeitung transportiert. Die Steuerung des fahrerlosen Transportsystems übernimmt hierbei ebenso der zentrale Leitrechner.

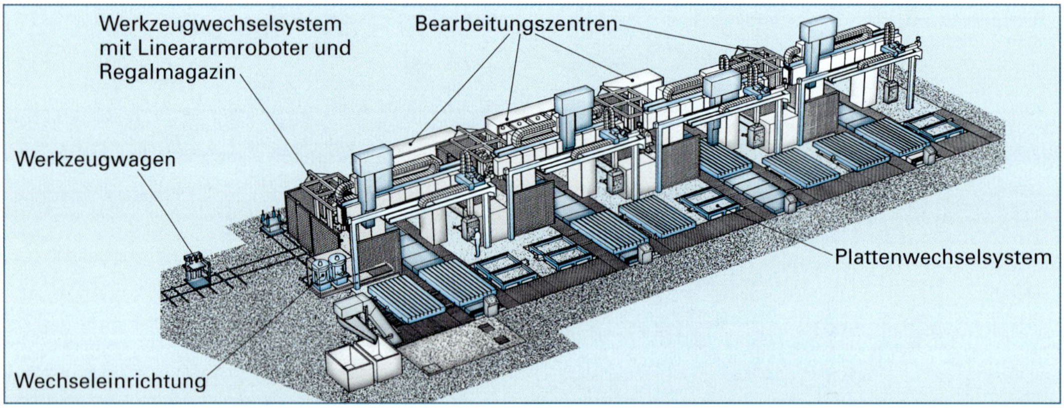

Bild 1: Aufbau eines flexiblen Fertigungssystems

Merkmale des flexiblen Fertigungssystems (Bild 2):

- Mehrmaschinenkonzept;
- die Bearbeitungsstationen werden durch automatisierte Werkstücktransportsysteme verbunden;
- der Werkstücktransport zu und zwischen den Stationen wird durch einen übergeordneten Leitrechner organisiert;
- der jeweilige Beginn eines Fertigungsvorganges an der Bearbeitungsstation wird über den Leitrechner gesteuert;
- es kann eine komplette Bearbeitung eines Werkstückes oder einer Baugruppe in dem flexiblen Fertigungssystem durchgeführt werden;
- Werkstücke können zwischen den Bearbeitungsstationen unterschiedliche Wege zurücklegen bzw. Stationen überspringen;
- Einbindung des automatischen Werkstück- und Werkzeuglagers.

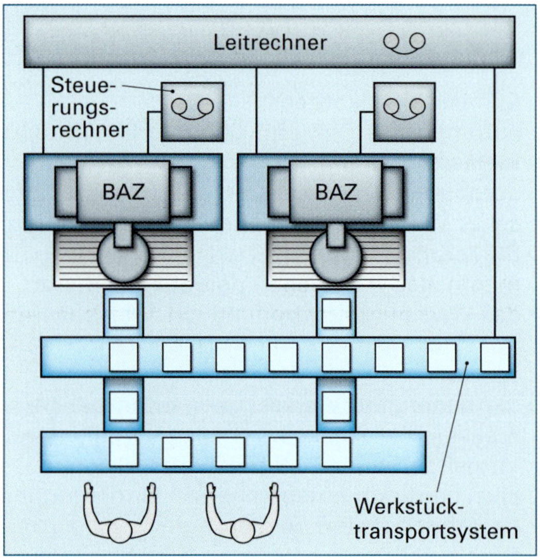

Bild 2: Flexibles Fertigungssystem

9.1.4 Flexible Fertigungslinie

Für die Bearbeitung fertigungsähnlicher Werkstücke in sehr großen Stückzahlen, die einen hohen Fertigungsaufwand erfordern, können **flexible Fertigungslinien** (Bild 1) eingesetzt werden. Hierbei werden die Bearbeitungsstationen in einer festgelegten Reihenfolge aufgestellt. Die Werkstücke müssen alle Bearbeitungsstationen der Fertigungslinie durchlaufen.

Die in Bild 1 dargestellte Fertigungslinie besitzt jeweils drei einander gegenüberliegende **Bearbeitungsstationen**. Hierbei handelt es sich nicht um **Einzweckmaschinen** mit fest vorgegebenem Werkzeug, sondern um Bearbeitungsmaschinen mit einem Werkzeugwechselsystem. Eine Alternative zu den Bearbeitungsstationen stellen **Montagestationen** dar, die in einer flexiblen Fertigungslinie integriert sein können. Neben den Steuerungsrechnern für die Bearbeitungsstationen kann der Werkstücktransport zu und zwischen den Maschinen von einem übergeordneten **Leitrechner** geregelt werden.

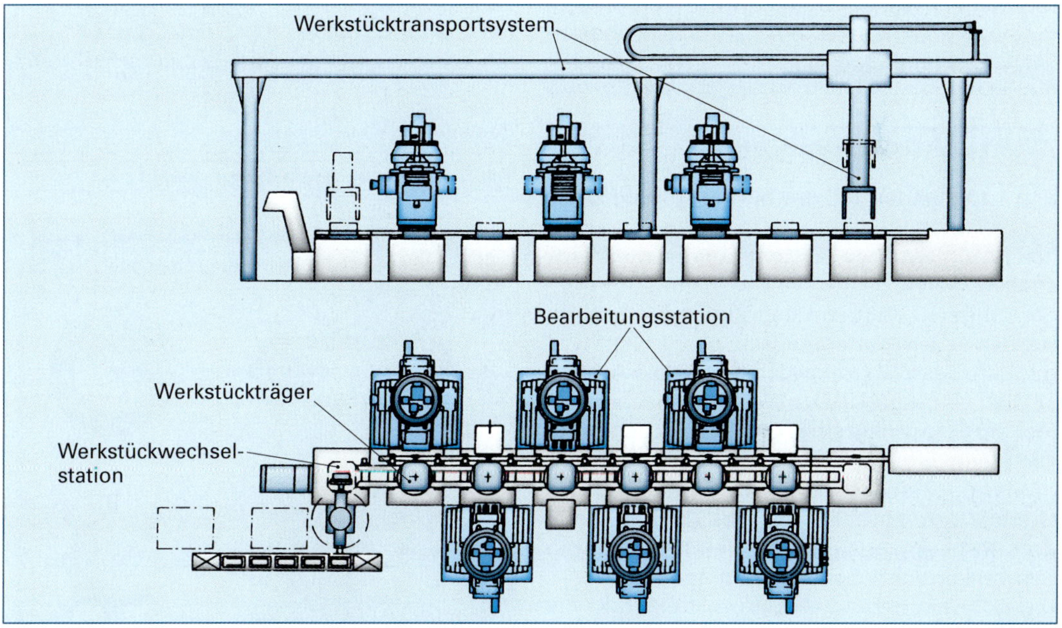

Bild 1: Systematische Einteilung der Stationen einer flexiblen Fertigungslinie

Merkmale der flexiblen Fertigungslinie (Bild 2):

- Mehrere Bearbeitungsstationen sind in einer Fertigungslinie aufgestellt, d.h. ein Werkstück muss alle Bearbeitungsstationen passieren;
- die Bearbeitungsstationen sind durch ein automatisiertes Werkstückflusssystem verknüpft;
- der Werkstücktransport zu und zwischen den Stationen kann durch einen Leitrechner gesteuert werden;
- zwischen den Bearbeitungsstationen können sich Ausgleichspuffer befinden, um die unterschiedlichen Fertigungszeiten an den jeweiligen Stationen auszugleichen;
- der Anlernaufwand für das Bedienungspersonal ist gering. Es wird eine hohe Produktivität durch die schnelle Einübung der Handgriffe erreicht.

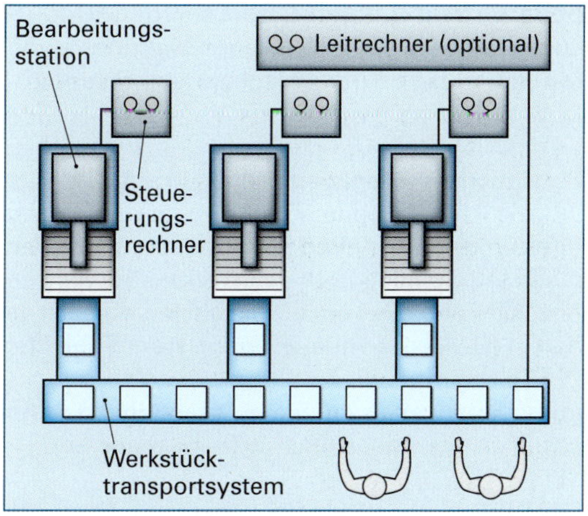

Bild 2: Flexible Fertigungslinie

9.1.5 Handhabungssysteme für flexible Fertigungsanlagen

Für die **automatisierte Bearbeitung in einer flexiblen Fertigungsanlage** müssen die Werkzeuge und Werkstücke an den jeweiligen Bearbeitungsstationen zu- und abgeführt bzw. gehandhabt werden. Diese Funktion wird von Handhabungssystemen übernommen. Man unterscheidet zwischen **Werkzeug- und Werkstückhandhabungssystemen**.

Handhaben ist das Schaffen, definierte Verändern oder vorübergehende Aufrechterhaltung einer räumlichen Anordnung von geometrisch bestimmten Körpern in einem Bezugskoordinatensystem.

Werkzeughandhabungssysteme

Bild 1 zeigt einen Teil des bereits im Bild 202/2 vorgestellten Bearbeitungszentrums. Zu erkennen ist ein **Werkzeugkettenmagazin mit Werkzeugwechsler**. Die für die Bearbeitung über einen längeren Zeitraum benötigten Werkzeuge werden in dem Kettenmagazin gespeichert und mit Hilfe des Werkzeugwechslers in die Arbeitsspindel eingespannt. Der **Werkzeugwechsler** ist hier ein **Schwenkgreifer**. Das jeweils benötigte Werkzeug wird mit der Kette zu dem Schwenkgreifer positioniert. Durch die Betätigung des Greifers wird anschließend das Werkzeug aus dem Kettenmagazin entnommen und durch Schwenken zur Arbeitspindel hingeführt.

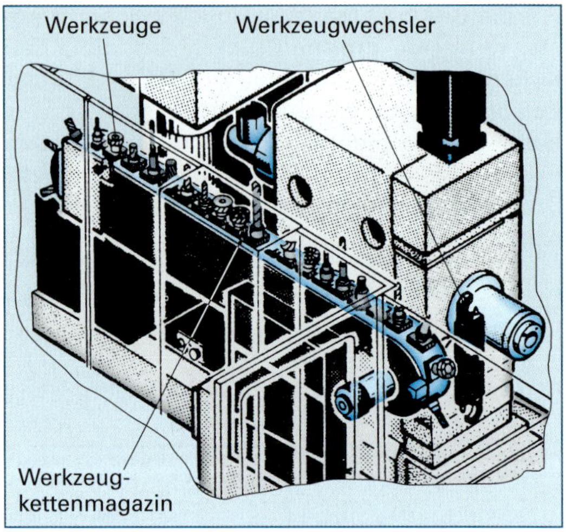

Bild 1: Werkzeughandhabungssystem

Bei den Werkzeugmagazinen wird grundsätzlich zwischen Magazinen mit beweglichen und stationären Werkzeugen unterschieden (Bild 2). Zu den **beweglichen Werkzeugmagazinen** gehören neben dem Kettenmagazin das Scheiben-, Trommel- und Sternmagazin.

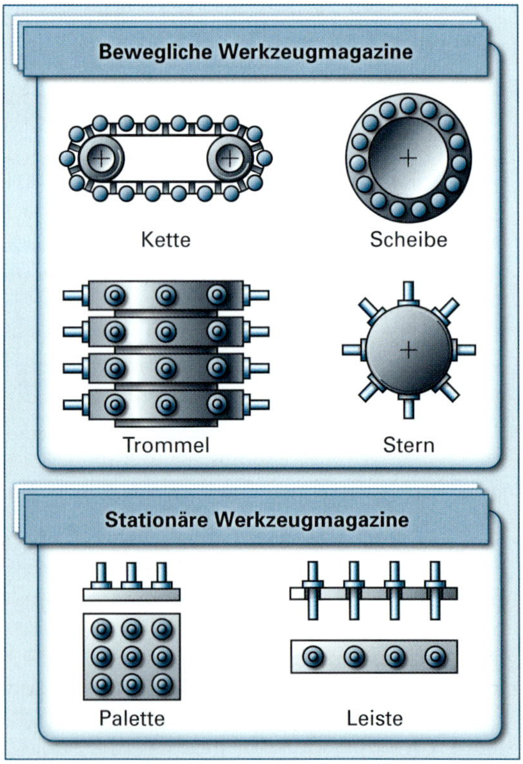

Bild 2: Werkzeugmagazine

Bei **stationären Magazinen** befinden sich die Werkzeuge auf feststehenden Paletten oder Leisten. Um das Werkzeug aus dem Magazin zu entnehmen, muss ein Greifer zuerst das Werkzeug anfahren. Anschließend fährt er zur Maschine und setzt es dort in die Arbeitspindel oder den Werkzeughalter. Die Entnahme bzw. Zuführung des Werkzeuges erfolgt durch eines der in den nachfolgenden Abschnitten beschriebenen Handhabungsgeräte.

Das **Werkzeughandhabungssystem** enthält ein Magazin für die jeweiligen Werkzeuge. Je nach Bedarf ist ein Greifersystem für den Werkzeugwechsel erforderlich. In dem Magazin ist der Werkzeugplatz beweglich oder stationär. Um das richtige Werkzeug zu greifen, muss jedes Werkzeug oder der entsprechende Platz im Magazin kodiert sein.

Werkstückhandhabungssysteme

Werkstückhandhabungssysteme bestehen aus der **Fördereinheit** (→ 11.1) und dem **Handhabungsgerät** (→ 9.2) zur Aufnahme bzw. Entnahme des Werkstückes.

In Bild 1 wird die **Fördereinheit** des in Bild 202/2 vorgestellten Bearbeitungszentrums dargestellt. Der Handhabungsvorgang läuft schrittweise wie folgt ab:

- Der Spannvorgang findet am Montageplatz des **Palettenpools** statt. Hier wird jeweils ein Werkstück von einem Handhabungsgerät auf eine Palette eingespannt.
- Durch die Drehung des Palettenpools wird das eingespannte Werkstück zum **Palettenwechseltisch** des Bearbeitungszentrums gebracht.
- Der Palettenwechseltisch entnimmt dem Palettenpool die Palette mit dem Werkstück und schiebt sie auf den **Maschinenschlitten**. Hier erfolgt die Bearbeitung des Werkstücks.
- Anschließend wird die Palette auf den Palettenwechseltisch zurückgeführt und auf den Palettenpool geschoben. Von dort aus kann sie zum Montageplatz transportiert werden. Das Werkstück kann nun von dem Handhabungsgerät ausgespannt werden.

Während das erste Werkstück auf dem Bearbeitungszentrum getrast und geschliffen wird, können von dem Handhabungsgerät bis zu sieben weitere Paletten bestückt werden, die sich dann auf dem Palettenpool befinden. Der Palettenpool dient dementsprechend als **Palettenspeicher**.

Der Transport der Werkstücke hin bzw. weg vom Palettenpool kann z.B. mit Hilfe des in Bild 2 dargestellten **Verschiebewagens** erfolgen. Nach der Fertigung auf dem Bearbeitungszentrum können somit die Werkstücke zu weiteren Bearbeitungsstationen, Zwischenlagern oder dem Kommissionierlager transportiert werden. Informationen zu weiteren Fördermitteln können dem Kapitel 11 entnommen werden.

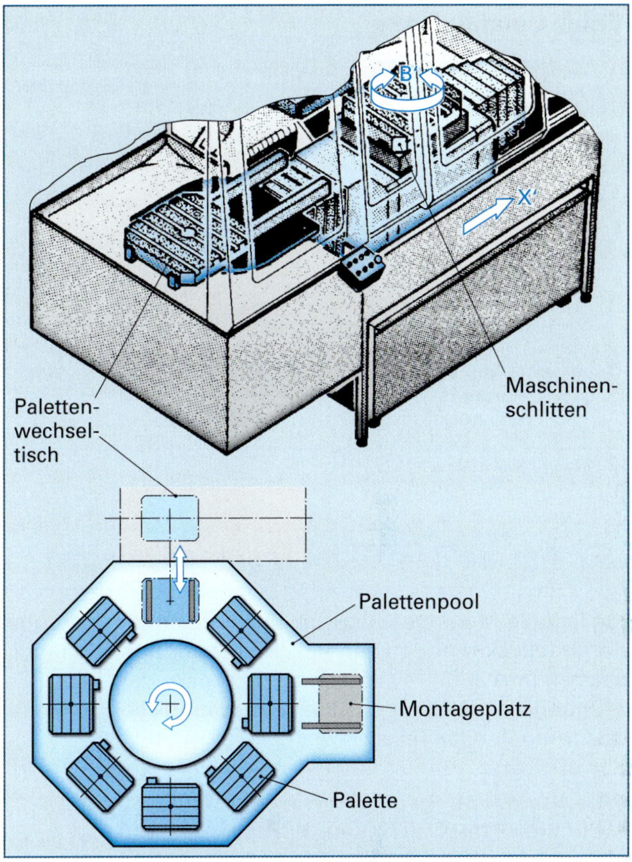

Bild 1: Fördereinheit eines Bearbeitungszentrums

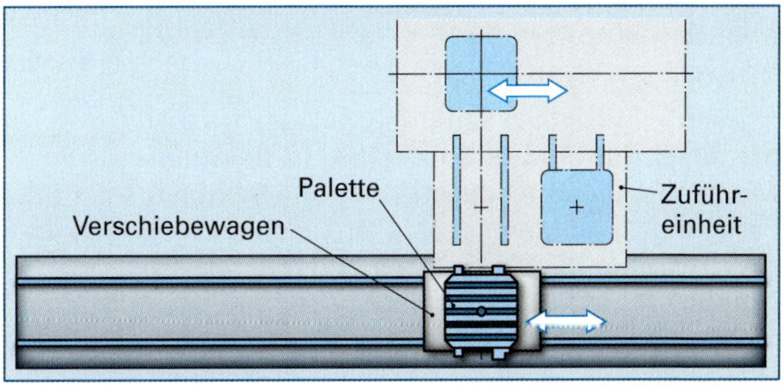

Bild 2: Förderband

Das **Handhabungsgerät** zur Aufnahme bzw. Entnahme des Werkstücks findet sowohl in flexiblen Fertigungsanlagen als auch in flexiblen Montagenanlagen seinen Einsatz. Informationen zum Handhabungsgerät werden im nachfolgenden Kapitel gegeben.

Fragen und Aufgaben

1. Beschreiben Sie die Grundbausteine einer flexiblen Fertigungsanlage.
2. Verdeutlichen Sie den Unterschied zwischen einer CNC-Werkzeugmaschine und einem Bearbeitungszentrum.
3. Wodurch entsteht die flexible Fertigungszelle aus einer CNC-Maschine bzw. einem Bearbeitungszentrum?
4. In welchen Anwendungsbereichen wird eine flexible Fertigungszelle eingesetzt?
5. Beschreiben Sie die Fertigung der Kolbenstange des Pneumatikzylinders (→ 5.2.2) mithilfe einer flexiblen Fertigungszelle.
6. Durch welche weiteren Anlagen wird die flexible Fertigungszelle zum flexiblen Fertigungssystem?
7. Beschreiben Sie die Fertigung einer Welle mit den Arbeitsplätzen Drehen, Fräsen und Schleifen mit dem Einsatz eines flexiblen Fertigungssystems.
8. Verdeutlichen Sie den Unterschied zwischen einem flexiblen Fertigungssystem und einer flexiblen Fertigungsstraße.
9. Unterscheiden Sie zwischen einem beweglichen und einem stationären Werkzeugmagazin.
10. Welche Einrichtung wird häufig für den Werkzeugwechsel zusätzlich zum Werkzeugmagazin benötigt?
11. Aus welchen Einheiten baut sich ein Werkstückhandhabungssystem auf?

9.2 Auswahl flexibler Montageanlagen

Die flexible Montageanlage ist gekennzeichnet durch das Vorhandensein von Handhabungsgeräten und Zuführsystemen zum Fördern der zu montierenden bzw. montierten Erzeugnisse, Baugruppen oder Teile (→ 11.1).

Als Handhabungsgeräte werden alle Geräte bezeichnet, die einen Körper zu einer bestimmten Position hinbewegen und ihn soweit drehen, dass sich der Körper dann in der richtigen Lage befindet.

Handhabungsgeräte werden sowohl zum Bestücken von flexiblen Fertigungsanlagen (→ 9.1) als auch zum Fügen von Teilen in flexiblen Montageanlagen eingesetzt. Für die flexiblen Fertigungs- und Montageanlagen unterscheidet man zwischen **Einlegegeräten** und **Industrierobotern**.

Unter **Einlegegeräten** versteht man einfache Bewegungsautomaten mit festen Bewegungsabläufen. Die Bewegungen werden meistens über einfache mechanische Steuerungen realisiert. Die Geräte sind in ihrer Flexibilität sehr eingeschränkt und werden daher oft nur für einfache Montagetätigkeiten innerhalb einer flexiblen Fertigungsanlage eingesetzt.

Industrieroboter sind universell einsetzbare Bewegungsautomaten, die sich in mehreren Achsen gleichzeitig bewegen können. Die Bewegungen der Achsen werden nur durch computerunterstützte Steuerungen gelenkt. Neben den Handhabungsaufgaben können Industrieroboter auch Fertigungsaufgaben, wie z.B. Schweißen oder Lackieren, ausführen.

Bei den Industrierobotern wird hauptsächlich zwischen vier **Roboterbauarten** unterschieden:

- Lineararmroboter (Bild 1)
- Portalroboter (Bild 209/2)
- Schwenkarmroboter (Bild 209/4)
- Knickarmroboter (Bild 210/2)

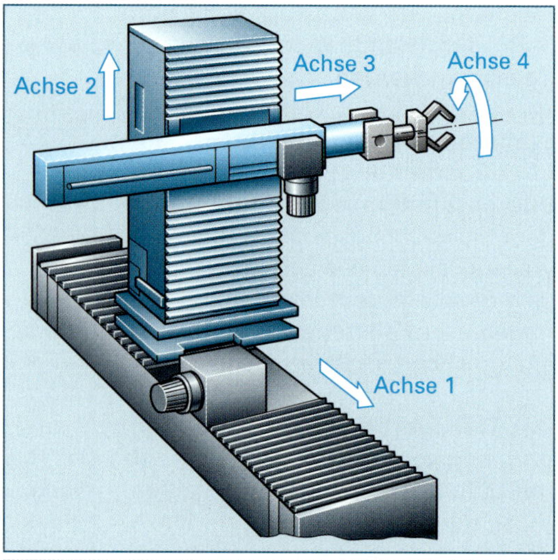

Bild 1: Lineararmroboter

Der **Lineararmroboter** (Bild 208/1) ist für einfache Handhabungsaufgaben geeignet. Der Greifer des Roboters kann sich nur in einem verhältnismäßig kleinen Arbeitsraum bewegen. Die Abmessungen des quaderförmigen **Arbeitsraumes** betragen in der Länge und Höhe ca. 1 m und in der Breite ca. 0,5 m (Bild 1). Der Lineararmroboter kann Werkstücke mit einem Gewicht von ca. 10 kg transportieren.

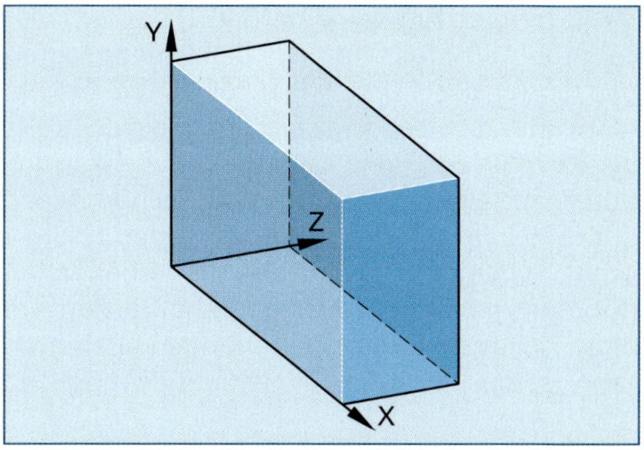

Bild 1: Arbeitsraum des Lineararmroboters

Der Lineararmroboter besitzt **4 Bewegungsachsen**. Die erste, zweite und dritte Achse können nur translatorisch (geradlinig) bewegt werden. Mit der vierten Achse wird eine rotatorische (drehende) Bewegung des Greifers ausgeführt. Während die translatorischen Bewegungen den Greifer an einer bestimmten Stelle im Raum positionieren, kann mit der rotatorischen Bewegung des Greifers die Lage des Werkstückes verändert werden. Einsatzbeispiele eines Lineararmroboters sind neben der Werkzeugmaschinenbeschickung Montage- und Prüfaufgaben.

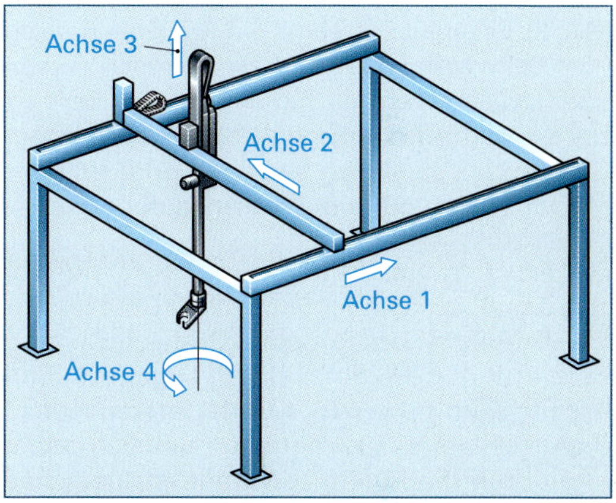

Bild 2: Portalroboter

Der **Portalroboter** kann Handhabungsaufgaben in einem sehr großen Arbeitsraum ausführen (Bild 2). Er eignet sich daher für die Beschickung von mehreren Bearbeitungsstationen in einem flexiblen Fertigungssystem. Im Gegensatz zum Lineararmroboter kann der Portalroboter Werkstücke mit einem Gewicht bis ca. 100 kg befördern.

Der **Arbeitsraum** des Portalroboters beträgt in seinen Abmessungen in der Länge bis zu 20 m, in der Breite bis zu 6 m und in der Höhe bis zu 2 m (Bild 3). Der quaderförmige Arbeitsraum des Portalroboters wird bestimmt durch die drei translatorischen Achsen in der Länge, Breite und Höhe sowie der rotatorischen Achse des Greifers ähnlich wie beim Lineararmroboter. Es handelt sich dementsprechend um einen Roboter mit vier Bewegungsachsen. Einsatzbeispiele eines Portalroboters sind neben der Werkzeugmaschinenbeschickung Palettieren, Punktschweißen und kleinere Montagetätigkeiten.

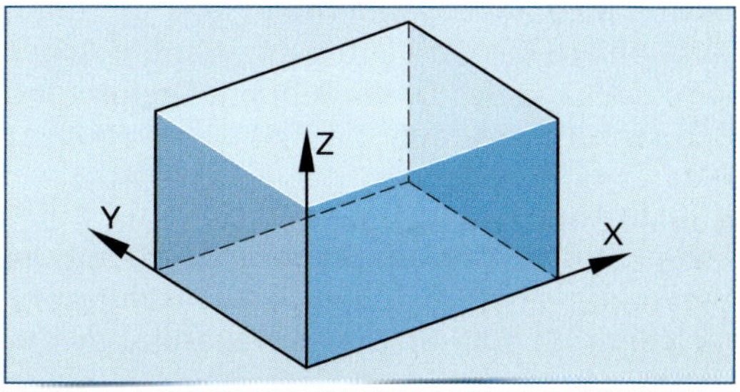

Bild 3: Arbeitsraum des Portalroboters

Der **Schwenkarmroboter** ist vorwiegend für Montagetätigkeiten konzipiert worden (Bild 4). In der horizontalen Ebene ist dieser Robotertyp durch seine Gelenke sehr nachgiebig, dagegen ist er in der vertikalen Richtung sehr steif. Dieses Verhalten ist beim Fügen vorteilhaft da die meisten Fügebewegungen, bei denen größere Kräfte gebraucht werden, in der senkrechten Richtung stattfinden.

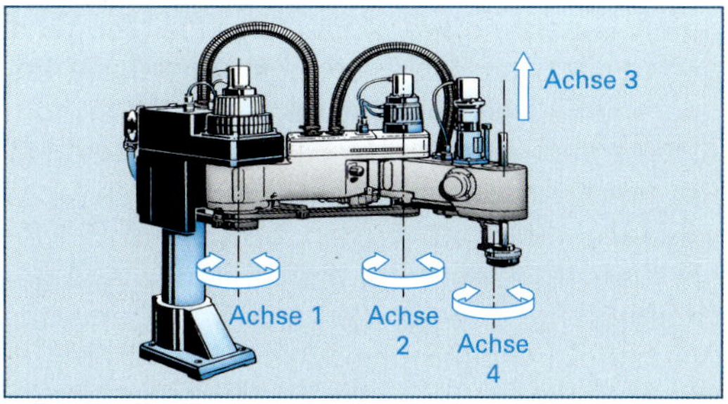

Bild 4: Schwenkarmroboter

Der C-förmige **Arbeitsraum** (Bild 1) des Schwenkarmroboters ergibt sich aus den Drehbewegungen der Achsen 1 und 2 (Bild 209/1). Der Arbeitsraum umfasst eine Länge bis 2 m und eine Breite bis 1,5 m. In der Höhe kann der Schwenkarmroboter mit seiner dritten translatorischen Achse nur ca. 0,2 m verfahren. Mit der vierten rotatorischen Achse kann wie bei den vorhergehenden Robotertypen der Greifer gedreht werden. Da diese Achse mehrere Umdrehungen ausführen kann, ist das Einsetzen von Schrauben möglich.

Der **Knickarmroboter** kann neben Handhabungstätigkeiten, wie z.B. Einlegen oder Maschinenbeschickung, auch Fertigungsaufgaben ausführen (Bild 2). Es ergibt sich somit ein Aufgabenbereich vom Schweißen, Kleben, Beschichten, Pressen oder Lackieren bis hin zum Fräsen und Bohren. Der Knickarmroboter kann Werkstücke mit einem Gewicht bis zu 100 kg bewegen oder entsprechende Kräfte, z.B. zum Pressen, aufbringen.

Der **Arbeitsraum** des Knickarmroboters ergibt sich durch seine fünf rotatorischen Drehachsen. Da alle Achsen des Roboters Drehachsen sind, kann sich der Greifer in einem kugelförmigen Arbeitsraum bewegen. Mit der ersten Achse dreht sich der Knickarmroboter um sich selbst und durch die zweite sowie die dritte Achse wird eine Schwenkbewegung der Roboterarme ausgeführt. Mit den drei ersten Achsen wird der Greifer an einem bestimmten Punkt im Raum positioniert. Mit der vierten und fünften Achse wird die Lage des Greifers durch Drehen und Schwenken bestimmt.

Alle **Industrieroboter** arbeiten mit einer computerunterstützten Steuerung, die mit der Steuerung einer CNC-Werkzeugmaschine vergleichbar ist (Bild 3). Diese Steuerung des Industrieroboters ist in ein Gesamtsystem eingebunden. Neben den Eingabegeräten kann die Bewegung des Roboters über die Steuerung durch Sensoren beeinflusst werden. **Eingabegeräte** sind das Handbediengerät oder die Tastatur mit Bildschirm. **Sensoren** befinden sich im Arbeitsraum und dienen der Überprüfung z.B. der Greifertätigkeit. So kann durch eine Lichtschranke überprüft werden, ob sich im Greifer ein Werkstück befindet. Falls nicht, muss der Greifer seine Bewegungen zur Entnahme des Werkstücks wiederholen. Das zu montierende Werkstück wird über das Förderband in den Arbeitsraum transportiert. Die Steuerung des Förderbandes ist über eine speicherprogrammierte Steuerung (SPS) an die Steuerung des Roboters angebunden.

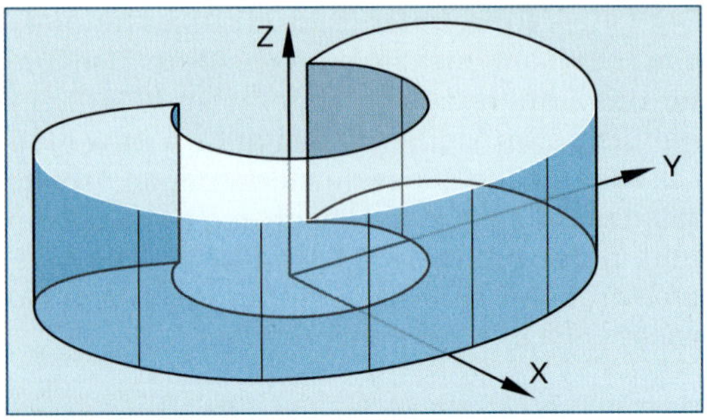

Bild 1: Arbeitsraum des Schwenkarmroboters

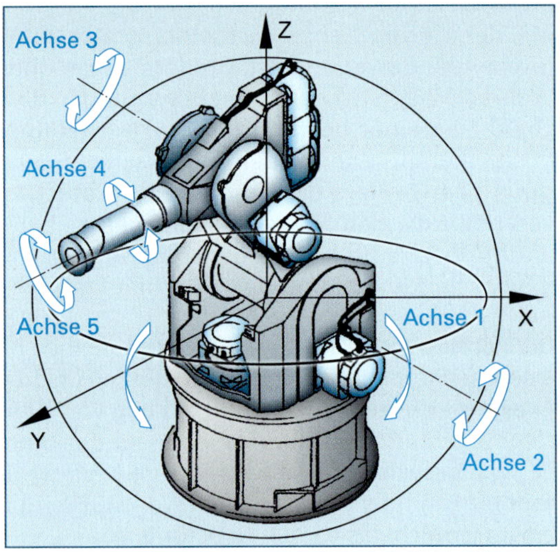

Bild 2: Knickarmroboter

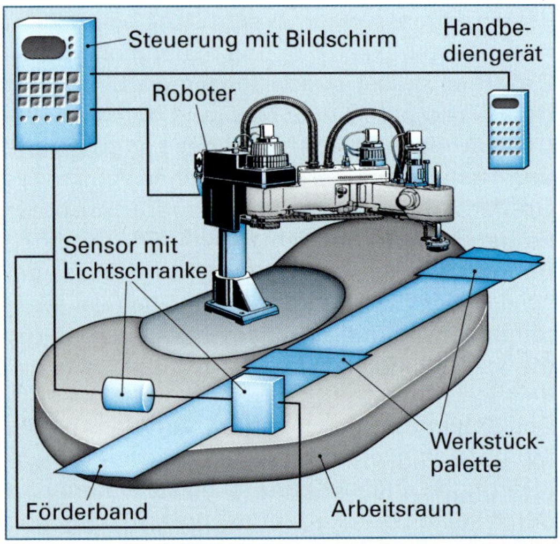

Bild 3: Steuerungssystem eines Industrieroboters

Fragen und Aufgaben

12. Wodurch kennzeichnet sich ein Handhabungsgerät?
13. Welche Funktion hat ein Handhabungsgerät?
14. Beschreiben Sie den Unterschied zwischen einem Einlegegerät und einem Industrieroboter.
15. Erläutern Sie die Aufgaben eines Lineararmroboters.
16. Welche Bewegungsachsen besitzt der Lineararmroboter?
17. Wodurch unterscheidet sich der Portalroboter vom Lineararmroboter?
18. Geben Sie Einsatzbeispiele für den Lineararmroboter und den Portalroboter an.
19. Welche Funktion hat ein Schwenkarmroboter?
20. Warum ist der Schwenkarmroboter für Fügebewegungen besonders geeignet?
21. Warum besitzt der Schwenkarmroboter einen C-förmigen Arbeitsraum?
22. Wie viele Achsen besitzt ein Knickarmroboter in der Regel?
23. Welche Bewegungen werden durch die Achsen des Knickarmroboters ausgeführt?
24. Welcher Arbeitsraum ergibt sich durch die Achsen des Knickarmroboters?
25. Welche Eingabegeräte werden in der Regel beim Industrieroboter verwendet?
26. Wie erfolgt die Steuerung des Förderbandes zum Transport des Werkstückes in den Arbeitsraum?

9.3 Optimierung der Fertigung

Die Produktion eines Werkstückes wird je nach Losgröße und Teilespektrum des Auftrages mit unterschiedlichen **Organisationsprinzipien der Fertigung** (→ 6.1.1) durchgeführt. Bei den zu wählenden Fertigungsprinzipien wird zwischen dem Werkstätten-, Gruppen- und Fließprinzip unterschieden.

In der ersten Schrittfolge zur **Optimierung der Fertigung** muss die geeignete **Fertigungsmaschine bzw. Fertigungsanlage** gewählt werden (→ 9.1). Primäres **Entscheidungskriterium** ist hierbei die Reduzierung der Rüstzeiten (Bild 1).

Für die durchzuführende **Auswahl des Fertigungsprinzips** muss anschließend die Anordnung der Maschinen entsprechend dem jeweiligen Prinzip festgelegt werden. Während z.B. bei der Werkstättenfertigung die Maschinen nach den Fertigungsverfahren zusammengelegt werden, bestimmt die **Reihenfolge der Arbeitsvorgänge** der zu fertigenden Werkstücke die Maschinenanordnung der Fließfertigung.

Eine **flexible Fließfertigung** soll möglichst die Fertigung unterschiedlicher Werkstücke einer Teilegruppe auf einer **Maschinenfließreihe** ermöglichen. Betrachtet man alle Aufträge, die in einem Jahr auf der Maschinenfließreihe eingelastet werden, so ergeben sich

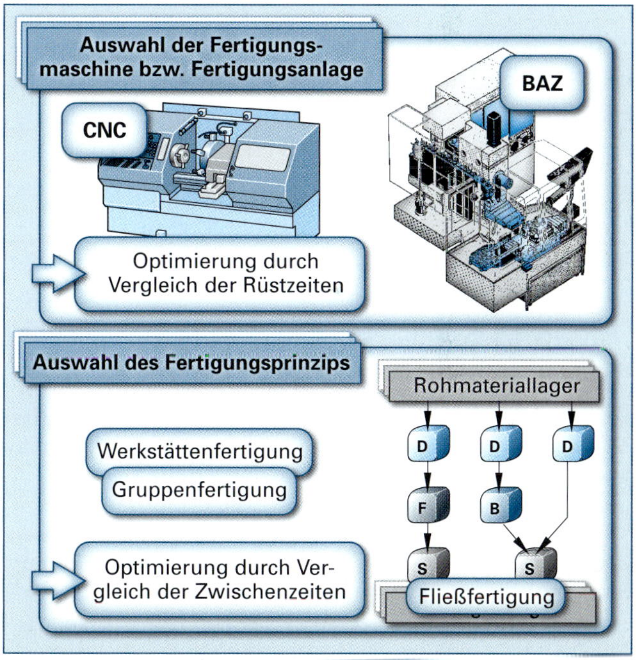

Bild 1: Schrittfolge zur Optimierung der Fertigung

je nach Auftrag unterschiedliche **Zwischenzeiten** (→ 5.1.3). In die Zwischenzeiten sind die Transport- und Liegezeiten zwischen den Fertigungsmaschinen einbezogen. Der Unterschied der Zwischenzeiten begründet sich mit den verschiedenen **Transportzeiten** je nach Anzahl der genutzten Maschinen und den unterschiedlichen **Liegezeiten**, die in erster Linie durch **Umsteuervorgänge** hervorgerufen werden.

Umsteuervorgänge werden als Vorgänge definiert, bei denen die Werkstücke zum Rückwärts- oder Vorwärtsspringen zu bestimmten Maschinen aus der Maschinenreihe entnommen werden müssen.

Teil	Bezeichnung	Arbeitsvorgang				BAZ: t_r in min	CNC: t_r in min	Bedarf in Lose/a
		1	2	3	4			
I	**Antriebsspindel**	Drehen	Fräsen	Bohren	Schleifen	40	20 20 10 20	45
II	**Spindelbuchse**	Bohren	Drehen	Härten	Schleifen	50	20 30 30 10	90
III	**Gehäusedeckel**	Drehen	Bohren	Fräsen	Schleifen	60	30 20 30 40	80
IV	**Gehäuse**	Bohren	Fräsen	Drehen	Härten	60	20 30 50 50	60
V	**Stahlgehäuse**	Bohren	Drehen	Fräsen	Härten	60	20 20 40 50	40

Tabelle 1: Analyse des zu fertigenden Teilespektrums

Situationsergänzung zur Optimierung der Fertigung der Pneumatikzylinder

Die Produktion der Pneumatikzylinder wurde auf die Fertigung und Montage unterschiedlicher Baureihen ausgedehnt. Neben dem eigengefertigten **Gehäuse** und der selbst hergestellten **Antriebsspindel** ist in der Fa. Spin-Lag GmbH die Fertigung der **Gehäusedeckel** und **Spindelbuchsen** aufgenommen worden.

Tabelle 1 zeigt eine bereits vorgenommene Analyse des jährlich zu fertigenden Teilespektrums in tabellarischer Form. Die aufgeführten Zeiten in dieser Analyse stellen durchschnittliche Werte eines Auftrages dar. Die Anzahl der Aufträge für die jeweiligen Teile sind auf ein Betriebskalenderjahr bezogen.

Zur Auswahl eines geeigneten Fertigungsprinzips wurden die durchschnittlichen Transportzeiten eines Auftrages zwischen zwei Bearbeitungsmaschinen aufgrund von Erfahrungswerten bestimmt. Während bei der **Werkstättenfertigung** eine Transportzeit zwischen zwei CNC-Maschinen von durchschnittlich einer Stunde ermittelt wurden, konnte bei der **Fließfertigung** die Transportzeit des Auftrages zwischen zwei Arbeitsplätzen auf die Hälfte der Zeit festgelegt werden. Die durchschnittliche Liegezeit des Auftrages für einen Umsteuervorgang konnte anhand von Erfahrungswerten mit einer halben Stunde angesetzt werden.

9.3.1 Optimierung der Maschinen- bzw. Anlagenauswahl

Die **Auswahl der Fertigungsmaschinen bzw. Fertigungsanlage** erfolgt in erster Linie nach dem einzusetzenden Fertigungsverfahren. Stehen mehrere Maschinen oder Anlagen zur Auswahl, auf denen die Fertigung des Werkstücks erfolgen kann, ist das zur Entscheidung beitragende Kriterium die **Minimierung der Auftragszeit** (→ 5.1.3). Wird die Annahme getroffen, dass die **Zeiten je Einheit t_e** (Stückzeiten) zur Fertigung der Werkstücke auf jeder Maschine nahezu identisch sind, kann zum Vergleich der Maschinen nur noch die **Rüstzeit t_r** herangezogen werden.

	Teil I	Teil II	Teil III	Teil IV	Teil V
	Antriebsspindel	Spindelbuchse	Gehäusedeckel	Gehäuse	Stahlgehäuse
Lose/a	45	90	80	60	40
BAZ: $t_{r\ ges}$	40 min	50 min	60 min	60 min	60 min
CNC: $t_{r\ ges}$	70 min	90 min	120 min	150 min	130 min
Rüstzeit-unterschied	**1350 min**	**3680 min**	**4800 min**	**5400 min**	**2000 min**

Tabelle 1: Rüstzeitunterschiede der Aufträge

Zur Produktion der in Tabelle 212/1 aufgeführten Teile besteht in der Fa. Spin-Lag GmbH die Möglichkeit des Einsatzes eines Bearbeitungszentrums (BAZ). Für alle übrigen Teile sollen CNC-Maschinen ihren Einsatz finden.

Welches Teil auf dem Bearbeitungszentrum (BAZ) gefertigt wird, hängt von dem größten Rüstzeitunterschied, betrachtet über alle Aufträge, ab. Entnimmt man die Rüstzeiten zur Fertigung der Teile I bis IV der Tabelle 1, so können die nachfolgend ermittelten **Rüstzeitunterschiede** verzeichnet werden.

Die Fertigung des Gehäuses (Teil IV) erfolgt somit auf dem Bearbeitungszentrum (BAZ). Alle übrigen Teile werden auf den CNC-Maschinen in der Fließfertigung produziert.

9.3.2 Optimierung der Fertigungsreihenfolge der Fließfertigung

Bevor es zur Festlegung des Fertigungsprinzips (Werkstätten- oder Fließfertigung) kommt, muss die **Bestimmung der Maschinenreihenfolge** bei einer möglichen Fließfertigung durchgeführt werden. Da das Gussgehäuse (Teil IV) auf einem Bearbeitungszentrum gefertigt wird, findet es bei der Fließfertigung keine Berücksichtigung mehr.

Betrachtet man die Analyse des zu fertigenden Teilespektrums (→ Tabelle 212/1), so zeigt sich, dass eine Fließfertigung für die optimale Reihenfolge von fünf Bearbeitungsmaschinen projektiert werden muss. Das Kriterium zur Ermittlung der Maschinenreihenfolge ist die Anzahl der Transportvorgänge zwischen den jeweiligen Arbeitsplätzen.

Zur Festlegung der Maschinenreihenfolge wird eine **Materialflussmatrix** aufgestellt. Tabelle 2 verdeutlicht das Arbeiten mit der Materialflussmatrix. Zuerst werden die Transportvorgänge aller Aufträge, die zwischen den gleichen Arbeitsplätzen stattfinden, addiert und in einer Matrix festgehalten.

Die in der Materialflussmatrix festgelegte Reihenfolge der Bearbeitungsmaschinen wurde an der Arbeitsvorgangsfolge der Antriebsspindel (Teil I) orientiert. Jede andere Reihenfolge könnte auch als Basis zur Bestimmung einer optimalen Maschinenreihenfolge herangezogen werden.

Nach dem Aufstellen der Materialflussmatrix wird als zweiter Schritt der Linearitätsgrad der festgelegten Reihenfolge analysiert. Der Linearitätsgrad einer Transportmatrix gibt an, in welchem Verhältnis die Hin- und Rückbewegungen eines Materialflusses erfolgen. Für die Berechnung des Linearitätsgrades L wird die nachfolgende Formel angesetzt.

	D	F	B	S	H	Σ Hin
D		85	80	0	90	
F	0		45	80	40	
B	130	80		45	0	465
S	0	0	0		0	
H	0	0	0	90		
Σ Rück	300					

Legende: **D**: Drehen, **F**: Fräsen, **B**: Bohren, **S**: Schleifen, **H**: Härten

Tabelle 2: Materialflussmatrix

$$L = \frac{\Sigma \text{ Hinbewegungen}}{\Sigma (\text{Hinbewegungen} + \text{Rückbewegungen})} \cdot 100\% \qquad L = \frac{465}{\Sigma(465 + 300)} \cdot 100\% = 60{,}8\%$$

Alle Transporte, die sich in der Transportmatrix oberhalb der Diagonalen befinden, stellen die Hinbewegungen dar. Sie werden mit der „Summe HIN" zusammengefasst. Unterhalb der Diagonalen sind die Rückbewegungen aufgeführt und sind in der „Summe RÜCK" addiert worden (→ Tabelle 213/2). In die Formel eingetragen, ergibt sich nebenstehende Berechnung für den **Linearitätsgrad (*L*)**.

Ein Linearitätsgrad mit der Größe von 100% bedeutet, dass der Transport in der Maschinenfließreihe nur durch Hinbewegungen ausgeführt wird. Je mehr Rückbewegungen infolge der verschiedenen Aufträge stattfinden müssen, desto geringer wird der Linearitätsgrad. Die optimierte Reihenfolge der Maschinenfließreihe wird nun schrittweise durch die Quotientenbildung der Zeilen- und Spaltensummen für die einzelnen Arbeitsplätze gebildet. Tabelle 1 zeigt die jeweiligen Zeilensummen (Σ Zeile) und Spaltensummen (Σ Spalte) der Materialflussmatrix. Vergleicht man in der Tabelle 2 die **Quotienten (*Q*) der jeweiligen Arbeitsplätze**, so wird die erste Maschine der Materialflussreihe durch den größten Quotienten gekennzeichnet.

	D	F	B	S	H	Σ Zeile
D		85	80	0	90	**255**
F	0		45	80	40	**165**
B	130	80		45	0	**255**
S	0	0	0		0	**0**
H	0	0	0	90		**90**
Σ Spalte	**130**	**165**	**125**	**215**	**130**	

Legende: **D**: Drehen, **F**: Fräsen, **B**: Bohren, **S**: Schleifen, **H**: Härten

Tabelle 1: Materialflussmatrix

Drehen	Fräsen	Bohren	Schleifen	Härten
$Q_D = \frac{255}{130} = 1{,}94$	$Q_F = \frac{165}{165} = 1$	$Q_B = \frac{255}{125} = 2{,}04$	$Q_S = \frac{0}{215} = 0$	$Q_H = \frac{90}{130} = 0{,}69$

$Q_B = Q_{max}$ → Die Bohrmaschine ist die erste Arbeitsstation der Maschinenfließreihe.

Tabelle 2: Vergleich der Quotienten der jeweiligen Arbeitsplätze

Nachdem der erste Arbeitsplatz der Maschinenfließreihe ermittelt wurde, beginnt die Aufstellung einer neuen Materialflussmatrix. Tabelle 3 zeigt das Ergebnis der Matrix mit den entsprechenden Zeilen- und Spaltensummen mit der 2. Quotientenbildung.

	D	F	S	H	Σ Zeile
D		85	0	90	**175**
F	0		80	40	**120**
S	0	0		0	**0**
H	0	0	90		**90**
Σ Spalte	**0**	**85**	**170**	**130**	

Legende: **D**: Drehen, **F**: Fräsen, **S**: Schleifen, **H**: Härten

Drehen	Fräsen
$Q_D = \frac{175}{0} = \infty$	$Q_F = \frac{120}{85} = 1{,}41$
Schleifen	**Härten**
$Q_S = \frac{0}{170} = 0$	$Q_H = \frac{90}{130} = 0{,}69$

$Q_D = Q_{max}$ → Die Drehmaschine ist die zweite Arbeitsstation der Maschinenfließreihe.

Tabelle 3: Materialflussmatrix mit der 2. Quotientenbildung

Beim Aufstellen der erneuten Materialflussmatrix entfällt die Drehmaschine nun ebenso wie die Bohrmaschine. Tabelle 215/1 verdeutlicht die Matrix mit den übrig gebliebenen Arbeitsplätzen und den dazugehörigen Zeilen- und Spaltensummen. Die danebenstehende 3. Quotientenbildung ergibt die Fräsmaschine als dritten Arbeitsplatz in der Maschinenfließreihe.

	F	S	H	Σ Zeile
F		80	40	**120**
S	0		0	**0**
H	0	90		**90**
Σ Spalte	**0**	**170**	**40**	

Fräsen

$$Q_F = \frac{120}{0} = \infty$$

Schleifen

$$Q_S = \frac{0}{170} = 0$$

Härten

$$Q_H = \frac{90}{40} = 2{,}25$$

Legende: **F**: Fräsen, **S**: Schleifen, **H**: Härten

$Q_F = Q_{max} \rightarrow$ Die Fräsmaschine ist die zweite Arbeitsstation der Maschinenfließreihe.

Tabelle 1: Materialflussmatrix mit der 3. Quotientenbildung

Zur letzten Quotientenbildung wird wie bei den vorhergehenden Schritten die Materialflussmatrix ohne den Arbeitsplatz mit dem höchsten Quotienten aufgestellt. Die abschließende Auswertung der Matrix führt das Härten als vierten Arbeitsplatz an (Tabelle 2).

	S	H	Σ Zeile
S		0	**0**
H	90		**90**
Σ Spalte	**90**	**0**	

Schleifen

$$Q_S = \frac{0}{90} = 0$$

Härten

$$Q_H = \frac{90}{0} = \infty$$

Legende: **S**: Schleifen, **H**: Härten

$Q_D = Q_{max} \rightarrow$ Die Härtemaschine ist die vierte Arbeitsstation der Maschinenfließreihe.

Tabelle 2: Materialflussmatrix mit der 4. Quotientenbildung

Als letzte Arbeitsstation bleibt die Schleifmaschine für die Maschinenfließreihe übrig. Es ergibt sich somit die neue Reihenfolge der Maschinenfließreihe:

Mit der Überprüfung des Linearitätsgrades wird die Optimierung der Maschinenfließreihe für die Fertigung der Pneumatikzylinder abgeschlossen. Für die Berechnung des Linearitätsgrades wird die in Tabelle 3 aufgestellte **Materialflussmatrix mit der neuen Bearbeitungsreihenfolge** herangezogen. Es ergibt sich folgender Linearitätsgrad L:

$$L = \frac{\Sigma \text{ Hinbewegungen}}{\Sigma(\text{Hinbewegungen} + \text{Rückbewegungen})} \cdot 100\%$$

$$L = \frac{640}{\Sigma(640 + 125)} \cdot 100\%$$

$$L = 83{,}7\%$$

	B	D	F	H	S	Σ Hin
B		130	80	0	45	
D	80		85	90	0	
F	45	0		40	80	**640**
H	0	0	0		90	
S	0	0	0	0		
Σ Rück			**125**			

Legende: **D**: Drehen, **F**: Fräsen, **B**: Bohren, **S**: Schleifen, **H**: Härten

Tabelle 3: Materialflussmatrix

Die Berechnung des Linearitätsgrades der optimierten Fertigungsreihenfolge ergibt eine Verbesserung des Linearitätsgrades um 22,9%. In der neu aufgestellten Maschinenfließreihe sind demnach wesentlich weniger Rückwärtsbewegungen zu verzeichnen als mit der anfänglich angedachten Maschinenreihenfolge.

9.4 Festlegung des Fertigungsprinzips

Nachdem die eine Auslegung der Fließfertigung hinsichtlich der Maschinenreihenfolge durchgeführt wurde, kann nun die Festlegung des Fertigungsprinzips erfolgen. Zur Auswahl stehen hierbei die **Werkstättenfertigung** und die **Fließfertigung**. Das Kriterium zur Auswahl des Fertigungsprinzips ist der Zeitaufwand beim Rüsten der Arbeitsplätze und Transportieren der Werkstücke eines Auftrages.

Die aus der Maschinenfließreihe herauszunehmenden Aufträge zum Überspringen eines Arbeitsplatzes oder zur Durchführung einer rückwärtsgerichteten Transportbewegung verursachen eine zusätzliche Liegezeit. Diese Vorgänge werden als Umsteuervorgänge bezeichnet. Bezieht man dies auf die Teile des Pneumatikzylinders (→ Tabelle 213/1), die auf der optimierten Maschinenfließreihe (→ Tabelle 215/3) eingelastet werden sollen, so müssen die in Tabelle 1 aufgeführten Umsteuervorgänge in der ermittelten Anzahl durchgeführt werden.

Berechnung der gesamten Nebenzeit der Werkstättenfertigung und Fließfertigung

Da für die Einzelteile des Pneumatikzylinders in der Werkstättenfertigung keine Umsteuervorgänge notwendig sind, müssen bei der Berechnung der Nebenzeiten ausschließlich die in Tabelle 2 eingetragenen Transportzeiten berücksichtigt werden.

Die in Tabelle 3 berechneten Nebenzeiten in der Fließfertigung werden aus der Anzahl der Transportzeiten zwischen zwei Arbeitsvorgängen und der Liegezeiten für die jeweiligen Umsteuervorgänge ermittelt.

Bezeichnung	Antriebsspindel	Spindelbuchse	Gehäusedeckel	Stahlgehäuse
Anzahl der Umsteuervorgänge	2	1	3	0

Tabelle 1: Ermittlung der Umsteuervorgänge

Werkstückteil		Lose pro Jahr	Anzahl der Transporte	Transportzeit pro Auftrag T_T in h	Transportzeit aller Lose ΣT_T in h
I	Antriebsspindel	45	3	1	135
II	Spindelbuchse	90	3	1	270
III	Gehäusedeckel	80	3	1	240
V	Stahlgehäuse	40	3	1	120
Gesamte Nebenzeit in Stunden:					**765**

Tabelle 2: Nebenzeiten der Werkstättenfertigung

Werkstückteil		Lose pro Jahr	Anzahl der Transporte	Transportzeit		Anzahl der Umsteuervorgänge	Liegezeit		Nebenzeit
				T_T in h	ΣT_T in h		T_L in h	ΣT_L in h	$\Sigma T_T + \Sigma T_L$ in h
I	Antriebsspindel	45	3	0,5	67,5	2	0,5	45	112,5
II	Spindelbuchse	90	3	0,5	135	1	0,5	45	180
III	Gehäusedeckel	80	3	0,5	120	3	0,5	120	240
V	Stahlgehäuse	40	3	0,5	60	0	0,5	0	60
Gesamte Nebenzeit in Stunden:									**592,5**

Tabelle 3: Nebenzeiten der Fließfertigung

Beim Vergleich der sich ergebenen Nebenzeiten aller Aufträge in der Werkstättenfertigung und der Fließfertigung zeigt sich, dass bei der Fließfertigung ein Zeitpotential von 172,5 Stunden pro Jahr an Nebenzeit eingespart werden kann. Die Fertigung der Einzelteile der Pneumatikzylinder wird daher mit dem Fertigungsprinzip **Fließfertigung** durchgeführt.

9.5 Einlastung eines Sonderauftrages

Auf Drängen eines langjährigen Kunden nimmt die Geschäftsleitung der Fa. Spin-Lag GmbH kurzfristig einen **Sonderauftrag** zur Fertigung von fünf im Lager nicht bevorrateten Pneumatikersatzteilen an. Die Mitarbeiter in der Produktion werden angewiesen, den Auftrag schnellstens abzuwickeln. Die Geschäftsleitung erwartet, dass die laufende Produktion durch den Sonderauftrag nicht beeinträchtigt wird und die regulär bestellte Ware termingerecht am Ende des 2-Schicht-Arbeitstages zur Verfügung steht (1 Schicht = 8 Stunden).

Tabelle 1 gibt die für die Produktion der Pneumatikersatzteile wesentlichen **Auftragsdaten** wieder. Die aufgeführten Positionen sind als Sonderauftrag jeweils mit der Losgröße 1 herzustellen.

Die Nachfrage in der Planungsabteilung ergab, dass die in Tabelle 1 aufgeführten Werkzeugmaschinen für den Sonderauftrag zur Verfügung stehen. Die Werkzeugmaschinen sind speicherprogrammierbar und die CNC-Programme für die einzelnen Fertigungsschritte liegen vor. Der Fertigungsbereich, in dem der Sonderauftrag einzulasten ist, wird nach dem Prinzip der Werkstättenfertigung organisiert. Es ergeben sich beim Maschinenwechsel daher Werkstück-Transportzeiten und Werkstück-Liegezeiten, die durchschnittlich mit einer Stunde anzusetzen sind.

Bild 218/1 zeigt die ursprünglich vorgesehene **Belegung der Betriebsmittel am Tag des abzuwickelnden Sonderauftrags** als Fristenplan mit den Regelaufträgen I bis VI. Die im Bild 218/1 dargestellten Arbeitsvorgänge der Regelaufträge I bis VI wurden hierbei unter Berücksichtigung der jeweiligen Fertigungsreihenfolge auf die entsprechenden Betriebsmittel verteilt.

Unter Einbeziehung des bereits **bestehenden Produktionsprogramms** muss nun der Betriebsmitteleinsatz für den Sonderauftrag eingeplant werden. Da sich auf dem Bearbeitungszentrum noch größere freie Kapazitäten befinden, sollte zuerst entschieden werden, welche Aufträge auf dem Bearbeitungszentrum gefertigt werden.

Ein wichtiges Kriterium für die Einlastung eines Auftrages auf ein Bearbeitungszentrum ist neben der Komplexitität der Teilefertigung die Größe der **Rüstzeit** t_r. Bevor ein Auftrag auf unterschiedliche CNC-Maschinen eingelastet wird, müssen die CNC-Maschinen für den entsprechenden Arbeitvorgang eingerichtet bzw. gerüstet werden. Die gesamte Rüstzeit für den jeweiligen Auftrag ergibt sich somit aus der Summe der einzelnen Rüstzeiten der CNC-Maschinen (Tabelle 1).

Auftrags-Positions-Nr.	Arbeitsvorgang			t_r CNC-Maschine in h	t_r BAZ in h	t_e in h
	1	2	3			
1	Fräsen	Bohren		1 1	1	6 4
2	Bohren	Fräsen		1 1	1	5 2
3	Fräsen	Bohren		1 3	1	1 2
4	Bohren	Fräsen		1 2	1	3 2
5	Bohren	Fräsen	Bohren	2 3 2	2	5 1 2

Tabelle 1: Auftragsdaten des Sonderauftrages

Auftrags-Nr.	I	II	III	IV	V	VI
a	Fräsen	Bohren	Bohren	Fräsen	Fräsen und Bohren	Bohren
b	Schleifen	Fräsen	Schleifen	Schleifen	Schleifen	–

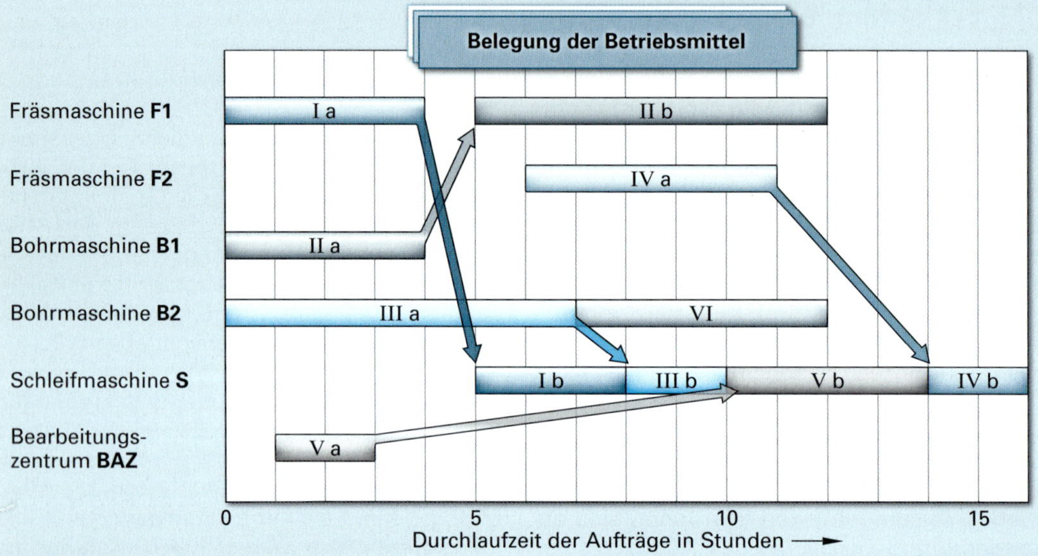

Bild 1: Fristenplan der Fertigung zur Einlastung des Sonderauftrages

Vergleicht man die gesamte Rüstzeit der CNC-Maschinen eines Auftrages mit der Rüstzeit eines Bearbeitungszentrums, so ist das Bearbeitungszentrum bei demjenigen Auftrag zu bevorzugen, bei dem der größte **Rüstzeitunterschied** zwischen CNC-Maschine und Bearbeitungszentrum existiert.

Der Vergleich der Rüstzeiten (→ Tabelle 217/1) zeigt den größten Rüstzeitunterschied bei den Auftragspositionen 3 und 5 des Sonderauftrages. Dementsprechend sollte es ermöglicht werden, diese beiden Auftragspositionen auf das Bearbeitungszentrum einzulasten.

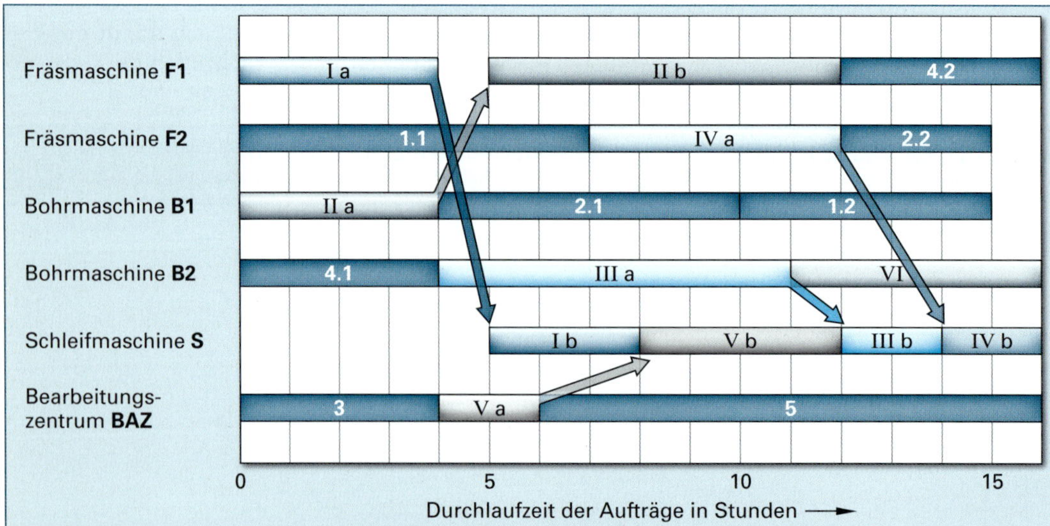

Bild 2: Fristenplan der Fertigung mit der Verschränkung Regel- und Sonderauftrag

Die übrigen Aufträge werden auf den zur Verfügung stehenden Werkzeugmaschinen eingelastet. Hierbei können die bereits vorhandenen Aufträge durchaus innerhalb der 2 Schichten verschoben werden. Es ist aber in jedem Fall darauf zu achten, dass die Arbeitsvorgangsfolge und jeweils eine Stunde Transport- und Liegezeit zwischen den Arbeitsvorgängen einzuhalten sind. Es ergibt sich der im Bild 218/2 dargestellte Fristenplan mit dem Regelauftrag und dem neuen Sonderauftrag.

Fragen und Aufgaben

27. Nach welchem Kriterium kann zur Optimierung der Fertigung eine Auswahl zwischen einer CNC-Maschine und einem Bearbeitungszentrum getroffen werden?
28. Zur Auswahl stehen die Werkstättenfertigung und die Fließfertigung. Welches Kriterium dient zur Entscheidungsfindung?
29. Was wird unter dem Begriff „Umsteuervorgang" verstanden?
30. Was sagt der Linearitätsgrad über den Materialfluss einer Fließfertigung aus?
31. Welche Transportbewegungen einer Fließfertigung befinden sich bei der Materialflussmatrix oberhalb der Diagonalen?
32. Wozu dient die Quotientenbildung bei einer Materialflussmatrix?
33. Wodurch kann erkannt werden, dass eine Optimierung der Fließfertigung erreicht wurde?
34. Im Fertigungsbereich der Produktionsstätte sollen 5 unterschiedliche Maschinen durch einen Sonderauftrag belegt werden. Worauf muss bei der Einlastung des Auftrages bei der Belegung geachtet werden?

Arbeitsaufträge zum Projekt „Produktion der Pneumatikzylinder":

Als Mitarbeiter der Planungsabteilung der Fa. Spin-Lag GmbH werden Sie angewiesen, die bestehende Fließfertigung zur Produktion der Pneumatikzylinder der Baureihe BP156 zu überprüfen. Basis der Überprüfung sind die nachfolgend dokumentierten Auftragsdaten der gegenwärtigen Produktion bezogen auf ein Geschäftsjahr. Die Analyse des zu fertigenden Teilespektrums ergibt mit den Arbeitsvorgängen in Fertigungsreihenfolge folgende Aufstellung:

Arbeitsvorgänge der Kolbenstange:	Sägen, Ablängen, Drehen und Fräsen.	Bedarf pro Jahr:	120 Lose
Arbeitsvorgänge des Kolbens:	Sägen, Ablängen, Drehen und Bohren.	Bedarf pro Jahr:	70 Lose
Arbeitsvorgänge der Zugstange:	Sägen, Bohren, Drehen und Fräsen.	Bedarf pro Jahr:	130 Lose
Arbeitsvorgänge des Bodens:	Fräsen, Drehen, Sägen und Bohren	Bedarf pro Jahr:	90 Lose
Arbeitsvorgänge des Deckels:	Bohren, Sägen, Drehen und Fräsen	Bedarf pro Jahr:	110 Lose

In der bereits bestehenden Fließfertigung sind die Werkzeugmaschinen in der folgenden Bearbeitungsreihenfolge aufgestellt:

Sägen – Ablängen – Fräsen – Drehen – Bohren

9.1 Stellen Sie die Materialflussmatrix auf und ermitteln Sie den Linearitätsgrad der bestehenden Fließfertigung.

9.2 Überprüfen Sie die Fertigungsreihenfolge und bestimmen Sie den Linearitätsgrad der optimierten Fertigungsreihenfolge.

9.6 Vertiefungsaufgabe: Fertigung und Montage der Spindel-Lagereinheiten

Situationsergänzung mit neuen Anforderungen an die logistische Organisation der Produktion

Aufgrund der Erschließung neuer Märkte und der dadurch zu erwarteten hohen Absatzmöglichkeiten für Spindel-Lagereinheiten mit einer höheren Antriebsleistung über 2000 kW beschließt die Geschäftsleitung den Fertigungsbereich für die bisherige Produktion neu zu gestalten. Ersten Überlegungen zufolge soll die bislang praktizierte **Werkstättenfertigung** durch die **Gruppenfertigung** oder die **Fließfertigung** ersetzt werden. Folgende Daten der Auftragsnummern 1 bis 5 sind bekannt (Tabelle 220/1).

Für die durchschnittliche **Transportzeit** T_T eines gesamten Loses zwischen zwei Arbeitsplätzen werden für die Werkstättenfertigung 1,5 Stunden, die Gruppenfertigung 2 Stunden und die Fließfertigung 0,5 Stunden angesetzt. Bei der Fließfertigung sind weiterhin **Liegezeiten** T_L durch Umsteuerung von durchschnittlich 2 Stunden pro Umsteuervorgang eines Auftrages zu berücksichtigen.

1	**Abtriebsspindel**	Fräsen	Bohren	Drehen	Schleifen	100 Lose/Jahr
2	**Deckel**	Drehen (2 h)	Fräsen (6 h)	Bohren (3 h)	–	60 Lose/Jahr
3	**Gehäuse**	Drehen (1 h)	Bohren (2 h)	Fräsen (1 h)	–	30 Lose/Jahr
4	**Abdeckung**	Fräsen	Drehen	Bohren	Schleifen	20 Lose/Jahr
5	**Halter**	Drehen (1 h)	Bohren (2 h)	Schleifen (0,5 h)	–	10 Lose/Jahr

Tabelle 1: Auftragsdaten zur Fertigung von Einzelteilen der Spindel-Lagereinheiten

Der **Deckel**, das **Gehäuse** und der **Halter** werden kurzfristig als **Sonderausführungen** benötigt. Die Rüstzeiten der Dreh- und Bohrmaschinen werden für den Sonderauftrag mit jeweils 1 Stunde veranschlagt. Während das Rüsten der Fräsmaschine für den Auftrag „Deckel" eine Stunde dauert, wird für den Auftrag „Gehäuse" die doppelte Zeit angesetzt. Die Rüstzeit für die Schleifmaschine beträgt 0,5 Stunden. Die Zwischenzeit beträgt pauschal 1 Stunde. Die Bearbeitungszeiten des Sonderauftrages an den jeweiligen Maschinen entsprechen den in der Tabelle 1 aufgeführten Zeiten in Klammern.

Der Sonderauftrag soll an dem im Fristenplan (Bild /1) verdeutlichten Arbeitstag im 2-Schicht-Betrieb (= 16 h) durchgeführt werden, da für die weiteren Tage der Werkstattbereich bereits ausgelastet ist. Drei bereits eingelastete Aufträge (I bis III) sind im Fristenplan eingezeichnet und müssen ebenso wie der Sonderauftrag am Ende des Arbeitstages ausgeführt sein. Verschiebungen der bereits vorhandenen Aufträge sind möglich.

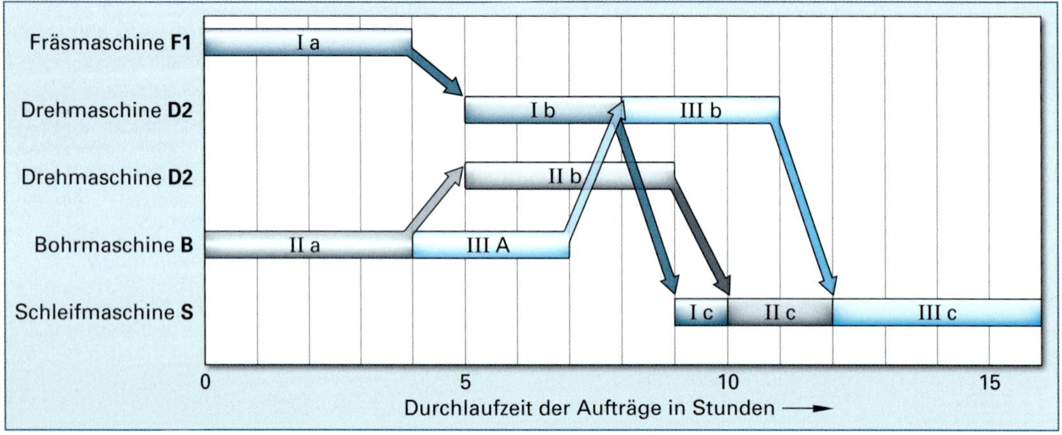

Bild 1: Fristenplan der Fertigung zur Einlastung des Sonderauftrages

Arbeitsaufträge zum Projekt „Produktion der Spindel-Lagereinheiten":

9.3 Als Mitarbeiter der Firma Spin-Lag GmbH werden Sie beauftragt, eine Untersuchung dahingehend durchzuführen, welches Fertigungsprinzip für die den vorgenannten Sonderauftrag zur Fertigung von Einzelteilen der Spindel-Lager-Einheiten am besten geeignet ist. Vergleichen Sie hierzu die Rüst- und Nebenzeiten der Aufträge.

9.4 Ermitteln Sie aufgrund der angegeben Loszahlen pro Jahr (→ Tabelle 1) der aufgeführten Aufträge eine optimale Reihenfolge der zu projektierenden Maschinenfließreihe. Stellen Sie hierfür eine Materialflussmatrix auf und bestimmen Sie den Linearitätsgrad der Maschinenfließreihe.

9.5 Planen Sie unter Berücksichtigung des regulären Produktionsprogramms (→ Bild 1) den Betriebsmitteleinsatz für den in der Vertiefungsaufgabe beschriebenen Sonderauftrag.

9.6 Die Geschäftsleitung der Firma Spin-Lag GmbH erwägt zur Fertigung der in der Tabelle 1 aufgeführten Aufträge den Einsatz von flexiblen Fertigungsanlagen. Erläutern Sie die Merkmale des Bearbeitungszentrums, der flexiblen Fertigungszelle sowie des flexiblen Fertigungssystems und der flexiblen Fertigungsstraße.

9.7 Sie werden beauftragt, die Automatisierung der Montage der in dieser Situation vorgestellten Spindel-Lagereinheit (→ 1) als mögliche Produktionsvariante zu überprüfen. Vergleichen Sie hierzu den Einsatz von Handhabungsgeräten als flexible Montageanlagen.

10 Simulation in der Produktion

Die zunehmende Automatisierung aller Prozesse in Produktion und Logistik dient im Wesentlichen dazu, die Produktivität und damit auch ihre Wirtschaftlichkeit der Unternehmen hoch zu halten. Die mit der Automatisierung aber gleichzeitig verbundene Steigerung der Komplexität der eigesetzten Systeme zwingt dazu, neue Methoden der Planung und Optimierung einzusetzen. Nur so können die mit einer Automatisierung verbundenen hohen Investitionen begründet und Risiken auf ein Minimum reduziert werden.

Zur Gestaltung moderner Systeme in Produktion und Logistik ist die Simulationstechnik ein wesentliches Instrument. Mit ihrer Hilfe werden Planungsüberlegungen vor ihrer Realisierung in virtuelle Modelle überführt und bereits am Computer auf ihre Tauglichkeit überprüft.

10.1 Analytische Betrachtung der Simulation in der Produktion

10.1.1 Definition des Begriffs Simulation

Nach der **VDI-Richtlinie** 3633 wird der Begriff Simulation folgendermaßen definiert:

Simulation ist das Nachbilden eines Systems mit seinen dynamischen Prozessen in einem experimentierfähigen Modell, um zu Erkenntnisse zu gelangen, die auf die Wirklichkeit übertragbar sind.

Nach **R. E. Shannon** wird die oben beschriebene Definition erweitertet:

Simulation ist der Prozess der Modellbeschreibung eines realen Systems und das anschließende Experimentieren mit diesem Modell mit der Absicht, entweder das Systemverhalten zu verstehen oder verschiedene Strategien für die Systemoperation zu gewinnen.

Wichtige Aspekte der Simulation sind darüber hinaus die Begriffe Zeit und Zufall. So liegt einer Simulation im Sinne dieses Kapitels immer ein **Simulationszeitraum** zugrunde, über den hinweg jedes einzelne Ereignis im System zeitlich fixiert und verfolgt wird. Zudem sind alle eintretenden Ereignisse parametrierbaren **Zufallsfunktionen** unterworfen, um möglichst zuverlässige Systemaussagen zu gewinnen. Simulation ist also keinesfalls vergleichbar mit reinen Mittelwertbetrachtungen über eine Periode, wie sie vielfach in ERP-Systemen zu finden sind.

10.1.2 Gründe für den Einsatz der Simulationstechnik

In der Regel gibt es bei komplexen automatisierten Produktionssystemen keine Alternative zur Simulation. Moderne System in Produktion und Logistik zeichnen sich in ihrer Gesamtheit durch eine so große Komplexität aus, dass eine Beurteilung des Systemverhaltens in seiner Gesamtheit ohne den Einsatz der Simulation schlichtweg nicht mehr möglich ist.

Nur die Simulation liefert als Planungsinstrument sichere Aussagen zu Funktionalität, Auslastungsgraden, Reserven, Leistungsvermögen, Durchlaufzeiten und viele weitere Informationen zum Planungsgegenstand. Sie hilft also, das System exakt auf die Anforderungen anzupassen, und ermöglicht die Bestimmung der erforderlichen Kapazitäten bzw. des erforderlichen Investitionsbedarfs. Darüber hinaus zwingt Simulation zu einer sorgfältigen und vollständigen Systembetrachtung. Hier sei insbesondere auf die systeminternen Ablaufstrategien verwiesen, nach denen Objekte durch das System gesteuert werden.

Plakativ formuliert kann man sagen, dass Simulation Sicherheit schafft. Dies betrifft sowohl die Funktionalität des Systems, wie auch seine bestmögliche Gestaltung bei geringst möglichen Investitionen.

Wenn Simulation schon bei der Systemgestaltung so sinnvoll ist, taucht die Frage auf, ob sie nicht auch zu anderen Zeitpunkten genutzt werden kann.

Hier muss zunächst die Übergangsphase zwischen Bau und Betrieb genannt werden, da in der Inbetriebnahmephase regelmäßig Probleme auftauchen, da bestimmte Randbedingungen der Planung nicht mehr gelten oder einzelne Vorgaben nicht richtig umgesetzt werden konnten.

Bei den dann erforderlichen Anpassungsarbeiten können angedachte Maßnahmen bzw. Systemänderungen schnell mit dem bereits existierenden Simulationsmodell überprüft werden. Und selbst wenn eine Anlage schon viele Jahre in Betrieb ist, kann der weitere Einsatz des Simulationsmodells sinnvoll sein, wenn die Anlage sich ändernden Gegebenheiten anpassen muss.

Typische Fragestellungen sind hier: Wie kann die Leistung erhöht werden? Wie können Veränderungen der Systemlast abgefangen werden? Wie können neue Maschinen integriert werden? Darüber hinaus liefert ein Simulationsmodell vielfältige Hilfestellung, wenn Störungen im Betrieb auftreten. Hier kann z.B. analysiert werden, welche Sofortmaßnahmen am wirkungsvollsten sind.

10.1.3 Ablauf eines Simulationsprojekts

Unabhängig davon, welches Softwarepaket zum Einsatz kommt, sind die Schritte eines Simulationsprojekt stets gleich und entsprechen dem folgenden Ablauf:

1. **Zieldefinition**
   Welche Antworten werden vom Simulationsmodell erwartet?
   Welcher Detaillierungsgrad ist erforderlich?
2. **Schafen der technischen Klarheit**
   Definition der technischen Daten zu den eingesetzten Komponenten.
   Definition der internen Ablaufregeln und Strategien.
3. **Systemlastbeschreibung**
   Welche Belastung kommt auf das System zu? (Menge, Qualität und Reihenfolge der Fertigungs- bzw. Transportaufträge).
4. **Systemmodellierung**
5. **Systemvalidierung**
   Verifizierung der korrekten Modellfunktionalität.
6. **Durchführung der Simulationsexperimente**
7. **Dokumentation und Präsentation der Ergebnisse**

Bild 1 verdeutlicht den prinzipiellen Ablauf einer Simulationsstudie. Besondere Beachtung verdient hier die Durchführung der Simulationsexperimente, da in dieser Phase der Studie erheblicher Zeitaufwand steckt. Hintergrund ist der, dass eine Simulation in aller Regel **iterativ**, also schrittweise, abläuft. Dies bedeutet, dass mit Hilfe der Simulationssoftware der Planungsstand eines **realen Systems** in ein **Simulationsmodell** übertragen und mit der Systemlast beaufschlagt wird.

Im Anschluss werden **formale Ergebnisse** zur Verfügung gestellt, die aber vom Bediener interpretiert werden müssen. Ihm obliegt nun die Entscheidung, ob die Ergebnisse zufriedenstellend sind, oder ob Veränderungen am Modell erforderlich sind.

Üblicherweise sind die Ergebnisse zu Beginn nicht optimal, und es ergeben sich eine Reihe von **Optimierungsmöglichkeiten**. Diese werden **Schritt für Schritt in das Modell integriert** und auf ihre Tauglichkeit hin überprüft. Dabei ist es sinnvoll nicht mehrere Verbesserungen gleichzeitig zu prüfen, da damit die Information verloren geht, welche Maßnahme welchen Effekt auslöst. Der **iterative Ablauf** wird dann unterbrochen, wenn die gewünschten Ergebnisse erreicht sind oder wenn die Auswertungen von Simulationslauf zu Simulationslauf keine nennenswerten Verbesserungen mehr bringen, bzw. der Aufwand für mögliche Verbesserungen nicht mehr vertretbar ist.

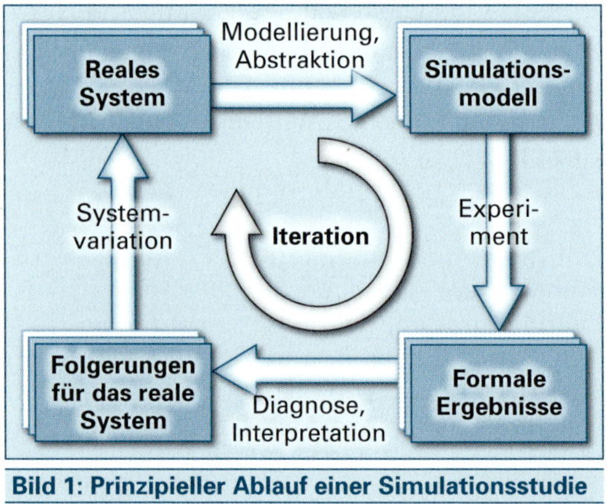

Bild 1: Prinzipieller Ablauf einer Simulationsstudie

10.1.4 Bausteinorientierte Simulationssoftware

Bei der Auswahl der Simulationssoftware bietet der Markt eine Reihe von Möglichkeiten, wobei sich für den Einsatz in Planungsabteilungen oder Planungsbüros **bausteinorientierte Simulationspakete** durchgesetzt haben. Sie kommen den Anforderungen nach einer möglichst einfachen und schnellen Bedienung, einer grafischen Oberfläche mit einer anschaulichen Darstellung und einer integrierten Ergebnisaufbereitung und -darstellung weitestgehend nach. Daher sind sie für die allermeisten Anwendungsfälle in Produktion und Logistik geeignet. Typische Vertreter sind Arena, AutoMod, DOSIMIS-3, FlexSim, Plant Simulation, ProModel, Simul8, oder Witness.

Dieses Buch stützt sich bei der Einführung in die Simulationstechnik auf das Paket DOSIMIS-3, das von der in Dortmund ansässigen SimulationsDienstleistungsZentrum GmbH entwickelt und vermarktet wird. Das Paket zeichnet sich durch eine sehr schnelle Erlernbarkeit bei vielfältigsten Anwendungsmöglichkeiten aus und hat sich in einer Vielzahl industrieller Anwendungen bewährt.

10.2 Einführung in die Simulationssoftware DOSIMIS-3

Die Arbeitsweise der in diesem Buch vorgestellten Simulationssoftware DOSIMIS-3 basiert auf dem Einsatz von **parametrierbaren Bausteinen**, aus denen das zu untersuchende System aufgebaut wird. Dabei entsprechen die verfügbaren Bausteine typischen Funktionseinheiten, wie sie in Produktions- und Logistiksystemen verwendet werden. Zur Simulation von Fertigungsaufgaben sind die **Arbeitsstationen** ein Abbild von Fertigungsmaschinen, Handarbeitsplätzen, Prüfstationen und ähnlichem. Das Montage- bzw. das Demontageelement dient zur Abbildung von Montage- oder Demontageaufgaben.

Die verbindende Fördertechnik kann aus Stetigwie auch aus Unstetigfördersystemen bestehen und wird unter anderem mit Bausteinen wie der **Förderstrecke**, der **Staustrecke**, dem **Verteilwagen** oder der **Fahrstrecke** modelliert.

- **Im ersten Schritt** der Modellbildung wird das Layout des zu simulierenden Systems aufgebaut. Hierzu werden die benötigten Bausteine aus der **Bausteinpalette** des Simulationsprogramms (Aktivierung mit der Taste F2) ausgewählt. Anschließend werden Bausteine mit Hilfe der Richtungspfeile entsprechend der gewünschten Förderrichtung ausgerichtet und mit der Maus so auf dem Bildschirm platziert, dass sich das geplante Layout widerspiegelt.
- **Im zweiten Schritt** werden die Bausteine durch **Knoten** miteinander verbunden, wodurch eindeutige Vorgänger-Nachfolger-Beziehungen festgelegt werden. Diese Funktion kann mit der Taste F9 aktiviert werden.
- **Im letzten Schritt** erfolgt dann die **Parametrierung der Bausteine**. Hierzu lässt sich per Mausklick auf den jeweiligen Baustein die zugehörige Eingabemaske öffnen, in der die entsprechenden Basisdaten wie z.B. Bausteinlänge, Fördergeschwindigkeit oder Bearbeitungszeit eingegeben werden. Neben diesen Grunddaten werden in den Parametermasken auch Strategien zur Materialflusssteuerung definiert. Hierdurch werden an Kreuzungspunkten im System Vorfahrt- und Verteilregeln (wer darf als wievielter fahren und wo ist das Ziel) festgelegt.

10.2.1 Bausteine der Simulationssoftware

Für kleinere Systembeispiele aus der Produktion und der Logistik reicht es aus, sich auf einen Teil der zur Verfügung stehenden Bausteine (Bild 1) zu beschränken, die auf den nachfolgenden Seiten vorgestellt werden.

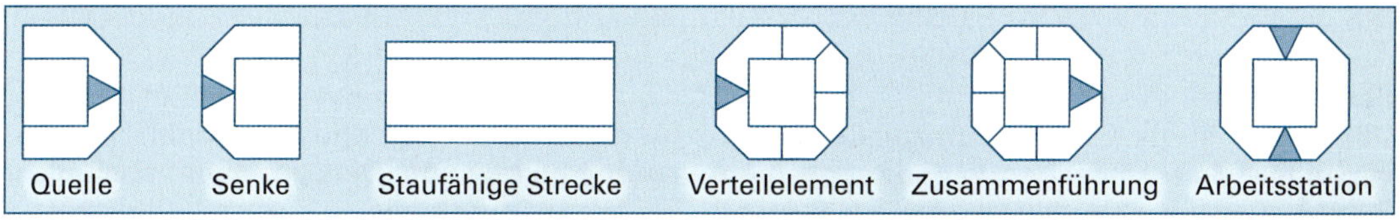

Bild 1: Bausteine der Simulationssoftware

Quelle (QUE)
Der Baustein **Quelle** stellt in DOSIMIS-3 Modellen in der Regel die eingangsseitige Systemgrenze dar. Hier wird die Systemlast definiert, mit der das zu untersuchende System beaufschlagt wird. Dazu werden die Objekte definiert, die im System unterschieden werden müssen, sowie deren zeitliches Eintreten in das System.

Die abgebildete Eingabemaske (Bild 1) enthält eine Reihe von Standardwerten, die nicht verändert werden müssen. Für die im Rahmen dieses Buches untersuchten Systeme ist es lediglich erforderlich, die **Objekttypbestimmung** und das **zeitliche Eintrittsverhalten** zu definieren.

Objekttypen werden zufällig oder in fester Reihenfolge erzeugt und durch ein- oder mehrstellige Ziffern gekennzeichnet, wobei sich die relative **Häufigkeit** der definierten Objekte zueinander in der zweiten Spalte eingeben lässt. Gibt es beispielsweise die drei verschiedenen Objekttypen 1, 2 und 3, denen jeweils die Häufigkeiten 2, 2 und 3 zugeordnet sind, bedeutet dies, dass von insgesamt sieben in das System eingetretenen Objekten im Mittel zwei vom Typ 1, zwei vom Typ 2 und drei vom Typ 3 sind.

Für die **Festlegung der Eintrittszeiten** kann über das Auswählen des Menüpunktes „**Getaktet**“ die gewünschte Verteilung gewählt und parametriert werden. Getaktet mit einer **Taktzeitangabe** von 50 Sekunden bedeutet beispielsweise, dass in einem festen Takt von 50 Sekunden Objekte von der Quelle generiert für den Systemeintritt bereitgestellt werden.

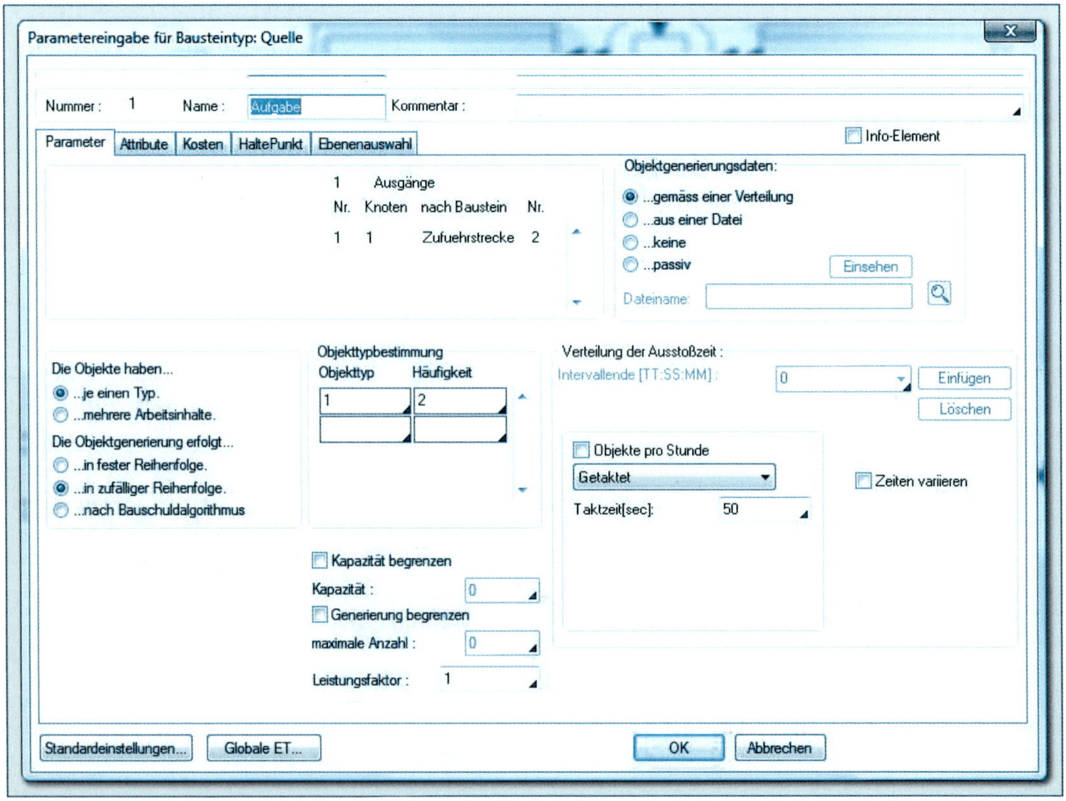

Bild 1: Parametereingabe für den Baustein Quelle

Senke (SEN)
Die **Senke** ist als Gegenstück zur Quelle zu verstehen, sie repräsentiert in der Regel einen **Systemausgang**, über den Objekte das System verlassen. In der Parametermaske werden für die hier behandelten Systeme lediglich Werte für die **Annahmezeit** und die **gewünschte Verteilung** angegeben. Dies geschieht analog zur Eingabe in der Quelle.

Arbeitsstation (AST)

Die **Arbeitsstation** ist einer der vielseitigsten Bausteine in DOSIMIS-3, da sie nahezu jede **Art einer Werkstückbearbeitung** abbilden kann. In ihrer Grundlogik sind alle Bearbeitungen gleich: Es kommt ein Werkstück zur Bearbeitung, je nach Werkstück wird gerüstet, es vergeht eine Bearbeitungszeit und mit einer parametrierbaren Erfolgsquote erzielt die Bearbeitung unterschiedliche Ergebnisse.

In der Parametermaske der Arbeitsstation (Bild 1) werden im Kopfbereich zunächst Grunddaten für die **Länge** der Station und die **Bewegungsgeschwindigkeit** des zu bearbeitenden Objektes eingegeben. Üblicherweise entsprechen die Werte der Länge der Werkstückpalette in Transportrichtung und der Geschwindigkeit der eingesetzten Fördertechnik (z.B. 0,2 m/s für Palettenfördertechnik).

Falls in der rechts oben befindlichen Auswahl zur **Konfiguration** der Arbeitsstation (Bild 1) lediglich die Felder „**Rüsten**“ und „**Neuer Objekttyp**“ mit einem Haken ausgewählt werden, zeigt die Parametermaske die für die in diesem Buch behandelten Beispiele ausreichenden Eingabefelder. In der Mitte links wird zunächst eine **Liste der zur Bearbeitung vorgesehenen Objekttypen** mit der zugehörigen Bearbeitungszeit definiert (Objekte, die hier nicht definiert sind, passieren die Arbeitsstation mit der im Kopfbereich definierten Geschwindigkeit und werden nicht bearbeitet.).

Falls erforderlich kann im unteren Bereich der Maske noch eine Rüstzeit bei Werkstückwechseln definiert werden.

In der Mitte rechts wird für jeden zu bearbeitenden Objekttyp das **mögliche Arbeitsergebnis** definiert, das sich in einer neuen Objektbezeichnung widerspiegelt. Die beispielhaft dargestellten Werte bedeuten, dass aus dem Objekttyp 1 zu 90 % der Objekttyp 10 und zu 10 % der Objekttyp 11 wird. Hierdurch kann beispielsweise beschrieben sein, dass 90 % der bearbeiteten Teile in Ordnung sind, wohingegen 10 % einer Nacharbeit bedürfen.

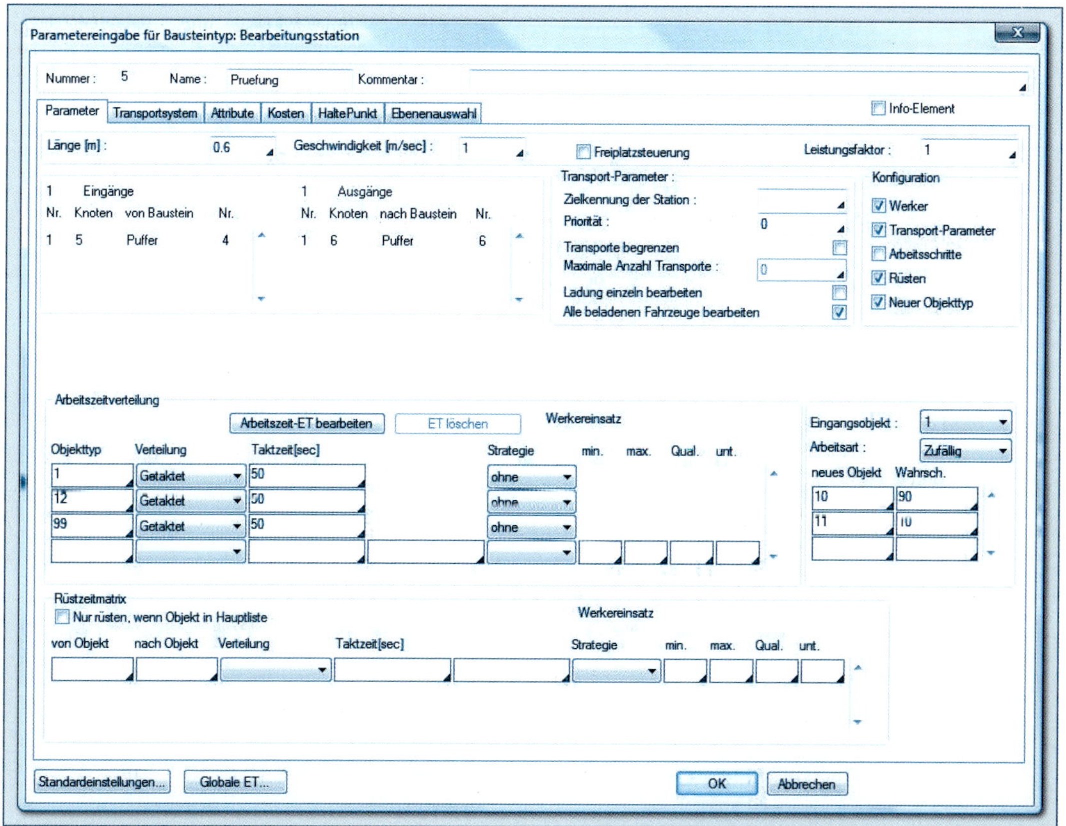

Bild 1: Parametermaske der Arbeitsstation

Zusammenführungselement (ZEL)
In diesem Baustein werden mehrere eingehende Materialflüsse zu einem ausgehenden zusammengefasst. Neben den auch hier zu definierenden Basisinformationen für Geschwindigkeit und Länge wird hier als wesentliche Eingabe die Festlegung einer **Strategie** verlangt, nach der die **Vorfahrt** geregelt wird.

Dazu sind in dem Pulldownmenü auf der Registerkarte „Strategie" (Bild 1) verschiedene Standardstrategien vorgesehen, aus denen ausgewählt werden kann. Wichtige Strategien sind:

FIFO: Die Vorfahrt wird nach dem Prinzip „first in first out" festgelegt, Objekte, die zuerst in den Baustein einfahren wollen, erhalten Vorfahrt (→ 11.1.2).

Priorität der Eingänge oder Objekttypen: Falls mehrere Objekte gleichzeitig einfahren wollen, wird die Vorfahrt nach der **Priorität des Eingangs** bzw. Objekttyps (niedrige Zahl entspricht einer hohen Priorität) festgelegt.

Verteilelement (VEL)
Das **Verteilelement** (Bild 2) ist das Gegenstück zum Zusammenführungselement. Es dient der

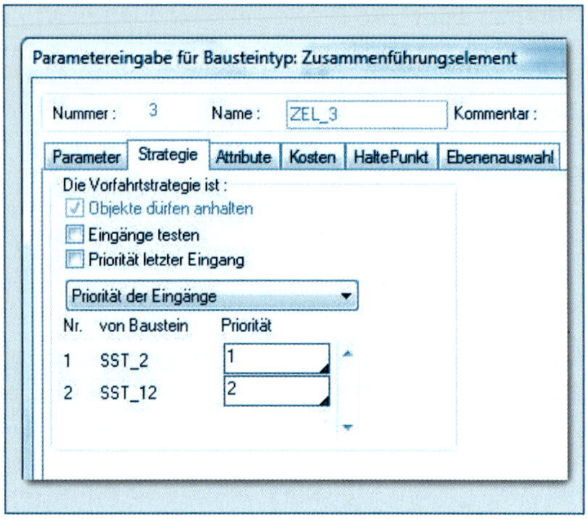

Bild 1: Baustein Zusammenführungselement

Aufsplittung eines Materialstroms auf mehrere weiterführende Strecken. Neben den Basisdaten ist auch hier eine Strategie festzulegen, nach der Objekte gesteuert werden. Wichtige Strategien sind:

Minimale absolute oder relative Belegung: Je nach Füllzustand des unmittelbaren Folgebausteins wird als Ziel derjenige Baustein festgelegt, der den geringsten Kennwert aufweist.

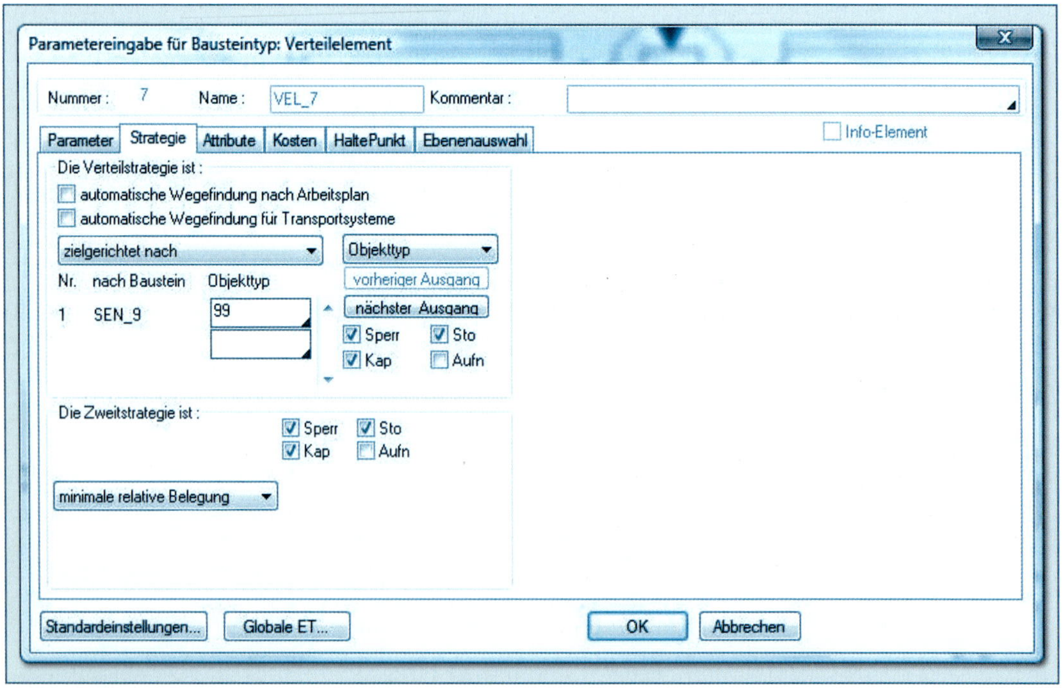

Bild 2: Baustein Verteilelement

Priorität der Ausgänge: Analog zum Zusammenführungselement kann hier eine Wunschreihenfolge nach Prioritäten festgelegt werden.

Zielgerichtet nach Objekttyp: Diese häufig verwendete Strategie identifiziert alle im Verteilelement ankommenden Objekte und weist ihnen den Ausgang zu, der für sie zulässig ist. Hierzu wird für jeden Ausgang eine entsprechende Objektliste erstellt, wobei durchaus mehrere mögliche Ausgänge für bestimmte Objekte definiert werden können. In diesem Fall erfolgt die endgültige Zielfestlegung über eine Zweitstrategie, die nach dem gleichen Auswahlprinzip festgelegt werden kann.

Staufähige Strecke (SST)
Die klassische Fördertechnik zur Verbindung von mehreren Arbeitsplätzen ist eine **staufähige Stetigfördertechnik**, wie sie dieser Baustein abbildet (Bild 1).

Staufähig bedeutet dabei, dass einfahrende Objekte auf ein am Ende der Strecke wartendes Objekt auffahren und sich somit zu einer **Warteschlange** aufstauen können.

Die erforderlichen Parameter beziehen sich auf die **Segmentlänge**, die in der Regel der Länge der zu transportierenden Objekte entspricht, der Fördergeschwindigkeit und der Kapazität bzw. Anzahl Segmente des Bausteins.

Alternativ zur staufähigen Strecke lässt sich die **Förderstrecke** verwenden. Diese ist allerdings **nicht staufähig**, sodass keine weiteren Objekte auf ein am Ende des Bausteines wartendes Objekt auffahren können. Alle Objekte innerhalb dieses Bausteins müssen sich gleichzeitig bewegen.

Sämtliche Bausteine, in denen sich Objekte bewegen, bieten im Bereich der Basisdaten die Möglichkeit, die Funktion „**Freiplatzsteuerung**" auszuwählen. Hierdurch wird bewirkt, dass ein Objekt erst dann in einen Baustein einfahren darf, wenn das ausfahrende Objekt vollständig ausgefahren ist, und nicht unmittelbar folgen kann. Diese Funktion muss beispielsweise gewählt werden, wenn seitliche Ein- bzw. Ausschleusvorgänge abgebildet werden oder eine Fördertechnik rechtwinklig abzweigt.

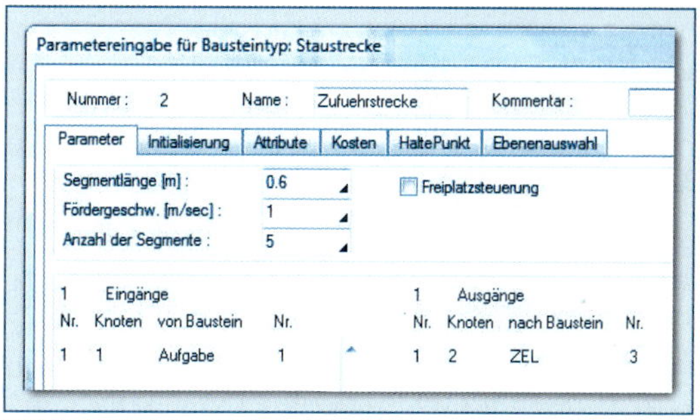

Bild 1: Baustein Staustrecke

10.2.2 Simulation mit DOSIMIS-3

In der Simulation wird das modellierte System für den zu untersuchenden Zeitraum durchgerechnet. Hierbei werden alle auftretenden Ereignisse bestimmt und in eine zeitliche Reihenfolge gebracht. Die Ergebnisse sind zum einen statistische Werte, die in der Datei mit der Extension .slg zusammengefasst sind, und die der Animation zurunde liegende Datei mit der Extension .tra.

Bevor die Simulation das erste Mal starten kann, ist ein **Konsistenzcheck** durchzuführen.

Hier wird das System auf **fehlerhafte Eingaben** überprüft, die mit Fehlerart und betroffenem Baustein ausgegeben werden. Ist der Check ok, können **Simulationsparameter** festgelegt werden. Für dieses Buch sind lediglich die Eingabe der **Simulationszeit** und die Eingabe des **Statistikintervalls** erforderlich. Letzteres sollte sich an der Simulationszeit orientieren, wobei z.B. für die Simulation einer Schicht von 8 h ein Intervall von 1 h gewählt werden sollte.

10.2.3 Ergebnisdarstellung mit DOSIMIS-3

Darstellungen im Layout: Nach Aktivierung der Grafikleiste am oberen Bildschirmrand können hier per Mausklick Darstellungen im Layout abgerufen werden. Wichtig sind die **Auslastung** und der **Durchsatz**. Hier werden bausteinbezogene Werte ausgegeben, die unmittelbar verwendet werden können.

Bausteinhistogramm: Das Bausteinhistogramm kann nach Anklicken eines oder mehrerer Bausteine aufgerufen werden. Es zeigt die Belastung in detaillierter Form, wobei verschiedene **Zustandszeitanteile** dargestellt werden. Für die Arbeitsstation wird beispielsweise unterschieden nach Arbeitszeit, Ein-/Ausfahrzeit der Objekte, Blockierzeit, Rüstzeit, Störzeit oder Wartezeit.

Hierdurch können Hinweise gewonnen werden, wie ein System optimiert werden kann. Beispielsweise deutet eine hohe Blockierzeit darauf hin, dass die Entsorgung des jeweiligen Bausteins nicht reibungslos verläuft.

Pufferanalyse/Belegungsdiagramm: Das Belegungsdiagramm spiegelt für einen oder mehrere Bausteine wieder, wie viele **Objekte** sich zu welcher Zeit in dem **Baustein** befunden haben. Erkennbar wird dadurch z.B., ob ein **Puffer** ausreichend groß oder auch überdimensioniert ist. Des Weiteren kann man erkennen, ob sich das System im eingeschwungenen Zustand befindet oder sich noch in der Hochlaufphase befindet. Falls die Pufferbelegung einen konstanten Wert annimmt, deutet die auf einen Systemstillstand (Deadlock) hin.

Duchsatzdiagramm: Das Durchsatzdiagramm gibt detailliert Auskunft über die je Baustein durchgesetzten Objekte, wobei Anzahl und Typ ausgegeben werden.

Durchlaufzeitstatistik: Die Durchlaufzeitstatistik gibt die je Objekttyp minimal, im Mittel oder maximal benötigte Zeit an, die zwischen Systemeintritt (Quelle) und Systemaustritt (Senke) vergangen ist.

Grundsätzliches zur Ergebnisdarstellung: Für alle Ergebnisausgaben gilt, dass sie als Zwischen- oder als Intervallstatistik abgerufen werden können. Ein Umschalten erfolgt über den Schaltknopf ganz links in der Ergebnispalette. Dabei bedeutet Zwischenstatistik, dass der ausgegebene Wert von der Zeit 0 bis zum gewählten Zwischenstatistikpunkt gilt. Intervallstatistik bedeutet, dass der ausgegebene Wert dem Mittelwert des jeweils gewählten Intervalls entspricht.

Unter Ergebnisse/Statistikdaten können die den Grafiken zugrundeliegenden Zahlenwerte zusätzlich in tabellarischer Form abgerufen werden.

10.3 Simulation der Eingangszone eines Hochregallagers mit DOSIMIS-3

In der folgenden Situation wird exemplarisch eine Aufgabenstellung beschrieben, wie sie üblicherweise mit Hilfe der Simulation untersucht wird. Hierzu gehören die Auswahl von Strategien zu Vorfahrt oder Verteilung, die Verhinderung von Systemzusammenbrüchen oder auch die Bemessung von Puffern in ihrer Größe und Anzahl.

10.3.1 Szenarium zur Eingangszone des Hochregallagers für Pneumatikzylinder

Die für die Herstellung des Pneumatikzylinders benötigten Teile und Komponenten werden in einem automatischen Lagersystem zwischengepuffert. Im Rahmen einer Modernisierung der eingesetzten Technik soll der **Eingangzone des Lagers** (Bild 1) neu gestaltet werden. Hier sollen eingehende Kartons aufgenommen und automatisch eingelagert werden.

Wesentliches Element dieses Funktionsbereichs ist eine **Kontrollstation**, an der alle einzulagernden Kartons auf ihre Einlagerfähigkeit hin überprüft werden. **Kartons**, deren Prüfung **keine Beanstandungen** ergibt, gelangen über die Einlagerstrecke direkt zum Lagerbereich.

Liegen **unzulässige Eigenschaften** (ein nicht lesbares Etikett oder eine unzulässige Kontur) vor, werden die Kartons zu einer **Korrekturstation** gebracht. Hier erfolgt ein **Reparaturversuch,** der aber nicht immer erfolgreich verläuft.

Nach einer zweiten Prüfung der betreffenden Kartons werden sie entweder ausgeschleust und zu einer manuellen Umpackstation gebracht oder können eingelagert werden.

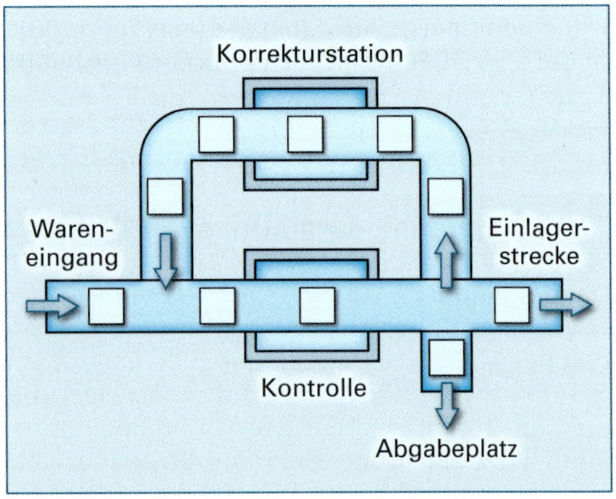

Bild 1: Layoutskizze der Eingangszone

Basisdaten für die Eingangzone des automatischen Lagersystems

Aufgabetakt für Kartons:	60 Sekunden
Zeitdauer der Kontrolle:	50 Sekunden
Fehlerfreie Kartons im Eingang:	90 %
Zeitdauer der Korrektur:	180 Sekunden
Erfolgsquote der Korrektur:	65 %
Kartonabmessungen (L x B):	600 mm x 400 mm (Die Kartons werden auf staufähigen Strecken in Längsrichtung transportiert)
Fördergeschwindigkeit:	1 m/s
Pufferkapazitäten:	je 3 Kartons vor und hinter der Korrekturstation, je 1 Karton vor und hinter der Prüfung
Vorfahrtstrategie in der Zusammenführung:	Priorität der Eingänge, Priorität 1 für den Haupteingang, Priorität 2 für den Reparatureingang
Verteilstrategie hinter der Kontrolle:	zielgerichtet nach Objekttyp

10.3.2 Ermittlung der Durchsatzleistung mit der Hilfe der Simulationstechnik

Mit Hilfe der Simulationstechnik soll die **mögliche Durchsatzleistung** ermittelt werden, wobei neben dem aktuellen Planungsstand auch eine Variante mit zwei Prüfstationen getestet werden soll.

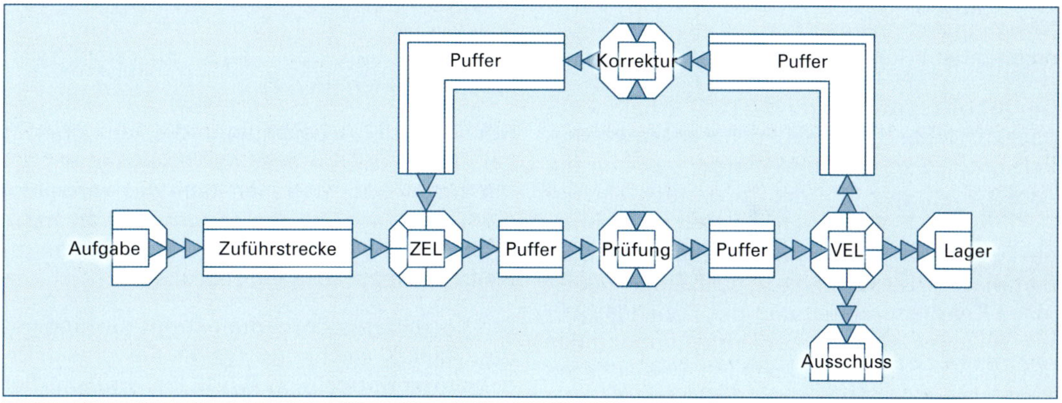

Bild 1: Layout der Eingangszone mit DOSIMIS-3

Im ersten Schritt wird die Layoutskizze mit Hilfe der von DOSIMIS-3 zur Verfügung gestellten Bausteine in ein Simulationsmodell überführt (Bild 1). Die Bausteine werden zunächst platziert und anschließend durch das Knotensetzen miteinander verbunden.

Die verwendeten Elemente für die Eingangszone des Lagers sind:

- **Quelle** als Kartonaufgabestation (**Aufgabe**)
- **Staufähige Strecken** als verbindende Fördertechnik (**Zuführstrecke**) bzw. **Puffer**
- **Zusammenführungselement (ZEL)** als Weiche, in der der Materialstrom von der Korrektur wieder in den Hauptstrom eingeschleust wird
- **Verteilelement (VEL)** als Weiche, die einzelne Kartons je nach Ziel auf die beiden Senken bzw. auf die Strecke zur Korrektur verteilt
- **Arbeitsstationen** zur Abbildung der Prozesse „**Prüfung**" und „**Korrektur**"
- **Senken** als Systemausgänge (**Lager, Ausschuss**)

Entsprechend der im Szenarium (→ 10.3.1) vorgegebenen Daten werden alle Bausteine parametriert:

In der Quelle werden aufgegebene Pakete zufällig erzeugt, wobei nur der Objekttyp 1 in der Häufigkeit 1 parametriert wird. Die Aufgabefrequenz wird getaktet mit 60 s vorgegeben.

Die **staufähigen Strecken** erhalten alle die vorgegebene Fördergeschwindigkeit von 1 m/s und die Segmentlänge 0,6 m entsprechend der Kartonabmessung in Förderrichtung. Zusätzlich werden die vorgegebenen **Pufferkapazitäten** als Segmentanzahl definiert.

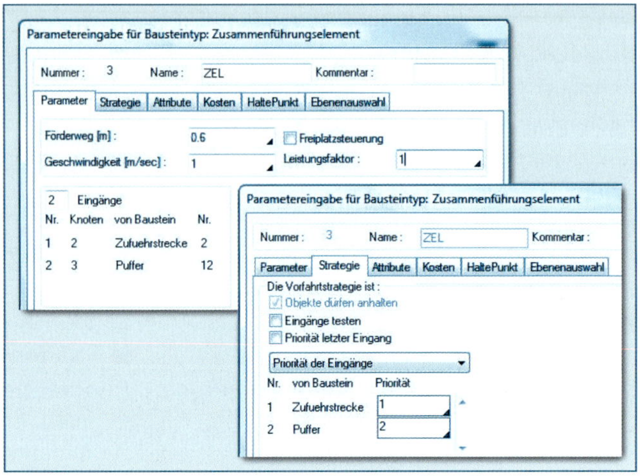

Bild 1: Baustein Zusammenführungselement

Das **Zusammenführungselement** (Bild 1) erhält die gleiche Fördergeschwindigkeit wie die Förderstrecken. Hinzu kommt die Länge des Bausteins, die der Objektlänge von 0,6 m entspricht. Um den Materialfluss zu steuern, ist des weiteren die Eingabe einer Regel erforderlich, nach der die Reihenfolge festgelegt wird, in der Kartons in diese Weiche einfahren dürfen. Gemäß Vorgabe wird hier aus den verfügbaren Strategien „**Priorität der Eingänge**" ausgewählt. Dabei erhält die **Zuführstrecke** die Priorität 1. Die aus dem **Puffer** von der Korrekturstation kommenden Kartons werden mit der niedrigeren Priorität 2 eingeschleust.

Die **Arbeitsstationen** (Bild 217/1) erhalten zunächst wieder 1 m/s als **Fördergeschwindigkeit** und 0,6 m als **Objektlänge**, da auch die Arbeitsstationen Teil des fördertechnischen Systems sind. Zusätzlich müssen dann noch die bearbeitungsspezifischen Daten eingegeben werden. Dies sind die je nach Objekt anfallende Bearbeitungszeit und das Arbeitsergebnis. Letzteres wird in einer Umbenennung des jeweils bearbeiteten Objekts in einen anderen Typ verschlüsselt. Dabei wird der neue Objekttyp entsprechend der parametrierten relativen Häufigkeit festgelegt.

Spätestens jetzt wird deutlich, dass es sinnvoll ist, einen **Objektlaufplan** zu erstellen. Es muss festgelegt werden, welcher Objekttyp wo auftaucht, wo bearbeitet und wie durch das System geschleust wird. Diese Grundlogik muss dann durch entsprechende Parameter in den einzelnen Bausteinen abgebildet werden.

Bezogen auf die Eingangszone ist folgende Vorgehensweise sinnvoll:

Objekttyp 1 wird in der **Quelle** erzeugt. In der **Prüfstation** wird **Typ 1** getestet und je nach Prüfergebnis in den **Typ 10** (**in Ordnung**) oder **Typ 11** (**nicht in Ordnung**) umbenannt.

Den neu definierten Objekttypen wird dazu eine **Wahrscheinlichkeitsangabe** zugeordnet. **Typ 10** soll mit **90 %iger** und **Typ 11** mit **10 %iger Wahrscheinlichkeit** entstehen. Hierdurch wird beschrieben, dass 90 % der bearbeiteten Teile in Ordnung sind, wohin gegen 10 % einer Nacharbeit bedürfen (Bild 2).

Nachdem die Arbeitsstation die Teile geprüft hat, fahren die Kartons das **Verteilelement** an. Mit diesen Informationen kann das Verteilelement, das nach der Bearbeitungsstation angeordnet ist, den einfahrenden Kartons den jeweils richtigen Ausgang zuordnen.

Die Korrekturstation erhält somit Kartons mit der Objektbezeichnung **Typ 11**, die je nach Ergebnis der Korrektur in **Typ 12 (bei erfolgreicher Reparatur)** bzw. **Typ 99 (bei nicht erfolgreicher Reparatur)** umbenannt werden.

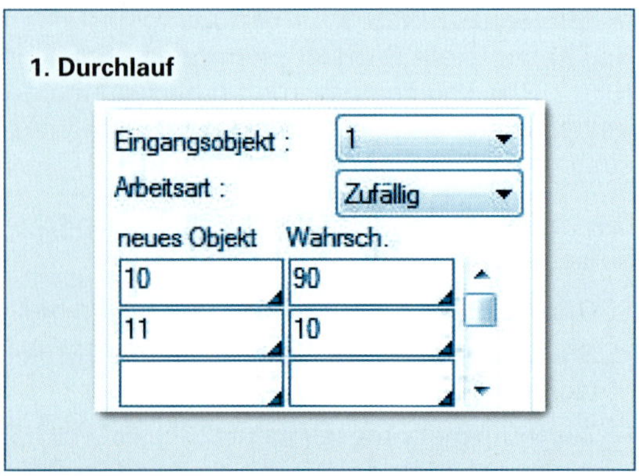

Bild 2: Umbenennung des Objekttyps 1

Beim zweiten Durchlauf dieser Objekte durch die Prüfstation (Bild 1) wird lediglich Prüfzeit verbraucht, der Objektname **Typ 12** und **Typ 99** wird jedoch nicht mehr verändert. Hierzu kann einfach eine „1“ als Wahrscheinlichkeit eingegeben werden.

Im **Verteilelement** wird schließlich dem Objekt **Typ 12** wie auch dem Objekt **Typ 10** der **Hauptausgang Lager** zugewiesen (Bild 2), wohingegen der **Typ 99** als nicht einlagerfähiger Karton aus dem System geschleust wird.

Damit erhält das **Verteilelement** neben den üblichen Standardwerten für Länge (Förderweg) und Geschwindigkeit die Regel, nach der Objekte auf die Nachfolgebausteine verteilt werden.

In diesem Fall handelt es sich um ein „**zielgerichtetes Verteilen nach Objekttyp**“. Das bedeutet, dass jedem Objekt der Ausgang zugeordnet wird, über den der Weitertransport erfolgen soll. So sollen die **Typen 1 und 12 zum Lager**, der **Typ 11 zur Korrekturstation** und der **Typ 99 zum Ausgang** für den Ausschuss gehen.

Die **Senke** erhält lediglich einen Parameterwert, der ihre Aufnahmefähigkeit beschreibt. Hier ist darauf zu achten, dass die Senke schneller arbeiten kann als das vorgeschaltete System. Ansonsten würden von hier aus ungewollte Rückstaueffekte entstehen. Ein sinnvoller Wert ist hier beispielsweise 1 Sekunde.

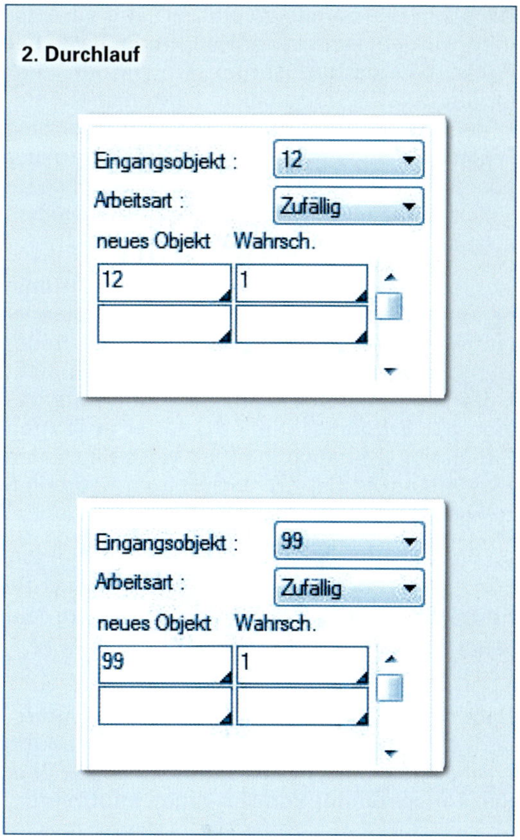

Bild 2: Definition der Objekttypen 12 und 99

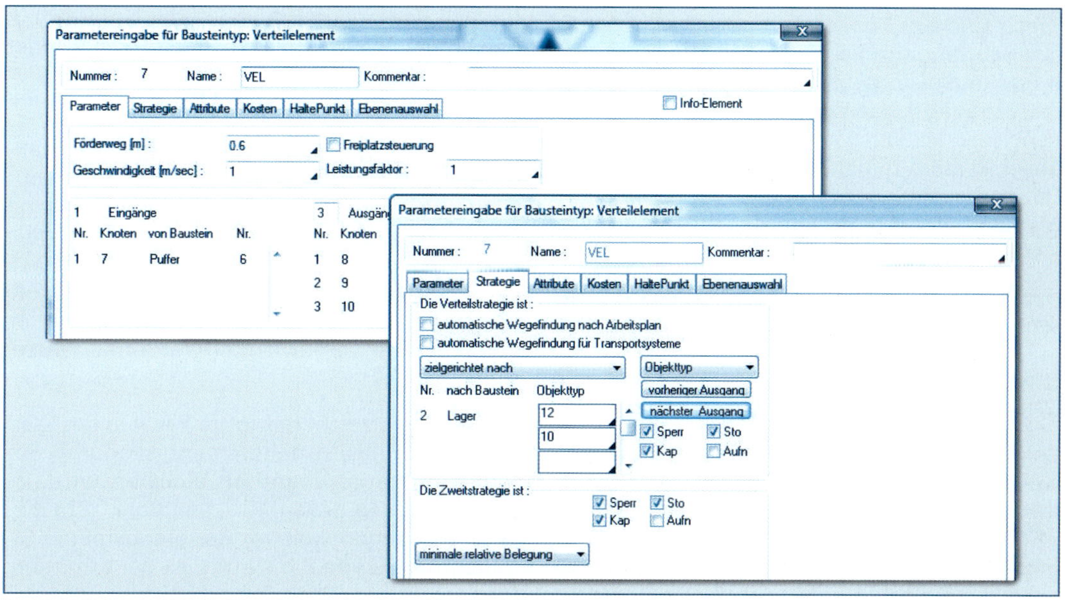

Bild 1: Baustein Verteilerelement

Nachdem alle Bausteine platziert und parametriert wurden, kann in der Hauptmenüleiste der Punkt „**Simulation**" aufgerufen werden. Hier fordert DOSIMIS-3 zu einem **Systemcheck** auf, in dem das Programm das Modell auf formale Fehler wie fehlende Knoten, fehlende Parameter oder fehlende Ein- und Ausgänge prüft. Etwaige Fehler könne unter dem Punkt „**Checkausgabe**" abgerufen werden.

Ist dieser Punkt erledigt, werden **Simulationsparameter** definiert. Dies sind die Simulationslaufzeit, falls gewünscht eine Vorlaufzeit, in der keine Statistik erhoben wird, und ein Statistikintervall. Letzteres dient dazu, die Entwicklung der Ergebnisse innerhalb der gesamten Simulationszeit auch intervallweise beurteilen zu können. Dies ist z.B. wichtig, um beurteilen zu können, inwieweit sich ein System in einem eingeschwungenen Zustand befindet.

Für das hier zu untersuchende System wird die **Simulationszeit** auf 8 Stunden festgelegt, auf einen Vorlauf wird verzichtet, die Intervalle werden mit 1h definiert.

Nach dem jetzt folgenden Anklicken von „**Start**" läuft die Simulation. Zur visuellen Darstellung erscheint ein blauer Balken, dessen Größe über den Fortschritt der Berechnungen informiert.

Nach **Abschluss** der Berechnungen stehen alle Ergebnisse unmittelbar zur Verfügung. Den besten Überblick geben zunächst die **Auslastungs- und Durchsatzdarstellung im Systemlayout**. Diese sind am einfachsten abrufbar, wenn in der Hauptmenüzeile die rechte Maustaste gedrückt und die Ergebnispalette aktiviert wird. In dieser zusätzlichen Zeile sind dann diverse Ergebnisdarstellungen auf Mausklick abrufbar. Für unser System zeigen sich nach 8 Stunden ein **Durchsatz der Senke zu dem Lager** von 464 Kartons und eine Auslastung der Prüfstation von 92,05 % und der Korrekturstation von 27,59 %.

Die gesuchte **Grenzleistung des Systems** scheint also noch nicht erreicht zu sein, so dass in den nächsten Simulationsläufen die in der **Quelle vorgegebene Taktzeit** für die Kartonaufgabe verringert werden muss.

Bei der Frage, welcher **Quellentakt** sinnvollerweise gewählt wird, hilft ein Blick auf die **Auslastung der Prüfstation**. Sie liegt zurzeit bei 92,04 %, sodass nur eine relativ geringe Steigerung möglich ist. Eine Reduzierung des Aufgabetaktes von 60 s auf 50 s sollte genügen, um die Grenzleistung zu ermitteln.

Nach Veränderung dieses Parameters wird die Simulation erneut gestartet. Der anschließende Abruf der **Übersichtsdaten zu Durchsatz und Auslastung** zeigt erstaunliche Ergebnisse. So steigt die Auslastung der Prüfstation auf die erwarteten annähernd 100 %, der Durchsatz in der Senke zum Lager sinkt aber auf 92 Kartons.

Die beste Antwort auf die Frage nach dem Grund liefert die **Animation des Systems**, bei der der Materialfluss in dem System auf dem Bildschirm quasi als Film wiedergegeben wird. Aufgerufen wird die Animation über den Punkt „Animation" des Hauptmenüs.

Vor dem Start werden die gewünschten Parameter zur Animation gewählt. Hierzu gehören primär die **Animationsart** und der Startzeitpunkt. **Ereignisanimation** bedeutet dabei, dass die Animation so schnell abläuft, wie es der verwendete Rechner erlaubt. Bei Bedarf kann die Animation aber auch über die Auswahl einer **zeittreuen Animation** mit einem individuell wählbaren Faktor so eingestellt werden, wie der Betrachter es möchte.

Zuletzt gibt es auch noch die Variante einer **Einzelschrittdarstellung**, wobei durch Drücken der Leertaste jedes einzelne Systemereignis nach und nach abgerufen werden kann. Die in der Animation verwendeten Farben der Objekte verdeutlichen die Situation. Rote Objekte können nicht weiterfahren, da der Nachfolgebaustein belegt ist, grüne Objekte bilden den hinteren Bereich einer Warteschlange oder sind noch in Bewegung, blaue Objekte befinden sich in einer Arbeitsstation in Bearbeitung. Die Ziffern entsprechen dem dargestellten Objekttyp

Die in Bild 225/1 abgebildete **Momentaufnahme der Animation** zeigt die Ursache der nur scheinbar sonderbaren Ergebnisse. Aufgrund des höheren Aufgabetaktes kommen so viele Pakete an, dass die mit niedriger Priorität aus der Reparaturstrecke einzuschleusenden Pakete keine Lücke finden. Sie bleiben stehen und es entsteht eine immer länger werdende **Warteschlange**.

Schließlich erreicht das letzte Paket in der Warteschlange das Verteilelement, wodurch der Weg zum Lager dauerhaft blockiert wird. Es entsteht ein so genannter „**Deadlock**". Da dieser Effekt schon weit vor der eingestellten Simulationszeit von 8 h eintritt, ist der ermittelte Durchsatz von 92 Kartons natürlich nur der, der bis zum **Eintritt der Blockade** erzielt wurde.

Das Systemverhalten ist als kritisch zu bewerten, da **hohe Belastungen** offensichtlich zum **Kollaps** führen, dessen Ursache in der falsch gewählten Steuerungsstrategie im Zusammenführungselement liegt. Sobald hier die eingestellten Prioritäten gewechselt werden und der Reparatureingang bevorzugt wird, ist das Systemverhalten stabil. Jetzt kann mit dem gewählten Aufgabetakt von 50 Sekunden die Grenzleistung des Systems ermittelt werden. Es ergibt sich bei 8 Stunden Simulationszeit ein Durchsatz zum Lager in Höhe von 502 Paketen, die Auslastung der Prüfstation erreicht annähernd 100 %.

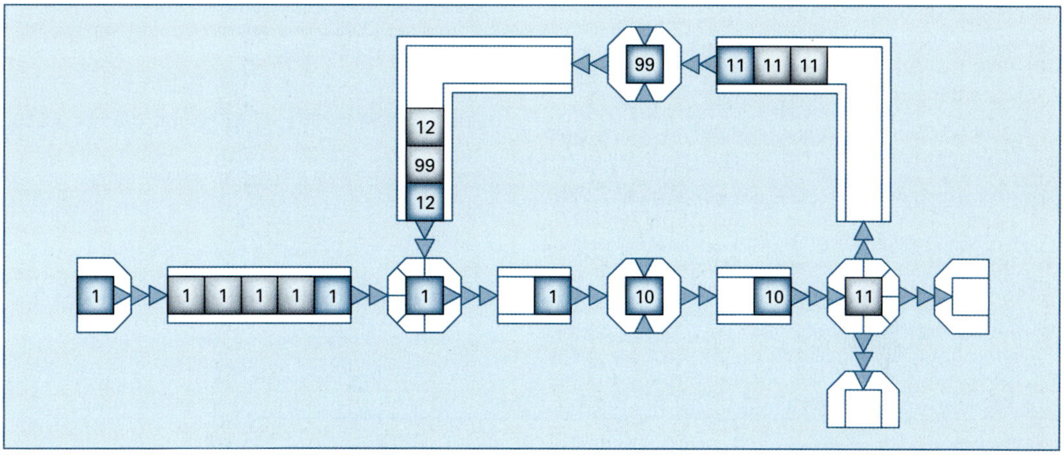

Bild 1: Momentaufnahme der Einzelschrittdarstellung

Da die **Reparaturstation** lediglich knapp 31 % Auslastung erreicht, besteht die Möglichkeit, den Durchsatz des Systems durch die Integration einer **zweiten Prüfstation** zu erhöhen (Bild 2).

Um den dann möglichen Durchsatz zu bestimmen, wird das Modell entsprechend erweitert. Die zusätzlich integrierten Bausteine sind das **Verteilelement (VEL)**, in dem prozentual je 50 % der Pakete auf die **beiden Prüfstationen** verteilt werden, die **Prüflinie** und das **Zusammenführungselement (ZEL)**, in dem beide Materialströme nach der Strategie Fifo (→ 11.2.2) wieder vereint werden.

In acht Stunden ergibt sich mit dieser erweiterten Variante ein **Durchsatz** von 1013 Paketen, die Auslastung der Prüfstationen erreicht knapp 100 %, die der Korrekturstation einen Wert von knapp 61 %.

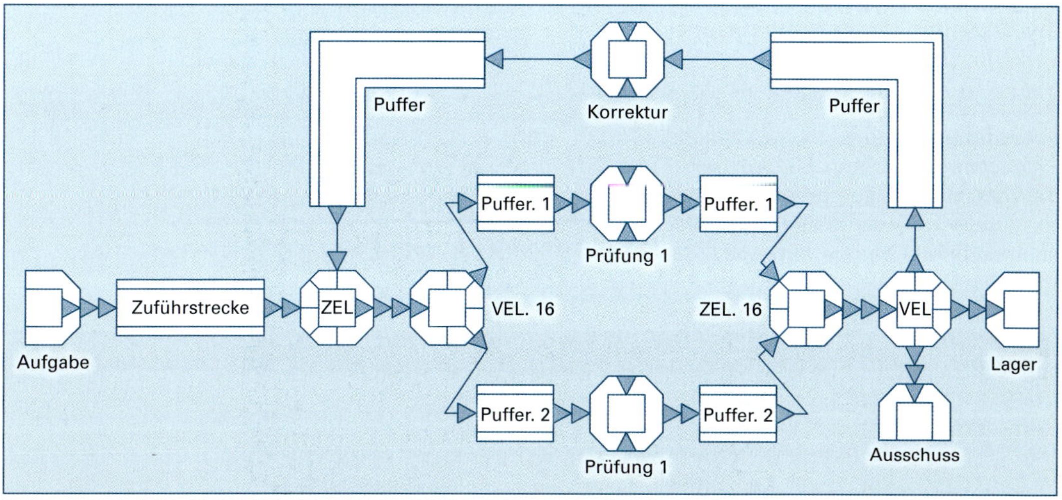

Bild 2: Erweitertes Systemlayout mit zwei Prüfstationen

Fragen und Aufgaben

1. Nennen Sie fünf Gründe, warum die planungsbegleitende Simulation bei der Errichtung eines komplexen Produktionssystems, das über eine automatisierte Fördertechnik verfügt, sinnvoll ist.
2. In welchen Schritten läuft eine Simulationsstudie ab? Nennen Sie die einzelnen Phasen und erläutern Sie kurz deren Inhalt.
3. Simulation ist ein iterativer Optimierungsprozess, bei dem neben dem Simulationsprogramm auch der bedienende Planer sehr wichtig ist.

   Was ist mit dieser Aussage gemeint und wie ist die Aufgabenverteilung?
4. Woran erkennen Sie, dass der gewählte Simulationszeitraum lang genug ist, um die gewonnenen Ergebniszahlen zur Begründung von Änderungsmaßnahmen verwenden zu können?
5. Eine im System befindliche Arbeitsstation weist hohe Wartezeitanteile aus, obwohl am Systemeingang ein Rückstau zu beobachten. Was bedeutet dies und was können Sie tun, um die Situation zu verbessern?
6. Ein Verschiebewagen, der einen einzelnen Ausgang mit einem einzelnen Eingang verbindet, weist als Ergebnis einen Lastfahrtanteil von 25 % und Übergabezeiten (Summe von Be- und Entladezeiten) von 20 % aus. Um wie viel Prozent kann der Durchsatz noch erhöht werden, bis der Verschiebewagen an seine Grenzleistung kommt?
7. In einem flexiblen Fertigungssystem sollen vier verschiedene Produkte über drei Arbeitsstationen laufen. Die Arbeitspläne sehen folgende Bearbeitungszeiten vor:

   Teil1:
   300 s an AST1, 250 s an AST2 und 100 s an AST3

   Teil2:
   100 s an AST2 und 100 s an AST3

   Teil3:
   200 s an AST 2 und 200 s an AST1

   Teil 4:
   250 s an AST1 600 an AST2 und 120 an AST 3

   Ermitteln Sie auf dieser Basis die mögliche Produktionsleistung der Linie, wenn die Teile 1, 2 ,3 und 4 im Verhältnis 2:3:1:1 gefertigt werden.

10.4 Vertiefungsaufgabe: Erstellung eines Simulationsmodells zur Produktion von Pneumatikzylindern auf einer flexiblen Fertigungslinie (FFL)

Situation zur Vertiefungsaufgabe

Der in Bild 1 skizzierte Fertigungsbereich der flexiblen Fertigungslinie (→ 9.1.4) zur Produktion von Pneumatikzylindern umfasst drei Bearbeitungsstationen, die über ein staufähiges Stetigfördersystem miteinander verkettet sind.

Auf der Anlage können die drei verschiedenen Pneumatikzylinder als Erzeugnis E1, E2 und E3 bearbeitet werden. Hierbei soll jeder Pneumatikzylinder an jeweils allen drei Maschinen bearbeitet werden.

An den entsprechenden Bearbeitungsmaschinen gelten die in Tabelle 1 aufgeführten Arbeitszeiten.

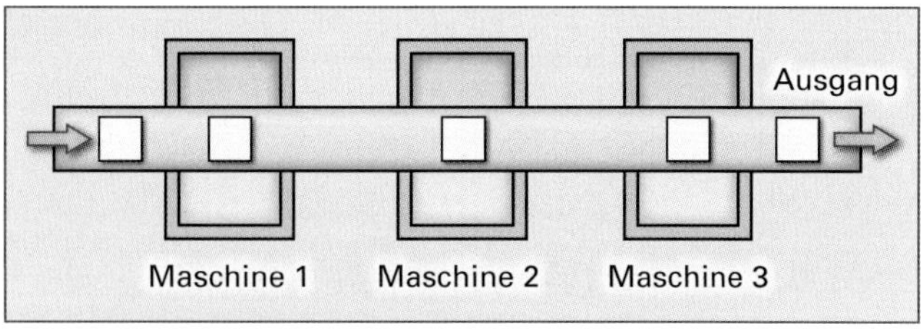

Bild 1: Flexible Fertigungslinie zur Produktion der Pneumatikzylinder

Erzeugnis	Maschine 1	Maschine 2	Maschine 3
E1	250 Sekunden	500 Sekunden	25 Sekunden
E2	25 Sekunden	250 Sekunden	500 Sekunden
E3	500 Sekunden	25 Sekunden	250 Sekunden

Tabelle 1: Angabe der Arbeitszeiten für die Bearbeitungsmaschinen

Die Pufferkapazität zwischen den Maschinen beträgt zunächst jeweils 10 Teile. Die Fördergeschwindigkeit ist 0,2 m/s, die Objektlänge beträgt 1,2 m.

Die Losgröße, in der Fertigungsaufträge gestartet werden, umfasst jeweils 20 Pneumatikzylinder für E1 und E2 und 40 Pneumatikzylinder für E3.

Arbeitsaufträge zur Vertiefungsaufgabe:

Erstellen Sie ein geeignetes Simulationsmodell und bearbeiten Sie hierfür die folgenden Aufgaben:

10.1 Bestimmen Sie die an einem Tag mit einer Arbeitszeit von 8 Stunden zu erzielende Produktionsleistung bei losweiser Bearbeitung der wie folgt angegebenen Produktionsaufträge:

a) Es wird nur der Pneumatikzylinder E1 gefertigt.

b) Es werden die Pneumatikzylinder E1 und E2 gefertigt, wobei beide Pneumatikzylinder gleich häufig produziert werden sollen.

c) Es werden alle drei Pneumatikzylinder gefertigt, wobei E1 und E2 wieder gleich häufig, E3 aber in doppelter Menge von E1 bzw. E2 produziert werden soll.

Ermitteln Sie jeweils die Auslastungen der Maschinen sowie die Belegungen der Puffer. Beobachten Sie insbesondere den Verlauf der Pufferbelegungen und bestimmen Sie die optimalen Puffergrößen.

10.2 Vergleichen Sie Ihre Ergebnisse mit der ohne den Einfluss arbeitsablaufbedingter Behinderungen theoretisch möglichen Durchsatzleistung für den Fall im Arbeitsauftrag 10.1 c.

Welche Optimierungen schlagen Sie vor, um diesen Wert annähernd zu erreichen und die Maschinenleistungen auch voll ausnutzen zu können? Untermauern Sie Ihre Vorschläge durch entsprechende Simulationsläufe.

10.5 Vertiefungsaufgabe: Erstellung eines Simulationsmodells zur Produktion von Pneumatikzylindern auf einem flexiblen Fertigungssystem (FFS)

Situation zur Vertiefungsaufgabe

Die Skizze zeigt das Layout eines geplanten flexiblen Fertigungssystems (→ 9.1.3). Es besteht aus drei jeweils 1,5 m voneinander entfernten Bearbeitungsstationen (AST 1, AST 2 und AST 3), die über einen Verteilwagen miteinander verbunden werden. Um ablaufbedingte Wartezeiten zu minimieren sind zusätzlich 4 Pufferplätze (P1 bis P4) geplant, an denen Werkstücke zwischenzeitlich abgelegt werden können.

An der Aufgabestation (links) werden drei verschiedene Werkstücktypen (Typen 10, 20 und 30) aufgegeben, die in zufälliger Reihenfolge eintreffen. Dabei erscheint der Typ 20 doppelt so häufig wie die beiden anderen Typen. Der Aufgabetakt ist normalverteilt und beträgt 300 s mit einer Standardabweichung von 100 s.

Die Werkstücke werden auf Paletten transportiert, die 1,2 m lang sind und in dieser Orientierung auf der Stetigfördertechnik bewegt werden. Die Fördergeschwindigkeit beträgt dabei konstant 0,2 m/s.

Der Grobarbeitsplan (→ 5.1.4) der Werkstücke sieht folgende in der Tabelle 228/1 aufgeführten Bearbeitungsreihenfolgen an den jeweiligen Bearbeitungsstationen vor. Die vorgegeben Bearbeitungsreihenfolge eines Teiles ist hierbei einzuhalten. Rüstzeiten sind nicht zu berücksichtigen.

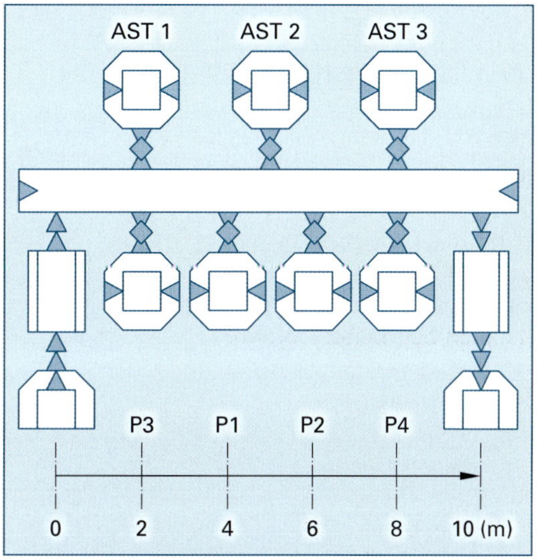

Bild 1: Flexibles Fertigungssystem zur Produktion der Pneumatikzylinder

Werkstück	Maschine	Bearbeitungszeit	Abweichung
Typ 10 (vier Bearbeitungsschritte)	Bearbeitungsstation AST 1	200 Sekunden	60 Sekunden
	Bearbeitungsstation AST 2	200 Sekunden	60 Sekunden
	Bearbeitungsstation AST 3	250 Sekunden	75 Sekunden
	Bearbeitungsstation AST 1	100 Sekunden	30 Sekunden
Typ 20 (zwei Bearbeitungsschritte)	Bearbeitungsstation AST 2	350 Sekunden	105 Sekunden
	Bearbeitungsstation AST 1	350 Sekunden	105 Sekunden
Typ 30 (drei Bearbeitungsschritte)	Bearbeitungsstation AST 3	500 Sekunden	150 Sekunden
	Bearbeitungsstation AST 2	200 Sekunden	60 Sekunden
	Bearbeitungsstation AST 1	100 Sekunden	30 Sekunden

Tabelle 1: Grobarbeitsplan für die Produktion der Werkstücke

Hinweis: Die Folgemaschine sollte in dem Objekttyp verschlüsselt werden (Beispiel: Typ 10 wird nach Bearbeitungsschritt 1 zum Typ 11, nach Schritt 2 zum Typ 12, nach Schritt 3 zum Typ 13 usw.)

Der Verschiebewagen bedient insgesamt 8 Ein- und 8 Ausgänge, deren Mittenabstände der Systemskizze zu entnehmen sind. Folgende technische Daten sind zu parametrieren:

Beladeweg/-geschwindigkeit: 1,3 m mit 0,2 m/s

Entladeweg/-geschwindigkeit: 0,1 m mit 0,2 m/s

Langsamfahrweg: 0,2 m

Fahrgeschwindigkeit schnell/langs.: 1 m/s bzw. 0,1 m/s

Die Pufferplätze sollen genutzt werden, falls eine Station nicht direkt belegt werden kann. Hierzu ist eine geeignete Zweitstrategie bei der Verteilung anzugeben. Tipp: Es ist sinnvoll, den Objekten bei Eintritt in einen Puffer einen neuen Typ zuzuweisen. Der als mögliches Ziel keinen Pufferplatz mehr erlaubt. Hierdurch wird verhindert, dass Paletten sich von Puffer zu Puffer bewegen.

Arbeitsaufträge zur Vertiefungsaufgabe:

Modellieren Sie das System und wählen Sie geeignete Strategien für einen stabilen Systemlauf.

Simulieren Sie das System für einen Zeitraum von 24 Stunden:

10.3 Ermitteln Sie, welcher Systemumsatz erzielt wird.

10.4 Bestimmen Sie die Auslastungswerte der Arbeitsstationen.

10.5 Geben Sie an, wie die Belastung des Verteilwagens aussieht.

10.6 Bestimmen Sie, in welchem Umfang die Puffer benötigt werden.

10.7 Analysieren Sie die erzielten Ergebnisse. Welche Schwachstellen bzw. Optimierungsansätze erkennen Sie in dem System?

Beziehen Sie in Ihrer Analyse Fragestellungen ein:

- Welchen Einfluss hat die Anordnung der Maschinen auf das Ergebnis?
- Welchen Einfluss hat die Reihenfolge der Teile, in der sie dem System zugeführt werden?
- Lassen sich Wartezeiten der Maschinen verringern?
- Kann der Verteilwagen sinnvoll optimiert werden?
- Gibt es Layoutvariationen, die Sie vorschlagen würden?

11 Logistik der Lagerung

Mit **Lagern** wird jedes **geplante Liegen von Gegenständen im Materialfluss** definiert.

Das Lager selber kann ein Raum oder auch nur eine abgegrenzte Fläche zur **Aufbewahrung von Gegenständen** unterschiedlichster Art sein. Diese Gegenstände unterliegen einer geordneten Verwaltung durch eine mengenmäßige und meistens auch wertmäßige Erfassung.

Die **Lagerung** erfüllt je nach Einsatzgebiet die unterschiedlichsten **Funktionen**. So wird z.B. durch die **Eingangslagerung** dafür gesorgt, dass die benötigten Geständе für die Produktion zur Verfügung stehen. Die Aufgabe der **Ausgangslager** ist, Güter zu verpacken, Ladeeinheiten zu bilden und die Ladeeineinheiten umzuschlagen.

Die **Aufgabe der Lager** kann aber auch die Durchführung von Reifeprozessen sein, wie z.B. bei der Weinlagerung oder der Lagerung von Holz. Die Lagerung erfüllt in diesem Fall Stoffänderungsfunktionen. Mit der Funktion des Ausgleichs von Lieferungsschwankungen kann durch die Lagerung ein gleichmäßiger Materialfluss erreicht werden. Entsprechend ihren Funktionen werden die Lager in drei große Gruppen eingeteilt.

Vorratslager dienen als Ausgleich von Bedarfsschwankungen. Zum einen stellen sie als Eingangslager über einen bestimmten Zeitraum regelmäßig Material für die Produktion bereit. Zum anderen nehmen sie als Ausgangslager das Material von der Produktion für die Distribution auf.

Pufferlager (Zwischenlager) erfüllen den Zweck des Ausgleichs von Materialschwankungen zwischen verschiedenen Arbeitsvorgangsfolgen in der Produktion. Die Lagerung des Materials erfolgt bei dieser Lagerart in kurzen Zeitintervallen.

Verteillager (Kommissionierlager) dienen zur Bevorratung und meist auch zur Veränderung der Zusammensetzungsstruktur der auszuliefernden Teile zwischen der Ein- und Auslagerung. Das Verteillager ist ein Ausgangslager, in dem das Material je nach Kunde auftragsbezogen zusammengestellt wird. Die kommissionierte Ware wird anschließend ausgeliefert.

11.1 Auswahl der Lagerarten

Als weiteres grundlegendes **Unterscheidungsmerkmal** von Lagern gilt allgemein ihre **Bauweise**. Lager bis zu einer Höhe von 7 m werden als Fachlager bezeichnet. Zwischen 7 m und 12 m Bauhöhe wird von einem hohen Fachlager gesprochen. Ab 12 m Bauhöhe wird das Lager als Hochregallager bezeichnet.

Eine detaillierte **Unterscheidung** der Lager geschieht nach den zum Einsatz kommenden **Lagermitteln**. Es wird prinzipiell zwischen **Bodenlagerung** und **Regallagerung** unterschieden.

11.1.1 Bodenlagerung

Die **Bodenlagerung** ist die einfachste Art der Lagerung, bei der keine Hilfsmittel (z.B. Regale) benötigt werden. Allerdings werden zur Lagerung im Raum stapelbare Ladeeinheiten (Kisten, Paletten u.a.) gebraucht. Größere Teile werden häufig ungestapelt auf dem Boden gelagert.

Bei der in Bild 1 skizzierten **Blocklagerung** wird das Material auf dem Boden in großflächigen Blöcken gelagert und übereinander gestapelt. Verfügbar sind bei dieser Art von Lagerung nur die am Rande und in der obersten Lage befindlichen Ladeeinheiten. Eingesetzt wird die Blocklagerung bei einer kleinen Artikelzahl, die in einer großen zu lagernden Menge vorhanden ist.

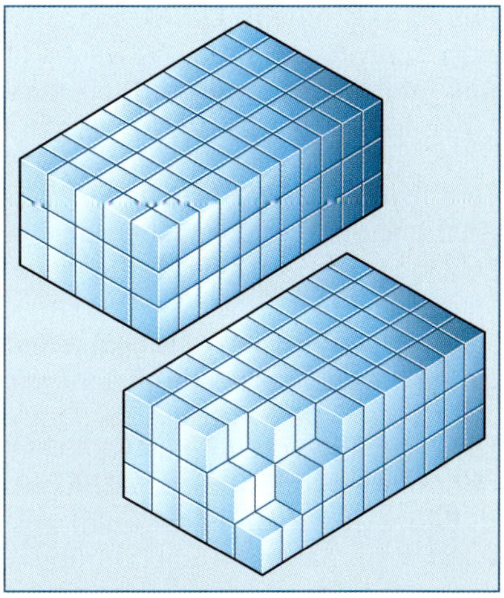

Bild 1: Blocklagerung

Bild 1 verdeutlicht die Bodenlagerung in **Zeilenanordnung**. Bei dieser Lagerung befinden sich zum Ein- und Auslagern zwischen den Ladeeinheiten kleine Gänge, wodurch eine größere Verfügbarkeit der unterschiedlichen Artikel erzielbar ist. Einsatzgebiet der Zeilenlagerung ist die Lagerung verschiedener Artikel meist in kleineren Mengen.

Bild 1: Zeilenlagerung

11.1.2 Statische Regallagerung

Bei nicht (oder nur in begrenzter Menge) stapelbaren Gütern werden zur Lagerung Regallager eingesetzt. Bei dieser Art von Lagerung wird zwischen **statischen** und **dynamischen Regalen** (→ 11.1.3) unterschieden. Bei statischen Lagersystemen wird das Lagergut während des Liegevorgangs nicht bewegt, dagegen zeichnet sich die dynamische Lagerung durch eine Bewegung der Lagerartikel während des Liegevorganges aus.

Bild 2: Einfahrregal

Bild 2 zeigt das **Einfahrregal** als eine Form der **statischen Regallagerung**. Bei dieser Lagerung stehen die Ladeeinheiten blockweise auf mehrere Ebenen übereinander. Gleichzeitig befinden sich in der Tiefe mehrere Einheiten hintereinander. Die Ein- und Auslagerung der mit den Paletten bestückten Artikel erfolgt mit einem Gabelstapler, der für den Ladevorgang in das Regal hinein fährt. Die Einlagerung und Auslagerung erfolgt nur von der vorderen Seite des Regals. Wegen der Blockanordnung werden keine Regalgänge benötigt.

Eine Variante des Einfahrregals stellt das **Durchfahrregal** dar, bei der von der einen Seite eingelagert und von der anderen Seite des Regals ausgelagert wird. Einsatzgebiete des Einfahr- bzw. Durchfahrregals sind die Lagerung geringer Artikelzahlen in großen Artikelmengen.

Bild 3: Kragarmregal

Bei dem in Bild 3 vorgestellten **Kragarmregal** wird das einzulagernde Langgut seitlich auf die herausragenden Arme des Regals gelegt. Das Kragarmregal wird bei Langgut oder sperrigen Gütern eingesetzt und lässt eine leichtere Ein- und Auslagerung zu. Die Kragarmständer können für ein- oder doppelseitige Nutzung erstellt werden.

Eine alternative Regallagerung für Langgut (z.B. Stangen oder Rohre) kann mit dem **Wabenregal** ausgeführt werden. Die Felder des Wabenregals besitzen eine relativ kleine Höhe. Die Feldtiefe beträgt bis zu 6 m. Das Langgut wird von der Vorderseite in die jeweilige Wabe eingeschoben. Der Vorteil des Wabenregals ist die höhere Aufnahmekapazität für das Lagergut.

Bild 4: Fachbodenregal

Die Lagerung von unterschiedlichen Artikeln in Behältern oder ohne den Einsatz zusätzlicher Ladehilfsmittel ist im in Bild 4 gezeigten **Fachbodenregal** möglich. Die Artikel werden in mehreren Ebenen übereinander gelagert. Die Ein- und Auslagerung der Artikel erfolgt über Regalgänge. Seitlich der Gänge befinden sich die Regalzeilen.

Bild 1: Palettenregallager

Bild 2: Bau eines Hochregallagers

Das in Bild 1 gezeigte **Palettenregal** kann die einzulagernden Artikel nur mit Hilfe von Paletten aufnehmen. Am häufigsten werden hierbei die **Europaletten** aus Holz mit den Abmessungen 800 mm x 1200 mm und die **Chemiepaletten** mit den Abmessungen 1000 mm x 1200 mm eingesetzt. Während auf den Flachpaletten nur verhältnismäßig große Teile gelagert werden, ist für die Kleinteillagerung im Palettenregal die **Gitterbox** vorgesehen. Gitterboxen besitzen drei feste Gitterwände und eine geteilte abnehmbare Vorderwand. Die Maße der Gitterbox entsprechen denen der Euro- oder Chemiepalette. Ist das Palettenregallager höher als 12 m, so wird von einem **Hochregallager** gesprochen. Bild 2 zeigt den Bau eines Hochregallagers. Hierbei stellen das Regal und die Wände eine bauliche Einheit dar (→ 11.3).

11.1.3 Dynamische Regallagerung

In **dynamischen Regallagern** wird der Ort des Lagergutes während der Liegezeit verändert. Die Bewegung der Ladeeinheit kann einerseits in einem feststehenden Regal durch einen Antrieb oder die Schwerkraft erfolgen. Andererseits kann die Verlagerung der Ladeeinheit durch die Bewegung des gesamten Regals durchgeführt werden. Relativ zum Regal findet für die Ladeeinheit keine Ortsveränderung statt.

Bild 3 zeigt das **Durchlaufregal** mit einer **Stetigförderung** des Lagergutes durch **Schwerkraft**. Die Paletten als Ladefläche werden durch die Schwerkraft auf geneigte Schienen in den Regalkanälen verfahren. Der Gabelstapler fährt bei dieser Variante nicht in das Regal, sondern schiebt das Lagergut in die Vorderseite des Regals hinein, auf der Rückseite wird das Lagergut entnommen. Bei einer einseitigen Be- und Entladung wird von einem **Einschubregal** gesprochen. Wird die **Förderung** der Ladeeinheit während der Bewegung durch ein Bremssystem kontrolliert, so handelt es sich um eine **Unstetigförderung**. Alternativ zur Schwerkraft auf der geneigten Fläche kann auch ein **Antrieb** die Förderung der Ladeeinheit übernehmen.

Bild 3: Durchlaufregal

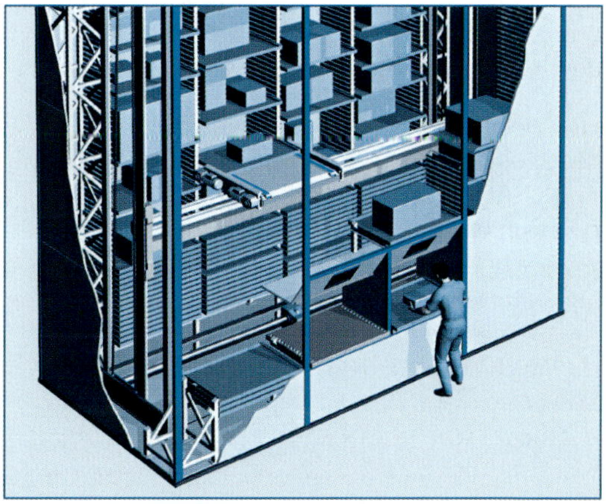

Bild 4: Vertikales Umlaufregal

Regalarten, bei denen sich das gesamte Regal mit der Ladeeinheit bewegt, sind die Umlauf- und Verschieberegale in den unterschiedlichsten Ausführungen. Bei dem in Bild 231/4 gezeigten **vertikalen Umlaufregal** befindet sich das Lagergut in Fachbodenregalen. Es liegt hierbei auf Lastschaukelwannen, die sich paternosterartig bewegen. Beim **horizontalen Umlaufregal** bewegen sich die einzelnen Fachbodenregale ebenerdig im Kreis. Der Antrieb erfolgt mit einer Endloskette. Umlaufregale dienen vorwiegend zur Kleinteillagerung mit einer großen Artikelzahl.

Bild 1 zeigt ein **Verschieberegal mit vertikalen Lagerebenen,** die so verschiebbar sind, dass sich lediglich ein Regalgang zum Ein- und Auslagern bildet. Das **Verschieberegal mit horizontalen Lagerebenen** besteht aus mehreren mit Rädern und Einzelantrieben ausgerüsteten ineinander verschachtelten Lagertischen und dient zur Lagerung von Langgütern.

Bild 1: Verschieberegal

11.1.4 Auswahlkriterien

Die Auswahl des einzusetzenden Lagers erfolgt nach verschiedenen **Auswahlkriterien**. Das primäre Auswahlkriterium ergibt sich aus der **Art des Lagergutes**. Nicht jedes Lager ist für jedes Lagergut geeignet. So kann z.B. Stangenmaterial nur schlecht in einem Palettenregal untergebracht werden. Weitere Kriterien sind u.a. die **Bedienbarkeit, Umschlagfaktor** und **Automatisierbarkeit** des Lagers.

Nachdem eine Vorauswahl von Lagerarten getroffen wurde, kann eine Entscheidung aufgrund der **Flächennutzung** bzw. Raumnutzung erfolgen. Da ein Lager neben der Lagerzone weitere Bereiche hat, kann die vorhandene Fläche niemals zu 100% für die Lagerung der Güter genutzt werden. Blocklager haben eine höhere Flächennutzung als Zeilenlager. Betrachtet man die Fläche eines Zeilenlagers, so wird sie umso besser genutzt, je weniger Platz die Geräte zur Ein- und Auslagerung benötigen. Bild 2 zeigt die Flächennutzung der wichtigsten Lager im Vergleich.

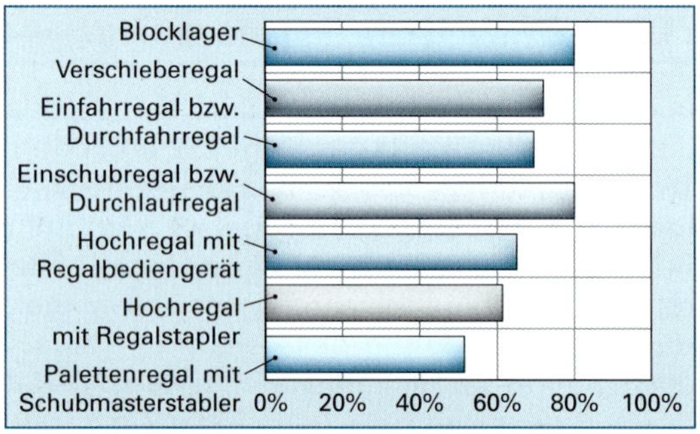

Bild 2: Flächennutzung der Lagerarten

Fragen und Aufgaben

1. Beschreiben Sie die Aufgaben des Vorratslagers.
2. Unterscheiden Sie zwischen einem Pufferlager und einem Verteillager.
3. Nach welchen Merkmalen werden Lager unterschieden?
4. Erläutern Sie den Unterschied zwischen einer Blocklagerung und einer Zeilenlagerung?
5. Welches Einsatzgebiet hat die Bodenlagerung?
6. Wodurch kennzeichnet sich eine statische Lagerung?
7. Verdeutlichen Sie den Aufbau und die Wirkungsweise eines statischen Einfahrregals.
8. Welche Lagerarten dienen zur Lagerung von Langgütern? Erläutern Sie deren Einsatzgebiet.
9. Beschreiben Sie die möglichen Lagerhilfsmittel für das Palettenregal.
10. Welche Lagerarten eignen sich für die Lagerung von Kleinteilen?
11. Wodurch unterscheiden sich grundsätzlich dynamische Regallager von statischen?
12. Durch welche Möglichkeiten erfolgt die Förderung des Lagergutes im Einschubregal?
13. Zeigen Sie den Unterschied zwischen einem horizontalen und einem vertikalen Umlaufregal auf.
14. Verdeutlichen Sie die Funktionsweise des Verschieberegals.

Arbeitsaufträge zum Projekt „Produktion der Pneumatikzylinder"

Die Geschäftsleitung der Fa. Spin-Lag GmbH hat sich entschlossen, zur Lagerung der Pneumatikzylinder für alle Baureihen ein neues Lager einzusetzen. Als Mitarbeiter der Fa. Spin-Lag GmbH erhalten Sie für die nächste Besprechung den Auftrag, unterschiedliche Lager zu analysieren und zu bewerten.

11.1 Nachdem Sie sich einen Überblick zu den verschiedenen Lagerarten verschafft haben, sollen Sie für die Präsentation in der Besprechung einen funktionalen Zusammenhang der Lager zusammenstellen. Skizzieren Sie hierfür einen Stammbaum zu den Lagersystemen.

11.2 Stellen Sie eine Empfehlung zum Einsatz eines Lagers für die Pneumatikzylinder auf. Wägen Sie in Ihrer Empfehlung die Vor- und Nachteile des gewählten Lagers ab.

11.2 Lagerorganisation

Die Aufgabe der **Lagerorganisation** beinhaltet die Überwachung und Verwaltung aller Abläufe und Zustände im Lager. Sie gewährleistet eine optimale Lieferbereitschaft des Lagers auf einer wirtschaftlichen Grundlage. Die wichtigsten Kenngrößen der Lagerorganisation sind im Bild 1 zusammengefasst. Es wird zwischen **statischen** und **dynamischen Größen** unterschieden.

Der statische Zustand des Lagers wird in die **Artikelstruktur** und die **Bestandsstruktur** sowie die **Kapazitätsgrößen** des Lagers untergliedert. Während die Artikelstruktur die **Artikelanzahl** und die **Artikelverteilung** beinhaltet, wird die Bestandsstruktur durch den **Gesamtdurchschnittsbestand** und den **durchschnittlichen Ladeeinheitenbestand** beschrieben. Die dynamischen Größen geben die **Umschlagstruktur** als Bewegungsgrößen des Lagers wieder.

Die Artikelverteilung erfolgt durch die **ABC-Analyse**. Mit dieser Analyse können Objekte im Unternehmen nach der Verteilung ihrer **Wertehäufigkeit** klassifiziert werden. **Menge** und **Wert** der in der ABC-Analyse erfassten Artikel stehen in einem bestimmten Verhältnis zueinander. Das für industrielle Unternehmen zutreffende Verhältnis zwischen der Menge und dem Wert wird in Bild 2 ausgedrückt. Die A-Güter stellen hiernach mit 50% bis 80% den größten Anteil am Gesamtwert dar. Sie sind mengenmäßig jedoch nur bis ca. 15% im Unternehmen vertreten. Die C-Güter sind mit einem Anteil von ca. 5% bis 15% am Gesamtwert mengenmäßig am höchsten vertreten. Je geringer der Lagerbestand der A-Güter gehalten wird, desto größer ist die Einsparung an dem Anteil der Lagerkosten. C-Güter hingegen haben nur einen geringen Einfluss auf die Lagerkosten.

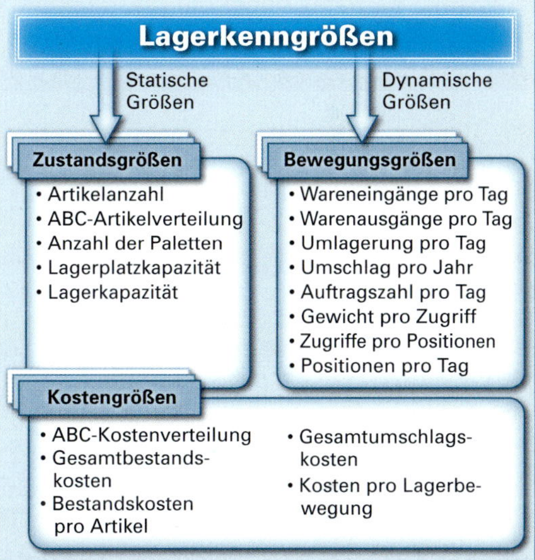

Bild 1: Lagerkenngrößen

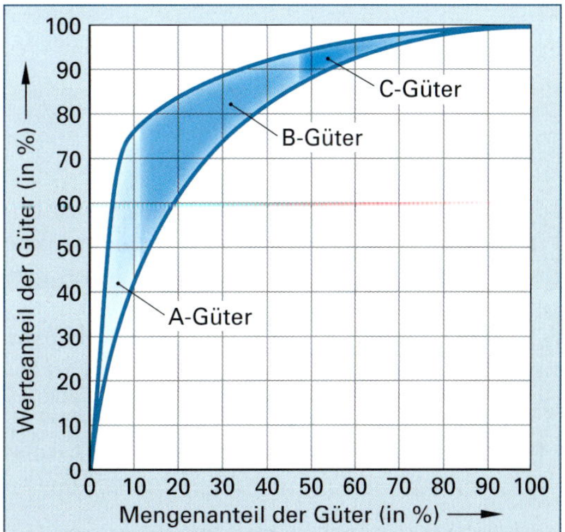

Bild 2: ABC-Analyse

11.2.1 ABC-Analyse zum Projekt „Produktion der Pneumatikzylinder"

Am Beispiel des Projekts „Produktion der Pneumatikzylinder" wird nachfolgend die Durchführung der ABC-Analyse veranschaulicht. Der Ablauf der ABC-Analyse erfolgt in drei Schritten:

1. Erfassung der Artikel mit den jeweiligen Bedarfs- und Kostengrößen.
2. Sortierung der Artikel nach ihrem wertmäßigen Jahresbedarf.
3. Auswertung der Artikelstruktur durch Zusammenstellung von Wertegruppen.

Die für das Eingangslager bestimmten Teile und Rohstoffe zur Produktion des Pneumatikzylinders der Baureihe BP264 sind mengen- und wertmäßig zu erfassen. Die bereits durchgeführte **Erfassung der Teile T3, T4 und T6** ergibt das in der Tabelle 1 dargestellte Ergebnis. Mit der Erfassung der Artikel (→ Bild 17/1) wird sowohl der mengenmäßige Jahresbedarf (→ 1.1) als auch der Preis der jeweiligen Mengeneinheit (→ 7.3.2.1) aufgeführt. Aus diesen beiden Größen kann dann der **Jahreswert** bestimmt werden. Anschließend werden die einzelnen Artikel mit **Rangzahlen** versehen. Der Artikel mit dem höchsten Jahreswert erhält den Rang 1, der Artikel mit dem niedrigsten Jahreswert wird mit der höchsten Rangzahl versehen.

Teile-Nr.	Stufe	Jahresbedarf	Preis je Einheit	Jahreswert	Rang
T3	Boden	24000 Stück	8,95 €	214.800 €	2
T4	Deckel	24000 Stück	10,95 €	262.800 €	1
T6	Zugstange ø8x128	96000 Stück	0,55 €	52.800 €	3
T7	Mutter M8 - 27 lang				
T8	Dämpfungshals ø20x1				
T10	Kolbenführungsband				
T16	Schmutzabweiser Deckel				
T18	Dämpfungsschraube ø6 - 8 lang				
R1	Aluprofilstangen (mit 8% Verschnitt)				
R2	Rundstahlstangen (mit 8% Verschnitt)				

Tabelle 1: Ermittlung des Jahresbedarfs und des Rangplatzes

Arbeitsaufträge zum Projekt „Produktion der Pneumatikzylinder"

11.3 Ermitteln Sie die fehlenden Größen in der Tabelle 1 zum Jahresbedarf und geben Sie den fehlenden Preis der Fremdbezugsteile an. Verwenden Sie hierfür die Informationen aus der Situation und aus der Stückliste des Pneumatikzylinders (→ Bild 17/1) sowie aus den Geschäftsbriefen der Zulieferer (→ 7.3.2.1).

11.4 Berechnen Sie den Jahreswert der in der Tabelle 1 angegebenen Teile und Rohstoffe und bestimmen Sie den Rangplatz der jeweiligen Artikel.

Die **Sortierung der Artikel** hat den Zweck, die Wertegruppen zu bestimmen. Zunächst werden die oben ermittelten Artikel mit ihren **Jahreswerten** entsprechend ihrer **Rangzahl** in die Tabelle 235/1 eingetragen. Zur **Gruppenzuordnung der Artikel** wird die Tabelle 235/1 in folgenden Schritten vervollständigt:

- Der **prozentuale Mengenanteil** der Artikel wird anhand des Jahresbedarfs bestimmt.
- Durch **Addition der Jahreswerte** wird der gesamte Jahreswert aller Artikel berechnet. Dieser Wert wird gleich 100% gesetzt. Das Verhältnis der einzelnen Jahreswerte zum gesamten Jahreswert ergibt den **prozentualen Anteil der Jahreswerte**.
- Die einzelnen **Prozentanteile** der Jahreswerte und Mengenanteile werden **kumuliert** (= Aufsummierung der Prozentanteile).
- Die **Wertegruppen** werden nach ihren kumulativen Prozentanteilen in die **ABC-Gruppen** festgelegt (→ Bild 233/2).

Rang	Teile-Nr.	Mengen-anteil %	Jahreswert		Kumulierter Jahreswert		Kumulierter Mengenanteil		Gruppe
			€/a	%-Anteil	%	%/Gruppe	%	%/Gruppe	
1	T4		262.800						
2	T3		214.800						
3	T6		52.800						
Gesamt:		100,00				100,00		100,00	

Tabelle 1: Gruppenzuordnung der Artikel

Arbeitsaufträge zum Projekt „Produktion der Pneumatikzylinder"

11.5 Tragen Sie die Teile entsprechend der in der Tabelle 226/1 festgelegten Rangnummer in die Tabelle 1 ein.

11.6 Bestimmen Sie die Gesamtmenge der Artikel und berechnen Sie für jeden einzelnen Artikel den prozentualen Mengenanteil an der Gesamtmenge.

11.7 Berechnen Sie den gesamten Jahreswert aller Artikel und ermitteln Sie für jeden Artikel den prozentualen Anteil am Gesamtwert.

11.8 Kumulieren Sie die prozentualen Anteile der Jahreswerte und legen Sie drei Wertegruppen entsprechend der ABC-Verteilung fest (→ Bild 225/2). Berechnen Sie für jede Gruppe die kumulierten Jahreswerte.

11.9 Kumulieren Sie die Mengenanteile aller Artikel und bestimmen Sie für jede Gruppe die kumulierten Mengen.

11.10 Führen Sie eine Auswertung der vervollständigten Tabelle durch und skizzieren Sie den Werteanteil bezogen auf den Mengenanteil in einem Diagramm.

11.2.2 Strategien zur Lagerbewirtschaftung

Die **Effizienz eines Lagers** hängt im besonderen Maße davon ab, wie die **Ein- und Auslagerung** durchgeführt wird sowie die **Lagerplatzauswahl** und **Lagerplatzvergabe** erfolgen.

Ziel der Lagerbewirtschaftungsstrategien ist die Minimierung der Lagerbedienwege, die vorhandene Lagerkapazität gleichmäßig auszulasten und die Überalterung der gelagerten Güter zu vermeiden. Bild 2 verdeutlicht einen Überblick zu den Strategien der Lagerbewirtschaftung.

Bei der **Vergabe des Lagerplatzes** (Bild 2) wird zwischen der festen und freien Lagerplatzvergabe unterschieden. Wird eine **feste Lagerplatzvergabe** durchgeführt, so erhält jeder Artikel einen festen Lagerplatz. Der Vorteil dieser Strategie ist die Zugriffssicherheit. Die Artikel können ohne computerunterstützte Lagersteuerung ein- und ausgelagert werden.

Bild 2: Strategien zur Lagerbewirtschaftung

Die **freie Lagerplatzvergabe** kann innerhalb eines festen Bereichs bis hin zum gesamten Lager abgewickelt werden. Eine **vollständig freie Lagerplatzvergabe** wird als **chaotische Lagerung** bezeichnet (→ Bild 235/2). Vorteilhaft bei dieser Strategie ist, dass an einem Lagerplatz beliebige Artikel ein- und ausgelagert werden können. Da für alle Lagerplätze eine gleiche Raumgröße definiert wurde, können bei der chaotischen Lagerung nur Artikel mit den entsprechenden Größenmaßen ein- und ausgelagert werden. Das bedeutet eine erhöhte Ausnutzung der Lagerkapazität. Ohne eine aufwändige rechnerunterstützte Steuerung ist diese Lagerstrategie nicht realisierbar. Bei einem Ausfall der Lagersteuerung ist ein Zugriff nicht mehr möglich.

Eine Erhöhung der Zugriffssicherheit geschieht durch die **freie Lagerplatzvergabe innerhalb eines festen Bereiches**. Ein typisches Beispiel ist die **Querverteilung** von Ladeeinheiten. Hierbei werden die Ladeeinheiten über mehrere Gänge verteilt, um den Zugriff auch bei dem Ausfall eines fest installierten Fördermittels zu gewährleisten.

Ein weiteres Beispiel ist die **Zonung**, bei der die Artikel nach ihrer Umschlaghäufigkeit eingeteilt werden. Artikel mit einer hohen Umschlaghäufigkeit werden entsprechend nahe zum Ein- und Auslagerungspunkt angeordnet. Durch die Verkürzung der Bedienwege kann Ein- und Auslagerungszeit eingespart werden

Eine häufig angewendete **Strategie zur Ein- und Auslagerung** ist das Prinzip **„Fifo"** (**First in - first out**). Angewendet wird dieses Prinzip zur Vermeidung der Alterung von Artikeln. Der zuletzt eingelagerte Artikel wird bei dieser Strategie zuerst ausgelagert. Bei bestimmten Regallagerungen, wie z.B. beim Einfahrregal (→ Bild 230/2), kann nur die Strategie **„Lifo"** (**Last in - first out**) eingesetzt werden. Aus systemtechnischen Gründen muss bei diesen Regalarten der zuletzt eingelagerte Artikel auch wieder zuerst ausgelagert werden.

Die **Mengenanpassung** stellt eine Strategie zur Erhöhung des nicht genutzten Lagerraumes an dem jeweiligen Lagerplatz dar. Es werden Ladeeinheiten, die bereits angebrochen sind, vorrangig ausgelagert, damit der Lagerplatz für neue volle Ladeeinheiten frei wird.

Festplatzlagerung
Fester Lagerplatz für jeden Artikel

Chaotische Lagerung
Lagerung eines Artikels auf beliebigen freien Lagerplätzen

Querverteilung
Lagerung eines Artikels über mehrere Gänge

Zonung
Lagerung der Artikel entsprechend der Umschlaghäufigkeit

Fifo
Auslagerung der zuerst eingelagerten Artikel

Lifo
Auslagerung der zuletzt eingelagerten Artikel

Mengenanpassung
Vorrangige Auslagerung von angebrochenen Ladeeinheiten

Wegoptimierte Ein- und Auslagerung
Auslagerung des Artikels mit dem kürzesten Bedienweg

Bild 1: Lagerbewirtschaftungsstrategien

Bei der **wegoptimierten Ein- und Auslagerung** wird von der rechnerunterstützten Lagersteuerung ermittelt, für welchen auszulagernden Artikel der kürzeste Bedienweg gebraucht wird. Die Minimierung der Fahrwege kann aber den verlängerten Verbleib einzelner Artikel im Lager zur Folge haben.

Fragen und Aufgaben

15. Beschreiben Sie den Unterschied zwischen den statischen und dynamischen Lagerkenngrößen.
16. Nach welchem Kriterium erfolgt die Einteilung der Artikel bei der ABC-Analyse?
17. Verdeutlichen Sie die typische Klassifizierung der Artikel eines industriellen Unternehmens nach der ABC-Analyse.
18. Stellen Sie den Unterschied zwischen einer festen und einer freien Lagerplatzvergabe heraus.
19. Erläutern Sie die Vor- und Nachteile der jeweiligen Strategien zur Lagerplatzvergabe.
20. Warum wird das Prinzip „Fifo" zur Ein- und Auslagerung von Artikeln häufig angewendet?
21. Wann findet das Prinzip „Lifo" als Ein- und Auslagerungsstrategie seinen Einsatz?

11.3 Auslegung des Hochregallagers

Hochregallager (→ 11.1) sind Lager mit **Palettenregalen** in unterschiedlichen Ausführungen. Sie zeichnen sich durch eine **Höhe** von mehr als 12 m aus. In einem Hochregallager bilden in der Regel die Regale, Dach- und Wandelemente eine bauliche Einheit (→ Bild 231/2). Die **Abmessungen** des Hochregallagers richten sich nach den verwendeten Paletten oder anderen Ladeeinheiten. Die einzelnen Regale sind durch Gänge voneinander getrennt. Hierbei ist die **Gangbreite** auf das Regalbediengerät zugeschnitten.

11.3.1 Rechnerische Auslegung eines Hochregallagers

Bild 1 gibt die Berechnungs-Formeln zur **Auslegung von Hochregallagern** mit einer Dreiplatzlagerung wieder. Eine Dreiplatzlagerung zeichnet sich dadurch aus, dass in einem Regalfach (Raster) drei Paletten nebeneinander liegen. Links und rechts vom Regalfach befinden sich die vertikalen Steher, an denen die Fachböden befestigt sind.

Kenngrößen	Einheiten	Bedeutung
Rasterabmessungen (Dreiplatzlagerung)		
R_H	mm	Rasterhöhe R_H = Palettenhöhe + 100 mm Traversenhöhe + 100 mm Sicherheitsabstand
R_L	mm	Rasterlänge R_L = 3 · Palettenlänge + 100 mm Steherbreite + 300 mm Sicherheitsabstand
R_T	mm	Rastertiefe R_T = Palettentiefe
Regalabmessungen		
L_{Regal}	mm	gesamte Regallänge $L_{Regal} = R_L \cdot n_n$
H_{Regal}	mm	gesamte Regalhöhe $H_{Regal} = R_H \cdot n_ü$
Lagerabmessungen		
L_L	mm	gesamte Lagerlänge $L_L = L_{Regal}$ + seitlicher Bauraum (5 m)
L_H	mm	gesamte Lagerhöhe $L_H = H_{Regal}$ + oberer Bauraum (2 m)
L_B	mm	gesamte Lagerbreite $L_B = n_{Zeile} \cdot R_T + n_{Gang}$ · Förderfahrzeugbreite + seitlicher Bauraum (1 m)
Kapazitätsgrößen (Dreiplatzlagerung)		
$n_{Palette}$	–	Anzahl der Paletten $n_{Palette} = n_{PZ} \cdot n_{Zeile}$
n_{Gang}	–	Anzahl der Regalgänge
n_{Zeile}	–	Anzahl der Regalzeilen
$n_ü$	–	Anzahl der Fächer übereinander
n_n	–	Anzahl der Fächer nebeneinander
n_{Fach}	–	Anzahl der Fächer pro Regalzeile $n_{Fach} = n_ü \cdot n_n$
n_{PZ}	–	Anzahl der Paletten pro Zeile $n_{PZ} = 3 \cdot n_{Fach}$
Lagerspielgröße des Förderfahrzeugs		
n_{Spiel}	Spiele/h	Ein- und Auslagerungsvorgänge pro Stunde

Hochregal: $\frac{L_{Regal}}{H_{Regal}} = 2 \ldots 4$

Bild 1: Berechnung der Auslastung von Hochregallagern

11.3.2 Dimensionierung des Hochregallagers

Im nachfolgenden Kapitel wird exemplarisch die **Dimensionierung des Auslieferungslagers** der Fa. Spin-Lag GmbH zur Lagerung der Pneumatikzylinder aller Baureihen durchgeführt. Als Mitarbeiter der Fa. Spin-Lag GmbH erhalten Sie den Auftrag, die Konzeption des externen Hochregallagers zur Auslieferung der Pneumatikzylinder weiterzuführen. Zur Durchführung des Arbeitsauftrages wird Ihnen der in der Tabelle 1 aufgezeichnete Gesprächsverlauf mit dem verantwortlichen Sacharbeiter der Distributionslogistik zur Verfügung gestellt.

Fragen	Antworten des Sachbearbeiters
Wieviele Pneumatikzylinder werden täglich ein- bzw. ausgelagert?	Es werden täglich 21000 Pneumatikzylinder der verschiedenen Baureihen eingelagert.
Wie werden die Pneumatikzylinder gelagert?	Die Pneumatikzylinder werden verpackt und stapelbar auf Europaletten gelagert.
Wie groß ist die Europalette?	Die Europalette hat auf der Vorderseite eine Länge von 800 mm und eine Tiefe von 1200 mm. Die Palette selber ist 100 mm hoch. Auf der Palette können Pneumatikzylinder bis zu einer Höhe von 1400 mm gestapelt werden.
Wie groß sind die Verpackungsgrößen der jeweiligen Baureihen der Pneumatikzylinder?	Die verschiedenen Baureihen befinden sich in einheitlich großen Verpackungen mit den Abmessungen 400 mm x 400 mm x 300 mm.
Welche bauliche Restriktionen sind bei der Konzeption des Hochregallagers zu beachten?	Die maximale Bauhöhe des Hochregallagers beträgt 30 m. Die Regallänge soll das 4-fache der Regalhöhe betragen. Es kann eine beliebige Größe der Gewerbefläche für das Hochregallager veranschlagt werden, da bisher noch kein Grundstück für das Lager erworben wurde.
Bestehen Erfahrungswerte hinsichtlich der Lagerzeit der Pneumatikzylinder?	Die Pneumatikzylinder sollen durchschnittlich 9 Betriebskalendertage im Lager verbleiben.
Welche Fördertechnik soll zur Ein- und Auslagerung der Pneumatikzylinder eingesetzt werden?	Für das Hochregallager sind flurgebundene Regalbediengeräte mit einer Fahrzeugbreite von 1500 mm vorgesehen. Die Spielzahl des Bediengerätes beträgt für die Ein- und Auslagerung ca. 30 Spiele pro Stunde.
Welche Arbeitszeit gilt für das zu konzipierende Auslieferungslager?	Die Wareneinlagerung und Warenauslagerung wird in einer Schicht (= 8 Stunden) durchgeführt.

Tabelle 1: Gespräch mit dem Sacharbeiter der Distributionslogistik

Weiterhin erhalten Sie die bereits angefangene Dokumentation zur Dimensionierung des Hochregallagers:

Palettenbelegung

Im ersten Punkt der Dokumentation wurde die optimale Palettenbelegung bestimmt. Vergleicht man die Größe der Europalette mit der Größe der Verpackungseinheiten so ergibt sich das in Bild 1 dargestellte Stapelmuster für die Verpackungen der Pneumatikzylinder. Es können demnach 24 Verpackungen auf einer Europalette gestapelt werden.

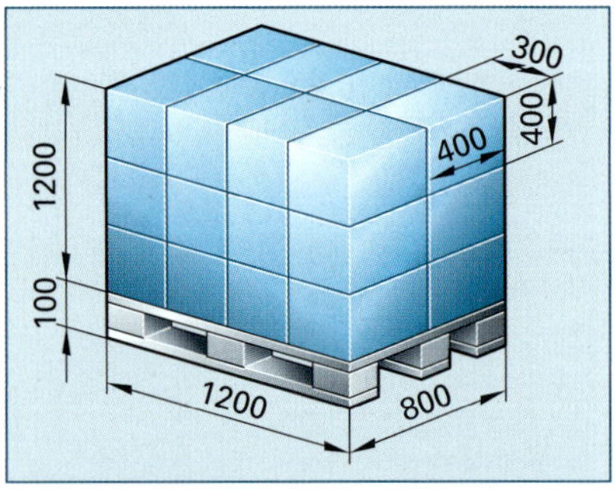

Bild 1: Verpackungseinheiten auf der Europalette

Anzahl Paletten pro Tag

Die Anzahl der Paletten pro Tag ergibt sich aus der täglichen Einlagerungsleistung von 21000 Pneumatikzylindern. Da 24 Pneumatikzylinder auf einer Palette untergebracht werden, müssen dementsprechend 875 Paletten pro Tag eingelagert werden.

Anzahl der Paletten im gesamten Lager

Die Anzahl der im gesamten Lager einzulagernden Paletten ($n_{Palette}$) bestimmt sich aus den 875 berechneten Paletten pro Tag und der durchschnittlichen Verweildauer der Paletten von 9 Tagen.

$$n_{Palette} = 875 \text{ Paletten} \cdot 9 \text{ Tage}$$
$$n_{Palette} = 7875$$

Anzahl der Regalgänge

Die Anzahl der Regalgänge (n_{Gang}) bestimmt sich aus der Anzahl der benötigten Regalbediengeräte. Es wird pro Tag 8 Stunden ein- und ausgelagert. Während das Einlagern auf dem Hinweg des Regalbediengerätes erfolgt, wird die auszulagernde Ladeeinheit auf dem Rückweg transportiert. Laut Gesprächsaufzeichnung wird die Spielzahl eines Regalbediengerätes mit 30 Hin- und Rücktransporten pro Stunde angegeben. Es ergibt sich somit die unten stehende Berechnung zur Anzahl der Regalgänge (n_{Gang}):

$$n_{Gang} \geq \frac{\text{Paletten pro Tag}}{\text{Arbeitszeit pro Tag} \cdot n_{Spiel}}$$
$$n_{Gang} \geq \frac{875}{8 \text{ h} \cdot 30 / \text{h}}$$
$$n_{Gang} \geq 3{,}65$$
$$n_{Gang} = 4$$

Anzahl der Regalzeilen

Ein Regalbediengerät kann in einem Gang zwei Regalzeilen bedienen. Entsprechend beträgt die Anzahl der Regalzeilen $n_{Zeile} = 8$.

$$n_{Zeile} = 2 \cdot n_{Gang}$$
$$n_{Zeile} = 8$$

Anzahl der Paletten pro Zeile

Die Anzahl der Paletten pro Zeile (n_{PZ}) berechnet sich aus dem Verhältnis der gesamten Anzahl der einzulagernden Paletten und der Anzahl der Regalzeilen.

$$n_{PZ} = \frac{n_{Palette}}{n_{Zeile}}$$
$$n_{PZ} = \frac{7875}{8} \quad ; n_{PZ} = 985$$

Anzahl der Fächer pro Regalzeile

Die Dreiplatzlagerung des Hochregals lässt zwischen zwei Stehern die Lagerung von drei Paletten zu. Dieses Feld wird als Regalfach definiert. Mit der nachfolgenden Formel kann somit die Anzahl der Fächer pro Regalzeile (n_{Fach}) ermittelt werden.

$$n_{Fach} = \frac{n_{PZ}}{3}$$
$$n_{Fach} = \frac{985}{3}$$
$$n_{Fach} = 329$$

Anzahl der Fächer übereinander und Anzahl der Fächer nebeneinander

Eine Regalzeile baut sich aus einer Matrix von Fächern übereinander und nebeneinander auf. Wie viele Fächer übereinander ($n_ü$) und wie viel Fächer nebeneinander (n_n) gesetzt werden, bestimmt sich aus dem Verhältnis der Regallänge (L_{Regal}) zur Regalhöhe (H_{Regal}). In der Gesprächsaufzeichnung (→ Tabelle 230/1) wird vorgeben, dass die Regallänge das Vierfache der Regalhöhe betragen soll.

$$\frac{L_{Regal}}{H_{Regal}} = 4$$

Die Regallänge wird aus der Anzahl der Fächer nebeneinander und der Rasterlänge (R_L) ermittelt. Die Regalhöhe berechnet sich aus der Anzahl der Fächer übereinander und Rasterhöhe (R_H).

$$L_{Regal} = R_L \cdot n_n$$
$$H_{Regal} = R_H \cdot n_ü$$

Während die Rasterlänge und Rasterhöhe aus den Paletten- und Regalmaßen berechnet werden (→ Bild 229/1), kann die Anzahl der Fächer neben- und übereinander nur mit Hilfe einer zweiten Gleichung ermittelt werden. Diese Gleichung ergibt sich aus der Bedingung, dass das Produkt der Fächer über- und nebeneinander die Anzahl der gesamten Fächer einer Regalzeile bestimmt.

$$n_{Fach} = n_n \cdot n_ü$$

Arbeitsaufträge zum Projekt „Produktion der Pneumatikzylinder"

Zur Weiterführung der Lagerkonzeption erhalten Sie als Mitarbeiter der Fa. Spin-Lag GmbH die nachfolgenden Arbeitsaufträge:

11.11 Bestimmen Sie die Rasterabmessungen (Rasterhöhe, Rasterlänge und Rastertiefe) eines Regals des Auslieferungslagers. Verwenden Sie hierzu die Berechnungsgleichungen aus Bild 229/1.

11.12 Ermitteln Sie bei dem gegebenen Verhältnis der Regallänge zur Regalhöhe die optimale Anzahl der Fächer übereinander und nebeneinander.

11.13 Berechnen Sie mit den ermittelten Größen die Regalabmessungen des Auslieferungslagers.

11.14 Wie groß sind unter Einbeziehung der Formeln aus Bild 229/1 die Lagerabmessungen des Auslieferungslagers?

11.15 Erläutern Sie eine Maßnahme zur Erhöhung der Spielzahl des Regalbediengerätes.

11.16 Zeichnen Sie ein Flächenlayout des projektierten Auslieferungslagers.

11.4 Vertiefungsaufgabe: Auslegung eines Kommissionierlagers für die Spindel-Lagereinheiten

Variante zur logistischen Betrachtung der Lagerung

Die Geschäftsleitung der Fa. Spin-Lag GmbH hat sich entschlossen, den Einsatz eines Kommissionierlagers auf der Erweiterungsfläche neben der Halle 2 (→ Bild 19/1) für die fertig gestellten Spindel-Lagereinheiten zu überprüfen. Das Flächenmaß der Erweiterungsfläche beträgt 45 m x 45 m. Die Regallänge soll das 3-fache der Regalhöhe betragen. Das Lager soll zur Auslieferung von Einheiten in drei unterschiedlichen Baugrößen mit den nachfolgend angegebenen Längen- und Breitenmaßen sowie den täglich einzulagernden Stückzahlen dienen:

- 300 mm x 300 mm, 400 Stück,
- 300 mm x 500 mm, 160 Stück und
- 200 mm x 400 mm, 510 Stück.

Die Spindel-Lagereinheiten sollen ungestapelt auf Europaletten (800 mm x 1200 mm x 1600 mm) ein- und ausgelagert werden. Zum Transport der Ladeeinheiten sind ein oder mehrere Gabelstapler vorgesehen, die in jedem Gang verfahrbar sind. Die Spielzahl eines Gabelstaplers beträgt 42 Spiele pro Stunde. Die notwendige Gangbreite für den Gabelstapler beträgt 1,8 m.

Es soll in einer Schicht (= 8 Stunden) ein- und ausgelagert werden. Die durchschnittliche Verweildauer einer Spindel-Lagereinheit wird mit 6 Betriebskalendertagen angesetzt.

Die Kommissionierung der Lagergüter soll in einem Bereich am Ende der Gänge durchgeführt werden. Die dafür vorgesehene Fläche nimmt von der Erweiterungsfläche einen Platz von 45 m x 15 m ein.

Arbeitsaufträge zur Ergänzung des Projekts „Produktion der Spindel-Lagereinheit"

11.17 Analysieren Sie mögliche Lagersysteme. Strukturieren Sie hierfür alle geeigneten Lagersysteme in einem Stammbaum.

11.18 Bestimmen Sie für ein Palettenregal die Gesamtkapazität des Lagers.

11.19 Ermitteln Sie die maximale Ein- und Auslagerungsleistung sowie die notwendige Anzahl der einzusetzenden Gabelstapler.

11.20 Dimensionieren Sie das Palettenregallager. Beachten Sie hierbei das angegebene Verhältnis von Regallänge zur Regalhöhe sowie den zur Verfügung stehenden Lagerplatz.

11.21 Erstellen Sie eine Layout-Skizze für das dimensionierte Palettenregallager mit Regalen und Fördermitteln.

12 Logistik des Materialflusses

Unter **Befördern** wird das **Fortbewegen von Gegenständen oder Personen in einem System** verstanden.

Die Bewegung kann in **beliebiger Richtung** über eine **begrenzte Entfernung** unter Hinzunahme von technischen Hilfsmitteln erfolgen. Die auch als **Fördermittel** bezeichneten Hilfsmittel transportieren die Fördermenge in einer bestimmten Zeiteinheit an bestimmte Stationen oder in bestimmte Bereiche.

Während mit der **Hauptfunktion** der Fördermittel der eigentliche Transport beschrieben wird, erfüllen die Fördermittel **zusätzliche Aufgaben** wie Verteilen, Sammeln, Lagern oder Puffern und das Kommissionieren. Nach der Art der Fortbewegung des zu transportierenden Fördergutes wird der Materialfluss in drei Gruppen unterteilt.

- **Materialfluss von Stückgut mit einem Stetigförderer:**
  Es werden in einem diskret kontinuierlichen Fördergutstrom z. B. verpackte oder unverpackte Teile, Baugruppen oder Erzeugnisse auf einem Bandförderer transportiert.
- **Materialfluss von Schüttgut mit einem Stetigförderer:**
  In einem kontinuierlichen Fördergutstrom wird z. B. Granulat als Schüttgut auf einem Bandförderer transportiert.
- **Materialfluss von Stück- oder Schüttgut mit einem Unstetigförderer:**
  In einem unterbrochenen Fördergutstrom wer den sowohl Stückgüter als auch Schüttgüter verpackt oder unverpackt mit oder ohne Ladehilfsmittel z. B. mit einem Gabelstapler transportiert.

Der **Fördergutstrom** wird als die **Fördermenge bezogen auf eine Zeiteinheit** definiert. Die zwischen Stationen oder bestimmten Bereichen gemessene Einheit wird bei Stückgütern in **Stück/Zeit** und bei Schüttgütern in **m³/s** oder **kg/s** angegeben.

12.1 Auswahl der Fördermittel

Aus der bereits beschriebenen Unterscheidung des Materialflusses bezüglich der Fortbewegung ergibt sich die Unterteilung der Fördermittel in **Unstetigförderer** und **Stetigförderer**. Bei beiden Gruppen wird jeweils zwischen flurgebundenen, flurfreien und aufgeständerten Fördermitteln unterschieden.

Während die **flurgebundenen Fördermittel** ebenerdig auf den dafür vorgesehenen Transportwegen fahren, befinden sich die **flurfreien Fördermittel** auf einer Förderebene, die oberhalb der Arbeitsebene des Firmengeländes angeordnet ist. Sie sind an Decken oder Wänden befestigt oder werden mit wenigen Stützen auf den Boden aufgeständert. Flurfreie und flurgebundene Fördermittel stellen für weitere Fördermittel ein nur unwesentliches Hindernis dar.

Aufgeständerte Fördermittel befinden sich in einer definierten Höhe mit Stützen über dem Boden. Durch ihre aufgeständerte Art bilden diese Fördermittel stets ein Hindernis für andere Fördermittel. Sie werden daher häufig in Bereichen eingesetzt, in denen keine weiteren Fördermittel eingesetzt werden.

Bild 242/1 gibt einen Überblick zu den Fördermitteln. **Stetigförderer** sind hierbei fast grundsätzlich mit ortsfesten Einrichtungen wie z.B. Schienen oder Ständern versehen und stellen somit mit ihrer aufgeständerten Art ein Hindernis dar. Eine Ausnahme bildet der Unterflurschleppkettenförderer als flurgebundenes Fördermittel und der Kreis- bzw. Schleppkreisförderer als flurfreies Fördermittel. **Unstetigförderer** arbeiten in einzelnen Arbeitsspielen mit definierten Spielzeiten. Die Be- und Entladung erfolgt während des Stillstandes. Im Gegensatz zum Stetigförderer besitzen Unstetigförderer in der Regel für jedes Tragelement einen eigenen Antrieb.

Fördermittel

Unstetigförderer

aufgeständert

Fördermittel:	Eigenschaften:	
Aufzug	ortsfest	Einzelantrieb
Kanal-, Verteilfahrzeug	geführt verfahrbar	

flurfrei

Fördermittel:	Eigenschaften:		
Rohrbahn, Trolleybahn	geführt verfahrbar	manuell bedient	Muskelkraft
Brückenkran, Hängekran, Stapelkran, Konsolenkran, Drehkran, Portalkran			Einzelantrieb
Elektrohängebahn, Kleinbehältertransportsystem		automatisiert	

flurgebunden

Fördermittel:	Eigenschaften:		
Regalbediengerät	geführt verfahrbar		Einzelantrieb
Schlepper, Wagen, Stapler, Gabelhubwagen u.a.	frei verfahrbar		
Automatisches Flurförderzeug		automatisiert	
Regalbediengerät, Verschiebewagen, Umsetzer, Autom. Flurförderzeug	geführt verfahrbar		

Stetigförderer

flurgebunden

Fördermittel:	Eigenschaften:
Unterschleppkettenförderer	Zugmittelantrieb

flurfrei

Fördermittel:	Eigenschaften:
Kreisförderer, Schleppkreisförderer	Zugmittelantrieb

aufgeständert

Fördermittel:	Eigenschaften:
Rollenbahn Schwingförderer	Antrieb ohne Zugmittel
Hydraulikförderer Pneumatikförderer	Antrieb mit Fördermedium
Rollenbahn, Röllchenbahn, Kugelbahn, Rutsche, Fallrohr	Antrieb mit Schwerkraft
Tragketten-, Bandförderer, Gliederbandförderer, Wandertisch, Paternoster, Kippschalenförderer u.a.	Antrieb mit Zugmittel

Bild 1: Einteilung der Fördermittel

12.1.1 Unstetigförderer

Unstetigförderer sind Fördermittel, die einen unterbrochenen Fördergutstrom erzeugen. Die meisten Unstetigförderer sind mit **Hubeinrichtungen** ausgerüstet und fördern somit nicht ausschließlich auf einer definierten Förderebene. Unstetigförderer unterscheiden sich im Wesentlichen durch die Bedienbarkeit und Verfahrbarkeit. Die **Bedienung** eines Unstetigförderers kann manuell oder automatisiert durchgeführt werden. Das Fahren kann frei oder geführt, z.B. durch Schienen oder Leiterschleifen, in der Ebene erfolgen. Der **Aufzug** ist in der Waagerechten ortsfest und kann nur in der Höhe verfahren werden. Dagegen transportiert der **Stapler** sowohl in der Ebene als auch in der Senkrechten und kann z.B. als Hochregalstapler mehrere Etagen überwinden (Bild 1).

Bild 2 zeigt eine Auswahl von Wagen und Staplern in unterschiedlichen Ausführungen. Der **Wagen** bzw. der **Stapler** ist das meist gebräuchliche Fördermittel. Als **flurgebundenes Fahrzeug** hat er einen einfachen Aufbau, arbeitet schnell, ist leicht zu bedienen und ist je nach Ausführung sehr kostengünstig. Der Antrieb erfolgt mit einem **Elektro- oder Dieselmotor**. Die Wagen und Stapler sind mit vorderen oder seitlich angeordneten **Greifern** meist in Form von Gabeln versehen und können hiermit **Hubbewegungen** und je nach Ausführung auch **Schubbewegungen** ausführen.

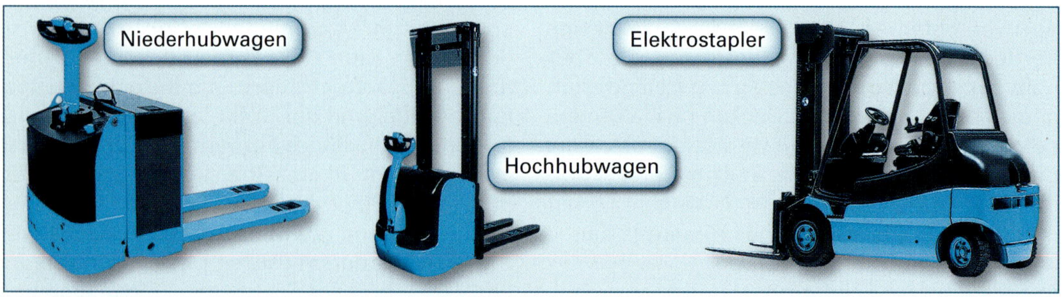

Bild 2: Ausführungen verschiedener Wagen und Stapler

Die einfachste Ausführung eines Wagens ist der **Niederhubwagen**. Bei diesem Fördermittel wird die Gabel unter die Last geschoben und zum Verfahren geringfügig angehoben. Der Bediener läuft hinter dem Wagen mit. Beim **Hochhubwagen** können Lasten zusätzlich aus unterschiedlichen Höhen entnommen oder abgesetzt werden. Beim **Elektrostapler** befindet sich der Bediener im Fahrzeug (→ Bild 242/2). In Bild 1 werden weitere Ausführungen von Staplern mit unterschiedlichen Einsatzgebieten vorgestellt. Der **Hochregalstapler** ist mit einem Teleskopmast ausgestattet. Er kann eine Bedienhöhe von bis zu 12 m erreichen. Während der **Kommissionierer** und das frei verfahrbare **Regalbediengerät** in Palettenlagern zum Kommissionieren eingesetzt werden, dienen der **Containerstapler** und der **Querstapler** zum Transport von Lasten, die in Containern gelagert werden.

Bild 1: Auswahl unterschiedlicher Stapler

Bei einer größeren Bedienhöhe als 12 m sind **geführt verfahrbare Regalbediengeräte** erforderlich (Bild 2). Sie sind in der Regel bodenverfahrbar und schienengeführt. Sie werden am Boden und in der Decke geführt. Im Hochregallager stellen sie eine Einheit zwischen Lagermittel und Gebäude dar. Regalbediengeräte sind auf einen Gang beschränkt, falls sie nicht kurvengängig sind. Eine Verfahrbarkeit der Regalbediengeräte in die Lagervorzone oder in den Produktionsbereich ist bei dieser Art von Fördermitteln nicht sinnvoll. Möchte man Regalbediengeräte trotzdem in mehreren Gängen verwenden, so werden in der Regel **kurvengängige Regalbediengeräte** oder **Umsetzer** eingesetzt. Umsetzer dienen zum Transport der Regalbediengeräte. Zur Aufnahme und Abgabe des Lagergutes in der Lagervorzone können z.B. **automatische Flurförderzeuge** (Bild 3) verwendet werden.

Bild 2: Geführt verfahrbare Fördermittel für Hochregallager

Das automatische Flurförderzeug kann sich als **flurgebundenes Fahrzeug** geführt auf **Leiterschleifen** oder **frei verfahrbar** bewegen. Dieses Fahrzeug wird als **„Fahrerloses Transportsystem“** (FTS) bezeichnet (Bild 3). Es wird hierbei häufig mit einem übergeordneten Rechner gesteuert. Die Führung des automatischen Flurförderzeuges erfolgt meistens mit magnetischen Leitlinien, die auf oder in dem Boden verlegt sind. Frei verfahrbare Fahrzeuge arbeiten in der Regel mit Bildverarbeitungssystemen und programmierten

Bild 3: Fahrerloses Transportsystem

Verfahrwegen. Eine **Unterscheidung der automatischen Flurförderzeuge** findet nach der Art der Lastaufnahme statt. Während das automatisierte Flurförderzeug mit Lastaufnehmern die Paletten selbstständig aufnehmen kann, muss der im Bild 243/3 gezeigte Wagen mit Hubtisch von einem zusätzlichen Bediengerät beladen werden.

Flurfreie Fördermittel sind in der Regel schienengebunden oder können sich drehend auf einer Stütze bewegen. Bild 1 zeigt die Ausführung einer **Trolleybahn** und **Rohrbahn** sowie einer **Elektrohängebahn**. Die Trolley- und Rohrbahn bestehen meist aus einem unter der Decke verzweigten Netz von I-Profilen bzw. Rohrprofilen. Während bei der Trolleybahn die Gehänge mit äußeren Rollen versehen sind, werden die Gehänge bei der Rohrbahn mit im Rohr laufenden Gleitelementen ausgerüstet. Die Gehänge werden manuell oder durch Stetigförderer (z.B. Kreisförderer) verschoben. Das an Schienen hängende Fahrzeug der **Elektrohängebahn** verfügt dagegen über einen eigenen Antrieb. Die Elektrohängebahn kann in verschiedenen Automatisierungsgraden aufgebaut werden. Sie dient als universelles Fördermittel in und zwischen unterschiedlichen Betriebsbereichen.

Bild 1: Beispiele für schienengebundene flurfreie Fördermittel

Zu den **flurfreien Förderzeugen** zählen auch die **Krane** in unterschiedlichsten Ausführungen. Bild 2 gibt einige Varianten von Kranen wieder. Krane werden als Hebezeuge für den vertikalen und horizontalen Transport von Gütern eingesetzt. Je nach **Lastaufnahmeeinrichtung** am Kran können Schütt- und Stückgüter transportiert werden.

Eine in der Produktion und im Lager häufig anzutreffende Kranbauart stellt der **Brückenkran** dar. Er erstreckt sich von einer Laufbahn zur anderen über die gesamte Produktions- oder Lagerhalle. Ein Transport von Lasten zu anderen Hallenschiffen kann jedoch mit dem Brückenkran nicht durchgeführt werden. Der **Stapelkran** ist eine Kombination aus Brückenkran und Gabelstapler. An der Laufkatze befindet sich wie beim Hochregalstapler eine teleskopartig bewegliche Stapelsäule, die zudem noch drehbar ist. Stapelkrane sind gut automatisierbar, da ihre Lastaufnahme nicht wie beim Brückenkran pendelt. **Portalkrane** sind ähnlich aufgebaut wie Brückenkrane, ihre Stützen sind jedoch ebenerdig schienengeführt verfahrbar. Der Einsatzbereich der Portalkrane ist meist im Freien.

Drehkrane gibt es in verschiedenen Ausführungen. Sie sind in der Regel bis auf den Turmdrehkran ortsfest. Der Ausleger des Drehkrans befindet sich auf einer Säule oder einem Turm. Der Radius des Auslegers kann durch eine verfahrende oder wippende Bewegung verändert werden.

Bild 2: Beispiele für unterschiedliche Krane

12.1.2 Stetigförderer

Stetigförderer sind Fördermittel, die einen **ununterbrochenen Förderstrom** erzeugen. Sie sind fast immer mechanisiert oder automatisiert und werden ortsfest installiert. Dies bedeutet, dass die Verfahrbewegung des zu fördernden Gutes im System des Stetigförderers erfolgt. Weil sie in der Regel aufgeständert sind, stellen Stetigförderer oftmals ein Hindernis dar. Eine Be- und Entladung durch den Stetigförderer selber findet nur sehr selten statt, d.h. es müssen zusätzliche Fördermittel zum Umschlagen eingesetzt werden.

Bild 1 zeigt exemplarisch **aufgeständerte Stetigförderer**, mit denen häufig eine **geradlinige** und **horizontale Förderbewegung** realisiert wird. Eine Unterscheidung findet bei diesen Fördermitteln nach der Art des Antriebs statt.

Ein Antrieb des Fördergutes durch die **Schwerkraft** findet z.B. bei der **Rollenbahn** und der **Röllchenbahn** statt. Die Fördergeschwindigkeit wird durch die Neigung der Bahnen bestimmt. Eine zusätzliche Kontrolle der Fördergeschwindigkeit kann z.B. durch Bremsrollen erfolgen. Die zu transportierenden Güter müssen mindestens eine ebene Auflagefläche aufweisen oder es müssen Paletten als Ladehilfsmittel eingesetzt werden. Die Förderung der Güter kann nur in einer Richtung durchgeführt werden.

Mit der **Kugelbahn** kann das Fördergut in beliebige Richtungen bewegt werden, da der Antrieb durch eine manuelle Bewegung auf der horizontalen oder leicht geneigten Bahn durchgeführt wird.

Wird ein **elektrischer Antrieb** eingesetzt, so eignen sich hierfür z.B. die Rollenbahn, der Tragkettenförderer oder der Bandförderer. Bei der **Rollenbahn** werden die Rollen über Ketten oder Riemen bewegt. Es kann jede Rolle, aber auch nur jede dritte oder vierte Rolle angetrieben werden. **Tragketten- und Bandförderer** besitzen als Zugmittel Ketten oder Bänder. Die Zugmittel stellen zugleich das Zug- und Tragorgan dar, auf dem sich das zu fördernde Gut befindet. Die Ketten oder Bänder umlaufen mindestens zwei Rollen, von denen eine mit einem Antrieb und die zweite mit einer Spannvorrichtung versehen wird. Während bei Tragkettenförderern einheitliche Ladehilfsmittel (Paletten) eingesetzt werden, kann auf dem Bandförderer das Fördergut direkt bewegt werden.

Der **Antrieb mit einem Fördermedium** wird z.B. bei einem **Pneumatikförderer** eingesetzt. Bei dem im Bild 1 gezeigten offenen Pneumatikförderer wird das Fördergut durch Druckluft in Bewegung gesetzt. Die eigentliche Verfahrbewegung erfolgt hierbei unter Schwerkraft der leicht geneigten Bahn. Durch die Druckluft wird das zu fördernde Gut angehoben und überwindet die Haftreibung, so dass das Fördergut auf einem Luftkissen gleitet. Bei einem gerichteten Luftauslass kann auf die Nutzung der Schwerkraft verzichtet werden.

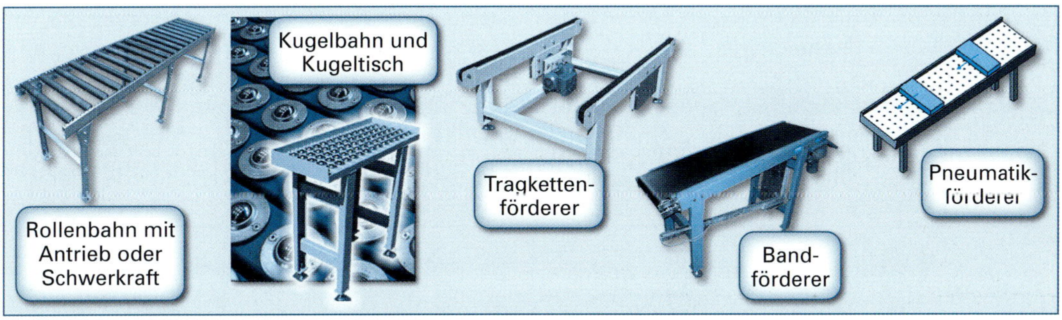

Bild 1: Aufgeständerte Stetigförderer mit geradliniger und horizontaler Förderbewegung

Ist eine horizontale **kurvenförmige Fortbewegung** des Fördermittels mit einem angetriebenen Stetigförderer erforderlich, so wird z.B. der **Gliederbandförderer** oder der in Bild 246/1 dargestellte **Wandertisch** eingesetzt. Der Gliederbandförderer besteht meist aus sich überdeckenden Platten, die einzeln durch eine Kette gezogen werden. Die Kette treibt somit nicht wie beim Rollenförderer die Laufrollen, sondern die überdeckenden Platten an. Da das Gliederband eine geringere Tragfähigkeit als das durchgehende Band beim Bandförderer aufweist, werden Zusatzrollen verwendet. Beim Transport von Schüttgütern werden anstatt der Platten Tröge oder Kästen eingesetzt.

Beim **Wandertisch** (Bild 1) sind die durch eine Kette angetriebenen Platten nicht wie beim Gliederbandförderer überdeckend und auch nicht direkt gekoppelt. Die als Tische bezeichneten Platten besitzen jeweils eigene Laufrollen, die sich auf einer ebenen Fläche abwälzen. Enthält der einzelne Tisch eine Kippvorrichtung, so lässt sich das Fördergut unter Nutzung der Schwerkraft seitlich abgleiten. In diesem Fall wird von einem **Kippschalenförderer** gesprochen.

Betrachtet man weitere k**urvengängige Stetigförderer**, so können hierbei die in Bild 1 aufgeführten flurgebundenen und flurfreien Fördermittel einbezogen werden. Der **flurgebundene Stetigförderer** wird durch den **Unterschleppkettenförderer** vertreten. Bei diesem Fördermittel läuft eine Kette mit Mitnehmern kontinuierlich in einer im Boden eingelassenen Schiene und hakt sich in den zu fördernden Wagen ein. Ist eine Verzweigung erforderlich, so übernimmt eine nebeneinander angeordnete Kette den weiteren Transport des Wagens.

Beim **flurfreien Kreisförderer** wird das Fördergut von Gehängen getragen, die auf Schienen rollen und durch eine Kette gezogen werden. Beim **Schleppkreisförderer** ist das Gehänge mit dem Fördergut auskuppelbar, da es sich auf einer parallel angeordneten Schiene zu den Zugrollen befindet.

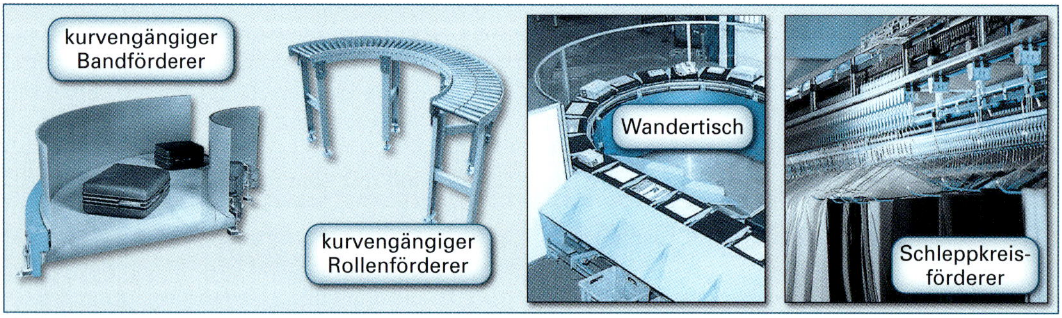

Bild 1: Kurvengängige Stetigförderer

Fördermittel, bei denen das Fördergut eine **schräge** oder **vertikale Verfahrbewegung** ausführt, sind im Bild 2 exemplarisch zusammengefasst. Die **Rutsche** und das **Fallrohr** gehören zu den einfachsten Stetigförderern, bei denen das Fördergut durch die Schwerkraft auf die nächst niedrigere Ebene gleitet.

Der **Paternoster** ist ein umlaufender Stückgutförderer. Der Antrieb erfolgt über zwei parallel laufende Kettenstränge. Das Tragorgan hängt an den Ketten pendelfrei durch die Befestigung an den zwei Ketten und befindet sich immer mit seiner Ladefläche in einer waagerechten Lage.

Mit einem ähnlichen Prinzip arbeitet der **Schaukelförderer**. Nur hängt hierbei das Tragorgan pendelnd an den Ketten. Zusätzlich zu der vertikal fördernden Auf- und Abwärtsbewegung eignet sich der Schaukelförderer auch für die horizontale Förderbewegung. Falls das Gehänge aus einem offenen Rost besteht, kann die Be- und Entladung durch eine Rollenbahn erfolgen, die auf die Gitter des Rostes ausgerichtet ist.

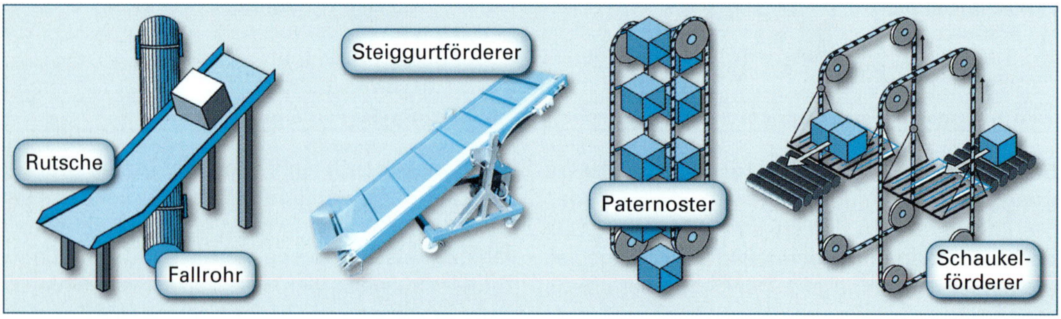

Bild 2: Stetigförderer mit schräger oder vertikaler Förderrichtung

12.1.3 Auswahlkriterien

Bei der Auswahl der einzusetzenden Fördermittel ist eine Vielzahl von **Eingangsgrößen** zu berücksichtigen, die anhand einer Systemanalyse zu bestimmen sind. Ein wichtiges Hilfsmittel zur Beschreibung der benötigten **Transporthäufigkeit** als Eingangsgröße stellt das Aufstellen einer Materialflussmatrix dar (→ 9.3.2). In der Materialflussmatrix werden alle Haltepunkte mit der Anzahl der jeweiligen Transportvorgänge aufgeführt.

Eine weitere Eingangsgröße wird durch die Wiedergabe der **Topologie** der möglichen Transportwege gegeben. Hierbei muss verdeutlicht werden, welche Höhenunterschiede bei einem anzunehmenden Transportweg zu berücksichtigen sind. Ebenso müssen zur Auswahl des Fördermittels die **Schnittstellen** bekannt sein. Es muss festgelegt werden, wie die Lastübernahme und Lastabgabe erfolgt. Weiterhin sind die Gebäuderestriktionen in die Auswahl einzubeziehen. So muss z.B. überprüft werden, ob die Deckentragfähigkeit für das einzusetzende Fördermittel ausreichend ist.

Wird die Ladeeinheit als Eingangsgröße betrachtet, so stellt sich für die Auswahl des Fördermittels die Frage, welche **Form und Größe** und welches **Gewicht** vorliegen bzw. mit welcher **Leistung** die Ladeeinheit transportiert werden muss.

Nachdem eine Vorauswahl an möglichen Fördermitteln aufgrund der Einbeziehung der Eingangsgrößen stattgefunden hat, sind die verbleibenden Fördermittel nach verschiedenen Kriterien zu überprüfen. So muss z.B. festgestellt werden, mit welchem **Automatisierungsgrad** die Förderung erfolgen soll. Die Eignung des Fördermittels für den geforderten Automatisierungsgrad ist daraufhin abzuwägen. Gleichzeitig ist mit diesem Kriterium die **Höhe des Personalaufwandes** und der aufzubringenden **Kosten** für das jeweilige Fördermittel zu überschlagen.

Bei der **Nutzung unterschiedlicher Fördermittel** muss abgewägt werden, inwiefern ein Fördermittel mit einem niedrigeren Automatisierungsgrad in ein automatisches Materialflusssystem integriert werden kann. Mit dem Einsatz flexibler Fertigungsanlagen (→ 9.1) kann das Fördermittel mit wechselnden Anforderungen konfrontiert werden. Die **Flexibilität des Fördermittels** ist hierbei hinsichtlich der Änderung der Förderleistung oder des Wechsels der Art der Ladeeinheit einzubeziehen. Ebenso muss ein flexibler Einsatz des Fördermittels mit der Änderung des Firmenlayouts überprüft werden.

Für die Auswahl eines Fördermittels sind je nach vorliegender Situation weitere Punkte zu bedenken. So muss z.B. verdeutlicht werden, welche **Hindernisse beim Transport** auftreten können, welche **Förderrichtung** gefordert wird, welche **Steigungen** überwunden werden müssen oder welche **Verzweigungen** einzuplanen sind.

Bei der Auswahl des Fördermittels ist ebenso die **Stau- und Pufferfähigkeit**, der **Steuerungsaufwand**, die **Erweiterungsfähigkeit** oder der **Wartungsaufwand** sowie der **Notbetrieb** bei auftretenden Störungen abzuwägen.

Fragen und Aufgaben

1. Nach welchen Kriterien erfolgt eine Einteilung der Fördermittel?
2. Beschreiben Sie den Unterschied zwischen einem Unstetigförderer und einem Stetigförderer.
3. Unterscheiden Sie zwischen flurgebundenen, flurfreien und aufgeständerten Fördermitteln.
4. Wodurch unterscheiden sich in der Regel die Stapler?
5. Wie kann ein geradlinig verfahrbares Regalbediengerät in mehreren Gängen eingesetzt werden?
6. Wie erfolgt die Führung von automatisch flurgebundenen Förderzeugen?
7. Wodurch unterscheidet sich die Elektrohängebahn von der Trolley- oder Rohrbahn?
8. Beschreiben Sie den Einsatz des Brücken-, Stapel- und Portalkrans.
9. Welche Art von Antrieben wird bei den Stetigförderern eingesetzt.
10. Durch welche Maßnahmen kann die Kurvengängigkeit eines Stetigförderers erreicht werden?
11. Beschreiben sie verschiedene Stetigförderer mit einer schrägen oder vertikalen Förderrichtung.
12. Nennen Sie unterschiedliche Eingangsgrößen, die zur Auswahl eines Fördermittels herangezogen werden und beschreiben Sie verschiedene Auswahlkriterien.

12.2 Auslegung der Fördermittel

Die Firma Spin-Lag GmbH hat sich nach dem Vergleich unterschiedlicher Layoutplanungen der Halle 1 für den in Bild 1 dargestellte **Streckenführung einer flurfreien Elektrohängebahn** entschieden. Zur Produktion der Pneumatikzylinder entschied sich die Geschäftsleitung der Firma Spin-Lag GmbH entgegen ursprünglicher Planungen (→ Bild 19/2) für die Nutzung eines **zentralen Wareneingangslagers** mit der in Bild 1 skizzierten Lage. Die Montage der Pneumatikzylinder soll in einem von der Fertigung abgegrenzten Bereich vor dem Kommissionierlager erfolgen.

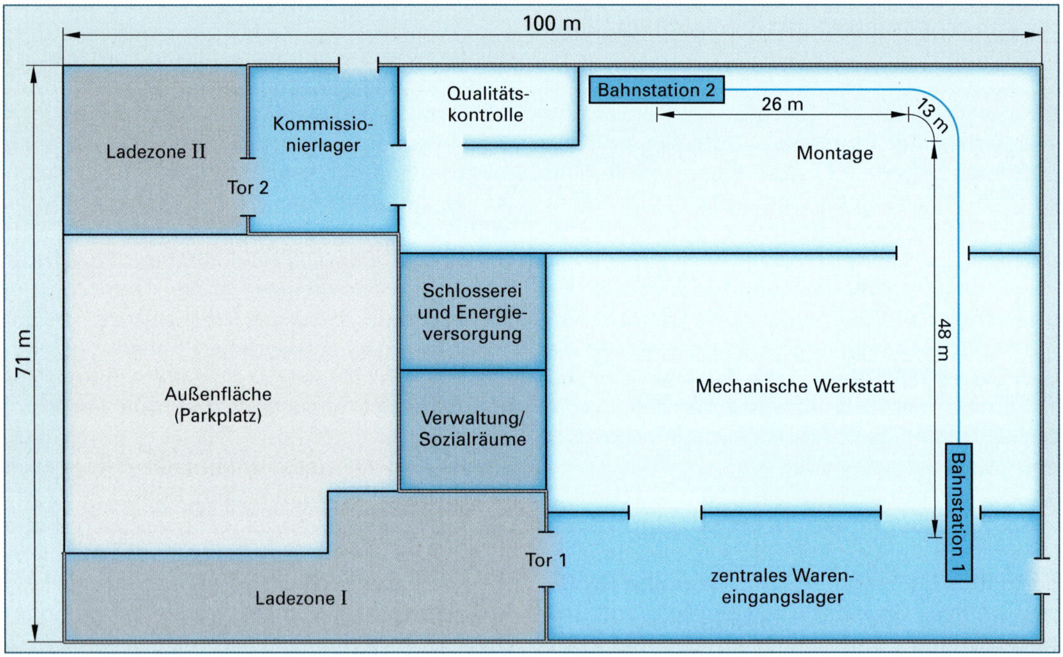

Bild 1: Aktualisierter Layoutplan mit Streckenführung der Elektrohängebahn

Die Fremdbezugsteile für die Pneumatikzylinder sollen zukünftig flurfrei mittels einer **Elektrohängebahn** zum Montagebereich gefördert werden. Das geplante Fördersystem soll aus einer eingleisig geführten Elektrohängebahn mit **drei Transportfahrzeugen** bestehen. Zur Montage der unterschiedlichen Baureihen der Pneumatikzylinder sollen die Paletten mit den darauf befindlichen Fremdbezugsteilen zum Montagebereich transportiert werden.

Zur Auslegung der Elektrohängebahn ist die Förderleistung eines Fahrzeuges mit der entsprechenden **Lastspielzahl** sowie der **Fahrplan der einzusetzenden Fahrzeuge** zum Transport der 650 Paletten zu bestimmen. Hierfür wurde bereits eine Anfrage nach den Leistungsdaten für die Elektrohängebahn an die Fa. Etrans GmbH gestellt. Die nachfolgende Auflistung gibt die Herstellerdaten wieder.

- Die maximale Fahrgeschwindigkeit in der Geraden beträgt 25 m/min, in der Kurve sind 15 m/min erreichbar. Die Leerfahrt kann ohne Abbremsung in der Kurve erfolgen.
- Die Beschleunigung und Abbremsung der Elektrohängebahn wird mit 0,2 m/s^2 angegeben.
- Die Lastaufnahmezeit t_A ist mit 1 min gegeben, die Lastentladezeit t_E soll 1,5 min betragen. Die Entladung der leeren Palette in der Bahnstation 1 wird mit einer halben Minute angesetzt.
- Für die anzusetzende Verteilzeit wird vom Hersteller ein Anteil von 8% der Grundzeit vorgeschlagen.
- Ein Wagen der Elektrohängebahn kann nur jeweils eine Palette transportieren.

12.2.1 Berechnungsgrundlagen zur Auslegung von Fördermitteln

Zur Auslegung der Elektrohängebahn müssen zunächst die **Fahrtzeiten** bestimmt werden. Die hierfür erforderlichen Formeln werden in Bild 1 vorgestellt. Werden mehrere Fahrzeuge eingesetzt, so wird zwischen einer einspurig geführten Elektrohängebahn und einer zweispurigen Bahn unterschieden. Bei der **einspurigen Bahn** kann die Rückfahrt eines Fahrzeuges nur dann erfolgen, wenn sich alle Fahrzeuge in der Endstation bzw. auf einem Ausweichplatz (z.B. an einer Zwischenstation) befinden. Bei der **zweispurigen Ausführung** kann die Rückfahrt sofort nach dem Abladevorgang erfolgen.

Beim **Einsatz mehrerer Fahrzeuge** muss bestimmt werden, mit welchem Zeitabstand die Fahrzeuge hinter einander abfahren können. Werden mehrere Stationen angefahren, so kann ein folgendes Fahrzeug erst dann in die Station einfahren, wenn das vorhergehende Fahrzeug abgefahren ist. Das Abfahrtsintervall bestimmt sich somit aus der längsten Verweildauer an einer Station.

Schaubild	Formel	Erläuterung
Gleichförmige geradlinige Bewegung		
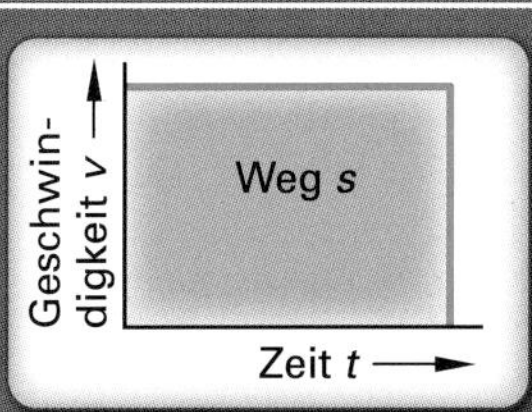	$s = v \cdot t$ s Weg in m v Geschwindigkeit in m/s t Zeit in s	Bei der gleichförmig geradlinigen Bewegung ist die Geschwindigkeit v konstant Der zurückgelegte Weg in einer bestimmten Zeit entspricht der Rechteckfläche unterhalb der Geschwindigkeitsgeraden.
Gleichförmige beschleunigte bzw. verzögerte Bewegung		
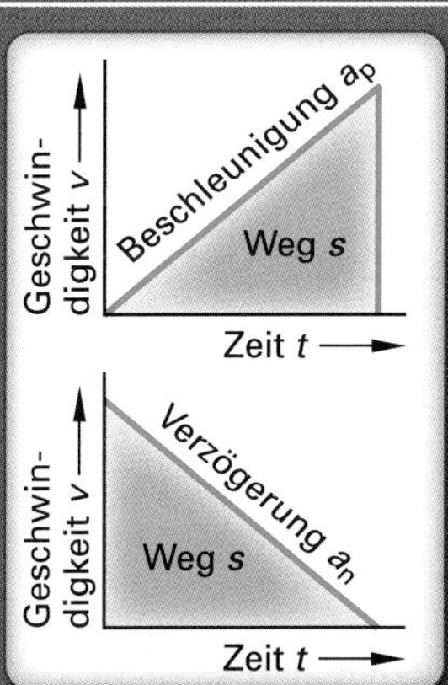	$s = \frac{1}{2} \cdot v \cdot t$ $v = a_p \cdot t$ $s = \frac{1}{2} \cdot a_p \cdot t^2$ $v = a_n \cdot t$ $s = \frac{1}{2} \cdot a_n \cdot t^2$ s Weg in m v Geschwindigkeit in m/s t Zeit in s a_p Beschleunigung in m/s² a_n Verzögerung in m/s²	Bei der gleichförmig beschleunigten Bewegung steigt die Geschwindigkeit geradlinig mit der fortschreitenden Zeit an. Bei der verzögerten Bewegung (Abbremsung) nimmt die Geschwindigkeit geradlinig mit der fortschreitenden Zeit ab. Der zurückgelegte Weg in einer bestimmten Zeit entspricht der Dreiecksfläche unterhalb der steigenden bzw. abnehmend Geraden. (Dreiecksfläche = Seitenlänge · Breite/2) Die Beschleunigung bzw. Verzögerung entspricht der Steigung des Geschwindigkeit-Zeit-Diagramms. Bei einer mit Null beginnenden Geschwindigkeit ist die Endgeschwindigkeit somit das Produkt aus der Beschleunigung bzw. Verzögerung und der Zeit.
Laststpielzahl eines Fördermittels		
Lastspielzahl *z* (bezogen auf eine Stunde)	$z = \frac{60\ \text{min}}{t_z}$ $t_z = t_{zg} + t_{zv}$ z Lastspielzahl t_z Zwischenzeit t_{zg} Zwischengrundzeit (Transport-, Lade- und Wartezeit) in min t_{zv} Verteilzeitzeit in min	Bei zweispuriger Streckenführung erfolgt die Rückfahrt auf der zweiten Spur. Ein Transport kann ohne Behinderungen der einzelnen Fahrzeuge durchgeführt werden. Bei einspuriger Streckenführung müssen sich erst alle Fahrzeuge am Endpunkt oder auf Ausweichplätzen befinden, bevor eine Rückfahrt erfolgen kann.

Bild 1: Berechnungsgleichungen zur Auslegung von Fördermitteln

12.2.2 Ermittlung der Lastspielzahl eines Fahrzeuges

Zur Ermittlung der Lastspielzahl eines Fahrzeuges der Elektrohängebahn muss im ersten Schritt die **Berechnung der gesamten Zwischengrundzeit t_{zg}** (Arbeitsspielzeit) durchgeführt werden. Die Zwischengrundzeit setzt sich aus der Transportzeit, den Be- und Entladezeiten sowie der möglichen Wartezeit des Fahrzeuges zusammen. Als Grundlage zur Ermittlung der Transportzeit dient das **Geschwindigkeits-Zeit-Diagramm**, das sich aus geradlinigen, beschleunigten und verzögerten Bewegungen zusammensetzt. Bild 1 zeigt einen qualitativen Verlauf der Geschwindigkeit eines Fahrzeuges über den gesamten Hin- und Rückweg.

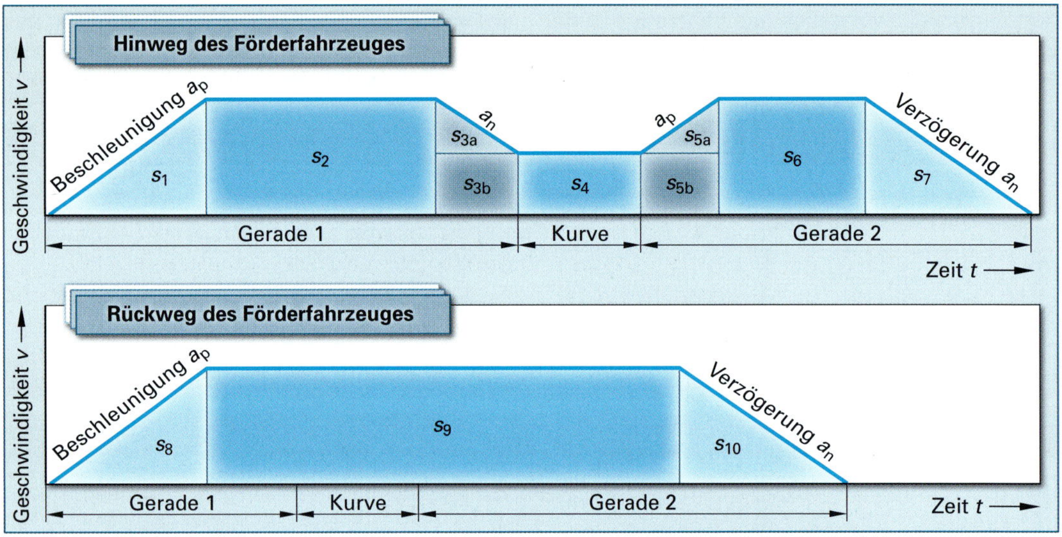

Bild 1: Geschwindigkeits-Zeit-Verlauf über den Hin- und Rückweg des Förderfahrzeuges

Berechnung der Hinfahrtzeit T_{Hin}

Die **Hinfahrtzeit T_{Hin}** setzt sich aus den Zeiten zum Durchfahren der **Geraden 1 (T_{G1})** der **Kurve (T_K)** und der **Geraden 2 (T_{G2})** zusammen. Zum **Befahren der Geraden 1** wird eine **Beschleunigung** auf die Maximalgeschwindigkeit in der Zeit t_1 auf dem Weg s_1 vorgenommen. Anschließend wird auf dem Weg s_2 mit einer **konstanten Geschwindigkeit** bis zur Zeitdauer t_2 gefahren und auf Kurvengeschwindigkeit in der Zeit t_3 abgebremst. Der **Bremsvorgang** erfolgt auf dem Weg s_3.

$$T_{Hin} = T_{G1} + T_K + T_{G2}$$
$$T_{G1} = t_1 + t_2 + t_3$$
$$s_{G1} = s_1 + s_2 + s_3$$

Für die **Berechnung der Beschleunigungszeit t_1** zum Erreichen der Maximalgeschwindigkeit v_G = 25 m/min (= 0,42 m/s) mit der Beschleunigung a_p = 0,2 m/s² werden die in Bild 241/1 aufgeführten Gleichungen verwendet.

$$t_1 = \frac{v_G}{a_p} = \frac{0{,}42\ \text{m/s}}{0{,}2\ \text{m/s}^2} = 2{,}1\ \text{s}$$

Der **Beschleunigungsweg s_1** ergibt sich aus der Maximalgeschwindigkeit v_G = 0,42 m/s und der oben berechneten Beschleunigungszeit t_1 = 2,1 s.

$$s_1 = 1/2 \cdot v_G \cdot t_1$$
$$s_1 = 1/2 \cdot 0{,}42\ \text{m/s} \cdot 2{,}1\ \text{s}$$
$$\mathbf{s_1 = 0{,}441\ m}$$

Die **Verzögerungszeit t_3** ermittelt sich aus der Abbremsung von der Geradengeschwindigkeit v_G = 0,42 m/s auf die Kurvengeschwindigkeit v_K = 15 m/min (= 0,25 m/s) mit der Verzögerung von a_n = 0,2 m/s².

$$t_3 = \frac{v_G - v_K}{a_n} = \frac{0{,}42\ \text{m/s} - 0{,}25\ \text{m/s}}{0{,}2\ \text{m/s}^2}$$
$$\mathbf{t_3 = 0{,}85\ s}$$

Der **Verzögerungsweg s_3** entspricht der Fläche unter der Verzögerungsgeraden im Geschwindigkeits-Zeit-Diagramm. Diese Fläche setzt sich aus den **Weganteilen s_{3a}** und **s_{3b}** zusammen.

Während sich der **Weg s_{3a}** mit 0,072 m aus dem Verzögerungsanteil des Bremsvorgangs ergibt, entspricht der **Weg s_{3b}** mit 0,213 m dem Anteil der auf Kurvengeschwindigkeit verbleibenden geradlinigen Bewegung.

$$s_3 = s_{3a} + s_{3b}$$
$$s_{3a} = 1/2 \cdot (v_G - v_K) \cdot t_3$$
$$s_{3a} = 1/2 \cdot (0{,}42 - 0{,}25)\ \text{m/s} \cdot 0{,}85\ \text{s}$$
$$s_{3a} = 0{,}072\ \text{m}$$
$$s_{3b} = (v_K \cdot t_3) = 0{,}25\ \text{m/s} \cdot 0{,}85\ \text{s}$$
$$s_{3b} = 0{,}213\ \text{m}$$
$$s_3 = s_{3a} + s_{3b} = 0{,}072\ \text{m} + 0{,}213\ \text{m}$$
$$\mathbf{s_3 = 0{,}285\ m}$$

Die Zeit- und Wegberechnung für die Elektrohängebahn mit der konstanten Maximalgeschwindigkeit auf der **Geraden 1** ist nur über die bereits ermittelten Größen möglich.

Der **Weg s_2** wird über die Subtraktion des Beschleunigungs- bzw. Verzögerungsweges (s_1 bzw. s_3) mit der gesamten Geradenstrecke s_{G1} = 48 m bestimmt.

$$s_2 = s_{G1} - s_1 - s_3 = 48\ \text{m} - 0{,}44\ \text{m} - 0{,}285\ \text{m}$$
$$\mathbf{s_2 = 47{,}275\ m}$$

Die **Zeit t_2** ergibt sich über den zuvor berechneten Weg s_2 und die Geradengeschwindigkeit v_G.

$$t_2 = \frac{s_2}{v_G} = \frac{47{,}275\ \text{m}}{0{,}42\ \text{m/s}} = \mathbf{112{,}56\ s}$$

Die **gesamte Zeitdauer T_{G1}** zum Verfahren der Geraden 1 wird aus der Summe aller vorhergehend berechneten Einzelzeitanteile gebildet und beträgt knapp 2 min.

$$T_{G1} = t_1 + t_2 + t_3 = 2{,}1\ \text{s} + 112{,}56\ \text{s} + 0{,}85\ \text{s}$$
$$\mathbf{T_{G1} = 115{,}51\ s = 1{,}93\ min}$$

Arbeitsaufträge zum Projekt „Produktion der Pneumatikzylinder"

11.1 Bestimmen Sie die Zeit t_4 (→ Bild 242/1) zum Durchfahren der Kurve. Entnehmen Sie zur Berechnung den Kurvenweg aus dem aktualisierten Layoutplan der Halle 1 (→ Bild 240/1).

11.2 Berechnen Sie die gesamte Fahrtzeit T_{G2}, mit der sich die Elektrohängebahn auf der Geraden 2 befindet.

11.3 Ermitteln Sie gesamte Fahrtzeit T_{Hin} für den Hinweg des Förderfahrzeuges.

Berechnung der Rückfahrtzeit $T_{Rück}$

Der **Rückweg der Elektrohängebahn** erfolgt ohne eine Last (Leerfahrt). In der im Kapitel 11.2 beschriebenen Situation wird die Rückfahrt ohne einen Verzögerungsvorgang in der Kurve durchgeführt. Für die Berechnung der **Rückfahrtzeit $T_{Rück}$** sind somit nur noch die Zeiten zur Beschleunigung (t_8) und Verzögerung (t_{10}) sowie die Zeit zum Verfahren mit konstanter Geschwindigkeit t_9 zu bestimmen. Die Rückfahrtzeit $T_{Rück}$ ergibt sich dann aus der Summe der jeweiligen Zeitanteile. Für die hierbei zu ermittelnden Wege gelten die nebenstehenden Berechnungsgleichungen.

$$T_{Rück} = t_8 + t_9 + t_{10}$$
$$s_{Rück} = s_8 + s_9 + s_{10}$$
$$s_{Rück} = s_{G1} + s_K + s_{G2}$$

Ermittlung der Lastspielzahl z

Zur Ermittlung der **Lastspielzahl z** ist die gesamte **Zwischenzeit t_z** eines Fahrzeuges zu berechnen. Diese Zeit setzt sich aus der **Zwischengrundzeit t_{zg}** und der **Verteilzeit t_{zv}** zusammen. Die Zwischengrundzeit t_{zg} beinhaltet neben der Hin- und Rückfahrtzeit die **Aufladezeit t_A** und **Entladezeit t_E** sowie die **Wartezeit t_W** der Elektrohängebahn. Eine Wartezeit tritt z.B. dann auf, wenn die Bahnstation vom vorhergehenden Fahrzeug noch nicht verlassen wurde.

$$z = \frac{60\ \text{min}}{t_z}$$

Zur Überprüfung einer möglichen Wartezeit ist daher ein **Fahrplan** mit der Angabe der **An- und Abfahrtzeiten** von mindestens zwei Fahrzeugen aufzustellen. Die Verteilzeit ergibt sich aus einem prozentualen Anteil der Grundzeit und wird laut Situation (→ 12.2) mit 8% vorgegeben.

$$t_z = t_{zg} + t_{zv}$$

$$t_{zg} = T_{Hin} + T_{Rück} + t_A + t_E + t_W$$

$$t_{zv} = 8\,\% \cdot t_{zg}$$

$$t_z = 1{,}08 \cdot t_{zg}$$

Arbeitsaufträge zum Projekt „Produktion der Pneumatikzylinder"

12.4 Geben Sie die Fahrtzeit $T_{Rück}$ für den Rückweg des Förderfahrzeuges an.

12.5 Ermitteln Sie die jeweiligen Zwischenzeiten zum Be- und Entladen sowie für den Hin- und Rücktransport mit einem Fahrzeug.

12.6 Stellen Sie einen Fahrplan für die Hin- und Rückfahrt von drei einzusetzenden Fahrzeugen zur Ermittlung einer möglichen Wartezeit auf. Bestimmen Sie mit Hilfe des Fahrplans die gesamte Zwischenzeit eines Fahrzeuges und geben Sie die Lastspielzahl des Förderfahrzeuges an.

12.7 Berechnen Sie die tägliche Förderleistung der geplanten Elektrohängebahn.

12.3 Vertiefungsaufgabe: Auslegung einer Elektrohängebahn zum Transport der Spindel-Lagereinheiten

Ergänzungen zur logistischen Betrachtung der Förderung

Die Geschäftsleitung der Fa. Spin-Lag GmbH hat sich entschlossen, die Halle 1 mit der Halle 2 durch den Bau der im Bild 19/1 geplanten Strecke für eine Elektrohängebahn zu verbinden. Somit kann das bereits geplante Kommissionierlager auf der Erweiterungsfläche für die Halle 2 eingespart werden (→ 11.4). Die **Streckenführung** sieht eine geradlinige Verbindung vom Eingangslager zur Montageabteilung der Halle 2 vor. Die am Eingangslager der Halle 1 stehende **Bahnstation 3** steht in einer Distanz zur **Bahnstation 4** der Halle 2 von 86 m. Die Lastaufnahmezeit t_{A1} in der Station 3 beträgt 3 min.

Nach dem Entladen der Zukaufteile an der **Bahnstation 4** der Halle 2 in der Zeit von t_{E1} = 2 min können die Lastaufnehmer der Elektrohängebahn mit den komplett montierten Spindel-Lagereinheiten in der Zeit t_{A2} = 3 min neu beladen werden. Die Bahnstation 4 verfügt nur über einen Stellplatz für ein Fahrzeug der Elektrohängebahn.

Der Weg zu dem zentralen Kommissionierlager der Halle 1 führt über eine kurvenförmige Strecke von 32 m und einer nachfolgenden geraden Strecke von 67 m. Nachdem die Spindel-Lagereinheiten in der am Kommissionierlager stehenden **Bahnstation 5** in der Zeit von t_{E3} = 2 min entladen sind, werden alle Fahrzeuge an der Bahnstation 5 in einer Warteschleife gesammelt und mit einer Taktzeit von 1 min zur **Bahnstation 3** des Eingangslagers ohne Zwischenhalt zurückgeschickt.

Für die Auslegung des Fördermittels ist die vom Hersteller angegebene **Fördergeschwindigkeit** eines beladenen Fahrzeuges in der Geraden mit v_G = 55 m/min und in der Kurve mit v_K = 35 m/min anzusetzen. Das unbeladene Fahrzeug kann sowohl auf der Geraden als auch in der Kurve mit einer Geschwindigkeit von $v_{Rück}$ = 60 m/min gefahren werden. Die **Beschleunigung** und **Verzögerung** betragen 0,4 m/s². Die **Verteilzeit** soll mit 10% berücksichtigt werden.

Arbeitsaufträge zum Projekt „Produktion der Spindel-Lagereinheit"

12.8 Skizzieren Sie in einem Geschwindigkeits-Zeit-Diagramm den qualitativen Bewegungsablauf eines Fördermittels für einen kompletten Zyklus und bestimmen Sie die Hin- und Rückfahrtzeit eines Fahrzeuges.

12.9 Stellen Sie einen Fahrplan mit drei Fördermitteln für die Hin- und Rückfahrt auf und ermitteln Sie aus dem Fahrplan mögliche Wartezeiten. Bestimmen Sie die Lastspielzahl eines Fördermittels.

12.10 Stellen Sie aus dem Hinfahrplan eine Gleichung zur Berechnung der gesamten Hinfahrtzeit $T_{Hin\,ges}$ mit einer unbekannten Anzahl n von Fahrzeugen auf. Stellen Sie ebenso aus dem Rückfahrplan eine Gleichung zur Berechnung der gesamten Rückfahrtzeit $T_{Rück\,ges}$ mit einer unbekannten Anzahl *n* von Fahrzeugen auf.

12.11 Bestimmen Sie mit Hilfe der aufgestellten Gleichungen die maximale stündliche Förderleistung des Transportsystems bei einspuriger Steckenführung. Beachten Sie, dass sich nach Ablauf der Betriebsstunde alle Fahrzeuge der Elektrohängebahn an der Bahnstation 3 des Eingangslagers wiederfinden sollen.

13 Lösungshinweise zu der Komplexaufgabe „Produktion der Pneumatikzylinder"

13.1 Lösungshinweise zur Projektplanung

Lösungshinweis zum Arbeitsauftrag 3.1:

Vervollständigung der Knoten- und Anordnungsbeziehungen mit der Bildung des Vorgangsknoten-Netzplanes zum Projekt „Aufbau der Firma Spin-Lag GmbH"

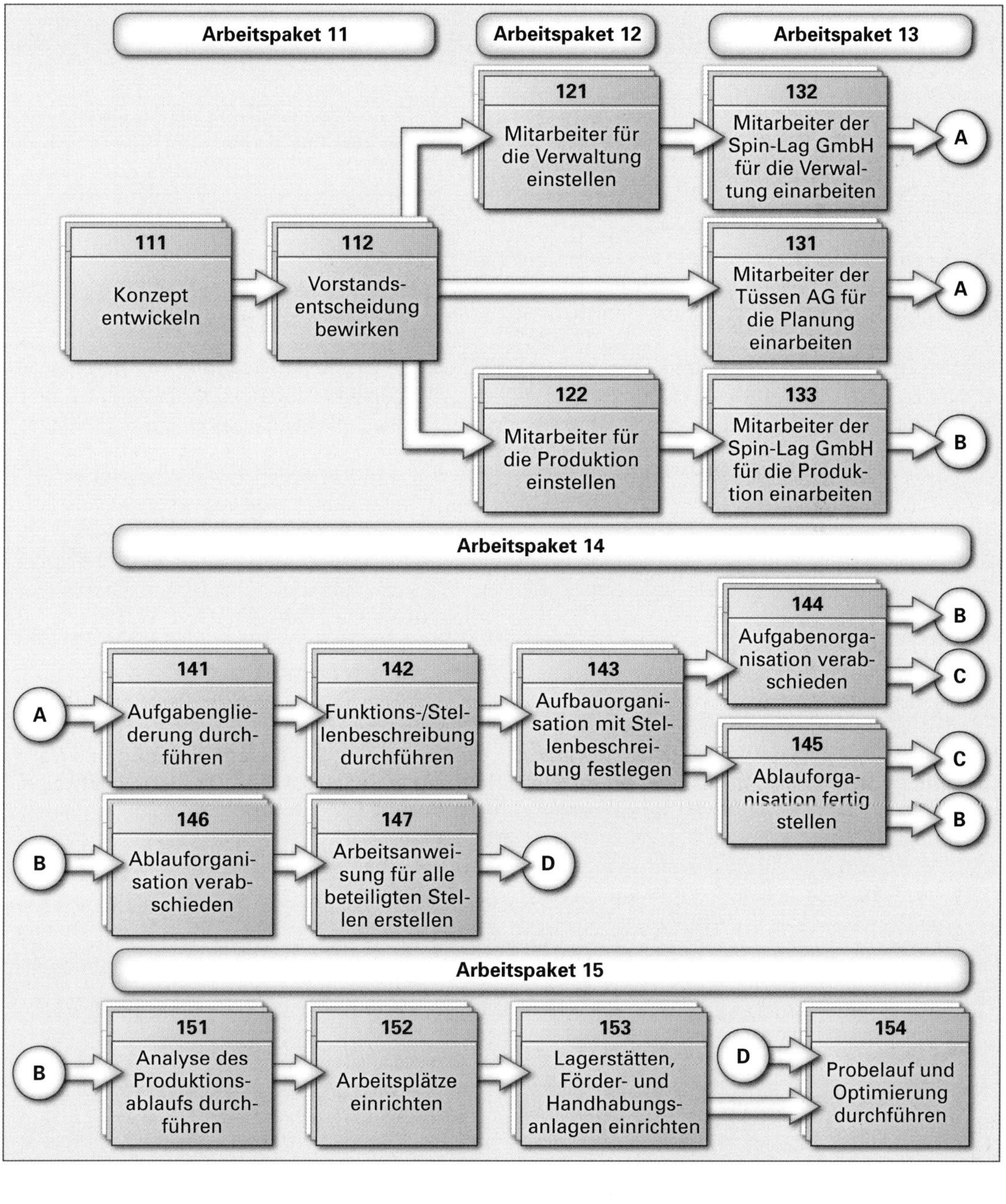

Lösungshinweis zum Arbeitsauftrag 3.2:

Ermittlung der Anfangs- und Endzeiten sowie der Pufferzeiten der jeweiligen Arbeitspakete zum Projekt „Aufbau der Firma Spin-Lag GmbH"

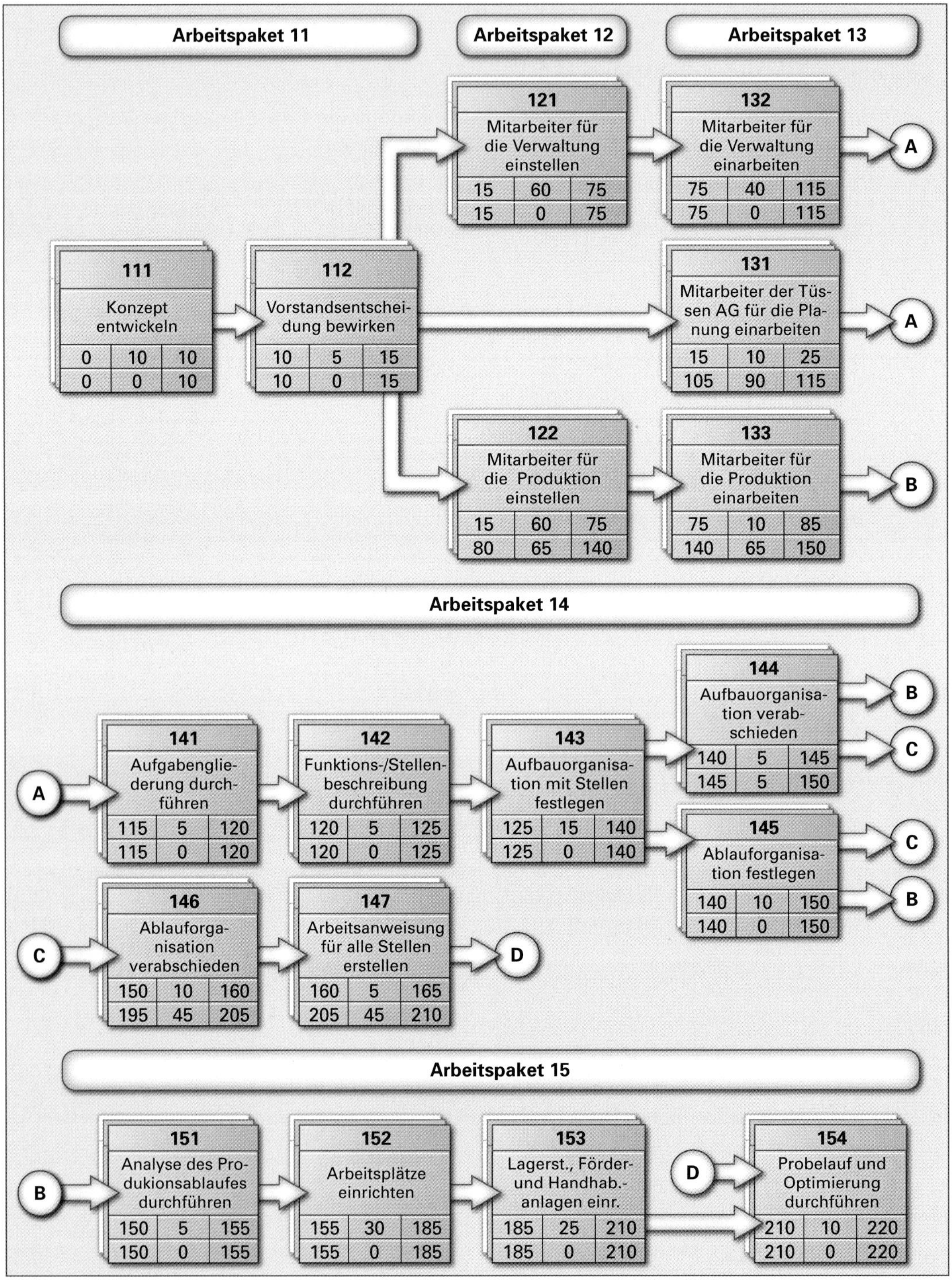

Lösungshinweis zum Arbeitsauftrag 3.3:

Durchführung des Kapazitätsabgleichs zum Projekt „Aufbau der Firma Spin-Lag GmbH"

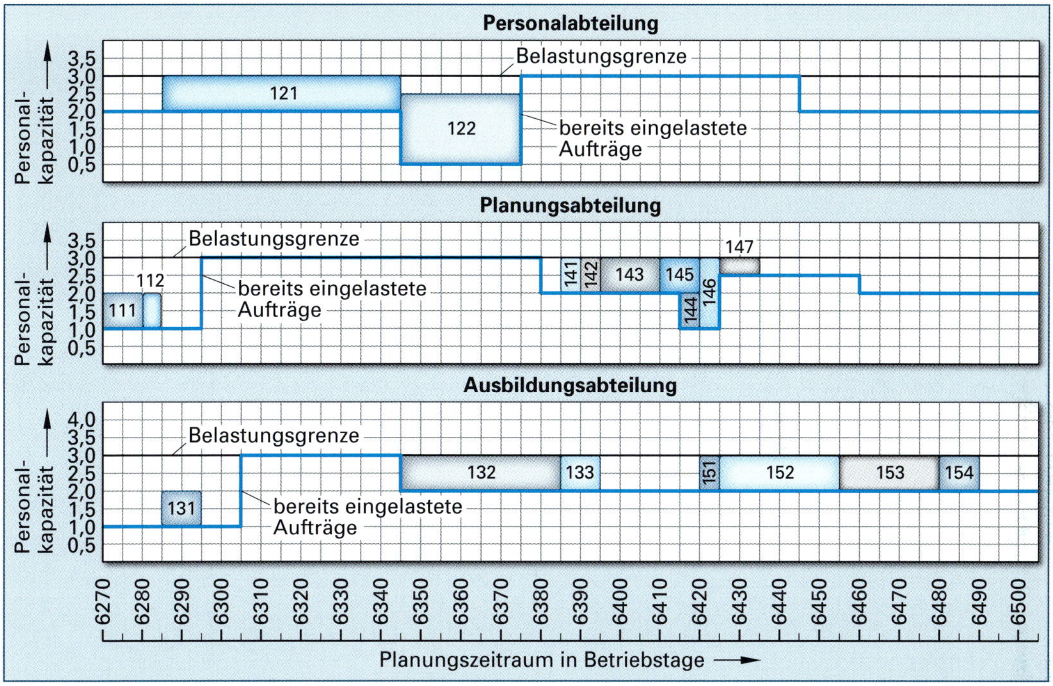

Lösungshinweis zum Arbeitsauftrag 3.4:

Terminübersicht zum Projekt „Aufbau der Firma Spin-Lag GmbH"

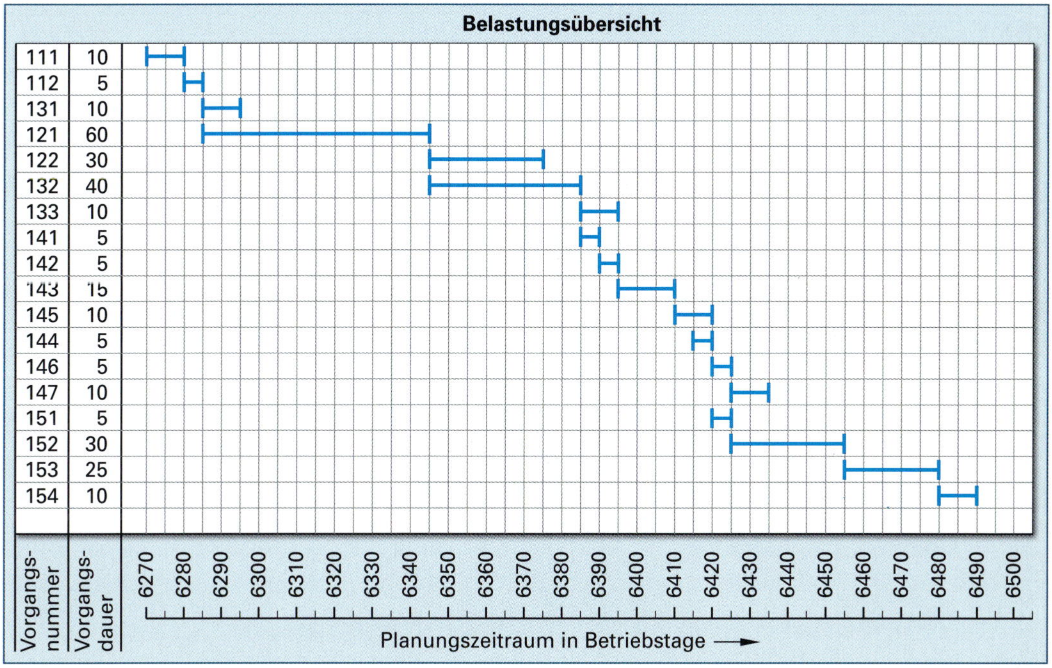

Lösungshinweis zum Arbeitsauftrag 3.5:

Darstellung des Betriebskalenders mit den ermittelten Vorgangszeiten zum Projekt „Aufbau der Firma Spin-Lag GmbH"

Betriebskalenderjahr 1 — Tüssen AG — 1. Halbjahr

	Januar			Februar			März			April			Mai			Juni		
	Tag	BKT	Vorgang	Tag	BKT	Vorgang	Tag	BKT	Vorgang	Tag	BKT	Vorgang	Tag	BKT	Vorgang	Tag	BKT	Vorgang
Sa																1		
So																2		
Mo	1	Neujahr								1	6334	121				3	6374	122
Di	2	6270	111							2	6335					4	6375	
Mi	3	6271	111							3	6336		1	Maifeier	122	5	6376	
Do	4	6272	111	1	6292	121				4	6337		2	6354		6	Fronlei.	
Fr	5	6273	111	2	6293		1	6313	121	5	Karfrei.		3	6355		7	6377	132
Sa	6			3			2			6			4		132	8		
So	7			4			3			7	Ostern		5			9		
Mo	8	6274	111	5	6294		4	6314		8	Ostern		6	6356		10	6378	
Di	9	6275	111	6	6295		5	6315		9	6338		7	6357		11	6379	
Mi	10	6276	111	7	6296		6	6316		10	6339		8	6358		12	6380	
Do	11	6277	111	8	6297		7	6317		11	6340		9	6359		13	6381	
Fr	12	6278	111	9	6298		8	6318		12	6341		10	6360		14	6382	
Sa	13			10			9			13			11			15		
So	14			11			10			14			12			16		
Mo	15	6279	111	12	6299		11	6319		15	6342		13	6361		17	6383	
Di	16	6280	112	13	6300		12	6320		16	6343		14	6362		18	6384	
Mi	17	6281	112	14	6301		13	6321		17	6344		15	6363		19	6385	133
Do	18	6282	112	15	6302		14	6322		18	6345	122	16	Chr. H.		20	6386	
Fr	19	6283	112	16	6303		15	6323		19	6346		17	6364		21	6387	
Sa	20			17			16			20			18			22		
So	21			18			17			21		132	19			23		
Mo	22	6284	112	19	6304		18	6324		22	6347		20	6365		24	6388	141
Di	23	6285	121	20	6305		19	6325		23	6348		21	6366		25	6389	141
Mi	24	6286		21	6306		20	6326		24	6349		22	6367		26	6390	142
Do	25	6287		22	6307		21	6327		25	6350		23	6368		27	6391	142
Fr	26	6288		23	6308		22	6328		26	6351		24	6369		28	6392	142
Sa	27			24			23			27			25			29		
So	28			25			24			28			26	Pfingst.		30		
Mo	29	6289		26	6309		25	6329		29	6352		27	Pfingst.				
Di	30	6290		27	6310		26	6330		30	6353		28	6370				
Mi	31	6291		28	6311		27	6331					29	6371				
Do				29	6312		28	6332					30	6372				
Fr							29	6333					31	6373				
Sa							30											
So							31											
	BKT: 22			BKT: 21			BKT: 21			BKT: 20			BKT: 20			BKT: 19		

Betriebskalenderjahr 1 — Tüssen AG — 2. Halbjahr

	Juli			August			September			Oktober			November			Dezember		
	Tag	BKT	Vorgang	Tag	BKT	Vorgang	Tag	BKT	Vorgang	Tag	BKT	Vorgang	Tag	BKT	Vorgang	Tag	BKT	Vorgang
So							1									1		
Mo	1	6393	142				2	6438	152							2	6501	
Di	2	6394	142				3	6439		1	6459	153				3	6502	
Mi	3	6395	143				4	6440		2	6460					4	6503	
Do	4	6396	143	1	6416		5	6441		3	Einheit					5	6504	
Fr	5	6397	143	2	6417		6	6442		4	6461		1	Allerheil.		6	6505	
Sa	6			3			7			5			2			7		
So	7			4			8			6			3			8		
Mo	8	6398	143	5	6418	144	9	6446		7	6462		4	6481	154	9	6506	
Di	9	6399	143	6	6419	144	10	6444		8	6463		5	6482	154	10	6507	
Mi	10	6400	143	7	6420		11	6445		9	6464		6	6483	154	11	6508	
Do	11	6401	143	8	6421	146	12	6446		10	6465		7	6484	154	12	6509	
Fr	12	6402	143	9	6422		13	6447		11	6466		8	6485	154	13	6510	
Sa	13			10			14			12			9			14		
So	14			11			15			13			10			15		
Mo	15	6403	143	12	6423	151	16	6448		14	6467		11	6486	154	16	6511	
Di	16	6404	143	13	6424	151	17	6449		15	6468		12	6487	154	17	6512	
Mi	17	6405	143	14	6425	147	18	6450		16	6469		13	6488	154	18	6513	
Do	18	6406	143	15	6426		19	6451		17	6470		14	6489	154	19	6514	
Fr	19	6407	143	16	6427		20	6451		18	6471		15	6490		20	6515	
Sa	20			17			21			19			16			21		
So	21			18			22			20			17			22		
Mo	22	6408	143	19	6428		23	6453		21	6472		18	6490		23	6516	
Di	23	6409	143	20	6429		24	6454		22	6473		19	6492		24	6517	
Mi	24	6410	145	21	6430		25	6455	153	23	6474		20	6493		25	Weihn.	
Do	25	6411	145	22	6431		26	6456	153	24	6475		21	6494		26	Weihn.	
Fr	26	6412	145	23	6432		27	6457	153	25	6476		22	6495		27	6518	
Sa	27			24			28			26			23			28		
So	28			25			29			27			24			29		
Mo	29	6413	145	26	6433		30	6458	153	28	6477		25	6496		30	6519	
Di	30	6414	145	27	6434					29	6478		26	6497		31	6520	
Mi	31	6415	145	28	6435					30	6479		27	6498				
Do				29	6436					31	6480	154	28	6499				
Fr				30	6437	152							29	6500				
Sa				31									30					
	BKT: 23			BKT: 22			BKT: 21			BKT: 22			BKT: 20			BKT: 20		

13.2 Lösungshinweise zur Produktionsbedarfsplanung

Lösungshinweis zum Arbeitsauftrag 4.1:

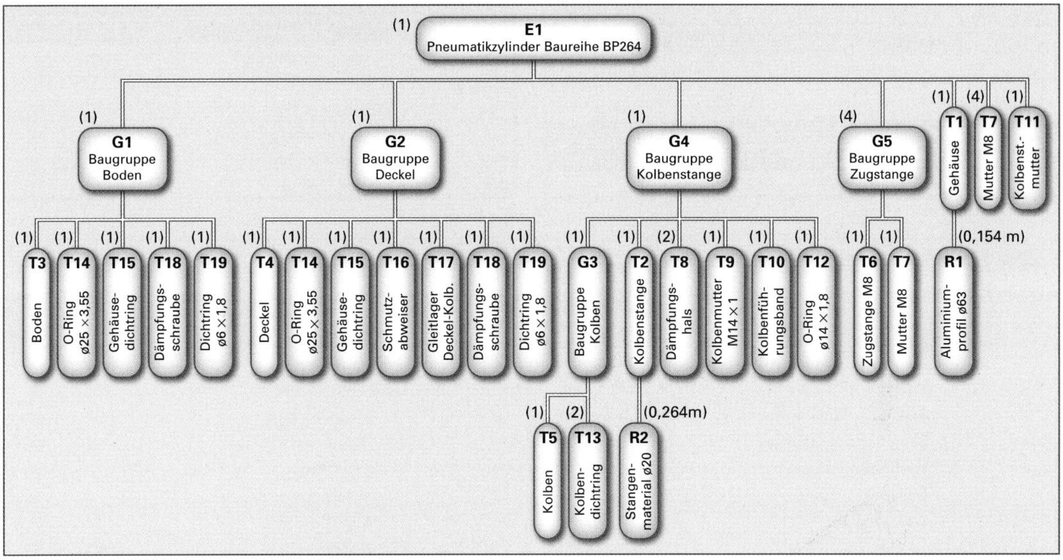

Lösungshinweis zum Arbeitsauftrag 4.2:

Strukturstückliste für das Erzeugnis „Pneumatikzylinder" (E1)

Pos.	Stufe	Teile-Nr.	Benennung	Menge	ME
1	. 1	G1	Baugruppe Boden	1	St
2	. . 2	T3	Boden	1	St
3	. . 2	T14	O-Ring	1	St
4	. . 2	T15	Gehäusedichtring	1	St
5	. . 2	T18	Dämpfungsschraube	1	St
6	. . 2	T19	Dichtring ø6×1,8	1	St
7	. 1	G2	Baugruppe Deckel	1	St
8	. . 2	T4	Deckel	1	St
9	. . 2	T14	O-Ring ø25×3,5	1	St
10	. . 2	T15	Gehäusedichtring	1	St
11	. . 2	T16	Schmutzabweiser	1	St
12	. . 2	T17	Gleitlager	1	St
13	. . 2	T18	Dämpfungsschraube	1	St
14	. . 2	T19	Dichtring ø6×1,8	1	St
15	. 1	G4	BG Kolbenstange	1	St
16	. . 2	G3	Baugruppe Kolben	1	St
17	. . . 3	T5	Kolben	1	St
18	. . . 3	T13	Kolbendichtring	2	St
19	. . 2	T2	Kolbenstange	1	St
20	. . . 3	R2	Stangenmateriel ø20	0,264	m
21	. . 2	T8	Dämpfungshals	2	St
22	. . 2	T9	Kolbenmutter	1	St
23	. . 2	T10	Kolbenführungsband	1	St
24	. . 2	T12	O-Ring ø14×1,8	1	St
25	. 1	G5	BG Zugstange	4	St
26	. . 2	T6	Zugstange	1	St
27	. . 2	T7	Mutter M8	1	St
28	. 1	T1	Gehäuse	1	St
29	. . 2	R1	Aluminiumprofil	0,154	m
30	. 1	T7	Mutter M8	4	St
31	. 1	T11	Kolbenstangenmutter	1	St

Baukastenstückliste für die Baugruppe „Pneumatikzylinder" (E1)

Pos.	Teile-Nr.	Benennung	Menge	ME	Hinweis
1	G1	Baugruppe Boden	1	St	E
2	G2	Baugruppe Deckel	1	St	E
3	G4	Baugruppe Kolbenstange	1	St	E
4	G5	Baugruppe Zugstange	4	St	E
5	T1	Gehäuse	1	St	E
6	T7	Mutter M8	4	St	F
7	T11	Kolbenstangenmutter	1	St	F

Baukastenstückliste für die Baugruppe „Boden" (G1)

Pos.	Teile-Nr.	Benennung	Menge	ME	Hinweis
1	T3	Boden	1	St	F
2	T14	O-Ring	1	St	F
3	T15	Gehäusedichtring	1	St	F
4	T18	Dämpfungsschraube	1	St	F
5	T19	Dichtring ø6×1,8	1	St	F

Baukastenstückliste für die Baugruppe „Deckel" (G2)

Pos.	Teile-Nr.	Benennung	Menge	ME	Hinweis
1	T4	Deckel	1	St	F
2	T14	O-Ring	1	St	F
3	T15	Gehäusedichtring	1	St	F
4	T16	Schmutzabweiser	1	St	F
5	T17	Gleitlager	1	St	F
6	T18	Dämpfungsschraube	1	St	F
7	T19	Dichtring	1	St	F

Baukastenstückliste für die Baugruppe „Zugstange" (G5)					
Pos.	Teile-Nr.	Benennung	Menge	ME	Hinweis
1	T6	Zugstange	1	St	F
2	T7	Mutter	1	St	F

Baukastenstückliste für das Teil „Gehäuse" (T1)					
Pos.	Teile-Nr.	Benennung	Menge	ME	Hinweis
1	R1	Aluminiumprofil	0,154	m	F

Baukastenstückliste für das Teil „Kolbenstange" (T2)					
Pos.	Teile-Nr.	Benennung	Menge	ME	Hinweis
1	R2	Stangenmaterial	0,264	m	F

Baukastenstückliste für die Baugruppe „Kolben" (G3)					
Pos.	Teile-Nr.	Benennung	Menge	ME	Hinweis
1	T5	Kolben	1	St	F
2	T13	Kolbendichtring	2	St	F

Baukastenstückliste für die Baugruppe „Kolbenstange" (G4)					
Pos.	Teile-Nr.	Benennung	Menge	ME	Hinweis
1	G3	Baugruppe Kolben	1	St	E
2	T2	Kolbenstange	1	St	E
3	T8	Dämpfungshals	2	St	F
4	T9	Kolbenmutter	1	St	F
5	T10	Kolbenführungsband	1	St	F
6	T12	O-Ring ø14×1,8	1	St	F

Lösungshinweis zum Arbeitsauftrag 4.3:

Mengenübersichtsstückliste									
Pos.	Teile-Nr.	Benennung	Menge	ME	Pos.	Teile-Nr.	Benennung	Menge	ME
1	G1	Baugruppe Kolben	1	St	14	T9	Kolbenmutter	1	St
2	G2	Baugruppe Deckel	1	St	15	T10	Kolbenführungsband	1	St
3	G3	Baugruppe Kolben	2	St	16	T11	Kolbenstangenmutter	1	St
4	G4	Baugruppe Kolbenstange	1	St	17	T12	O-Ring ø14 1,8	1	St
5	G5	Baugruppe Zugstange	1	St	18	T13	Kolbendichtring	2	St
6	T1	Gehäuse	1	St	19	T14	O-Ring ø25 2,5	2	St
7	T2	Kolbenstange	1	St	20	T15	Gehäusedichtring	2	St
8	T3	Boden	1	St	21	T16	Schmutzabweiser	1	St
9	T4	Deckel	1	St	22	T17	Gleitlager	1	St
10	T5	Kolben	1	St	23	T18	Dämpfungsschraube	2	St
11	T6	Zugstange	8	St	24	T19	Dichtring ø6 1,8	2	St
12	T7	Mutter M8	8	St	25	R1	Aluminiumprofil	0,166	m
13	T8	Dämpfungshals	2	St	26	R2	Stangenmaterial ø20	0,285	m

Lösungshinweis zum Arbeitsauftrag 4.4

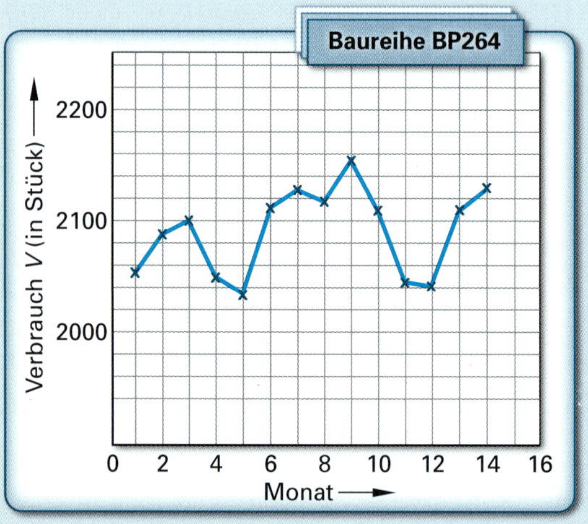

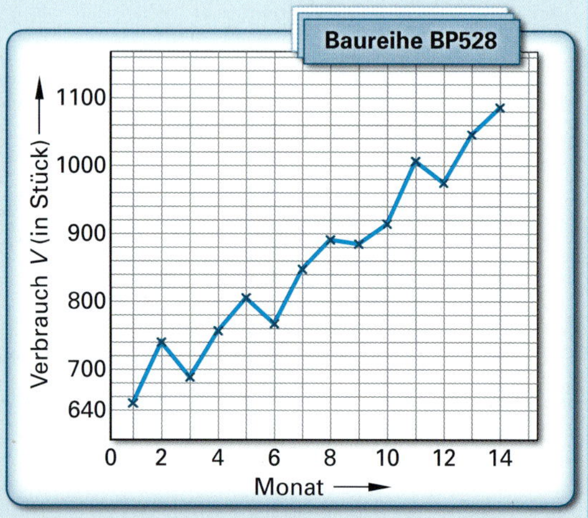

Lösungshinweis zum Arbeitsauftrag 4.5:

Die Absatzzahlen für den Pneumatikzylinder der **Baureihe BP264** können dem **Konstantmodell** ohne Saisonschwankungen zugeordnet werden. Der Absatz der **Baureihe BP528** entspricht dem **Trendmodell** ohne Saisonschwankungen.

Lösungshinweis zum Arbeitsauftrag 4.6:

Die Regressionsanalyse wird zur Bedarfsermittlung des Pneumatikzylinders der Baureihe BP528 angewendet. Die zeichnerische Ermittlung der Ausgleichsgeraden und die Berechnung der Verbrauchswerte für die folgenden zwei Monate werden nachfolgend erläutert:

Regressionsanalyse zur Bedarfsermittlung

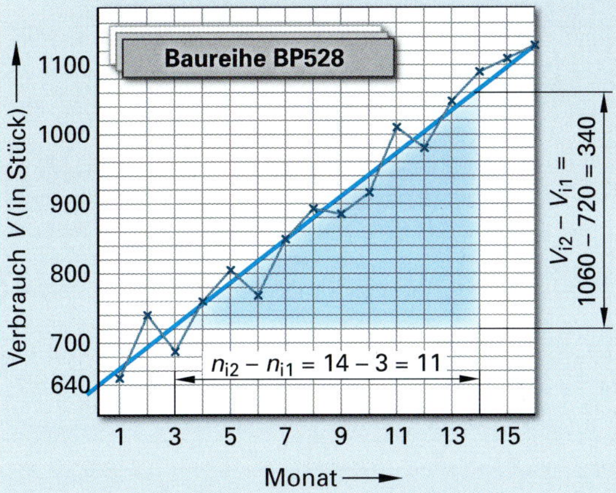

$V_n = a + b \cdot n$

a = 640 Stück

$b = \frac{V_{i2} - V_{i1}}{n_{i2} - n_{i1}} = \frac{340}{11} = \mathbf{30{,}91}$

Monat 15:

$V_{15} = 640 + 30{,}91 \cdot 15$

$\mathbf{V_{15} = 1104}$ **Stück**

Monat 16:

$V_{16} = 640 + 30{,}91 \cdot 16$

$\mathbf{V_{16} = 1135}$ **Stück**

V_n = Vorhergesagter Verbrauchswert des Monats n in Stück
a = Schnittpunkt der Ausgleichsgeraden mit der vertikalen Achse
b = Steigung der Ausgleichsgeraden
n = Laufende Nummer des Monats

Die rechnerische Ermittlung der Ausgleichsgeraden ist mit der Methode der kleinsten Quadrate wie folgt durchzuführen:

Berechnung der Ausgleichsgeraden zur Regressionsanalyse

$V_n = a + b \cdot n$

$$b = \frac{\Sigma(n \cdot T_n) - \frac{1}{N} \cdot \Sigma n \cdot \Sigma T_n}{\Sigma n^2 - \frac{1}{N} \cdot (\Sigma n)^2}$$

$$a = \frac{1}{N} \cdot (\Sigma T_n - b \cdot \Sigma n)$$

$$b = \frac{97453 - \frac{1}{14} \cdot 105 \cdot 12039}{1015 - \frac{1}{14} \cdot 105^2} = \mathbf{31{,}47}$$

$$a = \frac{1}{14} \cdot (12039 - 31{,}61 \cdot 105) = \mathbf{623}$$

V_n = Vorhergesagter Verbrauchswert des Monats n in Stück
T_n = Tatsächlicher Verbrauchswert des Monats n in Stück
n = Laufende Nummer des Monats
N = Anzahl der Monate
a = Schnittpunkt der Ausgleichsgeraden mit der vertikalen Achse
b = Steigung der Ausgleichsgeraden

n	n^2	T_n	$n \cdot T_n$
1	1	649	649
2	4	739	1478
3	9	689	2067
4	16	756	3024
5	25	803	4015
6	36	764	4584
7	49	842	5894
8	64	890	7120
9	81	882	7938
10	100	911	9110
11	121	1008	11088
12	144	978	11736
13	169	1042	13546
N = 14	196	1086	15204
Σn	Σn^2	ΣT_n	$\Sigma(n \cdot T_n)$
105	1015	12039	97453

Für den 15. und 16. Monat ergeben sich folgende Vorhersagewerte des Bedarfs an Pneumatikzylindern der Baureihe BP528 aufgrund der rechnerisch ermittelten Ausgleichsgeraden:

$V_n = a + b \cdot n$

Monat 15:

$V_{15} = 623 + 31{,}47 \cdot 15$

$\mathbf{V_{15} = 1095}$ **Stück**

Monat 16:

$V_{16} = 623 + 31{,}47 \cdot 16$

$\mathbf{V_{16} = 1127}$ **Stück**

Lösungshinweis zum Arbeitsauftrag 4.7:

Die nachfolgend abgebildeten Berechnungen zur Vorhersage des Bedarfs der Monate 15 und 16 für den Pneumatikzylinder der Baureihe BP264 erfolgen mit der Methode der gleitenden Mittelwertbildung:

Gleitende Mittelwertbildung

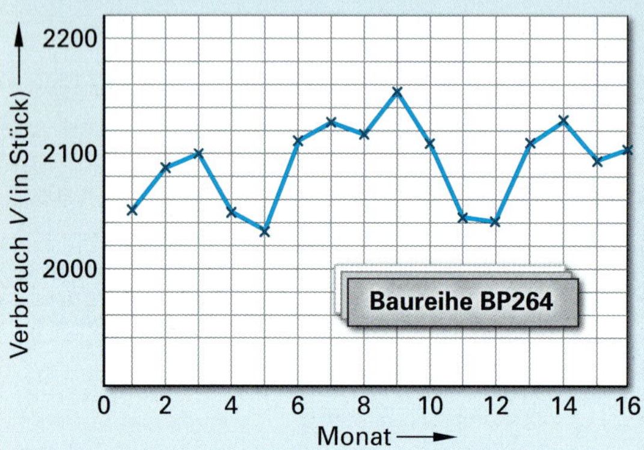

$$V_{n+1} = \frac{1}{N} \cdot \sum^{n} T_n$$

V_{n+1} = Verbrauchswert des zukünftigen Monats in Stück
T_n = Verbrauchswert des Monats n in Stück
N = Anzahl der Monate

Gleitender Mittelwert über 10 Monate:

Berechnung	V_{n+1}
Monat 15: $V_{n+1} = \frac{1}{10} \cdot \sum^{10} (2038 + 2110 + 2121 + 2118 + 2152 + 2109 + 2042 + 2040 + 2106 + 2122)$	2096
Monat 16: $V_{n+1} = \frac{1}{10} \cdot \sum^{10} (2110 + 2121 + 2118 + 2152 + 2109 + 2042 + 2040 + 2106 + 2122 + 2096$	2102

Lösungshinweis zum Arbeitsauftrag 4.8:

Die Anwendung der Methode der exponentiellen Glättung 1. Ordnung zur Bestimmung des Bedarfs der Baureihe BP528 ergibt einen geglätteten Verlauf des vorhergesagten Verbrauchs. Aufgrund der niedrigen Glättungskonstante ist bei dem trendförmigen Verlauf eine größere Differenz zum tatsächlichen Verlauf festzustellen.

Methode der exponentiellen Glättung 1. Ordnung

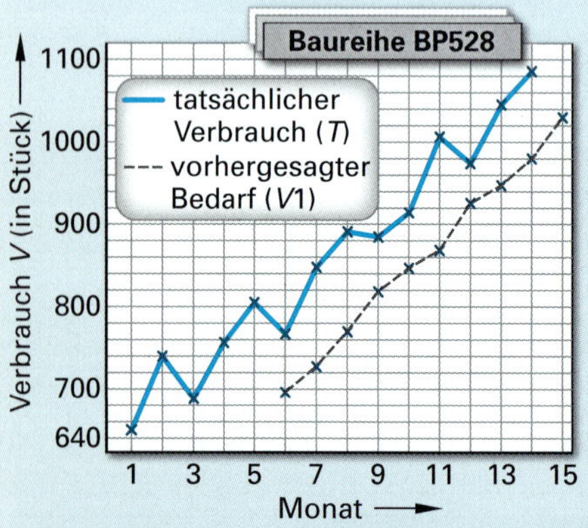

$$\mathbf{V1_{n+1} = \alpha \cdot \Sigma\, (1 - \alpha)^{i-1} \cdot T_{n+1-i}}$$

V_{n+1} = Vorhergesagter Verbrauchswert über $n + 1$ Monate in Stück
α = Glättungskonstante
T = tatsächlicher Verbrauch des Monats in Stück
n = laufende Nummer des Monats
i = laufende Nummer der Summe

Vorhergesagter Verbrauchswert V1 nach den ersten 5 Monaten (α = 0,4)

$$V1_6 = \alpha \cdot T_5 + \alpha \cdot (1-\alpha) \cdot T_4 + \alpha \cdot (1-\alpha)^2 \cdot T_3 + \alpha \cdot (1-\alpha)^3 \cdot T_2 + \alpha \cdot (1-\alpha)^4 \cdot T_1$$

$$V1_6 = 0{,}4 \cdot 803 + 0{,}4 \cdot (1-0{,}4) \cdot 756 + 0{,}4 \cdot (1-0{,}4)^2 \cdot 689 + 0{,}4 \cdot (1-0{,}4)^3 \cdot 739 + 0{,}4 \cdot (1-0{,}4)^4 \cdot 649$$

$$\mathbf{V1_6 = 699}$$

Vorhergesagter Verbrauchswert V1 anhand des vorausgegangenen Quartals (α = 0,4)

$$\mathbf{V1_{n+1} = V1_n + \alpha \cdot (T_n - V1_n)}$$

Monat	Berechnung	$V1_{n+1}$
7	$V1_7 = V1_6 + \alpha \cdot (T_6 - V1_6) = 699 + 0{,}4 \cdot (764 - 699)$	725
8	$V1_8 = V1_7 + \alpha \cdot (T_7 - V1_7) = 725 + 0{,}4 \cdot (842 - 725)$	772
9	$V1_9 = V1_8 + \alpha \cdot (T_8 - V1_8) = 772 + 0{,}4 \cdot (890 - 772)$	819
10	$V1_{10} = V1_9 + \alpha \cdot (T_9 - V1_9) = 819 + 0{,}4 \cdot (882 - 819)$	844
11	$V1_{11} = V1_{10} + \alpha \cdot (T_{10} - V1_{10}) = 844 + 0{,}4 \cdot (911 - 844)$	871

Monat	Berechnung	$V1_{n+1}$
12	$V1_{12} = V1_{11} + \alpha \cdot (T_{11} - V1_{11}) = 871 + 0{,}4 \cdot (1008 - 871)$	926
13	$V1_{13} = V1_{12} + \alpha \cdot (T_{12} - V1_{12}) = 926 + 0{,}4 \cdot (978 - 926)$	947
14	$V1_{14} = V1_{13} + \alpha \cdot (T_{13} - V1_{13}) = 947 + 0{,}4 \cdot (1042 - 947)$	985
15	$V1_{15} = V1_{14} + \alpha \cdot (T_{14} - V1_{14}) = 985 + 0{,}4 \cdot (1086 - 985)$	1025

Lösungshinweis zum Arbeitsauftrag 4.9:

Lagerzinssatz L pro Teil

$$L = L_1 + L_2$$

$$L = 13\,\% + 8\,\%$$

$$L = \mathbf{21\,\%}$$

L = Lagerzinssatz

L_1 = Zinssatz für Kapitalbildung

L_2 = Zinssatz für Lagerung

Lösungshinweis zum Arbeitsauftrag 4.10

$$x_{opt} = \sqrt{\frac{200\,\% \cdot K_B \cdot x_{ges}}{K_f \cdot L}}$$

x_{opt} = optimale Bestellmenge

K_B = fixe Bestellkosten = 45 €

K_f = Planverrechnungspreis pro Teil (siehe Tabelle)

x_{ges} = Gesamtbedarf pro Lagerung (= Bedarf pro Woche, siehe Tabelle)

L = Lagerzinssatz pro Teil (siehe Arbeitsauftrag 4.9)

Fremdbezugsteil	Bedarf pro Woche	K_f in €	x_{opt} in Stück	n_{opt}	Δt_p in Tage
T3 Boden	480	8,95	152	3,2	1,6
T4 Deckel	480	10,95	137	3,5	1,4
T5 Kolben	480	6,89	183	2,6	1,9
T6 Zugstange	1920	0,55	1223	1,6	3,2
T7 Mutter M8 - 27 lang	3930	0,05	5804	0,7	7,4
T8 Dämpfungshals	960	0,12	1858	0,5	9,7
T9 Kolbenmutter M14 x 1	960	0,45	957	1,0	5,0
T10 Kolbenführungsband	480	0,05	2028	0,2	21,1
T11 Kolbenstangenmutter	480	0,19	1041	0,5	10,8
T12 O-Ring ø14x1,8	480	0,03	2619	0,2	27,3

Fremdbezugsteil	Bedarf pro Woche	K_f in €	x_{opt} in Stück	n_{opt}	Δt_p in Tage
T13 Kolbendichtring	840	0,07	2268	0,4	13,5
T14 O-Ring ø25x3,55	840	0,04	3000	0,3	17,9
T15 Gehäusedichtring	480	0,06	1852	0,3	3,9
T16 Schmutzabweiser	480	0,08	1604	0,3	3,3
T17 Gleitlager	520	0,55	637	0,8	6,1
T18 Dämpfungsschraube	800	0,15	1512	0,5	9,5
T19 Dichtring ø6x1,8	800	0,03	3381	0,2	21,1
R1 (in m) Aluprofil	1650	4,95	378	4,4	1,1
R2 (in m) Rundstahl	1200	8,65	244	4,9	1,0

(Angaben der Rohstoffe mit 8% Verschnitt)

Lösungshinweis zum Arbeitsauftrag 4.11

$$n_{opt} = \frac{x_{ges}}{x_{opt}}$$

n_{opt} = optimale Bestellhäufigkeit (siehe Tabelle zum Arbeitsauftrag 4.10)

x_{ges} = Gesamtbedarf pro Lagerung (= Bedarf pro Woche)

x_{opt} = optimale Bestellmenge (siehe Tabelle zum Arbeitsauftrag 4.10)

Lösungshinweis zum Arbeitsauftrag 4.12

$$\Delta t_p = \frac{x_{opt}}{x_{ges}} \cdot T_p$$

Δt_p = Wiederbeschaffungszeit (siehe Tabelle zum Arbeitsauftrag 4.10)

T_p = Zeitdauer einer Periode (hier = 1 Woche = 5 BKT)

Lösungshinweis zum Arbeitsauftrag 4.13:

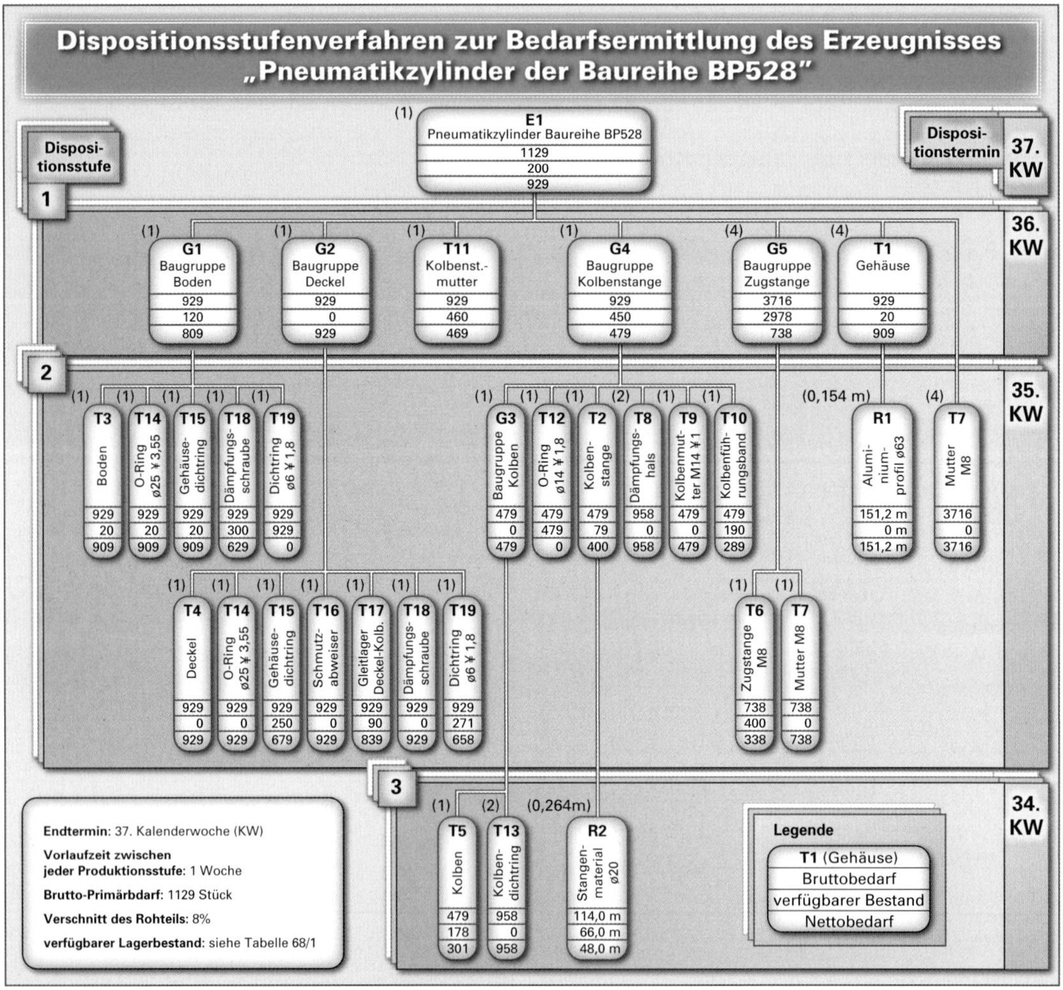

Lösungshinweis zum Arbeitsauftrag 4.14:

Erweiterte Mengenübersichtsstückliste für das Erzeugnis „Pneumatikzylinder" (E1)

Pos.	Teile-Nr.	Benennung	Menge/Erzeugnis	Netto-Bedarf	ME	Dispo.-termin
1	G1	Baugruppe Boden	1	809	St	36. KW
2	G2	Baugruppe Deckel	1	929	St	36. KW
3	G3	Baugruppe Kolben	1	479	St	35. KW
4	G4	Baugruppe Kolbenstange	1	479	St	36. KW
5	G5	Baugruppe Zugstange	1	738	St	36. KW
6	T1	Gehäuse	1	909	St	36. KW
7	T2	Kolbenstange	1	400	St	35. KW
8	T3	Boden	1	909	St	35. KW
9	T4	Deckel	1	929	St	35. KW
10	T5	Kolben	1	301	St	38. KW
11	T6	Zugstange	8	338	St	35. KW
12	T7	Mutter M8	8	4454	St	35. KW
13	T8	Dämpfungshals	2	858	St	35. KW
14	T9	Kolbenmutter	1	479	St	35. KW
15	T10	Kolbenführungsband	1	289	St	35. KW
16	T11	Kolbenstangenmutter	1	469	St	36. KW
17	T12	O-Ring ø14x1,8	1	0	St	35. KW
18	T13	Kolbendichtring	2	958	St	38. KW
19	T14	O-Ring ø25x2,5	2	1838	St	35. KW
20	T15	Gehäusedichtring	2	909	St	35. KW
21	T16	Schmutzabweiser	1	679	St	35. KW
22	T17	Gleitlager	1	839	St	35. KW
23	T18	Dämpfungsschraube	2	1558	St	35. KW
24	T19	Dichtring ø6x1,8	2	658	St	35. KW
25	R1	Aluminiumprofil	0,166	151,2	m	35. KW
26	R2	Stangenmaterial ø20	0,285	48	m	38. KW

13.3 Lösungshinweise zur Arbeitsplanung

Lösungshinweis zum Arbeitsauftrag 5.1:

Angabe der Arbeitsschritte im Grobarbeitsplan der Kolbenstange:

Blatt-Nr.	Bearbeiter	Datum	Start-Termin	End-Termin	Gültig ab
1 von *1*	*Müller*				
Plan-Nr.	**Klassifizierungs-Nr.**	**Benennung**		**Werkstoff/Abmessungen**	
T2		*Kolbenstange*		*ø20 × 264 X20Cr13*	

Pos-Nr.	Platz-Nr.	Platzbezeichnung	Lohnart	Überlappungsgrad	Split.-faktor	Rüstzeit	Zeit je Einheit	Zwischenzeit	Zusatzzeit	Bez. menge
10	*101001*	*Bereitstelllager Werkstatt*	*ZL*	*1*						
	Arbeitsvorgangsbeschreibung:		*Werkstück auf Anforderung an den Arbeitsplatz bereitstellen*							
20	*100401*	*Kreissäge klein*	*ZL*	*1*						
	Arbeitsvorgangsbeschreibung:		*Werkstück sägen*							
30	*101001*	*Bereitstelllager Werkstatt*	*ZL*	*1*						
	Arbeitsvorgangsbeschreibung:		*Werkstück auf Anforderung an den Arbeitsplatz bereitstellen*							
40	*100501*	*CNC-Drehmaschine*	*ZL*	*1*						
	Arbeitsvorgangsbeschreibung:		*Werkstück mit einseitigem Gewinde drehen*							
50	*100401*	*Bereitstelllager Werkstatt*	*ZL*	*1*						
	Arbeitsvorgangsbeschreibung:		*Werkstück auf Anforderung an den Arbeitsplatz bereitstellen*							
60	*100603*	*Universalfräsmaschine*	*ZL*	*1*						
	Arbeitsvorgangsbeschreibung:		Schlüsselflächen an das Werkstück fräsen							
70	*100401*	*Bereitstelllager Werkstatt*	*ZL*	*1*						
	Arbeitsvorgangsbeschreibung:		*Werkstück auf Anforderung an den Arbeitsplatz bereitstellen*							
80	*100050*	*Qualitätskontrolle*	*ZL*	*1*						
	Arbeitsvorgangsbeschreibung:		*Überprüfung der Maße sowie der Form- und Lagetoleranzen*							

Lösungshinweis zum Arbeitsauftrag 5.2:

Die **Zwischengrundzeit t_{zg} für jeden Transportvorgang** zwischen dem Bereitstelllager und dem jeweiligen Arbeitsplatz wird pauschal mit 15 min angesetzt (→ 1.7). Auf die Grundzeit wird der Verteil- und Erholzeitzuschlag von 15 % aufgeschlagen. Die Zwischenzeit t_z wird damit folgendermaßen berechnet:

$$t_z = t_{zg} \cdot 1{,}15 = 15\ \text{min} \cdot 1{,}15 = \mathbf{17{,}25\ min}$$

Lösungshinweis zum Arbeitsauftrag 5.3:

Feinarbeitsplan zum Sägen der Kolbenstange:

Der Feinarbeitsplan für den Arbeitsplatz zum Sägen der Kolbenstange (Bild 256/1) unterscheidet sich nur unmerklich vom Arbeitsplan des Gehäuses (→ 5.2.1). Aus diesem Arbeitsplan können alle Rüst- und Nebenzeiten für die Feinplanung der Kolbenstange entnommen werden, da sowohl die gleiche Kreissäge gerüstet wird als auch aufgrund des Werkstückgewichtes unter 25 kg die gleiche Spannzeit anfällt (→ nachfolgende Berechnung). Ebenso muss bei der Kolbenstange wie auch beim Gehäuse ein Verfahrweg im Eilgang zurückgelegt werden.

Blatt-Nr.	Bearbeiter	Datum	Start-Termin	End-Termin	Gültig ab
1 von 1	*Müller*				
Platz-Nr.	**Platzbezeichnung**	**Benennung**		**Werkstoff/Abmessungen**	
100401	*Kreissäge klein*	*Kolbenstange*			
Rohgewicht	**Verteil- und Erholzeitzuschlag**	**Rüstzeit t_r**		**Zeit je Einheit (Stückzeit) t_e**	
0,67 kg	*15%*	*5,75 min*			

AVG-Nr.	Arbeitsvorgangsbeschreibung	Rüstgrundzeit t_{rg}	Hauptnutzungszeit t_h	Nebenzeit t_n
10	*Säge einrichten*	*5 min*		
20	*Stangenmaterial umspannen*			*1,2 min*
30	*Gehäuse sägen*			*0,1 min*

Das Rohteilgewicht des Werkstückes (Masse m) berechnet sich aus dem Volumen eines Zylinders mit dem Durchmesser $d = 20$ mm und der gegebenen Länge von 264 mm zuzüglich eines Bearbeitungsaufmaßes von jeweils 2 mm pro Stirnseite zum Planen der Kolbenstange.

$$m = V \cdot \rho$$
$$m = V \cdot \rho = 0{,}085\ \text{dm}^3 \cdot 7{,}85\ \text{kg/dm}^3$$
$$m = \mathbf{0{,}67\ kg}$$

$$\rho = 7{,}85\ \text{kg/dm}^3$$
$$V = \frac{\pi \cdot d^2}{4} \cdot l = \frac{\pi \cdot 0{,}20\ \text{dm}^2}{4} \cdot (2{,}68 + 0{,}02 + 0{,}02)\ \text{dm}$$
$$V = 0{,}085\ \text{dm}^3$$

Arbeitsvorgang 30: Zeitbestimmung zum Sägen der Kolbenstange

Die Vorschubgeschwindigkeit für die Kreissäge mit $v_f = 30$ mm/min und der Anlaufweg $l_a = 5$ mm wird aus der Tabelle 27/1 entnommen. Somit ergibt sich für die Hauptnutzungszeit folgende Berechnung:

$$t_h = \frac{L}{v_f} = \frac{25\ \text{mm}}{30\ \text{mm/min}} = \mathbf{0{,}83\ min} \qquad \text{mit } L = l + l_a = 20\ \text{mm} + 5\ \text{mm} = \mathbf{25\ mm}$$

Die Zeit je Einheit ergibt sich aus der Addition der Hauptnutzungszeit und Nebenzeit sowie dem Verteil- und Erholzeitzuschlag von 15 %:

$$t_e = (t_h + t_n) \cdot 1{,}15 = (0{,}83\ \text{min} + 1{,}2\ \text{min} + 0{,}1\ \text{min}) \cdot 1{,}15 = \mathbf{2{,}45\ min}$$

Hauptnutzungszeit und Zeit je Einheit eingetragen in den Arbeitsplan führen zum kompletten Feinarbeitsplan für den Arbeitsplatz „Kreissäge klein":

Blatt-Nr.	Bearbeiter	Datum	Start-Termin	End-Termin	Gültig ab
1 von 1	*Müller*				
Platz-Nr.	**Platzbezeichnung**	**Benennung**		**Werkstoff/Abmessungen**	
100401	*Kreissäge klein*	*Kolbenstange*			
Rohgewicht	**Verteil- und Erholzeitzuschlag**	**Rüstzeit t_r**		**Zeit je Einheit (Stückzeit) t_e**	
0,67 kg	*15%*	*5,75 min*		*2,45 min*	

AVG-Nr.	Arbeitsvorgangsbeschreibung	Rüstgrundzeit t_{rg}	Hauptnutzungszeit t_h	Nebenzeit t_n
10	*Säge einrichten*	*5 min*		
20	*Stangenmaterial umspannen*			*1,2 min*
30	*Gehäuse sägen*		*0,83 min*	*0,1 min*

Lösungshinweis zum Arbeitsauftrag 5.4:

Feinplanung zum CNC-Drehen der Kolbenstange:
Setzt man für jeden Arbeitsschritt des **Feinarbeitsplanes für die Kolbenstange** (Tabelle 88/1) die nachfolgend ermittelten Zeitwerte ein, so erhält man das unten dargestellte Ergebnis:

Blatt-Nr.	Bearbeiter	Datum	Start-Termin	End-Termin	Gültig ab
1 von *1*	*Müller*				
Platz-Nr. *100501*	**Platzbezeichnung** *CNC-Drehmaschine*	**Benennung** *Kolbenstange*		**Werkstoff/Abmessungen** *ø20 × 264 X20Cr13*	
Rohgewicht *0,67 kg*	**Verteil- und Erholzeitzuschlag** *15 %*	**Rüstzeit t_r** *23 min*		**Zeit je Einheit (Stückzeit) t_e** *13 min*	

AVG-Nr.	Arbeitsvorgangsbeschreibung	Rüstgrundzeit t_{rg}	Hauptnutzungszeit t_h	Nebenzeit t_n
10	*CNC-Drehmaschine einrichten*	*20 min*		
20	*Werkstück auf Länge prüfen*			*0,3 min*
30	*Werkstück zum Planen und Zentrieren der rechten Seite in das Dreibackenfutter aufspannen*			*1,5 min*
40	*Plandrehmeißel einsetzen und die rechte Seite planen*		*0,02 min*	*0,2 min*
50	*Mit dem Zentrierbohrer A4 × 8,5 die rechte Seite zentrieren*		*0,02 min*	*0,2 min*
60	*Werkstück zum Planen und Zentrieren der linken Seite in dem Dreibackenfutter umspannen*			*1,2 min*
70	*Mit dem Plandrehmeißel die linke Seite planen*		*0,02 min*	*0,2 min*
80	*Mit dem Zentrierbohrer A4 × 8,5 die linke Seite zentrieren*		*0,02 min*	*0,2 min*
90	*Werkstück aus dem Dreibackenfutter abspannen*			*0,5 min*
100	*Werkstück zum Schruppen der linken Seite in das Dreibackenfutter und auf eine mitlaufende Zentrierspitze spannen*			*1,5 min*
110	*Schruppdrehmeißel einwechseln und linke Seite schruppen*		*0,04 min*	*0,2 min*
120	*Werkstück zum Schruppen der rechten Seite in das Dreibackenfutter und auf eine mitlaufende Zentrierspitze umspannen*			*1,2 min*
130	*Rechte Seite schruppen*		*0,05 min*	
140	*Werkstück aus dem Dreibackenfutter abspannen*			*0,5 min*
150	*Werkstück zum Schlichten zwischen Spitzen mit einem Stirnseitenmitnehmer aufspannen*			*1,5 min*
160	*Mit dem linken Schlichtdrehmeißel die rechte Seite schlichten*		*0,11 min*	*0,2 min*
170	*Mit dem rechten Schlichtdrehmeißel die linke Seite schlichten*		*0,10 min*	*0,2 min*
180	*Feingewinde M16 × 1,5 mit Gewindedrehmeißel fertigen*		*0,07 min*	*0,2 min*
190	*Feingewinde M14 × 1 fertigen*		*0,05 min*	
200	*Werkstück abspannen und prüfen*			*1,0 min*

Arbeitsschritt 10: Zeitbestimmung zum Rüsten
Der Arbeitsschritt 10 beinhaltet das Rüsten einer CNC-Drehmaschine. Die Rüstgrundzeit kann durch die Tabelle 26/1 bestimmt werden. Es wird die Rüstgrundzeit einer kleinen CNC-Drehmaschine mit dem Wert t_{rg} = 20 min zugrunde gelegt.

Arbeitsschritt 20, 200: Zeitbestimmung zum Prüfen
Zur Überprüfung der Halbzeug- und Fertigteilmaße durch die Fachkraft an der CNC-Drehmaschine wird aus der Tabelle 26/1 entnommen. Für den Vorgang 20 wird eine Nebenzeit von t_n = 0,3 min je Werkstück veranschlagt. Zum Abschluss der Fertigung werden die Fertigmaße und Passungen kontrolliert. Daher wird im Arbeitsvorgang 200 eine Nebenzeit von 0,5 min angesetzt.

Arbeitsschritte 30, 60, 90, 100, 120,140, 150 und 200: Zeitbestimmung zum Spannen
Für die Spanntätigkeiten am Werkstück muss vorweg die Masse des Rohteils bestimmt werden. Diese Berechnung für das Rohteilgewicht der Kolbenstange wurde bereits bei der Feinarbeitsplanung zum Sägen der Kolbenstange durchgeführt und ergab eine Masse von m = 0,67 kg (→ Arbeitsauftrag 5.3).

Für die nachfolgend aufgeführten Arbeitsschritte werden die Nebenzeiten zum Spannen aus der Tabelle 27/2 entnommen:

Arbeitsschritt 30:	Aufspannen im Dreibackenfutter	– t_{nsp} = 1,5 min
Arbeitsschritt 60:	Umspannen im Dreibackenfutter	– t_{nsp} = 1,2 min
Arbeitsschritt 90:	Abspannen im Dreibackenfutter	– t_{nsp} = 0,5 min
Arbeitsschritt 100:	Aufspannen im Dreibackenfutter	– t_{nsp} = 1,5 min
Arbeitsschritt 120:	Umspannen im Dreibackenfutter	– t_{nsp} = 1,2 min
Arbeitsschritt 140:	Abspannen im Dreibackenfutter	– t_{nsp} = 0,5 min
Arbeitsschritt 150:	Aufspannen zwischen Spitzen	– t_{nsp} = 1,5 min
Arbeitsschritt 200:	Abspannen zwischen Spitzen	– t_{nsp} = 0,5 min

Arbeitschritte 40 und 70: Zeitbestimmung zum Planen
Der erste Bearbeitungsschritt an einem Drehteil wird in der Regel mit dem Planen der Stirnflächen durchgeführt. Hierdurch werden die meist ungenauen Sägeschnitte ausgeglichen und Unwuchten für die nachfolgenden Bearbeitungsschritte vermieden. Zusätzlich erhält man eine genaue Anlagefläche zur Überprüfung von Längenmaßen. Die Zeitbestimmung zum Planen der Stirnseiten erfolgt nach den Berechnungsgrundlagen zum Drehen (→ Bild 78/1). Es gelten folgende Formeln:

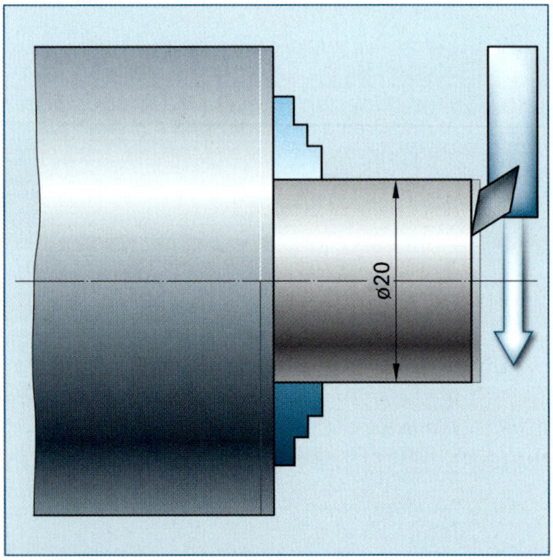

Bild 1: Planen der Kolbenstange

$$t_h = \frac{\pi \cdot d_m}{v_c \cdot f} \cdot L \cdot i$$

mit $L = \frac{d}{2} + l_a$

mit $d_m = \frac{d}{2}$

mit $d_m = \frac{d}{2} = \frac{20\text{ mm}}{2} = 10\text{ mm} = \mathbf{0{,}01\text{ m}}$

t_h: Hauptnutzungszeit in min
d_m: mittlerer Werkstückdurchmesser in m
v_c: Schnittgeschwindigkeit in m/min
f: Vorschub in mm
L: Vorschubweg in mm
d: Außendurchmesser in mm
i: Anzahl der Schnitte

Da auf beiden Stirnseiten der Kolbenstange der gleiche Vorgang zum Planen ausgeführt wird, reicht es aus, die Hauptnutzungszeit nur für eine Seite zu bestimmen. Für die Berechnung des Vorschubweges L muss der Außendurchmesser und der Anlaufweg (Tabelle 26/1) bekannt sein:

$$\boldsymbol{L} = \frac{d}{2} + l_a = \frac{20}{2}\text{ mm} + 2\text{ mm} = \mathbf{12\ mm}$$

Die noch fehlende Schnittgeschwindigkeit für die Berechnung der Hauptnutzungszeit t_h wird ebenso aus der Tabelle 26/1 entnommen. Beim Einsatz eines Schneidwerkzeuges mit Hartmetallplatten wird der Wert v_c = 150 m/min festgelegt. Der zugehörige Vorschub wird mit der Größe f = 0,25 mm abgelesen. Somit ergibt sich bei zwei Schnitten pro Stirnseite (i = 2 aufgrund der in Tabelle 26/1 angegebenen Spantiefe von a_p = 1 mm) für die Hauptnutzungszeit t_h folgende Berechnung:

$$\boldsymbol{t_h} = \frac{\pi \cdot d_m}{v_c \cdot f} \cdot L \cdot i = \frac{\pi \cdot 0{,}01\text{ m}}{150\frac{\text{m}}{\text{min}} \cdot 0{,}25\text{ mm}} \cdot 12\text{ mm} \cdot 2 = \mathbf{0{,}02\ min}$$

Das Einwechseln des Plandrehmeißels erfolgt sowohl beim Arbeitsschritt 40 als auch beim Schritt 60. Die Nebenzeit zum Einwechseln des Plandrehmeißels wird aus der Tabelle 26/1 abgelesen und mit jeweils t_n = 0,2 min festgelegt.

Arbeitschritte 50 und 80: Zeitbestimmung zum Zentrieren

Für den Zentrierbohrer nach DIN 332 – A4 × 8,5 ergibt sich lt. Tabellenbuch eine Mindesttiefe von t_{min} = 7,4 mm. Mit dem Anlaufweg von 2 mm (Tabelle 28/1) beträgt der Vorschubweg des Zentrierbohrers demnach 9,4 mm.

$$\boldsymbol{L} = l + l_a = 7{,}4\text{ mm} + 2\text{ mm} = \mathbf{9{,}4\ mm}$$

Die Drehzahl des Zentrierbohrers wird wie der Anlaufweg aus der **Tabelle 28/1** entnommen. Der Drehzahlwert wird mit einer festen Größe von n = 2000 min^{-1} angegeben. Der Vorschub des Zentrierbohrers wird lt. Tabelle 28/1 mit f = 0,3 mm festgelegt. Setzt man die entsprechenden Werte in die Formel zur Berechnung der Hauptnutzungszeit beim Bohren ein, so erhält man das folgende Ergebnis:

$$\boldsymbol{t_h} = \frac{L \cdot i}{n \cdot f} = \frac{9{,}4\text{ mm} \cdot 1}{2000\text{ min}^{-1} \cdot 0{,}3\text{ mm}} = \mathbf{0{,}2\ min}$$

Die Nebenzeit für das Einwechseln der Zentrierbohrer auf der rechten und linken Seite wird zum Bohren mit t_n = 0,2 min pro Werkzeugwechsel angegeben (Tabelle 28/1).

Arbeitschritt 110: Zeitbestimmung zum Vordrehen der linken Seite

Das Schruppen der linken Seite (Bild 1) erfordert die Fertigung von zwei Absätzen mit der Einhaltung eines entsprechenden Bearbeitungsaufmaßes zum Schlichten. Dieses Bearbeitungsaufmaß ergibt sich aus der übrig gebliebenen Schnitttiefe zum Schlichten der Größe a_p = 0,5 mm, die wiederum aus der Tabelle 26/1 zum Drehen entnommen wird.

Somit ergibt sich beim Schruppen des ersten Absatzes vom ø20 auf den ø19 eine Länge von 39,5 mm. Der zweite Absatz wird anschließend vom ø19 auf den ø17 mit einer Länge von 30,5 mm vorgedreht.

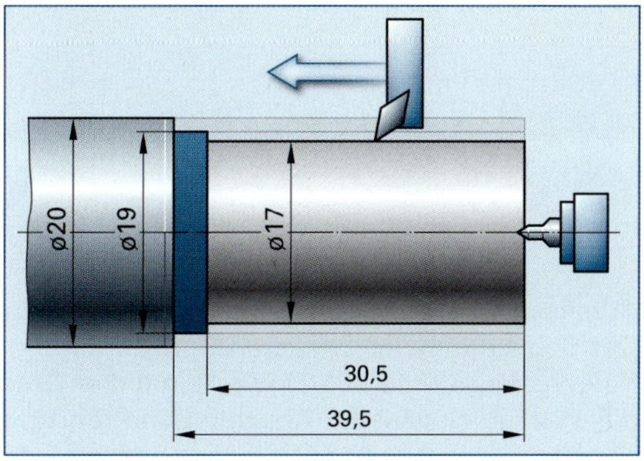

Bild 1: Schruppen der linken Seite der Kolbenstange

Entnimmt man der Tabelle 26/1 die Schnittgeschwindigkeit v_c = 240 m/min und den Vorschub mit f = 0,5 mm, kann mit der Festlegung des Vorschubweges L und der Anzahl der Schnitte i die Hauptnutzungszeit berechnet werden. Da zum Schruppen eine maximale Schnitttiefe von 5 mm erlaubt ist, kann jeder Absatz aufgrund der geringen erforderlichen Schnitttiefe in einem Schnitt vorgedreht werden. Die Vorschublängen der beiden Absätze berechnen sich aus den o.g. Werkstücklängen mit der Zugabe eines Anlaufweges von jeweils l_a = 2 mm.

$$\mathbf{L_1} = l + l_a = 39{,}5\ \text{mm} + 2\ \text{mm} = \mathbf{41{,}5\ mm}$$
$$\mathbf{L_2} = l + l_a = 30{,}5\ \text{mm} + 2\ \text{mm} = \mathbf{32{,}5\ mm}$$

Mit dem Werkstückdurchmesser des Halbzeugs von d = 20 mm = 0,02 m kann dann die Hauptnutzungszeit zum Schruppen beim Längsrunddrehen wie folgt mit der nachfolgenden Formel (→ Bild 78/1) bestimmt werden:

$$t_h = \frac{\pi \cdot d}{v_c \cdot f} \cdot (L_1 \cdot i_1 + L_2 \cdot i_2) = \frac{\pi \cdot 0{,}02\ \text{m}}{240\,\frac{\text{m}}{\text{min}} \cdot 0{,}5\ \text{mm}} \cdot (41{,}5\ \text{mm} \cdot 1 + 32{,}5\ \text{mm} \cdot 1) = \mathbf{0{,}04\ min}$$

Zum Schruppen der rechten und linken Seite der Kolbenstange wird insgesamt nur ein Schruppdrehmeißel benötigt. Daher wird nur für den Arbeitschritt 110 eine Nebenzeit aus der Tabelle 26/1 mit der Größe t_n = 0,2 min angegeben.

Arbeitschritt 130: Zeitbestimmung zum Vordrehen der rechten Seite

Beim Schruppen der rechten Seite (Bild 1) muss, wie bei der linken Seite, die Fertigung von zwei Absätzen mit der Einhaltung eines entsprechenden Bearbeitungsaufmaßes zum Schlichten durchgeführt werden.

Der erste Absatz wird vom ø20 auf den ø19 abgedreht. Die Länge des Absatzes beträgt hierbei 44,5 mm. Der zweite Absatz wird anschließend vom ø19 auf den ø15 mit einer Länge von 39 mm vorgedreht.

Die Werte für die Schnittgeschwindigkeit, den Vorschub, die Spantiefe sowie den Anlaufweg sind mit den Werten der rechten Seite identisch. Somit ergibt sich für einen Werkstückdurchmesser von d = 20 mm vor der Bearbeitung folgende Hauptnutzungszeitberechnung:

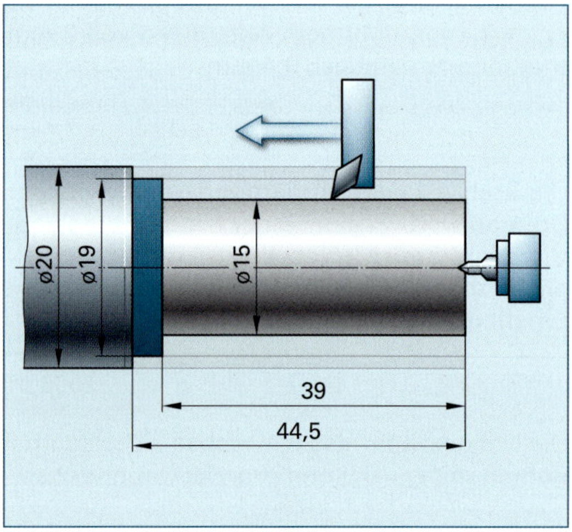

Bild 1: Schruppen der rechten Seite der Kolbenstange

$$t_h = \frac{\pi \cdot d}{v_c \cdot f} \cdot (L_1 \cdot i_1 + L_2 \cdot i_2) = \frac{\pi \cdot 0{,}02\ \text{m}}{240\,\frac{\text{m}}{\text{min}} \cdot 0{,}5\ \text{mm}} \cdot (46{,}5\ \text{mm} \cdot 1 + 41\ \text{mm} \cdot 1) = \mathbf{0{,}05\ min}$$

mit $\mathbf{L_1} = l + l_a = 44{,}5\ \text{mm} + 2\ \text{mm} = \mathbf{46{,}5\ mm}$
und $\mathbf{L_2} = l + \ = 39\ \text{mm} + 2\ \text{mm} = \mathbf{41\ mm}$

Arbeitschritt 160: Zeitbestimmung zum Fertigdrehen der rechten Seite

Das Schlichten wird zwischen Spitzen durchgeführt. Für die Bearbeitung der rechten Seite der Kolbenstange (Bild 261/1) wird ein linker Drehmeißel mit einem Anlaufweg von l_a = 2 mm vor das Werkstück gestellt. Anschließend fährt die Spitze der Schneide den Konturweg an der Kolbenstange entlang. Am Ende des Konturweges wird der Drehmeißel mit einem Überlaufweg von $l_ü$ = 2 mm herausgefahren. Der Konturweg ermittelt sich folgendermaßen:

$L_{ges} = l_a + l_1 + l_2 + l_3 + l_4 + l_5 + l_ü$

$L_{ges} = (2 + \sqrt{1^2 + 1^2} + 38{,}5 + 2 + 5{,}5 + 1 + 2)$ mm

$\mathbf{L_{ges} = 52{,}41}$ **mm**

Mit der Angabe des größten zu bearbeitenden Werkstückmessers der Kolbenstange von $d = 20$ mm und den aus Tabelle 26/1 abgelesenen Werten für die Schnittgeschwindigkeit mit $v_c = 300$ m/min und dem Vorschub $f = 0{,}1$ mm kann nun die Hauptnutzungszeit mit folgender Formel bestimmt werden (→ Bild 78/1):

$$t_h = \frac{\pi \cdot d}{v_c \cdot f} \cdot L_{ges} = \frac{\pi \cdot 0{,}02 \text{ m}}{300 \frac{\text{m}}{\text{min}} \cdot 0{,}1 \text{ mm}} \cdot 52{,}41$$

$\mathbf{t_h = 0{,}11}$ **min**

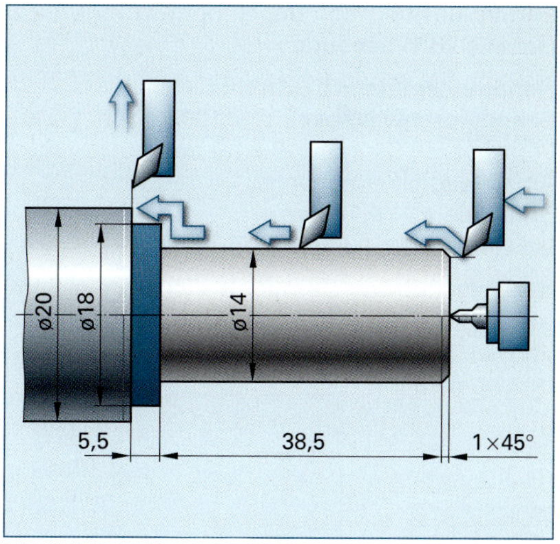

Bild 1: Schlichten der rechten Seite der Kolbenstange

Zum Einwechseln eines linken Schlichtdrehmeißels wird in diesem Arbeitsschritt eine Nebenzeit von $t_n = 0{,}2$ min benötigt (Tabelle 26/1).

Arbeitschritt 170: Zeitbestimmung zum Fertigdrehen der linken Seite

Für das Schlichten der linken Seite der Kolbenstange (Bild 2) wird das Werkzeug wiederum gewechselt. Die hierfür benötigte Nebenzeit ist mit $t_n = 0{,}2$ min unverändert zum Arbeitsschritt 160. Der nun eingesetzte rechte Drehmeißel fährt ebenso wie im vorhergehenden Arbeitsschritt die Kontur der Kolbenstange mit einem Anlauf- und Überlaufweg von jeweils 2 mm entlang. Es ergibt sich aufgrund der Konturmaße folgender Weg:

$L_{ges} = l_a + l_1 + l_2 + l_3 + l_4 + l_5 + l_ü$

$L_{ges} = (2 + \sqrt{1{,}5^2 + 1{,}5^2} + 29{,}5 + 1 + 9 + 1 + 2)$ mm

$\mathbf{L_{ges} = 46{,}62}$ **mm**

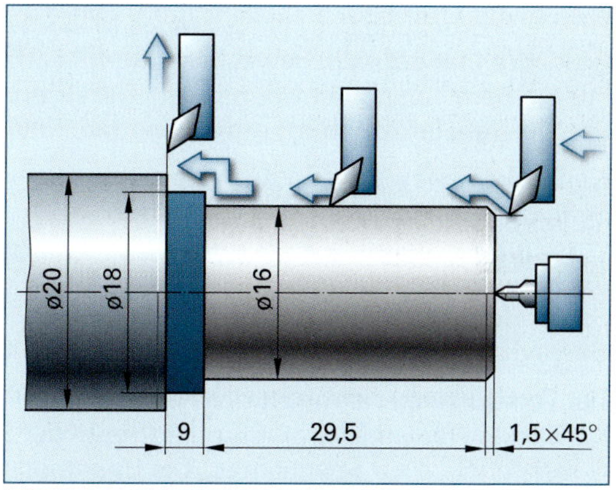

Bild 2: Schlichten der linken Seite der Kolbenstange

Da die Werte für die Schnittgeschwindigkeit und den Vorschub unverändert gegenüber dem Schlichten der rechten Seite sind, berechnet sich die Hauptnutzungszeit zum Schlichten der linken Seite folgendermaßen:

$$\mathbf{t_h} = \frac{\pi \cdot d}{v_c \cdot f} \cdot L_{ges} = \frac{\pi \cdot 0{,}02 \text{ m}}{300 \frac{\text{m}}{\text{min}} \cdot 0{,}1 \text{ mm}} \cdot 46{,}62 = \mathbf{0{,}10 \text{ min}}$$

Arbeitschritt 180: Zeitbestimmung zum Gewindedrehen M16 × 1,5

Die letzten beiden Arbeitsschritte zur spanenden Fertigung der Kolbenstange auf der CNC-Drehmaschine beinhalten die Drehbearbeitung der Feingewinde. Beide Feingewinde werden mit einem Gewindedrehmeißel bearbeitet. Es findet somit nur ein Werkzeugwechsel mit der Nebenzeit von $t_n = 0{,}2$ min statt (Tabelle 26/1).

Für die Bestimmung der Hauptnutzungszeit zum Gewindedrehen werden folgende Richtwerte (Tabelle 26/1) benötigt:

Nenndurchmesser $d = 16$ mm
Schnittgeschwindigkeit $v_c = 100$ m/min
Vorschub $f =$ Steigung $P = 1{,}5$ mm
Anlaufweg/Überlaufweg $l_a = l_ü = 2$ mm
Spantiefe $a_p = 0{,}14$ mm
Gewindetiefe $h = 0{,}6134 \cdot P = 0{,}6134 \cdot 1{,}5$ mm $= 0{,}92$ mm (→ Tabellenbuch)

Der Vorschubweg L ermittelt sich aus der Summierung der Gewindelänge l zuzüglich des Anlaufwegs l_a. Die noch fehlende Größe für die Anzahl der Schnitte berechnet sich aus dem Verhältnis von der Gewindetiefe h zur Spantiefe a_p. Die Berechnung zur Hauptnutzungszeit wird nachfolgend beschrieben:

$$\boldsymbol{t_h} = \frac{\pi \cdot d}{v_c \cdot f} \cdot L \cdot i = \frac{\pi \cdot 0{,}016\ \text{m}}{100\ \frac{\text{m}}{\text{min}} \cdot 1{,}5\ \text{mm}} \cdot 31 \cdot 7 = \mathbf{0{,}07\ min}$$

$$\text{mit } \boldsymbol{L} = l + l_a + l_ü = 27\ \text{mm} + 2\ \text{mm} + 2\ \text{mm} = \mathbf{31\ mm}$$

$$\text{und } \boldsymbol{i} = \frac{h}{a_p} = \frac{0{,}92\ \text{mm}}{0{,}14\ \text{mm}} = \mathbf{6{,}57 \rightarrow \boldsymbol{i} = 7}$$

Arbeitschritt 190: Zeitbestimmung zum Gewindedrehen M14 × 1
Für die Bearbeitung des Feingewindes M14 × 1 auf der rechten Seite der Kolbenstange wird der Gewindedrehmeißel nicht gewechselt. Somit entfällt hierbei die Nebenzeit für den Werkzeugwechsel. Für die Berechnung der Hauptnutzungszeit zum Gewindedrehen können die einzusetzenden Größen der Tabelle 26/1 entnommen werden. Folgende Werte können bereits angegeben werden:

Nenndurchmesser $d = 14$ mm
Schnittgeschwindigkeit $v_c = 100$ m/min
Vorschub $f =$ Steigung $P = 1$ mm
Anlaufweg/Überlaufweg $l_a = l_u = 2$ mm
Spantiefe $a_p = 0{,}14$ mm
Gewindetiefe $h = 0{,}6134 \cdot P = 0{,}6134 \cdot 1$ mm $= 0{,}6134$ mm (→ Tabellenbuch)

Der Vorschubweg L ermittelt sich aus der Summierung der Gewindelänge l zuzüglich des Anlaufwegs l_a. Die noch fehlende Größe für die Anzahl der Schnitte berechnet sich aus dem Verhältnis von der Gewindetiefe h zur Spantiefe a_p. Die Hauptnutzungszeit wird folgendermaßen berechnet:

$$\boldsymbol{t_h} = \frac{\pi \cdot d}{v_c \cdot f} \cdot L \cdot i = \frac{\pi \cdot 0{,}014\ \text{m}}{100\ \frac{\text{m}}{\text{min}} \cdot 1\ \text{mm}} \cdot 24 \cdot 5 = \mathbf{0{,}05\ min}$$

$$\text{mit } \boldsymbol{L} = l + l_a + l_ü = 20\ \text{mm} + 2\ \text{mm} + 2\ \text{mm} = \mathbf{24\ mm}$$

$$\text{und } \boldsymbol{i} = \frac{h}{a_p} = \frac{0{,}6134\ \text{mm}}{0{,}14\ \text{mm}} = \mathbf{4{,}38 \rightarrow \boldsymbol{i} = 5}$$

Berechnung der Rüstzeit t_r und der Zeit je Einheit t_e zum CNC-Drehen
Zur Berechnung der Rüstzeit t_r (Tabelle 26/1) wird auf die Rüstgrundzeit t_{rg} der Verteil- und Erholzeitzuschlag von 15 % aufgeschlagen:

$$\boldsymbol{t_r} = t_{rg} \cdot 1{,}15 = 20\ \text{min} \cdot 1{,}15 = \mathbf{23\ min}$$

Die Zeit je Einheit t_e ergibt sich aus der Summierung der einzelnen Hauptnutzungszeiten und Nebenzeiten sowie aus der Beaufschlagung dieser Summe mit dem Verteil- und Erholzeitzuschlag von 15 %:

$$t_e = [\Sigma t_h + \Sigma t_n] \cdot 1{,}15$$

$$t_e = [(0{,}02 + 0{,}02 + 0{,}02 + 0{,}02 + 0{,}04 + 0{,}05 + 0{,}11 + 0{,}10 + 0{,}07 + 0{,}05)\text{ min} + (0{,}3 + 1{,}5 + 0{,}2 + 0{,}2 + 1{,}2 + 0{,}2 + 0{,}2 + 0{,}5 + 1{,}5 + 0{,}2 + 1{,}2 + 0{,}5 + 1{,}5 + 0{,}2 + 0{,}2 + 0{,}2 + 1{,}0)\text{ min}] \cdot 1{,}15$$

$$\mathbf{t_e} = [0{,}50\text{ min} + 10{,}8\text{ min}] \cdot 1{,}15 = \mathbf{13{,}00\text{ min}}$$

Lösungshinweis zum Arbeitsauftrag 5.5:

Feinplanung zum Fräsen der Kolbenstange:

Blatt-Nr.	Bearbeiter	Datum	Start-Termin	End-Termin	Gültig ab
1 **von** *1*	*Müller*				
Platz-Nr.	**Platzbezeichnung**	**Benennung**		**Werkstoff/Abmessungen**	
100603	*Universalfräsmaschine*	*Kolbenstange*			
Rohgewicht	**Verteil- und Erholzeitzuschlag**	**Rüstzeit t_r**		**Zeit je Einheit (Stückzeit) t_e**	
0,67 kg	*15 %*	*34,5 min*		*3,66 min*	

AVG-Nr.	Arbeitsvorgangsbeschreibung	Rüstgrundzeit t_{rg}	Hauptnutzungszeit t_h	Nebenzeit t_n
10	*Universalfräsmaschine einrichten*	*30 min*		
20	*Einspannen der Kolbenstange in einen Teilkopf*			*1,5 min*
30	*Fräsen der ersten Schlüsselfläche an dem ø18*		*0,04 min*	
40	*Umspannen der Kolbenstange durch Drehung des Teilkopfes um 180°*			*1,2 min*
50	*Fräsen der zweiten Schlüsselfläche an dem ø18*		*0,04 min*	
60	*Abspannen der Kolbenstange aus den Teilkopf*			*0,4 min*

Die Fräsbearbeitung der Kolbenstange wird auf einer Universalfräsmaschine durchgeführt. Hierbei werden an dem ø18 der linken Seite der Kolbenstange zwei gegenüberliegende Flächen mit einer Schlüsselweite von 17 mm angefräst.

Die Kopfdaten des Feinarbeitsplanes zum Fräsen der Kolbenstange enthalten neben den bereits verwendeten Daten eine andere Arbeitsplatzbezeichnung, die dem Grobarbeitsplan der Kolbenstange (→ Arbeitsauftrag 5.1) zu entnehmen ist.

Arbeitsschritt 10: Zeitbestimmung zum Einrichten:
Die Rüstgrundzeit einer kleinen Fräsmaschine wird mit t_{rg} = 30 min angesetzt (Tabelle 27/1).

Arbeitsschritte 30 und 50: Zeitbestimmung zum Fräsen der Schlüsselfläche
Bild 272/1 verdeutlicht den Fräsvorgang an der Werkzeugmaschine. Als Spannmittel für die Kolbenstange wird ein Teilkopf gewählt. Dieses Spannmittel erlaubt ein genaues Schwenken der Kolbenstange um 180°. Somit ist ein paralleles Fräsen der Schlüsselflächen gewährleistet. Als Werkzeug wird ein Schaftfräser ø10 mm eingesetzt.

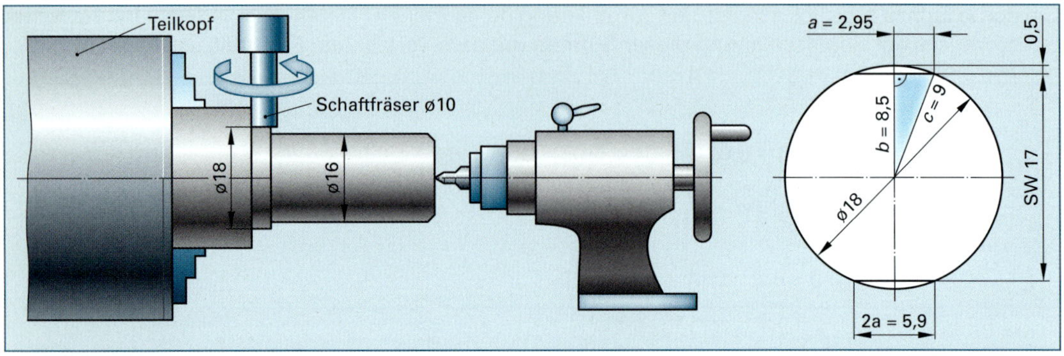

Bild 1: Fräsbearbeitung der Schlüsselfläche

Für die Berechnung der Hauptnutzungszeit müssen die zu bearbeitenden Längen am Werkstück ermittelt werden. Bild 1 zeigt den Querschnitt der Kolbenstange an der Schlüsselfläche. Zur Bestimmung der zu bearbeitenden Länge l ist die Anwendung des „Lehrsatzes von Pythagoras" erforderlich:

$$\boldsymbol{a} = \sqrt{c^2 - b^2} = \sqrt{9^2 - 8{,}5^2\ \text{mm}} = \mathbf{2{,}95\ mm}$$

$$\text{mit } b = \frac{17\ \text{mm}}{2} = 8{,}5\ \text{mm}$$

$$\text{und } c = \frac{18\ \text{mm}}{2} = 9\ \text{mm}$$

$$\boldsymbol{l} = 2 \cdot a = 2 \cdot 2{,}95\ \text{mm} = \mathbf{5{,}9\ mm}$$

$$\boldsymbol{t_h} = \frac{L \cdot i}{v_f} = \frac{19{,}9\ \text{mm} \cdot 1}{450\ \frac{\text{mm}}{\text{min}}} = \mathbf{0{,}04\ min}$$

$$\text{mit } L = l + d + l_a + l_ü$$

$$L = 5{,}9\ \text{mm} + 10\ \text{mm} + 2\ \text{mm} + 2\ \text{mm}$$

$$\boldsymbol{L} = \mathbf{19{,}9\ mm}$$

Die maximale Schnitttiefe a_p bei der Bearbeitung der Schlüsselfläche wird im Bild 1 verdeutlicht. Die Schnitttiefe wird hierbei mit der Größe a_p = 0,5 mm festgelegt. Somit ist die Bearbeitung der Schlüsselfläche in einem Schnitt möglich.

Die Vorschubgeschwindigkeit kann aus der Richtwerttabelle zum Fräsen (Tabelle 27/1) mit dem Wert v_f = 450 mm/min an der Universalfräsmaschine für einen Schaftfräser eingestellt werden. Mit der ermittelten Vorschubgeschwindigkeit und der bereits berechneten Länge zum Fräsen der Schlüsselfläche kann nun die Hauptnutzungszeit bestimmt werden.

Arbeitsschritte 20, 40 und 60: Zeitbestimmung zum Spannen

Die Nebenzeiten für die Spannvorgänge werden aus der Richtwerttabelle zum Spannen bestimmt (Tabelle 27/2). Für das bereits ermittelte Gewicht der Kolbenstange von m = 0,67 kg können die nachfolgend aufgeführten Spannzeiten aus der Tabelle abgelesen werden. Das Spannmittel „Vorrichtung" steht in der Richtwerttabelle für die nicht aufgeführten Spannmittel wie z.B. den Teilkopf:

Arbeitsschritt 20:	Aufspannen in den Teilkopf	- t_{nsp} = 1,5 min
Arbeitsschritt 40:	Umspannen im Teilkopf	- t_{nsp} = 1,2 min
Arbeitsschritt 60:	Abspannen aus dem Teilkopf	- t_{nsp} = 0,4 min

Berechnung der Rüstzeit t_r und der Zeit je Einheit t_e zum Fräsen

Zur Berechnung der **Rüstzeit t_r** wird auf die Rüstgrundzeit t_{rg} der Verteil- und Erholzeitzuschlag von 15 % aufgeschlagen:

$$t_r = t_{rg} \cdot 1{,}15 = 30\ \text{min} \cdot 1{,}15 = \mathbf{34{,}5\ min}$$

Die Zeit je **Einheit t_e** ergibt sich aus der Summierung der einzelnen Hauptnutzungszeiten und Nebenzeiten sowie aus der Beaufschlagung der Summe mit dem Verteil- und Erholzeitzuschlag von 15 %:

$$t_e = [\Sigma t_h + \Sigma t_n] \cdot 1{,}15$$
$$t_e = [(0{,}04 + 0{,}04)\ \text{min} + (1{,}5 + 1{,}2 + 0{,}4)\ \text{min}] \cdot 1{,}15$$
$$\boldsymbol{t_e} = [3{,}18\ \text{min}] \cdot 1{,}15 = \mathbf{3{,}66\ min}$$

Lösungshinweis zum Arbeitsauftrag 5.6:

Grobarbeitsplan der Kolbenstange mit Fertigungszeiten:

Blatt-Nr.	Bearbeiter	Datum	Start-Termin	End-Termin	Gültig ab
1 von *1*	*Müller*				
Plan-Nr.	**Klassifizierungs-Nr.**	**Benennung**		**Werkstoff/Abmessungen**	
T2		*Kolbenstange*		*ø20 × 264 X20Cr13*	

Pos-Nr.	Platz-Nr.	Platzbezeichnung	Lohnart	Überlappungsgrad	Split.-faktor	Rüstzeit	Zeit je Einheit	Zwischenzeit	Zusatzzeit	Bez. menge
10	*101001*	*Bereitstelllager Werkstatt*	*ZL*	*1*	*1*			*17,25*		*1*
	Arbeitsvorgangsbeschreibung:		*Werkstück auf Anforderung an den Arbeitsplatz bereitstellen*							
20	*100401*	*Kreissäge klein*	*ZL*	*1*	*1*	*5,75*	*2,45*			*1*
	Arbeitsvorgangsbeschreibung:		*Werkstück sägen*							
30	*101001*	*Bereitstelllager Werkstatt*	*ZL*	*1*	*1*			*17,25*		*1*
	Arbeitsvorgangsbeschreibung:		*Werkstück auf Anforderung an den Arbeitsplatz bereitstellen*							
40	*100501*	*CNC-Drehmaschine*	*ZL*	*1*	*3*	*23*	*13*			*1*
	Arbeitsvorgangsbeschreibung:		*Werkstück mit einseitigem Gewinde drehen*							
50	*101001*	*Bereitstelllager Werkstatt*	*ZL*	*1*	*1*			*17,25*		*1*
	Arbeitsvorgangsbeschreibung:		*Werkstück auf Anforderung an den Arbeitsplatz bereitstellen*							
60	*100603*	*Universalfräsmaschine*	*ZL*	*1*	*1*	*34,5*	*3,66*			*1*
	Arbeitsvorgangsbeschreibung:		Schlüsselflächen an das Werkstück fräsen							
70	*101001*	*Bereitstelllager Werkstatt*	*ZL*	*1*	*1*			*17,25*		*1*
	Arbeitsvorgangsbeschreibung:		*Werkstück auf Anforderung an den Arbeitsplatz bereitstellen*							
80	*100050*	*Qualitätskontrolle*	*ZL*	*1*	*1*		*9,2*			*30*
	Arbeitsvorgangsbeschreibung:		*Überprüfung der Maße sowie der Form- und Lagetoleranzen*							

Ermittlung der Fertigungszeit zur Qualitätskontrolle

Die **Grundzeit t_g** für die **Qualitätskontrolle** eines Bauteils (Tabelle 28/3) wird mit 8 min angegeben. Die Zeit je Einheit (eine Einheit entspricht der Bezugsmenge von 30 Kolbenstangen) ergibt sich mit der Beaufschlagung der Summe mit dem Verteil- und Erholzeitfaktor von 15 % durch folgende Berechnung:

$$t_e = t_g \cdot 1{,}15 = 8\ \text{min} \cdot 1{,}15 = \mathbf{9{,}2\ min}$$

Lösungshinweis zum Arbeitsauftrag 5.7:

Grobarbeitspläne zu den Baugrupen Kolben, Kolbenstange und Zugstange:

Blatt-Nr.	Bearbeiter	Datum	Start-Termin	End-Termin	Gültig ab
1 von *1*	*Müller*				
Plan-Nr.	**Klassifizierungs-Nr.**	**Benennung**		**Werkstoff/Abmessungen**	
G3		*Baugruppe Kolben*			

Pos-Nr.	Platz-Nr.	Platzbezeichnung	Lohnart	Überlappungsgrad	Split.-faktor	Rüstzeit	Zeit je Einheit	Zwischenzeit	Zusatzzeit	Bez. menge
10	*401001*	*Bereitstelllager Montage*	*ZL*	*1*	*1*			*17,25*		*1*
	Arbeitsvorgangsbeschreibung:		*Werkstück auf Anforderung am Arbeitsplatz bereitstellen*							
20	*400102*	*Montageplatz 2*	*ZL*	*1*	*1*	*5,75*	*0,35*			*1*
	Arbeitsvorgangsbeschreibung:		*Bauteile der Baugruppe fügen*							

Blatt-Nr.	Bearbeiter	Datum	Start-Termin	End-Termin	Gültig ab
1 von *1*	*Müller*				
Plan-Nr.	**Klassifizierungs-Nr.**	**Benennung**		**Werkstoff/Abmessungen**	
G4		*Baugruppe Kolbenstange*			

Pos-Nr.	Platz-Nr.	Platzbezeichnung	Lohnart	Überlappungsgrad	Split.-faktor	Rüstzeit	Zeit je Einheit	Zwischenzeit	Zusatzzeit	Bez. menge
10	*401001*	*Bereitstelllager Montage*	*ZL*	*1*	*1*			*17,25*		*1*
	Arbeitsvorgangsbeschreibung:		*Werkstück auf Anforderung am Arbeitsplatz bereitstellen*							
20	*400102*	*Montageplatz 2*	*ZL*	*1*	*1*		*1,84*			*1*
	Arbeitsvorgangsbeschreibung:		*Bauteile der Baugruppe fügen*							

Blatt-Nr.	Bearbeiter	Datum	Start-Termin	End-Termin	Gültig ab
1 von *1*	*Müller*				
Plan-Nr.	**Klassifizierungs-Nr.**	**Benennung**		**Werkstoff/Abmessungen**	
G5		*Baugruppe Zugstange*			

Pos-Nr.	Platz-Nr.	Platzbezeichnung	Lohnart	Überlappungsgrad	Split.-faktor	Rüstzeit	Zeit je Einheit	Zwischenzeit	Zusatzzeit	Bez. menge
10	*401001*	*Bereitstelllager Montage*	*ZL*	*1*	*1*			*17,25*		*1*
	Arbeitsvorgangsbeschreibung:		*Werkstück auf Anforderung am Arbeitsplatz bereitstellen*							
20	*400102*	*Montageplatz 2*	*ZL*	*1*	*1*		*0,46*			*1*
	Arbeitsvorgangsbeschreibung:		*Bauteile der Baugruppe fügen*							

Die aufgeführte Zeit für den **Bereitstellplatz** ist dem Lösungshinweis zum Arbeitsauftrag 5.2 zu entnehmen. Die Zeiten für den **Montageplatz 2** ergeben sich aus der nachfolgend durchgeführten Feinplanung und der dazugehörigen Berechnung der Fertigungszeiten.

Zur Montage der **Baugruppe Kolben** werden ausschließlich zwei Dichtringe auf den Kolben aufgezogen. Die Baugruppe Kolben ist Teil der Baugruppe Kolbenstange

Bei der **Baugruppe Kolbenstange** wird der Kolben mit seinen Dichtringen auf die eigentliche Kolbenstange gezogen. Zuvor werden aber auf die Kolbenstange ein kleiner O-Ring und ein Dämpfungshals aufgesetzt. Die Arretierung der Einzelteile auf der Kolbenstange erfolgt mit einer Kolbenmutter, die mit dem zweiten Dämpfungshals zusammengesetzt wird. Abschließend wird bei der Baugruppe Kolbenstange ein Kolbenführungsband über den Kolben gezogen.

Die **Baugruppe Zugstange** besteht lediglich aus der Zugstange mit einer einseitig aufgedrehten Mutter.

Feinarbeitspläne für den Montageplatz 2:
Auf den **Montageplatz 2** werden die Baugruppen Kolben, Kolbenstange und Zugstange zusammengesetzt. Die Gundzeiten der Montagevorgänge können der Tabelle 28/2 entnommen werden.

Blatt-Nr.	Bearbeiter	Datum	Start-Termin	End-Termin	Gültig ab
1 von *1*	*Müller*				
Platz-Nr. *400102*	**Platzbezeichnung** *Montageplatz 2*	**Benennung** *Baugruppe Kolben*		**Werkstoff/Abmessungen**	
Rohgewicht *0,172 kg*	**Verteil- und Erholzeitzuschlag** *15 %*	**Rüstzeit t_r** *5,75 min*		**Zeit je Einheit (Stückzeit) t_e** *0,69 min*	

AVG-Nr.	Arbeitsvorgangsbeschreibung	Rüstgrundzeit t_{rg}	Grundzeit t_g
10	*Montageplatz einrichten*	*5 min*	
20	*Kolbendichtringe auf den Kolben schieben*		*0,6 min*

Blatt-Nr.	Bearbeiter	Datum	Start-Termin	End-Termin	Gültig ab
1 von *1*	*Müller*				
Platz-Nr. *400102*	**Platzbezeichnung** *Montageplatz 2*	**Benennung** *Baugruppe Kolbenstange*		**Werkstoff/Abmessungen**	
Rohgewicht *0,740 kg*	**Verteil- und Erholzeitzuschlag** *15 %*	**Rüstzeit t_r**		**Zeit je Einheit (Stückzeit) t_e** *1,84 min*	

AVG-Nr.	Arbeitsvorgangsbeschreibung	Rüstgrundzeit t_{rg}	Grundzeit t_g
10	*O-Ring auf die Kolbenstange schieben*		*0,3 min*
20	*Dämpfungshals auf die Kolbenstange schieben*		*0,2 min*
30	*Baugruppe Kolben auf die Kolbenstange schieben*		*0,3 min*
40	*Dämpfungshals auf die Kolbenstange schieben*		*0,2 min*
50	*Kolbenmutter auf die Kolbenstange drehen*		*0,4 min*
60	*Kolbenführungsband auf den Kolben setzen*		*0,2 min*

Blatt-Nr.	Bearbeiter	Datum	Start-Termin	End-Termin	Gültig ab
1 von *1*	*Müller*				
Platz-Nr. *400102*	**Platzbezeichnung** *Montageplatz 2*	**Benennung** *Baugruppe Zugstange*		**Werkstoff/Abmessungen**	
Rohgewicht *0,075 kg*	**Verteil- und Erholzeitzuschlag** *15 %*	**Rüstzeit t_r**		**Zeit je Einheit (Stückzeit) t_e** *0,46 min*	

AVG-Nr.	Arbeitsvorgangsbeschreibung	Rüstgrundzeit t_{rg}	Grundzeit t_g
10	*Mutter einseitig auf die Zugstange drehen*		*0,4 min*

Berechnung der Rüstzeit t_r und der Zeit je Einheit t_e für den Montageplatz 2:
Zur Berechnung der Rüstzeit t_r wird auf die Rüstgrundzeit t_{rg} der Verteil- und Erholzeitzuschlag von 15 % aufgeschlagen. Die Rüstgrundzeit wird wie beim Montageplatz 1 nur einmalig der Baugruppe Kolben zugeordnet.

$$t_r = t_{rg} \cdot 1{,}15 = 5\ \text{min} \cdot 1{,}15 = \mathbf{5{,}75\ min}$$

Die Zeit je Einheit t_e für die drei Baugruppen ergibt sich aus der Summierung der einzelnen Hauptnutzungszeiten und Nebenzeiten sowie aus der Beaufschlagung des Verteil- und Erholzeitzuschlags von 15%:

Baugruppe Kolben: $t_e = \Sigma t_g \cdot 1{,}15 = 0{,}6\ \text{min} \cdot 1{,}15 = \mathbf{0{,}69\ min}$

Baugruppe Kolbenstange:
$t_e = \Sigma t_g \cdot 1{,}15$
$t_e = (0{,}3 + 0{,}2 + 0{,}3 + 0{,}2 + 0{,}4 + 0{,}2)\ \text{min} \cdot 1{,}15$
$t_e = 1{,}6\ \text{min} \cdot 1{,}15 = \mathbf{1{,}84\ min}$

Baugruppe Zugstange: $t_e = \Sigma t_g \cdot 1{,}15 = 0{,}4\ \text{min} \cdot 1{,}15 = \mathbf{0{,}46\ min}$

Lösungshinweis zum Arbeitsauftrag 5.8:

Grobarbeitsplan zur Endmontage des doppelwirkenden Pneumatikzylinders:

Blatt-Nr.	Bearbeiter	Datum	Start-Termin	End-Termin	Gültig ab
1 von 1	*Müller*				
Plan-Nr.	**Klassifizierungs-Nr.**	**Benennung**		**Werkstoff/Abmessungen**	
E1		*Doppeltwirkender Pneumatikzylinder*			

Pos-Nr.	Platz-Nr.	Platzbezeichnung	Lohnart	Überlappungsgrad	Split.-faktor	Rüstzeit	Zeit je Einheit	Zwischenzeit	Zusatzzeit	Bez. menge
10	*401001*	*Bereitstelllager Montage*	*ZL*	*1*	*1*			*17,25*		*1*
	Arbeitsvorgangsbeschreibung:		*Werkstück auf Anforderung an den Arbeitsplatz bereitstellen*							
20	*400103*	*Montageplatz 3*	*ZL*	*1*	*1*	*5,75*	*3,68*			*1*
	Arbeitsvorgangsbeschreibung:		*Bauteile des Erzeugnisses fügen*							
30	*401001*	*Bereitstelllager Montage*	*ZL*	*1*	*1*			*17,25*		*1*
	Arbeitsvorgangsbeschreibung:		*Werkstück auf Anforderung an den Arbeitsplatz bereitstellen*							
40	*100050*	*Qualitätskontrolle*	*ZL*	*1*	*1*		*11,5*			*30*
	Arbeitsvorgangsbeschreibung:		*Funktionskontrolle des Erzeugnisses*							

Die im **Grobarbeitsplan des Pneumatikzylinders** eingetragene Zwischenzeit kann dem Lösungshinweis des Arbeitsauftrages 5.2 entnommen werden. Die Fertigungszeiten für den Montageplatz 3 ergeben sich aus dem Feinarbeitsplan des entsprechenden Arbeitsplatzes und der zugehörigen Berechnung.

Feinarbeitsplan für den Montageplatz 3:

Blatt-Nr.	Bearbeiter	Datum	Start-Termin	End-Termin	Gültig ab
1 von *1*	*Müller*				
Platz-Nr. *400103*	**Platzbezeichnung** *Montageplatz 3*	**Benennung** *Doppelwirkender Pneumatikzylinder*		**Werkstoff/Abmessungen**	
Rohgewicht *2,2 kg*	**Verteil- und Erholzeitzuschlag** *15 %*	**Rüstzeit t_r** *5,75 min*		**Zeit je Einheit (Stückzeit) t_e** *3,68 min*	

AVG-Nr.	Arbeitsvorgangsbeschreibung	Rüstgrundzeit t_{rg}	Grundzeit t_g
10	*Montageplatz einrichten*	*5 min*	
20	*Baugruppe Deckel auf die Baugruppe Kolbenstange schieben*		*0,3 min*
30	*Gehäuse über die Baugruppe Kolbenstange schieben*		*0,3 min*
40	*Baugruppe Boden auf die Kolbenstange und das Gehäuse setzen*		*0,3 min*
50	*Baugruppe Zugstange in die Bohrungen des Gehäuses einsetzen*		*0,3 min*
60	*Zugstange mit Mutter verschrauben (4x)*		*1,6 min*
70	*Kolbenstangenmutter auf die Kolbenstange drehen*		*0,4 min*

Der **Feinarbeitsplan für den Montageplatz 3** beschreibt die Endmontage des doppelwirkenden Pneumatikzylinders. Mit der Endmontage wird eine Verbindung der bereits vormontierten Baugruppen mit dem eigengefertigten Gehäuse durchgeführt. Als letzter Montagevorgang wird die Kolbenmutter auf den Kolben gedreht. Die Grundzeiten der Montagevorgänge sind den Vorgaben zur Montage (Tabelle 28/2) zu entnehmen.

Die Rüstzeit t_r und der Zeit je Einheit t_e für den Montageplatz 3 wird folgendermaßen berechnet:

Die Rüstzeitgrundzeit t_{rg} wird wie bei den vorhergehenden Feinarbeitsplänen mit einem Verteil- und Erholzeitfaktor von 15 % beaufschlagt.

$$t_r = t_{rg} \cdot 1{,}15 = 5 \text{ min} \cdot 1{,}15 = \mathbf{5{,}75\ min}$$

Der gleiche Verteil- und Erholzeitzuschlag von 15 % wird auf die Zeit je Einheit hinzugerechnet.

$$\begin{aligned} t_e &= [\Sigma t_g] \cdot 1{,}15 \\ &= [(0{,}3 + 0{,}3 + 0{,}3 + 0{,}3 + 1{,}6 + 0{,}4) \text{ min}] \cdot 1{,}15 \\ &= [3{,}2 \text{ min}] \cdot 1{,}15 = \mathbf{3{,}68\ min} \end{aligned}$$

Lösungshinweis zum Arbeitsauftrag 5.9:

Berechnung der Auftragszeit:

Die Rüstzeiten und Zeiten je Einheit werden aus den nachfolgend angegebenen Arbeitsaufträgen entnommen. Die Stückzahl *m* eines Auftrags wurde bereits mit 96 Erzeugnissen/BKT festgelegt (→ 5.2.4). Die Auftragszeit zur Fertigung des Gehäuses und der Kolbenstange berechnet sich folgendermaßen:

Fertigung des Gehäuses → Tabelle 81/1

- Kreissäge klein:

$$T = \Sigma t_r + m \cdot \Sigma t_e = 5{,}75 \text{ min} + 96 \cdot 4{,}57 \text{ min} = 444{,}47 \text{ min} = \mathbf{7{,}4\ h}$$

Fertigung der Kolbenstange → Arbeitsauftrag 5.6

- Kreissäge klein: $T = \Sigma t_r + m \cdot \Sigma t_e = 5{,}75\ \text{min} + 96 \cdot 2{,}45\ \text{min}$
  $\boldsymbol{T} = 240{,}95\ \text{min} = \mathbf{4{,}02\ h}$
- CNC-Drehmaschine: $T = \Sigma t_r + m \cdot \Sigma t_e = 23\ \text{min} + 96 \cdot 13\ \text{min}$
  $\boldsymbol{T} = 1271\ \text{min} = \mathbf{21{,}18\ h}$
- Universalfräsmaschine: $T = \Sigma t_r + m \cdot \Sigma t_e = 34{,}5\ \text{min} + 96 \cdot 3{,}66\ \text{min}$
  $\boldsymbol{T} = 385{,}86\ \text{min} = \mathbf{6{,}43\ h}$
- Qualitätskontrolle: $T = \Sigma t_r + m \cdot \Sigma t_e = 4 \cdot 9{,}2\ \text{min}$
  $\boldsymbol{T} = 36{,}8\ \text{min} = \mathbf{0{,}61\ h}$
  Die Qualitätskontrolle wird bei jedem 30. Werkstück durchgeführt. Die Stückzahl *m* für ein Tageslos wird nebenstehend berechnet:
  $$m \geq \frac{\text{Losgröße}}{\text{Bezugsmenge}} = \frac{96}{30} = 3{,}2 \rightarrow \boldsymbol{m = 4}$$

Die oben ermittelte Auftragszeit für 96 Erzeugnisse an einer CNC-Drehmaschine beträgt 21,18 h. Die Arbeitszeit in der Firma Spin-Lag GmbH wird mit 8h täglich angegeben (→ 1.5). Da die 96 Pneumatikzylinder an einem Tag gefertigt werden müssen, reicht offensichtlich eine CNC-Drehmaschine zur Deckung der Tagesproduktion nicht aus. Eine Verkleinerung der Auftragszeit erreicht man durch die Splittung der Produktion auf mehrere gleichartiger Arbeitsplätze. Setzt man demnach 3 CNC-Drehmaschinen ein, so ergibt sich folgende Auftragszeit:

- CNC-Drehmaschine (Splitfaktor = 3): $$T = 23\ \text{min} + \frac{96\ \text{Stück}}{3\ \text{Arbeitsplätze}} \cdot 13\ \text{min}$$
  $\boldsymbol{T} = 439\ \text{min} = \mathbf{7{,}32\ h}$

Montage der Baugruppen Boden und Deckel → Tabelle 89/2 und Tabelle 90/1

Die Montage eines Tagesloses mit $m = 96$ Baugruppen benötigt folgende Auftragszeiten:

- Montageplatz 1 (Baugruppe Boden): $T = \Sigma t_r + m \cdot \Sigma t_e = 5{,}75\ \text{min} + 96 \cdot 1{,}15\ \text{min}$
  $\boldsymbol{T} = 116{,}15\ \text{min} = \mathbf{1{,}94\ h}$
- Montageplatz 1 (Baugruppe Deckel): $T = m \cdot \Sigma t_e = 96 \cdot 1{,}84\ \text{min}$
  $\boldsymbol{T} = 176{,}64\ \text{min} = \mathbf{2{,}94\ h}$

Montage der Baugruppen Kolbenstange, Kolben und Zugstange → Arbeitsauftrag 5.7

Während die Baugruppe Kolben und Kolbenstange nur einmal pro Erzeugnis montiert werden muss, wird die Baugruppe Zugstange viermal für einen Pneumatikzylinder benötigt. Hochgerechnet ergibt sich somit für die Baugruppe Zugstange folgende Stückzahl *m* für ein Tageslos:

$$\boldsymbol{m} = 96\ \text{Erzeugnisse} \cdot 4\ \frac{\text{Baugruppen}}{\text{Erzeugnis}} = \mathbf{384\ Baugruppen}$$

- Montageplatz 2 (Kolbenstange): $T = \Sigma t_r + m \cdot \Sigma t_e = 5{,}75\ \text{min} + 96 \cdot 0{,}35\ \text{min}$
  $\boldsymbol{T} = 39{,}35\ \text{min} = \mathbf{0{,}66\ h}$
- Montageplatz 2 (Kolben): $T = m \cdot \Sigma t_e = 96 \cdot 0{,}69\ \text{min}$
  $\boldsymbol{T} = 66{,}24\ \text{min} = \mathbf{1{,}10\ h}$
- Montageplatz 2 (Zugstange): $T = m \cdot \Sigma t_e = 384 \cdot 0{,}46\ \text{min}$
  $\boldsymbol{T} = 176{,}64\ \text{min} = \mathbf{2{,}94\ h}$

Endmontage des Pneumatikzylinders → Arbeitsauftrag 5.8

In der Endmontage werden täglich 96 Pneumatikzylinder bei einer Montagezeit von 3,68 min pro Zylinder fertiggestellt.

- Montageplatz 3: $T = \Sigma t_r + m \cdot \Sigma t_e = 5{,}75 \text{ min} + 96 \cdot 3{,}68 \text{ min}$

  $\boldsymbol{T} = 359{,}03 \text{ min} = \mathbf{5{,}98\ h}$

Die Qualitätskontrolle zur Funktion des Pneumatikzylinders erfolgt wie bei der Kolbenstange mit der Bezugsmenge 30. Entsprechend werden bei einem Tageslos 4 Erzeugnisse überprüft (→ Fertigung der Kolbenstange).

- Qualitätskontrolle: $T = \Sigma t_r + m \cdot \Sigma t_e = 4 \cdot 11{,}5 \text{ min}$

  $\boldsymbol{T} = 46 \text{ min} = \mathbf{0{,}77\ h}$

Lösungshinweis zum Arbeitsauftrag 5.10:

Die Durchlaufzeit der Tageslosgröße von 96 Pneumatikzylindern wird nachfolgend mit Hilfe der Tabelle ermittelt:

Baugruppe/Teil	Arbeitsplatz	Auftragszeit [h]	Zwischenzeit [h]
Pneumatikzylinder	Montageplatz 3	5,98	0,29
	Qualitätskontrolle	0,77	0,29
— **Baugruppe Boden**	Montageplatz 1	1,94	0,29
— **Baugruppe Deckel**	Montageplatz 1	2,94	0,29
— **Baugruppe Kolbenstange**	Montageplatz 2	0,66	0,29
—— **Baugruppe Kolben**	Montageplatz 2	1,10	0,29
—— **Kolbenstange**	Kreissäge klein	4,02	0,29
	CNC-Drehmaschine	7,32	0,29
	Universalfräsmaschine	6,43	0,29
	Qualitätskontrolle	0,61	0,29
— **Baugruppe Zugstange**	Montageplatz 2	2,94	0,29
— **Gehäuse**	Kreissäge klein	7,4	0,29
Summe der Auftrags- und Zwischenzeiten (grau unterlegt):		25,79	2,03
Durchlaufzeit des längsten Zweiges des Stücklistenbaums = 27,82 h ~ 3 Tage und 4 Stunden			

Hinweise zur Berechnung der Durchlaufzeit:

Die im Arbeitsauftrag 5.9 ermittelten Auftragszeiten sind in der oben stehenden Tabelle (→ Tabelle 94/1) eingetragen. Die Durchlaufzeit ergibt sich aus der Summe der Auftragszeiten und Zwischenzeiten des längsten Zweiges eines Stücklistenbaumes (grau unterlegte Felder).

In der untersten Produktionsstufe wird für die Fertigung der Kolbenstange die längste Auftragszeit benötigt. In der nächsten Produktionsstufe folgt die Montage der Baugruppe Kolbenstange, die erst nach der Fertigung der Kolbenstange erfolgen kann. Zum Schluss wird die Endmontage des Pneumatikzylinders durchgeführt. Die Aufträge sind grau unterlegt. Die Addition der grau unterlegten Zeiten ergibt die gesamte Durchlaufzeit.

13.4 Lösungshinweise zur Layoutplanung

Lösungshinweis zum Arbeitsauftrag 6.1:

Für die Fertigung stehen drei unterschiedliche Organisationsformen zur Verfügung (→ 6.1.1).

- Das **Werkstättenprinzip** steht als auftragsorientierte Fertigung für eine Einzel- bis Kleinserienfertigung zur Verfügung. Die Maschinen in der Werkstättenfertigung werden in der Regel nach Fertigungsverfahren zusammengefasst.
- Beim **Gruppenprinzip** wird eine gesamte Werkstückgruppe in einem geschlossenen System, z. B. einer Fertigungsinsel, vollständig mit unterschiedlichen Bearbeitungsstationen gefertigt.
- Beim **Fließprinzip** werden die Arbeitsplätze in einer oder mehreren Reihen angeordnet. Die Reihenfolge der Bearbeitungsstationen orientiert sich an der Arbeitsvorgangsfolge des Werkstücks.

Aufgrund der zu erwartenden Serienfertigung mit einer hohen Tages-Losgröße (96 Pneumatikzylinder) wird für die Fertigung des Gehäuses und der Kolbenstange des Pneumatikzylinders das Fließprinzip ausgewählt.

Die benötigten Arbeitsplätze für die Fertigung der Gehäuse sind in Tabelle 1 (→ Tabelle 81/1) aufgeführt, die Bearbeitungsstationen für die Kolbenstange können der Tabelle 2 (→ Lösungshinweis zum Arbeitsauftrag 5.1) entnommen werden. Beide Teile werden auf zwei parallelen Kreissägen bearbeitet. Zur Gestaltung des Materialflusses werden folgende Punkte berücksichtigt:

- Die Maschinen und Handarbeitsplätze werden ausgehend vom Eingangslager in einer Fließlinie hintereinander aufgestellt.
- Der Materialfluss für das Gehäuse und die Kolbenstange folgt der gleichen Fließlinie. Das Gehäuse überspringt nach der Fertigung an der Kreissäge die restlichen Arbeitsplätze und wird dem Bereitstelllager der Montage zugeführt.
- Die Auftragszeit für das Gehäuse an der Kreissäge beträgt bereits knapp einen Arbeitstag (→ Lösungshinweis zum Arbeitsauftrag 5.9) Somit werden für das Gehäuse und die Kolbenstange jeweils eine Kreissäge benötigt.

Benennung *Gehäuse*		
Pos-Nr.	**Platz-Nr.**	**Platzbezeichnung**
10	*101001*	*Bereitstelllager Werkstatt*
20	*100401*	*Kreissäge klein*

Tabelle 1: Arbeitsplätze für die Fertigung des Gehäuses

Benennung *Kolbenstange*		
Pos-Nr.	**Platz-Nr.**	**Platzbezeichnung**
10	*101001*	*Bereitstelllager Werkstatt*
20	*100401*	*Kreissäge klein*
30	*101001*	*Bereitstelllager Werkstatt*
40	*100501*	*CNC-Drehmaschine*
50	*100401*	*Bereitstelllager Werkstatt*
60	*100603*	*Universalfräsmaschine*
70	*100401*	*Bereitstelllager Werkstatt*
80	*100050*	*Qualitätskontrolle*

Tabelle 2: Arbeitsplätze für die Fertigung der Kolbenstange

- Aufgrund der hohen Fertigungszeiten an der CNC-Drehmaschine werden drei parallele Arbeitsplätze eingesetzt (→ Lösungshinweis zum Arbeitsauftrag 5.9).
- An jedem Arbeitsplatz befindet sich ein Bereitstellplatz.
- Die Förderung des Materials erfolgt über Gabelstapler bzw. den Brückenkran der Werkstatt.

Lösungshinweis zum Arbeitsauftrag 6.2:

Auswahl des Organisationsprinzips für die Montage:
Die Montage des Pneumatikzylinders orientiert sich an die Montageebenen End- und Baugruppenmontage (→ Bild 102/1). Die Montage der Eigenfertigungsteile und der Fremdbezugsteile wird mit dem Organisationsprinzip Baugruppenmontage durchgeführt. Hierfür werden die Montageplätze 1 und 2 benötigt. Die Baugruppen werden anschließend am Montageplatz 3 in der Endmontage zusammengesetzt. Die Montageplätze sind terminlich und mengenmäßig voneinander abhängig.

Als Organisationsprinzip wird die Reihenmontage (→ Bild 105/1) gewählt. An jedem Montageplatz wird die Montage der Baugruppe bzw. des Erzeugnisses für ein Tageslos vollständig durchgeführt und dann erst wird das Produkt zum nächsten Platz weitergereicht. Es findet ein aperiodischer Bewegungsablauf der Montageobjekte statt, d. h. es besteht auch kein Taktzwang. Jeder Montageplatz entnimmt und erhält die zu montierenden Teile von einem gemeinsamen Bereitstellplatz.

Das Erzeugnis wird nach Fertigstellung zur Qualitätskontrolle transportiert. Anschließend wird es im Kommissionierlager für den Versand gelagert.

Lösungshinweis zum Arbeitsauftrag 6.3:

MRP-Konzept zur Montage des Pneumatikzylinders:
Die blauen Pfeile stellen im nachfolgenden Bild den Informationsfluss dar. Die grauen Pfeile kennzeichnen den Materialfluss.

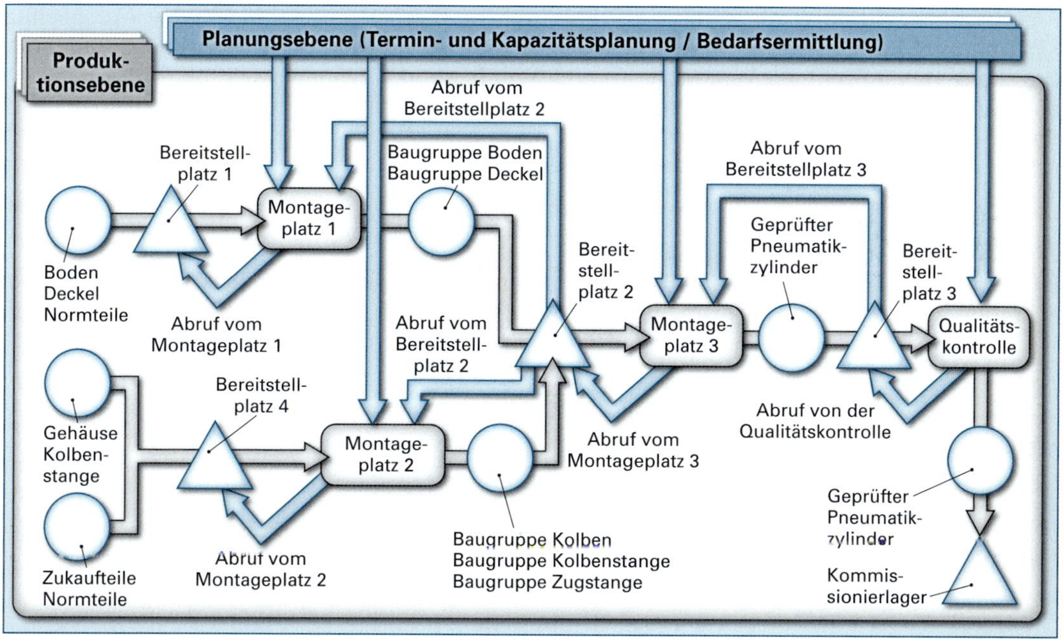

Das MRP-Konzept für die Montage des Pneumatikzylinders sieht die vor der Produktion durchgeführte Termin- und Kapazitätsplanung sowie die Bedarfsermittlung vor. Jeder Arbeitsplatz erhält von der Planungsebene einen Werkstattauftrag. Das benötigte Material wird daraufhin durch den Arbeitsplatz vom Bereitstellplatz angefordert. Ein Mitarbeiter, der dem Bereitstellplatz zugeordnet ist, holt nun das Material vom vorhergehenden Arbeitsplatz und bringt es zu dem Arbeitsplatz, der das Material angefordert hat.

Da jeder Arbeitsplatz über den Werkstattauftrag bereits alle Informationen zur Montage der Baugruppen bzw. des Erzeugnisses erhalten hat, steht das angeforderte Material dem „Abholer" immer zur Verfügung. Durch den Einsatz eines ERP-Systems (→ 7) wird die Liegezeit der Teile nach der Montage am Arbeitsplatz möglichst klein gehalten.

Lösungshinweis zum Arbeitsauftrag 6.4:

KANBAN-Konzept zur Montage des Pneumatikzylinders:

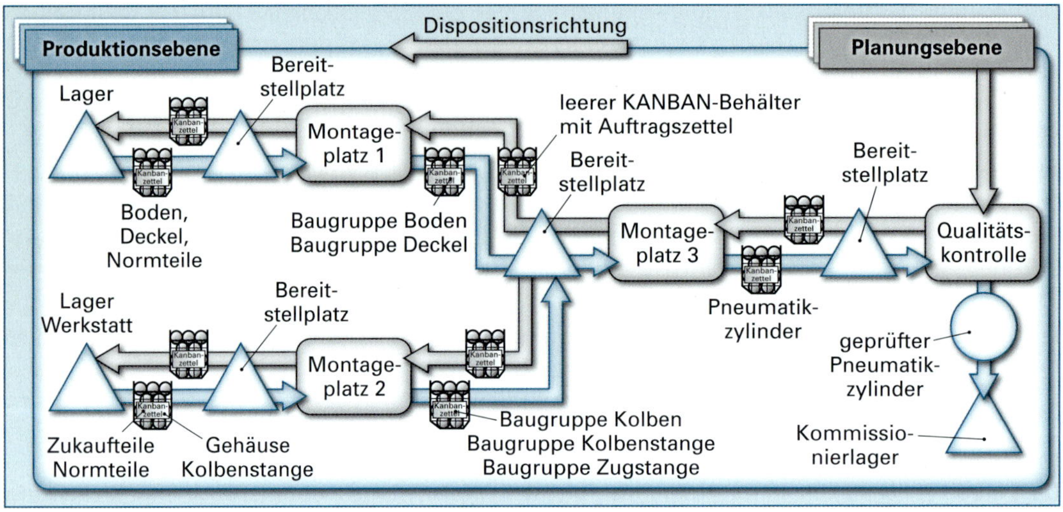

Im Gegensatz zum MRP-Konzept wird beim KANBAN-Konzept keine der Produktion vorgelagerte Termin- und Kapazitätsplanung des Auftrags durchgeführt. Auch erhält nicht jeder Arbeitsplatz einen Werkstattauftrag von der Planungsebene. Ausschließlich dem letzten Arbeitsplatz (hier: die Qualitätskontrolle) wird ein Auftrag zur Kontrolle der Pneumatikzylinder weitergereicht. Dieser Arbeitsplatz erteilt nun über den KANBAN-Behälter mit dem Auftragszettel einen eigenständigen Fertigungsauftrag für den vorhergehenden Arbeitsplatz (hier: Montageplatz 3). Dieses Prinzip pflanzt sich rückwärtsgerichtet entgegen dem Materialfluss zu jedem vorhergehenden Arbeitsplatz fort.

Die Stückzahl der angeforderten Pneumatikzylinder wird vom Arbeitsplatz Qualitätskontrolle selbst festgelegt. Alle Pneumatikzylinder müssen aber in einem KANBAN-Behälter ihren Platz finden.

Die vom Montageplatz 3 gelieferten Pneumatikzylinder werden auf dem Bereitstellplatz vor der Qualitätskontrolle abgestellt. Wird ein Mindestbestand unterschritten, erfolgt ein erneuter Fertigungsauftrag über den KANBAN-Behälter. Beim KANBAN-Konzept wird ohne den Einsatz eines rechnerunterstützen PPS-Programms gearbeitet. Der Einsatz des Konzepts ist nur in der Serienfertigung sinnvoll.

Lösungshinweis zum Arbeitsauftrag 6.5:

OPT-Konzept zur Montage des Pneumatikzylinders:

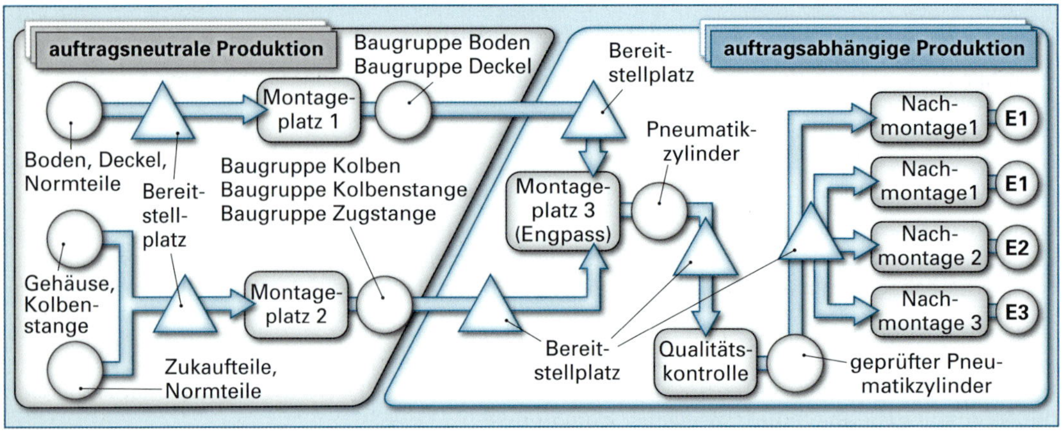

Lösungshinweis zum Arbeitsauftrag 6.6:

Eingangs- und Ausgangsfortschrittzahlen zur Montage des Kolbens:

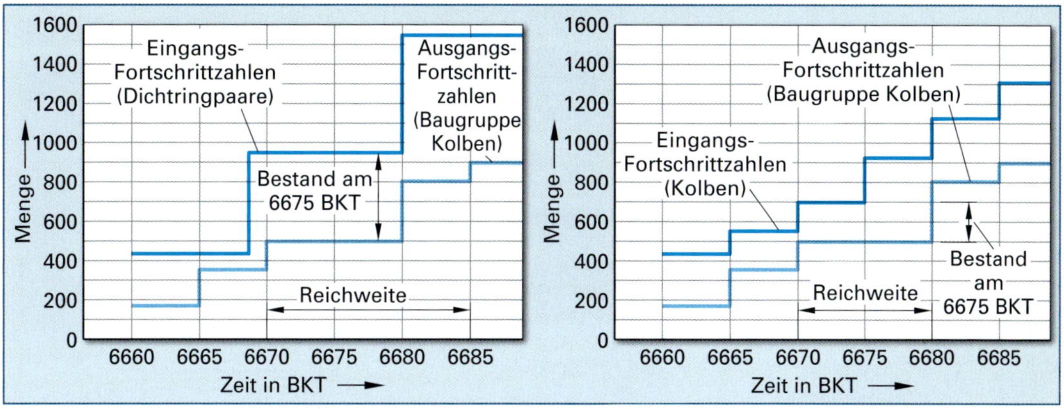

Lösungshinweis zum Arbeitsauftrag 6.7:

Ist- und Sollfortschrittzahlen der Fremdbezugsteile Dichtring und Kolben:

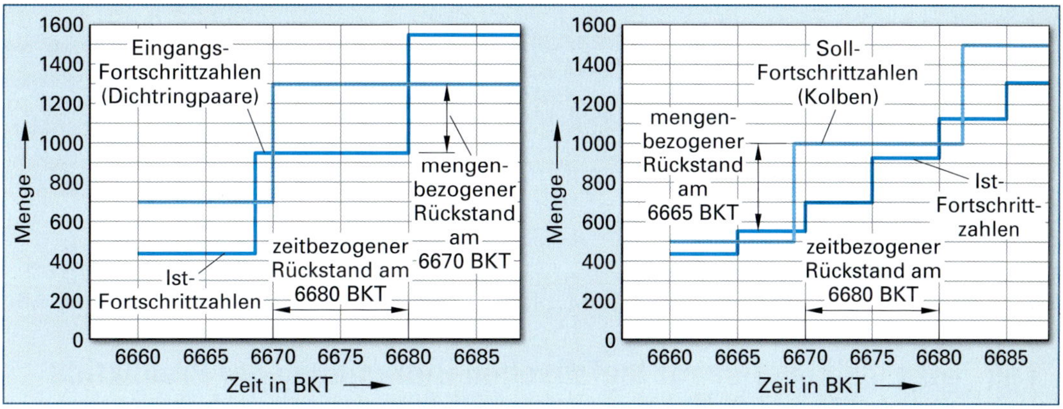

Lösungshinweis zum Arbeitsauftrag 6.8:

Auswahl der Steuerungsmethode für die Fertigung und Montage:
Die Steuerung des Informations- und Materialflusses erfolgt nach dem Hol-Prinzip (→ Bild 107/2). Hierbei kommt das MRP II-Konzept zum Einsatz (→ 6.2.1.).

- Mit der Verwendung eines Produktionsmanagement-Systems in der Firma Spin-Lag GmbH bietet das MRP II-Konzept ein geeignetes Steuerungsprinzip.
- Da die Firma Spin-Lag GmbH für die nächsten Geschäftsjahre neben der Serienfertigung der Pneumatikzylinder eine auftragsorientierte Produktion plant, stellt das MRP-Konzept eine geeignete Unterstützung für diese Produktion dar.

Lösungshinweis zum Arbeitsauftrag 6.9:

Layout-Skizze für den Produktionsbereich „Pneumatikzylinder“:
In der nachfolgend dargestellten Layoutskizze für den Produktionsbereich „Pneumatikzylinder“ finden die Ergebnisse der Arbeitsaufträge 6.1 und 6.2 sowie 6.8 ihre Berücksichtigung. Für die Layout-Skizze wird das bereits vorgegebene Layout der Halle 1 (→ Bild 19/2) aus dem Szenarium ergänzt.

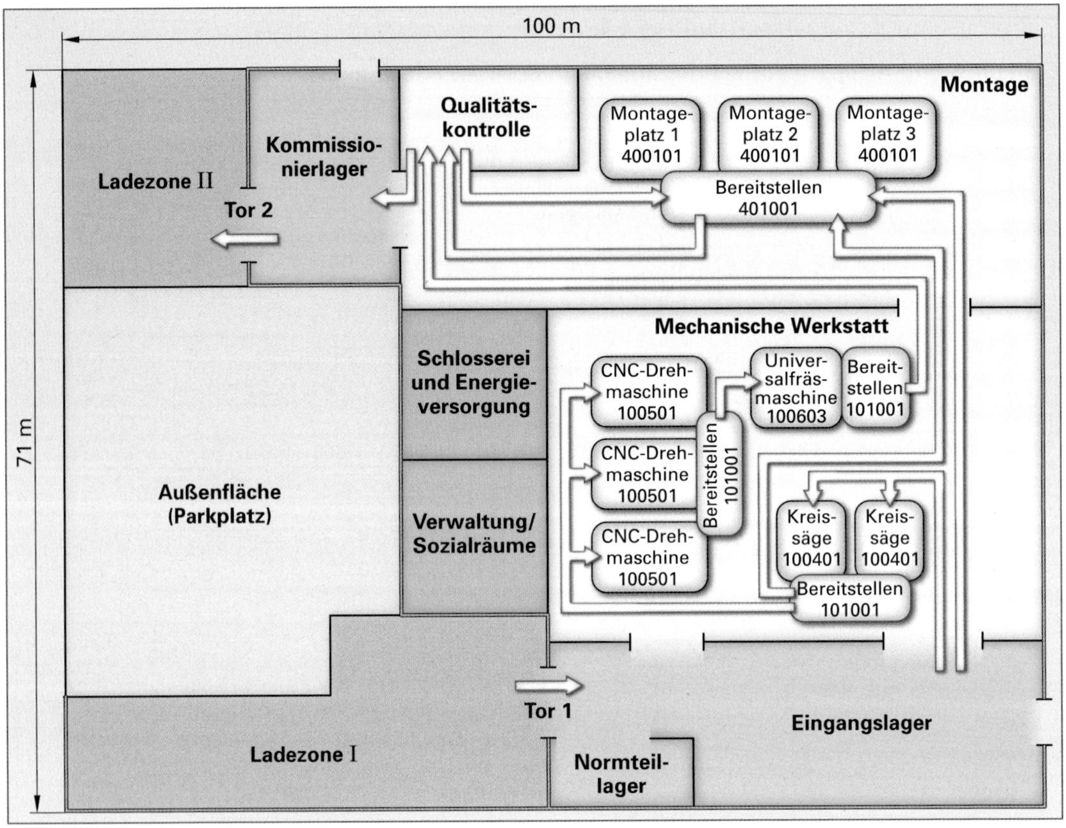

Organisationsform der Fertigung: **Fließprinzip** (→ Arbeitsauftrag 6.1)
Organisationsform der Montage: **Reihenmontage** (→ Arbeitsauftrag 6.2)
Steuerungsmethode für die Fertigung und Montage: **MRP II - Konzept** (→ Arbeitsauftrag 6.8)

13.5 Lösungshinweise zur logistischen Betrachtung der Produktion

Lösungshinweis zum Arbeitsauftrag 9.1:

Ermittlung des Linearitätsgrades der bestehenden Fließfertigung:

$$L = \frac{\Sigma\text{Hinbewegungen}}{\Sigma(\text{Hinbew.} + \text{Rückbewegungen})} \cdot 100\ \%$$

$$L = \frac{870}{(870 + 690)} \cdot 100\ \%$$

$$\mathbf{L = 55{,}8\ \%}$$

	S	A	F	D	B	Σ Hin
S		190	0	110	220	
A	0		0	190	0	
F	0	0		90	0	**870**
D	90	0	360		70	
B	110	0	0	130		
Σ Rück			**690**			

Legende: **S**: Sägen, **A**: Ablängen, **F**: Fräsen, **D**: Drehen, **B**: Bohren

Bild 1: Materialflussmatrix zur bestehenden Fertigung

Lösungshinweis zum Arbeitsauftrag 9.2:

Überprüfung der Maschinenreihenfolge durch Quotientenbildung:

	S	A	F	D	B	Σ Zeile
S		190	0	110	220	**520**
A	0		0	190	0	**190**
F	0	0		90	0	**90**
D	90	0	360		70	**520**
B	110	0	0	130		**240**
Σ Spalte	**200**	**190**	**360**	**520**	**290**	

Sägen	Ablängen
$Q_S = \frac{520}{200} = 2{,}6$	$Q_A = \frac{190}{190} = 1{,}0$

Fräsen	Drehen	Bohren
$Q_F = \frac{90}{360} = 0{,}25$	$Q_D = \frac{520}{520} = 1$	$Q_B = \frac{240}{290} = 0{,}83$

Legende: **S**: Sägen, **A**: Ablängen, **F**: Fräsen, **D**: Drehen, **B**: Bohren

$Q_S = Q_{max} \rightarrow$ Die Säge ist die erste Arbeitsstation der Maschinenfließreihe.

Bild 1: Materialflussmatrix mit der 1. Quotientenbildung

	A	F	D	B	Σ Zeile
A		0	190	0	**190**
F	0		90	0	**90**
D	0	360		70	**430**
B	0	0	130		**130**
Σ Spalte	**0**	**360**	**410**	**70**	

Ablängen	Fräsen
$Q_A = \frac{190}{0} = \infty$	$Q_F = \frac{90}{360} = 0{,}25$

Drehen	Bohren
$Q_D = \frac{430}{410} = 1{,}05$	$Q_B = \frac{130}{70} = 1{,}86$

Legende: **S**: Sägen, **F**: Fräsen, **D**: Drehen, **B**: Bohren

$Q_A = Q_{max} \rightarrow$ Die Ablängemaschine ist die zweite Arbeitsstation der Maschinenfließreihe.

Bild 2: Materialflussmatrix mit der 2. Quotientenbildung

	F	D	B	Σ Zeile
F		90	0	**90**
D	360		70	**430**
B	0	130		**130**
Σ Spalte	**360**	**220**	**70**	

Fräsen	Drehen
$Q_F = \frac{90}{360} = 0{,}25$	$Q_D = \frac{430}{220} = 1{,}95$

Bohren
$Q_B = \frac{130}{70} = 1{,}85$

Legende: **F**: Fräsen, **D**: Drehen, **B**: Bohren

$Q_D = Q_{max} \rightarrow$ Die Drehmaschine ist die dritte Arbeitsstation der Maschinenfließreihe.

Bild 3: Materialflussmatrix mit der 3. Quotientenbildung

	F	B	Σ Zeile
F		0	**0**
B	0		**0**
Σ Spalte	**0**	**0**	

Fräsen	Bohren
$Q_F = \frac{0}{0} = \infty$	$Q_B = \frac{0}{0} = \infty$

Legende: **F**: Fräsen, **B**: Bohren

Die Fräsmaschine wird als vierte Arbeitsstation der Maschinenreihe gewählt.

Bild 4: Materialflussmatrix mit der 4. Quotientenbildung

Nach der vierten Quotientenbildung sind die Quotientenwerte für Fräs- und Bohrmaschine gleich groß. Mit der Wahl der Fräsmaschine als vierte Bearbeitungsstation der Fließreihe findet lediglich ein Tausch zwischen der Dreh- und der Fräsmaschine statt. Als letzte Station bleibt also die Bohrmaschine für die Fließreihe übrig. Die neue Maschinenreihenfolge lautet somit:

Mit der Überprüfung des Linearitätsgrades wird die Optimierung der Maschinenfließreihe für die Fertigung der Pneumatikzylinder der Baureihe BP156 abgeschlossen. Für die Berechnung des Linearitätsgrades wird die nebenstehende **Materialflussmatrix mit der neuen Bearbeitungsreihenfolge** herangezogen. Es ergibt sich folgender Linearitätsgrad *L*:

$$L = \frac{\Sigma \text{Hinbewegungen}}{\Sigma(\text{Hinbewegungen} + \text{Rückbewegungen})} \cdot 100\%$$

$$L = \frac{1140}{(1140 + 420)} \cdot 100\%$$

$$\boldsymbol{L = 73{,}1\ \%}$$

	S	A	D	F	B	Σ Hin
S		190	110	0	220	**1440**
A	0		190	0	0	
D	90	0		360	70	
F	0	0	90		0	
B	110	0	130	0		
Σ Rück	**420**					

Legende: **S**: Sägen, **A**: Ablängen, **D**: Drehen, **F**: Fräsen, **B**: Bohren

Bild 1: Materialflussmatrix mit der neuen Maschinenreihenfolge

Die Berechnung des Linearitätsgrades der optimierten Fertigungsreihenfolge ergibt eine Verbesserung des Linearitätsgrades um 16 % gegenüber der bestehenden Fließfertigung.

13.6 Lösungshinweise zur logistischen Betrachtung der Lagerung

Lösungshinweis zum Arbeitsauftrag 11.1:

Stammbaum zu den Lagersystemen:

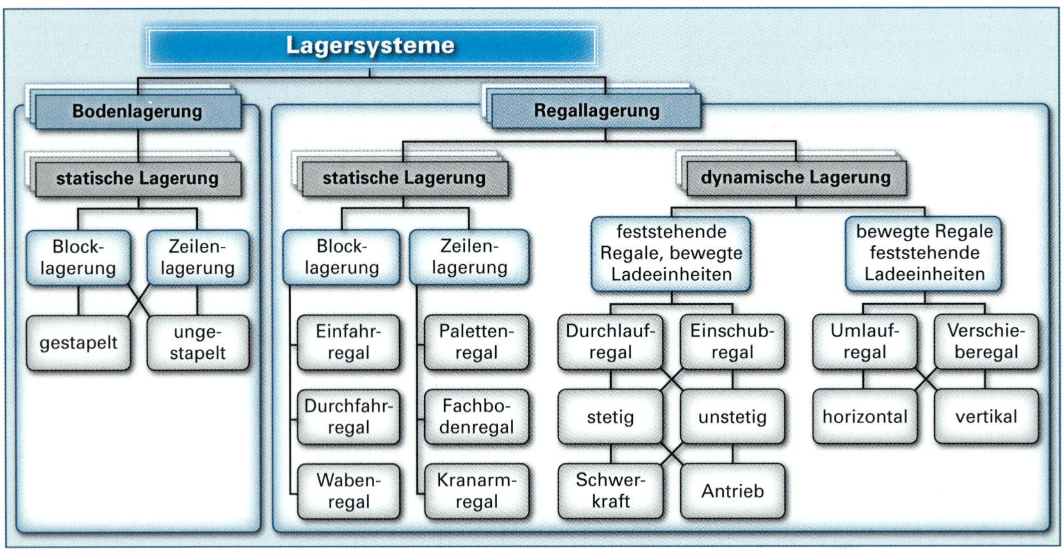

Lösungshinweis zum Arbeitsauftrag 11.2:

Auswahl eines Lagersystems:
Zur Lagerung der Pneumatikzylinder ist eine statische Regallagerung sinnvoll, da unterschiedliche Baugrößen zum Einsatz kommen. Zu empfehlen ist das Palettenregal, da bei diesem Lagersystem die Erzeugnisse auf Paletten gestapelt werden können. Die Paletten dienen zudem als Trage- und Transporteinheiten der Erzeugnisse und durchlaufen den Materialfluss bis zum Kunden. Die Zeilenlagerung bietet die Möglichkeit jede Baugröße aus dem Lager direkt zu entnehmen. Wird das Palettenregal als Hochregallager ausgeführt, so wird für die Lagerung der Produkte nur eine verhältnismäßig geringe Fläche benötigt.

Der Nachteil der Zeilenlagerung ist, dass für die Ein- und Auslagerung Gänge zwischen den Zeilen benötigt werden. Dieser Umstand führt zu einer geringeren Flächennutzung als bei der Blocklagerung. Wird die Flächennutzung durch die Verwendung eines Hochregallagers erhöht, so müssen aufwändige Regalbediengeräte eingesetzt werden.

Lösungshinweis zum Arbeitsauftrag 11.3:

Ermittlung des Jahresbedarfs und der Preise der Fremdbezugsteile für die Durchführung der ABC-Analyse:

Teile Nr.	Benennung	Jahresbedarf	Preis je Einheit	Jahreswert	Rang
T3	Boden	24000 Stück	8,95 €	214.800 €	2
T4	Deckel	24000 Stück	10,95 €	262.800 €	1
T6	Zugstange ø8 × 128	96000 Stück	0,55 €	52.800 €	3
T7	Mutter M8 – 27 lang	192000 Stück	0,19 €		
T8	Dämpfungshals ø20 × 1	48000 Stück	0,12 €		
T10	Kolbenführungsband	24000 Stück	0,05 €		
T16	Schmutzabweiser Deckel	24000 Stück	0,08 €		
T18	Dämpfungsschraube ø6 – 8 lang	48000 Stück	0,15 €		
R1	Aluprofilstangen (mit 8% Verschnitt)	666 Stangen	51,90 €		
R2	Rundstahlstangen (mit 8% Verschnitt)	1141 Stangen	29,70 €		

Lösungshinweis zum Arbeitsauftrag 11.4:

Ermittlung des Jahreswerts und der Rangliste für die ABC-Analyse:

Teile Nr.	Benennung	Jahresbedarf	Preis je Einheit	Jahreswert	Rang
T3	Boden	24000 Stück	8,95 €	214.800 €	2
T4	Deckel	24000 Stück	10,95 €	262.800 €	1
T6	Zugstange ø8 × 128	96000 Stück	0,55 €	52.800 €	3
T7	Mutter M8 – 27 lang	192000 Stück	0,19 €	36.480 €	4
T8	Dämpfungshals ø20 × 1	48000 Stück	0,12 €	5.760 €	8
T10	Kolbenführungsband	24000 Stück	0,05 €	1.200 €	10
T16	Schmutzabweiser Deckel	24000 Stück	0,08 €	1.920 €	9
T18	Dämpfungsschraube ø6 – 8 lang	48000 Stück	0,15 €	7.200 €	7
R1	Aluprofilstangen (mit 8% Verschnitt)	666 Stangen	51,90 €	34.565 €	5
R2	Rundstahlstangen (mit 8% Verschnitt)	1141 Stangen	29,70 €	33.888 €	6

Lösungshinweise zu den Arbeitsaufträgen 11.4 bis 11.9:

Durchführung der ABC-Analyse:

- Der prozentuale Mengenanteil wird aus dem im Arbeitsauftrag 11.3 ermittelten Jahresbedarf bestimmt;
- Der prozentuale Jahreswert wird aus dem im Arbeitsauftrag 11.4 berechneten Jahreswert festgelegt;
- Der kumulierte Jahreswert ergibt sich durch die Summierung der jeweiligen prozentualen Jahreswertanteile;
- Die Festlegung der Wertegruppen erfolgt nach den im Bild 233/2 angegebenen Wertebereichen. Die Größe der Wertegruppe wird durch die Addition der Einzelwerte innerhalb der Gruppe bestimmt. Die A-Güter stellen mit 50 % bis 80 % den größten Anteil am Gesamtwert dar. Die B-Güter sind mit einem Anteil von 10 % bis 50 % vertreten. Die C-Güter umfassen den Wertebereich von ca. 5 % bis 15 %.
- Der kumulierte Mengenanteil wird durch die Addition der prozentualen Mengenanteile bestimmt.
- Der Mengenanteil der Gruppe berechnet sich aus der Summierung der prozentualen Mengen innerhalb der Gruppe.

Rang	Teile Nr.	Mengenanteil %	Jahreswert		Kumulierter Jahreswert		Kumulierter Mengenanteil		Gruppe
			€/a	%-Anteil	%	%/Gruppe	%	%/Gruppe	
1	T4	4,98	262.800	40,34	40,34	73,31	4,98	9,96	A
2	T3	4,98	214.800	32,97	73,31		9,96		
3	T6	19,92	52.800	8,11	81,42	24,22	29,88	60,16	B
4	T7	39,85	36.480	5,60	87,02		69,73		
5	R1	0,15	34.565	5,31	92,33		69,88		
6	R2	0,24	33.888	5,20	97,53		70,12		
7	T18	9,96	7.200	1,11	98,64	2,47	80,08	29,88	C
8	T8	9,96	5.760	0,89	99,53		90,04		
9	T16	4,98	1.920	0,29	99,82		95,02		
10	T10	4,98	1.200	0,18	100,00		100,00		
Gesamt:		**100,00**	**651.413**	**100,00**		**100,00**		**100,00**	

Lösungshinweis zum Arbeitsauftrag 11.10:

Auswertung der ABC-Analyse:

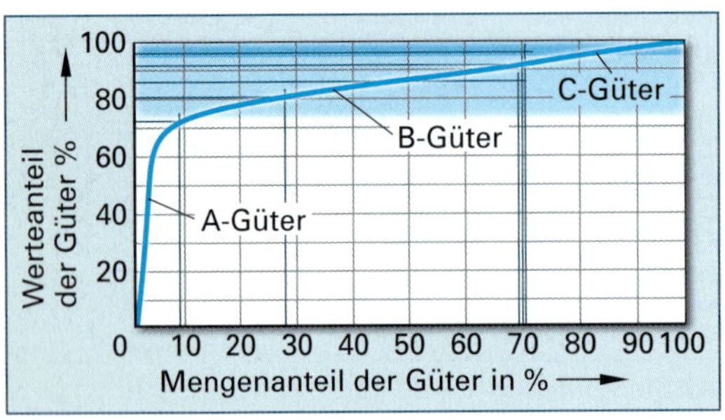

Die teueren A-Güter (Gehäuse und Boden des Pneumatikzylinders) werden in geringen Mengen gelagert.

Die B-Güter weisen bei einem mittleren Werteanteil einen hohen Mengenanteil auf.

Die vom Werteanteil gering einzustufenden C-Güter (Kleinteile des Pneumatikzylinders) werden in eher größeren Mengen gelagert.

Lösungshinweis zum Arbeitsauftrag 11.11:

Berechnung der Rasterabmessungen:

Rasterhöhe R_H = Palettenhöhe + 100 mm Traversenhöhe + 100 mm Sicherheitsabstand

$R_H = 1500\text{ mm} + 100\text{ mm} + 100\text{ mm}$

$\boldsymbol{R_H = 1700\text{ mm}}$

Rasterhöhe $R_L = 3 \cdot$ Palettenlänge + 100 mm Steherbreite + 300 mm Sicherheitsabstand

$R_L = 3 \cdot 800\text{ mm} + 100\text{ mm} + 300\text{ mm}$

$\boldsymbol{R_L = 2800\text{ mm}}$

Rastertiefe R_T = Palettentiefe

$\boldsymbol{R_T = 1200\text{ mm}}$

Lösungshinweis zum Arbeitsauftrag 11.12:

Berechnung der Anzahl der Fächer nebeneinander und der Anzahl der Fächer übereinander:

Gleichung 1:

$$\frac{n_n \cdot R_L}{n_ü \cdot R_H} = 4$$

Gleichung 2:

$$n_{Fach} = n_n \cdot n_ü \leftrightarrow n_ü = \frac{n_{Fach}}{n_n}$$

Gleichung 2 eingesetzt in Gleichung 1:

$$\frac{n_n \cdot R_L}{\frac{n_{Fach}}{n_n} \cdot R_H} = 4$$

$$\frac{n_n^2 \cdot R_L}{n_{Fach} \cdot R_H} = 4$$

$$n_n^2 = \frac{4 \cdot n_{Fach} \cdot R_H}{R_L}$$

$$n_n = \sqrt{\frac{4 \cdot n_{Fach} \cdot R_H}{R_L}}$$

$$\boldsymbol{n_n} = \sqrt{\frac{4 \cdot 329 \cdot 1700\text{ mm}}{2800\text{ mm}}} = \boldsymbol{28{,}3} \qquad \text{gewählt } \boldsymbol{n_n = 28}$$

Ergebnise für n_{Fach} und n_n eingesetzt in Gleichung 2:

$$\boldsymbol{n_ü} = \frac{n_{Fach}}{n_n} = \frac{329}{28} = \boldsymbol{11{,}75} \qquad \text{gewählt } \boldsymbol{n_ü = 12}$$

Lösungshinweis zum Arbeitsauftrag 11.13:

Berechnung der Regalabmessungen des Auslieferungslagers:

Gesamte Regallänge: $\boldsymbol{L_{Regal}} = R_L \cdot n_n = 2800\ \text{mm} \cdot 28 = \mathbf{78{,}4\ m}$

Gesamte Regalhöhe: $\boldsymbol{H_{Regal}} = R_H \cdot n_ü = 1700\ \text{mm} \cdot 12 = \mathbf{20{,}4\ m}$

Lösungshinweis zum Arbeitsauftrag 11.14:

Berechnung der Lagerabmessungen des Auslieferungslagers:

Gesamte Lagerlänge: $\boldsymbol{L_L} = L_{Regal}$ + seitliches Aufmaß (5 m) = 78,4 m + 5 m = **83,4 m**

Gesamte Lagerhöhe: $\boldsymbol{L_H} = H_{Regal}$ + oberer Bauraum (2 m) = 20,4 m + 2 m = **22,4 m**

Gesamte Lagerbreite: $L_B = n_{Zeile} \cdot R_T + n_{Gänge}$ · Förderfahrzeugbreite + seitlicher Bauraum

$\boldsymbol{L_B} = 8 \cdot 1{,}2\ \text{m} + 4 \cdot 1{,}5\ \text{m} + 1\ \text{m} = \mathbf{16{,}6\ m}$

Lösungshinweis zum Arbeitsauftrag 11.15:

Maßnahme zur Erhöhung der Spielzahl der Regalbediengeräte:

Die Spielzahl der Regalbediengeräte kann durch eine Verkürzung der Fahrwege erhöht werden. Bei dem bisher betrachteten Lager erfolgt die Übernahme der Palette vom Regalbediengerät am Seitengang des Lagers. Mit dem Einsatz eines Mittelganges und der Übernahme der Paletten in diesem Gang verkürzt sich der Weg der Regalbediengeräte für viele Fahrwege. Gleichzeitig werden die Artikel mit einer höheren Umschlaghäufigkeit in der Nähe des Mittelganges und in den unteren Regalfächern gelagert.

Lösungshinweis zum Arbeitsauftrag 11.16:

Flächenlayout des projektierten Auslieferungslagers:

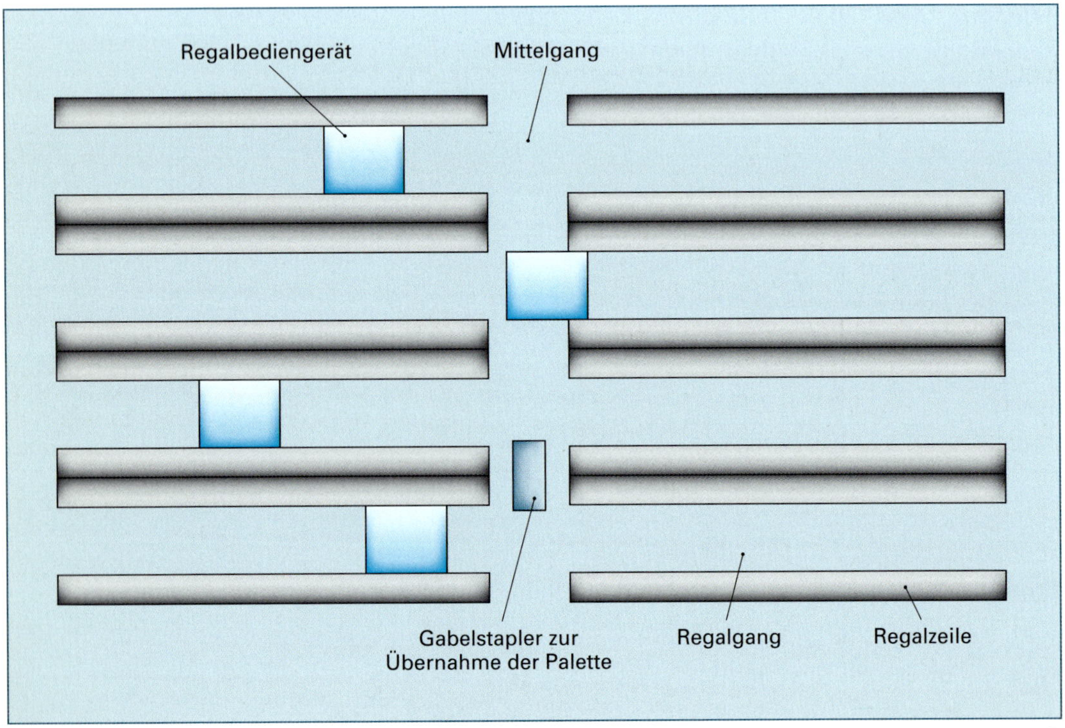

13.7 Lösungshinweise zur logistischen Betrachtung des Materialflusses

Lösungshinweis zum Arbeitsauftrag 12.1:

Berechnung der Zeit t_4 zur Durchfahrt der Kurve:

$$T_K = t_4$$

$$\mathbf{t_4} = \frac{s_4}{v_K} = \frac{13\text{ m}}{0{,}25\frac{\text{m}}{\text{s}}} = 52\text{ s} = \mathbf{0{,}87\text{ min}}$$

Lösungshinweis zum Arbeitsauftrag 12.2:

Berechnung der Zeit T_{G2} zur Durchfahrt der Geraden 2:

$$T_{G2} = t_5 + t_6 + t_7$$

$$t_5 = t_3 = 0{,}5\text{ s}$$

$$t_6 = \frac{s_6}{v_G} = \frac{25{,}274\text{ m}}{0{,}42\frac{\text{m}}{\text{s}}} = 60{,}18\text{ s}$$

$$t_7 = t_1 = 2{,}1\text{ s}$$

$$T_{G2} = 0{,}5\text{ s} + 60{,}18\text{ s} + 2{,}1\text{ s}$$

$$\mathbf{T_{G2}} = 62{,}78\text{ s} = \mathbf{1{,}05\text{ min}}$$

$$s_{G2} = s_5 + s_6 + s_7$$

$$s_5 = s_3 = 0{,}285\text{ m}$$

$$s_7 = s_1 = 0{,}441\text{ m}$$

$$s_6 = s_{G2} - s_5 - s_7$$

$$s_6 = 26\text{ m} - 0{,}285\text{ m} - 0{,}441\text{ m}$$

$$s_6 = 25{,}274\text{ m}$$

Lösungshinweis zum Arbeitsauftrag 12.3:

Berechnung der Zeit T_{Hin} für den Hinweg des Förderfahrzeuges:

$$T_{Hin} = T_{G1} + T_K + T_{G2}$$

$$T_{Hin} = 1{,}93\text{ min} + 0{,}87\text{ min} + 1{,}05\text{ min}$$

$$\mathbf{T_{Hin} = 3{,}85\text{ min}}$$

Lösungshinweis zum Arbeitsauftrag 12.4:

Berechnung der Zeit $T_{Rück}$ für die Rückfahrt des Förderfahrzeuges:

$$T_{Rück} = t_8 + t_9 + t_{10}$$

$$t_8 = t_1 = 2{,}1\text{ s}$$

$$t_{10} = t_1 = 2{,}1\text{ s}$$

$$t_9 = \frac{s_9}{v_G} = \frac{88{,}118\text{ m}}{0{,}42\frac{\text{m}}{\text{s}}} = 205{,}04\text{ s}$$

$$T_{Rück} = 2{,}1\text{ s} + 205{,}04\text{ s} + 2{,}1\text{ s}$$

$$\mathbf{T_{Rück}} = 209{,}24\text{ s} = \mathbf{3{,}49\text{ min}}$$

$$s_{Rück} = s_8 + s_9 + s_{10}$$

$$s_{Rück} = s_{G1} + s_K + s_{G2}$$

$$s_{Rück} = 48\text{ m} + 13\text{ m} + 26\text{ m} = 87\text{ m}$$

$$s_8 = s_1 = 0{,}441\text{ m}$$

$$s_{10} = s_1 = 0{,}441\text{ m}$$

$$s_9 = s_{Rück} - s_8 - s_{10}$$

$$s_9 = 88\text{ m} - 0{,}441\text{ m} - 0{,}441\text{ m}$$

$$s_9 = 86{,}118\text{ m}$$

Lösungshinweis zum Arbeitsauftrag 12.5:

Zwischenzeiten zum Be- und Entladen sowie zum Hin- und Rücktransport:

Zwischenzeit t_z

$t_z = t_{zg} + t_{zv}$

$t_z = 1{,}08 \cdot t_{zg}$

t_{zg} Zwischengrundzeit

t_{zv} Verteilzeit

Bahnhof 1 aufladen

$t_z = 1{,}08 \cdot t_A$

$t_z = 1{,}08 \cdot 1\ \text{min}$

$\mathbf{t_z = 1{,}08\ min}$

Hinfahrt

$t_z = 1{,}08 \cdot t_{Hin}$

$t_z = 1{,}08 \cdot 3{,}85\ \text{min}$

$\mathbf{t_z = 4{,}16\ min}$

Bahnhof 2 abladen

$t_z = 1{,}08 \cdot t_{E1}$

$t_z = 1{,}08 \cdot 1{,}5\ \text{min}$

$\mathbf{t_z = 1{,}62\ min}$

Bahnhof 2

Rückfahrt

$t_z = 1{,}08 \cdot t_{Rück}$

$t_z = 1{,}08 \cdot 3{,}49\ \text{min}$

$\mathbf{t_z = 3{,}77\ min}$

Bahnhof 1 abladen

$t_z = 1{,}08 \cdot t_{E2}$

$t_z = 1{,}08 \cdot 0{,}5\ \text{min}$

$\mathbf{t_z = 0{,}54\ min}$

Lösungshinweis zum Arbeitsauftrag 12.6:

Fahrplan für die Hin- und Rückfahrt von 3 Fahrzeugen:

Bahnhof 1 aufladen ($t_z = 1{,}08$ min) → **Hinfahrt** ($t_z = 4{,}16$ min) → **Bahnhof 2 abladen** ($t_z = 1{,}62$ min)

Fahrzeug	Ankunft	Abfahrt		Ankunft	Abfahrt
1	0	1,08		5,24	**6,86**
2	1,08	2,16		**6,32**	

Ankunftzeit zu früh, da Fahrzeug 1 noch nicht abgefahren ist.

→ Die Wartezeit bei der Abfahrt (Bahnstation 1) muss genauso groß oder größer sein als die Wartezeit bei der Ankunft (Bahnstation 2).

Neuer Fahrplan

Bahnhof 1 aufladen ($t_z = 1{,}62$ min) → **Hinfahrt** ($t_z = 4{,}16$ min) → **Bahnhof 2 abladen** ($t_z = 1{,}62$ min)

Fahrzeug	Ankunft	Abfahrt		Ankunft	Abfahrt
1	0	1,62		5,78	7,40
2	1,62	3,24		7,40	9,02
3	3,24	4,86		**9,02**	10,64

Einspurige Streckenführung frei für die Rückfahrt!

Bahnhof 2 ($t_z = 0{,}54$ min) → **Rückfahrt** ($t_z = 3{,}77$ min) → **Bahnhof 1 abladen** ($t_z = 0{,}54$ min)

Fahrzeug	Ankunft	Abfahrt		Ankunft	Abfahrt
1	**9,02**	9,56		13,33	13,87
2	9,56	10,10		13,87	14,41
3	10,10	10,64		14,41	14,95

jedes Fahrzeug benötigt ca. 15 min für die Hin- und Rückfahrt.

Lastspielzahl z:

$$z = \frac{60\ \text{min}}{t_z}$$

$$z = \frac{60\ \text{min}}{15\ \text{min}}$$

$$z = 4$$

Lösungshinweis zum Arbeitsauftrag 12.7:

Förderleistung von 3 Fahrzeugen in einer Schicht:

Bei einer Lastspielzahl von 4 können bei dem Einsatz von 3 Fahrzeugen 12 Paletten pro Stunde transportiert werden. In einer Schicht (= 8 Stunden) werden somit 96 Paletten zwischen Eingangslager und Montagebereich befördert.

Sachwortverzeichnis

Bildquellenverzeichnis

Die nachfolgend aufgeführten Firmen haben durch die Bereitstellung Ihrer Bilder die Gestaltung des Buches unterstützt. Die Abbildungen für den Pneumatikzylinder (Bilder: 10/1, 13/1, 13/2, 14/1, 15/1, 16/1, 16/2, 30/1, 80/1 und 81/1) wurden mit Einverständnis der Firma **IMI Norgren GmbH**, Alpen/Niederrhein (*www.norgren.de*), erstellt. Die Zeichnungen für die Spindel-Lagereinheit (Bilder: 9/1, 11/1, 12/1, 96/1) fertigten Schüler der Fachschule für Technik, **Berufskolleg West der Stadt Essen** (*www.berufskolleg-west.de*), an. Für diese Unterstützung möchte ich allen beteiligten Firmen, Schülern und Lehrern bedanken. Bei der Korrektur der 4. Auflage wurde ich durch die Zusendung von Emails auf eingeschlichene Fehler aufmerksam gemacht. Hierfür möchte ich einen besonderen Dank aussprechen.

Das Programm „PMS-ERM" wurde durch Herrn Prof. Dr. Anton Frick, **Fachhochschule Reutlingen** (*www-iow.fh-reutlingen.de*), unbefristet zur Verfügung gestellt. Das Programm darf nut für private Zwecke genutzt werden. Eine gewerbliche Nutzung ist untersagt. Die Bilder zur Erläuterung des Programms „PMS-ERM" (Kapitels 7) wurden mit Hilfe dieses Programms erstellt. Für eine schulische oder gewerbliche Nutzung erhalten Sie Informationen unter der Internetadresse „www.iow.reutlingen-university.de"

Das Programm „DOSIMIS-3" wurde durch das SimulationsDienstleistungsZentrum (SDZ) aus Dortmund als eingeschränkte Version bereit gestellt. Die Einschränkung bezieht sich auf die Anzahl der zur Verfügung stehenden Bausteine für die Simulation. Mit der Einschränkung bietet es aber ausreichende Schulungsmöglichkeiten. Für eine gewerblichen Nutzung darf es nur kostenpflichtig eingesetzt werden. Weitere Informationen zur Simulationssoftware „DOSIMIS-3" erhalten Sie unter der Internetadresse „www.sdz.de".

ALFOTEC GmbH, Wermelskirchen (www.alfotec.de): 245/1, 246/1, 246/2

Demag Cranes & Components GmbH, Wetter/Ruhr (*www.cranes.demagcranes.de*): 246/1, 246/2

Dürkopp Fördertechnik GmbH, Bielefeld (*www.duerkopp.com*): 246/1

Fritz Schäfer GmbH, Neunkirchen/Siegerland (*www.ssi-schaefer.de*): 230/2, 230/3, 230/4, 231/1, 231/2, 231/3, 231/4, 232/1

Gebhardt Fördertechnik AG, Sinsheim (*www.gebhardt-foerdertechnik.de*): 243/2

Interroll Axmann Automation GmbH, Sinsheim (*www.interroll.com*): 246/1

LINDE AG, Aschaffenburg (*www.linde-stapler.de*): 242/2, 243/1

psb GmbH Materialfluss und Logistik, Pirmasens (*www.psb-gmbh.de*): 243/3, 243/1

Verlag Europa Lehrmittel, Haan-Gruiten (*www.europa-lehrmittel.de*), aus „Zerspantechnik Fachbildung": 194/1, 194/2, 195/1, 196/1, 197/1, 200/1, 201/2, 201/4, 202/2